U0059418

材料力學

李鴻昌　編著

 全華圖書股份有限公司

序言

　　材料力學是一門工程技術基礎學科，它是機械、土木、建築、化工、環工等科系必修的課程，且是一些結構物和機械等工程設計的重要基礎。不管是從事設計工作與機械加工或現場施工，皆要具有材料力學的基本知識。

　　本書係遵照教育部頒布最新大專院校「材料力學」課程標準及授課時數，並配合本書前身──已發行至第六版的材料力學(上、下)兩冊，捨去艱澀、難懂部分，參考眾多書籍及作者多年教學經驗，希望能結合物理──應用力學(剛體力學)──材料力學，使整個力學科目中的力學原理保持連貫性，例如靜力平衡方程式在變形體(材料力學)是否成立。應用力學──靜力學(全華出版)是基於此理由出版，而本書也在此基礎下加以修編重新撰寫過，保留前版材料力學優點，而補充【觀念討論】及一些新觀念。

本書與其他書比較有以下的特色：

1. 注重應用力學：靜力學銜接材料力學的學習觀念，此為其他書未提到的內容。

2. 引入一致連續函數及力的三要素的觀念，說明材料力學處理工程材料性質為何常假設為均質，等向性及完全彈性的理由，使其更符合科學精神，有別於其他材料力學、機械設計等書籍。另外一致連續函數觀念，更說明為何要有平截面幾何變形的假設，以及材料力學所推導公式中，均為平均正向應力(變)及平均剪應力(變)(見第一章後面，附錄 A)。

3. 本書強調畫內力圖(包括軸力圖、扭矩圖、剪力圖、彎曲矩圖)，方法又快又正確。尤其剪力圖、彎曲矩圖，每一圖有系統化的四個步驟，迄今無論材料力學或結構力學英文書或中文書皆未提到。

4. 由於材料力學的內力與剛體力學的內力有所不同，變形體受力後材料內產生抵抗力(附加內力)及變形，因而必須求出其內力，亦即前述強調畫內力圖。在剛體力學是先談靜力等效而後平衡；而變形體力學是用剛化原理及截面法，列出平衡條件，基於變形假設(包括變形平截面假設)，使用聖維南原理之靜力等效得到應力公式，所有公式中的力皆為內力，才能符合物理上要求，因一個公式要能表現出它的物理意義，這個公式才算正確，故不用$\sigma = \dfrac{P}{A}$而使用$\sigma = \dfrac{N}{A}$(參考第二章後附錄 A)，其他公式也是如此的推導方式。書中所有公式皆用內力表示之，而其他書中或多或少用外力表示，造成學習困難與不正確觀念。

5. 推導出八種莫爾圓的作圖方法。

6. 一般皆認為剪應力是對稱分佈$\tau_{xy} = \tau_{yx}$，但在應力轉換公式中卻有$\tau_{y_1x_1} = -\tau_{x_1y_1}$，書中首先指出剪應力兩個式子$\tau_{x_1y_1} = \tau_{y_1x_1}$及$\tau_{x_1y_1} = -\tau_{y_1x_1}$並無矛盾之處。

7. 強調微積分中的極限，連續(定義某一點的應力與應變)以及中間值定理(探討梁之中性軸)及梁為何用曲率、斜率來表示變形等觀念。

8. 強調虎克定律在計算時有變數變換作用，弄清解題思路使解題容易；強調相對變形觀念，求變形必須要有兩位置或兩截面才可。

9. 直接引出材料力學處理基本構件桿、軸、梁柱等的幾何特徵及負載特徵，說明它們共同性與相異性。

10. 說明基本構件變形形式、應力與變形共同形式(參考第五章)。

11. 每一章有研讀項目，重點整理；書內有觀念討論；習題中有問答題與計算題，以利加強觀念，印證課本理論，也對於準備考試有所助益。

　　本書是根據新課程標準編寫。教師在授課時，可依學生的程度，教學內容及【觀念討論】做選擇性的講授。本書編寫過程曾參考不同的書籍，在此謹向這些作者致上十二萬分謝意。並感謝全華陳本源董事長及所有編輯作業同仁們的大力鼎助，本書才得以順利出版。並感謝家人的支持，使本書順利出書。

　　由於編寫時內容尚有不足，錯誤疏漏之處，尚祈先進們能賜教指正，以便再版時斧正。

李鴻昌　謹識

鄭重推薦

　　另一拙著應用力學——靜力學(全華出版)，書中內容沿襲物理學的概念、定律及定理，作有條理推導、推廣至靜力學，有些內容或技巧是其他書中所沒有，例如描述向量，介紹直觀"走法"描述法及解平衡問題 623 法則等。書中內容對已學過者更能加深觀念及加強程度，對初學者而言更能用最正確，最嚴謹態度，帶領學習者進入浩瀚的力學領域。

致在學學生

　　材料力學是工科(機械、土木、化工、環工等科系)必修的科目，希望諸生平時學習多注意觀念及多做習題。書中的觀念討論可跟教師請教或與同學們互相討論，以便加深印象，打好力學基礎，做好扎實功夫。本書另有詳細解答本(意者請洽全華圖書公司，書編號 05548)，它可做為初學者解題參考，並可做為進修之用。

編輯部序

「系統編輯」是我們的編輯方針，我們所提供給您的，絕不只是一本書，而是關於這門學問的所有知識，它們由淺入深，循序漸進。

內容強調畫內力圖(包括軸力圖、扭矩圖、剪力圖、彎曲矩圖)，方法又快又正確。尤其剪力圖、彎曲矩圖，每一圖有系統化的四個步驟，迄今無論材料力學或結構力學英文書或中文書皆未提到。

直接引出材料力學處理基本構件桿、軸、梁柱等的幾何特徵及負載特徵，說明它們相同點與相異點。並說明基本構件變形形式、應力與變形共同形式。

本書適合科大、四技、技術學院機械相關科系必選修靜力學課程使用。

同時，為了使您能有系統且循序漸進研習相關方面的叢書，我們以流程圖方式，列出各有關圖書的閱讀順序，以減少您研習此門學問的摸索時間，並能對這門學問有完整的知識。若您在這方面有任何問題，歡迎來函連繫，我們將竭誠為您服務。

相關叢書介紹

書號：0625002
書名：圖解靜力學(第三版)
編著：曾彥魁
16K/376 頁/470 元

書號：0203203
書名：靜力學
編著：劉上聰
16K/384 頁/350 元

書號：0555902
書名：動力學(第三版)
編著：陳育堂、陳維亞、曾彥魁
16K/376 頁/490 元

書號：0287604
書名：材料力學(第五版)
編著：許佩佩、鄒國益
20K/456 頁/380 元

書號：0067203
書名：熱力學概論(修訂三版)
編著：陳呈芳
20K/384 頁/350 元

書號：0288904
書名：熱力學(第五版)
編著：陳呈芳
20K/392 頁/380 元

書號：06134017
書名：流體力學(第七版)
　　　(公制版)(附部分內容光碟)
英譯：王珉玟、劉澄芳、徐力行
16K/624 頁/680 元

◎上列書價若有變動，請以
最新定價為準。

流程圖

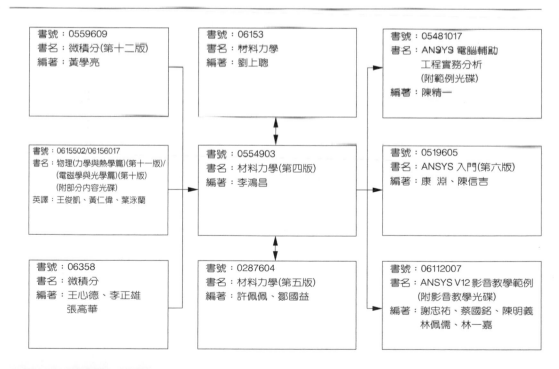

目錄

1章 緒論

2章 軸向負載構件

3章 扭轉

4章 剪力與彎曲矩

7章　梁的變形*

8章　靜不定梁

緒論

研讀項目

1. 了解構件的承載能力之強度、剛性和穩定性條件的意義。

2. 了解材料力學的研究內容。

3. 材料力學為何是理論和實驗方面並重的學科。

4. 研究變形體的基本假設。

5. 構件所承受的外力及其分類。

6. 介紹內力及截面法及剛化原理的觀念。

7. 構件中內力有軸向力、剪力、扭矩及彎曲矩如何去區分。

8. 了解材料力學處理的桿、軸、梁及柱，有何相同點和相異點。

9. 介紹四種簡單的基本變形形式。

10. 介紹應力與應變觀念。

11. 了解位移、變形及應變的區別及聯繫。

12. 了解研究材料力學在理論分析方面有那些方法。

1 -1　材料力學的研究內容

現在人們使用各種機器和結構物，都是由許多不能再拆卸的元件或零件(統稱為構件(member))所組成，雖然構件的種類和用途各不相同，但它們通常皆承受外力(包括負載(loading)和約束反力)的作用；要想使結構或機器正常工作，就必須使組成的每一構件在負載作用下能滿足安全的要求，而不致於遭到損壞或失效，亦即構件要有一定的承載能力。而構件的承載能力表現於下列三個方面的條件：

1. **強度(strength)條件**

　　　　指承受負載的構件對破壞的抵抗能力。例如一桿件承受軸向負載作用，在拉伸時不應拉斷。又如，化學儲氣槽或家用瓦斯鋼瓶，在規定壓力下不應爆破。

2. **剛性(stiffness)或勁度條件**

　　　　指構件抵抗變形的能力。在負載作用下構件的幾何尺寸、形狀及截面位置發生改變，在很多情況之下，構件雖然不發生破壞，但它的變形超過容許的限度，將導致不能正常工作。例如懸臂鑽床(圖 1-1(a))，當懸臂與立柱變形過大(圖 1-1(b))，將引起鑽孔誤差太大而影響加工精度，並使鑽床振動加劇，影響孔的表面粗糙度。又如摩天大樓，由於自重及風力的影響產生變形，在設計建造時必須考慮在容許變形範圍內，不然變形太大將引起大災難。

　　　　另外，一對嚙合的齒輪，若齒輪軸的變形過大(圖 1-2)，則影響齒與齒間的正常嚙合，同時也會加速軸頸的磨損。剛性與物體的材料性質、幾何形狀與尺寸，邊界支承情況以及外力作用形式有關。

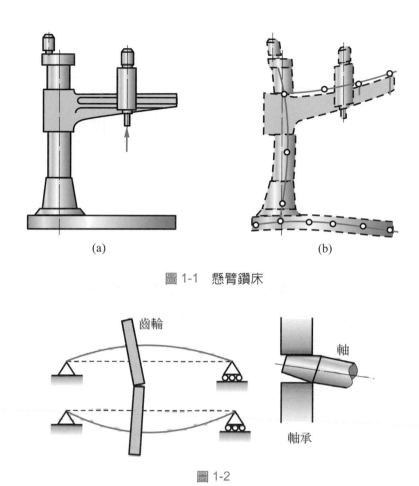

圖 1-1　懸臂鑽床

圖 1-2

3. 穩定性(stability)

　　指構件保持其原有平衡形式的能力；亦即構件工作時不會突然改變其原來的工作性質或突然變形。例如千斤頂中的螺旋桿(一根細長受壓構件稱為壓桿或柱(column))(圖 1-3)及內燃機挺桿(圖 1-4)，在壓力增至某一數值時，壓桿由直線的平衡形式變成彎曲形狀下平衡形式，此時壓桿不能保持其原有平衡形式稱為喪失穩定性(簡稱為失穩)。另外，撐桿跳選手使用玻璃纖維桿，利用壓桿變形後的回彈力及改變本身重心的技巧過橫桿，但若變形太厲害，產生不穩定而造成壓桿折斷。

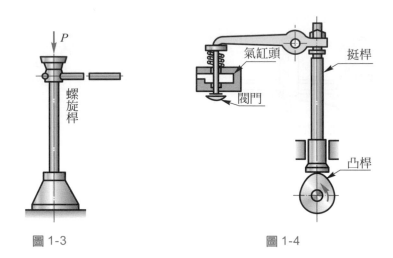

圖 1-3   圖 1-4

　　以上所探討構件的強度、剛性和穩定性，主要由所用的材料的抗力性質(即機械性能)，構件的截面尺寸和形狀以及所受負載的型式、方向和位置所決定。

　　在設計構件時，在力學上有兩方面的要求：

⑴　是要求構件安全可靠地操作，亦即要求構件具有足夠的強度、剛性和穩定性。

⑵　是要求構件經濟和輕便。

　　以上兩個要求是互相矛盾的，前者要求構件尺寸大一些，材質好一點；後者要求構件的結面積儘可能小一些，且儘可能用廉價的材料。

　　材料力學就是為了解決上述矛盾而發展的一門學科。它主要任務就是研究構件受力後的變形規律，以及材料的力學性能在滿足強度、剛性和穩定性的要求下，要以最經濟的方式，選擇適當的材料和形狀(包括截面形狀)，進而確定所需的尺寸，為構件在設計時提供必要的理論基礎和計算方法。

　　構件的強度、剛性和穩定性，是與材料的性質有關，材料性質目前幾乎由實驗測定。所以材料力學理論分析的結果要靠實驗來驗證，而有些問題現在尚無理論分析，僅能用實驗方法來解決。因此，材料力學可說是一門理論與實驗並重的學科。

1 -2　變形體及其基本假設

　　材料力學研究構件在外力作用下，其幾何形狀或尺寸都將發生變化，甚至破壞的情況。**物體的形狀、尺寸的變化，統稱為**變形(deformation)，因此必須將物體視為變形體(deformable body)。在應用力學中，構件的微小變形對靜力平衡和運動學、動力學分析是一個次要的因素，可以忽略不計，因此將構件視為剛體(事實上已使用剛化原理)*。但在材料力學研究的是構件強度、剛性及穩定性問題，雖然構件變形一般皆很小，卻是一個主要的因素，不能忽略。在變形體上，力的可移性原理，靜力等效及平衡條件不能或無條件地使用，否則會影響構件的變形結果。

為了抓住與材料力學所研究問題有相關的主要因素，略去次要因素，把變形體某些性質抽象化，以便提出理想的模型，使所研究的問題得以簡化。一般材料力學對變形體採用以下的假設(見本章後面附錄 A)：

1. **連續性假設**

   假設在製造構件時，物體毫無空隙地充滿構件所佔有的空間，將物體視為由這些物質組成的連續介質(continuous matter)。雖然，從微觀(此時物質它包含很多分子和原子)看物體內部微粒之間是有空隙的，而空隙的大小與構件尺寸相比微乎其微，可忽略不計。根據這個假設，即可認為構件內各物理量都是連續的，因此可用座標連續函數來描述，尤其可利用泰勒展開式。此假設在變形前後均成立。

2. **均質性(homogeneous)假設**

   假設在固體的體積內，各處材料的力學性質完全一樣，亦即同一構件內材料力學性質不隨位置而改變。根據這個假設，吾人可以任意選取微小部分(微小元素)來研究材料的力學性質，並可將其結果應用到整個構件，亦可將大尺寸試件在實驗中測得的力學性質應用到構件的任何微小部分。

3. **等向性(isotropic)假設**

   假設材料沿各方向的力學性質均相同，具有這種特性的材料，稱為等向性材料。例如鑄鐵、鑄鋼。另外如木材、軋製鋼材等在不同方向具有不同的力學性質，故稱為非等向性材料。

4. **小變形假設**

   假設物體受力後產生的變形與物體原來的尺寸相比是非常微小的。根據這

---

* 詳見第九頁。

個假設，在求構件支承反力和分析構件內力時可採用構件變形前的幾何形狀和尺寸(事先先用剛化原理)，使問題得到簡化。只有在研究柱的穩定性問題時，才需要按構件變形後的形狀進行分析。至於構件變形過大，超出小變形的條件，一般不在材料力學中討論。

根據上述的假設以及線彈性規律假設，平截面假設及聖維南原理的靜力等效原理；在分析構件的強度、剛性和穩定性問題時，使用整體化的方式處理。**材料力學及機械設計書本(見附錄 2 中的參考文獻)常將工程材料假設具有均質、等向性和完全彈性的特性；但為何只假設這些性質，而其他性質又不假設？假設的依據為何？**然而這些假設內容有商榷的地方，是值得探討的。完全彈性假設是依外加負載大小、物體材料性質及變形大小一起考慮，再做出假設；而對均質、等向性假設，僅針對研究的物體做出假設而已，是不太符合科學精神的。事實上，對研究的問題要建構出數學模型，必須對外在負載、研究物體及產生的響應或效果，在一定精度下一併考慮，處理主要因素，忽略次要因素，建構的數學模型愈逼近實際問題愈佳。在材料力學中，外力(是固定向量)作用在物體(變形體)產生內力(或應力)及變形，在宏觀下假設物體無孔洞，以連續函數來描述應力、應變等物理量；然而函數連續是局部性質，無法是描述整體性質(材料力學中應力、應變等有平均意義的整個性質)，因此必須對連續函數再加以限制，引入一致(均勻)連續(uniformly continuous)及力的三要素來說明為何要這三個假設(見本章後面附錄A)。本章首先介紹構件的外力和內力，構件的形狀，說明材料力學中所研究的構件形狀及變形形式，接著引出應力(stress)及應變(strain)的觀念，進而介紹材料力學所採用的基本方法。

1 -3　**外力及其分類**

在應用力學中，把別的物體作用在系統(所研究的物體)的力稱為外力；而在材料力學，對所研究的構件而言，別的物體作用在構件的力均為外力，也稱為負載(loading force)。負載根據其變化特性，可分為下列幾類：

1. 按加載速度分類

(1) 靜負載：一種緩慢地由零增加到某一定值的負載。靜負載加上後其大小保持不變或變化不大。

(2) 動負載。

2. 按動負載的大小變化分類

(1) 反覆負載：負載方向一定，其大小周期性地變化。例如大多數機械或結構物皆為此種負載。

(2) 交變負載：負載大小和方向都在周期性地變化。例如內燃機之活塞桿承受交變拉伸、壓縮負載作用。

(3) 衝擊負載：迅速加上負載。例如鍛造時的鍛錘作用。一般取作用時間小於 1/3 基本周期的作用力為衝擊負載。

(4) 移動負載。

3. 按作用效果分類

(1) 軸向負載：拉伸負載與壓縮負載。

(2) 剪切負載。

(3) 扭轉負載。

(4) 彎曲負載。

4. 按分佈規律分類

(1) 集中負載。

(2) 分佈負載。

5. 按有無拘束分類

(1) 主動力(active force)：負載事先已知的外力與拘束無關。

(2) 被動力(passive force)：是支承對構件的反作用力，一般是未知其量，它的性質不僅與拘束類型有關，還與負載的形式有關。

　　材料在靜負載與動負載作用下的性能頗不相同，因此分析方法亦有所不同。靜負載問題比較簡單，且在靜負載下所建立的理論和分析方法，又可作為解決動負載問題的基礎，在此我們只研究靜負載問題，而動負載問題在機械設計等學科才討論。

1 -4 內力、截面法概念

一、內力概念

　　固體之所以能保持一定的形狀，其內部各質點之間具有相互平衡的*初始內力*(initially internal force)。亦即金屬學中所指的使物體保持一定形狀的分子間的結合力；而應用力學所指的*內力*(internal force)代表物體系統間各物體相互作用力。若構件在外力作用下產生變形，使內部各質點的相對位置發生變化，因此，各質點間相互平衡所需的內力也將發生變化，即產生了*附加內力*(the associated internal force)，此力是阻止物體的變形抗力，並使物體能恢復原來形狀和尺寸大小的趨向。材料力學中並不研究物體的初始內力，而僅研究由外力作用引起的附加內力，並簡稱為內力。內力的大小及其分佈方式與構件的強度、剛性和穩定性等有密切關係，所以內力分析是解決構件強度、剛性和穩定性問題的基礎。

　　剛體力學在解決物體的平衡與運動狀態問題時，常把力沿著作用線移動，力偶在作用面內移動，或者用等效力系來代替原力系。對於剛體而言，這樣做是可行。而材料力學是研究構件的內力與變形，力可移性原理不成立。任意移動力的作用點位置，將造成錯誤，是不容許如此做。例如圖 1-5(a)與(b)所示兩桿件完全相同，但外力施力點不同。就內力而言，在圖 1-5(b)中*CB*段部分是不受力，桿件中將無內力產生，不同於圖 1-5(a)情況。從變形情況，圖 1-5(b)中*CB*段不受力作用，無內力產生，因而不產生*變形*(deformation)，僅是移動而已。亦即材料力學中的外力要視為固定向量。

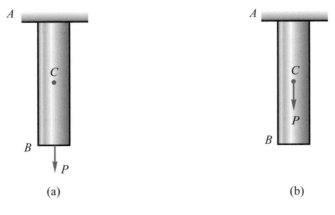

圖 1-5

二、內力求法：截面法

　　考慮一變形體受外力作用，使物體產生變形，物體內產生彈性抗力(內力)，**為了研究此內力，我們研究變形終了時刻***，**使用剛化原理******，結合**截面法(method of section)**列出平衡方程式求出內力**。此截面法(又稱為廣義自由體圖)在靜力學的平面桁架桿件內力分析中已使用過，同時也是材料力學求內力的基本方法。在此先考慮一簡單構件承受軸向力作用(圖 1-6(a))，其步驟如下：

---

*　我們有興趣研究的是變形增加到幾乎無法再增加時，即變形終了，並非是作用力作用初期時變形較大或是變形還有增加趨勢的某一時刻。

** 剛化原理(principle of rigidization)代表一變形體受力變形，到變形終了，想像此一變形體被"剛化"，即用一剛體來代替此一變形體，它並不影響平衡狀態，此即為剛化原理。例如受拉彈簧或繩子，受拉力作用時，變形至終了，若用剛棒代替，並不破壞其平衡，將彈簧軟化或繩子受壓時，顯然是不能平衡，因此剛體平衡條件對變形體的平衡只是必要條件，不是充分條件。剛化原理是將剛體的平衡擴大到變形體的平衡，從而剛體力學過渡到變形體力學(材料力學、結構力學等)創造了條件，建立起它們之間的橋梁。注意一般教科書是毫無條件使用剛體力學中的平衡方程式，並未事先用剛化原理。

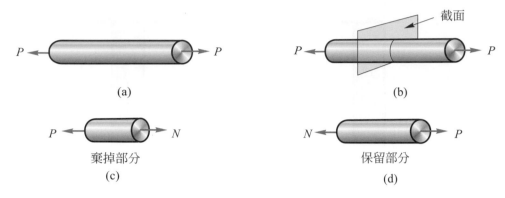

圖 1-6

1. **截**

在需要求求取內力的截面上，假想一個平面將物體**截**開成兩部分(圖1-6(b))。

2. **棄**

在這兩部分，**棄**掉較複雜的部分，保留較簡單部分作為研究對象(圖1-6(c))。

3. **代**

將棄掉部分相對於保留部分的作用力以截面上內力**代**替，注意棄掉部分和保留部分之內力，必須滿足作用力及反作用力定律，如圖1-6(c))。

4. **平**

使用剛化原理，建立保留部分的**平**衡方程式。

5. **解**

由平衡方程式**解**出截面上的未知內力。

三、一般力系的內力情況

上述的截面法，可以推廣到受空間一般力系作用的變形體上，例如圖 1-7 所示。假設此變形體處於平衡狀態，為了求出構件$m-n$剖面上的內力，應用截面法假想一截面S將剖面$m-n$切開成 I 、 II 兩部分。這兩部分之間相互作用力就是變形體在$m-n$剖面上的內力，它們滿足作用力與反作用定律。現考慮 I 部分為研究對象，選定x，y，z座標系，通常以過剖面形心O的外法線為x軸，在剖面內取y、z軸，I 部分上的外力為空間力系，由連續性與均勻性假設，其內力也是一個空間力系，基於剛化原理及聖維南原理(在第二章介紹)，將該力系向剖面形心簡化為主向量和主矩*。這主向量和主矩可分解為六個分量，而列出六個平衡方程式，求出這六個分量稱之為內力。這六個內力分別對應著某種變形形式(下一節介紹)，依其所對應的變形形式，六個內力分量可歸納為四種內力，即

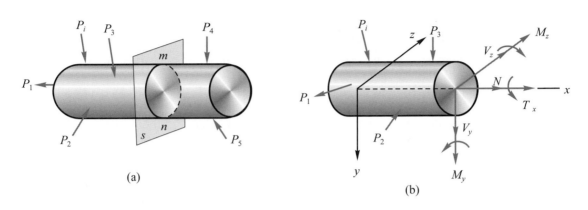

(a)　　　　　　　　　　　(b)

圖 1-7

1.　軸向力(axial force)

　　　沿構件軸線的內力分量N(沿x軸方向)，它垂直於變形體的橫剖面，使變形體有伸長或縮短變形。

2.　剪力(shear force)

　　　沿y軸與z軸分量V_y和V_z，它們與剖面相切或平行，使變形體有被剪斷的趨勢或產生形狀、角度變化。

3.　扭矩(torsion)

　　　繞x軸的主矩分量T_x，它是一個等效力偶，其作用面是$m-n$剖面，使變形體繞x軸扭轉而有被扭曲現象。

4.　彎曲矩(bending moment)

　　　繞y軸和z軸的主矩分量M_y和M_z，它們也是等效力偶，但其作用面皆是包含軸線的縱向平面，使變形體有彎曲變形。

---

*　主向量和主矩也分別稱為等效力和等效力偶，可參考本人所著應用力學——靜力學(Chapter 3)，全華出版。

觀念討論 ●

1.　應用截面法求內力時，在列出平衡方程式就碰到兩個難題；其一是變形體中的力是固定向量不可亂移動，然而說明物體處於平衡，必須將力移至共點才可以相加(因數學上的向量相加必須移至共點才可以)，另一是力作用在變形體上，變形體一直在變形，對某一時刻而言，其外力與內力達到平衡狀態，到底是那一個時刻。爲了解決這個問題且避免困擾問題皆考慮在變形終了(變形體不再變形)，引入剛化原理，此時變形體即可用剛體代替，則力可移性原理，就可以用了，外力及內力皆可移至共點來列出平衡方程式了。

2.　靜力學與材料力學特性之比較，如下表：

兩門學科 比較項目	靜力學	材料力學
力學模型	剛體	變形體
力的向量性質	滑動向量	固定向量
力可移性原理	成立	不成立
作用效應	外效應 (移動及旋轉)	內效應 (應力、應變及變形)
靜力等效與平衡 條件應用順序	先靜力等效 再談平衡條件	先平衡條件再談 聖維南靜力等效

1 -5 材料力學的研究對象以及變形的基本形式

上一節已介紹在變形體力學中的內力，有四種不同形式，而構件的形狀也是各式各樣，這樣將造成不同的形式變形，為了易於掌握研究，按其幾何形狀特徵，可區分為構件(member)、平板(plate)和殼體(shell)及塊體(solid body)等等。

1. 構件

主要是長度(縱向或軸向)比具有相同量級之厚度(橫向)、寬度(側向)的尺寸大得很多的物體。因而構件的的幾何形狀特徵可以用橫剖面和軸線表示。軸線是構件各個橫剖面形心的連線(圖 1-8)，橫剖面是與軸線互相垂直的剖面。若軸線是一條直線的構件，稱為直構件(圖 1-8(a)、(b))，軸線有轉折的構件，稱為折構件(圖 1-8(c))，當軸線是彎曲的弧長，稱為曲構件(圖 1-8(d))。而各橫剖面大小相同的正稜柱體稱為等剖面直構件；各橫剖面大小不等的構件，稱為變剖面構件(圖 1-8(b))。

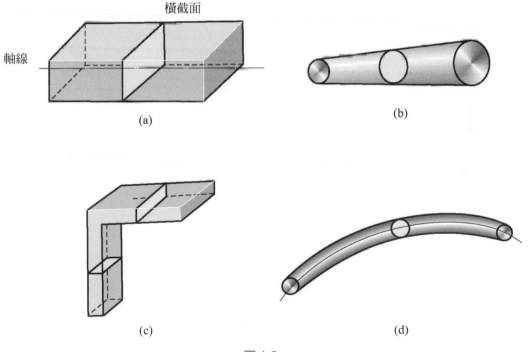

橫截面

軸線

(a)

(b)

(c)

(d)

圖 1-8

平行於構件軸線的剖面，稱為縱向剖(截)面(longitudinal section)；而不平行也不垂直於構件軸線的剖面，稱為斜剖(截)面(圖 1-9)。

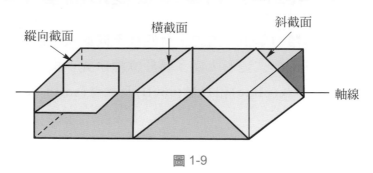

圖 1-9

2. 平板及殼體

若物體的厚度遠小於其他具有相同量級之兩個方向的尺寸，則稱為平板或殼體。平分厚度的面，稱為中面(亦即可用中面和垂直這個面的厚度來表示平板或殼體)。平板的中面為平面(圖 1-10(a))，殼體的中面為曲面(圖 1-10(b))。平板和殼體簡稱為板和殼。

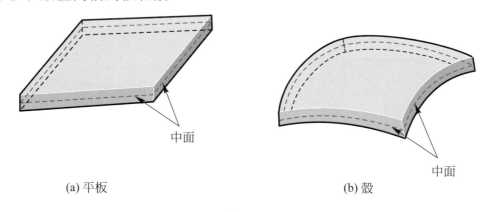

(a) 平板　　　　　　　　　　　　　　　　　(b) 殼

圖 1-10

3. 塊體

各方向的尺寸具有相同量級尺寸的物體，例如鋼球、粗短鑄件等等。而平板、殼體和塊體是彈性力學等學科的主要研究對象，在此處不探討。

任何結構物或機械，若將它的組成部分切割開分析，都可以將它歸納為四種型式之一。例如發動機的汽缸壁是殼，汽缸蓋是板；活塞桿、連桿是直構件，飛輪的輪緣是曲構件。

材料力學主要研究對象是構件，同時也研究一些形狀比較簡單殼體，例如薄壁圓筒和圓管以及薄壁圓環、高壓液體壓力容器等等。然而作用在構件上的外力是多樣的，因此這些構件的變形也是多樣的。但經過分析後發現，這些變形不外乎是以下四種基本變形形式之一(稱爲簡單變形)，或者是幾種基本變形形式的組合(稱爲組合變形)。現在介紹四種簡單變形以及常見到發生這些變形的構件：

1. **軸向拉伸或軸向壓縮**

　　一對大小相等、方向相反，作用線與軸線重合的外力作用在構件兩端，使構件在軸線方向產生伸長變形或縮短變形，這種變形形式稱爲拉伸或壓縮(圖1-11(a)，(b))。例如桁架中的桿件，拉桿等。

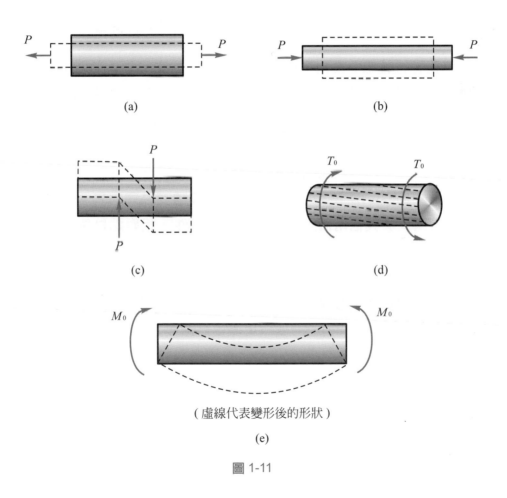

(a)　　　　　　　　　　(b)

(c)　　　　　　　　　　(d)

(虛線代表變形後的形狀)

(e)

圖 1-11

2. **剪切**

　　一對大小相等，方向相反，作用線相距很近且垂直於軸線的外力，它作用在構件的兩側。構件所產生的變形是兩外力之間的橫剖面沿外力方向發生相對錯開，這種變形稱為剪切(圖 1-11(c))。例如螺栓、鉚釘及銷釘等主要變形就是剪切變形。

3. **扭曲**

　　作用在構件兩端的一對大小相等，轉向相反的力偶(其作用面垂直於軸線)，使構件上任意兩剖面繞軸線產生相對轉動，這種變形形式稱為扭曲變形(圖 1-11(d))，構件表面畫上縱向直線，其變形後成為螺旋線。例如車床主軸、汽車傳動軸及鑽頭等都是主要產生扭曲變形的構件。

4. **彎曲**

　　作用在包含軸線的縱向平面的力偶或橫向負載，它使直構件產生變形，此種變形的特點是軸線變成曲線，即這種變形形式稱為彎曲變形(圖 1-11(e))。例如房子的屋梁，起重機的主梁等，它們主要變形為彎曲變形。

　　材料力學主要研究對象是構件，綜合上節內力的分類和本節介紹的變形形式，以及構件產生不同的損壞，因而材料力學所研究的構件，可分為桿(bar)、軸(shaft)、梁(beam)及柱(column)四種。**這四種有共同點是幾何特徵是一方向(長度方向)遠大於其他兩個方向同一量級的構件。相異點是承受不同負載產生不同變形及破壞。**其定義如下：

(1) 桿：它承受軸向拉力產生伸長變形或軸向壓力產生縮短變形，但在承受軸向壓力時，它是壓碎的損壞。

(2) 軸：它承受轉矩(torque)或力偶作用產生扭曲變形。

(3) 梁：它承受橫向載荷或力偶作用產生彎曲變形或有橫向剪斷趨勢。

(4) 柱：它承受軸向壓縮，產生彈性不穩定(即失穩)，會造成挫屈(buckling)損壞。

1 -6　應力(stress)與應變(strain)

　　在前面我們用截面法求得某一剖面上分佈內力力系，它表示內力大小及方向，在此用主向量和主矩的分量來表示，這種方式有利於描述內力與外力之間的關係。

但我們知道，對同樣大小的力，作用在較小面積上對物體破壞作用比分佈在較大面積上來得嚴重，因而為了解決強度問題，我們要進一步研究剖面上某一點的受力強弱程度和分佈內力力系的情況，而採用另一種表示內力大小及方向的表示法，即每單位面積上作用的內力，此即引入應力(stress)這個物理量。如圖1-12(a)所示，假設作用在此微面積ΔA上之總內力ΔF，則$\Delta F / \Delta A$之值表示該微面積ΔA上各點內力之平均強度，稱為平均應力(average stress)，以S_{aver}表示之，即

$$S_{\text{aver}} = \frac{\Delta F}{\Delta A} \tag{1-1}$$

但因平均強度將隨所取ΔA面積之大小而變，以極限觀念來精確描述強度，則

$$S = \lim_{\Delta A \to 0} \frac{\Delta F}{\Delta A} = \frac{dF}{dA} \tag{1-2}$$

一般而言，應力S之方向可能既不垂直於該截面也不平行於該截面，而S分解垂直於該截面之分量σ(稱為正向應力，讀作sigma)與平行該截面之分量τ(稱為剪應力，讀作tau)。

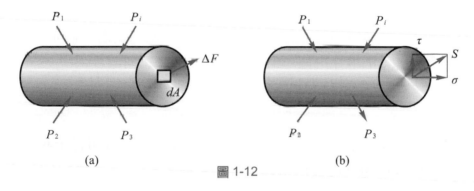

圖 1-12

由以上可知，**應力是用來表示內力的密集程度的一個物理量；因物體內任一點可以經過無數個截面，所以應力除了要說明所考慮的是那一點外，還要說明那一方位的截面才有定義**。若不特別說明應力所在平面，即為構件的橫截面。應力因次$[F/L^2]$，在 SI 單位為 MPa(10^6 N/m²)或 kPa(10^3 N/m²)。

度量物體某一點材料的安全程度時，僅求得某一截面上此點的應力值還是不夠的，因為通過該點的其他截面上應力(正向應力、剪應力)也會對該點材料的安全或破壞產生影響。因此，為了分析物體某一點的強度，需要沿三個相互垂直的方向截

出一個微小的六面體(見第二章)。

現在開始探討構件受力變形。在外力作用下,構件各點的位置發生變化,若構件各點間相對位置保持原初始狀態未受力時情況,代表構件只產生位移,即剛體平移及旋轉位移。然而構件幾何形狀(尺寸及角度)的變化,它們雖然可以用線位移及角位移表示,但位移只能研究受力構件上任一點位置或線段(或一平面)方位的改變量,這些無法說明構件某一部分是否受力,這是因不受力和不變形也有剛體位移(平移及旋轉)。**故為了描述受力幾何形狀變化引入變形觀念,亦即變形是指構件受力後,各點產生位移且改變各點間初始狀態的相對位置,因而構件幾何尺寸、形狀及截面位置發生改變,但因這些變形量受構件尺寸大小影響,不能直接反映變形程度,必須用相對變形或稱為**應變(strain)**這個物理量**。如同應力一樣,在此取一微小六面體(圖 1-13(a)),而整個構件變形是由這些微小六面體變形疊加而成。當變形是均勻時(圖 1-13(b)),定義平均正向應變等於(伸長量/原長度),即ε_{av}(希臘字母ε,讀作 epsilon)

$$\varepsilon_{av} = \frac{伸長量}{原長度} = \frac{\Delta u}{\Delta l} \tag{1-3}$$

一般情況下,各點處的變形程度不同,即平均正向應變將不同。若長度Δl取得很小並趨近於零,則構件內任一點A處沿Δl方向之正向應變為

$$\varepsilon = \lim_{\Delta l \to 0} \frac{\Delta u}{\Delta l} = \frac{du}{dl} \tag{1-4}$$

正向應變因次是無因次。另外如圖 1-13(c)的角度變形,同理可得平均剪應變γ_{av}(希臘字母,讀作 Gamma)(average shear strain),則

$$\gamma = \frac{\Delta v}{\Delta l} \tag{1-5}$$

某一點的剪應變

$$\gamma = \lim_{\Delta l \to 0} \frac{\Delta v}{\Delta l} = \frac{dv}{dl} \tag{1-6}$$

剪應變之因次是無因次,單位為弧度(rad)。

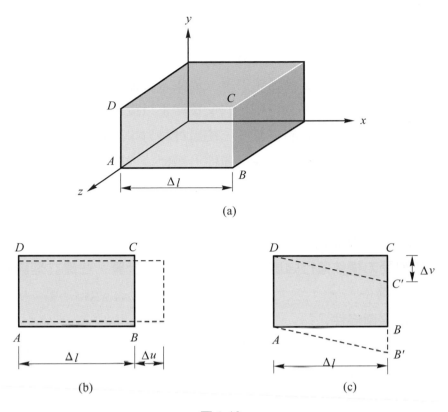

圖 1-13

　　在此再強調一下，變形和位移是兩個不同的概念，從數學的觀念去理解，變形是純量，而位移是向量；而且他們兩者在數值上有密切的關係。位移在數值上取決於構件的變形量和構件受到外部拘束或構件之間互相拘束的影響(見第二章)。材料力學中所計算的位移，是由變形所造成的位移，計算位移時，必須與構件的變形聯繫在一起，通過變形來計算欲求的位移。一個構件產生位移，不一定有變形。但構件發生變形時，必會使構件上某些點或面產生位移。

1-7　材料力學的基本方法

　　根據材料力學的研究內容，是要為各種構件建立足夠強度、剛性及穩定性的條件，以便解決工程上的問題，這些條件主要有兩方面：**一方面是計算出構件在工作載荷下所產生的最大內力、應力與變形及應變的數值，且算出它們的位置；另一方**

面是依所用材料的機械性能及實際情況，確定構件所能夠安全承擔的負載(或容許的應力)或變形的限制數值。要求保證前者低於後者，建立各種計算條件。

　　材料力學往往根據實驗觀察，做出一些反映實際問題的假設使問題得到合理的簡化，方便地使用數學方法進行理論推導，最後還要把所推論的結果經過實務和實驗去驗證；然而這些假設是經過科學家們反覆修正以後，才有現在的形式。一般工程上，很多問題是不需要過高的精確度，使用材料力學理論已能滿足我們的需求。有些問題必須將假設加以修正，而採用彈性力學理論或塑性力學理論等等，使理論更加精確，其結果更加符合實際問題(這些理論不在本書中討論)。

　　就材料力學整個範疇來說，應該包括理論和實驗兩大體系，這兩個體系是相輔相成的，互相依賴和互相促進的。

　　材料力學對受力構件進行強度、剛性及穩定性的計算，在建立理論時，通常需要考慮下列三方面：

1. **力學分析及平衡條件**

　　利用剛化原理及平衡條件，求出支承反力(使用解平衡問題 623 法則，見拙著靜力學)，再依聖維南原理及變形假設，建立外力和內力間的關係及內力與應力之間的關係等。

2. **變形的幾何相容條件**

　　研究構件的變形，使用幾何形式來表示。但對靜不定構件的分析，必須加上變形的幾何條件建立補充方程式。

3. **應力與應變間物理關係**

　　由材料實驗來確定作用力與變形之間的關係，從而把變形條件和構件內力聯繫起來。

　　至於實驗方面，主要有下列兩個目的：

(1) 研究材料由不同方式的作用力所引起的破損現象，測定材料的力學性能(包括應力與應變關係，從而建立或驗證安全的強度、剛性和穩定性的界限)。

(2) 測定構件在不同作用力下所引起的應力、應變及承載能力等，進而驗證理論分析的精確度或再補充其他理論重新分析。

重點整理

1. 強度：指承受負載的構件對破壞的抵抗能力。剛性：指構件抵抗變形的能力。穩定性：指構件保持其原有平衡形式的能力。

2. 變形體上，力可移性原理、靜力等效及平衡條件不能或無條件地使用，否則會影響構件變形的結果。

3. 材料力學對構件有
   (1) 連續性。
   (2) 均質性。
   (3) 等向性。
   (4) 小變形。
   (5) 線彈性規律。
   (6) 平截面。
   (7) 聖維南原理的靜力等效的假設。

4. 材料力學所討論的內力即附加內力，是構件受力變形，使內部各質點的相對位置發生變化，而造成各質點間相互平衡所需的內力也將發生變化，它是阻止物體的變形抗力，並使物體能恢復原來形狀和尺寸大小的趨向。它有別於固體在維持固定形狀的分子間的結合力，及應用力學中討論物體系統間各物體相互作用力。

5. 構件內力是先用剛化原理，再用截面法(截棄代平解五步驟)配合平衡方程式得出。

6. 了解材料力學中四種簡單的內力及其相對應的四種基本變形。

7. 了解材料力學中處理的四種基本構件：桿、軸、梁及柱，有何相同點及相異點，這是非常重要的，因工程上所遇到的構件，它不會自己介紹它是桿或軸，必須由工程師自己去判斷處理。後面章節將介紹它們使用的公式是不同的。

8. 應力是用來表示內力的密集程度，它與內力有區別，但又有聯繫。

9. 位移是受力物體形狀改變時，物體上任一點位置或一線段或(一平面)方位的改變量，可分爲線位移和角位移。位移爲向量。

10. 變形：指構件受力後；其幾何尺寸、形狀及截面位置發生改變，變形是純量。

它與位移是不同的觀念，但在數值上有密切聯繫，位移在數值上取決定構件變形量和構件受到外在拘束或構件之間相互拘束有關。

11. 構件有位移時(可能有剛體的平移與旋轉)，但不一定有變形，而構件發生變形時，必然使構件上的某些點或面產生位移。

12. 材料力學在理論分析方面需要考慮力學分析及平衡條件，變形的幾何相容性條件，應力與應變間的物理關係這三者。

習 題

1-1 材料力學的研究內容是什麼？剛體力學的研究內容是什麼？

1-2 設計構件時，在力學上有那兩方面的要求？

1-3 材料力學中對變形固體的基本假設是什麼？

1-4 作用在構件上的外力及其分類為何？

1-5 材料力學所研究的內力為何？分析時用何種方法？其內力種類又為何？

1-6 材料力學的研究對象(或構件)為何？請詳述四種構件的相同點及相異點。

1-7 材料力學中的基本變形形式為何？

1-8 何謂正向應力？何謂剪應力？

1-9 兩種表示內力大小及方向的方法是什麼？

1-10 位移、變形和應變的概念有何區別？

1-11 應用材料力學去分析工程問題，應滿足那兩方面條件？

1-12 請詳述材料力學在研究變形體受力情況下的行為時，在理論與實驗方面各要考慮那些因素？

附錄 A　說明工程材料性質假設及幾何變形的平截面假設的依據及其作用

　　材料力學所研究的問題，是外力作用在物體上產生內力(或應力)及變形(或應變)，其應力及應變響應是以整體化(有平均意義)的方法處理。一般外力有機械力、電力、磁力、熱等，但材料力學上的外力僅為靜態的機械力，且這外力是固定向量(必須描述作用點、方向及大小三要素)，而構件為變形體。構件用何種材料製造，材料性質及幾何尺寸皆已確定；材料特性有電學、磁學、力學、光學、熱學等特性，然而由於外力限制為機械力，則材料之電學、磁學等性質為次要因素忽略不計，只剩下主要的機械(力學)特性而已。

1. 連續性的假設

　　假設的依據：一切物體是由微粒所組成的，只要微粒的尺寸及相鄰微粒之間的距離比物體的尺寸小得很多，則物體連續性的假設就不會引起顯著的誤差。

　　假設的作用：可以用連續函數概念表示一些物理量(如材料性質、應力、應變和位移等)的變化規律。

　　在數學上連續性有三個層次概念：函數$f(x)$在一點x_0連續，函數$f(x)$在區間I上處處連續，以及函數$f(x)$在區間I上一致連續。$f(x)$在一點x_0連續，代表$f(x)$在x_0這一點處的局部性質，它只說明$x \to x_0$時(或將x送至x_0)，函數值$f(x)$的一種變化趨勢(即$\lim\limits_{x \to x_0} f(x) = f(x_0)$)。函數$f(x)$在區間$I$上處處連續，是指函數$f(x)$在區間$I$(開或閉)上的每一點都連續。它是函數$f(x)$在區間$I$(開或閉)上局部性質的總和。事實上，闡明連續性質要說明對哪一點連續及趨近的速度。設$f(x)$在區間I上有定義，若$\forall \varepsilon > 0$，$\exists \delta > 0$，對任意的$x_1, x_2 \in I$，且$|x_1 - x_2| < \delta$，恆有$|f(x_1) - f(x_2)| < \varepsilon$成立，則稱$f(x)$在$I$上是一致連續，亦即對每一個$x \in I$都有$\lim\limits_{\Delta x \to 0} f(x + \Delta x) = f(x)$之外，還要求$f(x + \Delta x)$趨近於$f(x)$的速度是一致的，它是$f(x)$在閉區間上的一個整體性質。

　　一致連續函數的性質：

(1)　若函數$f(x)$在閉區間$[a,b]$上連續，則$f(x)$在$[a,b]$上是一致連續，但是若函

數 $f(x)$ 在開區間 (a,b) 內連續，$f(x)$ 在 (a,b) 內不一定一致連續。

⑵ 在有限區間 (a,b) 內的兩個一致連續函數的和或積在該區間內仍是一致連續的。

現在回歸至主題，基於上述連續性假設，對於構件的幾何變形及材料性質在某一點及區間中處理皆是連續，因為這兩層次的連續性還是局部性質，似乎不足以表示整體性質的響應。材料力學的變形是受外力作用產生變形及內力，考慮變形終了，利用剛化原理，由平衡方程式求出內力(描述內力特性是力的作用點、方向及大小)，也伴隨著幾何變形，然而幾何變形與內力之間的關係是與構件的材料力學性質有關(即應力應變物理關係式或材料組成律)。為了要用平均意義的整體性質描述響應，亦即用平均應力描述構件強度，平均應變描述構件剛性；因此必須要材料材質及幾何變形不只要求是連續函數而已，且要一致連續函數。

2. 平截面假設：構件受力之前及受力之後，橫截面平面保持平面。

假設的依據：橫截面上非常接近的任意兩點，受力變形也非常接近，而且整個橫截面這樣的變化趨勢相同(變形是一致連續)。

假設的作用：可以分析微小元素變形代替整個截面變形。

3. 均質性假設：

假設的依據：力在材料力學中視為固定向量，作用點不同，造成響應不同。為了去掉這個限制，要求材料的性質為均質性假設，且物體由材料組成是內部均勻分佈，從宏觀意義上是均勻的，亦即是一致連續函數的分佈。

假設的作用：力的作用點看成自變數，它微小變化產生微小的變形及應力，亦即響應也是一致連續函數。這樣我們處理問題時，就可以取出物體內部任一部分進行分析，然後將分析結果用於整個物體。

4. 等向性的假設

假設的依據：單晶體是各向異性的，但一般而言，金屬材料是由很小尺寸、數目極大的晶粒組成，而晶粒排列是雜亂無章，因此儘管每個晶粒是各向異性，但構成物件卻是具有宏觀的各向同性物質，並且在外力方向改變產生的變形及內力，不因材質方向性有顯著變化，亦即要求材料材質為等向性(即對方向而言為一致連續函數)。

假設的作用：物體材質具有等向性，代表材料性質不隨方向改變，亦即在任何方向上均存在相同的應力-應變關係式或力學性能。將外力方向看成自變數，當方向微小變化，物體材質假設等向性，代表物體的變形及應力不顯著變化，亦即響應也是一致連續函數。因此正向應力產生的效應和剪應力產生的效應是互不相干的，也就是說正向應力不會產生剪應變，剪應力也不會產生正向應變。

5. 完全彈性的假設：

假設的依據：完全彈性包括彈性變形及線性。彈性變形是指物體解除負載，它就立即恢復到原來的形狀和大小，而沒有殘餘變形。線性是指應力與應變是線性關係，由實驗可知，延性材料的物體，在應力未達到降伏應力之前，是近似完全彈性體，應力與應變之間是線性關係。

假設的作用：完全彈性體是應力與應變服從虎克定律，亦即外力大小不太大，產生應力未超過比例限，在物體內部，一定的應變狀態下，必對應一定的應力狀態，應力與應變之間是成正比關係，是一對一且映成的單值函數，可以用應變表示應力，也可以用應力表示應變。外力大小看成自變數，它微小變化產生的響應應力與應變也是微小變化且為成正比關係，亦即彈性模數保持常數，即響應為一致連續函數，就可用平均值表示。若只有彈性變形(應力與應變是非線性關係)的假設，材料組成律 $\sigma = f(E, \varepsilon)$ 知，在彈性變形之下，彈性模數及應變在外力大小改變時，要求是一致連續函數，兩個一致連續函數之積在該區間內仍是一致連續的，即應力是一致連續函數。

綜合以上討論，似乎看起來滿抽象，不好接受；先看一般常識，描述一組數據整體性質，例如評量某一班同學學習材料力學成效好或壞，在沒有一位同學考試成績特別好或特別差的前提下，常用全班考試成績的平均分數來評量。現在材料力學就是要用平均意義的整體性質描述響應為前提，基於力學模型要求用數學上連續函數觀念描述響應，然而函數在一點 x_0 連續與區間 I 上處處連續，皆是局部性質，似乎不足以表示整體性質的響應。因此由因變數去找有關自變數，使其響應為一致連續函數，亦即自變數微小變化造成因變數也要微小變化，這些自變數就是外力、構件材料性質及幾何尺寸。將外力的特性的作用點、方向及大小，這三者看成自變數，爲了要用平均意義的整體性質描述響應，必須分別對工程材料性質假設爲均質、等向性及完全彈性，對變形引入平截面假設，就是要求是一致連續函數。桿、軸、梁、柱之構件中取微小元素，基於靜力等效(合力相等，合力矩相等)，彈性模數、剪彈性模數要求是一致連續函數(兩模數爲常數只是特例)，是整體性質，可以提到積分符號外而推導出公式，這就是工程材料性質、平截面假設理由所在。一致連續函數的觀念可以參考高等微積分書籍或Fong Yuen，Wang Yuen，Calculus，Springer，2000。韓雲瑞等編著，微積分教程(上下冊)，大陸清華大學出版社，1999 年。物體力學性能假設可以參考中英文彈性力學書或吳毓熙編著，應用彈性力學，大陸同濟大學出版社，1989年。

軸向負載構件

研讀項目

1. 介紹截面法求桿件內力的方法，再引出畫軸力圖。

2. 基於剛化原理，配合截面法，列出平衡方程式求出內力(解平衡 623 法則)，如何再由一些假設及聖維南原理的靜力等效，去求出正向應力。由物體變形基於變形程度的考量定義出正向應變。

3. 用萬能試驗機作抗拉、抗壓試驗，以了解材料的機械性質(比例限、降伏強度等)及應力-應變關係，同時可區別材料是延性或脆性，也可判斷其斷裂面的情況。

4. 一理想材料應力-應變關係，若符合所謂虎克定律，則其應力-應變圖上的斜率即為彈性模數。由於物體受力作用有橫向收縮及體積變化，分別介紹蒲松比及膨脹率觀念。

5. 了解聖維南原理的意義及作用，並區別剛體中的靜力等效與聖維南原理的靜力等效。

6. 介紹剪應力與剪應變的觀念，同時注意它們與正向應力與正向應變的區別，並定義出剪應力符號的區別及正負值。

7. 計算軸向負載所引起的變形。利用軸向伸長量公式定義出桿件的彈簧常數，使用彈簧串聯與並聯觀念或幾何關係，求出欲求的變形量。

8. 對於不同剖面桿件及數個軸向負載作用桿的伸長量，畫出軸力圖與截面積分佈圖，配合相對變形量求出欲求的伸長量。

9. 介紹材料的彈性與塑性性質。

10. 介紹軸向負載的靜不定問題及其解法。

11. 了解當物體溫度變化時會產生熱應變，同時若在靜不定結構中，將伴隨產生熱應力。

12. 機件尺寸由於製造誤差，為了裝配在一起產生預應變，但若在靜不定結構將產生裝配應力。

13. 介紹應變能的觀念，並注意其限制條件。

14. 了解桿件的強度與剛性條件及其應用。

15. 基於安全及經濟理由，設計與分析機件時，須引入安全因數的觀念。

2 -1 拉伸與壓縮桿件內力

在機器和結構中，有很多構件受到拉伸或壓縮的作用(此時構件稱為桿件)，如緊固螺栓、螺栓桿受拉(圖 2-1)、簡單型的起重機中的桿件AC受拉作用，桿件BC則受壓作用(圖 2-2)。

這些桿件有共同的特徵：桿件是直桿，外力的作用線沿桿件軸線作用。在這種情況下，桿件的主要變形為軸向伸長或縮短(圖 2-3)，此種變形形式稱為軸向拉伸或軸向壓縮。圖中實線表示桿件受力前的形狀，虛線表示受力後的形狀。

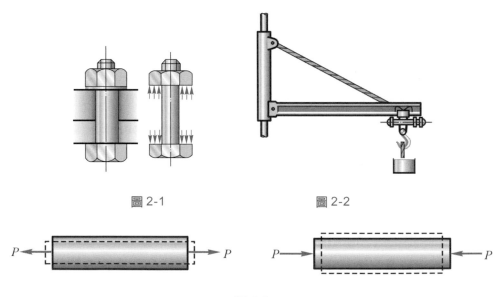

圖 2-1　　　　　　圖 2-2

圖 2-3

　　爲了分析桿件的強度和剛性，首先需要了解桿件內部的受力情況。在外力作用下，桿件發生變形，因而桿件內部間產生相互作用力(稱爲附加內力，見 1-4 節)。首先研究桿件兩端承受大小相等指向背離(圖 2-4(a))或指向相向(圖 2-4(b))的內力大小。假想在桿件任一橫截面$m-m$處將桿件切開，這樣內力就顯現出來。(此稱爲截面法，它在靜力學的桁架分析中使用過，亦即爲廣義自由體圖)。

　　使用剛化原理，列出平衡方程式得到內力N的大小，稱爲軸(向)力(axial force)。只取圖 2-4(a)討論。

$$\xrightarrow{+} \ \Sigma F_x = 0$$
$$-P + N = 0$$
$$N = P$$

　　觀察圖 2-3 與圖 2-4 中，可看出軸力方向與變形結果有關。吾人規定軸力N(力向量的指向離開截面)稱爲拉力取爲正值，反之爲壓力取爲負值，這在桁架中已使用過。軸力爲拉力產生變形一定是伸長，而軸向壓力產生縮短變形；但絕不會軸向拉力產生縮短變形，這稱爲**內力與變形**相容性條件(compatibility condition)，**但特別強調這是指內力，而不是外力。**上述是以規定軸力正負值去確定變形；反之也可依變形正負值去確定軸力是拉力或壓力(規定伸長變形爲正值，此力一定爲拉力)，但一般取前述規定方法爲主。

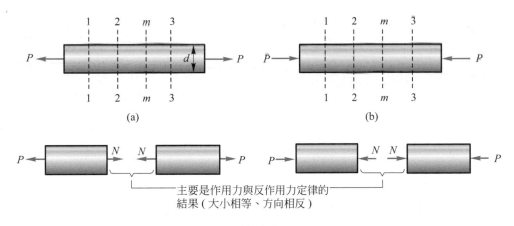

(a)　　　　　　　　　　　　　(b)

主要是作用力與反作用力定律的結果（大小相等、方向相反）

圖 2-4

圖 2-4 中，不管取 1-1，2-2，……等橫截面，利用截面法求出軸力皆相等；但事實上工程問題中，有些桿件常受到兩個以上的軸向外力作用在不同位置，因而不同桿段內，軸力將不相同。若利用前述截面法，取各段為自由體，列平衡方程式求出軸力，將非常費時。因而為了描述軸力沿桿軸變化情況，通常採用函數曲線表示法。作圖時，沿桿軸方向取為橫座標來表示橫截面的位置，以縱座標代表軸力，這樣軸力沿桿軸的變化情況即可用圖形線條表示，此稱為軸力圖(axial force diagram)。

畫軸力圖作圖的步驟如下：

1. 畫出軸力圖座標系統。

2. 軸力圖是由左向右畫出，且從零開始，至零結束。主要是桿件平衡時，軸力合力為零。

3. 取整支桿為自由體圖，求出支承反力(或者已知不必求)。

   (1) 若最左側是拉力R_A(力向量指向左，即遠離截面)，在軸力圖是向正上升R_A量，若沿桿軸向右無軸向外力，軸力圖為水平線，接著在x_1處有軸向外力作P_1向左與R_A同向，則此處軸力將上升P_1量(即總軸力為$R_A + P_1$)；若軸向外力P_1向右，則此處軸力將下降P_1量(即總軸力為$R_A - P_1$)。當軸向外力並非集中力而是均勻分佈的外力且向左，此時為上升直線，該直線右端端點值是R_A加上此段均勻分佈總力。

   (2) 若最左側是壓力$(-R'_A)$，(力向量指向右，即力向量箭頭指向截面)，在軸力圖是向負方向下降R'_A量，若沿桿軸向右無軸向外力，軸力圖為水平線，接著在x_1處有軸向外力作P'_1向右(與R'_A同向)，在軸力圖再下降P'_1，即總軸力等於$(-R'_A - P'_1)$；若P'_1向左(與R'_A反向)，則軸力圖將上升P'_1量，即總軸力等於$(-R'_A + P'_1)$。當軸向力為均勻分佈指向與壓力$(-R'_A)$同向，將為向下直線，反之為上升直線。

觀念討論 ●

1. **力在材料力學(變形體)中為固定向量，在使用截面法求內力之前不容許使用力可移性原理**。這是因為外力移動後，就改變了桿件變形性質，使內力也隨之改變；但在使用截面法，再配合剛化原理，研究某一部分的平衡狀態，此時暫時

性處理爲"剛體",故可用力可移性原理,這樣才可用平衡方程式求出內力大小。

2. **畫軸力圖最重要是知道最左側力的方向(截面已知,定出最左端內力方向),而後面沿桿軸作用的軸向外力皆要與最左側力比較其方向(此時要應用靜力平衡方程式)。若軸向外力與之同向,則採與最左側力的正負值同符號方向變化;反之將向相反方向變化。**

3. 由軸力圖可以看出桿段中,那一段爲拉力,那一段爲壓力,再根據變形相容性條件知其伸長或縮短。同時可以找出最大軸力N_{max}及其位置所在。

4. 說明軸向內力是拉力或壓力,必須先指明對那一截面而言,這樣才有意義。

5. 材料力學所有公式(包括後面公式)負載項皆使用內力,亦即解材料力學問題時,必須先求出內力大小或內力分佈圖才可以,這是其他書未提到。

6. 畫軸力圖對每一斷面同時引入函數觀念(沿軸向x自變數變化,因變數軸向力N也跟著變化)及解一元一次代數方程式的觀念。

● **例題 2-1** 如圖 2-5(a)所示,一直桿承受$P = 600$ kN 作用,試繪出軸力圖。

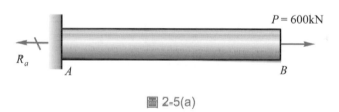

圖 2-5(a)

如圖 2-5(b)所示,試求 1-1 至 4-4 斷面上的軸向力至,並畫出軸力圖。

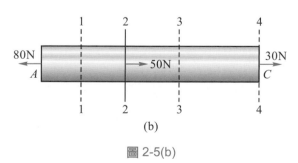

(b)

圖 2-5(b)

解 (a)取整支桿為自由體，列出平衡方程式，在變形體可以列平衡方程式時，就已用了剛化原理，以後不再提出。

$$\xrightarrow{+} \quad \Sigma F_x = 0$$

$$-R_A + 600 = 0$$

$$R_A = 600 \text{ kN}(\leftarrow)$$

用作圖法繪出軸力圖

(b)(1)

　　(2)

　　(3)

　　(4)

(方法一)截面法

(1)　求軸向力N_1

$$\xrightarrow{+} \quad \Sigma F_x = 0$$

$-80 + N_1 = 0$(註：方程式觀念，N_1是未知數)

$N_1 = 80\text{N}$(拉力)……………………………(1)(註：函數觀念，N_1是因變數)

(2) 求軸向力 N_2

$\overset{\rightarrow}{_+}$ $\Sigma F_x = 0$

$-80+50+N_2=0$(註：方程式觀念，N_2是未知數)

$N_2=80-50=30N$(拉力)……………… (2)(註：函數觀念，N_2是因變數)

(3) 求軸向力 N_3

$\overset{\rightarrow}{_+}$ $\Sigma F_x = 0$

$-80+50+N_3=0$ (註：方程式觀念，N_3是未知數)

$N_3=80-50=30N$ (拉力)……………… (3)(註：函數觀念，N_3是因變數)

(4) 求軸向力

$\overset{\rightarrow}{_+}$ $\Sigma F_x = 0$

$-80+50+30+N_4=0$ (註：方程式觀念，N_4是未知數)

$N_4=80-50-30=0N$ (拉力)………… (4)(註：函數觀念，N_4是因變數)

(1)式至(4)式等號右邊第一項為桿件最左端的作用力，拉力為正值，壓力為負值。

軸力圖

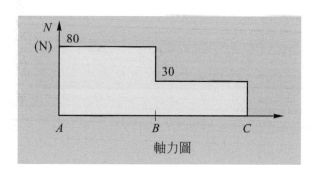

軸力圖

綜合上述結果，截面法求斷面上的軸向力——取自由體，畫自由體圖，列出平衡方程式，解平衡方程式，求出軸向力再畫出軸力圖。缺點：非常費時。

(方法二)畫軸力圖法

(沿軸向變化的軸向內力分怖圖——從數學觀點即是函數觀念)

引入解一元一次代數方程式的觀念及函數觀念

(解一元一次代數方程式的觀念是國中一年級的數學，$2x+5-8+9+14=0$

$\rightarrow 2x = -5 + 8 - 9 - 14 \rightarrow 2x = -20 \rightarrow x = -10$)

函數觀念——(自變數變化——即是沿桿軸不同位置的剖面，因變數(軸向力)變化)。

· 函數$y = f(x) \Leftrightarrow$ 方程式$y - f(x) = 0$(可以互相切換)

· 數形結合(最佳的數學技巧)

自變數變化(即橫軸 變化)——即由(1)式至(4)式(函數切換至方程式)，做到一面解(求出軸向力－因變數)一面畫(解方程式再切換至函數)。

畫出軸力圖如上圖。

由題意知先指定 1-1 至 4-4 斷面，代表自變數已指定要求軸向力(因變數)，已畫出軸力圖(代表函數行為已確定)，由軸力圖可求出$N_1 = 80\text{N}$(拉力)，$N_2 = 30\text{N}$(拉力)，$N_3 = 30\text{N}$(拉力)，$N_4 = 0\text{N}$。

例題 2-2 如圖 2-6 所示之直桿之B、C、D三點承受軸向外力$P_1 = 400$ N，$P_2 = 200$ N，$P_3 = 300$ N，試繪出軸力圖，並判斷各段是拉力或壓力。

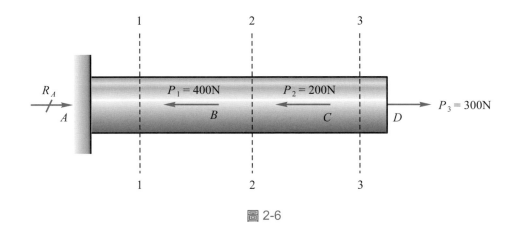

圖 2-6

解 首先求出A點支承反力

$$\xrightarrow{+} \quad \Sigma F_x = 0$$

$$R_A - 400 - 200 + 300 = 0$$

$$R_A = 300 \text{ N}(\rightarrow)$$

用作圖法繪出軸力圖(圖 2-7)

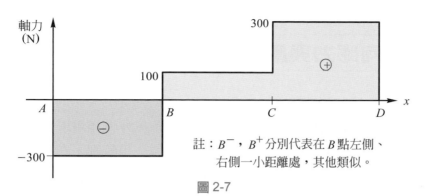

圖 2-7

作圖步驟：

A	零
A^+	下降 R_A 即 -300 N
$A^+ \rightarrow B^-$	水平線
B^+	P_1 與 R_A 指向相反，將與 R_A 值相反方向變化，即 $-300 + 400 = 100$ N
$B^+ \rightarrow C^-$	水平線
C^+	P_2 與 R_A 指向相反，將與 R_A 值相反方向變化，即 $100 + 200 = 300$ N
$C^+ \rightarrow D^-$	水平線
D^+	P_3 與 R_A 指向相同，將與 R_A 值相同方向變化，即 $300 - 300 = 0$

由軸力圖看出

AB 段為壓力，其值為 $N_{ab} = -300$ N

BC 段為拉力，其值為 $N_{bc} = 100$ N

CD 段為拉力，其值為 $N_{cd} = 300$ N

讀者可以用截面法在 1-1，2-2，3-3 截面求各段軸力，試比較一下何種方法為佳。

註　用截面法，取各段桿件為自由體圖(皆包含桿件最左端)，列出平衡方程式(即解一元代數方程式)，將欲求未知軸力(桿力)留在等號左邊，其他移至等號右邊(因每一項皆為實數，數學角度看實數滿足交換律，每一項皆可為右邊第一項，但力學角度是要先指定截面，拉力與壓力才有意義，故只有取最左或最右截面為主，亦即由左向右或由右向左畫軸力圖，本書以前者為主。)，因此皆可和桿件最左端的力做比較，了解是否同號或異號(即分別代表自由體圖上是同方向或反方向的力)，同號代表同方向，代數量相加(畫軸力圖在同方向畫)，反之相減(畫軸力圖反方向畫)，此即上述觀念討論第 2 項，特別強調所有軸向負載方向必須與最左端負載(或支承反力)做比較的道理。這是其他書中未曾敘述的。

2 -2 正向應力與應變

一、正向應力

在確定了桿件的軸力後，還是不能立即判斷桿在外力作用下是否會因強度不足而破壞。例如有兩根同材質的桿件，一根較粗，另一根較細，在相同軸向拉力作用下，兩根桿橫截面上軸力相同，但細桿可能被拉斷。這是因軸力只是桿件橫截面上分佈內力之合力，而要判斷一根桿件是否會發生斷裂等強度破壞，還必須聯繫桿件橫截面的幾何尺寸，分佈內力的變化規律，找出分佈內力在各點處的密集度或強度。

現在研究受外力作用桿件橫截面之內力分佈規律，由於軸力垂直於橫截面，故與它相應的分佈內力必然沿此截面的法線方向，法向分佈內力的密集度或強度稱為正向應力(normal stress)，以希臘字母 σ(讀作sigma)。由於桿件受到外力作用不僅產生內力，同時引起變形，而且內力與變形之間總是相互關聯著，因此**要解決這應力分佈，除使用剛化原理和平衡方程式，還應考慮桿件的變形，並利用內力和變形間的關係建立補充條件**。要解決此問題，材料力學常利用構件承受外力作用，再由受力後表面上變形情況為依據，做出構件幾何形狀的假設及其內部變形的幾何假設，再根據分佈內力與變形間的物理關係，得到應力在截面上的變化規律，然後再經過靜力等效觀念，求出以內力表示的應力公式。

首先取一等截面桿件如圖2-8所示。試驗前，在其表面上畫上互相垂直的一系列橫線及縱線，使其大小相同的正方形網格，而後施加外力 P，試驗中發現各橫、縱線仍保持直線，且分別互相平行與垂直。只是橫線間距離增加，而縱線間的距離減小，正方形變成矩形。

根據上述觀察，為了分析桿件應力分佈，做出以下假設：

1. 桿件須直桿，且是均質材料。

2. 軸向外力作用線需通過橫截面的形心處(主要是考慮軸向力的影響，忽略彎曲矩影響)。

3. 所考慮的橫截面需遠離桿端的施力點或遠離截面有突然變化之處(即符合聖維南原理，詳見2-5節介紹)。

4. 桿件變形前橫截面(垂直於桿軸)，變形後橫截面也保持平面，且垂直於桿軸，亦即各橫截面只作相對平移，此即為變形的平截面假設。

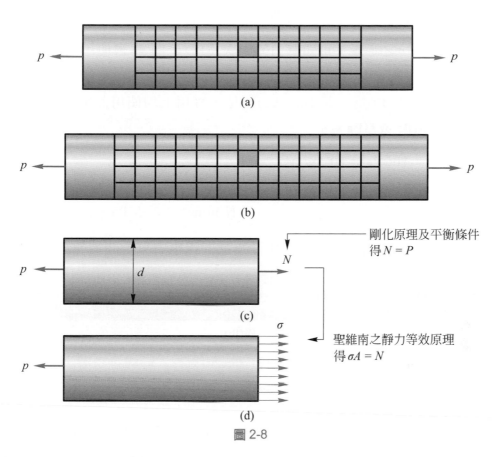

圖 2-8

　　首先用剛化原理及使用截面法，列出平衡方程式，求出內力(或畫軸力圖)。將桿件看成無數根的"纖維"組成，由**變形的平截面假設知，任意兩橫截面間的所有纖維的變形均相同**。對於均質性材料而言，若變形相同，則橫截面上分佈內力也均勻分佈，取整個橫截面或微小截面積dA，再根據聖維南靜力等效觀念及應力定義(單位面積上的內力)得

$$N = \sigma A \quad 或 \quad N = \int \sigma dA = \sigma \int dA = \sigma A$$
$$\sigma = \frac{N}{A} \tag{2-1}$$

其中N為軸力，A為桿件橫截面面積，而σ稱為該橫截面上之(平均)正向應力(normal stress)是一致連續有整體性質，可移至積分符號外面，拉伸時正向應力為正的拉應力(tensile stress)，壓縮時之正向應力稱為壓應力(compressive stress)。**另有一種推導方式及公式，雖有類似，但可能導致不太明確觀念及結果，造成初學者錯誤觀**

念(見本章後附錄 B)。

由公式(2-1)中 σ 之定義,可知應力的因次為 $[F/L^2]$,本書使用 SI 制單位,$[F]$ 之單位為牛頓(N),長度 $[L]$ 之單位為公尺或米(m),所以應力單位為 N/m^2。此單位稱為 pscacal 或 Pa,但 Pa 為一甚小的應力單位,實用上均使用此單位之倍數來處理問題,即 kPa,MPa 或 GPa。

$$1 \text{ kPa} = 10^3 \text{ Pa} = 10^3 \text{ N/m}^2$$
$$1 \text{ MPa} = 10^6 \text{ Pa} = 10^6 \text{ N/m}^2 = 1 \text{ N/mm}^2$$
$$1 \text{ GPa} = 10^9 \text{ Pa} = 10^9 \text{ N/m}^2 = 10^3 \text{ N/mm}^2 = 10^3 \text{ MPa}$$

另外公制重力與英制重力單位之應力單位及這三種應力單位間換算如表 2-1。

表 2-1

	公制重力單位	英制重力單位		三者換算關係
力 單 位	公斤力(kgf)	磅(lb)		1 psi = 6.895 kPa
長度單位	公分(cm)	吋(in)	呎(ft)	1 kgf/cm² = 98 kPa
應力單位	kgf/cm²	lb/in² (psi)	lb/ft² (psf)	1 kgf/cm² = 14.22 psi

一般情況下,內力分佈沿截面並非均勻分佈,而是有賴於軸向力 P 之實際作用情況而定。通常在負載附近有較高的應力值,而在作用面上造成不均勻的應力分佈,如圖 2-9 所示。

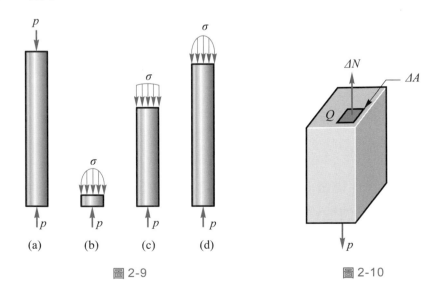

圖 2-9   圖 2-10

　　有時候我們必須知道截面上某一特定點的應力，因為一般構件破壞是在應力最大之處，為了定義截面上已知點Q之應力，試考慮一小面積ΔA上受ΔN之拉力(圖2-10)，將ΔN除以ΔA得ΔA面積上應力之平均值。為了了解其局部性質，使用極限觀念，若使ΔA趨近於零，則可得Q點之應力為

$$\sigma = \lim_{\Delta A \to 0} \frac{\Delta N}{\Delta A} = \frac{dN}{dA} \tag{2-2}$$

　　一般在截面上某一特定點Q的應力不會等於(2-1)式所求出的平均應力。以(2-2)式所求的應力在觀念上較重要*，而在計算上不實用。

　　應該注意，應力與內力是兩個不同的物理觀念。橫截面內力是指橫截面內各微小面積上作用的微小內力的總和；而應力是截面內各點內力的度量(或受力程度)。但正向應力與軸向內力N卻有關係存在(圖2-8)。

$$N = \int dN = \int \sigma dA$$

其中dN稱為微小面積dA的微小內力。

觀念討論

1. 　(2-1)式中平均應力分佈只有在下列情況下才成立。

　(1)　內力N通過且平行於桿軸。

　(2)　均質等截面直桿，且兩端承受軸向外力。

　(3)　桿件所承受負載是沿橫截面方向均勻分佈，且橫截面與端點之最小距離為d才可，其中d為桿件最大橫向距離(圖2-8)。

2. 　由(2-1)式中應力定義知，應力本身不是內力，故它不滿足力的平衡條件。

3. 　平截面假設是基於實驗觀察所設定的。

4. 　桿件內應力的數值與各點位置相關，而且與作用面有關，對於應力，必須指出它的作用點及作用面才有明確的意義。由於一點的應力與其作用面方位有關，若只知道橫截面上的應力，還是不能說明此點的受力情況(稱為一點應力狀態)。

---

* 因為物體本身形狀複雜，承受負載所產生的應力，將無法用其平均值來表示；而要從微積分中極限觀念來表示應力局部性質。而$\sigma = \lim_{\Delta A \to 0} \frac{\Delta N}{\Delta A} = \frac{dN}{dA}$剛好是導數的定義。由導數知，一函數的導數存在，則此函數必連續，這代表負載作用在物體上產生應力，但沒有將物體拉裂，不然物體上某一點將有兩個應力值(即物體不連續)。

主要是過空間中任一點有無窮多平面，描述這個平面方位有三個分量，亦即空間平面可分解成垂直於座標軸的三個平面表示之。過物體內任一點，將物體切開成兩部分，每一部分有三個與座標軸垂直的平面，因此為了更真確表示一點的應力狀態(受力情況)，取微小平行六面體(相互平行平面距離取很小，應力值不會變化)上的應力來表示一點的應力狀態，這就是為什麼材料力學中分析一點應力狀態常用微小六面體，而在平面常用應力元素(微小正方形)。

● 例題 2-3 一直桿(圖 2-11)承受$P_1 = 40$ kN 及$P_2 = 60$ kN 的作用力，求作用於$a-a$，$b-b$截面上之應力值。

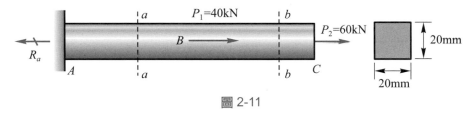

圖 2-11

解 首先求出A點支承反力

$$\xrightarrow{+} \Sigma F_x = 0$$

$$-R_a + 40 + 60 = 0$$

$$R_a = 100 \text{ kN}(\leftarrow)$$

畫出軸力圖

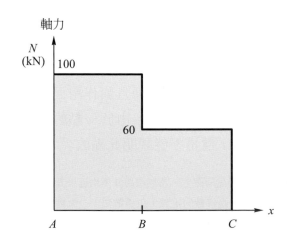

由(2-1)式求得

$a-a$截面上之應力

$$\sigma_{ab} = \frac{N_{ab}}{A_{ab}} = \frac{100 \times 10^3 \text{ N}}{20 \times 20 \text{ mm}^2} = 250 \text{ MPa}(拉應力)$$

$b-b$截面上之應力

$$\sigma_{bc} = \frac{N_{bc}}{A_{bc}} = \frac{60 \times 10^3 \text{ N}}{20 \times 20 \text{ mm}^2} = 150 \text{ MPa}(拉應力)$$

其中N_{ab}與N_{bc}分別為桿件在AB，BC段的內力

● **例題 2-4** 試證一等剖面桿件承受軸向力P的作用，若欲產生均勻拉伸或壓縮應力，此力必須通過所作用剖面的形心(圖 2-12)。

解 　現假設剖面為任意形狀，如圖 2-12 所示，且在剖面平面上取x軸及y軸做為參考座標。用剛化原理後再列出平衡方程式

$$N = P$$

$$M_x = Ny_1$$

$$M_y = -Nx_1 \tag{a}$$

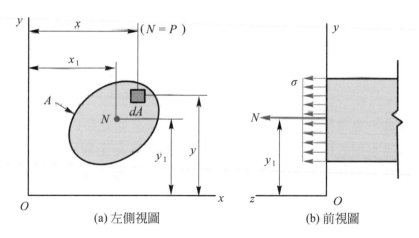

(a) 左側視圖　　　　　　(b) 前視圖

圖 2-12　軸向力P作用於剖面之形心

力矩之向量(由右手定則)作用於軸的正向時，此力矩為正。為求此分佈應力的力矩，考慮剖面上的面積元素dA(圖 2-12(a))，且假設產生均勻拉伸或(壓縮)應力，則由聖維南靜力等效原理得

　　$R = \Sigma F_i$，則

$$N = \sigma A \tag{b}$$

$$M_x = \sum_{i=1}^{n} M_{ix} \text{，則}$$

$$Ny_1 = M_x = \int \sigma y \, dA \tag{c}$$

$$M_y = \sum_{i=1}^{n} M_{iy} \text{，則}$$

$$-Nx_1 = M_y = -\int \sigma x \, dA \tag{d}$$

由(b)代入(c)(d)得

$$y_1 = \frac{\int y \, dA}{A} \quad , \quad x_1 = \frac{\int x \, dA}{A} \tag{e}$$

上式代表 P 作用線之座標為剖面面積一次矩除以面積。它與面積形心定義之方程式相同，即 $x_1 = \bar{x} = \dfrac{\int x \, dA}{A}$，$y_1 = \bar{y} = \dfrac{\int y \, dA}{A}$。故吾人得到一重要總結論：為使等剖面桿中有均勻之拉應力或壓應力，軸向力須通過截面面積之形心。

觀念討論 ●

1. 材料力學主要認定所研究的物體是變形體的構件，構件承受外負載的同時也發生變形，變形達到一定值的構件才處於平衡狀態。所以必須對變形後的物體應用剛化原理，列出靜力平衡方程式，但一般按變形後的物體應用剛化原理，列出平衡方程式往往十分複雜。基於第一章小變形假設，可以按構件未變形前原始幾何狀態，應用剛化原理，列出平衡方程式。如此將問題大大簡化，然後再用聖維南靜力等效原理，使其求出應力的誤差能在工程上的容許範圍內。

2. 特別注意靜力學是先討論力系合成(靜力等效)，再研究平衡問題。而材料力學是先用剛化原理及列出平衡方程式，再使用聖維南的靜力等效原理。後面這兩種靜力等效是有所不同的。(詳見 2-5 節觀念討論)

二、正向應變

設等截面直桿原長為 L，它受一對拉力 P 之作用而伸長，其長度增為 L_1(圖 2-13)，則桿的縱向伸長，以希臘字母 δ(delta)表示之，

即
$$\delta = \Delta L = L_1 - L \tag{a}$$

它只反映桿的總變形量，而無法說明桿件的變形程度。由於桿的各段是均勻伸長的，故反映桿的變形程度的量可採用每單位長度桿的縱向伸長，定義為應變(strain)，它以希臘字母ε(epsilon)表示之，即應變＝變形量／原長度

$$\varepsilon = \frac{L_1 - L}{L} = \frac{\delta}{L} \tag{2-3a}$$

即 $$L_1 = (1 + \varepsilon)L \tag{2-3b}$$

其中L_1為變形後的長度。

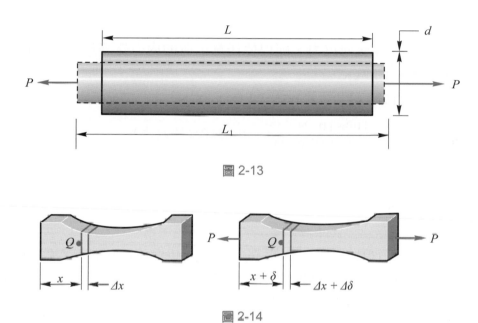

圖 2-13

圖 2-14

　　桿件承受拉力，應變稱為拉應變，取正值，表示桿件是伸長。若桿件承受壓力，應變稱為壓應變，取為負值，表示桿件是縮短。由於應變ε是因正向應力而產生，故又稱為正向應變(normal strain)。ε**表示桿件軸向(縱向)之相對變形程度，稱為軸向(縱向)應變**，通常應變值皆非常小。若對有剖面積變化的桿件而言(圖 2-14)，其正向應力也沿桿件變化，如同正向應力，可定義Q點處之正向應變(normal strain at point Q)為

$$\varepsilon = \lim_{\Delta x \to 0} \frac{\Delta \delta}{\Delta x} = \frac{d\delta}{dx} \tag{2-3c}$$

● **例題 2-5** 一等截面桿有一矩形截面(20×50 mm)，其長為$L = 4.0$ m，受一
軸向拉力$P = 100$ kN(圖 2-15)。其伸長量測得為$\delta = 2.0$ mm，試
求桿件中拉應力及應變。

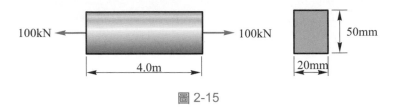

圖 2-15

解 因桿件兩端承受軸向拉力，則桿件任意位置的內力皆等於外力。即

$N = P = 100$ kN

由(2-1)式得拉應力

$$\sigma = \frac{N}{A} = \frac{100 \times 10^3 \text{ N}}{(20 \text{ mm})(50 \text{ mm})} = 100 \text{ MPa(拉應力)}$$

且由(2-3a)式得正向應變

$$\varepsilon = \frac{\delta}{L} = \frac{2.0 \text{ mm}}{4.0 \times 10^3 \text{ mm}} = 5.0 \times 10^{-4} \text{(注意無單位)}$$

● **例題 2-6** 如圖 2-16(a)所示，水平桿CBD，在B處由AB構件支承，在D處是
承受一負載$F = 60$ kN作用。垂直構件AB之截面面積$A = 400$ mm²。
試求在AB構件之正向應力。

解 由題意知要求AB構件之正向應力，因而必須求出AB構件之軸向內力N_{ab}，故
取水平桿CBD為自由體，列出平衡方程式(因只求N_{ab})

則　↺ $\Sigma M_c = 0$

-60 (kN)(5 m) $+ N_{ab}$(3 m) $= 0$

$N_{ab} = 100$ kN(拉力)

在AB構件之軸向內力皆為$N_{ab} = 100$ kN 拉力，故由(2-1)式知

$$\sigma_{ab} = \frac{N_{ab}}{A} = \frac{100 \times 10^3 \text{ N}}{400 \text{ mm}^2} = 250 \text{ MPa(拉應力)}$$

註　注意很容易直接代(2-1)式得出錯誤結果

$$\sigma_{ab} = \frac{F}{A} = \frac{60 \times 10^3 \text{ N}}{400 \text{ mm}^2} = 150 \text{ MPa}(拉應力)$$

因外力F並非AB構件的眞正軸向力。

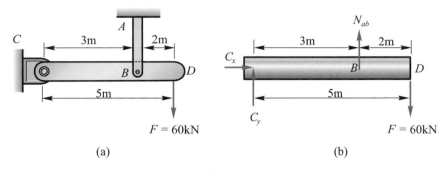

(a)   (b)

圖 2-16

2 -3 應力與應變圖

在研究桿件的強度、剛性和穩定性問題時，不僅需要知道桿件在外力作用下所引起的應力和變形規律，而且還要知道**材料本身抵抗破壞和變形時所表現出來的性能。這些性能統稱為材料的力學性質或機械性質。然而要知道材料的力學性質只有通過實驗的方法才能得到。**

工程上所使用的材料種類繁多，我們僅以低碳鋼和鑄鐵這兩種典型材料爲代表，來說明材料在拉伸與壓縮時的力學性質。在常溫、靜載(加載速度較慢)的情況下，對材料進行拉伸、壓縮實驗，它們是確定材料力學性質的基本實驗。

爲了使拉伸時量測範圍內的橫截面上應力爲均勻分佈，需將試桿製成一定標準，如我國CNS，美國材料與試驗學會(ASTM)，美國標準聯合協會(ASA)，國家標準局(NBS)及英國國家標準(BSI)。

常用的典型試桿如圖(2-17)所示，試桿中間圓柱形部份的剖面積經過仔細測量，兩個標點距離爲L_0，L_0稱爲試桿的標距(gauge length)。

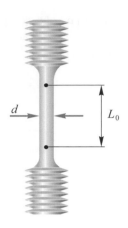

圖 2-17   典型拉伸試驗試桿([5]圖 3-1)

　　低碳鋼(含碳量在 0.30％以下)是在工程上廣泛使用的材料。在拉伸實驗中低碳鋼的力學性能表現得較爲全面與典型。茲將常溫下的靜載行爲說明於後。

　　試驗時，先將試桿製成如圖 2-17 中的標準試桿，然後將試桿正確安裝在試驗(圖 2-18 或圖 2-19)上，再起動試驗機，對試桿緩慢從零施加負載，使試桿在標矩長度內產生均勻伸長；將整個拉伸過程的施加負載值及其對應的伸長量的曲線準確繪製下來(試驗機上備有此裝置)，直到拉斷爲止。

圖 2-18   附有伸長計量儀之典型拉力試驗試樣，此片已受拉而斷裂([1]圖 1-6)

圖 2-19　萬能試驗機([2]圖 2-7)

根據所繪製曲線，它反映了試桿所受負載 P(桿件兩邊受力，其各處內力 N 與負載 P 有相同值)，與相應伸長量 δ 間的關係，稱為拉伸圖或負載－撓度(位移)圖(如圖 2-20 所示低碳鋼的拉伸圖)。

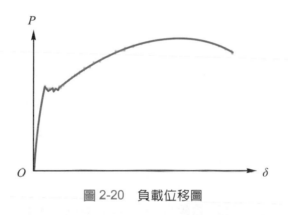

圖 2-20　負載位移圖

但拉伸圖不僅與試桿的材料有關，而且與其橫截面尺寸和標距大小有關，故不宜用此拉伸圖來代表材料拉伸性能。

採用上節應力 σ 表示材料受力程度(以消除橫截面積影響)，而以應變 ε 表示材料變形程度(以消除試桿長度影響)，由應力 σ 與應變 ε 所繪製的曲線稱為應力－應變曲線或 $\sigma-\varepsilon$ 曲線。以下以應力-應變曲線為基礎，並結合實驗過程中所觀察到的現象，介紹材料的力學性能。

2-3-1　低碳鋼拉伸時的力學性質

從圖 2-21 看出，低碳鋼試桿在拉伸時的全部過程可區分為以下四個階段：

1. **彈性階段**

　　在拉伸初始階段，應力σ與應變ε成正比(OA線段)，而對應於A點應力為σ_{pl}稱為材料比例限(proportional limit)，亦即σ_{pl}**表示應力與應變成正比時的最高應力值。**

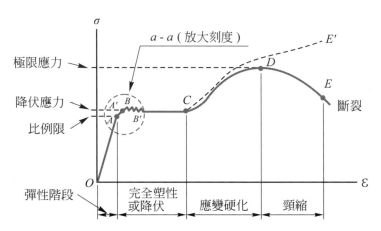

圖 2-21　典型結構鋼受拉之應力-應變圖(略去刻度)

　　接著負載再增加時，其變形也增加到達A'點，此時σ與ε之間不再有直線關係，但變形仍為彈性，即解除負載後變形將完全消失，故稱OA'段為彈性變形階段。A'點所對應的應力稱為彈性限(elastic limit)，**表示材料只產生彈性變形時的最高應力。**

　　彈性限與比例限二者之意義是不同的，但由於實驗測得的數值卻很接近，實用上常認為二者數值相等。

2. **降伏(yield)階段**

　　應力超過彈性限後，試桿除了彈性變形外，還產生塑性變形，當應力到達B點後，σ-ε圖上第一次倒退，由B點倒退至B'點之後應力幾乎不變，但應變卻顯著增加，這種現象稱為降伏(yielding)。曲線上$A'B'$段稱為降伏階段，此階段產生顯著塑性變形。若試桿表面光滑，材料降伏時可看出試桿表面有與軸線約成 45°的條紋線，稱之為**滑移線**(圖 2-22)，**這是由於沿著最大剪應力面，材**

料晶格之間發生相對滑移而導致塑性變形。

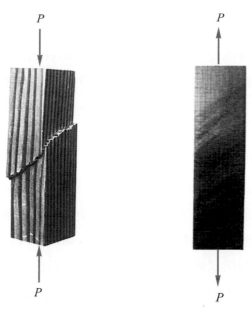

(a) 受壓之木塊沿 45°平面破壞	(b) 承受軸向拉力之磨光鋼試
([1]圖 2-31)	桿之滑帶 ([2]圖 2-32)

圖 2-22

　　在降伏階段應力σ有微小的波動，其第一次下降前的最大應力點稱為上降伏點(upper yield point)，除了第一次下降的最小應力外，在降伏階段的最小應力點稱為下降伏點(lower yield point)。上降伏點的應力，其值受變形速度和試件形狀的影響較大。所以工程上均以較穩定下降伏點的應力做為材料降伏時的應力，稱為降伏應力(yield stress)。

　　接著在水平線BC，在此段內，應力幾乎不增加而應變卻有較大的增加，所增加的變形是不可恢復的塑性變形，對於低碳鋼，它大約是彈性階段變形的15～20 倍。

3. **應變硬化(strain harden)階段**

　　　在試桿內所有晶粒都發生了滑移之後，滑動到一定程度時，其內部結構因晶體排列的位置，經過改變後也重新得到調整，因而材料變形的抵抗能力也不斷加強，這種現象稱為硬化(harden)或強化(strengthing)。在 $\sigma - \varepsilon$ 圖上曲線 CD 段所對應的過程稱為應變硬化階段。**此階段最高點 D 點所對應的應力是材料所能承受的最大應力，稱為**極限應力(ultimate stress)，**以 σ_u 表示，它是衡量材料強度的另一指標。**

4. **頸縮(necking)階段**

　　　D 點開始，在試桿的某一局部範圍內，截面顯著縮小(圖 2-23)，產生所謂頸縮現象。頸縮現象出現後，繼續拉伸所需負載將迅速減小，最後導致試桿突然斷裂，此時所對應的應力為破裂應力(fracture stress)σ_f。此階段標距內的拉伸應變不均勻，在頸縮處應變較大。若以頸縮部份的窄剖面積用於應力計算，此時應力稱為真實應力(true stress)，則真實應力-應變曲線將繪於圖 2-21 上是 CE' 部分。

　　　綜合上述整個拉伸過程，材料經歷了彈性，降伏，應變硬化和頸縮變形四個階段，並存於三個特徵點；其相應的應力依次為比例限 σ_{pl}，降伏應力 σ_y，和極限應力 σ_u。σ_{pl} 表材料處於彈性狀態的範圍；σ_y 表材料進入塑性變形；σ_u 表材料最大的抵抗能力，所以 σ_y，σ_u 是衡量材料強度的重要指標。

　　　並非所有延性材料皆有如圖 2-21 的應力-應變圖，如典型鋁合金應力-應變圖(圖 2-24)，圖中並無明顯降伏點，一般以偏位法(offset method)，即以 0.2 ％應變為偏位之偏位線，與曲線的交點(圖 2-25 中的 A 點)定義出降伏應力，此應力即為偏位降伏應力(offset yield stress)。

圖 2-23 延性材料的破壞([5]圖 3-5)

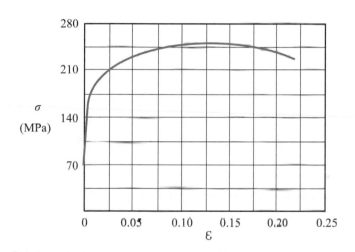

圖 2-24 典型鋁合金之應力-應變關係圖

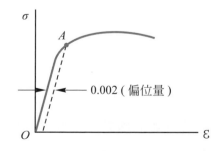

圖 2-25 未定降伏應力由偏位法決定之

2-3-2　材料的塑性指標

為了比較能全面地衡量材料的力學性能，除了上述的強度指標外，還**需要知道材料在被拉斷之前產生塑性變形(永久變形)的能力。**

工程上常用的塑性指標有伸長率ϕ和斷面收縮率Ψ。伸長率(percent elongation) ϕ是表示試桿被拉斷後標距範圍內平均的塑性變形百分率，即

$$\phi = \frac{L_1 - L_0}{L_0} \times 100\ \% \tag{2-4}$$

式中　　L_1是拉斷後標距長度。

另一塑性指標是斷面收縮率Ψ(percent reduction in area)，**表試桿斷口處橫剖面面積的塑性收縮百分率，**即

$$\Psi = \frac{A - A_1}{A} \times 100\ \% \tag{2-5}$$

式中　　A是拉伸前試桿的橫剖面面積

　　　　A_1是拉斷後斷口處的橫剖面面積

材料ϕ(讀作 phi)及Ψ(讀作 psi)值愈大，說明材料的塑性愈好，所以ϕ及Ψ是衡量材料塑性的兩個重要指標，但它們之間的關係並沒有數學式子能夠表示，原因是最後的塑性變形實在太不均勻。

從試驗中知，ϕ的數值與L_0/d比值有關。為了說明試驗材料，在斷裂後伸長率的符號下標標註標距L_0與原直徑d的比值。例如ϕ_{10}代表試桿拉斷後伸長率是用$L_0 = 10d$的試桿測得的。而斷面收縮率Ψ則與L_0/d比值無關。

材料的損壞(failure)的型式有二：降伏(yielding)和破裂(fracture)，**降伏變形是材料晶粒沿著某個角度產生滑動，但並不破裂。**但大多數的機械元件在產生相當的降伏後，就喪失工程上的用途，因此，降伏可視為損壞。另一種損壞，是發生在和拉應力垂直的橫剖面上，造成機件有被分離成兩部分。

基於上述原因，常將材料分成延性(ductile)和脆性(brittle)材料。延性材料可定義為抵抗滑動的能力小於抵抗分離的能力，機件將是降伏而損壞，它是由剪應力導致延性材料損壞的主因。而脆性材料則是抵抗分離的能力小於抵抗滑動的能力，

機件是破裂的損壞，主要是正向應力導致脆性材料的損壞。**一般認為**$\phi_{10} \geq 5\%$**的材料為延性材料**，如碳鋼、鋁合金及銅等，而$\phi_{10} < 5\%$的材料稱為脆性材料，如鑄鐵、玻璃等。

現考慮脆性材料受拉力作用時，**其特點是在斷裂之前；伸長率無任何事先可察覺的明顯變化**(圖 2-26)，**因此脆性材料的極限強度與破壞強度並無區別**，且與延性材料相比較，其斷裂時的應變要小得多。由圖 2-27 吾人發現脆性材料的試桿上沒有頸縮的現象，在沒有明顯的塑性變形就斷裂，同時也發現斷裂是發生在沿垂直於負載方向的面上。**由此可知正向應力是導致脆性材料損壞的主因，因此極限應力是唯一表示脆性材料強度特性**。然而有時延性材料在疲勞負載或在低溫環境等情況下，也將產生脆性損壞，在此我們並不討論，主要在機械設計中討論。

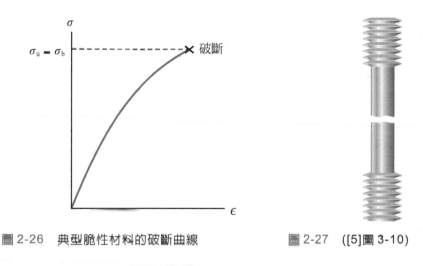

圖 2-26　典型脆性材料的破斷曲線　　　　圖 2-27　([5]圖 3-10)

2-3-3　壓縮時材料的機械性質

一般金屬材料的壓縮試桿都做成圓柱形狀(對於混凝土及非金屬材料常用立方形)。為了避免將試桿壓彎，一般試桿的高度為直徑 1.5～3 倍。延性材料如鋼、鋁、銅等之壓縮比例限非常接近受拉力的情形。然而，當降伏開始時，其行為即大為不同，在拉力試驗中，試桿被拉伸且發生頸縮，最後發生斷裂。而壓縮時，其邊緣開始凸出而變成桶形，負載繼續增加，試桿將成扁平狀，會增加對變形的阻力(意即應力-應變曲線上升)，但不可能被壓斷，故得不到材料壓縮時的極限應力σ_u。

此特性如圖 2-28 的壓縮銅試件之應力-應變圖。

　　壓縮脆性材料，典型上有一初期線性區域，在此區域內，縮短的增加率較負載增加率來得高，如此壓縮的應力-應變圖型式與拉力者相似，但受壓時的極限壓力通常較受拉力時為高，大約為 3～4 倍左右。同時脆性材料實際上的破裂或損壞是在承受最大負載時。對於鑄鐵受拉力與壓力下的應力-應變圖，如圖 2-29 所示。

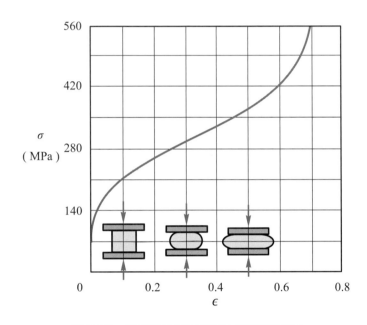

圖 2-28　壓縮銅試件的應力-應變關係圖

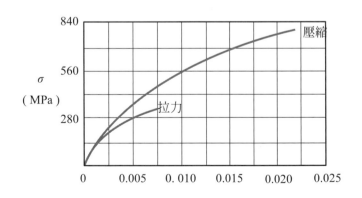

圖 2-29　鑄鐵受拉力及壓縮之應力-應變關係圖

不同材料的重要機械性質表，附於附錄 1 中。然而這些資料是在標準狀況下得到，而不適於特殊情況下應用，其原因是由於製造程序不同，化學成份、溫度不同皆會對其性質產生影響。

2 -4 虎克定律

由實驗表明，$\sigma-\varepsilon$曲線第一階段OA為一直線，即應力與應變成正比，則

$$\sigma = E\varepsilon \qquad\qquad (2\text{-}6)$$

其中E為一比例常數，稱為彈性模數(modulus of elasticity)，**它為此直線的斜率，其單位與應力相同為 MPa 或 psi(英制)**。(2-6)式稱為虎克定律，它是由英國科學家虎克(Rebert Hooke 1635～1703)做實驗發現而命名；另一英國科學家Thomas Young (1773～1829)也得到相同結果，因而彈性模數又稱為楊氏模數(Young's modulus)。(2-6)式它是描述線彈性應力與應變的比例關係。以數學觀點說明虎克定律(見本章後附錄C)。

一般彈性模數重要性，可歸納為

1. 負載作用在物體上，在彈性範圍內所造成的影響，可由E值來描述；且E值是保持不變。

2. 一般廣泛使用的鋼材或鋁材的E值都為定值；對鋼而言，$E = 207$ GPa；對鋁而言，$E = 71$ GPa。

3. E值很適合比較材料的剛性與撓性。剛性是材料抵抗變形的能力，而撓性為剛性的相反詞。對較硬的材料而言，有較大的值，如結構金屬即是。而一般撓性材料，則有較低的值，如木材$E = 11$ GPa。

現回顧圖 2-13 知，承受軸向拉力作用軸向伸長量$\delta > 0$，橫向將收縮$\Delta d = d_1 - d < 0$(圖 2-30)；反之承受軸向壓力$\delta < 0$，橫向將膨脹$\Delta d > 0$，則橫向應變(lateral strain)ε'或ε_y

$$\varepsilon' = \frac{d_1 - d}{d} = \frac{\Delta d}{d} \qquad\qquad (a)$$

或

$$d_1 = (1 + \varepsilon')d \qquad\qquad (b)$$

若材料為均質且等向性，則在線性彈性區域內的橫向應變與軸向應變成正比，

其比值稱為蒲松比(poisson's ratio)，而以希臘字母v(nu)表示，則

$$v = -\frac{\text{橫向應變}}{\text{軸向應變}} = -\frac{\varepsilon'}{\varepsilon} = -\frac{\varepsilon_y}{\varepsilon_x} \qquad (2\text{-}7a)$$

或

$$\varepsilon' = -v\varepsilon \qquad (2\text{-}7b)$$

其中負號表正的軸向應變必伴隨負的橫向應變，雖然橫向尺寸變化很小，但可由儀器測出。反之正的ε_y必有負的ε_x，故取負號，**而使蒲松比均為正值，且是無單位。**

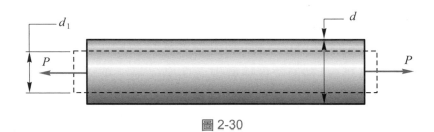

圖 2-30

　　許多金屬及其他材料，v在 0.25 至 0.35。但軟木塞v值很小，應用上視為零。混凝土v為 0.1 或 0.2。而蒲松比理論上限值為 0.5。不同材料在彈性範圍內之v值列於附錄 2 中表 2-2。

　　在實驗中觀察，承受軸向拉力或壓力作用，除了軸向尺寸有變化，蒲松效應知橫向與側向尺寸也有變化，因而體積變化。考慮(圖 2-31)一矩形六面體元素(abcdefgo)，各邊長為a_1，b_1及c_1。x軸為桿件縱軸(軸向)方向，圖中所示軸向力產生正向應力$\sigma_x = \sigma$，最後元素為圖中之實線形狀，由應變定義知，x軸方向變形後尺寸加上變形量，即$a = a_1 + a_1\varepsilon = a_1(1 + \varepsilon)$，再由蒲松效應知另二方向尺寸為$b_1(1 - v\varepsilon)$及$c_1(1 - v\varepsilon)$，則元素最後體積為

$$V_f = a_1 b_1 c_1 (1 + \varepsilon)(1 - v\varepsilon)(1 - v\varepsilon)$$

將上式展開後，由於ε是一個非常小的量，忽略平方項和立方項，則

$$V_f = a_1 b_1 c_1 (1 + \varepsilon - 2v\varepsilon)$$

而體積改變量為

$$\Delta V = V_f - V_o = a_1 b_1 c_1 \varepsilon (1 - 2v)$$

其中$V_o = a_1 b_1 c_1$。如前所述，體積變化會受體積大小所影響。故考慮單位體積變化 (unit volume change)e。**它定義為體積變化量除以原有體積值(體積相對變形的程度)**

$$e = \frac{\Delta V}{V_o} = \varepsilon(1-2v) = \frac{\sigma}{E}(1-2v) \tag{2-8}$$

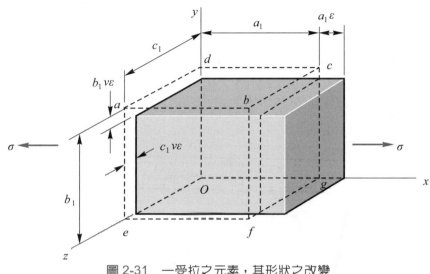

圖 2-31　一受拉之元素，其形狀之改變

　　e也稱為膨脹率(dilatation)，它也是無單位的量，(2-8)式知可由應變或應力及彈性常數(v和E)求得膨脹率e。

　　由(2-8)式知，若材料承受拉伸，而v大於 0.5，即$(1-2v)$將小於零，其體積反而減少，這在物理學上而言，似乎不太可能，故理論值上限取$v = 0.5$。

觀念討論 ●

1. 　虎克定律(2-6)式，$\sigma = E\varepsilon$，看起來似乎非常簡單，但它具有變數變換的功用，即力學參數(應力)和幾何參數(應變)之間的變換，在計算時常用到，要特別注意。

2. 　描述軸向負載作用下，相對變形的物理量有三種：

   (1)　正向應變ε(一維)。

   (2)　蒲松比v(二維)。

   (3)　膨脹率e(三維)。

   　　它們皆是無單位的量，其中正向應變、膨脹率可正、可負或為零。但是為正的ε表拉應變，負ε表壓應變。正e表體積增加，負e表體積減少。

3. 蒲松比可看成材料承受負載時，指示在負載垂直方向變形的程度(不管垂直方向是否有受力)。在設計緊密配合的機件時要特別注意。

4. 承受軸向拉力作用，而在橫向無拘束，將產生有橫向應變，但無應力產生；另一例子，桿件受溫度改變，若端點無拘束，將產生熱應變，而無熱應力產生。

● **例題 2-7**　一長 600 mm，直徑 15 mm 的桿件以均質及等向性材料製成，當受到 12 kN 的軸向負載時，長度增加 300 μm，直徑減少 2.4 μm，如圖 2-32 所示，試求該材料的彈性模數及蒲松比。

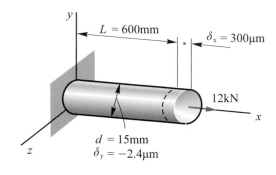

圖 2-32

分析　因要求E值，由題意知有外加負載及變形，故要求應力及應變，應用虎克定律，才可求出E值。另求v值，由v定義知是兩互相垂直方向應變的比值，由題意已表明兩垂直方向變形量，故可求出v值。

解　由於一端固定，另一端承受負載，故任一位置之內力$N = P = 12$ kN，由於要求彈性模數，應用虎克定律得

$$\sigma_x = E\varepsilon_x$$

$$\frac{N_x}{A} = E\frac{\delta_x}{L}$$

$$E = \frac{NL}{A\delta_x} = \frac{NL}{\frac{\pi}{4}d^2\delta_x} = \frac{4NL}{\pi d^2\delta_x} = \frac{4 \times 20 \times 10^3 \text{N} \times 800\text{mm}}{\pi(20\text{mm})^2 \times 300 \times 10^{-3}\text{mm}} = 169.77 \text{ GPa}$$

由蒲松比定義得

$$v = -\frac{\varepsilon_y}{\varepsilon_x} = -\frac{(\frac{\delta_y}{d})}{(\frac{\delta_x}{L})} = -\frac{\delta_y L}{\delta_x d} = -\frac{-3.0\mu m \times 800 mm}{300\mu m \times 20 mm} = 0.4$$

注意式子中有負號，最後v值一定為正值。

● **例題 2-8**　一圓剖面之等剖面桿件，兩端受一對拉力$P = 100$ kN作用，桿長 $L = 3.0$ m，直徑$d = 40$ mm。此桿由鋁合金 2014-T6 組成，其彈 性模數$E = 70$ GPa，且$v = \frac{1}{3}$，試求伸長量δ，直徑減小量Δd及桿 件體積增加量ΔV。

分析　因要求δ、Δd、ΔV皆為幾何量，由題意知外負載作用，故求δ必用虎克定律(變 數變換)，而Δd並非在負載方向，而是垂直負載方向必要用蒲松比定義求得； 另ΔV值雖已知原體積，只要知道變形後體積V_f即可求出。但由前面已求出應 變(它是微小量)或應力，可經由膨脹率e定義求得ΔV值。

解　桿件任一橫截面之內力$N = P = 100$ kN，軸向應力

$$\sigma = \frac{N}{A} = \frac{N}{\frac{\pi d^2}{4}} = \frac{4N}{\pi d^2} = \frac{4 \times 100 \times 10^3 \text{ N}}{\pi (40)^2 \text{ mm}^2} = 79.58 \text{ MPa}$$

此應力值小於比例限(見附錄 1 之表 1-3)，此材料符合線彈性。由虎克定律知

$$\sigma = E\varepsilon$$

$$\frac{N}{A} = E\frac{\delta}{L}$$

故總伸長量

$$\delta = \frac{NL}{AE} = \frac{100 \times 10^3 \text{N} \times 3000 \text{mm}}{\frac{\pi}{4}(20\text{mm})^2 \times 70 \times 10^3 \text{N/mm}^2} = 3.41\text{mm}(伸長)$$

由蒲松比定義知

$$v = -\frac{橫向應變}{軸向應變} = -\frac{\varepsilon_y}{\varepsilon_x} = -\frac{(\frac{\Delta d}{d})}{(\frac{\delta}{L})} = -\frac{\Delta d L}{\delta d}$$

$$\Delta d = -\frac{\delta d v}{L} = \frac{-3.41\text{mm} \times 40\text{mm} \times \frac{1}{3}}{3000\text{mm}} = -0.0152\text{mm}(負號表示減少量)$$

由膨脹率知 $e = \dfrac{\Delta V}{V_o} = \varepsilon(1-2v)$

則 $\Delta V = V_o \varepsilon(1-2v)$

$\qquad = (\dfrac{\pi}{4}d^2 L)(\dfrac{\delta}{L})(1-2v)$

$\qquad = \dfrac{\pi}{4}d^2 \delta(1-2v)$

$\qquad = \dfrac{\pi}{4}(40\ mm)^2 \times (3.41\ mm) \times \left(1-\dfrac{2}{3}\right)$

$\qquad = 1428.38 mm^3 (正號表示體積增加量)$

2 -5　聖維南原理

　　若我們拿一試件如圖 2-33，它承受集中負載，則集中負載作用點鄰近各點的微元素，就會受到很大應力，可由圖中發現負載作用點附近產生強烈變形所導致的大應力與大應變，而角落上卻無變形發生。由這事實得知，若考慮遠離負載作用點的元素，則發現變形漸趨於一致，試件剖面上的應力與應變分佈亦漸趨於均勻(圖 2-34)。

　　假如我們企圖求出構件中真正的應力分佈，將經過繁雜的數學分析或做實驗求出。雖然正確的應力分佈並未知道，可是我們可以以已知量去估計此應力效應，當然要使這兩者的結果差異愈小愈好，而這些已知量就是物體形狀尺寸、合力及合力矩。首先提出這方法是法國數學家兼工程師 Adh'emar Barr'e de Saint-Venant (1797～1886)。聖維南原理(Saint-Venant's Principles)，其陳述如下：

　　如果改變物體的某一局部(小部份)邊界面上作用的表面力之分佈方式，但保持靜力上的等效，則附近處的應力分佈有顯著地改變，而遠處的改變甚小，可以忽略不計。

　　另一種更科學化的聖維南原理可描述為：

　　若在物體上任一部分作用的一個平衡力系，則該平衡力系在物體內部所產生的應力分佈只局限於平衡力系作用的附近地區，在離此區域相當遠的區域，這種影響便急遽地減小。注意此原理先強調一個平衡力系。

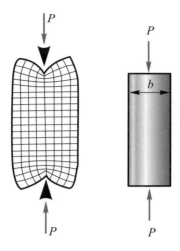

圖 2-33　([2]圖 2.55)

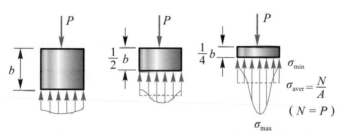

$\sigma_{\min} = 0.973\,\sigma_{\text{aver}}$　$\sigma_{\min} = 0.668\,\sigma_{\text{aver}}$　$\sigma_{\min} = 0.198\,\sigma_{\text{aver}}$

$\sigma_{\max} = 1.027\,\sigma_{\text{aver}}$　$\sigma_{\max} = 1.387\,\sigma_{\text{aver}}$　$\sigma_{\max} = 2.575\,\sigma_{\text{aver}}$

圖 2-34　([2]圖 2.56)

　　如圖 2-35 所示，鉗子夾一直桿，就如同一平衡力系加在直桿上，此時不論作用力有多大，但在虛線圍著的一個小區域B以外幾乎不產生應力，這說明聖維南原理的精神。

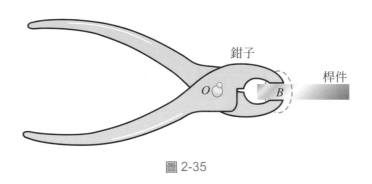

圖 2-35

觀念討論

　　所謂靜力等效，在對於剛體而言，兩力系分別作用在剛體上，對同一點其主向量和主矩相同，稱此兩力系靜力等效，將產生相同外效應。但對於彈性體而言，所謂靜力等效是指該外力系和將此力系向某一點移置的力系，兩者在虛位移上的虛功相等(因變形體在外力作用下，產生應力與變形，基於能量守恆將這兩個因素一起考慮而用虛功要相等)，亦即外力作用下在元素上所引起的應變能(在 2-11 節中介紹)和移置後的負載在元素上引起的應變能要相等。在此也特別強調在剛體力學中是先介紹靜力等效後，再使用平衡方程式，而在材料力學中是先要在平衡狀態下，使用平衡方程式(不然物體一直在變形，不同的人去分析同一問題，將產生不同的結果)，再用聖維南原理靜力等效。

2 -6　剪應力與剪應變

　　前面所討論的是**軸向力產生正向應力**對物體尺寸產生伸長或縮短。現在討論的是另一種應力：剪應力(shear stress)，它是作用在平行或切於剖面上，使物體有被切斷的可能或形狀改變。

圖 2-36(a)中，扁形桿A及U型鉤C在拉力P作用下，使螺栓B有被切斷可能及被壓裂或其功能散失。扁形桿及U型鉤受拉作用，將施壓接觸於螺栓的表面，此種接觸應力稱**支承應力**(bearing stress)。**它常發生在許多機件連接體中，由於連接物體間有間隙，受外力作用，機件間互相接觸靠緊，施壓在另一機件的表面上(必須注意那一機件施壓在那一機件上及其施壓位置)，它沒有蔓延到整個構件。而且並非外力直接施壓在其表面上。**一般這種應力分佈，很難正確求得，為了簡化起見，假設是平均分佈如圖 2-36(b)中所示。則支承應力σ_b為

$$\sigma_b = \frac{N}{A_s} \tag{2-9}$$

其中N是在接觸截面處內力，由平衡方程式得出，而A_s是接觸表面的投影面積。

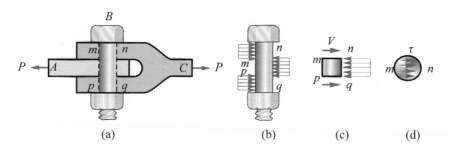

圖 2-36　承受直接剪力之螺栓

螺栓在沿剖面mn及pq有被剪斷可能，取螺栓$mnpq$剖面為自由體圖(圖 2-36(c))，可以看出必有V力作用在螺栓的切平面上，稱V為**剪力**(shear forces)，此力V等於$P/2$，而這些剪力實際上是作用於螺栓剖面上的剪應力(以希臘字母τ(tau)表示)之合力。這些應力真正分佈尚未完全明瞭，但在中間處最大，在邊緣上為零。為了簡化假設均勻分佈，得平均剪應力

$$\tau_{\text{aver}} = \frac{V}{A} \tag{2-10}$$

其中A為剪力作用面積，剪應力單位與正向應力相同即 MPa，kPa 表示。

為了更了解一點的剪應力狀態，取一平行六面體(圖 2-37(a))，微元素前後兩面無應力作用。現在假設剪應力為均勻分佈。一元素體上僅承受剪應力作用(圖 2-37(a))稱為**純剪**(pure shear)。在剪應力作用下，材料產生變形造成**剪應變**(shear strain)，不會有伸長或縮短，但使元素形狀改變。原來平行六面體變成菱形(圖 2-37

(b))，在 b 點、d 點的夾角，變形前為 $\pi/2$，在變形後小了一個角度 γ(Gamma)，成為 $\pi/2 - \gamma$。同時 a 點和 c 點的夾角變成 $\pi/2 + \gamma$。γ 角為變形量，稱為剪應變，其單位為弳度(radians)。由觀察之剪應力 τ 指向改變，形狀變形也隨之改變，因而如同正向應力與正向應變，規定剪應力的正負號，剪應變(形狀變形結果)就確定。

　　然而剪應力所在平面，它有法線(n)及切線(t)方向(皆列出各面正法線、切線方向)如圖 2-37(c)所示，規定每一平面上法線與切線的正確方向(主要如 $x-y$ 座標反時針旋轉為正)，同時剪應力指向有二個指向，因而完整描述剪應力特性。用兩個下標表示，如剪應力 τ_{xy}，第一個下標代表剪應力所在平面的法線指向，第二個下標代表剪應力的指向，它們與正的座標軸方向比較共有四種可能。為了統一它們，以座標系統的座標方向作基準來規定剪應力正值，如表 2-2。

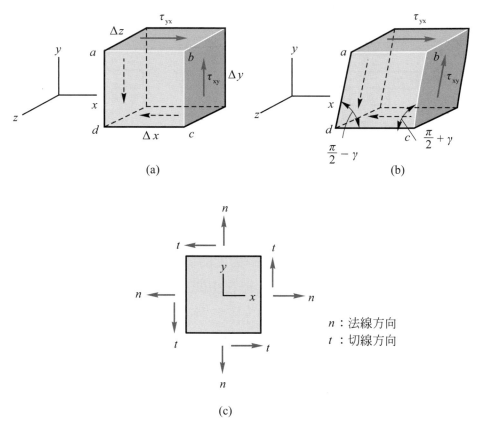

圖 2-37　剪應力與剪應變

表 2-2

剪應力所在平面的法線方向	剪應力指向	規定剪應力正負值
正	正	正
正	負	負
負	正	負
負	負	正

即剪應力取正值，只有在平面法線方向及剪應力指向有相同符號的座標，即τ_{xy}之$x(+)$與$y(+)$；另$x(-)$與$y(-)$，此時τ_{xy}為正值。

圖 2-37(a)中剪應力皆為正值。此元素也必處於平衡狀態，它必須符合三個平衡方程式，取

$$\Sigma F_x = 0 \text{，} \Sigma F_y = 0 \text{，} \Sigma M_z = 0$$

因此元素四個面上剪應力大小相等，如圖 2-37(a)，故我們可得到下面結論：

1. **元素相對面上的剪應力，大小恆相等而方向相反。**
2. **元素相互垂直平面上的剪應力，大小恆相等而方向不是指向兩平面交線，不然就遠離兩平面交線。**

材料的剪力性質可以由直接剪力試驗或扭力試驗來決定。由這些測試的結果，剪力的應力-應變圖就可以畫出來；起始部分為一直線，正如拉力的應力-應變圖一樣。在這個線彈性區域內，剪應力與剪應變是成正比。我們有下列方程式代表剪力的虎克定律(Hook's law in shear)

$$\tau = G\gamma \tag{2-11}$$

其中G為剪彈性模數(shear modulus of elasticity)或稱為剛度模數(modulus of rigidity)。單軸向剪力將下標去除，用τ表示而已。

觀念討論

1. *剪力虎克定律$\tau = G\gamma$，剪應力與剪應變之間也具有變數變換的關係。*
2. *注意剪應力正負號規定是依直角座標系統的各座標正方向做指定，而不是以平*

面正的法線與切線(它們是依反時針旋轉方向為正,去決定出法線與切線正的方向,正方向隨時在變,如圖 2-37(c)的規定,在圖 2-37(c)最上面之平面的τ_{xy}為負號(與切線指向相反),它將與座標系統正方向為基準規定有矛盾發生。由$\Sigma M_z = 0$(它是對座標系統座標方向得出)求得$\tau_{yx} = \tau_{xy}$,同樣在第六章斜面上應力轉換公式,剪應力也是有同樣的矛盾。此種錯誤式矛盾發生主要沒有真正認識它們是以不同標準為基礎。一個是以直角座標系統座標軸方向(固定不變)為基準;另一個卻是以依旋轉方向變化的法線-切線座標系統為主。

3. 變形(deform)及位移(displacement)是不同的觀念。變形是指構件受力後,其幾何尺寸、形狀及截面位置發生改變(它是純量)。位移是指受力物體形狀改變時,物體上任一點位置或一線段或一平面方位的改變量(它是向量)。

4. 構件的整體變形(如第一章所述基本變形或由它們組合的變形)是由構件內各個單元體(微小正六面體)的變形組合起來。單元體的變形表一點處的變形,衡量構件內一點處變形程度有兩個基本量是正向應變ε及剪應變γ。ε表示一點處沿一方向長度改變的程度;γ表示一點處相互垂直的兩根棱邊夾角的直角改變的程度。

5. 位移是分為線位移(一點的位置改變的直線距離)和角位移(一線段或一平面的方位角改變)。

6. 剪應力(τ)是指使質點沿截面的切向相對於另一些質點有錯動趨勢,使物體形狀改變或切斷趨勢;而正向應力(σ)使構件中的質點沿截面的法線方向有分開或接近趨勢(使物體尺寸增加或縮短)。

7. 變形與內力相依存在(滿足內力與變形相容性條件),但位移與內力不一定相依存在(有可能某段內力為零,但有位移)。如[例題 2-11],是重疊原理所畫的圖。

● **例題 2-9** (a)兩平板(板厚$t=5$mm 及板寬度$b=200$mm)，由兩直徑$d=16$mm
的螺栓所連接，如圖 2-38(a)所示，兩端承受外力$P=5000$N的作用。
(b)若改為三平板連接，如圖 2-38(b)所示，試求各螺栓的剪應力，
支承應力以及平板最脆弱處之平均正向應力。

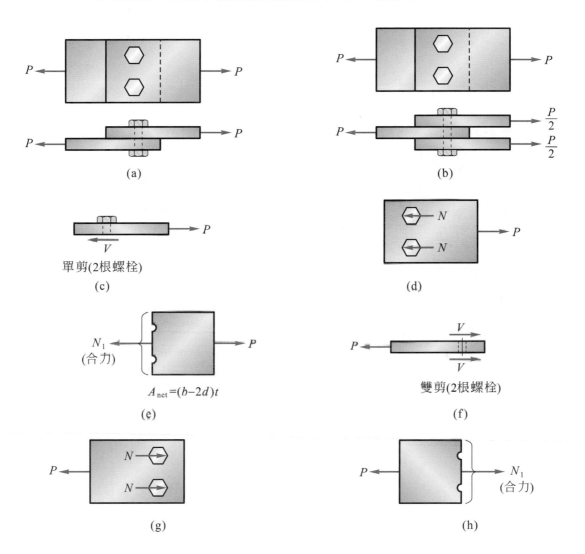

圖 2-38

(解) (a)首先將外力改爲內力且假設每根螺栓平均分攤外力，再依受力破壞情況判別是剪力或正向力。

如圖 2-38(c)所示，螺栓承受單剪且平均分攤外力，則

$$\rightharpoonup \ \Sigma F_x = 0 \ , \ -2V+P=0(其中 2 爲 2 根螺栓)$$

$$V = \frac{P}{2}$$

剪應力　　$\tau = \dfrac{V}{A} = \dfrac{\dfrac{P}{2}}{\dfrac{\pi}{4}d^2} = \dfrac{2P}{\pi d^2} = \dfrac{2 \times 5000\text{N}}{\pi (16\text{mm})^2} = 12.43\text{MPa}$

如圖 2-38(d)所示，此處 N 爲螺栓壓平板孔壁之反作用力，支承應力

$$\sigma_b = \frac{N}{A_s} = \frac{\dfrac{P}{2}}{dt} = \frac{P}{2dt} = \frac{5000\text{N}}{2 \times 16 \times 5\text{mm}^2} = 31.25\text{MPa}(壓應力)$$

平板最脆弱處平均正向應力(如圖 2-38(e))(其中淨面積$A_{net}=(b-2d)t$)

$$\sigma = \frac{N_1}{A_{net}} = \frac{P}{(b-2d)t} = \frac{5000\text{N}}{(200-2 \times 16) \times 5\text{mm}^2} = 5.95\text{MPa}(拉應力)$$

(b)以中間平板爲自由體(如圖 2-38(f))

$$\rightharpoonup \ \Sigma F_x = 0 \ , \ -P+2(2V)=0(2 個螺栓，每根螺栓承受雙剪)$$

$$V = \frac{P}{4}$$

剪應力　　$\tau = \dfrac{V}{A} = \dfrac{\dfrac{P}{4}}{\dfrac{\pi}{4}d^2} = \dfrac{P}{\pi d^2} = \dfrac{5000\text{N}}{\pi (16\text{mm})^2} = 6.22\text{MPa}$

支承應力(如圖 2-38(g))

$$\sigma_b = \frac{N}{A_s} = \frac{\dfrac{P}{2}}{dt} = \frac{P}{2dt} = \frac{5000\text{N}}{2 \times 16 \times 5\text{mm}^2} = 31.25\text{MPa}(壓應力)$$

平板最脆弱處平均正向應力(如圖 2-38(h))(其中$A_{net}=(b-2d)t$)

$$\sigma = \frac{N_1}{A_{net}} = \frac{P}{(b-2d)t} = \frac{5000\text{N}}{(200-2 \times 16) \times 5\text{mm}^2} = 5.95\text{MPa}(拉應力)$$

● **例題 2-10** 軸承襯墊，由尺寸為$a \times b$的薄鋼板套在厚h的撓性材料上(圖 2-39 (a))，並承受水平方向的剪力V(圖 2-39(b))。試求出襯墊內的平均剪應力與剪應變，以及板的水平位移。

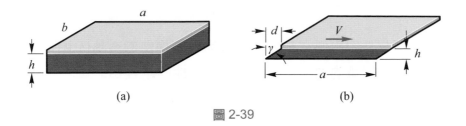

(a)　　　　　　　　　　　　　　(b)

圖 2-39

解 平均剪應力等於V除以作用面積，$\tau_{av} = \dfrac{V}{A} = \dfrac{V}{ab}$

假設襯墊上的剪應變均勻分佈，必須使用變數變換之虎克定律，

即　　$\gamma_{\text{aver}} = \dfrac{\tau_{\text{aver}}}{G} = \dfrac{V}{abG}$

板之水平位移d(可由幾何變形求得)，則由圖(b)得

　　$d = h\tan\gamma$

但因剪應變γ非常小，故取$\tan\gamma \doteqdot \gamma$，則

　　$d = h\tan\gamma \doteqdot h\gamma = \dfrac{hV}{abG} = \dfrac{hV}{GA}$

2 -7　軸向負載所引起的變形

　　一等剖面之桿件(圖 2-40)，長度L，承受一軸向負載P作用在剖面形心的位置，而桿件材料是均質且具線彈性行為，由(2-1)式、(2-3)式及(2-6)式而得桿件伸長量(elongation)之方程式

$$\delta = \frac{NL}{AE} \tag{2-12}$$

其中EA值即所謂桿件軸向剛度(axial rigidity)，對桿件長度相等及相同軸力，EA值愈大則δ愈小，則愈不容易變形。

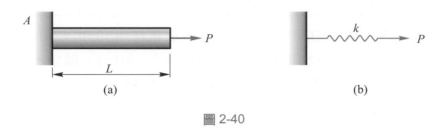

圖 2-40

現在我們定義桿件的兩個常數。**承受軸向負載桿件的**剛性(stiffness)k**定義為產生每單位撓度(變形)所需的力**。由(2-12)式得桿件的剛性為

$$k = \frac{EA}{L} \tag{2-13}$$

此k值可看成桿件的彈簧常數,將桿件看成彈簧(圖2-40(b)),此剛性代表可以說是抵抗變形的能力。對相同外負載桿件而言,剛性愈大,變形愈小。

另一為撓性(flexibility)f**定義為單位負載所產生的變形量**。由(2-12)式得桿件撓性,

則

$$f = \frac{L}{EA} \tag{2-14}$$

剛好是剛性的倒數。

假設一桿件承受一個或更多中間軸向力之負載(圖2-41)。由(2-12)式知,軸力與變形成正比,並如圖 2-40,把桿看成不同彈簧常數(剛性)的彈簧作串聯(有時可能並聯),再利用相對變形量及重疊原理,得出總變形量(即自由端的變形量)。

如圖 2-41,得自由端變形量

$$\delta_d = \delta_{da} = \delta_d - \delta_a \quad (因A點固定,\delta_a = 0)$$
$$= \delta_{dc} + \delta_{cb} + \delta_{ba}$$
$$= \frac{N_{dc}L_{dc}}{(EA)_{dc}} + \frac{N_{cb}L_{cb}}{(EA)_{cb}} + \frac{N_{ba}L_{ba}}{(EA)_{ba}}$$

其中$\delta_{dc} = \delta_d - \delta_c$,是D點相對於C點的相對撓度,$N_{dc}$是dc段桿的軸向內力,$(EA)_{dc}$是dc段桿的軸向剛度,其他類推。

若桿件有許多不同剖面及有許多集中軸向負載作用(圖2-42),首先求出軸力圖及軸向面積分佈圖,則由相對位移之和得總伸長量(自由端變形量)

$$\delta = \sum_{i=1}^{n} \frac{N_i L_i}{E_i A_i} \tag{2-15}$$

其中下標i是桿件使(內力／截面積)等於不同常數的數字指標，而n為這些段落的總數，**其分段原則是看成(2-16)式中，利用積分平均值定理分段，使(N_i/A_i)為常數。**另外也可用重疊原理求得(見例題 2-11)。

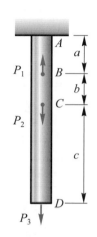

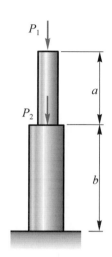

圖 2-41　具中間軸向負載之桿　　　　圖 2-42　具不同剖面之桿

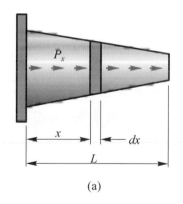

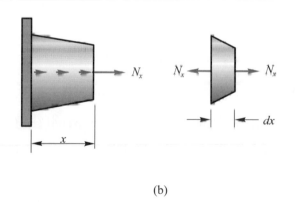

　　　　　(a)　　　　　　　　　　　　　　　　　(b)

圖 2-43　具變化剖面及變化軸向力之桿

　　若當軸向力或剖面積沿桿軸連續變化(圖 2-43(a))，則(2-12)式不再適用。考慮一微小元素長dx，截面積為dA_x(圖 2-43(b))，則伸長量$d\delta$

$$d\delta = \frac{N_x \, dx}{E A_x}$$

桿件總伸長量

$$\delta = \int_0^L d\delta = \int_0^L \frac{N_x dx}{EA_x} \tag{2-16}$$

如何由(2-12)式，經由彈簧串聯、並聯與相對位移觀念推導出(2-15)式及(2-16)式，詳見本章後附錄 D。

觀念討論

在軸向負載桿件中，位移是相對於某一截面而言，若一端固定它即為絕對位移，反之為相對位移，在此兩個截面間的相對位移等於這兩個截面間的該段桿件的伸長或縮短，因而在非均勻軸向負載桿件，求某一點位移就必須用相對位移觀念及其總和才可。

● **例題 2-11** 試求圖 2-44(a)所示鋼質桿件的自由端變形量。鋼的彈性模數E = 200 GPa，而AC段的剖面積500 mm²，CD段剖面積250 mm²。

解 (方法一)：軸力圖與截面積分佈圖法

首先求出A點支承反力

$$\overset{+}{\to}\ \Sigma F_x = 0$$

$$-R_a + 500 - 300 + 200 = 0，則 R_a = 400 \text{ kN}(\leftarrow)$$

畫出軸力圖及軸向截面積分佈圖(注意必須上下相關位置對齊)由圖 2-44(b)知，將桿件分成三段AB、BC、CD，即主要使各段內(內力／截面積)為一個常數(各段常數是不同的)

故　$\delta_d = \delta_{da} = \delta_d - \delta_a^0$　($\delta_a = 0$ 因A點固定)

$$= \frac{1}{E}\left(\frac{N_{dc}L_{dc}}{A_{dc}} + \frac{N_{cb}L_{cb}}{A_{cb}} + \frac{N_{ba}L_{ba}}{A_{ba}}\right)$$

$$= \frac{1}{200\times10^3 \text{ N/mm}^2}\left(\frac{200\times10^3 \text{ N}\times400 \text{ mm}}{250 \text{ mm}^2}\right.$$

$$\left. - \frac{100\times10^3 \text{ N}\times300 \text{ mm}}{500 \text{ mm}^2} + \frac{400\times10^3 \text{ N}\times300 \text{ mm}}{500 \text{ mm}^2}\right)$$

$$= 2.5 \text{ mm}(伸長)$$

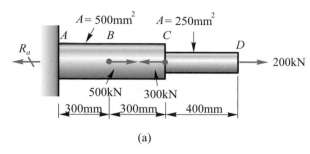

(a)

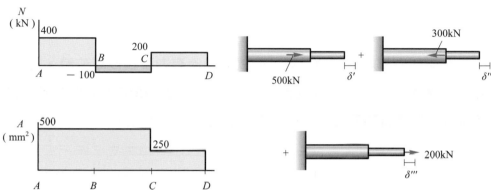

(b)   (c)

圖 2-44

(方法二)：重疊法

此原理是自由端總伸長量等於個別負載在自由端產生伸長量之和，如圖 2-44
(c)所示。即

$$\delta = \delta' + \delta'' + \delta'''$$

而每一個負載如(方法一)，求出軸力圖及軸向截面分佈(此處並不列出)

則　$\delta' = \dfrac{N_{ba} L_{ba}}{(EA)_{ba}}$

$\quad = \dfrac{500 \times 10^3 \text{ N} \times 300 \text{ mm}}{200 \times 10^3 \text{ N/mm}^2 \times 500 \text{ mm}^2}$

$\quad = 1.5 \text{ mm}$

(此處 BCD 段不受力，B 點變形量就等於 D 點變形量)

$\delta'' = \dfrac{N_{ca} L_{ca}}{(EA)_{ca}}$

$\quad = \dfrac{-300 \times 10^3 \text{ N} \times 600 \text{ mm}}{200 \times 10^3 \text{ N/mm}^2 \times 500 \text{ mm}^2}$

$\quad = -1.8 \text{ mm}$

$$\delta''' = \frac{N_{dc}L_{dc}}{(EA)_{dc}} + \frac{N_{ca}L_{ca}}{(EA)_{ca}}$$

$$= \frac{N}{E}\left(\frac{L_{dc}}{A_{dc}} + \frac{L_{ca}}{A_{ca}}\right)$$

$$= \frac{200\times10^3 \text{ N}}{200\times10^3 \text{ N/mm}^2}\left(\frac{400 \text{ mm}}{250 \text{ mm}^2} + \frac{600 \text{ mm}}{500 \text{ mm}^2}\right)$$

$$= 2.8 \text{ mm}$$

則　$\delta = \delta' + \delta'' + \delta''' = 1.5 - 1.8 + 2.8 = 2.5$ mm(伸長)

由上述計算知(方法一)較佳。

注意在材料力學中做數值計算,公式中同時有力及長度單位時,將它們化成同一比例大小的單位,以避免計算錯誤,例如力單位 kN(仟牛頓)皆化成 N(牛頓),而所有物理量中具有長度單位者皆為 mm 或 m。

● 例題 **2-12** 試求圖 2-45(a)所示,自由端之伸長量及各段正向應力。其中A_1 = 400 mm², A_2 = 200 mm²,模數E = 200 GPa。

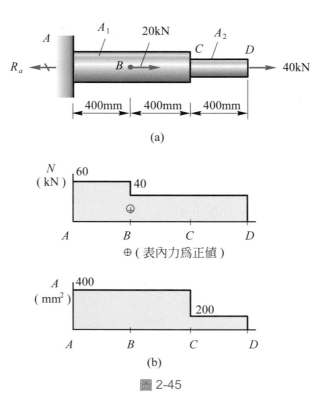

(a)

(b)

圖 2-45

首先求出A點支承反力R_a

$$\xrightarrow{\ +\ } \Sigma F_x = 0$$

$$-R_a + 20 + 40 = 0$$

$$R_a = 60 \text{ kN}(\leftarrow)$$

接著畫出軸力圖及軸向截面積分佈圖(圖2-45(b))，由2-45(b)中兩圖知：桿件必須分成三段AB、BC、CD，使各段(內力／截面積)等於各自常數。

則由相對變形知：自由端伸長量

$$\delta_d = \delta_{da} \quad (A\text{點固定}\ \delta_a = 0)$$

$$= \delta_{dc} + \delta_{cb} + \delta_{ba}$$

$$= \frac{1}{E}\left(\frac{N_{dc}L_{dc}}{A_2} + \frac{N_{cb}L_{cb}}{A_1} + \frac{N_{ba}L_{ba}}{A_1}\right)$$

$$= \frac{400 \text{ mm}}{200 \times 10^3 \text{ N/mm}^2}\left(\frac{40 \times 10^3}{200 \text{ mm}^2} + \frac{40 \times 10^3 \text{ N}}{400 \text{ mm}^2} + \frac{60 \times 10^3 \text{ N}}{400 \text{ mm}^2}\right)$$

$$= 0.9 \text{ mm}(\text{伸長})$$

由軸力圖知$N_{ab} = 60$ kN，$N_{bc} = N_{cd} = 40$ kN

皆為拉力，則

$$\sigma_{ab} = \frac{N_{ab}}{A_{ab}} = \frac{60 \times 10^3 \text{N}}{400 \text{mm}^2} = 150 \text{MPa}(\text{拉應力})$$

$$\sigma_{bc} = \frac{N_{bc}}{A_{bc}} = \frac{40 \times 10^3 \text{N}}{400 \text{mm}^2} = 100 \text{MPa}(\text{拉應力})$$

$$\sigma_{cd} = \frac{N_{cd}}{A_{cd}} = \frac{40 \times 10^3 \text{N}}{200 \text{mm}^2} = 200 \text{MPa}(\text{拉應力})$$

2 -8　彈性與塑性

在前面所述之應力-應變關係圖，表示不同材料受靜態之拉力或壓力下，所產生之行為。另外還有一種材料力學性能，即卸載規律。若應力不超過 E 點(圖 2-46 (a))，將負載卸去時，試桿恢復原來尺寸(在圖 2-46(a)中是由 E 沿原曲線回到 O 點)，此材料是彈性變形的。此時 E 點所對應的應力，即為彈性限(elastic limit)。

當負載再加大，而應力-應變曲線達到降伏、強化(應變硬化)、頸縮三個階段，統稱為塑性(plastic)**階段。在此區域稱為塑性區域，並發生大變形時，此時材料受**一塑性流(plastic flow)。如果在強化階段上任一點 B 停止加載，並逐漸卸載(圖 2-46 (b))，卸載時沿著 BC 線而變化。此卸載線是平行於負載曲線之最初部份(即切線)，當達到 C 點，已卸除全部之負載，但卻有一殘留應變(residual strain)或永久應變(permanent strain) OC 保留在材料上。負載由 O 至 B 時，發生 OD 之應變，卸載時，應變 CD(彈性應變 ε_e)已彈性地恢復，而應變 OC 仍保留一永久應變(塑性應變 ε_p)。因此當卸載後，桿件部分恢復原來的形狀，此時之材料稱為部分彈性(partially elastic)。

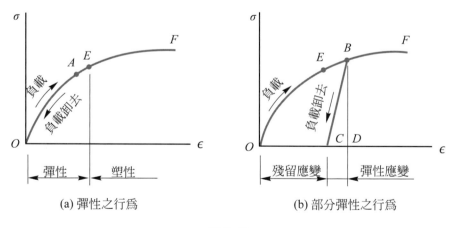

(a) 彈性之行為　　　　　　　　(b) 部分彈性之行為

圖 2-46

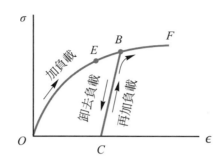

圖 2-47　材料之再加負載及降伏應力之提升

　　材料彈性限求法，是取一桿件做測試，負載由零增加至一較小之選定值後，再移去。如果不發生永久變形，則在此選定之負載值範圍內，材料具有彈性。在加、卸負載過程中能連續重複至一較高負載值，最後在某一應力值卸載時無法恢復原狀。此時應力即為彈性限。

　　若如圖 2-46(b)所示，卸載到C點後立即加載，應力-應變關係基本上沿著卸載時的CB直線上升到B點後，再沿著EBF曲線直到斷裂(圖 2-47)。再重新加載的過程中，正向應力達到降伏應力σ_y時，材料並不發生流動，而是到了B點應力值時，才產生塑性變形。**低碳鋼在常溫下承受塑性變形後強度提高，塑性有降低的現象，稱為冷作硬化。工程上有時利用冷作硬化來提高材料的強度，例如鋼絲及鋼筋等進行預張力，以提高其在彈性範圍的承載能力。**

2 -9　拉伸與壓縮時的靜不定問題

　　前面討論桿件內力或結構的拘束反力時，採用靜力平衡就能求得全部未知力。這一類問題稱為靜定(statically determine)問題。在實際工程中，有時為了增加結構或構件的強度與剛性；或者為了滿足某種結構上的要求，常給結構或構件增加一些拘束，因而增加了未知力的數目。此時，只用靜力平衡方程式就不能解出全部未知力，這類問題稱為靜不定問題。圖 2-48(a)為靜定結構，圖 2-48(b)為靜不定結構，它只增加AD桿件，使結構剛性增加。

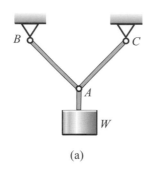
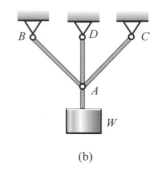

(a)   (b)

圖 2-48

  在靜不定問題中，都存在著多於維持平衡所必須的支承或桿件，稱此為多餘拘束。由於它的存在，問題中的未知力的數目多於獨立平衡方程式的數目，二者之差稱為靜不定度。而與多餘拘束所對應的支承反力或桿件內力稱為贅力(redundant)。

  為了確定靜不定問題的未知力，除應建立平衡方程式外，以及各桿件受力的變形，但各桿件變形之後必須交於一點，或使結構不散開。**亦即，各桿變形必須相互協調，以滿足連續性要求。桿件變形這種限制條件，稱為變形協調條件或**變形相容性條件(compatibility of displacement)。**這樣各桿件的變形量間必存在某種幾何關係，它反映各桿變形量間幾何方程式，稱為變形相容方程式。再根據力與變形間的物理關係條件進行代換(如虎克定律做變數變換)，即建立起補充方程式，去求出問題的未知力。亦即解靜不定問題，必須同時滿足靜力平衡方程式、變形幾何相容方程式以及力與變形間的物理關係方程式三種方程式。材料力學的許多基本理論，也正是從這三方面進行綜合分析後建立起來的。**

  如同前面(2-1)式的應力公式，也是基於平衡方程式求出軸向內力，再由平截面假設，而有均勻伸長(變形幾何相容條件)，配合物理關係(材料均質和等向性)應力有均勻分佈，而得到(2-1)式。

  由於上述三種方程式在此處皆是代數方程式，同時聯立解這三種方程式也不太可能，由代數方程式解法特性，滿足某些方程式，再代入其他方程式而解得全部未知數。分析靜不定問題解法有二種，一是撓性法(flexibility method)，另一種是剛性法(stiffness method)。

  撓性法是選擇適當贅力，而將贅力的構件從結構中切斷而得釋放結構(released structure)，或者是初等結構(primary structure)，此時結構必須平衡穩定。然後分

別計算實際負載 P 與贅力對釋放結構上某些點所產生的位移，代入位移相容性方程式或位移限制條件，再與平衡方程式求出這些反力。在撓性分析是假設未知量為力，故又稱為力量法(force method)。另外因構件撓性(L/EA)(這為未知反力的係數)出現在相容方程式，此種分析稱為撓性法。

因此綜合以上分析，撓性法步驟可歸納如下：

1. 取結構自由體圖，列出靜力平衡方程式。
2. 首先選擇適當的贅力，並將贅力的構件切斷而得到一釋放結構。然而贅力的確認，可由已知撓度點或由釋放結構圖之幾何形狀顯示出來。
3. 分別計算實際負載及贅力對已知撓度點所造成的位移。
4. 將這些負載所造成的位移移入代入相容性方程式(compatibility equations)，即符合已知撓度點之撓度，可解出贅力。
5. 贅力再代入平衡方程式，求出其他反力。

另一種剛性法，分析靜不定結構是以位移為未知量。因此，此法也稱為位移法(displacement method)，未知位移是在求解包含剛性(EA/L)係數的平衡方程式(而不是相容性方程式)；剛性法非常普遍且廣泛用於不同類型的結構；然而就如撓性法一樣，它的限制在於結構本身需要線彈性行為。

用剛性法分析靜不定結構的步驟如下：

1. 選擇一適當的位移作未知量，而這未知位移必須使結構上的反力，可以用此位移來表示。
2. 將反力的方程式列出，但其係數為剛性值。
3. 取包含有這些未知位移的物體為自由體圖，列出平衡方程式。
4. 將反力方程式(以未知位移的表示式)代入平衡方程式，可解出未知位移。
5. 現在位移已求得，代入反力方程式，可求出結構之反力。

一般而言，解靜不定問題對初學者是不易理解，建議從線性代數方程組切入主題，可能比較能建立正確觀念也對解靜不定問題有較深刻的印象(詳見本章後附錄E)。

解靜不定問題時，一般可依照表2-3流程圖，尋找解題思路。

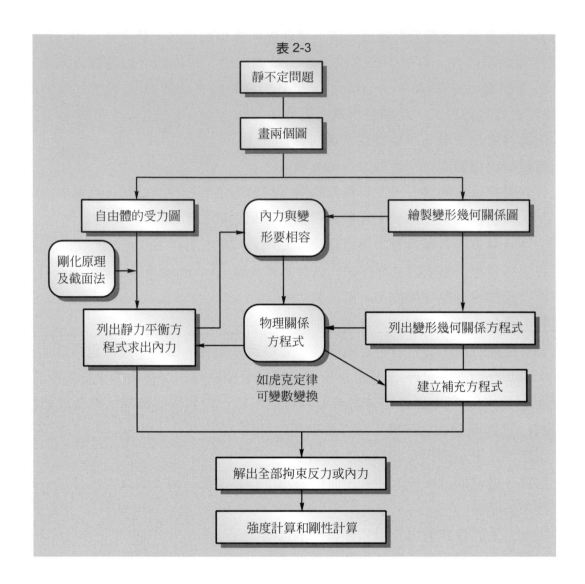

表 2-3

● **例題 2-13** 考慮圖 2-49(a)所示的等剖面桿AB，其兩端固定於剛性支座，且在中間點C處承受軸向力P。試分別利用撓性與剛性法求兩端支座的反力。

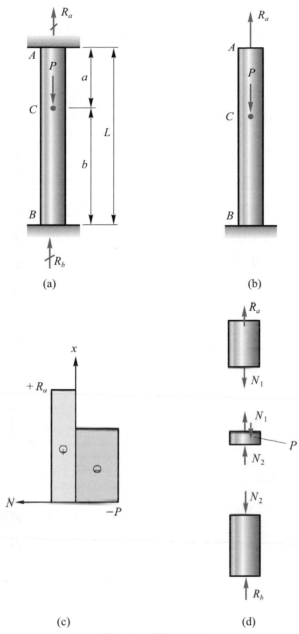

(c)(c) 　　　　　　(d)

圖 2-49　靜不定桿

解　(方法一)：撓性法

(1)靜力平衡方程式，假設桿件兩端的反作用力分別為R_a及R_b(圖 2-49(a))，用平衡方程式

　得　$R_a + R_b = P$

(2)物理關係方程式：此為一度靜不定。現選擇R_a為贅力，且去除端點A的支承，得到釋放結構，如圖 2-49(b)，在釋放結構中的A點，由負載P作用所產生的變形為

$$\delta_p = \frac{N_1 b}{EA} (壓縮)，其中 N_1 = P \tag{a}$$

而贅力作用在A點所產生的變形為

$$\delta_R = \frac{N_2 L}{EA} (伸長)，其中 N_2 = R_a$$

因R_a贅力是暫時性已知量(但事實是未知)，無法由圖(b)中列平衡方程式，畫出軸力圖，而必須由個別負載畫出軸力圖(R_a與P畫在一個圖上)，如圖 2-49(c)所示。

(3)變形幾何方程式：因A點的實際變形等於零，則

$$\delta = \delta_p + \delta_R = 0$$

(4)補充方程式：

$$\frac{N_2 L}{EA} = \frac{N_1 b}{EA}$$

$$或 \quad \frac{R_a L}{EA} = \frac{Pb}{EA}$$

$$故 \quad R_a = \frac{Pb}{L}$$

將R_a代入(a)式，得

$$R_a = P - R_a = \frac{Pa}{L}$$

(方法二)：剛性法

(1)變形幾何(相容性)方程式：現取兩部份桿件之接合處C點的垂直位置為δ_c為未知量(暫時性已知量)，C點為BC及AC兩部分之交接處，且設δ_c向下為正，則桿件BC部分為壓縮，而AC部分為拉伸。

(2)物理關係方程式：

$$N_1 = \frac{EA}{a}\delta_c (拉力)，N_2 = \frac{EA}{b}\delta_c (壓力) \tag{a}$$

取C點為自由體圖(圖 2-49(d))，上半部拉力N_1及下半部壓力N_2，必須和負載平衡，即

(3)靜力平衡方程式：

$$N_1 + N_2 = P \tag{b}$$

⑷補充方程式：將(a)代入(b)式得：

$$\frac{EA}{a}\delta_c + \frac{EA}{b}\delta_c = P$$

或　$\delta_c = \dfrac{Pab}{EAL}$　　　　　　　　　　　　　　　　　　　　　　　　(c)

由(c)式代入(a)式，得

$$R_a = \frac{Pb}{L}\ ,\ R_b = \frac{Pa}{L}$$

● **例題 2-14** 一鋼圓柱及空心銅管(以S及C標示於圖 2-50(a)(b))，放在測試機的夾頭間壓縮。試求鋼和銅所受的平均應力，以及軸向力所造成在垂直方向的平均應變。

解 ⑴靜力平衡方程式：假設鋼圓柱及空心銅管分別承受的壓力為N_s與N_c，由靜力平衡方程式，得：

$$N_s + N_c = P \tag{a}$$

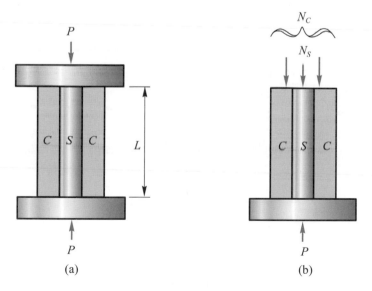

圖 2-50　靜不定系統(撓性分析法)

由(a)式知問題是靜不定。當使用撓性法，移去上蓋而得圖 2-50(b)所示的結構。然而我們不必取贅力，這是因位移相容性條件，將很容易表示未知內力N_s和

N_c的關係，則

(2)物理關係方程式：

鋼柱的縮短量為 $\delta_s = \dfrac{N_s L}{E_s A_s}$

銅管的縮短量為 $\delta_c = \dfrac{N_c L}{E_c A_c}$

(3)變形幾何方程式：

鋼柱縮短量 (δ_s)＝銅管縮短量(δ_c)

(4)補充方程式：

即 $\dfrac{N_s L}{E_s A_s} = \dfrac{N_c L}{E_c A_c}$ （b）

由(a)式與(b)式兩式可解得

$$N_s = \frac{E_s A_s P}{E_s A_s + E_c A_c} \ , \ N_c = \frac{E_c A_c P}{E_s A_s + E_c A_c}$$

故 $\sigma_s = \dfrac{N_s}{A_s} = \dfrac{E_s P}{E_s A_s + E_c A_c} \ , \ \sigma_c = \dfrac{N_c}{A_c} = \dfrac{E_c P}{E_s A_s + E_c A_c}$

由虎克定律及(b)式得

$$\varepsilon = \varepsilon_s = \varepsilon_c = \frac{P}{E_s A_s + E_c A_c}$$

例題 2-15 試求圖2-51(a)內每根桿件所承受之力。$E_1 = 2E_2$，支撐板塊重$W = 4.6$ kN，桿長l。

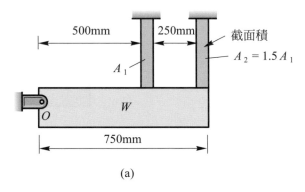

(a)

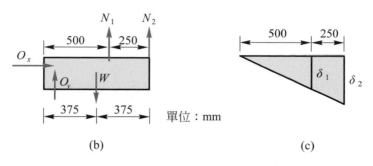

(b)　　　　　　　　　　　　(c)

圖 2-51

解 (1)靜力平衡方程式

取板塊為自由體(圖 2-51(b))，則

$$\curvearrowleft \ \Sigma M_o = 0$$

$$4.6 \times 375 = N_1 \times 500 + N_2 \times 750 \tag{a}$$

此為一度靜不定。

(2)變形幾何方程式

由變形幾何三角形相似關係得圖 2-51(c)，即

$$(\delta_1/\delta_2) = 500/(500+250) = 2/3$$

(3)物理關係方程式

$$\delta_1 = \frac{N_1 l}{A_1 E_1} \ , \ \delta_2 = \frac{N_2 l}{A_2 E_2}$$

(4)補充方程式

則　$\dfrac{N_1 l}{A_1 E_1} : \dfrac{N_2 l}{A_2 E_2} = 2 : 3$

$$\frac{N_1 l}{A_1 E_1} : \frac{N_2 l}{1.5 A_1 E_2} = 2 : 3$$

$$\frac{N_1}{N_2} = \frac{8}{9} \tag{b}$$

解(a)(b)兩式，得

$$N_1 = 1.28 \ \text{kN}$$

$$N_2 = 1.44 \ \text{kN}$$

觀念討論 ●

靜不定問題

1. 對剛體系統而言，無法僅由靜力平衡條件求出支承反力或內力，必須考慮幾何
    變形條件。

2. 對變形體(材料力學)而言，有兩層次的意義，一個是無法僅由靜力平衡求出支
    承反力或內力；另一個是對應力分佈意義而言，無法由聖維南靜力等效求出應
    力分佈，必須考慮幾何變形條件。注意變形體靜不定問題與剛體力學中靜不定
    問題是有區別的。

2 -10　溫度與預應變效應*

一、溫度效應

現考慮一個均質且等向性材料的方塊如圖 2-52 所示，若均勻加熱，方塊的各
邊長會增加，取角A為參考點，方塊會成為虛線所示的形狀。材料產生一均勻伸長
量(只考慮軸向，其他橫向與側向也類似)。則

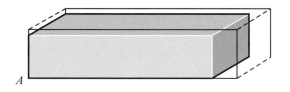

圖 2-52　溫度均勻增加之方塊形材料

$$\delta_t = \alpha \Delta T L \tag{2-17}$$

其中α為熱膨脹係數

由應變定義，知均勻熱應變(uniform thermal strain)ε_t為

$$\varepsilon_t = \frac{伸長量}{原長} = \frac{\alpha \Delta T}{L} = \alpha \Delta T \tag{2-18}$$

---

* 可視學生程度及教學時間酌量刪除。

　　若方塊受溫度變化自由膨脹，並沒有受到拘束，將只產生熱應變，並無應力產生。但若溫度變化產生的膨脹或收縮受到拘束時，材料本身產生抵抗，因而引起的應力稱之為熱應力(thermal stress)。一般有下列三種情況產生：

(1)　外界變形的拘束。

(2)　相互變形的拘束。

(3)　物體內部各部分變形的拘束。

第(1)、(2)種情況是在靜不定結構。其中第(3)種物體內部存在溫度梯度而產生的應力是最常遇到，但也是最難的(不在此討論)。在此只討論(1)、(2)情況。

　　如圖 2-53，溫度上升 ΔT，但外界變形受到約束而產生熱應力，即

$$\sigma = -E\varepsilon_t = -E\alpha(\Delta T) \tag{2-19}$$

負號表溫度上升時，熱應力為壓應力。

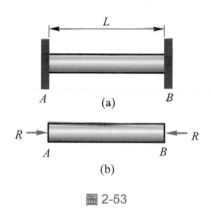

圖 2-53

　　熱應力問題的解題步驟如下：

(1)　計算自由膨脹的伸長量。

(2)　計算產生相當縮短量的假想外力。

(3)　按此假想得到的外力計算應力。

● **例題 2-16**　一鋼質桿件如圖 2-54，兩端以剛性支承緊接著，開始溫度為 $+20℃$，試求在 $-60℃$ 時，AC 及 CB 部分的應力。設鋼的 $\alpha = 12 \times 10^{-6}/℃$，$E = 200$ GPa。

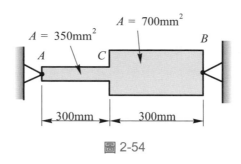

圖 2-54

解　由題意必須求出 AC 及 CB 部的軸向內力，由於溫度下降，桿件將縮短，但受到外界拘束，必有拉力 R_b 作用，使桿件長度不變。現將桿件支承 B 處除去(如圖 2-55(a))，受到溫度變化的變形量(圖 2-55(b))，為

$$\delta_t = \alpha \Delta TL = (12 \times 10^{-6} \times 1/℃)(-80℃)(0.6 \text{ m})$$
$$= -576 \times 10^6 \text{ m}$$

其中　$\Delta T = (-60℃) - (20℃) = -80℃$

負載 R_b 作用的變形量(圖 2-55(c))，其任一橫截面軸力

$$N_1 = R_b$$

故　　$\delta_r = \dfrac{N_1 L_1}{A_1 E} + \dfrac{N_1 L_2}{A_2 E}$

$$= \frac{N_1}{200 \times 10^9 \text{ N/m}^2}\left(\frac{0.3 \text{ m}}{350 \times 10^{-6} \text{ m}^2} + \frac{0.3 \text{ m}}{700 \times 10^{-6} \text{ m}^2}\right)$$

$$= (6.429 \times 10^{-9} \text{ m/N})N_1$$

但因 B 點是固定，變形量應為零，即

$$\delta = \delta_t + \delta_r = 0$$

或　　$\delta = -576 \times 10^{-6} \text{ m} + (6.429 \times 10^{-9} \text{ m/N})N_1 = 0$

$$N_1 = 89.6 \times 10^3 \text{ N} = 89.6 \text{ kN}$$

因而 AC 及 CB 部分之應力分別為 σ_1 及 σ_2

$$\sigma_1 = \frac{N_1}{A_1} = \frac{89.6 \times 10^3 \text{ N}}{350 \text{ mm}^2} = 256 \text{ MPa}$$

$$\sigma_2 = \frac{N_2}{A_2} = \frac{N_1}{2A_1} = 128 \text{ MPa}$$

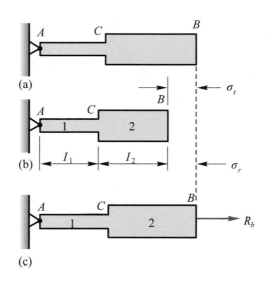

圖 2-55

● **例題 2-17** 如圖 2-56(a)所示的對稱兩桿桁架 ABC，假設溫度上升 ΔT，試求接點 B 的位移 δ_b。

解 因為桁架為靜定，而溫度均勻變化上升了 ΔT，故桿件可自由伸長，會有熱應變產生，但無熱應力產生。由於 B 點是在 AB 桿與 BC 桿上，B 點的位移，將受到 AB 與 BC 桿變形的拘束，但因各桿變形量很小，可用切線代替弧線，畫出所謂位移圖或威氏圖(Williot's diagrams)。但因桁架對稱且溫度變化相同，故 B 點有一垂直位移(如圖 2-56(b))。

由(2-17)式知

$$\delta_{ab} = \delta_{bc} = \frac{\alpha \Delta T H}{\cos\beta}$$

其中 $H/\cos\beta$ 為桿子的長度 L。

由位移圖(圖 2-56(b))知

$$\delta_b = \frac{\delta_{ab}}{\cos\beta} = \frac{\alpha \Delta T H}{\cos^2\beta}$$

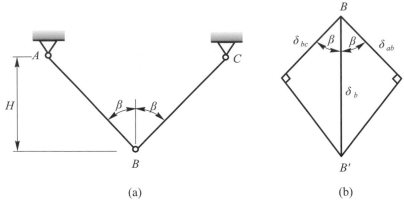

(a)   (b)

圖 2-56

二、預應變效應

　　桿件加工製造中，尺寸都會有一些誤差，但這種誤差對靜定結構的裝配不會造成困難。例如圖2-57(a)，若桿長度比設計長度l短了δ，則橫梁BC裝配後將傾料至$B'C'$位置，在沒有外力作用下(假設橫梁重量忽略不計)，桿1及桿2的內力等於零；即桿件製造不準確，在靜定結構中裝配不會引起內力。

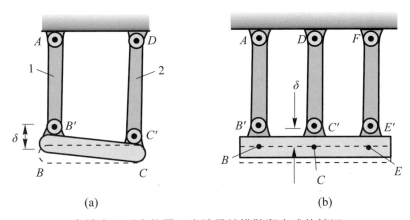

(a)   (b)

(虛線表示原來位置，實線是結構裝配完成的情況)

圖 2-57

　　可是在靜不定結構中情況就不同(若溫度效應一樣)，如圖2-57(b)，其橫梁BCE的設計位置以虛線表示。若桿CD長度比設計長度短δ，則裝配時必須將桿CD適當拉伸或將桿AB及桿EF適當縮短才行。裝配好後，橫梁將在$B'C'E'$位置，顯然，桿

CD已伸長，而桿AB及EF已縮短，三根桿中都產生了內力和應力。靜不定結構由於製造不準確或者工藝的需要而進行強迫裝配後(即預加應變(prestrain))，在受負載之前，各桿件將存在應力稱爲裝配應力或初始應力。在工程中，裝配應力的存在有時是不利的，而有時卻利用它作爲一種製造工藝來提高結構的承載能力。

例題 2-18 有一不計重量的剛性梁懸掛在平行的三根桿之下端(圖2-58(a))。設三根桿子的橫截面面積均爲A，彈性模數均爲E，但桿 2 比設計長度l短了$\delta(\delta < l)$。裝配後，在B處施加集中負載P，試求各桿的內力。

解 (1)平衡方程式：

取ABC剛性梁爲自由體(圖 2-58(b))，列出平衡方程式

$+\uparrow \Sigma F_y = 0 \quad N_1 + N_2 + N_3 = P$ (a)

$\curvearrowright \Sigma M_B = 0 \quad N_1 = N_3$ (b)

此爲一度靜不定問題。

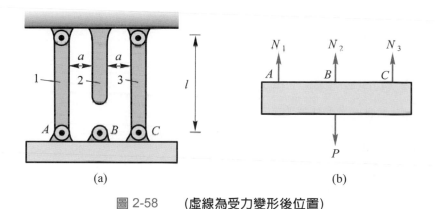

(a)   (b)

圖 2-58   (虛線爲受力變形後位置)

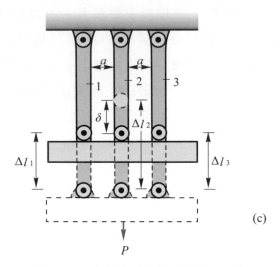

(c)

圖 2-58　(虛線為受力變形後位置)(續)

(2)變形幾何方程式：

　　由於結構對稱，受外力作用後，將變形至新的平衡位置(圖 2-58(c))之虛線位置。

$$\Delta l_1 = \Delta l_3 = \Delta l_2 - \delta \tag{c}$$

(3)物理關係方程式：

$$\Delta l_1 = \frac{N_1 l}{EA} = \Delta l_3 \ , \ \Delta l_2 = \frac{N_2 l}{EA} \tag{d}$$

(4)補充方程式：

　　將(d)代入(c)式中，得

$$N_1 = N_2 - \frac{EA\delta}{l} \tag{e}$$

　　解(a)(b)(c)式得

$$N_2 = \frac{P}{3} + \frac{2EA\delta}{3l}$$

$$N_1 = N_3 = \frac{P}{3} - \frac{EA\delta}{3l}$$

2 -11　應變能

　　構件受一軸向負載 P 作用，而產生變形，此變形對於外力而言為一位移，故此外力對構件作功。這變形的效應使構件本身的能階增加，此新的量稱為應變能(strain energy)，其定義爲構件在負載過程中所吸收的能量；亦即構件受到外力作用作功，此功轉變爲材料的內能，而儲存在材料內，這內能即爲應變能。

假設等剖面桿子(圖2-59)，其彈性模數爲E，剖面積爲A，長度爲L，承受一穩定負載P，產生δ的伸長量，因桿件兩端受力，其任一截面軸力$N=P$，則負載-撓度圖，如圖2-60所示。當負載由零增加到P_1時，伸長量由零增加至δ_1，若負載的增量dP_1將產生伸長量$d\delta_1$，此時外力和微小力量對材料所作的功(圖2-60陰影面積) $dW = P_1 d\delta_1 + \dfrac{1}{2}dP_1 d\delta_1$。

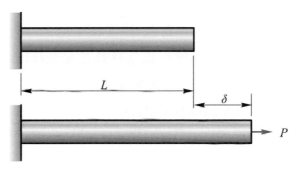

圖 2-59　承受靜負載之等剖面桿

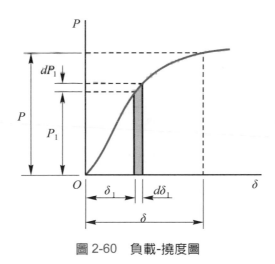

圖 2-60　負載-撓度圖

因dP_1與$d\delta_1$皆爲微量，忽略二個微小量乘積，得

$$dW = P_1 d\delta_1$$

當負載值P_1由零增至最大值，其伸長量由 0 增加到δ，故負載所作的外力為

$$W = \int_0^\delta P_1 d\delta_1$$

若在負載過程所作的功轉變成材料內能，且無能量損失，則

$$U = W = \int_0^\delta P_1 d\delta_1 \tag{2-20}$$

其中U為應變能，有時候稱之為內功。

若桿件負載作用不超過彈性限，將負載慢慢地移去，則原來儲存在桿件的應變能全部轉換為功，使桿件恢復原來形狀。但若超過彈性限到達B點(圖 2-61)，將負載移去，其應變能部分轉換為功，在負載-撓度圖，沿BD線而產生一永久變形量OD，因此移去負載時，可恢復的應變能稱為彈性應變能(elastic strain energy)，以三角形BCD表示。另外桿子產生永久變形過程中損失的能量稱為非彈性應變能(inelastic strain energy)，以面積$OABDO$表示。

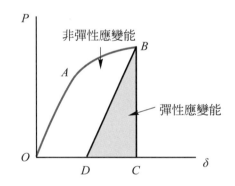

圖 2-61　彈性及非彈性應變能

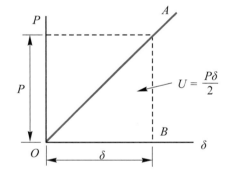

圖 2-62　線彈性材料桿之負載-撓度圖

如果桿子為線彈性材料，負載不超過比例限，在負載-撓度圖為一直線(圖 2-62)，則(2-20)式可寫成：

$$U = W = \frac{P\delta}{2} \tag{2-21}$$

此即為三角形OAB之面積

因桿子兩端受力，軸力$N = P$，且$\delta = \dfrac{NL}{EA}$，故

$$U = \frac{N^2 L}{2EA} \tag{2-22a}$$

$$U = \frac{EA\delta^2}{2L} \tag{2-22b}$$

(2-22a，b)式僅適用於等剖面線彈性材料，否則由先求出軸力圖及截面積分佈圖，再依分段原則分段相加$\left(U = \Sigma\ U_i = \sum_{i=1}^{n} \frac{N_i^2 L_i}{2E_i A_i}\right)$代替。應變能單位與功相同，以焦耳(1 J = 1 N·m)表示。

圖 2-63 桿件承受變化軸向負載，距桿x距離的軸向力與負載面積分別為N_x與A_x，則應變能為

$$U = \int_0^L \frac{N_x^2 dx}{2EA_x} \tag{2-23}$$

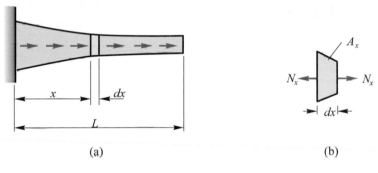

(a)　　　　　　　　　　　　　(b)

圖 2-63

由(2-22)式知，應變能U與桿件幾何尺寸A與L大小相關，為了避免這些影響，在實際應用上，以材料單位體積的應變能較方便。一般稱此為應變能密度(strain energy density)u。對等剖面線彈性桿件(2-22a)和(2-22b)式可寫成：

$$u = \frac{U}{V} = \left(\frac{N^2 L}{2EA}\right)\left(\frac{1}{AL}\right) = \frac{\sigma^2}{2E} \tag{2-24}$$

$$u = \frac{U}{V} = \left(\frac{EA\delta^2}{2L}\right)\left(\frac{1}{AL}\right) = \frac{E\varepsilon^2}{2} \tag{2-25}$$

其中　　　V：體積

若線彈性材料的物體承受穩定剪力V作用，產生水平位移δ(參考例題2-10)，如上述推導過程，也可得

$$U = W = \frac{V\delta}{2} = \frac{V^2 h}{2GA} = \frac{GA\delta^2}{2h} \tag{2-26}$$

或 $\qquad u = \dfrac{\tau^2}{2G} = \dfrac{G\gamma^2}{2}$ $\hspace{5cm}$ (2-27)

● **例題 2-19** 一等剖面桿一端懸吊以支持本身重量(圖 2-64(a))，且桿子有線
　　　　　　彈性行為，試決定此桿的應變能。

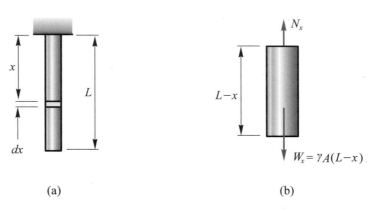

(a) $\hspace{7cm}$ (b)

圖 2-64　懸掛支持自身重量之桿

解　首先求出軸力，故先考慮距桿端x距離(圖 2-64(b))，則

$$N_x = \gamma A(L-x)$$

其中γ為比重量，$A(L-x)$為此段體積。則微小段dx之微應變能dU為

$$dU = \frac{N_x^2 dx}{2EA}$$

則總應變能

$$U = \int dU = \int_0^L \frac{N_x^2 dx}{2EA} = \int_0^L \frac{\left[\gamma A(L-x)\right]^2 dx}{2EA} = \frac{\gamma^2 A L^3}{6E}$$

另一求法，由應變能密度積分，先求出正向應力

$$\sigma = \frac{N_x}{A} = \gamma(L-x)$$

則應變能密度為

$$u = \frac{\sigma^2}{2E} = \frac{\gamma^2 (L-x)^2}{2E}$$

$$U = \int u dV = \int_0^L u A dx = \int_0^L \frac{\gamma^2 (L-x)^2 A dx}{2E} = \frac{\gamma^2 A L^3}{6E}$$

● **例題 2-20** 如前例的桿子，除本身重量外，在底端承受一負載P作用(如圖 2-65(a))，試求桿內應變能。

解 如前例，先求出軸力，則由圖 2-65(b)知

$$N_x = \gamma A(L-x) + P$$

由(2-23)式得

$$U = \int_0^L \frac{[\gamma A(L-x) + P]^2 dx}{2EA} = \frac{\gamma^2 A L^3}{6E} + \frac{\gamma P L^2}{2E} + \frac{P^2 L}{2EA}$$

上式第一項是由桿子本身重量引起的應變能，第三項是桿子承受軸向力P作用的應變能，多出第二項；這結果表示應變能不能僅由各個負載所產生的應變能相加，**這是因為應變能為軸力的二次函數，並不是線性函數，不能使用重疊原理；不像伸長量，它是與負載成比例，可以用重疊原理。**

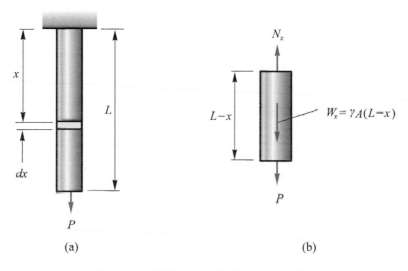

圖 2-65　桿懸吊以支持自身重及負載P

● **例題 2-21** 具有不同形狀但有相同長度的三圓桿(圖 2-66)，假設這三圓桿為線彈性行為。三桿均承受相同負載P，試比較儲存於各桿中之應變能。

解 首先求出各情況的軸力，由圖 2-66(a)至(c)知，軸力圖皆為圖 2-66(d)；但因有些桿件截面積非均勻，必須分段求出各段應變能再相加。直徑d的截面積

$A = \dfrac{\pi d^2}{4}$，而直徑為$3d$的截面積$A_0 = \dfrac{\pi}{4}(3d)^2 = 9A$，且為了比較取第一桿為準，則

(1) $U_1 = \dfrac{N^2 L}{2EA}$

(2) $U_2 = \dfrac{N^2\left(\dfrac{L}{4}\right)}{2EA} + \dfrac{N^2\left(\dfrac{3L}{4}\right)}{2E(9A)} = \dfrac{U_1}{3}$

(3) $U_3 = \dfrac{N^2\left(\dfrac{L}{8}\right)}{2EA} + \dfrac{N^2\left(\dfrac{7L}{8}\right)}{2E(9A)} = \dfrac{N^2 L}{9EA} = \dfrac{2U_1}{9}$

由以上結果顯示第三桿較其他二桿能量吸收能力為小。具凹槽的桿只需少量的功便能使拉應力達一高值，凹槽越窄，此情形越甚。在設計中當負載是動態時，吸收能量的能力就很重要，因此凹槽出現較容易造成破壞。然而對靜負載而言，則最大應力較吸收能量的能力為重要。

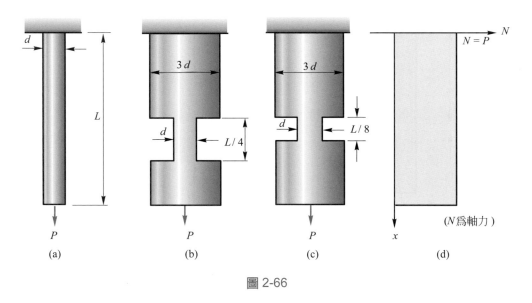

圖 2-66

2 -12　桿件受軸向負載的強度與剛性條件

2-12-1　容許應力及其應用

由前面材料實驗知，當正向應力達到極限應力σ_u時，會引起斷裂；若正向應力

達到降伏應力σ_y時，將產生塑性變形。然而桿件受力作用時，發生斷裂或有塑性變形，一般都不允許的。所以**極限應力**σ_u**與降伏應力**σ_y**統稱為材料的危險應力。對於脆性材料，極限應力**σ_u**為其唯一強度指標；而延性材料則有兩個強度指標**σ_u**與**σ_y，**但**$\sigma_y < \sigma_u$，**故取**σ_y**為危險應力。**

顯然，桿件正常工作時，其應力(稱為工作應力(working stress))**必須低於危險應力，**這是出於以下考慮因素。

1. 桿件的負載不可能計算得很精確，此外桿件也可能受到突然的超載作用。

2. 桿件的材料不可能是很均勻，可能有缺陷，也可能在加工過程，如切削、銲接等工藝有缺陷，因而降低材料的強度指標。

3. 對桿件進行力學分析與計算時，往往經過簡化，因而不能完全反映實際工作環境。

4. 桿件在工作中可能受到磨損和腐蝕等影響，使桿件中的應力增加，因此桿件最初設計應力必須低於危險應力。

除了考慮上述因素外，且為了確保安全，避免因損壞帶來嚴重後果，構件需要有一定的強度貯備。工程設計中是將危險應力除以一個大於 1 的係數n(或F_s)後，作為桿件的設計應力不容許超過的數值。這個稱為容許應力σ_{allow}(allowable stress)。**容許應力定義為設計計算中容許的最大工作應力。**它的計算公式

$$容許應力 = \frac{危險應力}{安全因數}$$

其中安全因數是一個大於 1 的係數。

對於延性材料，通常取σ_y為危險應力，則容許應力為

$$\sigma_{\text{allow}} = \frac{\sigma_y}{n} \tag{2-28}$$

其工作應力為剪應力，則延性材料之容許剪應力τ_{allow}為

$$\tau_{\text{allow}} = \frac{\tau_y}{n} \quad (\tau_y \text{為剪降伏應力}) \tag{2-29}$$

對於脆性材料，通常取σ_u為危險應力，則容許應力為

$$\sigma_{\text{allow}} = \frac{\sigma_u}{n} \tag{2-30}$$

安全因數 n 不僅反映了人們為桿件規定的強度指標，同時也支配工程中安全與經濟間矛盾的作用。若取安全因數偏大，則容許應力要較低，強度貯備較多，桿件偏於安全，但使用材料過多而不夠經濟；反之，安全因數偏小，雖然使用材料較經濟，但安全性得不到保證。因此，安全因數的選擇是否合理，是解決安全與經濟間的矛盾的關鍵問題。

一般決定安全因數大小時，必須考慮下列幾點：

⑴ 負載的類型。

⑵ 應力計算的精確度。

⑶ 使用場所(對人身安全有關的場所，構件安全因數要取得較大些)。

⑷ 溫度的影響。

⑸ 有無腐蝕性。

⑹ 製造加工是否優良或修護與裝配的難易程度及材質的可靠性。

⑺ 對減輕設備重量和提高設備機動性的要求。

各種材料在不同的工作條件下的安全因數及容許應力值，可以由有關規範或設計手冊中查到。一般強度計算中，對於延性材料取 $n = 1.2 \sim 2.5$。對於脆性材料，由於均勻性較差，且破壞突然發生，有更大的危險性，故取較大的值 $n = 2.0 \sim 3.5$，有時取到 $4 \sim 14$。

桿件的容許應力確定後，為保證桿件安全可靠地工作，必須使桿件的最大設計應力不超過桿件的容許應力。對於軸向負載桿件，這種限制條件是為不等式稱為強度條件，即

$$\sigma_{\text{max}} = \frac{N_{\text{max}}}{A} \leq \sigma_{\text{allow}} \tag{2-31}$$

式中　　σ_{max}：桿件橫截面上最大設計應力。

N_{max} 及 A：危險橫截面上的軸力及截面積，兩者最好由軸力圖與截面積分佈圖一起考慮，決定危險橫截面的位置。

根據強度條件，可以解決以下的三種強度計算問題：

1. 強度校核

　　已知桿件的材料、截面尺寸和所承受的負載及其工作條件，校核桿件是否滿足強度條件(2-31)式，從而判斷桿件是否能安全地工作。

2. 設計截面或截面尺寸選擇

　　已知桿件的材料容許應力及所受負載，則由(2-31)式決定桿件所需的截面面積，即

$$A \geq \frac{N_{\max}}{\sigma_{\text{allow}}}$$

3. 確定容許負載

　　若已知桿件的尺寸和材料的容許應力，則可由(2-31)式求得桿件所能安全承受最大軸力，即

$$N_{\max} \leq \sigma_{\text{allow}} A$$

從而確定桿件的外加負載或容許負載P_{allow}。

2-12-2 剛性條件及其應用

　　桿件在符合上述強度條件的要求下，但有時可能變形太大，造成結構物或機器設備中桿件互相阻礙工作，使其功能散失，因此必須對其變形量有所限制，此限制條件(它是不等式)稱為剛性條件，即

$$\delta = \sum_{i=1}^{n} \frac{N_i l_i}{E_i A_i} \leq \delta_{\text{allow}} \tag{2-32}$$

其中　　δ_{allow}是容許變形量。

根據剛性條件也可進行剛性校核、設計截面、容許負載等三類問題的計算。

　　綜合上述分析，可參考下列流程圖分析問題

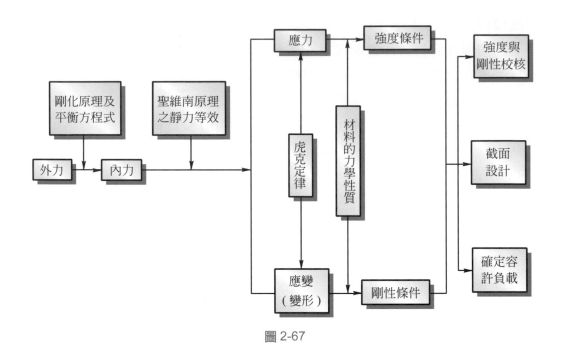

圖 2-67

● **例題 2-22** 一中空的鑄鐵圓柱體如圖 2-68 所示,支持一軸向壓縮負載$P =$
800 kN。此材料受壓的極限應力為$\sigma_u =$ 240 MPa。此圓柱的厚
度設計為 24 mm,且對極限強度的安全因數$n =$ 3.0。試求圓柱
所需的外徑d。

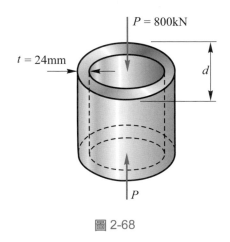

$P = 800\text{kN}$

$t = 24\text{mm}$

d

P

圖 2-68

解 由(2-30)式,求出容許應力

$$\sigma_{\text{allow}} = \frac{\sigma_u}{n} = \frac{240 \text{ MPa}}{3} = 80 \text{ MPa}$$

因兩端承受壓力，則任一截面軸力皆為$N=P$

則　　$\sigma_{\text{allow}} \geq \dfrac{N}{A}$

故所需截面積為

$$A \geq \frac{N}{\sigma_{\text{allow}}} = \frac{800 \times 10^3 \text{ N}}{80 \text{ N/mm}^2} \geq 10000 \text{ mm}^2$$

而實際截面積為

$$A = \frac{\pi d^2}{4} - \frac{\pi(d-2t)^2}{4} = \pi t(d-t)$$

故　　$d \geq t + \dfrac{10000}{\pi t} = 24 + \dfrac{10000}{\pi(24)} = 157 \text{ mm}$

● **例題 2-23**　一(12×80) mm矩形剖面的鋼桿，承受一拉力P，且藉直徑20 mm 的圓銷連接到支座上，如圖 2-69 所示。桿受拉的容許應力及銷 受剪的容許剪應力分別為$\sigma_{\text{allow}} = 120 \text{ MPa}$及$\tau_{\text{allow}} = 60 \text{ MPa}$。負 載$P$的最大可能值為若干？

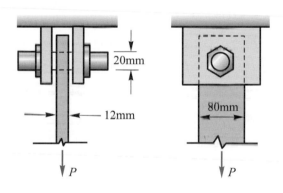

20mm

12mm

80mm

P　　P

圖 2-69

解　由題意的σ_{allow}和τ_{allow}，必須了解何處較易損壞及所在平面的截面積。它們損 壞情況有二種：

(1)矩形桿受拉力在銷孔$a-a$截面處較容易被拉斷，即在淨面積處產生正向應 力。

　淨面積為

$$A_{\text{net}} = (80 \text{ mm} - 20 \text{ mm})(12 \text{ mm}) = 720 \text{ mm}^2$$

故由(2-31)式得容許軸力N_1為

$$N_1 \leq A_{\text{net}} \sigma_{\text{allow}} = (720 \text{ mm}^2)(120 \text{ MPa}) = 86400 \text{ N} = 86.4 \text{ kN}$$

由圖知，其軸力等於外加負載，即

$$P_1 = N_1 = 86.4 \text{ kN}$$

(2)可能銷子被剪斷(有雙剪應力)，其容許剪力V：

$$V \leq \tau_{\text{allow}}(2A_s) = (60 \text{ MPa})(2)\frac{\pi}{4}(20 \text{ mm})^2$$
$$= 37700 \text{ N} = 37.7 \text{ kN}$$

但由圖知，其軸力等於外加負載$P_2 = V = 37.7$ kN。

那麼到底選擇P_1或P_2？可以用以下判斷方式。先假設其中一值如$(P_{\text{allow}})_{\text{max}} = P_1 = 86.4$ kN(不必代入產生P_1的公式，因此它必滿足才有可能得到P_1)，故代入另一公式$\tau_{\text{allow}} \geq \tau = \dfrac{N_1}{2A_s}$(其中$N_1 = P_1$，$2A_s$是雙剪面面積)是否超過$\tau_{\text{allow}}$，此時不必真正計算，因負載在分子時力為 37.7 kN，才產生$\tau_{\text{allow}} = 60$ MPa，現在$P_1 = 86.4$ kN > 37.7 kN 必超過$\tau_{\text{allow}} = 60$ MPa，故$(P_{\text{allow}})_{\text{max}} = P_1 = 86.4$ kN 是錯誤，代表支配設計之最大負載(取P_2)

$$(P_{\text{allow}})_{\text{max}} = P_2 = 37.7 \text{ kN(取較小值)}$$

反之，先假設是$(P_{\text{allow}})_{\text{max}} = P_2 = 37.7$ kN，驗證正確，即為正確答案。

另法若將滿足上述兩種情況阻止機件破壞條件，看成數學上解一元一次不等式組(未知數是負載P)，而求未知數是兩解集合之交集

如圖所示，解集合之交集得

$$(P_{\text{allow}})_{\text{max}} = P_2 = 37.7 \text{ kN}$$

注意上述引入數學觀念，更能清楚決定所需的結果。

附錄 B　　正向應力公式之推導

一般材料力學書籍(歐美英文書，如 S.P.Timoshenko and James M. Gere 和 A. C.Ugural 等)採用下列推導方式：利用聖維南原理(取遠離作用力端的截面)，假設應力均勻分佈如下圖，再利用平衡方程式得

$$\xrightarrow{+} \ \Sigma F_x = 0$$

$$\sigma A - P = 0 \quad 得 \quad \sigma = \frac{P}{A} \tag{a}$$

採用上述方式得到(a)式，有下列幾點可議之處：

1. 在推導邏輯上有一點問題，由於內力分佈規律(即應力分佈)與變形有一定程度的關係，因此是一靜不定問題，這個問題在所有應用力學書本皆指出必須考慮幾何變形條件。事實上應該在桿件受力平衡前提下，先使用剛化原理(保持變形體可以使用靜力學中的平衡條件)，再由聖維南原理基於平衡狀態下才有結論，亦即遠離作用端時，桿端有不同外力作用時，只要它們是靜力等效，則對於離開桿稍遠的截面上應力分佈沒有影響。然後基於內力分佈與變形有一定關係，且遠離作用力端而採用變形平截面假設(符合靜不定問題的精神)，再配合材料均質連續性假設知應力也均勻分佈，才可靜力等效得出 $\sigma A = N$。英文書中推導方式是假設應力均勻分佈，但這個應力觀念本身較抽象，且實驗中也不能直接求出，不像均勻變形假設，較直觀且較易求得，一般進行假設簡化問題，此假設必須較容易了解或處理的事物，不應該取應力均勻分佈之假設，這將違背科學精神，此是另一不妥之處。

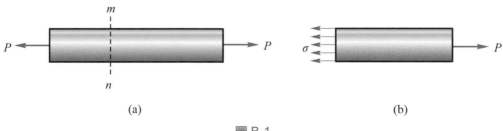

(a)   (b)

圖 B-1

2. 另一由上圖使用 $\xrightarrow{+} \Sigma F_x = 0$ 的平衡方程式,它是在向量中各分量要相加,必須將各向量移至共點才可相加,但由上圖知,若要移動應力 σ 將造成應力分佈不均勻,但也不能移動 P(此時把桿件看成變形體,力爲固定向量),因而得不到(2-1)式,此爲另一不妥之處。

3. 若使用 $\sigma = \dfrac{P}{A}$,P 爲外力,公式代表正向應力等於單位面積上的外力,顯然與正向應力定義不符合,即正向應力等於單位面積上的內力。R.C.Hibbler 所著的材料力學提到 P 爲內力且由截面法求得,但可惜書中內力與外力用同一個符號。若採用 $\sigma = \dfrac{N}{A}$=內力合力/面積,也較能區分所謂壓力(pressure)P=外力/面積。

4. 在剛體力學中,先介紹靜力等效,再討論平衡或外效應。但變形體受力時,將有內力與變形,在本書中先用剛化原理及平衡方程式求出內力,這樣有優點,即在材料力學中處理的物體,首先就認定爲變形體,接著根據變形情況基於變形平截面假設,再依聖維南原理之靜力等效(它不同於靜力學中靜力等效,參考 2-5 節),得出(2-1)公式。

5. 一般使用公式定義物理量,皆希望公式反映物理量的眞正特性,事實上只能用 $\sigma = \dfrac{N}{A}$,不可用 $\sigma = \dfrac{P}{A}$,主要公式 $\sigma = \dfrac{N}{A}$ 滿足應力定義及內力與變形相容性條件,然而 σ 本身與力量平衡是無關,而只是 $\sigma A = N$。其他不管英文或中文書在處理梁問題皆是一致,即求其剪力與彎曲矩(它們更清楚告知是內力),或者剪力圖與彎曲矩圖。

附錄 C   從數學角度理解虎克定律(觀念深)

圖 C-1 所示的桿件，承受軸向負載的作用，取 x 軸是經過軸心的軸心線

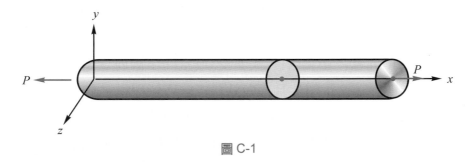

圖 C-1

　　從工程數學之向量分析內容中的曲線座標系統看，x 軸是切線方向，y 軸為法線方向，而 z 軸則為副法線方向，組成所謂正交座標系統。正向應變 ε 的定義式是從切線方向去描述，而正向應力 σ 的定義式是從截面之法線方向去描述，一般的情況下，不管是從座標系或內積空間觀念，皆認定切線與法線是互相垂直，推導出這兩方向的向量或純量是線性無關(linearly independent)(它們之間沒有關係存在)，若推導無誤，意味著虎克定律不正確？因正向應力與正向應變成正比。看起來似乎有理，但仔細分析結果是描述正向應變及正向應力之切線與法線等組成的正交座標系並非同一組，而是組成倒易基底集(reciprocal base set)，理由：

1. 變形體受力後變形，若用一般卡氏座標系描述較不適合，因基底向量不變化，如採用曲線座標系來描述較適合，因基底向量隨位置變化；另外正向應力及正向應變皆要指出相對於那一截面，說明這一截面必須指出在那一個位置及其方位(或指出法線方向)，由幾何及受力特點，此截面沿 x 軸(切線方向變化)，其法線也沿 x 軸，亦即有平截面的假設。此時截面法線(x 軸)，描述正向應力，是由正向應變之 y 軸及 z 軸運用倒易集向量積描述的，因此在 x 軸方向之正向應力及正向應變是有相關。

2. 此處正向應力及正向應變皆有平均意義，內力大小無法描述桿件強度，將它除以截面積大小得平均正向應力；另外伸長量也無法描述桿件剛性，將它除以原長即得平均正向應變。對同一材料而不同桿長與截面積的兩根桿件，承受相同

軸向力，它們的應力與應變是否不同，從實驗得知是相同，但在推導正向應力及正向應變公式，桿長及截面積似乎無關，若取局部討論這兩個量時，長度與截面積大小要各自取多少？事實上正向應變及正向應力取兩組不同的正交座標系統，且互爲倒易集時，基於倒易集之基底向量組成的幾何體積乘積爲 1。這個理由是間接說明桿長與截面積大小是有關係的，亦即說明正向應變與正向應力是有關係的。

3. 從內積空間的兩向量內積爲零(代表正交)或空間中兩向量是線性無關，必須特別小心，要指明對一個空間，且兩向量是來自那一空間。由應變能定義外功(外力與變形向量之點積)等於內功(能)應力與應變之點積，因描述正向應力與正向應變是兩組不同正交座標系(組成倒易集)，正向應變(切線方向是x軸)來自應變空間與正向應力(法線方向是x軸)來自應力空間之點積結果不是零(不是一般切線與法線垂直)，不然將導致零的結果與事實不符合。

　　基於上述的理由，以數學觀點說明虎克定律是成立，這是一般材料力學或彈性力學皆沒有提到的，這也給出工程數學向量分析中倒易集觀念的應用。另一應用在計算材料晶格方位及滑動方向。

附錄 D　　桿件伸長量公式的推導

　　首先回顧彈簧受力作用，產生變形量爲x，如圖 D-1 所示爲其負載-伸長量關係圖。

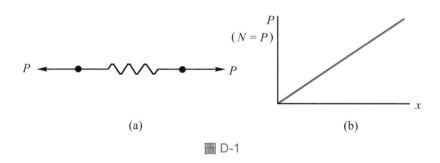

(a)　　　　　　　　　　　　　　　(b)

圖 D-1

　　事實上彈簧受力作用，彈簧本身產生抵抗的內力，並伴隨伸長量產生，彈簧力(內力)N與伸長量之關係

$$N = kx$$

其中k為彈簧常數，而N為彈簧力(是內力)其他書是以外力P表示($P=kx$)，利用$P=kx$表示時彈簧聯接且中間有力作用時，不易推導關係式。

不同彈簧常數k_1與k_2的彈簧串聯，如下圖 D-2 所示。

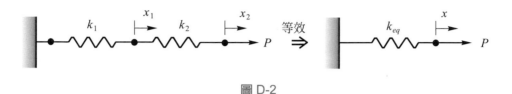

圖 D-2

特性： 每根彈性承受力相同，產生相同內力但伸長量不同，等效為一根彈簧伸長量是相加，即

$$x = x_1 + x_2$$
$$\frac{N}{k_{eq}} = \frac{N_1}{k_1} + \frac{N_2}{k_2} \quad 且 \quad N = N_1 = N_2$$
$$\frac{1}{k_{eq}} = \frac{1}{k_1} + \frac{1}{k_2} \tag{D-1}$$
$$f_{eq} = f_1 + f_2 \tag{D-2}$$

結論： 等效彈簧常數之倒數等於個別彈簧常數倒數相加或等效撓性等於個別撓性相加。

不同彈簧常數k_1與k_2的彈簧並聯，如下圖 D-3 所示。

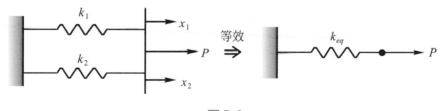

圖 D-3

特性： 每根彈簧之伸長量相同，但內力不同，而是相同平衡外力。

$$N = N_1 + N_2 \quad 且 \quad x_1 = x_2 = x$$
$$k_{eq}x = k_1 x_1 + k_2 x_2$$
$$\Rightarrow k_{eq} = k_1 + k_2 \tag{D-3}$$

結論： 並聯彈簧之等效彈簧常數等於個別彈簧常數之和。

均勻與非均勻剖面桿件承受負載作用，利用彈簧串並聯及相對位移觀念分析伸長量。

一階級桿件截面積分別為A_1及A_2承受負載作用(如圖D-4)，求自由端之伸長量。

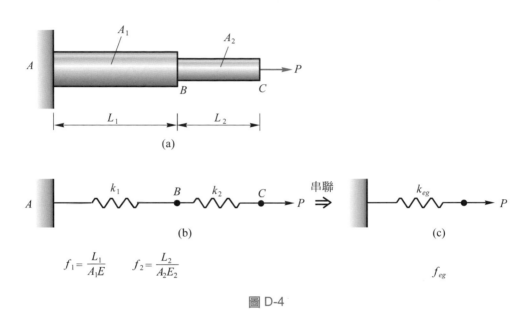

圖 D-4

由於圖 D-4 受力特徵是桿件彈簧串聯情況，則

$$\delta_{ca} = \delta_c - \delta_a \quad (用A點固定\delta_a = 0)$$
$$\delta_c = \delta_{ca} = \frac{N}{k_{eq}} = f_{eq}\,N$$
$$= (f_1 + f_2)\,N = \frac{NL_1}{A_1E} + \frac{NL_2}{A_2E} \tag{D-4}$$

其中內力$N = P$

若上題在B點承受P_1負載作用，C點處承受P_2負載作用(如下圖D-5所示)，求自由端C點之伸長量δ_c。

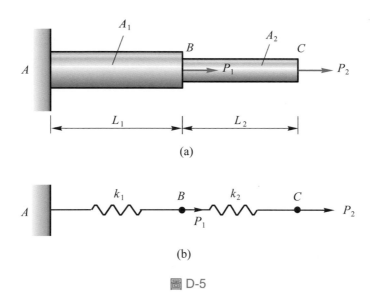

(a)

(b)

圖 D-5

由圖 D-5(a)，將桿件以等效彈簧代替(圖 D-5(b))，兩彈簧並非眞正串並聯彈簧，所以無法利用彈簧串並聯公式，將彈簧再簡化，求出自由端伸長量。基於彈簧力與變形量是線性關係，可以利用重疊原理求出。

因本題要求伸長量，比較接近串聯情況。桿件承受負載作用其內力分佈與桿件材料、截面積及桿長無關，而在串聯變形量相加公式中，每一項看成一個分數，分數又可以分成好幾個分數相加，再基於相對位移疊加公式，絕對位移正負相間相消，桿件可以任意分成若干小段，但爲了使桿件分段數取較佳，選定(內力／截面積)爲某一常數，即將這樣情況分成一段，然後再利用相對位移觀念疊加即可。

若桿件有許多不同剖面及有許多集中軸向負載作用，由上述說明可推導出(2-15)式，$\delta = \sum_{i=1}^{n} \dfrac{N_i L_i}{A_i E_i}$，同理當軸向力或剖面積沿軸連續變化，將桿件切成無限多的彈簧，利用相對位移觀念疊加，取極限可將和號改爲積分號，可以推導出(2-16)式。

附錄 E　靜不定問題解法的說明

解桿件靜不定問題，必須同時滿足靜力平衡方程式、變形幾何相容方程式以及力與變形間的物理關係方程式，然而這三個方程式皆是代數方程式，因此解桿件靜不定問題就是解聯立代數方程組。首先回顧數學上解聯立代數方程組的方法。考慮二元一次代數方程組：

$$\begin{cases} x + 2y = 5 & \text{(E-1)} \\ 3x - 2y = 7 & \text{(E-2)} \end{cases}$$

(解法一)　加減消去法

(E-1)式＋(E-2)式得

$4x = 12$，$x = 3$

將$x = 3$代入(E-1)式得$y = 1$

(解法二)　利用克萊姆法則(Cramer's rule)求解

$$x = \frac{\begin{vmatrix} 5 & 2 \\ 7 & -2 \end{vmatrix}}{\begin{vmatrix} 1 & 2 \\ 3 & -2 \end{vmatrix}} = \frac{-24}{-8} = 3$$

$$y = \frac{\begin{vmatrix} 1 & 5 \\ 3 & 7 \end{vmatrix}}{\begin{vmatrix} 1 & 2 \\ 3 & -2 \end{vmatrix}} = \frac{-8}{-8} = 1$$

(解法三)　代入法

假設先滿足(E-1)式，則$x = 5 - 2y$，其中y視為暫時性已知量(事實上未知)
代入(E-2)式得

$3(5 - 2y) - 2y = 7$

$158y = 7 \Rightarrow y = 1$

將$y = 1$代入(E-1)式得

$x = 5 - 2y = 5 - 2 = 3$

　　現在分析桿件靜不定問題，同時滿足三個代數方程式，解法一及二皆不太可行，只有第三種方法(代入法)可行。基於力與變形物理關係式(虎克定律)，有變數變換功能，可將其他兩個代數方程式變數變換成以力變數為未知數，係數為撓性的撓性法或力法，也可以將其他兩個代數方程式變數變換成以位移(幾何)變數為未知數，係數為剛性的剛性法或位移法。

重點整理

1. 推導正向應力，是先利用剛化原理及截面法，列出平衡方程式求出其內力，再基於一些假設包括平截面假設(有均勻伸長或縮短)，由於材料均質等向性導出均勻分佈正向應力，利用聖維南原理的靜力等效求出$\sigma = \dfrac{N}{A}$。**注意剛體力學是先用靜力等效，後談平衡。而變形體是先用平衡後，再談靜力等效，但靜力等效與剛體上靜力等效有所不同**(參考 2-5 節)。

2. 桿件受拉力(方向與截面垂直)作用，產生伸長，因而有正向拉應力及正向拉應變$\varepsilon = \dfrac{\delta}{l}$(無單位)，一般可以定義正向拉應力為正值，另一也可以定義正向拉應變為正值，主要是內力與變形滿足幾何相容性條件，定義在正向拉應力為正值，它產生的正向應變也一定是拉應變，亦即桿件一定伸長變形，絕不會縮短，反之也是正確，然而一般以第一種定義方式為主。

3. 熟記材料的機械性質(如比例限、降伏強度)等的定義，同時了解延性材料與脆性材料的應力-應變圖是有點不同，以及拉、壓應力-應變圖是不同的。

4. 桿件拉伸過程，材料經歷了彈性、降伏、應變硬化和頸縮變形四個階段，並存在三個特徵點，即比例限σ_{pl}及降伏應力σ_y和極限應力σ_u。σ_{pl}表材料處於彈性狀態的範圍；σ_y表材料進入塑性變形，σ_u表材料最大的抵抗能力，因而σ_y與σ_u是衡量材料強度的重要指標。

5. 判別材料是否延性是以伸長率及斷面縮率來衡量材料塑性的兩個重要指標，然而並沒有數學式子來表示它們之間的關係，原因是其塑性變形太不均勻。

6. 虎克定律$\sigma = E\varepsilon$是在彈性範圍內，且應力與應變成正比才有效，此公式非常簡單，**但在計算時此公式有變數變換的功用，在解題時要特別注意**。另外剪力虎克定律$\tau = G\gamma$，也有此種變數變換的功用。

7. 彈性模數E是衡量材料的剛性大小。蒲松比v是材料承受負載時，在負載垂直方向變形的難易程度，其定義為$v = -$(橫向應變)／軸向應變，在收縮配合時非常重要。欲求與負載方向垂直某一方向的變形量時，要使用應變定義(要活用應變定義公式，即伸長量＝應變乘原長)及蒲松比v。

8. 描述變形體變形程度有正向應變、蒲松比、膨脹率以及剪應變。

9.　膨脹率e及體積變化量ΔV

$$e = \varepsilon(1-2v) = \frac{\sigma}{E}(1-2v) \ , \ \Delta V = V_o\varepsilon(1-2v)$$

V_o為原體積。

10.　直接平均剪應力是作用力方向與剖面平行產生形狀(角度)的改變，其剪應力為 $\tau_{\text{aver}} = V/A$，剪應力將伴隨產生剪應變(γ)，若兩者成正比即符合剪力虎克定律$\tau = G\gamma$。

11.　有些情況的桿件變形量可由幾何相似條件求出，有的必須畫位移圖(威氏圖)。

12.　計算桿件的正向應力或伸長量，必須(且一定要熟悉)畫軸力圖，了解各位置內力大小及正負號(可以知道那一段桿件伸長或縮短)。計算伸長量更需要加畫截面積分佈圖，使N_i/A_i之比值為常數去決定將桿件區分為幾段的桿件，再配合相對變形量求出總變形量。另外變形量也可以用重疊原理求出，但必須取一個共同參考位置(不變形)，再求各負載對桿件的伸長量(特別注意有剛體的平移)，然後疊加。

13.　分析靜不定結構有撓性法及剛性法。撓性法是選擇適當的贅力(切斷結構得釋放結構)，代入位移相容性方程式，再與平衡方程式求出結構反力，此法未知量為力。剛性法(未知量為位移)選擇適當的位移，而結構反力是以此未知量位移表示，代入平衡方程式，求出未知位移，再求結構反力。撓性法及剛性法分析靜不定結構，可以從求解代數方程組解法的方式切入這個主題，一般不聯立解代數方程組，而是先個別滿足其中一些代數方程式，代入其他方程式法解未知數。

14.　材料受到均勻溫度變化ΔT影響，產生熱應變

$$\varepsilon_t = \alpha\Delta T \quad 且 \quad \delta_t = \varepsilon_t L = (\alpha\Delta T)L$$

若結構為靜不定，則將產生熱應力。

15.　桿子承受軸向負載P的應變能U為

$$U = \frac{N^2 L}{2EA} \quad , \quad U = \frac{EA\delta^2}{2L}(其中軸力N=P)$$

其應變能密度為

$$u = \frac{\sigma^2}{2E} = \frac{E\varepsilon^2}{2}$$

若桿件承受數個軸向負載或具有不同的剖面積，畫出軸力圖及剖面積分佈圖，由 N_i / A_i 之比值為常數去決定桿件的段數，求出個別段桿的應變能之和得總應變能，不可用重疊原理求總應變能，因軸力與應變能不是成正比關係。

16. 桿件的強度條件 $\sigma_{\max} = \dfrac{N_{\max}}{A} \le \sigma_{\mathrm{allow}}$ 及剛性條件 $\delta \le \delta_{\mathrm{allow}}$，並個別進行強度、剛性校核和截面設計及確定容許負載。

習 題

(A) 問答題

2-1 何謂軸力圖？如何畫軸力圖？它有何作用？

2-2 為什麼要研究桿件截面上的應力？而應力與內力有何區別？

2-3 怎樣的截面叫做桿件的危險截面？如何確定桿件的危險截面？

2-4 何謂材料的力學性質？為什麼要研究材料的力學性質？

2-5 桿件在做拉伸實驗時，為何不用負載-位移圖或拉伸圖來研究材料的力學性質，而用應力-應變圖來研究？

2-6 試繪出低碳鋼應力-應變圖，且標示重要的四個階段及三個特徵點。

2-7 何謂材料的比例限、彈性限、降伏強度、極限強度？

2-8 什麼是彈性變形？什麼是塑性變形？

2-9 如何區分延性材料與脆性材料？

2-10 什麼是材料的強度指標？什麼是材料的塑性指標？

2-11 何謂虎克定律？適用範圍？在計算時有何作用？

2-12 桿件承受軸向拉伸時，有那三個量可以來描述其相對變形程度？

2-13 何謂聖維南原理？有何功用？

2-14 何謂剪應力？它與正向應力 σ 有何不同？

2-15 為何說熱應力和裝配應力的計算問題是靜不定問題？

2-16 怎樣確定材料的容許應力？安全因數的選擇與那些因素有關？安全因數大

小，必須考慮那些因素？

2-17 何謂工作應力？何謂強度條件？根據強度條件，如何進行三種強度計算問題？

2-18 何謂剛性條件？根據剛性條件，如何進行三種剛性計算問題？

2-19 試從材料蒲松比的特性，說明一般玻璃瓶塞常用軟木(cork)材料做成的軟木塞，而不用橡皮做的橡皮塞之緣由。

(B) 計算題

2-1.1 畫出圖 2-70 所示的軸力圖，並求 1-1 和 2-2 橫截面上的軸力 N_1 與 N_2。

答：(a)$N_1 = P$，$N_2 = 3P$

　　(b)$N_1 = 2P$，$N_2 = P$

　　(c)$N_1 = 5P$，$N_2 = P$

2-1.2 畫出圖 2-71 所示的軸力圖，並求 1-1 和 2-2 橫截面上的軸力 N_1 與 N_2。

答：(a)$N_1 = -2P$，$N_2 = 2P$

　　(b)$N_1 = -6P$，$N_2 = -2P$

　　(c)$N_1 = P$，$N_2 = 2P$

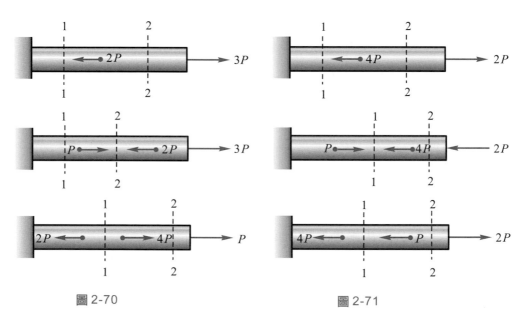

圖 2-70　　　　　　　　　　　　　　圖 2-71

2-2.1 桿ABC具有兩不同剖面，受$P = 450$ kN 之軸向力負載(如圖 2-72 所示)。桿之兩部分均為圓形剖面。AB與BC部分之直徑分別為 110 mm 及 75 mm。計算桿上各部分之正向應力σ_{ab}及σ_{bc}。

答：$\sigma_{ab} = 47.35$ MPa，$\sigma_{bc} = 101.86$ MPa。

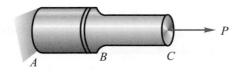

圖 2-72

2-2.2　一鋼棒長 1.5 m，直徑 15 mm，受一軸向拉負載 15 kN 如圖 2-73 所示。當施予負載時，此棒增長 0.6 mm。決定棒之正向應力及應變。

答：$\sigma = 84.88$ MPa，$\varepsilon = 4 \times 10^{-4}$。

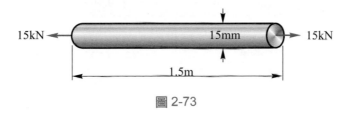

圖 2-73

2-2.3　如圖 2-74 所示，一比重量爲γ之鐵線，以其自身重量自由懸掛著。推導此線中之拉應力σ_y，爲由下端算起之距離y之函數表示。

答：$\sigma_y = \gamma y$。

圖 2-74　([1]習題 1-2.1)

2-3.1　表 2-4 所示數據爲由高強度鋼所作之拉力試驗而得。試驗試桿之直徑爲 15 mm，而標距長度爲 50 mm。破壞時，介於兩標點之總伸長量爲 12.5 mm，且最小直徑爲 8.5 mm。畫出此鋼之公稱應力-應變關係圖，且決定比例限在 0.1 ％偏位之降伏應力、極限應力、50 mm 之伸長率及斷面收縮率。

答：$\sigma_{pl} = 365$ MPa，$\sigma_y = 390.5$ MPa，$\sigma_u = 718.7$ MPa，

　　伸長率＝ 25 ％，斷面收縮率＝ 67.9 ％。

表 2-4　拉力試驗數據

負載(kN)	伸長量(mm)
5.0	0.005
10.0	0.015
30.0	0.048
50.0	0.084
60.0	0.102
64.5	0.109
67.0	0.119
68.0	0.137
69.0	0.160
70.0	0.229
72.0	0.300
76.0	0.424
84.0	0.668
92.0	0.965
100.0	1.288
112.0	2.814
127.0	破壞

2-3.2　一低碳鋼試桿作抗拉試驗，試桿直徑為 11.28 mm，標距長度 56 mm。在試桿斷裂時試桿直徑為 6.45 mm。試驗的負載與伸長量在表 2-5 內，而圖 2-75 (a)表示彈性範圍的負載-伸長量圖形，圖 2-75(b)是整個負載-伸長量圖形。

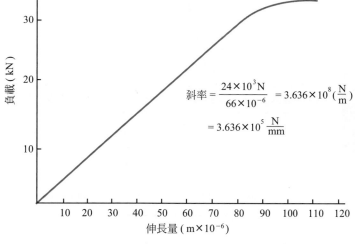

(a) 彈性範圍之負載 - 伸長量圖

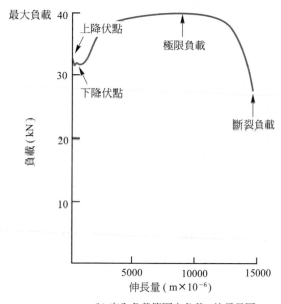

(b) 完全負載範圍之負載 - 伸長量圖

圖 2-75

表 2-5

負載(kN)	2.47	4.97	7.4	9.86	12.33	14.8	17.27	19.74	22.2	24.7
伸長量 (m×10⁻⁶)	5.6	11.9	18.2	24.5	31.5	38.5	45.5	52.5	59.5	66.5
負載(kN)	27.13	29.6	32.1	33.3	31.2	32	31.5	32	32.2	34.5
伸長量 (m×10⁻⁶)	73.5	81.2	89.6	112	224	448	672	840	1120	1680
負載(kN)	35.8	37	38.7	39.5	40	39.6	35.7	28		
伸長量 (m×10⁻⁶)	1960	2520	3640	5600	7840	11200	13440	14560		

由以上的資料及兩圖形，試決定下列各值：(a)彈性模數(b)極限應力(c)上降伏點與下降伏點應力(d)斷面收縮率(e)伸長率(f)斷裂時的公稱應力及眞實應力。

答：(a)彈性模數 $= 2.036 \times 10^5$ MPa

(b)極限應力 $= 415$ MPa

(c)上降伏點應力 $= 343.5$ MPa，下降伏點應力 $= 322$ MPa

(d)斷面收縮率 $= 67.3\,\%$

(e)伸長率 $= 26\,\%$

(f)斷裂時公稱應力 $= 280$ MPa，斷裂時眞實應力 $= 856.9$ MPa。

2-4.1　1.5 m 長外徑 280 mm，管厚 12.5 mm 的超強鋼管作爲柱子用，承載一中心軸向壓力荷重 1.5 MN，已知 $E = 200$ GPa，$v = 0.3$，試求(a)管長的變化量(b)管外徑的變化量(c)管厚的變化量。

答：(a)$\delta_x = -1.071$ mm；(b)$\Delta d = 59.98$ μm；(c)$\Delta t = 2.68$ μm

2-4.2　當螺帽栓緊時，鋼螺栓的直徑變化可以小心的測得，已知 $E = 200$ GPa，$v = 0.30$，試求當直徑縮短 15 μm 時，鋼栓產生的內力 N。

答：$N = 392.7$ kN。

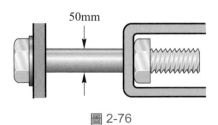

50mm

圖 2-76

2-4.3　如圖 2-77 所示，一拉力試驗之黃銅試桿，其直徑爲 12 mm，而標距長度爲 50 mm。當施予一負載 P ＝ 30 kN 時，其介於兩標點之距離，增加了 0.165 mm。試計算黃銅之彈性模數。

答：E ＝ 80.38 GPa。

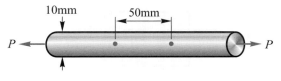

圖 2-77

2-4.4　決定在鋼桿(E ＝ 210 GPa)，產生軸向應變 ε ＝ 0.0008 所需之拉力 P。鋼桿圓剖面直徑等於 26 mm。

答：P ＝ 89.2 kN。

2-4.5　一截取直鋼管(E ＝ 200 GPa，v ＝ 0.30)之受壓構件。外直徑爲 100 mm，而剖面面積爲 1650 mm^2。求使外直徑增加 0.0095 mm 之軸向力 P 值？

答：P ＝ 104.5 kN(壓力)。

2-4.6　一高強度鋼桿(E ＝ 200 GPa，v ＝ 0.3)受一軸向力 P 所壓縮，如圖 2-78 所示。無軸向力時之桿直徑爲 50 mm。爲維持特定之餘隙，桿直徑不得超過 50.0005 mm。求最大可容許之負載 P？

答：P ＝ 13.08 kN。

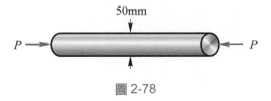

圖 2-78

2-4.7　直徑 50 mm，長 1.5 m 之鋁製液壓撞鎚，承受最大軸向負載 ±250 kN，若 E ＝ 70 GPa 及 v ＝ 0.3，試求此撞鎚在運行時，最大、最小體積及最大、最小直徑各爲多少？

答：V_{max} ＝ 2946.322×10^3 mm^3，V_{min} ＝ 2943.678×10^3 mm^3，

d_{max} ＝ 50.017 mm，d_{min} ＝ 49.983 mm。

2-6.1　如圖 2-79 所示的扁形桿及 U 形鉤 C，在拉力 P ＝ 20 kN 作用下，已知 t ＝ 10 mm，螺栓為鋼材，其直徑 $d = 15$ mm，試求螺栓的平均剪應力 τ_{aver} 及支承應力 (bearing stress) σ_b？

答：$\tau_{aver} = 56.59$ MPa，$\sigma_b = 66.67$ MPa。

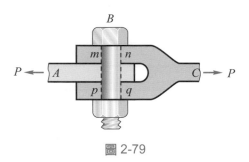

圖 2-79

2-6.2　如圖 2-80 所示之裝置用以試驗木材之剪強度。負載 P 沿面 AB 產生剪力。試件之寬度(垂直於紙面)為 60 mm，而 AB 之高度 h 為 60 mm。當 $P = 8.5$ kN，木塊之平均剪應力 τ_{aver} 為何？

答：$\tau_{aver} = 2.36$ MPa。

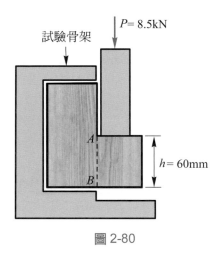

圖 2-80

2-6.3　如圖 2-81 所示之直徑 $d = 25$ mm 之沖頭，用於在板厚 $t = 5$ mm 之鋁板沖製一孔。沖頭力 $P = 80$ kN，求沖片上剪應力為何？

答：$\tau_{aver} = 203.72$ MPa。

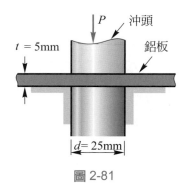

圖 2-81

2-6.4 如圖 2-82 所示，三鋼板以兩鉚釘接合在一起。如鉚釘直徑為 25 mm，而其作用力 $P = 20$ kN。求受剪時，引起鉚釘被剪斷之平均剪應力為何？

答：$\tau_{\text{aver}} = 10.19$ MPa。

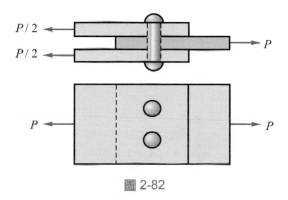

圖 2-82

2-6.5 一平板變形至虛線所示的形狀，如圖 2-83 所示。若假設變形後平板的水平線仍保持水平且未改變其長度，試求(a)沿 AB 邊的平均正向應變，(b)相對於 x 及 y 軸，平板的平均剪應變。

答：(a)$(\varepsilon_{AB})_{\text{aver}} = -7.085 \times 10^{-3}$(負號表應變導致 AB 縮短)。

(b)$\gamma_{xy} = 0.0108$ rad 或 $\gamma_{xy} = 0.618°$。

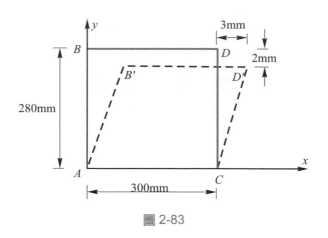

圖 2-83

2-6.6 如圖 2-84 所示薄三角板 ABC，它均勻變形成 ABC'，試求(a)沿中心線 OC 之正向應變，(b)沿 BC 邊之正向應變，(c) AC 邊及 BC 邊之剪應變。

答：(a)$\varepsilon_{OC} = 0.002$

(b)$\varepsilon_{BC} = 1.0016 \times 10^{-3}$

(c)$\gamma = 1.9980 \times 10^{-3}$ rad。

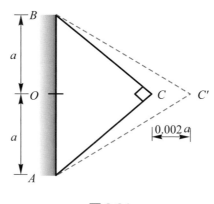

圖 2-84

2-7.1 如圖 2-85 所示的一階級桿件，各橫截面面積 $A_1 = 250$ mm^2，$A_2 = 500$ mm^2，$E = 200$ GPa。試求(a)各段桿件可能的應力，(b)自由端的撓度 δ_d。

答：(a)$\sigma_{ab} = 60$ MPa，$\sigma_{bc} = -20$ MPa，$\sigma_{cd} = 40$ MPa。

(b)$\delta_d = 0.14$ mm。

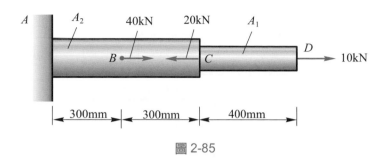

圖 2-85

2-7.2 一 6 m 長的鋼管($E=$ 205 GPa)所受的負載如圖 2-86 所示,橫剖面積$A=$ 1500 mm^2。(a)試求自由端的撓度δ;(b)找出自左端算起之距離x,使得那點的撓度為零。

答:(a)$\delta=-0.0244$ mm,(b)$x=5.25$ m。

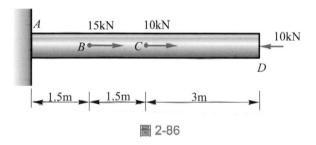

圖 2-86

2-7.3 如圖 2-87 所示,一方形剖面,長為L之均勻錐形桿,受軸向力P,剖面積由A端為$d×d$變化至B端為$2d×2d$,試導出一求其伸長量δ的公式。

答:$\delta=\dfrac{PL}{2Ed^2}$。

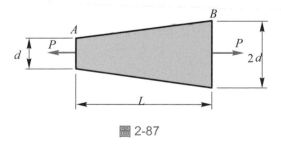

圖 2-87

2-7.4 試求圖 2-88 所示鋼質階級桿件自由端位移量δ_e,其中鋼的彈性模數$E=$ 200 GPa,而AD段的剖面積500 mm^2,DE段剖面積250 mm^2。

答:$\delta_e=3.2$ mm。

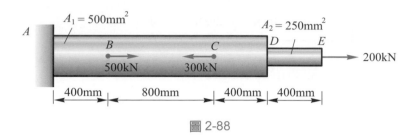

圖 2-88

2-9.1 如圖 2-89 所示，具兩不同剖面積A_1及A_2之鋼桿AB受固於兩剛性支點間，而在C處受力P之負載，試求支點之反力R_a及R_b。

答：$R_a = \dfrac{b_2 A_1 P}{b_1 A_2 + b_2 A_1}$ ；$R_b = \dfrac{b_1 A_2 P}{b_1 A_2 + b_2 A_1}$ 。

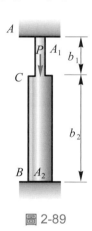

圖 2-89

2-9.2 如圖 2-90 所示，具兩不同剖面積之AB桿。桿端緊固於不動支點間，並承受大小相等而方向相反之力P。決定桿中間處之軸向應力，假定A_1為靠近端點之剖面積，而A_2為中間區域之面積(使用如下之材料性質：$P = 25$ kN，$A_1 = 350$ mm^2，$A_2 = 550$ mm^2，而$b = 2a$)。

答：$\sigma = -27.7$ MPa(壓應力)。

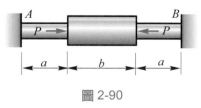

圖 2-90

2-9.3 如圖 2-91 所示，一長為L之剛性桿AB在A處以鉸鏈接於牆上，而在點C及D

處由兩垂直線所支持者。線之剖面積相同,並由相同材料製成,但D處之線為C處線長的 2 倍。試求因在B端作用一垂直力P時,線中所產生之拉力T_c及T_d?

答:$T_c = \dfrac{2PaL}{a^2 + b^2}$,$T_d = \dfrac{PaL}{2a^2 + b^2}$。

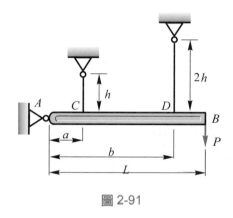

圖 2-91

2-9.4 如圖 2-92 所示的一鋼桿直徑為 10 mm。一端固定在A點且在負載作用之前,與牆壁B點有 1 mm 的間隙。若桿子受軸向力$P = 60$ kN 作用,試求A及B之反力。取$E = 200$ GPa。

答:$R_a = 53.09$ kN,$R_b = 69.1$ kN。

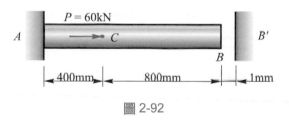

圖 2-92

2-9.5 一材料經歷一均勻溫度增加ΔT,試推導單位體積變化公式$\Delta V/V_o$。假定材料之熱膨脹係數為α,且能自由地伸長。

答:$e = 3\alpha(\Delta T)$。

2-9.6 如圖 2-93 所示之三鋼桿($E = 200$ GPa)接合在一體承受拉負載$P = 1.5$ MN 作用下。每一桿之剖面積為 4000 mm^2,而長為 7 m。如果中間桿突然地比其他二桿短了 0.75 mm,則當負載作用時,中間桿之最終應力σ為何?(假定當負載作用時,三桿端被拉成一行)。

答：$\sigma = 139.29$ MPa。

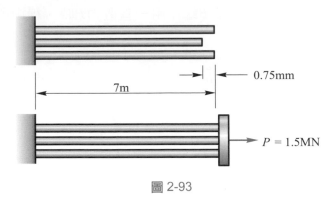

圖 2-93

2-10.1 如圖 2-94 所示之階級鋼桿ACB，受固於剛性支座間。AC及BC部分之剖面
積分別為1400 mm^2及2000 mm^2。彈性模數$E = 200$ GPa，而熱膨脹係數為
$\alpha = 14 \times 10^{-6}/℃$。試求下列之值：(a)桿中之軸向力$N$；(b)最大軸向應力$\sigma$及(c)
點C之位移量δ。設桿受一均勻溫升25℃作用。

答：(a)$N = 77.37$ kN，(b)$\sigma_{max} = 55.26$ MPa(壓應力)，

　　(c)$\delta_c = 0.037$ mm(向左)。

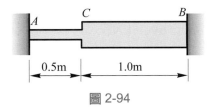

圖 2-94

2-10.2 一黃銅套筒套於一鋼螺栓上如圖2-95所示，而將螺帽緊直至其正好合稱為
止。螺栓之直徑為30 mm，而套筒之內徑及外徑分別為30 mm及40 mm。
試求使套筒產生40 MPa之壓應力時所需之溫度增加量ΔT(使用下列材料性
質：黃銅$\alpha_b = 20 \times 10^{-6}/℃$，$E_b = 100$ GPa，而鋼之$\alpha_s = 12 \times 10^{-6}/℃$及$E_s = 200$ GPa)。

答：$\Delta T = 69.5℃$。

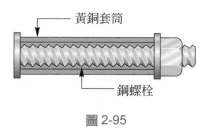

圖 2-95

2-10.3 如圖 2-96 所示，在鋁和鎂桿之端點處有一溝縫 $\Delta = 0.4$ mm，此時溫度 30℃，若溫度升高至 130℃ 時，試求(a)每一桿件所受壓應力，(b)鎂桿中改變的長度。鋁之 $E_a = 70$ GPa，$\alpha_a = 23 \times 10^{-6}/℃$，$A_a = 600$ mm²，鎂的 $E_m = 45$ GPa，$\alpha_m = 26 \times 10^{-6}/℃$ 以及 $A_m = 1400$ mm²。

答：(a)$\sigma_a = -147$ MPa，$\sigma_m = -63$ MPa，

(b)$\Delta L_{AB} = 0.36$ mm。

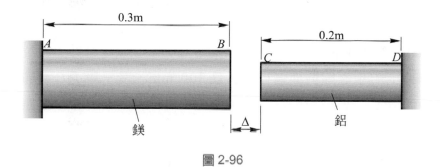

圖 2-96

2-10.4 如圖 2-97 所示的剛性桿固定在三根鋼及鋁製的短柱頂端。當剛性桿無負載作用且在溫度 $T_1 = 30℃$ 時各柱的長度為 280 mm。若桿子受到 120 kN 集中力且溫度上升到 $T_2 = 90℃$ 時，試求各短柱所支撐的力量。而鋁 $E_{al} = 70$ GPa，$\alpha_{al} = 23 \times 10^{-6}/℃$，鋼的 $E_{st} = 200$ GPa，$\alpha_{st} = 12 \times 10^{-6}/℃$。

答：$F_{st} = -3.80$ kN，$F_{al} = 127.60$ kN。

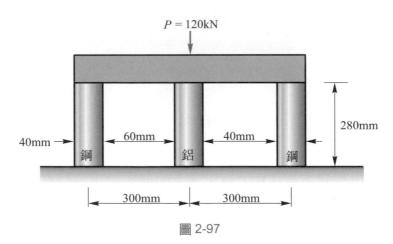

圖 2-97

2-10.5　一青銅桿長度 3 m，直徑 45 mm 其一端固定，在室溫 20℃，另一端與剛性
　　　　牆壁間有一溝縫 0.5 mm，材料性質為 $E=$ 70 GPa，$\alpha=$ 18×10⁻⁶/℃ 和 $v=$
　　　　0.3，當溫度提高至 60℃ 時，試求(a)在桿中的軸向應變，(b)桿中最後的直徑
　　　　d_f。

　　　　答：(a)$\varepsilon=-554$ μ，(b)$d_f=$ 45.4 mm。

2-11.1　如圖 2-98 所示之等截面鋼桿，長為 300 mm，受一壓力 $P=$ 30 kN。假定 E
　　　　$=$ 200 GPa，若剖面積為 $A=2500$ mm²，試求桿中所儲存之應變能 U。

　　　　答：$U=$ 0.27 J。

圖 2-98

2-11.2　如圖 2-99 所示一截面積為 A，彈性模數為 E 之桿件，試導出其所儲存應變能
　　　　U 之公式。

　　　　答：$U=\dfrac{7P^2L}{3EA}$。

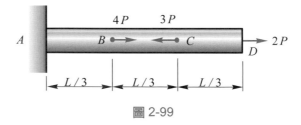

圖 2-99

2-11.3 如圖 2-100 所示一桿件，彈性模數 $E = 200$ GPa，試求所儲存應變能？

答：$U = 0.75$ J。

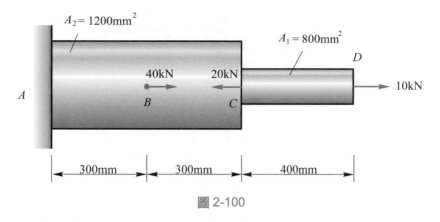

圖 2-100

2-12.1 如圖 2-101 所示之鋼管($\sigma_y = 270$ MPa)，承受一軸向壓負載 $P = 1250$ kN，其降伏安全因數為 2.0。若管厚為外徑之 1/8，求所需外徑 d 之最小值？

答：$d = 165$ mm。

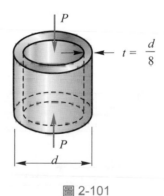

圖 2-101

2-12.2 二構件以一螺栓 AB 相接合，如圖 2-102 所示。若負載 $P = 40$ kN，螺栓之容許剪應力為 $\tau_{allow} = 80$ MPa，求螺栓所需之最小直徑 d？

答：$d = 18$ mm。

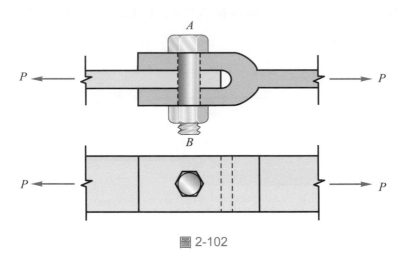

圖 2-102

2-12.3 兩扁平桿，受一拉力P，以兩個直徑爲 16 mm 之鉚釘接合著(如圖 2-103 所示)。桿寬爲$b = 25$ mm，厚爲$t = 12$ mm。桿由鋼製成，其極限應力爲 400 MPa。鉚釘鋼之極限剪應力爲 180 MPa。當接合處對於極限負載之安全因數爲 3.0 時，試求桿所能承受之容許負載P。(假定桿受拉時不會在鉚釘穿越之剖面上破壞，且忽略介於板間之摩擦力)。

答：$P_{allow} = 24.13$ kN。

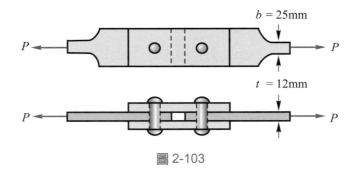

圖 2-103

③ 扭轉

研讀項目

1. 了解圓軸承受扭力矩作用產生扭曲的變形。

2. 定義扭力矩及內扭矩的正負號，如何畫出扭矩圖。

3. 了解圓軸承受扭力矩作用是靜不定問題，基於一些假設，由相等弧長導出剪應變的公式。

4. 分析剪應力分佈時，假設材料為均質及適合虎克定律。由力矩平衡可求得剪應力成線性分佈。

5. 圓軸在不同外扭矩作用時求剪應力分佈或扭轉角，一定要畫扭矩圖。若圓軸剖面有變化時畫出極慣性矩分佈圖，去求出剪應力及扭轉角。

6. 若圓軸承受扭力矩作用，兩端並非固定，要使用相對位移觀念，同時注意運動學等速條件及動力學切線力大小相等、方向相反的條件。

7. 圓軸承受扭力矩作用是純剪狀態，剪應力方向由扭矩方向決定，再結合應力轉換公式知延性、脆性材料如何破壞。

8. 圓軸最主要是傳送動力，然而一般知道是功率與轉速，因而由扭力矩、轉速及功率關係求出扭力矩，再去做應力分析。

9. 分析扭轉圓軸例子，各部分的內扭矩都是由力矩平衡求得。若扭轉構件有更多的支承點，此構件為靜不定，使用平衡條件及位移(扭轉角)方程式去分析。

10. 空心圓軸承受扭力矩作用也如同實心圓軸一樣，只是極慣性矩不同。

11. 由剪應力元素的應變能密度，可推導出扭轉圓軸的應變能密度，但特別注意此應變能密度是二次函數，而非線性函數，即重疊原理不能用。

12. 薄壁管是厚度與其剖面尺寸的比值甚小的管子。基於一些假設，承受扭力矩作用的薄壁管，首先由力矩平衡求出剪應力分佈，它有別於圓軸剪應力分佈，利用應變能密度可求得薄壁管之扭轉角。

3 -1　前言

在上一章節中，已討論過程受軸向負載的結構構件內之應力與應變，其作用力的方向係沿構件軸的方向。本章將討論受扭轉(torsion)的構件；**扭轉是當結構之構件受力偶的負載時，所產生對其縱軸旋轉的扭曲**。此種型式的負載示於圖 3-1(a)中，顯示出支持於一端直軸承受兩端負載，每一對力形成一力偶，使其軸對其縱軸線產生扭曲。

為了方便表示這些力偶，我們將藉雙箭頭型式的向量來表示力偶的力矩(圖 3-1(b))。箭頭垂直於包含力偶之平面，而力偶的方向是由對力矩向量的右手定則來表示之。另一表示法是使用作用於扭曲方向的彎曲箭頭(圖 3-1(c))也可再加上指向(圖 3-3)。產生對軸扭曲之力偶如力偶T_1及T_2等，被稱為轉矩(torques)、扭力偶(twisting couples)或是扭力矩(twisting moment)*。

受扭轉的構件在工程上的應用甚廣，最普通的應用是傳動軸，是將某一點的動力傳至其他地方，例如將動力由蒸汽渦輪機傳至發電機或由馬達傳至工具機或由汽車引擎傳動至後輪軸上，這些傳動軸可能為實心軸亦可能為空心軸。圖 3-2(a)中是傳動軸AB將渦輪機A所產生的功率傳遞至發電機上。但發電機上的負載亦必產生反扭力矩T_1作用於AB軸上，並經AB軸傳遞至渦輪機上。當傳動軸以穩定的轉速旋轉時，可由圖 3-2(b)中瞭解傳動軸承受扭轉作用的情形。

---

* 雖然 torque 中譯有轉矩與扭矩兩種，本書採用轉矩，以區別內扭矩(internal torque)簡稱為扭矩，另外扭力偶(twisting couples)、扭力矩(twisting moment)，皆是外扭矩，為了使用方便統稱為扭力矩使用。

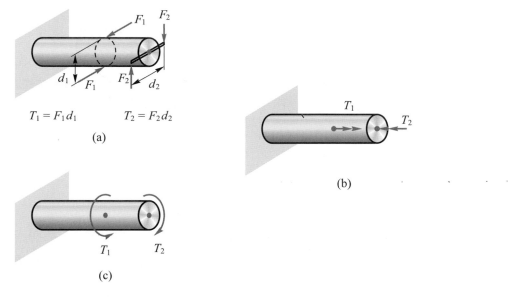

圖 3-1　由力偶 T_1 及 T_2 所產生扭轉之軸

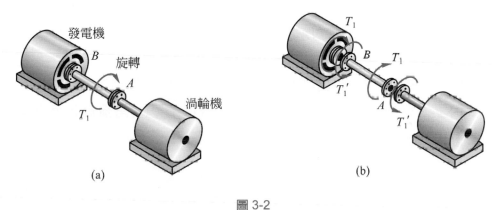

圖 3-2

3 -2 圓軸之扭轉

3-2-1 圓軸扭轉的基本考慮

　　首先考慮橡膠類高變形材料所製成的圓軸，在兩端承受扭力矩 T_1 作用將會產生何種變化？先在此種圓軸上畫如圖 3-3(a) 的網格，然後再加上扭力矩 T_1 作用產生扭曲變形(圖 3-3(b))。

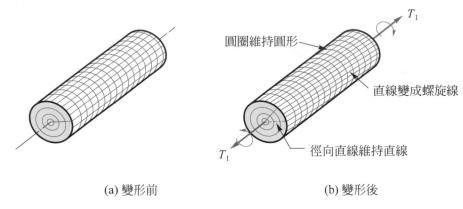

(a) 變形前　　　　　　　　　　　　(b) 變形後

圖 3-3　([5]之圖 5-1)

經由觀察變形結果(圖 3-3(b))可歸納如下：

1.　圓圈繼續維持圓形，而縱向之各網格線變形成為一螺旋線，並與圓圈以相同的夾角相交。

2.　軸兩端截面仍保持一平面，即不會鼓出或凹入。

3.　端面徑向直徑在變形過程中仍維持直線。

4.　在任一小網格(原正方形)變形菱形。

　　為了更了解縱向變形，將此軸如圖 3-4 所示，一端固定且在端部承受扭力矩T_1作用，則陰影平面將扭成一歪曲的形狀如圖所示。由變形結果可看出，距離軸固定端為x的截面上之徑向直線，將旋轉了一角度$\phi(x)$。此$\phi(x)$**角稱為**扭轉角(angle of twist)，其值與圖示軸向之位置x有關。

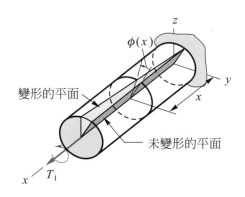

圖 3-4　當x增加時扭轉角$\phi(x)$也增大(參考[5]圖 5-2)

　　由於軸受扭力矩作用，材料本身產生抵抗內力且伴隨上面所描述的形狀變形，因而基於前一章知，將產生剪應力與剪應變。

3-2-2　圓軸內力與應力之基本考慮

1. **圓軸內力：內扭矩**(簡稱為扭矩)

　　為了要求圓軸承受扭力矩作用產生的剪應力與剪應變，首先必須知道其受力情況，亦即它的內力：內扭矩。**使用截面法及剛化原理**，列出平衡方程式即可求出內扭矩。但由圖 3-3 和圖 3-4 以及實際經驗可看出，圓軸變形方向與扭力矩旋轉同向，這如同**桿件承受軸向負載情況一樣，因此規定扭力矩(及內扭矩)旋轉方向的正負號**，其變形方向就自然確定下來。如圖 3-5(a)所示，從軸左右兩端看過去，扭力矩是反時針旋轉或其雙指向離開截面定為正，反之在圖 3-5(b)扭力矩為負，或者也可由圖 3-5(c)確定正負值，而內扭矩正負值也如同圖 3-5 規定。為了清楚區別內扭矩與外扭矩，本章之內扭矩規定符號有三種分別為無下標符號，如 T；有二個下標符號，如 T_{aa}、T_{ab} 及 T_{bc} 等；另一是單一下標且符號加上一橫線，如 $\overline{T}_a$，$\overline{T}_i$ 等。

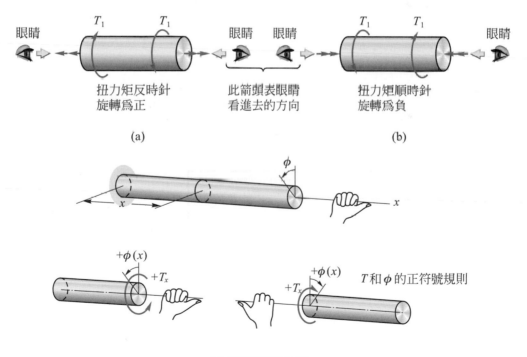

(c) (參考[5]圖 5-18)

圖 3-5

　　現在已知道扭力矩(內扭矩)正負值規定，因可依前一章畫桿件軸力圖方式，畫出圖軸的扭矩圖(內力圖)，亦即內扭矩隨軸向位置變化的分佈圖，此圖只與外扭矩作用大小及分佈位置有關，與軸的材料與截面積大小及分佈無關。

● **例題 3-1** 試分別畫出圖 3-6(a)、(b)及(c)的扭矩圖。

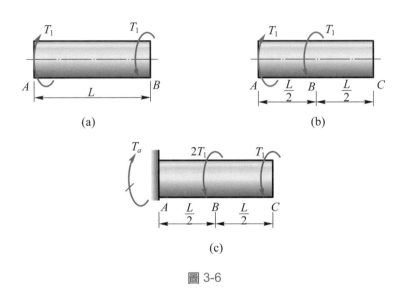

圖 3-6

解　(a)圖 3-6(a)中A點扭力矩是反時針旋轉(由左端面看出)，則代表正值之扭力矩

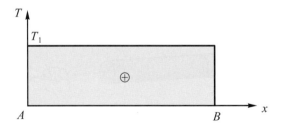

(b)如(a)作法，圖 3-6(b)可畫出扭矩圖

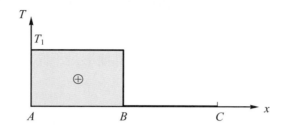

(c)先求出A點的支承反力(支承反扭力矩)

$$\Sigma T_x = 0$$

$$-T_a + 2T_1 + T_1 = 0$$

$$T_a = 3T_1$$

則圖 3-6(c)扭矩圖為

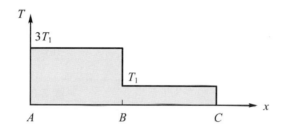

2. 圓軸應力之基本考慮

現考慮一軸AB，在A，B兩端受到大小相等而方向相反的扭力矩T_1作用。由例題 3-1 知，軸上任何位置之內扭矩T均為T_1，在軸上任取一點C作一截面垂直於軸的軸線(圖 3-7)將軸切斷，取BC部分為自由體(圖 3-8)，由前面分析知，軸承受扭力矩作用產生剪應變及剪應力，而直徑線變形後也維持直線，則由聖維南之靜力等效原理，必有一垂直於半徑方向的微剪力$d\mathbf{F}$，而ρ是由力$d\mathbf{F}$至軸線的垂直距離，則

$$\int \rho d\mathbf{F} = T$$

或由於$d\mathbf{F} = \tau dA$，其中τ為微面積上dA的剪應力，則有

$$\int \rho(\tau dA) = T \tag{3-1}$$

圓軸的任意已知截面上的剪應力必須滿足上式，但上式並未說明這些剪應力是如

何分佈在截面上，因知承受扭力矩作用的圓軸求其剪應力是靜不定，亦即無法利用靜力平衡方程式求出，必須如軸向負載的桿件，由其變形特性做出適當的假設，得出變形幾何關係式；從上一節知，其變形是不同於軸向負載桿件做出均勻拉伸或縮短。

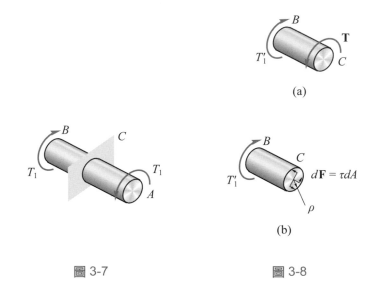

(a)

(b)

圖 3-7　　　　　　　　　　　　　　　圖 3-8

3-2-3　圓軸的變形

考慮受力偶T_1作用於端點的圓軸(圖 3-7)，處於此情況下的軸稱爲純扭轉(pure torsion)。由前節知，承受扭轉的圓軸爲靜不定問題，因此必須先從幾何上去求出變形的關係式。

在分析圓軸扭轉變形所引起的應變前，須先對圓軸圓形剖面(取軸向爲x軸之圓柱座標)作下列的假設：

1.　圓軸的圓形剖面是剛性，即扭轉後圓軸橫剖面上的直徑仍是一直線(這暗示$\varepsilon_r = \varepsilon_\theta = \gamma_{r\theta} = 0$)，此爲剛性轉動假設。

2.　扭轉前圓軸的橫剖面與軸線垂直，扭轉後也保持垂直，同時圓軸保持筆直(此暗示$\gamma_{rx} = 0$)。

3.　扭轉後圓軸之橫剖面仍保持平面，即兩橫剖面距離不變(此暗示$\varepsilon_x = 0$)，此即爲變形平截面假設。

綜合以上的結果，只有剪應變$\gamma_{\theta x}$(或$\gamma_{x\theta}$)不爲零，爲了方便表示，去掉下標。

圓軸扭轉時，一端將對另一端產生對縱軸的旋轉，例如軸的左端固定，則右端將對左端旋轉一小扭轉角ϕ(圖 3-9(a))，則此軸之外表面之一縱線如線nn，將旋轉一小角至nn'之位置。由於旋轉，軸表面的微小矩形元素，如圖中所示長爲dx的元素，被扭曲成扁菱形，此元素再次示於圖 3-9(b)。元素之原始形狀由$abcd$標示出，扭轉時，右手端之斷面對左手端而旋轉，點b及c分別移至b'及c'，元素的邊長在旋轉中不改變，但兩邊的夾角不再爲 90°，故我們視此元素在純剪狀態(見 2-6 節)，且剪應變γ的大小等於a處直角的減少量，因角的減少量由圖 3-9(b)(前視圖)知

$$\gamma = \frac{\overset{\frown}{bb'}}{\overline{ab}}$$

側視看$\overset{\frown}{bb'}$爲半徑r之圓上小弧角$d\phi$所對的弧長，而$d\phi$角爲一截面對應另一截面的扭轉角，因而得$\overset{\frown}{bb'} = rd\phi$。且距離$\overline{ab}$應等於$dx$，爲元素的長度。這些關係帶入前面方程式中得到

$$\gamma = \frac{rd\phi}{dx} \tag{3-2}$$

這是剪應變的表示式。而$\gamma dx = rd\phi$爲幾何的相容性方程式(compatibility equation)，$d\phi/dx$表示扭轉角ϕ的變化率。一般ϕ及$d\phi/dx$皆爲x的函數，我們以符號θ來表示$d\phi/dx$，而稱此爲每單位長度的扭轉角(angle of twist per unit length)，故

$$\gamma = \frac{rd\phi}{dx} = r\theta \tag{3-3a}$$

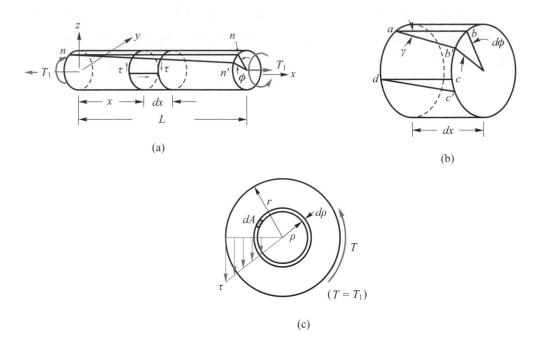

(a)

(b)

(c)

$(T = T_1)$

圖 3-9　純扭轉下之圓軸

在純扭轉的特例中，因為每一剖面均承受相同的扭力矩，故我們可以得到$\theta = \phi/L$，其中L為軸的長度，則(3-2)式可寫成

$$\gamma = r\theta = \frac{r\phi}{L} \tag{3-3b}$$

此為純扭轉的情形。注意上式只基於幾何概念適合任何材料的圓軸，不論其為彈性或非彈性，線性或非線性。注意剪應變γ並非與扭轉角ϕ有關係，而是與單位長度之扭轉角變化率(ϕ/L或$d\phi/dx$)有關。

觀念討論 ●

1.   因為圓軸的軸對稱性，可以看出，同一半徑的圓周上各點的剪應力應該是相同，主要是每一點相對於圓心有對稱的點，取微小面積dA，有一對大小相等而方向相反的]微小力$d\mathbf{F} = \tau dA$，這樣才不會違反力量平衡，且$d\mathbf{F}$與徑向線垂直，不然直徑將變化。參考圖 3-8(a)。

2.   圓軸變形的平截面假設是整個截面受扭力矩作用，只是整體轉動了一個角度且保持平面，另外也說明各個截面像剛體那樣整體地繞著軸線轉過了一個不同的角度。

3. 依變形平截面假設知，變形前在同一半徑上的各點，變形後仍在同一半徑上，只是轉動一個角度ϕ，同一截面上各半徑的轉動角度都相同為ϕ。由(3-1)式知，是要求剪應力τ沿半徑變化的規律，τ相對於剪應變γ，亦即變形條件是指明建立剪應變γ沿半徑變化的規律，故將剪應變γ與扭轉角ϕ聯繫著。

3-2-4　彈性範圍內的應力

現在要探討圓軸承受扭力矩所產生的應力，除了上面基於幾何概念的假設外，我們必須加上對圓軸材料有所限制的假設：

1. 圓軸材料為均質。
2. 圓軸承受扭力矩後所產生的應力在比例限之內，亦即符合虎克定律。

由剪力的虎克定律，可知剪應力與剪應變有關係，我們得到

$$\tau = G\gamma = Gr\theta \tag{3-4}$$

其中G為剪彈性模數。(3-3)和(3-4)式分別表示在軸表面上之元素，其剪應變和剪應力與每單位長度的扭轉角之間的關係。

軸內部應力與應變的求法，與軸表面應力和應變的求法相似。因為軸剖面的半徑保持一直線且在扭轉時不扭曲，因而前面外表面元素$abcd$的討論，也適用於內部具半徑為ρ內圓柱體之表面上(圖 3-8(c))，故此種內元素也受到純剪作用，其所對應的剪應力及剪應變由下列方程式表示

$$\gamma = \rho\theta \text{，} \tau = G\rho\theta \tag{3-5a，b}$$

這些方程式顯示出圓柱體的剪應力及剪應變，隨著距軸心的距離ρ呈線性變化，且它們在元素的外表面上具有最大值。軸剖面的應力分佈如圖3-8(c)所示，為三角形應力分佈。

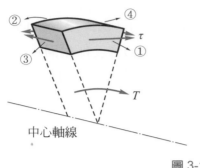

圖示記號 ① ② ③ ④ 代表決
定剪應力指向的順序，其中
③ ④ 順序可調換。

圖 3-10

　　為了更了解圓軸承受扭力矩作用，其內一點受力情況，如第 2 章所述，取一微小六面體(如圖 3-10)所示，為了不違反平衡，微小元素上在包含軸線的兩個平面上也必須有相等而相反方向的剪應力存在(即縱向剪應力)，不然只有橫截面上的橫向剪應力，將造成元素旋轉，且這兩種剪應力大小在同一半徑上將相等(圖 3-11)。現取一個沿縱向開槽的硬紙管，且在橫向方向畫一直線做記號，承受扭力矩作用時，將看到記號(直線)錯開，代表有縱向剪應力存在。如木製的圓軸，其縱向平面抗剪強度較橫剖面為弱，則扭轉時，第一條裂縫將出現於縱向的表面上(圖 3-12)。

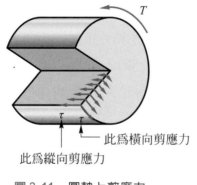

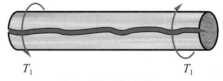

圖 3-11　圓軸上剪應力　　　　　　　　圖 3-12　(參考[5]圖 5-8)

觀念討論 ●

1.　由(3-4)式只能決定某一半徑的橫向剪應力大小，其方向無法決定。由靜力等效去決定剪應力方向，如圖 3-10 中記號①，內扭矩反時針旋轉(對中心軸線)，而在記號①上的剪應力之合力，即剪應力也對中心軸線有相同旋向，故得圖示方向。而記號②是不違反力平衡來確定方向，而記號③④剪應力方向是為了不違反力矩平衡，它們也有如圖2-37中所述，互相垂直面上的剪應力，大小相等，而方向若不是指向平面交線，不然就同時遠離平面交線。

3-2-5 扭轉圓軸的剪應力和扭轉角與扭矩間的關係

由前面分析知，承受扭力矩T_1作用的圓軸，首先畫出扭矩圖得$T = T_1$，再由(3-5b)式知其剪應力分佈$\tau = G\rho\theta$，則由靜力等效的(3-1)式得

$$T = \int G\theta\rho^2 dA = G\theta \int \rho^2 dA = G\theta I_p \tag{3-6}$$

其中 $$I_p = \int \rho^2 dA$$

I_p為圓截面的極慣性矩(polar moment of inertia)，**此極慣性矩可視為截面對軸線(形心軸)扭轉阻力的量度**。對半徑r及直徑為d之圓截面而言，極慣性矩為

$$I_p = \frac{\pi r^4}{2} = \frac{\pi d^4}{32} \tag{3-7}$$

而(3-6)式可改寫成

$$\theta = \frac{T}{GI_p} \tag{3-8}$$

此表示單位長度的扭轉角θ與扭矩T成正比，與軸的抗扭剛度(torsional rigidity)GI_p乘積成反比。若是扭轉的總扭轉角ϕ $(\phi = \theta L)$，則

$$\phi = \frac{TL}{GI_p} \tag{3-9}$$

扭轉角ϕ以強度量表示。如使用SI單位，扭矩T以牛頓米(N‧m)表示，長度L為米(m)，剪彈性模數G為巴斯噶(Pa)，而極慣性矩I_p為半徑的四次方(m^4)。**事實上ϕ是相對扭轉角，是一截面相對另一截面的扭轉角。若一端是固定，此時扭轉角即為絕對扭轉角。**

GI_p/L為圓軸的扭轉剛性(torsional stiffness)，**表示一端相對於另一端產生每單位扭轉角所需的扭力矩。而另外有**扭轉撓性(torsional flexibility)**定義為扭轉剛性的倒數**L/GI_p，**它等於每單位扭矩所產生的扭轉量**。這兩個定義相似於軸向剛性EA/L及軸向撓性L/EA。

(3-8)式或(3-9)式通常使用於決定不同材料的剪彈性模數G。對圓形試體的扭

轉試驗，可決定扭力矩T_1所產生的扭轉角ϕ，因而剪彈性模數可由(3-8)式或(3-9)式計算得之。

圓軸承受扭力矩T_1作用時，所產生的最大剪應力$\tau_{\max}$(maximum shear stress)，可由θ的表示式(3-8)式代入τ的表示式(3-4)式得

$$\tau_{\max} = \frac{Tr}{I_p} \tag{3-10}$$

此式稱為扭轉公式(torsion formula)，**它表示最大剪應力與所承受的扭矩成正比，而與剖面的極慣性矩成反比**。若圓軸直徑為d時，代入$r = d/2$及$I_p = (\pi/32)d^4$，則

$$\tau_{\max} = \frac{16T}{\pi d^3} \tag{3-11}$$

此為實心圓軸的最大剪應力公式。另外距軸心為ρ的剪應力，如前面所述，將(3-8)式代入(3-5b)式得

$$\tau = \frac{T\rho}{I_p} \tag{3-12}$$

為了使圓軸能夠安全而又經濟地使用著，必須限制橫截面上的最大剪應力$\tau_{\max}$小於軸的容許剪應力τ_{allow}，此稱為圓軸的強度條件，則

$$\tau_{\max} = \frac{T_{\max} r}{I_p} \le \tau_{\text{allow}} \tag{3-13}$$

然而受扭力矩作用的圓軸在滿足強度條件之後，一般還須對其扭轉變形給予一定的限制。例如車床的主軸若變形過大將影響車床的精度或產生扭轉振動，或者主軸上齒輪無法正確互相嚙合，通常要限制受扭力矩作用的圓軸單位長度的最大扭轉角絕對值$|\theta_{\max}|$小於單位長度的容許扭轉角θ_{allow}，此稱為圓軸的剛性條件，則

$$|\theta_{\max}| = \left| \frac{T_{\max}}{GI_p} \right| \le \theta_{\text{allow}} \tag{3-14}$$

其中θ_{allow}一般根據對機器的要求、負載性質和工作情況而定。精度要求不高的軸，$\theta_{\text{allow}} = 2 \sim 4°/\text{m}$；在一般傳動中，$\theta_{\text{allow}} = 0.5 \sim 1°/\text{m}$；精密車床的傳動軸，要求較高，取為$\theta_{\text{allow}} = 0.25 \sim 0.5°/\text{m}$。具體數值可查有關手冊。如同軸向負軸桿件，圓軸之強度與剛性條件可以做強度與剛性校核、截面設計及確定容許扭力矩。

一般圓軸承受扭轉的解題流程圖(表 3-1)

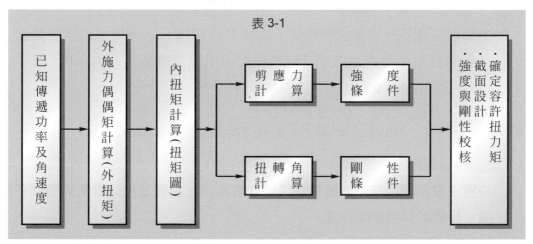

表 3-1

觀念討論

1. (3-8)式和(3-10)式僅可用於材料為均質(G為常數),且有均勻剖面以及軸兩端承受扭力矩作用(即純扭轉)才可用。

2. 在(3-4)、(3-8)和(3-10)式中,r及I_p只與圓軸幾何尺寸有關(圓軸給定,此兩參數即已知),與軸承受扭力矩無關,內扭矩由截面法或扭矩圖求得。注意這三個公式都已使用過剪力虎克定律(有變數變換功用)。

● **例題 3-2** 一實心鋼軸直徑 50 mm,長度為 3 m,它一端是固定,另一端承受 400 N·m 的扭力矩作用,如圖 3-13 所示,材料的剪彈性模數 $G = 80$ GPa,試求:(a)軸的最大剪應力 τ_{max};(b)自由端 B 點的扭轉角 ϕ_b。

解 (a)由於要求 τ_{max},因而必須知道其內扭力矩(由截面法或扭力矩圖求得),$T = T_1 = 200$ N·m

且知 τ_{max} 發生在圓軸的外表面。

$$\tau_{max} = \frac{Tr}{I_p} = \frac{16T}{\pi d^3} = \frac{16 \times 400 \text{ N·m}}{\pi (50 \text{ mm})^3}$$

$$= \frac{16 \times 400 \times 10^3 \ \text{N} \cdot \text{mm}}{\pi (50 \ \text{mm})^3} = 16.30 \ \text{MPa}$$

(b)由於自由端ϕ_b代表絕對扭轉角，為了真確描述，必須取一固定端截面，使其相對於另一截面才能知其變形程度，但固定端截面之$\phi_a = 0$，則

$$\phi_b = \phi_{ba} = \phi_b - \phi_a$$

$$= \frac{TL}{GI_p} = \frac{400 \ \text{N} \cdot \text{m} \times 3 \ \text{m}}{80 \times 10^9 \ \text{N/m}^2 \times \frac{\pi}{32} (50 \times 10^{-3} \ \text{m})^4}$$

$$= 2.445 \times 10^{-2} \ \text{rad} = 1.40° \quad (\text{逆時針})$$

特別注意扭轉角在最後結果必須用度數表示，主要是幾何度數其意義更加明顯。但要計算過程用弧度。

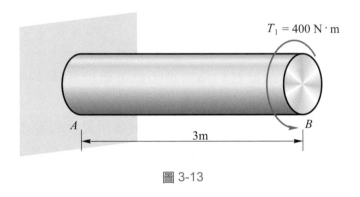

$T_1 = 400 \ \text{N} \cdot \text{m}$

A 3m B

圖 3-13

● **例題 3-3** 一實心鋼軸直徑為 60 mm，設計時所使用的容許剪應力$\tau_{\text{allow}} = 45$ MPa，單位長度的容許扭轉角$\theta_{\text{allow}} = 1°/\text{m}$ ，試求可施予此軸的最大容許扭力矩T_1(設$G = 80$ GPa)。

解 設計一機件必須安全且可靠地運作，最主要的要具有足夠強度(抵抗負荷的能力)、剛性(抵抗變形的能力)才能避免機件在一定壽命內損壞。且由題意知，內扭矩等於外扭矩大小(兩端承受扭力矩結果)。

(a)強度條件：基於容許剪應力，去求容許扭矩T_{01}，由(3-13)式知

$$\tau_{\text{max}} = \frac{16T}{\pi d^3} \leq \tau_{\text{allow}}$$

則

$$T_{01} \leq \frac{\pi d^3 \tau_{\text{allow}}}{16} = \frac{\pi}{16}(0.060 \text{ m})^3 45 \text{ MPa} = \frac{\pi}{16}(6 \times 10^{-2} \text{ m})^3 \times 45 \times 10^6 \text{N/m}^2$$

$$T_{01} \leq 1908.52 \text{ N} \cdot \text{m}$$

(b)剛性條件：基於單位長度的容許扭轉角，去求容許扭力矩T_{02}，由(3-14)式得

$$|\theta| = \left| \frac{T}{GI_p} \right| \leq \theta_{\text{allow}}$$

$$T_{02} \leq GI_p \theta_{\text{allow}} = (80 \text{ GPa}) \frac{\pi}{32}(0.060 \text{ m})^4 \left(1 \times \frac{\pi}{180} \text{ rad/m}\right)$$

$$T_{02} \leq 1776.53 \text{ N} \cdot \text{m}$$

特別注意在計算扭轉角θ時，必須使用強度量(是實數)(在上例結果用度數)，而角度之度(degree)並非實數，它祇是圓上分割的量度。在用公式計算兩邊須符合因次齊次定律(The law of dimensional homogeneity)。

在此兩值中選以較小者為最大容許扭力矩，即$T_1 = 1776.53$ N·m(若以最大值為主，它所產生的剪應力將超過容許剪應力)。可參考例題2-23。

如同例題2-23所述，另法將滿足強度和剛性條件看成解容許扭力矩T_1(未知數)的一元一次不等式組，求其解集合之交集

如圖所示，解集合之交集得

最大容許扭力矩$T = T_{01} = 1776.53$ N·m

3-2-6　非均勻扭轉

現在討論非均勻扭轉(nonuniform torsion)，它與前面所述**純扭轉主要不同是在於軸不須為等剖面，而所承受的扭力矩可以是許多集中扭力矩或沿長度變化的扭力矩。**

首先考慮如圖 3-14 所示非均勻扭轉，由二段不同直徑製成的軸件，並施扭力矩於某些截面上，它們將產生剪應力及扭轉角。使用截面法或扭矩圖作圖法求出某

一截面上內扭矩，就可以求出某一截面上剪應力。由扭矩圖知，介於施予扭力矩間的每一區域或介於變化截面間的區域是純扭轉，因而可用前述扭轉角公式求出個別段的相對扭轉角。**由於非均勻扭轉特性，軸一端對另一端的相對扭轉角，必須利用各段相對扭轉角相加**，即

$$\phi = \sum_{i=1}^{n} \frac{\overline{T}_i L_i}{G_i I_{pi}} \tag{3-15}$$

其中n是使$(\overline{T}_i/I_{pi})$為個別常數的總段數，將軸分段的原則，如同桿件一樣，是由(3-16)式利用積分平均值定理來分段。而$\overline{T}_i$是各段的內扭矩(由扭矩圖求出)。若軸一端是固定，則自由端的總扭轉角，即等於自由端與固定端間的相對扭轉角(因固定端絕對扭轉角為零)，再基於相對扭轉角相加即可得。

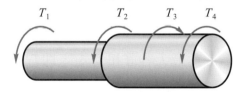

圖 3-14　非均勻扭轉之軸

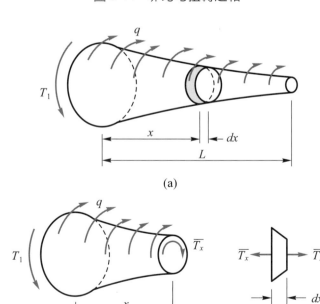

(a)

(b)

圖 3-15　具變化之截面及扭力矩之軸

若扭力矩或截面沿著軸向連續變化，如圖 3-15(a)所示，此錐狀圓軸受軸向每單位距離密度為q之扭力矩。首先用靜力平衡或扭矩圖作圖法，求出距軸端x距離處截面上內扭矩$\overline{T}_x$(圖 3-15(b))，此截面上剪應力可由扭轉公式求得，而現取一長度為dx的微小元素，承受內扭矩$\overline{T}_x$作用，產生微小扭轉角，則

$$d\phi = \frac{\overline{T}_x dx}{GI_{px}}$$

其中I_{px}為距軸端x處截面的極慣性矩，則介於軸兩端的相對扭轉角為

$$\phi = \int_0^L d\phi = \int_0^L \frac{\overline{T}_x dx}{GI_{px}} \tag{3-16}$$

● **例題 3-4** 在正常運轉狀況下，馬達產生 4.0 kN · m 的扭力矩，已知每段軸均為實心(如圖 3-16)，試求最大剪應力：(a)AB軸；(b)BC軸。

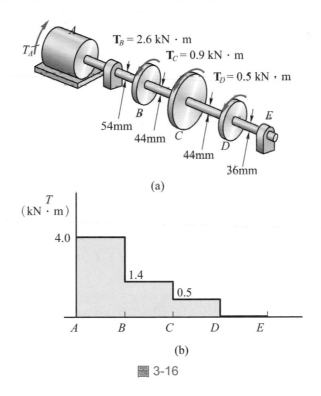

(a)

(b)

圖 3-16

解 由題意知，此題為非均勻扭轉。取整支軸為自由體，則$T_A = 4.0$ kN · m(反

時針旋轉為正)，畫扭力矩圖如圖 3-16(b)所示。由圖 3-16(b)知

$$T_{ab} = 4.0 \text{ kN} \cdot \text{m}, T_{bc} = 1.4 \text{ kN} \cdot \text{m}$$

由(3-11)式得

$$(\tau_{\max})_{AB} = \frac{16T_{ab}}{\pi d_{ab}^3} = \frac{16 \times 4.0 \times 10^3 \text{ N} \cdot \text{m}}{\pi(54 \times 10^{-3} \text{ m})^3}$$
$$= 129.37 \text{ MPa}$$

$$(\tau_{\max})_{BC} = \frac{16T_{bc}}{\pi d_{bc}^3} = \frac{16 \times 1.4 \times 10^3 \text{ N} \cdot \text{m}}{\pi(44 \times 10^{-3} \text{ m})^3}$$
$$= 83.76 \text{ MPa}$$

● **例題 3-5**   一實心軸$ABCD$(圖 3-17)的直徑$d = 75$ mm，在D處裝一可自由轉
動之軸承，且在B及C處分別受$T_1 = 3.2$ kN · m
及$T_2 = 2.4$ kN · m的扭力矩。軸在A處與齒輪箱中的齒相接觸，並
暫時固定在某位置上。試決定軸上每一部分的最大剪應力及在D處
的扭轉角度ϕ_d(假定$L_1 = 0.5$ m，$L_2 = 0.75$ m，$L_3 = 0.5$ m而$G = 75$
GPa)。

解   由圖 3-17(a)知此為非均勻扭轉，為了要求每一部分的最大剪應力及ϕ_d，必
須求出扭矩圖。首先取整支軸為自由體，則

$$\Sigma T_x = 0$$
$$-T_a + T_1 + T_2 = 0$$
$$T_a = T_1 + T_2 = 5.6 \text{ kN} \cdot \text{m}$$

畫出扭矩圖，如圖 3-17(b)所示，可看出

$$T_{ab} = 5.6 \text{ kN} \cdot \text{m}, T_{bc} = 2.4 \text{ kN} \cdot \text{m}, T_{cd} = 0 \text{ kN} \cdot \text{m}$$

由(3-11)式得

$$\tau_{ab} = \frac{16T_{ab}}{\pi d^3} = \frac{16 \times 5.6 \times 10^3 \text{ N} \cdot \text{m}}{\pi(75 \times 10^{-3} \text{ m})^3} = 67.60 \text{ MPa}$$

$$\tau_{bc} = \frac{16T_{bc}}{\pi d^3} = \frac{16 \times 2.4 \times 10^3 \text{ N} \cdot \text{m}}{\pi(75 \times 10^{-3} \text{ m})^3} = 28.97 \text{ MPa}$$

$$\tau_{cd} = 0$$

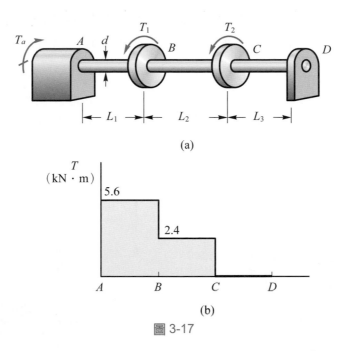

(a)

(b)

圖 3-17

　　因扭轉角要一截面相對另一截面才能確實表示變形程度，而端點D處的扭角ϕ_d(絕對扭轉角)，所以必須取固定端A處(即$\phi_a=0°$)的相對扭轉角$\phi_{da}=\phi_d-\phi_a=\phi_d$，但由$A$、$D$之間是非均勻扭轉，所以必須用相對扭轉角相加，即

$$\phi_d=\phi_{da}=\Sigma\frac{\overline{T_i}L_i}{G_iI_{pi}}=\phi_{dc}+\phi_{cb}+\phi_{ba}$$

$$=\frac{1}{GI_p}(T_{dc}L_3+T_{cb}L_2+T_{ba}L_1)$$

$$=\frac{[0+(2.4\times10^3\text{ N}\cdot\text{m})(0.75\text{ m})+(5.6\times10^3\text{ N}\cdot\text{m})(0.5\text{ m})}{75\times10^9\text{ N/m}^2\left[\frac{\pi}{32}\times(75\times10^{-3}\text{ m})^4\right]}$$

$$=0.0197\text{ rad}=1.31°\quad(逆時針)$$

非兩端固定的傳動軸

　　前面所討論過承受扭力矩的圓軸，所得的扭轉角公式，是一端作用扭力矩，而另一端固定，在此情況下，軸的扭轉角ϕ就等於其自由端的旋轉角；然而若軸兩端均扭轉時，其扭轉角等於一端相對於另一端的扭轉角度。現考慮圖 3-18(a)所示，是由兩個彈性軸AD與BE構成，軸長L，半徑為r，剪彈性模數為G，各軸上裝有齒輪且在C點嚙合。若有一扭力矩T_1作用於E(圖 3-18(b))，則兩軸皆會產生扭轉。由

於BE軸兩端皆是自由端,因而無法求出ϕ_e(E端絕對扭轉角),而**只能得到E端相對於B端的相對扭轉角**ϕ_{eb},由扭轉角公式(其中內扭力矩$T=T_1$),則

$$\phi_{eb}=\phi_e-\phi_b=\frac{TL}{GI_p}=\frac{T_1 L}{GI_p} \tag{3-17}$$

因而

$$\phi_e=\phi_b+\phi_{eb} \tag{3-18}$$

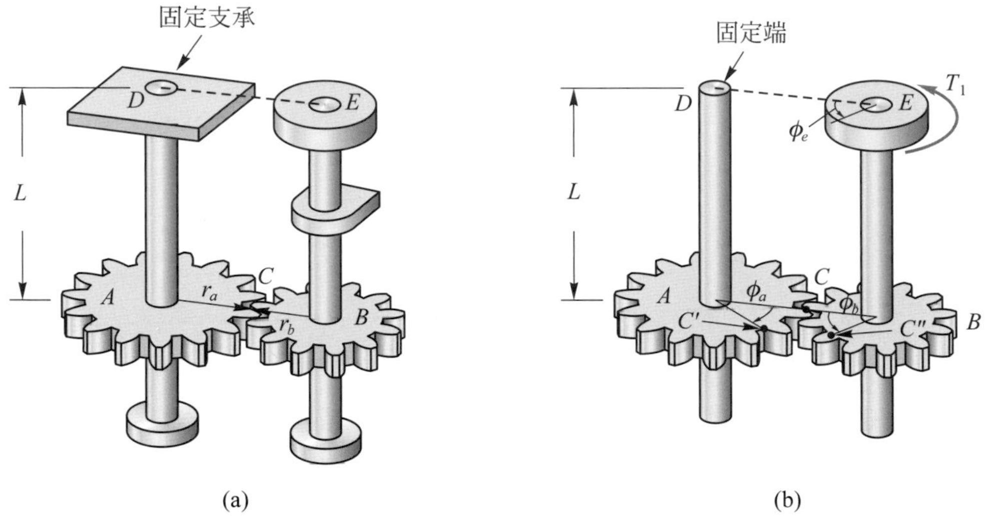

圖 3-18　([2]圖 3-25)

似乎只要絕對扭轉角ϕ_b可求得,ϕ_e即確定。根據前面經驗知,求ϕ_b值必須取有相關於固定端的扭轉角,而由圖 3-18 可看出AD軸(D端固定,$\phi_d=0°$),$\phi_{ad}=\phi_a-\phi_d=\phi_a$。要求$\phi_{ad}$必須要知道$AD$軸的扭力矩$T_{ad}$,它必須由齒輪嚙合的動力學條件及扭矩圖求得,再經由齒輪嚙合運動學條件,最後得出ϕ_b值。

觀念討論 ●

　　對於圓軸承受扭轉,若軸上的元件(例如齒輪)與另一軸上元件有相互嚙合運動時,要看兩軸端點是否有固定,若兩端點為固定為靜不定結構(習題 3-4.3)。當成受扭力矩作用之軸,軸端不固定時,要求另外一軸所承受扭力矩時,要使用嚙合動力學條件。而求扭力矩作用端扭轉角,要使用嚙合的運動學條件,再配合上述動力學條件,以及最重要找出具有(絕對扭轉角為零)固定端的軸(如例題 3-6)。

● **例題 3-6**　對於圖 3-18 的組合構件若 $r_a = 2r_b$，試求當扭力矩 T_1 作用在 E 上時，軸 BE 的 E 端的扭轉角。

解　由於扭力矩 T_1 作用在 E 點，BE 軸兩端均會旋轉，故由(3-18)式知 ϕ_e 為

$$\phi_e = \phi_b + \phi_{eb} \qquad\qquad\qquad\qquad\qquad\qquad \text{(a)}$$

其中 ϕ_{eb} 可由(3-17)式直接求出，即

$$\phi_{eb} = \frac{T_{eb}L}{GI_p} = \frac{T_1 L}{GI_p}$$

但 ϕ_b 值是由齒輪 A 與齒輪 B 相嚙合條件求出。假設是純滾動，則由圖 3-18(b) 可出 $\overset{\frown}{CC'}$ 弧與 $\overset{\frown}{CC''}$ 弧必須相等(運動學條件)，即

$$r_a \phi_a = r_b \phi_b$$

或　$$\phi_b = \left(\frac{r_a}{r_b}\right)\phi_a = 2\phi_a \qquad\qquad\qquad\qquad\qquad \text{(b)}$$

故現在我們祇要求出 ϕ_a 值即可，而 ϕ_a 代表 AD 軸的扭轉角(因 D 點固定)，但要求出 AD 軸所承受的扭矩 T_{ad}。由於二嚙合齒輪在 C 點上有大小相等而方向相反的二力 F 與 F' 作用(如圖 3-19，動力學條件)，其中力 F 是作用在齒輪 B 上，它對 B 點之扭矩必須與外扭矩 T_1 大小相等而方向相反；即 $T_1 = r_b F$，由此所造成的扭轉角，從 BE 軸兩端看過去皆是反時針旋轉為正值，即(a)式中 ϕ_b 及 ϕ_{eb} 正值。接著決定反作用力 F' 作用在 A 齒輪上的扭矩，它等於作用在 AD 軸的扭矩(或內扭矩)，即

$$T_{ad} = (r_a)(F') = 2r_b F' = 2r_b F = 2T_1$$

則　$$\phi_a = \frac{T_{ad}L}{GI_p} = \frac{2T_1 L}{GI_p} \quad (反時針旋轉為正值)$$

所以(b)式可寫成

$$\phi_b = 2\phi_a = \frac{4T_1 L}{GI_p}$$

則 E 端的扭轉角(a)式為

$$\phi_e = \phi_b + \phi_{eb} = \frac{4T_1 L}{GI_p} + \frac{T_1 L}{GI_p} = \frac{5T_1 L}{GI_p}$$

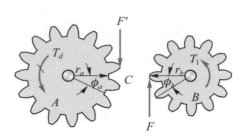

圖 3-19   ([2]圖 3-26)

註   圖 3-19 為上視圖，主動齒輪為 B 齒輪，承受 T_1 扭矩作用(逆時針)產生逆時針扭轉角 ϕ_b，而嚙合的齒輪 A 為了不使 B 齒輪轉動產生切線力 F，再根據作用力與反作用力定律，有一大小相等方向相反力 F' 作用在被動齒輪 A，帶動 A 產生順時針扭轉角 ϕ_a 以滿足嚙合條件之運動方程式(轉動弧長相等)，而在固定端 D 點產生反力矩 T_d(逆時針)。

例題 3-7 一階級軸受如圖 3-20(a)所示的扭力矩。每段的長度為 0.6 m，直徑分別為 80 mm，60 mm 及 40 mm。若材料的剪彈性模數 $G = 80$ GPa，試求各段最大剪應力及自由端的扭轉角 ϕ_a(度)。

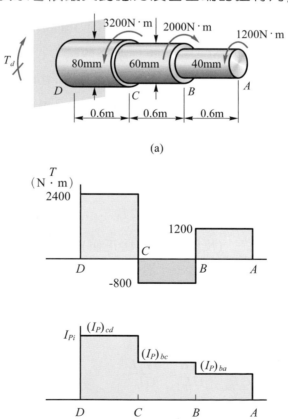

(a)

(b)

圖 3-20

解 由題意知，要求自由端扭轉角ϕ_a(絕對扭轉角)，它要有意義，必須是相對於固定端$\phi_d = 0$才可，即$\phi_a = \phi_{ad}$；但由圖3-20(a)知AD軸爲非均勻扭轉，要畫出扭矩圖。取AD軸爲自由體，則

$$\Sigma T_x = 0 \quad -T_d + 3200 - 2000 + 1200 = 0$$

$$T_d = 2400 \text{ N} \cdot \text{m}$$

畫出扭矩圖及極慣性矩分佈圖(圖 3-20(b))。由扭矩圖知$T_{dc} = 2400$N $\cdot$ m，$T_{cb} = -800$N $\cdot$ m，$T_{ba} = 1200$N $\cdot$ m，則

$$\tau_{dc} = \frac{16T_{dc}}{\pi d_{dc}^3} = \frac{16 \times 2400 \times 10^3 \text{ N} \cdot \text{mm}}{\pi (80\text{mm})^3} = 23.87\text{MPa}$$

$$\tau_{cb} = \frac{16T_{cb}}{\pi d_{cb}^3} = \frac{16 \times (-800 \times 10^3 \text{ N} \cdot \text{mm})}{\pi (60\text{mm})^3} = -18.86\text{MPa}$$

$$\tau_{ba} = \frac{16T_{ba}}{\pi d_{ba}^3} = \frac{16 \times 1200 \times 10^3 \text{ N} \cdot \text{mm}}{\pi (40\text{mm})^3} = 95.49\text{MPa}$$

爲了$\overline{T}_i / I_{pi}$是一常數將軸分成三段，再利用相對扭轉角相加得

$$\phi_a = \phi_{ad} = \Sigma \frac{\overline{T}_i L_i}{G_i I_{pi}} = \phi_{ab} + \phi_{bc} + \phi_{cd}$$

$$= \frac{L}{G} \left(\frac{T_{ab}}{(I_p)_{ab}} + \frac{T_{bc}}{(I_p)_{bc}} + \frac{T_{cd}}{(I_p)_{cd}} \right)$$

$$= \frac{0.6 \text{ m}}{80 \times 10^9 \text{ N/m}^2} \left[\frac{1200 \text{ N} \cdot \text{m}}{\frac{\pi}{32} \times (40 \times 10^{-3} \text{ m})^4} + \frac{-800 \text{ N} \cdot \text{m}}{\frac{\pi}{32} \times (60 \times 10^{-3} \text{ m})^4} \right.$$

$$\left. + \frac{2400 \text{ N} \cdot \text{m}}{\frac{\pi}{32} \times (80 \times 10^{-3} \text{ m})^4} \right]$$

$$= 35.57 \times 10^{-3} \text{ rad} = 2.038° \quad (\text{逆時針})$$

3-2-7 純剪

當一實心圓軸承受扭轉時，剪應力τ作用於橫截面及縱向平面上，一微元素$abcd$是從兩橫截面及兩縱向平面間切下(圖 3-21(a))，因**只有剪應力作用於元素的四個邊面上，故爲**純剪(pure shear)**狀態**。首先由平衡求出包含bc線段橫截面上的內扭矩方向，再利用靜力等效去決定線段bc上剪應力方向，再依微元素力的平衡(決定線段ad)及力矩平衡(決定線段ab及cd)上剪應力方向，如圖3-21(b)所示。

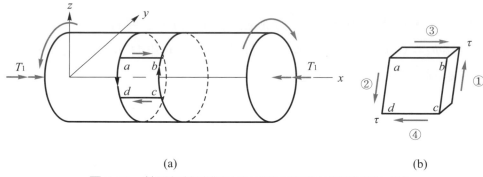

(a)   (b)

圖 3-21   軸受扭轉時作用於元素之剪應力(取軸向為x軸)

　　由先前的討論得知,正向應力、剪應力或二者的組合應力,可在相同的負載條件下求出,但端視所選定的微元素之方向而定。作用於與軸傾斜平面上的應力,可由微元素$abcd$來決定,為便於參考,取一組xz座標,為求得斜面上的應力,沿平面pq切割此元素,此平面與圖面垂直且其法線n與x軸的夾角為θ角(圖 3-22(a)),然後取切得的三角形或楔形為一自由體元素(圖 3-22(b)),作用於此元素的左側面及底面為剪應力τ。斜面上,可能有正向應力σ_θ及剪應力τ_θ,如圖 3-22(b)所示作用於正方向。

　　斜面上的應力由圖 3-22(d)三角元素之平衡關係(圖 3-22(c)是三角元素各面的面積大小)而得到

$$+\nearrow \quad \Sigma F_n = 0 \text{，} \sigma_\theta A_0 \sec\theta - \tau A_0 \sin\theta - \tau A_0 \tan\theta\cos\theta = 0$$

$$+\nwarrow \quad \Sigma F_t = 0 \text{，} \tau_\theta A_0 \sec\theta - \tau A_0 \cos\theta + \tau A_0 \tan\theta\sin\theta = 0$$

則整理得

$$\sigma_\theta = 2\tau\sin\theta\cos\theta = \tau\sin2\theta$$
$$\tau_\theta = \tau\cos2\theta$$

$$(3\text{-}19\text{a,b})$$

(3-19)式是當有一剪應力τ作用在xz平面時,在一傾斜角為θ的傾斜面上的正向應力和剪應力。**此式是由平衡條件導出,不論材料是線彈性與否均可適用。但若非線彈性材料剪應力τ不可用扭轉公式**(3-10)求。

　　從(3-19)式知,σ_θ及τ_θ皆是θ的函數,即$\sigma_\theta = \sigma_\theta(\theta)$及$\tau_\theta = \tau_\theta(\theta)$,根據微積分觀念,要求一函數極值取函數一階導數為零,利用連鎖法則(如$u = u(\theta)$,則$\dfrac{df(\theta)}{d\theta} =$

$\dfrac{df(u)}{du}\dfrac{du}{d\theta}$），即

$$\dfrac{d\sigma_\theta}{d\theta}=0=\tau\dfrac{d}{d\theta}(\sin 2\theta)=\tau(\cos 2\theta)2$$

則　　　$\cos 2\theta=0$，$\theta=\pm 45°$ 　　　　　　　　　　　　　　(a)

而　　　$\dfrac{d\tau_\theta}{d\theta}=0=\tau\dfrac{d}{d\theta}(\cos 2\theta)=-(\tau\sin 2\theta)2$

則　　　$\sin 2\theta=0$，$\theta=0°$ 或 $90°$ 　　　　　　　　　　　(b)

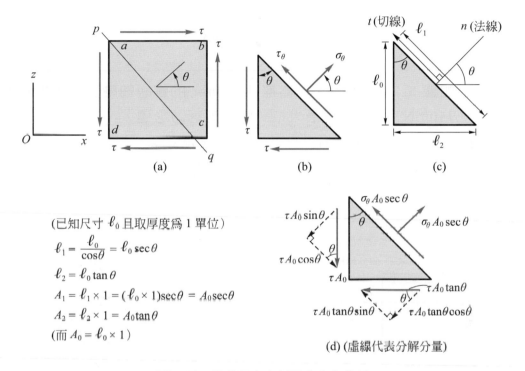

(a)　　　　　　　　(b)　　　　　　　　(c)

(已知尺寸 ℓ_0 且取厚度為 1 單位)

$\ell_1=\dfrac{\ell_0}{\cos\theta}=\ell_0\sec\theta$

$\ell_2=\ell_0\tan\theta$

$A_1=\ell_1\times 1=(\ell_0\times 1)\sec\theta=A_0\sec\theta$

$A_2=\ell_2\times 1=A_0\tan\theta$

(而 $A_0=\ell_0\times 1$)

(d) (虛線代表分解分量)

圖 3-22　純剪元素上斜面之應力分析

　　由材料實驗知，延性材料受剪力而損壞。若圓軸是延性材料，而扭轉的最大剪力是在橫截面上，故延性材料承受扭力矩損壞，如圖 3-23(a)所示。若圓軸材料為脆性材料(例如扭轉粉筆)，材料抗拉強度較抗剪強度弱，承受扭轉時，材料將沿著與軸線成 45°(最大拉力垂直面)之螺旋斜線而損壞(圖 3-23(b))。

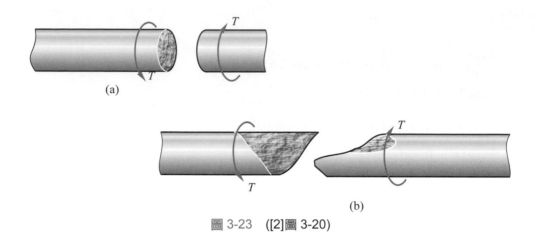

(a)

(b)

圖 3-23   ([2]圖 3-20)

例題 3-8 如圖 3-24(a)所示，一直徑 100 mm 的實心圓軸受一扭力矩$T_1 =$ 9400 N．m，試求最大拉、壓及剪應力之值。

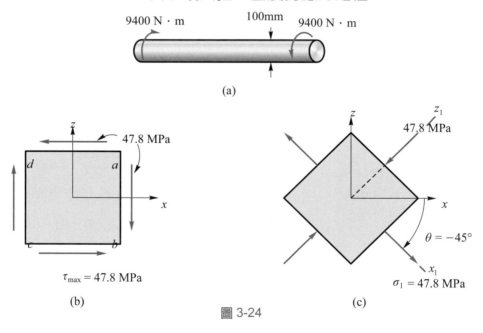

圖 3-24

解 因要求圓軸承受扭轉的最大拉、壓應力，最好取應力元素描述較明確。在圖 3-24(a)中，其內扭矩$T = T_1 = 9400$ N．m，由(3-11)式可得最大剪應力(在ab 線段由靜力等效於內扭矩得如圖示方向)

$$\tau_{max} = \frac{16T}{\pi d^3} = \frac{16 \times (9400 \text{ N} \cdot \text{m})}{\pi \times (0.1 \text{ m})^3} = 47.8 \text{ MPa}$$ (a)

最大拉應力$(\sigma_t)_{max}$和最大壓應力$(\sigma_c)_{max}$。要由(3-19)式及$\theta = 45°$得

$$\sigma_\theta = \tau\sin2\theta = (-47.8 \text{ MPa})\sin90° = -47.8 \text{ MPa}(壓應力)$$

$$\tau_\theta = \tau\cos2\theta = (-47.8 \text{ MPa})\cos90° = 0 \tag{b}$$

及元素另一與之垂直的平面上之應力，以$\theta = 45° + 90° = 135°$代入(3-19)式

$$\sigma_\theta = \tau\sin2(135°) = -\tau\sin90° = 47.8 \text{ MPa}$$

$$\tau_\theta = \tau\cos2(135°) = -\tau\cos90° = 0 \tag{c}$$

由(b)與(c)式知，在這兩平面上只有正向應力而剪應力為**零，稱為主平面**，其上的應力是最大主應力$\sigma_1 = (\sigma_t)_{max} = 47.8$ MPa(在$\theta = -45°$平面上)，及最小主應力$\sigma_2 = (\sigma_c)_{max} = -47.8$ MPa(在$\theta = 45°$平面上)。**注意在圖(b)中，剪應力為負值(由前一章剪應力符號規定)。應力元素必須標示座標系統(圖3-24(b)及(c)所示)，正向應力及剪應力只有正的數值表示，而真正的正負值，是由箭頭方向去描述。**

最大拉、壓應力也可由直觀方法得到，在圖 3-24(b)中b與d點中可合成兩拉應力，而a與c點可合成壓應力，如圖3-24(c)所示。

3 -3 圓軸的動力傳遞

圓軸最重要的用途，在於由一機械裝置傳遞動力至另一機械裝置。如汽車的傳動軸，船的螺旋槳軸等等。動力藉著軸的轉動而傳遞，且所傳遞的功率與扭力矩大小和轉速有關。**一般軸的設計問題在於決定所需的尺寸，使其能以一特定轉速來傳遞特定量的功率，而不超過材料的容許應力。**

假定一馬達驅動軸(圖3-25)，以角速度ω旋轉，ω以每秒的弪度量表示(rad/s)。一般任何定值扭力矩T_0所作的功W等於扭力矩與其旋轉的角度的乘積，即

$$W = T_0\phi$$

其中ϕ為弪度量的旋轉角。功率是為單位時間所作的功，或

$$P = \frac{dW}{dt} = T_0\frac{d\phi}{dt} = T_0\omega \quad ([\omega] = \text{rad/s}) \tag{3-20}$$

其中P為功率的符號，而t表時間。在此特別注意功率定義也可為力與速率的乘積，

但此處軸以承受扭力矩作用較實用，故採用(3-20)式較為符合實際。

若 T_0 以牛頓米表示，則功率以瓦特 W 表示之。一瓦特等於一牛頓米／秒(焦耳／秒)。如 T_0 以呎磅表示，則功率以呎磅／秒數表示之。

角速度也可表為旋轉頻率 f 或單位時間的迴轉數。頻率的單位為赫茲(Hz)，為每秒的轉數(s^{-1})，故

$$\omega = 2\pi f$$

此時功率的表示式成為

$$P = 2\pi f T_0 \quad ([f] = \text{Hz} = \text{s}^{-1}) \tag{3-21}$$

另一普遍使用的單位為每分鐘的迴轉數(rpm)，以字母 n 表示。因此

且
$$n = 60f$$
$$P = \frac{2\pi n T_0}{60} \quad ([n] = \text{rpm}) \tag{3-22}$$

在美國工程實用單位上，功率常以馬力 hp(horse power)表示，而一馬力等於 550 ft-lb/s，故所傳遞馬力 H 為

$$H = \frac{2\pi n T_0}{60 \times 550} = \frac{2\pi n T_0}{33000} \tag{3-23}$$
$$([n] = \text{rpm}，[T_0] = \text{ft-lb}，[H] = \text{hp}$$

在 SI 制單位上，功率常以仟瓦特 kW 表示，1 kW = 1000 Watt = 1000 N · m/s，則功率 kW 為

或
$$\text{kW} = \frac{2\pi f T_0}{1000}$$
$$\text{kW} = \frac{2\pi n T_0}{1000 \times 60} \tag{3-24a，b}$$
$$([n] = \text{rpm}，[T_0] = \text{N} \cdot \text{m}，[f] = \text{Hz} = \text{s}^{-1}$$

圖 3-25 以角速度 ω 傳遞一轉矩之軸

● **例題 3-9** 一圓軸直徑 50 mm，被用來傳遞 100 kW 的功率，試求剪應力不
超過 60 MPa 時，此圓軸的角速度 n 為何？

解 由於軸兩端承受扭力矩 T_0，其內扭矩 $T = T_0$，且由題意知 $\tau_{max} \leq 60$ MPa，則

$$\tau_{max} = \frac{16T}{\pi d^3} = \frac{16T_0}{\pi d^3} \leq 60 \text{ MPa}$$

則容許扭力矩 T_0 為

$$T_0 = \frac{\pi d^3 (60 \text{ MPa})}{16} = \frac{\pi (50 \times 10^{-3} \text{ m})^3}{16} \times 60 \times 10^6 \text{ N/m}^2$$

$$= 1472.6 \text{ N} \cdot \text{m}$$

由(3-24a)式知

$$kW = \frac{2\pi T_0 n}{60 \times 1000}$$

$$n = \frac{60 \times 1000 \text{ kW}}{2\pi T_0} = \frac{60 \times 1000 \times 100}{2\pi \times 1472.6} = 648 \text{ 轉／分}$$

● **例題 3-10** 一鋼製之傳動軸($G = 80$ GPa)在 950 rpm 下傳遞 500 kW，並使
工作剪應力不超過容許剪應力 $\tau_{allow} = 300$ MPa，且扭轉角在長度
2 m 內不超過 3°。試求容許軸徑。

解 由題意知，必須同時滿足強度與剛性條件。首先求出傳動軸傳遞的扭力矩
T_0，利用(2-24b)式得

$$kW = \frac{2\pi n T_0}{1000 \times 60}$$

或 $T_0 = \frac{1000 \times 60 \text{ kW}}{2\pi n} = \frac{1000 \times 60 \times 500}{2\pi \times 950} = 5025.95 \text{ N} \cdot \text{m}$

強度條件：$\tau_{max} \leq \tau_{allow}$ (內扭矩 $T = T_0$)

$$\tau_{\max} = \frac{16T}{\pi d^3} = \frac{16T_0}{\pi d^3} \leq 300 \text{ MPa}$$

$$d^3 \geq \frac{16 \times 5025.95 \times 10^3 \text{ N} \cdot \text{mm}}{\pi \times 300 \text{ N/mm}^2}$$

$$d \geq 44 \text{ mm}$$

剛性條件：$|\theta_{\max}| \leq \theta_{\text{allow}}$

$$\theta_{\max} = \frac{T_0}{GI_p} \leq \frac{3°}{2 \text{ m}} \times \frac{\pi}{180°} = \frac{\pi}{120 \times 1000 \text{ mm}}$$

$$d^4 \geq \frac{32 \times 120 \times 10^3 T_0}{G\pi^2}$$

$$= \frac{32 \times (120 \times 10^3 \text{ mm}) \times 5025.95 \times 10^3 \text{ (N} \cdot \text{mm)}}{(80 \times 10^3 \text{ N/mm}^2) \times \pi^2}$$

$$d \geq 70 \text{ mm}$$

因此最小的容許軸徑$d = 70$ mm，實用上採用的軸徑必須大於此值。現取$d = 70$ mm，它滿足剛性條件(因它由剛性條件得出)，故這條件不必檢驗，將此值代入扭轉公式(d^3在分母)，所以也滿足強度條件，此即為所求。

另法將滿足強度和剛性材料看成解容許軸徑d(未知數)的一元一次不等式組，求其解集合之交集

如圖所示解集合之交集得

最大容許軸徑$d = 70$ mm

觀念討論

1. 由於科學發展過程及生活習慣不同造成物理量使用不同單位制，在功率單位有英制馬力(hp)，公制馬力(ps)及仟瓦特(kW)。一般功率與扭力矩關係式有下列關係

　　　1 hp = 76 kgf · m/sec = 746 N · m/sec

　　　1 hp = 550 ft-lb/sec

1 ps = 75 kgf · m/sec = 736 N · m/sec

1 kW = 1000 W = 1000 N · m/sec

(1) 若扭力矩與功率同屬於相同單位(只差時間sec而已)，則功率公式只有一個式子，即(3-22)式：

$$功率 P = \frac{2\pi n T_0}{60} \quad [n] = \text{rpm}$$

(2) 若扭力矩與功率使用不同單位，將依扭力矩單位，再由功率單位選擇適當比例用 $\frac{2\pi T_0 n}{60}$ 去除之，其中$[n]=$ rpm 皆相同，則功率公式分別有下列六種不同式子。

① $\text{hp} = \frac{2\pi T_0 n}{76 \times 60}$ ， $[T_0] = \text{kgf} \cdot \text{m}$

② $\text{hp} = \frac{2\pi T_0 n}{746 \times 60}$ ， $[T_0] = \text{N} \cdot \text{m}$

③ $\text{hp} = \frac{2\pi T_0 n}{550 \times 60}$ ， $[T_0] = \text{ft-lb}$

④ $\text{ps} = \frac{2\pi T_0 n}{75 \times 60}$ ， $[T_0] = \text{kgf} \cdot \text{m}$

⑤ $\text{ps} = \frac{2\pi T_0 n}{736 \times 60}$ ， $[T_0] = \text{N} \cdot \text{m}$

⑥ $\text{kW} = \frac{2\pi T_0 n}{1000 \times 60}$ ， $[T_0] = \text{N} \cdot \text{m}$

3 -4　靜不定軸

由前面所討論的扭轉公式或例子中，作用於軸內各部分的內扭矩，皆可由靜力平衡求得。當一扭轉圓軸若承受比靜力平衡更多的支承點時，此圓軸為靜不定。因此分析此種構件，可由平衡條件再加上位移方程式(也就是藉位移相容性方程式)來求解。

● **例題 3-11** 考慮圖 3-26(a)所示的扭轉圓軸AB。此軸固定於兩端，而AC及
BC部分有不同的直徑和極慣性矩分別為d_a，I_{pa}和d_b，I_{pb}，且在
C處承受扭力矩T_0，兩部分軸的材料相同。試決定端點的反扭力
矩T_a和T_b以及T_0截面處之扭轉角ϕ_c。

解 首先取AB軸為自由體(圖 3-26(b))，由靜力平衡得

(靜力平衡方程式)　$T_a + T_b = T_0$　　　　　　　　　　　　　　　　(a)

但兩支點數目大於靜力平衡方程式數目，此為靜不定。故必須加上變形的位
移方程式，而扭轉構件給我們變形的訊息為扭轉角(角位移)，如前面第二章
一樣以兩種分析此問題。

(方法一)：撓性法

現選擇T_b為贅餘扭力矩，故釋放結構是將支點B移去而得(圖 3-26(c))，畫出
扭矩圖(圖 3-26(d))，並利用重疊原理及(3-9)式(或配合圖(a))，及用物理關
係方程式得

$$\phi_b = \phi_{ba} = \frac{T_0 a}{GI_{pa}} - \frac{T_b a}{GI_{pa}} - \frac{T_b b}{GI_{pb}}$$

但因原來軸支點B為固定，即$\phi_b = 0$(變形幾何方程式)，則

(補充方程式)　$\dfrac{T_0 a}{GI_{pa}} - \dfrac{T_b a}{GI_{pa}} - \dfrac{T_b b}{GI_{pb}} = 0$　　　　　　　　　(b)

由(a)和(b)式，求得

$$T_a = T_0 \left(\frac{bI_{pa}}{aI_{pb} + bI_{pa}} \right), \ T_b = T_0 \left(\frac{aI_{pb}}{aI_{pb} + bI_{pa}} \right)$$

而作用於截面C處的扭轉角$\phi_c (= \phi_{ca} = \phi_{cb})$，可由軸的$AC$部分或$BC$部分內扭
矩代入(3-9)式求得(因兩部分必須有相同扭轉角度，否則軸會斷裂)。故得

$$\phi_c = \frac{T_a a}{GI_{pa}} = \frac{T_b b}{GI_{pb}} = \frac{abT_o}{G(aI_{pb} + bI_{pa})}$$

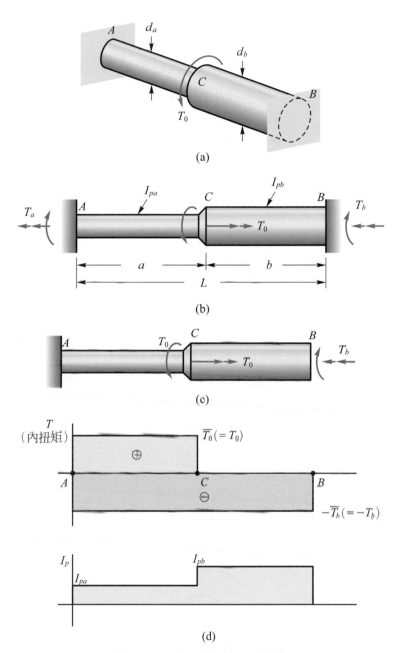

圖 3-26　受扭轉之靜不定構件

(方法二)：剛性法

首先在C點處將軸切開，則AC部分(內扭矩$T=T_a$)和BC部分(內扭矩$T=T_b$)的扭轉角分別為ϕ_1和ϕ_2，則

(物理關係方程式)　$\phi_1 = \dfrac{T_a a}{GI_{pa}}$，$\phi_2 = \dfrac{T_b b}{GI_{pb}}$

但是在C點扭轉角ϕ_c和ϕ_1及ϕ_2必須相等(變形幾何方程式)($\phi_c = \phi_1 = \phi_2$，它們皆相對於固定端)，否則扭矩作用時軸會斷裂，即

(補充方程式)　$\dfrac{T_a a}{GI_{pa}} = \dfrac{T_b b}{GI_{pb}}$　　　　　　　　　　　　　　　(c)

由(c)代入(a)式或C點平衡方程式得

$$T_a = T_0 \left(\frac{bI_{pa}}{aI_{pb} + bI_{pa}} \right) \text{，} \quad T_b = T_0 \left(\frac{aI_{pb}}{aI_{pb} + bI_{pa}} \right)$$

則扭轉角ϕ_c為

$$\phi_c = \frac{T_a}{GI_{pa}} = \frac{T_b b}{GI_{pb}} = \frac{abT_0}{G(aI_{pb} + bI_{pa})}$$

◉ **例題 3-12**　如圖 3-27 所示，它為一空心管及一心軸A彼此緊密接合而成一實心複合軸，此實心複合軸承受扭力矩T_1作用。

(a)若空心管與心軸的材料不同時，求空心管及心軸的抵抗扭力矩、扭轉角及最大剪應力。假設兩者有相同長度。

(b)若空心管和心軸是相同材料，求(a)中的資料。

解　(a)為了分析方便，使用下列符號：

G_a，G_b＝分別為內及外部分的剪彈性模數。

d_a，d_b＝分別為內及外部分的直徑。

I_{pa}，I_{pb}＝分別為內及外部分的極慣性矩。

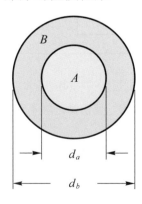

圖 3-27　兩種材料之複合軸

則複合軸承受扭力矩T_1作用，在心軸及空心管產生抵抗的內扭矩為$\overline{T}_a$及$\overline{T}_b$，由靜力平衡得($\overline{T}_a$和$\overline{T}_b$可看成各軸分攤外扭矩T_1的量)

(靜力平衡方程式) $T_1 = \overline{T}_a + \overline{T}_b$ (1)

此複合軸為靜不定，因此必須考慮位移方程式。當兩部分緊密在一起時，所產生的扭轉角ϕ有相同的量$\phi = \phi_a = \phi_b$(變形幾何方程式)，再使用物理關係方程式，即

(補充方程式) $\phi = \dfrac{\overline{T}_a L}{G_a I_{pa}} = \dfrac{\overline{T}_b L}{G_b I_{pb}}$ (2)

解(1)(2)兩式求得

$$\overline{T}_a = T_1 \left(\frac{G_a I_{pa}}{G_a I_{pa} + G_b I_{pb}} \right) \text{ , } \overline{T}_b = T_1 \left(\frac{G_b I_{pb}}{G_a I_{pa} + G_b I_{pb}} \right)$$

因而扭轉角由(2)式得

$$\phi = \frac{T_1 L}{G_a I_{pa} + G_b I_{pb}}$$

心軸及空心管的最大剪應力分別為τ_a及τ_b，則

$$\tau_a = \frac{\overline{T}_a \left(\dfrac{d_a}{2} \right)}{I_{pa}} \text{ , } \tau_b = \frac{\overline{T}_b \left(\dfrac{d_b}{2} \right)}{I_{pb}}$$

兩者剪應力比值為

$$\frac{\tau_a}{\tau_b} = \frac{G_a d_a}{G_b d_b}$$

特別注意管內邊界上的剪應力與心軸外邊界上的剪應力τ_a不同，雖然兩部分的剪應變在任何接觸的地方均相同，但因材料剪彈性模數不同，所以剪應力不同。

(b)空心管及心軸使用相同材料，即$G_a = G_b = G$，則

$$\overline{T}_a = T_1 \left(\frac{I_{pa}}{I_{pa} + I_{pb}} \right) \text{ , } \overline{T}_b = T_1 \left(\frac{I_{pb}}{I_{pa} + I_{pb}} \right)$$

$$\phi = \frac{T_1 L}{I_{pa} + I_{pb}} = \frac{T_1 L}{I_p} \quad (I_p = I_{pa} + I_{pb})$$

剪應力比 $\dfrac{\tau_a}{\tau_b} = \dfrac{d_a}{d_b}$

故此複合軸的行為與單一構件組合行為相同。

3 -5　空心圓形軸

　　如3-2節所言，實心軸中的剪應力在剖面的外表面達最大值，但在圓心處剪應力為零，因此，實心軸中大部分的材料所承受的剪應力遠低於容許剪應力。假如減低重量及節省材料是很重要時，可建議使用空心軸。

　　空心圓軸的扭轉分析幾乎與實心軸相同，只有極慣性矩I_p的積分由$\rho = r_1$至$\rho = r_2$，如圖3-28所示，則環形部分的極慣性矩I_p為

$$I_p = \frac{\pi}{2}(r_2^4 - r_1^4) = \frac{\pi}{32}(d_2^4 - d_1^4) \tag{3-25}$$

　　若有一空心管管壁非常薄時(也就是厚度t遠較其半徑為小)，則可用下列的近似公式

$$I_p = 2\pi r^3 t = \frac{\pi d^3 t}{4} \tag{3-26}$$

特別注意的一點，在設計空心軸時，其壁厚必須大到足以避免起皺紋或挫曲破壞之可能性。

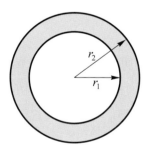

圖 3-28　空心圓軸

● **例題 3-13** 一空心軸及一實心軸由相同材料組成，具相同的長度及相同的外半徑r(如圖3-29所示)。空心軸的內半徑為$0.6r$。假定兩軸承受相同的扭力矩T_1，比較軸中所產生的最大剪應力，且比較兩軸的重量及扭轉角。

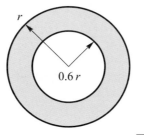 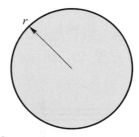

圖 3-29

解 首先由靜力平衡得內扭矩 $T = T_1$，再由公式 $\tau_{\max} = Tr/I_p$ 知，最大剪應力與 $1/I_p$ 成正比。對實心軸而言

$$I_p = \frac{\pi}{2}r^4 = 0.5\pi r^4$$

對空心軸則

$$I_p = \frac{\pi r^4}{2} - \frac{\pi(0.6r)^4}{2} = 0.4352\pi r^4$$

故空心軸的最大剪應力與實心軸的比值為 0.5/0.4352 或 1.15。因剪應力 $\tau = Gr\theta$ 或扭轉角 $\phi = TL/GI_p$，則扭轉角的比值與剪應力的比值有相同值(即 1.15)。軸的重量與截面積成正比，故空心軸與實心軸重量比等於

$$\frac{\pi r^2 - \pi(0.6r)^2}{\pi r^2} = 0.64$$

表示空心軸的重量為實心軸重量之 64％。

這些結果顯示出空心軸的益處，在此例中，空心軸的剪應力與扭轉角增大 15％，但重量少 36％。

● **例題 3-14** 圖 3-30(a)所示鋼軸、鋁管，一端與固定承座相連，另一端與剛性圓盤相連，已知內應力為零，鋼軸容許剪應力為 120 MPa，鋁管則為 70 MPa，求作用於圓盤上的最大扭力矩 T_0。而鋼之 G = 80 GPa，鋁 G = 27 GPa。

解 首先取圓盤為自由體圖(圖 3-30(b))，以 $\overline{T}_1$ 代表鋁管作用在圓盤上的內扭矩，$\overline{T}_2$ 代表軸作用在圓盤上的內扭矩，故

(靜力平衡方程式) $\quad T_0 = \overline{T}_1 + \overline{T}_2$ (a)

然而這是靜不定問題，故必須考慮變形幾何條件。由於鋁管與鋼軸二者均與剛性圓盤相接時，扭轉角為

(變形幾何方程式)　$\phi_1 = \phi_2$

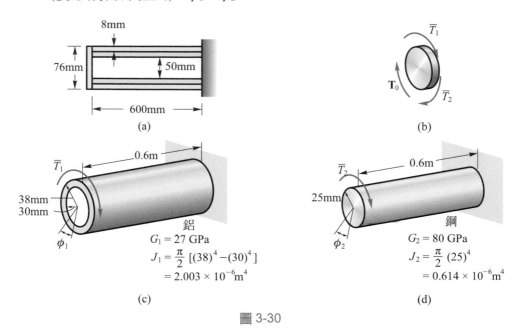

圖 3-30

由(3-9)式知(其中符號下標為 1 代表鋁管，2 代表鋼軸)(物理關係方程式)

(補充方程式)　$\dfrac{\overline{T}_1 L_1}{G_1 J_1} = \dfrac{\overline{T}_2 L_2}{G_2 J_2}$

$$\frac{\overline{T}_1(0.6\ \text{m})}{(27\ \text{GPa})(2.003 \times 10^{-6}\ \text{m}^4)} = \frac{\overline{T}_2(0.6\ \text{m})}{(80\ \text{GPa})(0.614 \times 10^{-6}\ \text{m}^4)} \tag{b}$$

$\overline{T}_2 = 0.910\overline{T}_1$

而 J_1，J_2 分別代表鋁管及鋼軸的極慣性矩。

但是由(a)(b)兩式中，有 T_0，$\overline{T}_1$ 及 $\overline{T}_2$ 三個未知數，無法求出解答(二個方程式，而三個未知數)，而由題意還有容許剪應力可用，但到底是鋁管或鋼管那一個先到達容許應力，故吾人必須先假設其中一個先達到容許剪應力，而求出扭矩，再由(b)式求出另一個扭矩，且由(3-10)式求出剪應力，驗證此剪應力是否超過容許剪應力，若超過容許剪應力代表假設錯誤，即另一個先達到容許剪應力，接著重新作前面的分析，即可求出解答。若假設正確時即為所求。

首先假設鋁管先達到容許剪應力(圖 3-30(c))，則由(3-10)式得

$$\overline{T}_1 = \frac{\tau_{\text{allow}} J_1}{r_1} = \frac{(70 \text{ MPa})(2.003 \times 10^{-6} \text{ m}^4)}{(0.038 \text{ m})} = 3690 \text{ N} \cdot \text{m}$$

將 $\overline{T}_1$ 代入(b)式得

$$\overline{T}_2 = 0.910 \overline{T}_1 = (0.910)(3690 \text{ N} \cdot \text{m}) = 3358 \text{ N} \cdot \text{m}$$

則

$$\tau = \frac{\overline{T}_2 r_2}{J_2} = \frac{(3358 \text{ N} \cdot \text{m})(0.025 \text{ m})}{0.614 \times 10^{-6} \text{ m}^4} = 136.7 \text{ MPa}$$

但此值超過鋼的容許剪應力 120 MPa，故前面的假設錯誤。因而應該鋼軸先達到容許剪應力，則

$$\overline{T}_2 = \frac{\tau_{\text{allow}} J_2}{r_2} = \frac{(120 \text{ MPa})(0.614 \times 10^{-6} \text{ m}^4)}{(0.025 \text{ m})} = 2950 \text{ N} \cdot \text{m}$$

由(b)式得

$$(2950 \text{ N} \cdot \text{m}) = (0.910) \overline{T}_1 \quad \overline{T}_1 = 3242 \text{ N} \cdot \text{m}$$

故最大容許扭力矩 T_0，由(a)式得

$$T_0 = \overline{T}_1 + \overline{T}_2 = 3242 \text{ N} \cdot \text{m} + 2950 \text{ N} \cdot \text{m} = 6.192 \text{ kN} \cdot \text{m}$$

3 -6　扭轉的應變能

前面 2-11 節所討論，純剪狀態的應變能密度為

$$u = \frac{\tau^2}{2G} = \frac{G\gamma^2}{2} \tag{3-27}$$

本節將用此式去計算扭轉軸的應變能。

　　圖 3-31(a)中所示的是一承受扭力矩 T_1 作用的圓軸(內扭矩 $T = T_1$)，考慮一為半徑 ρ 及厚 $d\rho$ 的圓管元素，此元素如圖 3-31(b)所示，它是在純剪應力狀態。其剪應力可由扭轉公式 $\tau = T\rho/I_p$ 求得。因此半徑為 ρ 處的應變能密度為

$$u = \frac{\tau^2}{2G} = \frac{T^2 \rho^2}{2GI_p^2}$$

圓管元素的應變能 dU 可由應變能密度 u 乘以圓管元素體積而求得

$$dU = uLdA = \frac{T^2 L \rho^2 dA}{2GI_p^2}$$

其中$dA = 2\pi\rho d\rho$。故軸的總應變能U可由前面dU的表示式在$\rho = r_1$及$\rho = r_2$間積分而得(圖 3-31(c))。

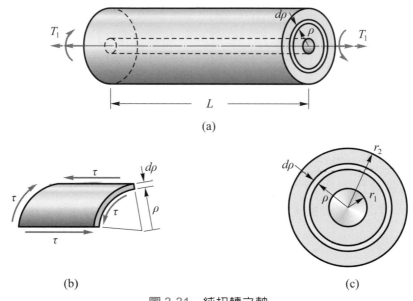

(a)

(b)   (c)

圖 3-31　純扭轉之軸

$$U = \int dU = \frac{T^2 L}{2GI_p^2} \int_{\rho = r_1}^{\rho = r_2} \rho^2 dA$$

其中　$I_p = \int_{\rho = r_1}^{\rho = r_2} \rho^2 dA$

則純扭轉圓軸的彈性應變能為

$$U = \frac{T^2 L}{2GI_p} \qquad (3\text{-}28)$$

此式是以施加外扭矩T_1圓軸，先由靜力平衡求出內扭矩T而再求得U。另一方程式可由扭轉角公式$\phi = TL/GI_p$代入求得

$$U = \frac{GI_p \phi^2}{2L} \qquad (3\text{-}29)$$

此式是以ϕ來表示U。

　　一個更直接求得前述純扭轉應變能的方法，是利用軸的扭矩-扭轉角圖(圖 3-32)。若材料遵守虎克定律且應變非常小時，此圖形為線性。軸扭轉過程中，內扭矩T作的功等於圖形直線下的面積，因此軸所對應彈性應變能為

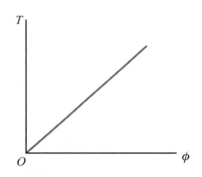

圖 3-32　純扭轉軸之扭矩-扭轉角圖

$$U = \frac{T\phi}{2} \tag{3-30}$$

以此方程式及扭轉角公式$\phi = TL/GI_p$，可得(3-28)和(3-29)兩式應變能的表示式。

　　若軸承受扭力矩作用時，是非均勻扭轉(如圖 3-14 所示)，畫出扭矩和極慣矩分佈圖，將軸分成若干段每段$\overline{T}_i/I_{pi}$($\overline{T}_i$為每段內扭矩)為一常數，則軸之總應變能U是每段應變能之總和，即

$$U = \sum_{i=1}^{n} \frac{\overline{T}_i^2 L_i}{2 G_i I_{pi}} \tag{3-31}$$

　　若軸為變化半徑的圓剖面或扭力矩沿軸而變化時(圖 3-15)，考慮距桿端x處，長為dx的盤形元素(圖 3-15)。假定作用於此元素上的扭矩為$\overline{T}_x$，而其剖面極慣性矩為I_{px}，由(3-28)式可得元素應變能表示式

$$dU = \frac{\overline{T}_x^2 dx}{2 G I_{px}}$$

因此，軸的總應變能為

$$U = \int_0^L \frac{\overline{T}_x^2 dx}{2 G I_{px}} \tag{3-32}$$

另一U的表示式可由(3-29)式於長為dx的元素得

$$dU = \frac{GI_{px}(d\phi)^2}{2dx} = \frac{GI_{px}}{2}\left(\frac{d\phi}{dx}\right)^2 dx$$

其中$d\phi$為元素的扭轉角。而$d\phi/dx$為每單位長度之扭轉角。此時總應變能成為

$$U = \int_0^L \frac{GI_{px}}{2}\left(\frac{d\phi}{dx}\right)^2 dx \qquad\qquad (3\text{-}33)$$

(3-32)及(3-33)式均可用於求得非均勻扭轉的應變能,至於使用那一式將視扭矩或扭轉角何者為x的函數而定。

● **例題 3-15** 一長為L的圓軸AB,A端固定而B為自由端(如圖 3-33 所示)。三種不同負載情形為:(a)扭力矩T_1作用於B端;(b)扭力矩T_1作用於中點C;(c)扭力矩T_1同時作用於B及C。試求每一情形下,儲存於軸的應變能U。

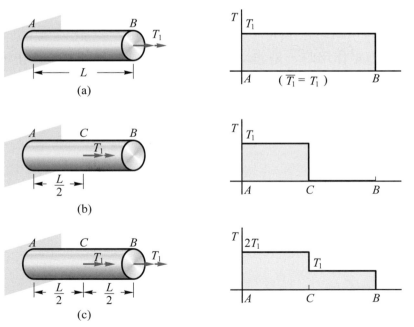

圖 3-33

解 (a)扭力矩T_1作用於B端時，首先求出扭矩圖，再由(3-28)式求得應變能

$$U_a = \frac{T_1^2 L}{2GI_p}$$

(b)扭力矩T_1作用於中點C時，首先求出扭矩圖，再使用(3-31)式於桿中AC部分應變能

$$U_b = \frac{T_1^2\left(\dfrac{L}{2}\right)}{2GI_p} = \frac{T_1^2 L}{4GI_p}$$

(c)首先求出A點支承反扭力矩$T_a = 2T_1$，再畫出扭矩圖，再用(3-31)式求出應變能

$$U = \frac{T^2\left(\dfrac{L}{2}\right)}{2GI_p} + \frac{(2T_1)^2\left(\dfrac{L}{2}\right)}{2GI_p} = \frac{5T_1^2 L}{4GI_p}$$

由此例觀察到兩扭力矩同時作用所產生的應變能，不同於扭力矩個別作用時應變能之和。這說明應變能為扭矩的二次函數，而非線性函數。

3 -7 薄壁管的扭轉

前面所敘述的扭轉理論只適用於實心或空心的圓剖面軸，此類型式的軸，在機械中普遍被使用為扭轉構件。但在輕結構諸如飛機、太空船等，非圓形薄壁構件經常被使用於抵抗扭轉。

當管壁的厚度與其剖面尺寸之比甚小時，稱之為薄壁管。現考慮一任意剖面形狀的薄壁管(圖 3-34(a))，承受扭力矩作用所生的剪應力與扭轉角，無法用前面的分析結果，因為任意剖面的薄壁管並非對稱或者承受扭力矩後剖面非對稱，無法由幾何變形條件求出剪應變的關係式。由於管壁很薄的，可假設剪應力沿管壁厚度方向是均勻分佈而獲得近似解。換言之，求得是管子橫截面上任意點的平均剪應力。為求得薄壁管剖面有良好近似的應力分佈，係假設薄壁管的扭轉要適合下列六項條件：

1. 管壁厚度與剖面尺寸相較甚小，且管壁的厚度沿剖面變化，而平行薄壁管軸線的剖面不變化。

2. 扭力矩的作用面與薄壁管的剖面平行。

3. 管壁的厚足以承受扭力矩而無挫屈(buckling)的現象發生。

4. 管壁厚度無突然的變化，故無應力集中的現象。

5. 管壁甚薄，假設薄壁管剖面的剪應力在厚度方向為均勻分佈。

6. 剖面為封閉且為單窩(single cell)。

　　任意剖面的形狀的薄壁管，承受扭力矩作用將產生剪應力與扭轉角變形，為了避免這兩種有互相影響，如圖 3-34(a)之xyz座標，x軸為扭轉軸(axis of twist)是扭力矩作用時，每一剖面對該軸(x軸)產生剛體旋轉，此軸是薄壁管變形時唯一不產生變形的縱向軸線。而扭轉軸與剖面交點稱為扭轉中心(center of twist)，即在剖面上受扭力矩作用產生變形時唯一不變的點。

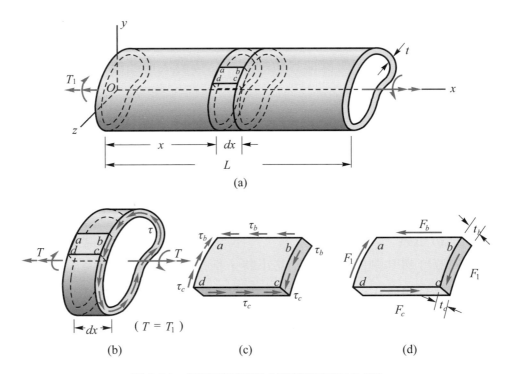

圖 3-34　任意剖面形狀之薄壁管([1]圖 3-29)

　　首先使用剛化原理和截面法，利用靜力平衡方程式求出其內扭矩$T(=T_1)$。接著考慮由兩縱切ab及cd所得的矩形元素(圖 3-34(a)，(b))，此元素分離成一自由體圖(圖 3-34(c))，作用於剖面表面bc上的剪應力，基於前面假設，這些應力的強度會改變，由聖維南靜力等效知道，在bc表面上剪應力方向沿b移動至c，**但還是不**

知其剪應力分佈。現假設在b處之剪應力以τ_b表示，在c處以τ_c表示。再由平衡得知，會有相同剪應力以相反方向作用於另一剖面ad上(假設(1)的條件)。在縱向表面ab及cd上，將有與橫剖面相同大小的剪應力，即在ab及cd面上剪應力為常數分別等於τ_b及τ_c(假設(1)的條件，即ab及cd面有一定的厚度)。

作用於縱向表面的剪應力造成剪力F_b及F_c(圖 3-34(d))，即

$$F_b = \tau_b t_b dx，F_c = \tau_c t_c dx$$

其中t_b及t_c分別表示薄壁管在b及c處的厚度。而力F_1作用在ab及ad面的剪應力之合力，但這些力並不在我們討論中。由元素在x方向的平衡可得$F_b = F_c$或

$$\tau_b t_b = \tau_c t_c \tag{3-34}$$

因此，(3-34)式表示薄壁管剖面上任一點之剪應力與該點處管厚度的乘積恆相等，此乘積稱為**剪力流**(shear flow)，以f表示

$$f = \tau t = 常數 \tag{3-35}$$

由上式可知承受扭轉的薄壁管，其截面的最大剪應力發生於厚度最薄處，若管壁厚度均勻，則管壁上的剪應力均相等。特別注意空心圓軸理論不同於薄壁管，其剪應力與半徑成正比，為線性變化。

在薄壁中空軸的橫剖面上，其剪應力τ的分佈與水流經單位深度，而有變化寬度的一個封閉渠道中的流速V的分佈相似。在一定深度的渠道中，因為寬度t改變，每一點的水流速度V都會跟著改變，但是流量$q = Vt$在整個槽中維持定值，其情況正如薄壁管中的剪力流$f = \tau t$。**上面表明剪應力向量對應於流體的速度向量，周邊上各點剪應力向量的方向是沿著周邊切線的方向，這個條件對應於不可滲透剛壁的環流條件。而剪力流$f = \tau t$與之相對應流體的流量$q = Vt$，表示同一時刻流過每一斷面的流量相同，這就是液體的不可壓縮條件。**

接著要求得剪力流與作用於管上的內扭矩T間的關係(因而可求得剪應力τ)。考慮剖面上取一微元素ds(圖 3-35)，距離s是沿剖面的**中線**(median line)量測(如圖中的虛線)。作用於元素上的總剪應力為fds，而此力對任何一點O的力矩為

$$dT = rfds$$

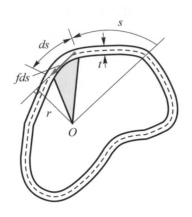

圖 3-35　薄壁管剖面

其中 r 是由 O 點至力作用線的垂直距離。作用線切於元素 ds 之剖面的中線。由剪應力所產生的總扭矩 T，可由沿著剖面中線對整個長度 L_m 積分而得

$$T = f \int_0^{L_m} r\,ds$$

這積分表示式有一簡單的幾何解釋。$r\,ds$ 量表示圖 3-35 中所示三角形面積的兩倍，注意此三角形的底為 ds 而高等於 r。故上式積分表示剖面中線所圍繞面積 A_m 的兩倍，即

$$T = 2fA_m$$

或　　　$$f = \tau t = \frac{T}{2A_m} \tag{3-36a}$$

$$\tau = \frac{T}{2tA_m} \tag{3-36b}$$

由這些方程式，可計算求得薄壁管中的剪力流 f 及剪應力 τ。

　　至於薄壁管的扭轉角，由於剪應力在橫剖面上變化，無法使用虎克定律及幾何條件求出扭轉角，但可由扭轉應變能求得。由應變能密度 $u = \tau^2/2G$，可得管元素的應變能

$$dU = \frac{\tau^2}{2G}t\,ds\,dx = \frac{\tau^2 t^2\,ds}{2Gt}dx = \frac{f^2\,ds}{2Gt}dx$$

故，薄壁管的總應變能為

$$U = \int dU = \frac{f^2}{2G} \int_0^{L_m} [\int_0^L dx] \frac{ds}{t} = \frac{f^2 L}{2G} \int_0^{L_m} \frac{ds}{t}$$

代入(3-36)式的剪力流，得

$$U = \frac{T^2 L}{8 G A_m^2} \int_0^{L_m} \frac{ds}{t} \tag{3-37}$$

此式是以扭矩T表示薄壁管的應變能方程式。

在此介紹薄壁管的扭轉常數(torsion constant)為

$$J = \frac{4 A_m^2}{\int_0^{L_m} \frac{ds}{t}} \tag{3-38}$$

則(3-37)式可改寫成

$$U = \frac{T^2 L}{2 G J} \tag{3-39}$$

此方程式與圓軸的應變能有相同的形式(見3-28式)，其中扭轉常數J取代極慣性矩I_p。在剖面具有等厚度的特例中，J的表示式簡化為

$$J = \frac{4 t A_m^2}{L_m} \tag{3-40}$$

由於扭力矩T_1作用在薄壁管，它所作的功等於其應變能，即

$$\frac{T_1 \phi}{2} = \frac{T^2 L}{2 G J} \quad (其中 T = T_1)$$

因而可求得扭轉角為

$$\phi = \frac{TL}{GJ} \tag{3-41a}$$

或 $$\theta = \frac{\phi}{L} = \frac{T}{GJ} \tag{3-42b}$$

其中GJ一般稱為軸的扭轉剛度(torsional rigidity)。我們再次觀察到此方程式與圓軸所得的形式相同。

觀念討論　● ●

1.　前面圓軸是基於平截面假設，但對於非圓形截面，此平截面變形假設不成立。因此對相同截面積，圓形截面的極慣性矩比狹長矩形截面的極慣性矩小，按平截面假設，矩形截面的抗扭剛度較大，較不容易變形，但事實恰好相反。

2.　薄壁管(厚度／管最小平均半徑 $= \dfrac{t}{R} \leq \dfrac{1}{10}$)扭轉，採用剛周邊假設；薄壁管扭轉後，橫截面的周線在表面上被扭曲，但在變形前的平面上的投影形狀不變，亦即截面像剛體那樣繞軸線旋轉及截面上各點沿桿軸方向移動(使截面變形後不用是平面，有翹曲(warping))。

3.　圓軸與薄壁管承受扭力矩作用，產生的剪應力及扭轉角，其推導方式是截然不同，現分別列在下列以供參考，如表 3-2 所示。

表 3-2

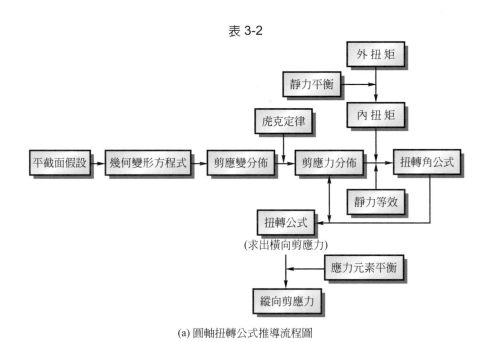

(a) 圓軸扭轉公式推導流程圖

表 3-2(續)

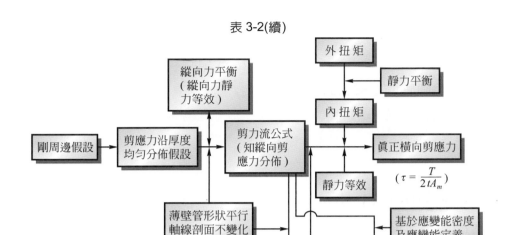

(b) 薄壁管扭轉公式推導流程圖

● **例題 3-16** 一承受扭力矩 T_1 作用的空心圓軸,其剖面如圖 3-36 所示,使用薄壁管理論所得的最大剪應力與空心圓軸理論的扭轉公式所得最大剪應力,試比較之。

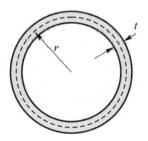

圖 3-36　薄壁管圓軸剖面

解 首先利用靜力平衡得扭矩 $T = T_1$,再由(3-36b)式及剖面中線面積 $A_m = \pi r^2$,得剪應力

$$\tau_1 = \frac{T}{2tA_m} = \frac{T}{2\pi r^2 t}$$

但由薄壁管的定義及空心圓軸所導出的公式必包含 r 及 t,則上式可改寫成

$$\tau_1 = \frac{T}{2\pi t^3 \beta^2} \qquad \text{(a)}$$

其中 $\beta = r/t$。

至於空心圓軸的扭轉公式得

$$\tau_2 = \frac{T\left(r + \dfrac{t}{2}\right)}{I_p} \qquad \text{(b)}$$

其中

$$I_p = \frac{\pi}{2}\left[\left(r + \frac{t}{2}\right)^4 - \left(r - \frac{t}{2}\right)^4\right]$$

將 I_p 的表示式展開可簡化為

$$I_p = \frac{\pi r t}{2}(4r^2 + t^2)$$

則(b)式變成

$$\tau_2 = \frac{T(2r + t)}{\pi r t(4r^2 + t^2)} = \frac{T(2\beta + 1)}{\pi t^3 \beta(4\beta^2 + 1)} \qquad \text{(c)}$$

故

$$\frac{\tau_1}{\tau_2} = \frac{4\beta^2 + 1}{2\beta(2\beta + 1)} \qquad \text{(d)}$$

其值跟 β 值有關。當 β 值等於 5、10 及 20 時，則由(d)式分別得 τ_1/τ_2 為 0.92、0.95 及 0.98。故由(d)式顯示出薄壁管理論的剪應力只稍微小於空心圓軸剪應力，且管愈薄，則薄壁管理論更精確。

● **例題 3-17** 一圓管及一正方形管(圖 3-37)由相同的材料所構成。兩者有相同的長度、厚度及剖面積，且承受相同的扭力矩。則兩管的扭轉角及剪應力的比為何？(忽略方形管角落應力集中的效應)

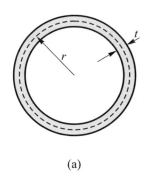

(a)

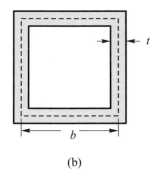

(b)

圖 3-37

解 利用靜力平衡求得扭矩$T = T_1$，在圓管中，由剖面中線所圍繞的面積$A_{m1} = \pi r^2$，其中r為中線的半徑，且扭轉常數由(3-40)式可得$J_1 = 2\pi r^3 t$，而其剖面積為$A_1 = 2\pi r t$。

由於從題意知，兩者有相同的剖面積，而方形管中，剖面面積為$A_2 = 4bt$，其中b為沿中線所度量的邊長，則

$$A_1 = A_2，2\pi rt = 4bt$$

或

$$b = \frac{\pi r}{2}$$

方形管剖面中線所圍繞的面積$A_{m2} = b^2$，而由(3-40)式可得

$$J_2 = b^3 t = \frac{\pi^3 r^3 t}{8}$$

故圓管中的剪應力對方形管的剪應力之比τ_1/τ_2為

$$\frac{\tau_1}{\tau_2} = \frac{A_{m2}}{A_{m1}} = \frac{b^2}{\pi r^2} = \frac{\pi}{4} = 0.785$$

而扭轉角的比值為

$$\frac{\phi_1}{\phi_2} = \frac{\left(\dfrac{TL}{GJ_1}\right)}{\left(\dfrac{TL}{GJ_2}\right)} = \frac{J_2}{J_1} = \frac{\pi^2}{16} = 0.617$$

這些結果顯示出圓管的剪應力不僅比方形管者小，並有較大抵抗扭轉的剛性。

● **例題 3-18** 扭力矩 $T_1 = 120$ N · m 作用在一中空軸斷面如圖 3-38 所示,忽略應力集中,求 a、b 兩點的剪應力。

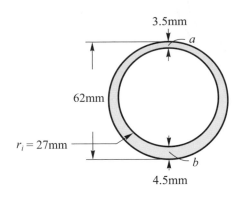

圖 3-38

解 首先利用靜力平衡求得扭矩 $T = T_1$,由於剖面厚度並非為常數,故中空軸須使用薄壁管理論。首先在求出剖面中線的平均半徑,外半徑 $r_o = 31$ mm,內半徑 $r_i = 27$ mm,則中線平均半徑 r_m 為

$$r_m = \frac{r_o + r_i}{2} = \frac{31 \text{ mm} + 27 \text{ mm}}{2} = 29.0 \text{ mm}$$

則中線所圍的面積 A_m 為

$$A_m = \pi r_m^2 = \pi (29.0 \text{ mm})^2 = 2.642 \times 10^{-3} \text{ m}^2$$

由(3-36b)式得

a 點剪應力 $\tau_a = \dfrac{T}{2tA_m} = \dfrac{120 \text{ N} \cdot \text{m}}{2(3.5 \times 10^{-3} \text{ m})(2.642 \times 10^{-3} \text{ m}^2)} = 6.49$ MPa

b 點剪應力 $\tau_b = \dfrac{T}{2tA_m} = \dfrac{120 \text{ N} \cdot \text{m}}{2(4.5 \times 10^{-3} \text{ m})(2.642 \times 10^{-3} \text{ m}^2)} = 5.05$ MPa

重點整理

1. 一定要會畫扭矩圖，由扭矩圖可以了解軸那一段的扭矩大小及扭轉角扭轉方向。

2. 圓軸承受扭力矩作用是靜不定問題，由弧長相等的幾何條件得

$$\gamma = \frac{rd\phi}{dx} = r\theta \quad 或 \quad \gamma = r\theta = \frac{r\phi}{L}$$

   適用於任何材料的圓軸，不論是彈性或非彈性，線性或非線性。θ為單位長度扭轉角。

3. 圓軸材料符合虎克定律($\tau = G\gamma$)，則剪應力及剪應變隨著距軸心的距離ρ呈線性變化。且外表面有最大值。即

$$\gamma = \rho\theta \quad 及 \quad \tau = G\rho\theta$$

4. 圓軸承受扭轉在橫剖面上剪應力方向由扭矩(內扭矩)方向決定，而縱向平面之剪應力方向，由元素剪應力觀念來決定。

5. 基於力矩平衡和聖維南原理之靜力等效及虎克定律可得

$$T = G\theta I_p \, , \, \phi = \frac{TL}{GI_p} \, , \, \tau = \frac{T\rho}{I_p} \, , \, \tau_{\max} = \frac{Tr}{I_p}$$

   注意θ及ϕ之單位為弳度量。I_p為圓剖面的極慣性矩，此極慣性矩可視為剖面對軸線扭轉阻力的量度。圓剖面為

$$I_p = \frac{\pi}{32}d^4 = \frac{\pi}{2}r^4$$

6. 若圓軸有不相同剖面或扭力矩沿長度而變化的非均勻扭轉，首先畫出扭矩圖及極慣性矩分佈圖，再由$\overline{T}_i/I_{pi}$比值等於常數，決定軸要區分為幾段(數學理論是在(3-16)式中，用積分平均值定理來決定分段原則)，配合相對位移的觀念求出扭轉角；當然也可以求出軸上每一截面的剪應力。因扭矩與扭轉角成正比關係，可以用重疊原理去求，但此法比前述方法較不方便。

7. 若圓軸兩端並非固定，必須使用相對位移的觀念，如

$$\phi_e = \phi_b + \phi_{eb}$$

接著找出互相嚙合傳動軸有固定端的軸，固定端扭轉角為零等於此軸兩端相對扭轉角，配合每一對嚙合元件(如齒輪)的運動學、動力學條件去分析問題。

8. 圓軸承受扭力矩作用，與橫剖面平行的元素處於純剪狀態，傾斜角為θ的應力為$\sigma_\theta = \tau\sin 2\theta$和$\tau_\theta = \tau\cos 2\theta$。

9. 圓軸傳送的功率與扭力矩間的關係為

$$P = \frac{2\pi n T_0}{60}([n] = \text{rpm}，[T_0] = \text{N} \cdot \text{m}，[P] = \text{Watt})$$

$$H = \frac{2\pi n T_0}{33000}([n] = \text{rpm}，[T_0] = \text{ft-lb}，[H] = \text{hp})$$

$$\text{kW} = \frac{2\pi f T_0}{1000}$$

$$\text{kW} = \frac{2\pi n T_0}{1000 \times 60}([n] = \text{rpm}，[T_0] = \text{N} \cdot \text{m}，[f] = \text{Hz} = \text{s}^{-1})$$

10. 靜不定扭轉構件可由撓性法(選擇贅餘扭力矩)及剛性法(選擇未知扭轉角)去分析構件。

11. 為了減低重量及節省材料，建議使用空心軸，而其極慣性矩

$$I_p = \frac{\pi}{2}(r_2^4 - r_1^4) = \frac{\pi}{32}(d_2^4 - d_1^4)$$

12. 扭轉的應變能

$$U = \frac{T^2 L}{2GI_p} = \frac{GI_p\phi^2}{2L} \quad 或 \quad U = \frac{T\phi}{2}$$

若圓軸是非均勻扭轉，先畫出扭矩圖及極慣性矩分佈圖，由$\overline{T}_i/I_{pi}$比值為常數，決定軸要分成若干段，再求出個別段應變能後再疊加

$$U = \int_0^L \frac{T_x^2 dx}{2GI_{px}} \quad 或 \quad U = \int_0^L \frac{GI_{px}}{2}\left(\frac{d\phi}{dx}\right)^2 dx$$

13. 薄壁管承受扭力矩，其剖面上任一點的剪應力與該點處管厚度的乘積恆相等，此乘積稱為剪力流f，$f = \tau t = $常數，其中最大剪應力是在最薄處，它與圓軸剪應力分佈不同。同時注意薄壁管中公式只滿足剖面為封閉且為單窩。參考表3-2了解實心軸與薄壁管剪應力分佈推導方式的不同。

14. 薄壁管之剪力流及剪應力與扭矩之關係為

$$f = \tau t = \frac{T}{2A_m} \quad , \quad \tau = \frac{T}{2tA_m}$$

而其應變能為

$$U = \frac{f^2 L}{2G} \int_0^{L_m} \frac{ds}{t} \quad \text{或} \quad U = \frac{T^2 L}{8GA_m^2} \int_0^{L_m} \frac{ds}{t}$$

若令薄壁管的扭轉常數 J 為

$$J = \frac{4A_m^2}{\displaystyle\int_0^{L_m} \frac{ds}{t}}$$

則應變能為

$$U = \frac{T^2 L}{2GJ}$$

而由

$$U = \frac{T\phi}{2} = \frac{T^2 L}{2GJ}$$

求得

$$\phi = \frac{TL}{GJ}$$

習 題

(A) 問答題

3-1　等剖面的圓軸在純扭轉的情況下，截面產生什麼性質的應力？這些應力在截面上如何分佈？為什麼只發生這種應力而無其他形式的應力？

3-2　外力偶矩與扭矩有何區別？扭矩是怎麼計算的。

3-3　在純扭轉時，低碳鋼材料的軸只需校核剪切強度，而對鑄鐵材料的軸只需校核拉伸強度；為什麼？

3-4　若材料和安全因數相同時，連接件的容許剪應力與扭轉圓軸的容許剪應力是否相同？

3-5 設計某一主軸，發現原設計方案剛性不足，將進行修改設計。有人建議下列四個方案進行：(a)加大軸徑，(b)軸材料改為高強度材料，(c)設計成合理的空心圓截面，採用合理的結構形式來減少內力，(d)將軸挖空。你認為那一種方案較佳？為什麼？

3-6 用雙手將濕的衣服的水擠出，為何用雙手扭乾，而不用雙手拉伸衣服？

3-7 傳動軸上軸向開鍵槽，為何鍵槽要有小圓角？

3-8 試以流程圖說明實心圓軸與薄壁管承受外力偶作用時，其應力和變形分析的過程。

3-9 軸承受扭力矩作用，其上元素之剪應力方向如何決定？

3-10 一線彈性材料的圓軸，其表面上有一小圓形缺陷，軸承受扭轉變形時，此小圓變形情況為何？

(B) 計算題

3-1.1 試繪出圖 3-39 中各圖的扭矩圖。

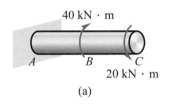
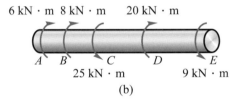
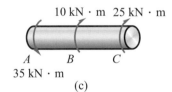
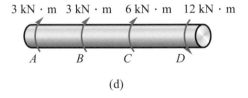

圖 3-39

3-1.2 試繪出圖 3-40 中各圖的扭矩圖，並求出截面 1-1，2-2，3-3 之扭矩值及轉向。其中 T_{11} 表截面 1-1 上之扭矩，其餘類推。

答：(a)$T_{11} = -4$ kN · m(順時針)，$T_{22} = -4$ kN · m(順時針)，

$T_{33} = 6$ kN · m(反時針)。

(b)$T_{11} = -25$ kN · m(順時針)，$T_{22} = -10$ kN · m(順時針)，

$T_{33} = 20$ kN · m(反時針)。

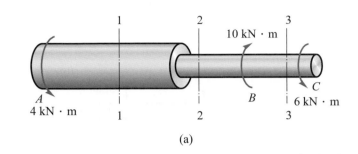

(a)

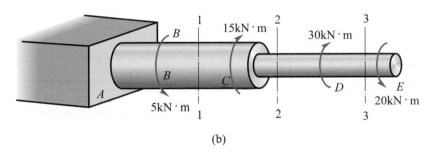

(b)

圖 3-40

3-2.1　如圖 3-41 所示，一圓剖面之實心鋼軸，在端點受扭力矩而扭轉。若一端相對於另一端之剖面旋轉角爲 0.06 rad，則軸中之最大剪應力 τ_{max} 及最大剪應變 γ_{max} 爲何？(軸長爲 $L = 1.8$ m，直徑 $d = 45$ mm，而 $G = 80$ GPa)

答：$\tau_{max} = 60$ MPa，$\gamma_{max} = 0.043°$(逆時針)。

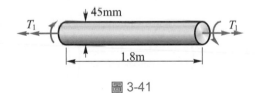

圖 3-41

3-2.2　若當扭轉角 ϕ 爲 4° 時之最大剪應力爲 95 MPa，試求直徑爲 $d = 60$ mm 之實心鋼軸($G = 80$ GPa)的長度。

答：$L = 1.764$ m。

3-2.3　實心鋼軸直徑爲 15 mm，如其剖面一端相對另一端旋轉 90° 而不超過軸之容許剪應力 75 MPa，則所需之軸長爲何？(假定 $G = 80$ GPa)

答：$L = 12.57$ m。

3-2.4　一受扭轉之軸(總長 2 m)，一半長度的直徑為 45 mm，另一半為 35 mm 如圖 3-42 所示，若扭轉角 ϕ 不能超過 0.01 rad，求容許扭力矩 T 大小？(假定 G = 80 GPa)

　　　　答：T = 68.05 N · m。

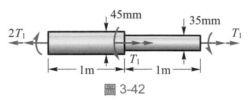

圖 3-42

3-2.5　一受扭力矩 T_1 = 4000 N · m 之實心圓軸，若容許剪應力為 25 MPa，容許扭轉角每 4 m 為 1°，試求軸之最小直徑 d。(若 G = 80 GPa)

　　　　答：d = 104 mm。

3-2.6　直徑為 55 mm，長為 3 m 之實心金屬軸，在一試驗機械中受扭轉直至一端相對另一端旋轉了 ϕ = 6°。對此扭轉角，測得扭力矩為 T_1 = 800 N · m。試求軸之最大剪應力 τ_{max} 及剪彈性模數 G。

　　　　答：τ_{max} = 24.49 MPa，G = 25.51 GPa。

3-2.7　馬達以等速運轉時，對 $ABCD$ 鋼軸產生 3000 N · m 的扭力矩，在 B 及 C 處的扭力矩如圖 3-43 所示，試求 A、D 間的扭轉角。對鋼 G = 80 GPa。

　　　　答：ϕ_{da} = 0.76°(逆時針)。

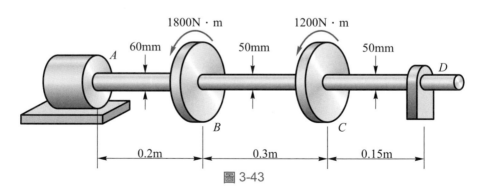

圖 3-43

3-2.8　一階級軸承承受四個集中外力偶作用，如圖 3-44 所示，試求各段的剪應力及自由端的扭轉角 ϕ_e。(G = 80 GPa)

　　　　答：τ_{ab} = −0.204 MPa，τ_{bc} = 0.611 MPa，τ_{cd} = −0.796 MPa，

$\tau_{dc} = 0.398$ MPa(上述正號表剪應力指向正z軸方向，負號表
負z軸方向)，$\phi_e = -0.001°$(負號表順時針)。

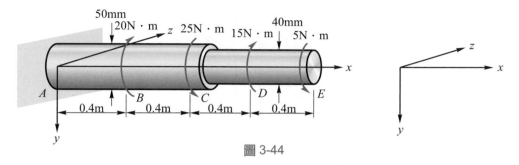

圖 3-44

3-2.9 如圖 3-45 所示之實心圓軸AB(扭轉剛度$= GI_p$)，左端固定並受一每單位長
度強度為q之均佈扭力矩。試導出此軸自由端B之旋轉角ϕ之公式。

答：$\phi = \dfrac{qL^2}{2GI_p}$。

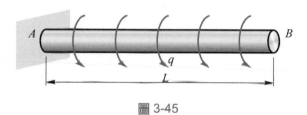

圖 3-45

3-2.10 試解上題，若分佈扭力矩之強度q由A端之最大值q_0線性變化至B端的零值。

答：$\phi = \dfrac{q_0 L^2}{6GI_p}$。

3-2.11 齒輪系如圖 3-46 所示，三實心軸直徑為$d_{ab} = 25$ mm，$d_{cd} = 30$ mm，$d_{ef} = 45$ mm，對每根軸之容許剪力為 80 MPa，試求所能作用的最大扭力矩T_1。

答：$T_1 = 169.6$ N‧m。

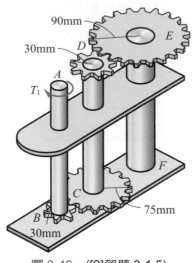

圖 3-46　　([2]習題 3-1.5)

3-2.12 扭力矩 $T_1 = 950$ N·m 作用在齒輪系中之 AB 軸(如圖 3-46 所示)，容許應力 70 MPa，試求所需之直徑(a)AB 軸；(b)CD 軸；(c)EF 軸。

答：(a)$d_{ab} = 41.0$ mm；(b)$d_{cd} = 55.7$ mm；(c)$d_{ef} = 80.3$ mm。

3-2.13 齒輪-軸系統如圖 3-47 所示，其設計規範軸 AB、CD 為直徑相同之鋼軸，進一步規定 $\tau_{max} \leq 65$ MPa，D 端之扭轉角 ϕ_d 不超過 $1.2°$，採 $G = 80$ GPa，僅考慮扭力矩產生之應力，試求此軸所能用之最小直徑。

答：$d = 66.5$ mm。

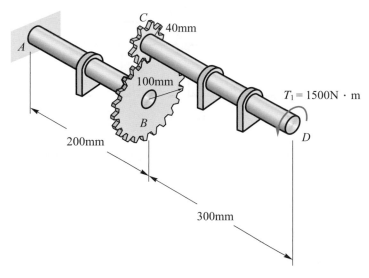

圖 3-47　([2]習題 3-3.4)

3-2.14 若一線彈性材料做成的圓軸，兩端承受相反外力偶作用，其直徑為 30 mm，
已知容許張應力為 70 MPa，試求所能作用於此軸之最大扭力矩 T_1。

答：$T_1 = 371.1$ N·m。

3-3.1 一實心圓軸以 4 Hz 轉速，要求傳遞 200 kW。若容許剪應力為 50 MPa，則
軸所需最小直徑 d 為何？

答：$d = 93.2$ mm。

3-3.2 以 85 rpm 轉動之實心圓軸必須傳遞 100 kW。若容許剪應力為 50 MPa，試
求軸所需之最小直徑 d。

答：$d = 104.6$ mm。

3-3.3 如圖 3-48 所示之馬達在 250 rpm 下傳遞 180 kW 到軸上。B 及 C 處之齒輪分
別輸出 80 kW 及 100 kW。若容許剪應力為 45 MPa，馬達與 C 齒輪間之扭
轉角限制在 1.5°，試求此軸所需之直徑 d。(假定 $G = 80$ GPa，$L_1 = 2.0$ m，
$L_2 = 1.5$ m)

答：$d = 98.7$ mm。

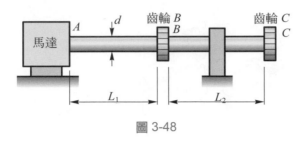

圖 3-48

3-3.4 圖 3-48 所示之軸 ABC 由馬達所驅動，馬達以 4 Hz 轉速輸送 340 kW。齒輪 B 及 C 分別輸出 140 及 200 kW。軸兩段之長度 $L_1 = 1.8$ m，$L_2 = 1.2$ m。若容許剪應力為 50 MPa，軸上 A 與 C 點間之容許扭轉角為 0.02 弳度，$G = 75$ GPa，試求軸所需之直徑 d。

答：$d = 121.2$ mm。

3-4.1 如圖 3-49 所示，一兩端固定之實心圓軸，受到扭力矩 T_1 及 T_2 之作用。試求反作用扭力矩 T_a 及 T_b 之公式。

答：$T_a = \dfrac{T_1(b+c)+T_2 c}{L}$，$T_b = \dfrac{T_1 a + T_2(a+b)}{L}$。

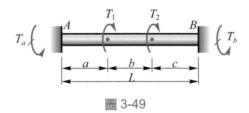

圖 3-49

3-4.2 如圖 3-50 所示一實心圓剖面階級軸，兩端固持以抵抗轉動。若容許剪應力為 60 MPa，求作用於 C 處之容許扭力矩 T_{allow}。

答：$T_{\text{allow}} = 1363.54$ N・m。

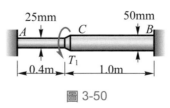

圖 3-50

3-4.3 在每個軸之下端其扭轉均受限制，一扭力矩 $T_1 = 80$ N・m 作用在 AB 軸之 A 端（圖 3-51），已知對於兩軸 $G = 80$ MPa，試求：(a) CD 桿最大剪應力；(b) C 處之扭轉角。

答：(a)$\tau_{max} = 33.47$ MPa；(b)$\phi_c = 0.64°$(逆時針)。

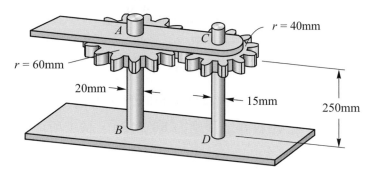

圖 3-51　([2]習題 3-4.3)

3-4.4　兩實心鋼軸在B處以凸出之圓輪相連，在A、C處為剛性支承，扭力矩作用如圖 3-52 所示，試求最大剪應力(a)AB軸中；(b)BC軸中。

答：(a)$(\tau_{max})_{AB} = 169.1$ MPa；(b)$(\tau_{max})_{BC} = 67.6$ MPa。

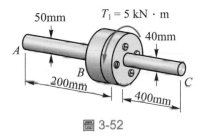

圖 3-52

3-5.1　一空心鋁圓軸($G = 30$ GPa)受扭力矩T_1而扭轉。其每單位長度之扭轉角$\theta = 0.05$ rad/m。軸之外徑 120 mm，內徑為 60 mm。則軸中之最大拉應力σ_{max}為何？所施予扭力矩T_1之大小為何？

答：$\sigma_{max} = 90$ MPa，$T_1 = 28.63$ kN · m。

3-5.2　一空心金屬圓管於端點受扭力矩T_1而扭轉如圖 3-53 所示。管長為$L = 0.6$ m，內徑及外徑分別為 35 mm 及 45 mm。當$T_1 = 700$ N · m時，扭轉角ϕ為 0.065 rad。試求此材料之剪彈性模數G為何？

答：$G = 25.3$ GPa。

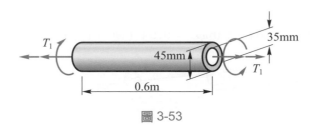

圖 3-53

3-5.3 將一厚 12 mm 的板彎成一外徑 250 mm 的管,沿與縱軸成 45°螺旋角銲接,如圖 3-54 所示。已知容許之張應力 80 MPa,試求所能作用於此管之最大扭力矩。

答:$T_1 = 86.62$ kN・m。

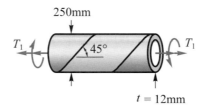

圖 3-54

3-5.4 如圖 3-55 所示一圓軸 AB 兩端固定,其全長之一半為中空。軸兩部分之極慣性矩為 I_{pa} 及 I_{pb}。則扭力矩 T_1 應作用距左端多少 x 距離時,才能使支點上反作用扭力矩相等。

答:$x = \dfrac{L}{4}\left(3 - \dfrac{I_{pb}}{I_{pa}}\right)$。

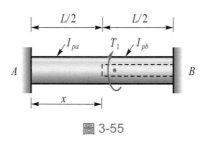

圖 3-55

3-6.1 一實心鋼圓桿($G = 80$ GPa)長為 $L = 3.6$ m 及直徑 $d = 125$ mm,其受制於純扭轉轉矩 T_1。當最大剪應力 $\tau_{\max} = 55$ MPa,則桿中所儲存之應變能 U 為何?

答:$U = 417.62$ J。

3-6.2　有一圓軸承受扭力矩如圖 3-56 所示，其極慣性矩為I_p，則軸中所儲存之應
　　　　變能U為何？

　　　　答：$U = \dfrac{10\,T_1^2 L}{3\,GI_p}$。

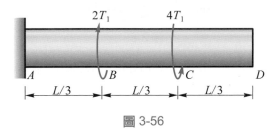

圖 3-56

3-6.3　有一階段軸承受扭轉作用(圖 3-57)，試求軸中所儲存之應變能U。($G = 80\ \text{GPa}$)

　　　　答：$U = 71487.5\ \text{J}$

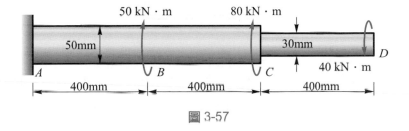

圖 3-57

3-6.4　圓軸AB如圖 3-58 所示固定於端點。試導出此軸之應變能U之公式。

　　　　答：$U = \dfrac{9\,T_0^2 L}{8\,GI_p}$。

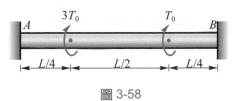

圖 3-58

3-7.1　壁厚為 28 mm，內徑為 250 mm 之空心圓管受一$T_1 = 200\ \text{kN} \cdot \text{m}$
　　　　之扭力矩如圖 3-59 所示。使用：(a)薄壁管之近似理論(3-36b)式及(b)實際扭
　　　　轉理論(3-10)式，試求管中之最大剪應力。

　　　　答：(a)$\tau = 58.84\ \text{MPa}$；(b)$\tau = 64.11\ \text{MPa}$。

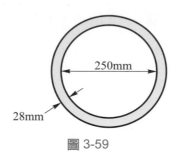

圖 3-59

3-7.2 矩形剖面之薄壁空心管如圖 3-60 所示。試求管中因扭力矩 $T_1 = 125$ N·m 作用之最大剪應力 $\tau_{\max}$。

答：$\tau_{\max} = 10$ MPa。

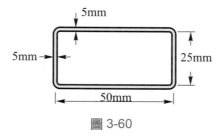

圖 3-60

3-7.3 試求如圖 3-61 所示剖面之鋼管($G = 75$ GPa)的剪應力 τ 及扭轉角 ϕ。管長 $L = 1.6$ m，而其扭力矩 $T_1 = 12$ kN·m。

答：$\tau = 50.12$ MPa，$\phi = 0.0143$ rad 或 $0.82°$。

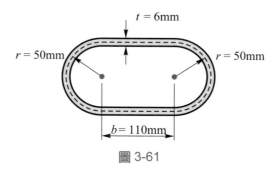

圖 3-61

3-7.4 具橢圓剖面(圖 3-62)之薄壁管受一扭力矩 $T_1 = 5$ kN·m。若 $G = 80$ GPa，$t = 6$ mm，$a = 75$ mm 而 $b = 50$ mm，試求剪應力 τ 及每單位長度之扭轉角 θ【註：橢圓之面積為 πab，其周長約為 $1.5\pi(a + b) - \pi\sqrt{ab}$】。

答：$\tau = 35.37$ MPa，$\theta = 7.44 \times 10^{-3}$ rad/m。

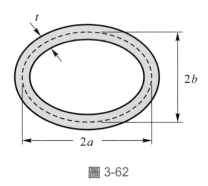

圖 3-62

3-7.5　中空構件斷面如圖 3-63 所示，以 1.2 mm 厚之鋼板形成，已知剪應力不可
　　　　超過 2.2 MPa，求所能作用之最大扭力矩 T_1。

　　　　答：$T_1 = 4.95$ N · m。

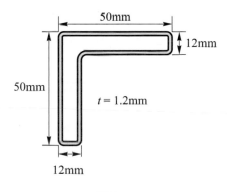

圖 3-63

4 剪力與彎曲矩

研讀項目

1. 首先了解何謂梁，它與桿件、軸有何區別。

2. 了解梁的支承方式，並注意其支承的反力及反力矩型式。梁可分成六大類，但要注意何者為靜定梁，何者為靜不定梁。

3. 梁上的負載有五種基本型態，在分析時，運用等效力系的觀念將問題簡化，及取自由體圖求出支承反力及反力矩。

4. 計算梁內的剪力與彎曲矩時，在某處將梁切開，設定剪力與彎曲矩(方向取正值)，由平衡方程式去求得。

5. 取一微小元素，基於平衡方程式求得負載、剪力及彎曲矩間的關係，並注意其限制條件及意義。

6. 學習繪製剪力圖及彎曲矩圖，並注意其最大剪力及最大彎曲矩。繪製剪力圖及彎曲矩圖最好熟練些，以後數章中，將一直用到。

4 -1　前言

　　對同一細長構件而言，承受不同方向的負載時，如前面章節所述，它內部所產生的效應將完全不同，因而對同一細長構件給予不同的名稱。在第二章中，已討論過軸向拉力或壓力的構件(稱為桿件)，**此種負載作用使桿內橫向剖面產生均勻分佈的正向應力，並使桿件產生拉伸或收縮的變形，特別注意受壓桿件是壓碎而損壞。而在第三章中，討論承受扭轉的構件(稱為軸)，其扭力矩的作用面與構件橫向剖面平行，或是扭矩的向量方向沿著軸向，此種負載將使軸件的橫向剖面產生剪應力，並使軸產生扭轉角。**

　　本章將研究一細長構件所受的外力與該構件軸向垂直(稱為橫向負載)，或構件所承受力矩的作用，其作用而與該構件的軸向平行，此種負載將使構件產生彎曲變形。通常將此種承受橫向負載或力矩的細長構件稱為梁(beam)。在許多構架及機件上，均須應用到梁，例如汽車的輪軸、橋梁、許多建築構架的橫梁等，梁可能是直的也可能是彎曲的。因為直梁在實際上用得較多，而且彎梁所承受的力系與直梁相同，故直梁承受負載所產生的種種現象瞭解後，要去研究彎梁只須加上少許考慮條件即可。

　　在本章中，**我們僅考慮最簡單的平面結構的梁，這是因為所有的負載作用在構件的平面上且所有**撓度(deflection)**與旋轉角也發生在同一平面上，此平面稱為**彎曲平面(plane of bending)**而此時彎曲變形稱為平面彎曲。**在此先討論梁承受各種不同負載時，梁剖面所產生的內力，進而在下一章分析梁因抵抗外施負載其內部所生的應力，最後再分析梁的變形情形。

4 -2 梁的分類與梁上負載的分類

運用梁時需有適當的方法支承，才可承受橫向負載，通常梁的支承主要有三種：銷支承、滾子支承與固定支承。

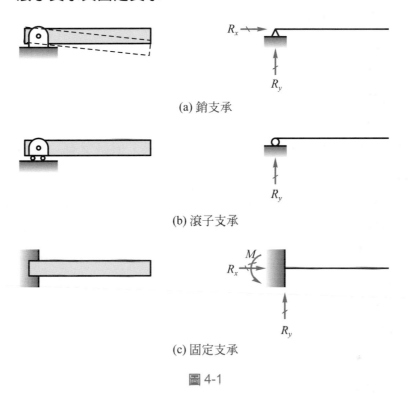

(a) 銷支承

(b) 滾子支承

(c) 固定支承

圖 4-1

1. 銷支承(hinge 或 pin support)

    它可支持各方向的作用力，運用合力觀念，其支承反力通常可分為垂直與水平方向的分量，但它不能抵抗力矩，如圖 4-1(a)所示。

2. 滾子支承(roller support)

    它僅能支持垂直於支承面的作用力，而不能抵抗力矩及沿著支承面的側向力，如圖 4-1(b)所示。

3. 固定或嵌入支承(fixed or built-in support)

    它可支持各方向的作用力及繞固定端的力矩能防止梁移動及轉動，所以固定支承有垂直、水平反力及固定端的反力矩，如圖 4-1(c)所示。

梁可用各種不同型式的支承，去支持外施負載，所以梁因其支承型式不同，而可分為下列六大類：

1. 簡支梁(simply supported beam)

    梁的一端為銷支梁，而另一端為滾子支承，如圖 4-2(a)所示。此種梁承受負載產生變形彎曲時，兩端均能自由旋轉，故不能承受彎曲矩。

2. 懸臂梁(cantilever beam)

    梁的一端固定或嵌入，另一端為自由(free)端，如圖 4-2(b)所示。在固定端，梁不僅不能旋轉，同時也不能在水平方向、垂直方向移動，而在自由端，則可以旋轉及水平垂直移動。

3. 外伸梁(overhanging beam)

    梁的一處為銷支梁，而另一處為滾子支承，但是梁有一端或兩端伸出支承之外，如圖 4-2(c)所示。

    以上這三類均為靜定梁，在梁中支承的反作用力及反力矩的未知數均為三個，由靜力學及梁為平面結構知，共面一般力系可列出三個平衡方程式，故梁中所有支承的反力可被解出，此梁稱為靜定梁(statically determinate beam)。若梁中的支承反力的未知數目超過三個時，將無法用靜力學平衡條件，求出這些未知的支承反力，這些梁稱為靜不定梁(statically indeterminate beam)，以下三類將屬於此類。

4. 固定梁(fixed beam)

    梁的兩端均為固定，如圖 4-2(d)所示。此梁的兩端不僅不能旋轉，也不能在軸向移動。

5. 一端固定，另一端簡支的梁(beam fixed at one end and simply supported at the other end)

    梁的一端為固定支承，而另一端為滾子支承，如圖 4-2(e)所示，此梁又稱為束制梁(restrained beam)。

6. 連續梁(continuous beam)

    凡是具有三個或三個以上的支承的梁稱為連續梁，如圖 4-2(f)所示。

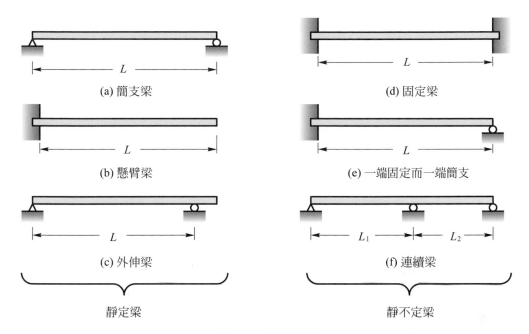

(a) 簡支梁　　　　　　　　　　　　(d) 固定梁

(b) 懸臂梁　　　　　　　　　　(e) 一端固定而一端簡支

(c) 外伸梁　　　　　　　　　　　　(f) 連續梁

靜定梁　　　　　　　　　　　　　靜不定梁

圖 4-2　梁之種類

　　梁係支持橫向負載、彎曲矩之構件，通常梁所承受負載相當複雜，但可以用負載情形區分為五種基本形態。任何梁可能僅支持一種負載，或同時承受幾種不同負載。此五種基本形態的負載表示如下：

1. 無負載(no load)

　　當梁本身的重量較其他所承受的負載很微小時，可視為梁本身無負載。

2. 集中負載(concentrated load)

　　當負載所作用的面積相當小時，可將此種負載看成作用於一點的負載，而稱為集中負載，如圖 4-3(a)所示。

3. 均佈負載(uniformly distributed load)

　　當負載係均勻地作用於梁上某一段長度時，稱此種負載為均佈負載，如圖 4-3(b)所示。而均佈負載的強度q通常以沿梁軸方向之每單位長度的負載表示之，其單位為 kN/m，N/mm，kgf/mm，lb/in 或 lb/ft。

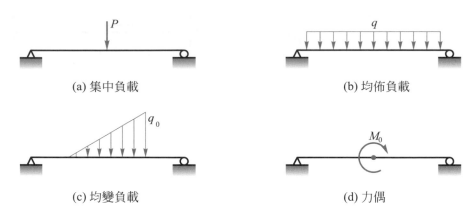

(a) 集中負載　　　　　　　　　　　　　　(b) 均佈負載

(c) 均變負載　　　　　　　　　　　　　　(d) 力偶

圖 4-3　梁之基本負載

4.　變化負載(varying load)

當梁上分佈的負載強度從一段至另一段係變化，稱此為變化負載。此類負載分為有規則變化負載及不規則變化負載。如圖 4-3(c)所示為均勻變化負載，由左端為零呈直線變化至右端q_0的強度。

5.　力偶(couple)

當梁承受外加力偶作用，如圖 4-3(d)所示，由於力偶的作用使梁產生彎曲變形，故稱為彎曲負載，通常彎曲負載可視為集中作用於梁上一點。

以上所探討梁的分類及梁上負載分類，若能熟悉了解，將對梁的分析及設計，有相當大的幫助。

 4 -3　反作用力的計算

當梁承受負載時，梁的支承必會產生反作用力，以維持梁的平衡。為了分析及研究方便起見，假設梁有一軸向的對稱面，且梁上的作用負載在該對稱面上，亦即作用在梁上的負載為共面力系。

通常梁支承反作用力的求解過程如下：

1.　畫梁的自由體圖，同時標出梁上所有承受的外加負載，以及支承的未知反作用力，並取座標系統x軸向右y軸向下。

2.　對作用在梁上的負載，使用等效力系的觀念以等效力系取代，使得問題簡化。

如梁上有均佈負載作用時，以一等效的集中負載替代，而等效集中負載的大小等於均佈負載曲線下的面積，其作用線通過此面積的形心。

3. 由梁的自由體圖，利用剛化原理再列出平衡方程式。因梁上的負載為共面一般力系，其靜力平衡條件的方程式有三個，即 $\Sigma F_x = 0$，$\Sigma F_y = 0$ 及 $\Sigma M_z = 0$。當梁上的負載為共面平行力系時，其靜力平衡條件的方程式有二個，即 $\Sigma F = 0$ 及 $\Sigma M = 0$，解平衡方程式，可求得支承的反力。

● **例題 4-1** 如圖 4-4 所示的簡支梁，此梁承受一集中負載及均佈負載，試求支承 A 及支承 B 的反作用力。

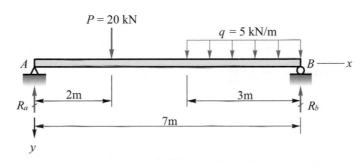

圖 4-4

解 取座標軸系統如圖示。接著繪製此梁的自由體圖，但為了方便，我們直接將支承位置的未知反力繪出，在反力箭頭符號上多加一斜線。

$$+\uparrow \Sigma F_y = 0 \qquad R_a - 20 - 5 \times 3 + R_b = 0 \qquad\qquad \text{(a)}$$

$$\curvearrowleft \Sigma M_A = 0 \qquad -20 \times 2 - 5 \times 3 \times 5.5 + 7R_b = 0 \qquad\qquad \text{(b)}$$

由此式得 $\qquad R_b = 17.5 \text{ kN } (\uparrow)$

將 R_b 代入(a)式得 $\quad R_a = 17.5 \text{ kN } (\uparrow)$

● **例題 4-2** 如圖 4-5 所示的懸臂梁，承受一呈線性變化分佈負載，求固定端的反力。

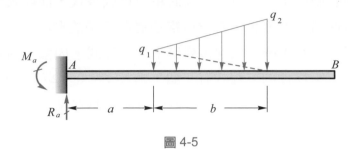

圖 4-5

解 首先繪製懸臂梁的自由體圖，如前例我們直接將支承位置的未知反力繪出，在反力箭頭符號上多加一斜線及反力矩符號上多加一斜線，以區別實際上的作用力。

負載強度的分佈圖是梯形狀，可分成兩個三角形，合力大小為 $q_1 b/2$ 及 $q_2 b/2$，而作用線距左端距離分別為 $a + b/3$ 及 $a + 2b/3$。由共面平行力系的平衡方程式為

$$+\downarrow \Sigma F_y = 0 \qquad \frac{q_1 b}{2} + \frac{q_2 b}{2} - R_a = 0$$

$$\circlearrowleft \ \Sigma M_A = 0 \qquad -M_a + \frac{q_1 b}{2}\left(a + \frac{b}{3}\right) + \frac{q_2 b}{2}\left(a + \frac{2b}{3}\right) = 0$$

即

$$R_a = \left(\frac{q_1 + q_2}{2}\right)b$$

$$M_a = \frac{q_1 b}{2}\left(a + \frac{b}{3}\right) + \frac{q_2 b}{2}\left(a + \frac{2b}{3}\right)$$

這兩式的值皆為正，代表圖示方向正確。

求支承反力或求某一斷面上剪力與彎曲矩，參考本人所著應用力學——靜力學 (全華)第五章所提解平衡問題的 623 法則或後面附錄 E1。

4 -4 梁內的剪力與彎曲矩

　　當梁承受橫向負載或彎曲的力矩作用，其內部產生應力與應變，**而為了決定這些應力與應變，首先必須用剛化原理，再配合截面法，利用靜力平衡去求出梁在橫截面上的內力及內力偶。**

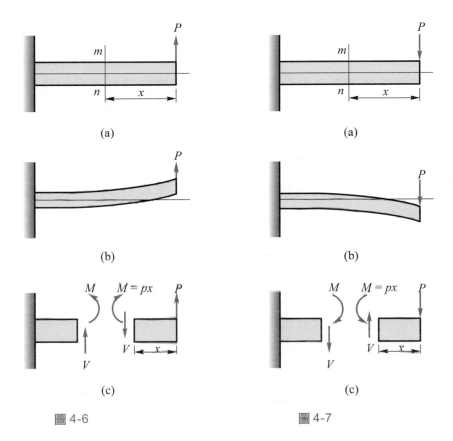

圖 4-6   圖 4-7

　　考慮一自由端受一垂直集中力P作用的懸臂梁(圖 4-6(a))，其變形形狀如圖 4-6(b)所示，假想距自由端x處，取一橫截面mn(一般懸臂梁座標是這種取法，為了避免將固定端的反力介入平衡方程式)，取右半部分為一自由圖(圖 4-6(c))，利用剛化原理列出平衡方程式。由於垂直方向的平衡方程式$\Sigma F_y = 0$，可知必有一內力V平行作用於橫截面mn上，因內力V與橫截面mn平行，**使梁有被剪斷趨勢，故稱為**剪力(shear force)。但作用力P也會對橫截面mn產生反時針方向的力矩，因此在橫截面上必有順時針方向的內力偶M作用於橫截面mn上；即$\Sigma M = 0$，$M = px$，此內力偶稱為梁內的彎曲矩(bending moment)，以區別外施力偶。

前面我們是取梁右半部分為自由體，去探討剪力與彎曲矩。若考慮梁的左半部分，則該剪力與彎曲矩的大小相等但方向與前面方向相反(圖4-6(c))，這是作用力與反作用的關係(在變形體也成立)。同理懸臂梁自由端承受向下負載P的作用(圖4-7(a))，其變形形狀及剪力與彎曲矩，分別如圖 4-7(b)與圖 4-7(c)所示。一般而言，梁有各種型式且可能承受各種不同的負載作用，在梁的橫截面上可能產生兩個不同方向的軸向力、剪力與彎曲矩，將導致變形形狀也不同。**由前面圖 4-6 及圖 4-7 可知，橫截面的內力與內力偶和變形有關，它們之間必須滿足幾何相容條件，如前二章一樣，我們規定內力與內力偶的方向正負值，它們所伴隨的變形型式也就確定了，在此我們規定剪力與彎曲矩正負值如下：**

1. **剪力(V)**

　　　　造成順時針方向的力偶之兩個剪力為正，或使右半面對左半面發生向下的變形，逆時針方向的剪力為負值，如圖4-8或圖4-9。

2. **彎曲矩(M)**

　　　　正負彎曲矩之變形符號表示法，規定正彎曲矩代表上表面產生壓應力(或縮短變形)，下表面產生拉應力(或伸長變形)，且彎曲變形是向下凸的曲線變形，拉(壓)應力之微小力對曲率中心微小力矩與內力彎曲矩有相同(相反)旋轉方向；負彎曲矩代表上表面產生壓應力(或縮短變形)，下表面產生拉應力(或伸長變形)，且彎曲變形是向上凸的曲線變形，拉(壓)應力之微小力對曲率中心微小力矩與內力彎曲矩有相同(相反)旋轉方向。如圖4-8、圖4-9所示

　　　　新定義彎曲矩正負號有下列優點：

(1) 此規定包括彎曲變形及軸向變形兩種變形定性描述，彎曲變形是對曲率中心產生彎曲變形，兩種變形與座標系無關；

(2) 規定拉應力之微小力為正值，壓應力之微小力為負值，與座標系無關；

(3) 拉(壓)應力之微小力對曲率中心微小力矩與內力彎曲矩有相同(相反)旋轉方向；負彎曲矩代表上表面產生壓應力(或縮短變形)，下表面產生拉應力(或伸長變形)，且彎曲變形是向上凸的曲線變形，拉(壓)應力之微小力對曲率中心微小力矩與內力彎曲矩有相同(相反)旋轉方向，與座標系無關；

(4) 彎曲矩大小無法描述梁的強度行為，必須考慮幾何變形條件，在不同座標系下使用聖維南靜力等效原理－合力與合力矩相等，是以這微小元素規定拉(壓)應力之微小力之合力分別與為正、負值與合力矩(對曲率中心)正負號為基準為主。

　一般傳統英文材料力學書規定彎曲矩正負號，是規定正彎曲矩代表上表面產生壓應力(或縮短變形)，下表面產生拉應力(或伸長變形)，反之為負彎曲矩；無下凸或上凸彎曲變形，也不強調拉(壓)應力之微小力之合力分別與為正、負值，對曲率中心合力矩正負號，它們與座標無關。另外大陸書有些書雖以定正彎曲矩代表上表面產生壓應力(或縮短變形)，下表面產生拉應力(或伸長變形)，且彎曲變形是向下凸的曲線變形；負彎曲矩代表上表面產生壓應力(或縮短變形)，下表面產生拉應力(或伸長變形)，且彎曲變形是向上凸的曲線變形。並無拉(壓)應力之微小力之對曲率中心之合力矩正負號的規定，以微小元素左側彎曲矩旋轉方向順時針旋轉，右側彎曲矩旋轉方向逆時針旋轉，產生下凸彎曲變形為正值，事實上微小元素規定彎曲矩正負號與座標系無關，但此處似乎以規定使用右手座標系才可。不同座標系梁的彎曲應力推導情況詳細見第五章附錄 G。

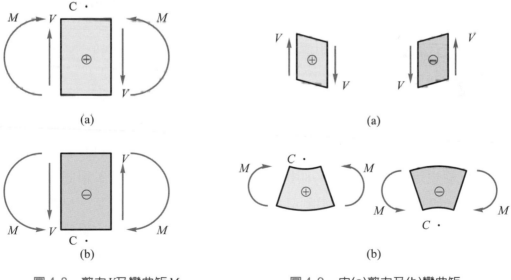

　　圖 4-8　剪力 V 及彎曲矩 M
　　　　　正負值之符號規定
　　　　　(其中 C 點為曲率中心)

　　圖 4-9　由(a)剪力及(b)彎曲矩，
　　　　　所造成之元素變形(高度放大)
　　　　　(其中 C 點為曲率中心)

　　由於V與M的符號規定乃相關於物體的變形，是以這些符號表示法稱之為變形符號表示法(deformation sign conventions)。而我們以前在靜力學中，列出靜力平衡方程式，若作用力與座標軸的正方向同向時，其值取為正，這種符號表示法，稱之為靜力符號表示法(static sign convention)。

　　處理力學問題時，我們必須記住，若考慮物體剖面上的應力之合力——剪力與彎曲矩，則使用變形符號表示法；反之若考慮是平衡狀態的問題，則使用靜力符號表示法。如此可避免符號方面的困擾，其中前者符號規定是基於物體的變形情況，後者符號規定則是基於空間中的方向。

　　綜合前面的討論，欲求梁內任一剖面的剪力與彎曲矩，可按下述步驟去求得。其步驟如下：

1. 畫出梁的自由體圖，並標示出梁上所有施加的外力、外力矩與支承反力，由靜力平衡方程式求得各支承的反力。

2. 欲求某一橫面剖面上的剪力與彎曲矩，可將梁從該橫向剖面切開，任取一部分為自由體，且標示出這部分的外施負載及支承反力，**同時利用變形符號表示法標示出剪力與彎曲矩，一般先看看自由體上該橫向剖面是在左半面或右半面，再依變形符號規定(熟記圖 4-8(a))，將剪力與彎曲矩正的方向畫出**。由平衡方程式可求出該剖面的剪力與彎曲矩，若其值皆為正值，代表假設方向正確，若為負值，代表剪力與彎曲矩真正的方向與假設方向反向。

觀念討論 ●

1. 由圖 4-8(或圖 4-9)的剪力與彎曲矩的正負值規定，它不像軸向負載和扭矩，不管是左半或右半截面，分別只要離開截面軸向負載皆為正(拉力)，而反時針旋轉之扭矩規定為正。但圖 4-8 中可看出左半、右半部分是不相同，不像前面只知道某一斷面變形，就知道到其內力正負值。現在求梁的某一橫截面的剪力與彎曲矩時，可將圖 4-8(a)想像成放大物體與實際梁相對應，對應之處設定剪力與彎曲矩方向，它們皆為正值，此稱為設正法，這樣若求出剪力與彎曲矩為正值，則不管是取的自由體是左半或右半部分，我們就知道變形後的形狀為何。

2. 使梁產生彎曲的力矩或力偶是外力矩，而彎曲矩是梁抵抗彎曲而內部產生的內力矩稱之，用以區別外在力矩或力偶。

3. 用截面法求某一截面上的剪力與彎曲矩，首先假想一截面將梁切斷，然後選擇左半或右半部分為自由體，而依此選擇如有支承時，必須事先將這些支承反力求出才可，故選擇那一部分為自由體是以較簡單部分為原則，最好是支承反力可以不必求出，這樣可以省時且方便計算。

4. 此處特別注意梁的內力分別有彎曲矩及剪力兩種，它們的大小及方向不僅與外力(橫向負載與外力矩)有關，且本身也互相影響，這樣間接影響變形形式，無法像前面桿件軸及剪切變形，其內力型態直接與單純外力相關，內力方向僅有兩方向，因而可由內力正值方向，決定變形正值方向，反之指定變形正值方向，也一定對應的內力是正值，即滿足幾何變形相容性條件，但一般皆採用內力是正值方向為主，亦即採用靜力符號規定。而梁因內力彎曲矩及剪力，它們的大小及方向兩因素互相影響，就無法採用靜力符號規定，而是指定不相同形式的變形形式正值方向，來確定相對應內力(彎曲矩及剪力)的正值方向，亦即採用變形符號規定。

● **例題 4-3** 一簡支梁 AB 承受一集中力 $P = 10$ kN 及一力偶 $M_1 = 4$ kN・m 如圖 4-10(a)所示，試求梁在下述位置截面上的剪力與彎曲矩：(a)梁中點 D 左側一很短距離處；(b)梁中點 D 右側一很小距離處。

解 由圖 4-10(a)知，用截面法求彎曲矩，不管取左半或右半部分為自由體(在此取左半部分)，皆包含有支承，因此首先求出 A 點支承反力。即

$$\curvearrowright \ \Sigma M_B = 0 \quad -R_a \times 4 - 4 + 10 \times 2 = 0 \tag{a}$$

$$R_a = 4 \text{ kN}(\uparrow)$$

(a)在梁的中點 D 左側的截面處將梁切斷，取左半部分為自由體(圖 4-10(b))，依照圖 4-8(a)用設正法設定剪力 V 與彎曲矩 M 的方向。則

$$+\uparrow \Sigma F_y = 0 \quad R_a - V = 0$$

$$V = R_a = 4 \text{ kN}(\downarrow)$$

$$\curvearrowright \Sigma M_D = 0 \quad -R_a \times 2 - M_1 + M = 0$$

$$M = M_1 + R_a \times 2 = 12 \text{ kN・m}(\frown)$$

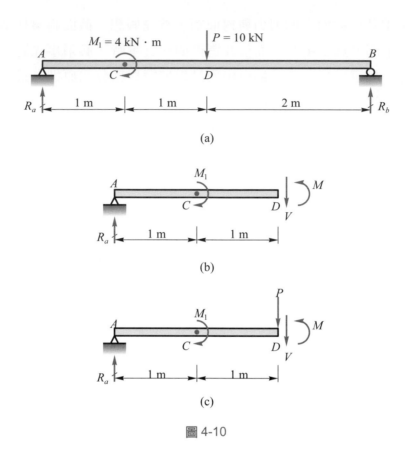

(a)

(b)

(c)

圖 4-10

(b)同理，在梁中點D右側將梁切斷，取左半部分爲自由體(圖4-10(c))，則

$$+\uparrow\Sigma F_y = 0 \qquad R_a - P - V = 0$$

$$V = R_a - P = 4 - 10$$

$$= -6 \text{ kN}$$

$$V = 6 \text{ kN}(\uparrow)$$

$$\curvearrowright \Sigma M_D = 0 \quad -4\times2 - 4 + M = 0$$

$$M = 12 \text{ kN} \cdot \text{m}(\frown)$$

● **例題 4-4**　一懸臂梁其A端爲固定端，B端爲自由端，承受一強度q的線性變化之分佈負載(圖4-11(a))，最大的負載是發生在固定端且以q_0表示。試求距自由端x處的剪力V與彎曲矩M。

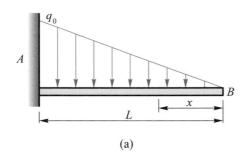

(a)

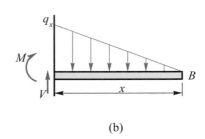

(b)

圖 4-11

解 在距自由端x距離處將梁切斷，且取右半部分為自由體(圖 4-11(b))，剪力V與彎曲矩M方向用設正法。首先求出q_x值，由相似三角形比例關係得

$$\frac{q_x}{q_0} = \frac{x}{L} \quad 或 \quad q_x = \frac{q_0 x}{L} \tag{a}$$

由靜力平衡方程式得

$$+\uparrow \Sigma F_y = 0 \qquad V - \frac{1}{2}q_x x = 0$$

$$或 \ V - \frac{1}{2}\frac{q_0 x}{L}x = 0$$

$$V = \frac{q_0 x^2}{2L} \quad (\uparrow)$$

$$\curvearrowright \ \Sigma M_x = 0 \qquad -M - \frac{q_0 x^2}{2L}\left(\frac{x}{3}\right) = 0$$

$$M = \frac{-q_0 x^3}{6L}$$

$$M = \frac{q_0 x^3}{6L} \quad (\frown)$$

● **例題 4-5** 一外伸梁ABC，承受強度為$q = 7$ kN/m 的均佈負載以及大小$P = 30$ kN 的集中負載(圖 4-12(a))。試求距左支承端 5 m 處斷面D的剪力V與彎曲矩M。

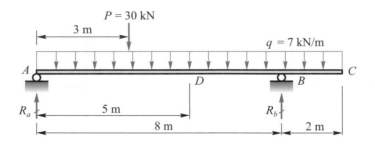

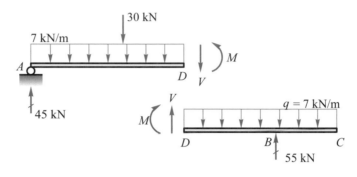

圖 4-12

解 因為求斷面 D 的剪力與彎曲矩，必須要在該處假想一截面將梁切斷，且同時要決定取左半或右半部分為自由體。若取左半部分為自由體，它包括 A 點支承，所以要先求出 A 點支承反力，而 B 點支承反力在此時不必求出。故首先要由整支梁的平衡方程式，求出支承反力。

$$\curvearrowright \ \Sigma M_B = 0 \quad + R_a(8 \text{ m}) - (30 \text{ kN})(5 \text{ m})$$
$$-(7 \text{ kN/m})(10 \text{ m})(3 \text{ m}) = 0$$

或

$$R_a = 45 \text{ kN}$$

接著，在剖面 D 處切斷此梁，並取梁左半部為自由體(圖4-12(b))，假設未知的剪力 V 與彎曲矩 M 皆為正值。該自由體的平衡方程式為

$$+\downarrow \Sigma F_y = 0 \quad -45 \text{ kN} + 30 \text{ kN} + (7 \text{ kN/m})(5 \text{ m}) + V = 0$$

$$\curvearrowright \ \Sigma M_D = 0 \quad (45 \text{ kN})(5 \text{ m}) - (30 \text{ kN})(2 \text{ m})$$
$$-(7 \text{ kN/m})(5 \text{ m})(2.5 \text{ m}) - M = 0$$

由此得

$$V = -20 \text{ kN} \qquad M = 77.5 \text{ kN} \cdot \text{m}$$

剪力 V 方向與原方向相反。

另外一種解法是取梁右半部為自由體，假設未知的剪力 V 與彎曲矩 M 為正值 (圖 4-12(c))。由平衡方程式得

$$+ \downarrow \Sigma F_y = 0 \qquad -V + (7 \text{ kN/m})(5 \text{ m}) - 55 \text{ kN} = 0$$

$$\curvearrowright \Sigma M_D = 0 \qquad + M + (7 \text{ kN})(5 \text{ m})(2.5 \text{ m}) - (55 \text{ kN})(3 \text{ m})$$

$$= 0$$

由此得

$$V = -20 \text{ kN} \qquad M = 77.5 \text{ kN} \cdot \text{m}$$

4 -5　負載、剪力及彎曲矩間的關係

在前一節中，求剖面上剪力及彎曲矩是由靜力平衡的合力為零及合力矩為零的方程式得出，故我們知道梁上的負載與剖面的剪力 V 及彎曲矩之間有關係存在。這些關係在研究整個梁上的剪力和彎曲矩是相當有用的，尤其在繪製剪力圖和彎曲矩圖更顯得有用(見 4-6 節)，為了探討這些關係，考慮相距 dx 的兩斷面間的元素(圖 4-13(a))，正向的剪力 V 與彎曲矩 M 作用於該元素的左側面上。因為梁本身是一細長構件，故一般而言，V 和 M 是沿著梁軸向變化之距離 x 的函數(如例題 4-4)，所以該元素右側面上的剪力與彎曲矩都與左側面上略有不同。由泰勒(Taylor)級數展開來表示在右側面上的剪力與彎曲矩，因 dx 為一微小量，故忽略剪力與彎曲矩二次項及二次以上的增量。即右側的剪力與彎曲矩分別為 $V + dV$ 及 $M + dM$(圖 4-13(a))。

作用於該元素上面可能為一集中負載、均佈負載或是一力偶。首先考慮如圖 4-13(a)所示，假設負載為一強度 q 的均佈負載，且負載方向向下為正，向上者為負。由垂直方向上力的平衡方程式得

或

$$V - (V + dV) - qdx = 0$$

$$\frac{dV}{dx} = -q \tag{4-1}$$

取通過該元素左側面上的一點求力矩之和的平衡條件，得

$$-M-q\,dx\left(\frac{dx}{2}\right)-(V+dV)dx+M+dM=0$$

兩微分量的乘積與其他項相比較，大小可以忽略，得

$$\frac{dM}{dx}=V \tag{4-2}$$

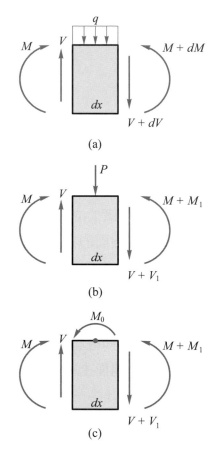

圖 4-13　用於推導負載、剪力及彎曲矩間關係之梁元素

　　若我們將方程式(4-1)式的兩邊同乘以 dx，然後沿著梁軸向求 A、B 兩點間的積分，其結果為

$$\int_A^B dV=-\int_A^B q\,dx$$

即　　$$V_b-V_a=-\int_A^B q\,dx$$

或　　$$V_a-V_b=\int_A^B q\,dx \tag{4-3a，b}$$

此式代表剖面B與剖面A剪力差＝－(A與B點間負載強度圖形的面積)。或者剖面A(左邊)減去剖面B(右邊)的剪力＝(A與B點間負載強度圖形的面積)。

同理方程式(4-2)式沿著梁軸向求A、B兩點間的積分，其結果為

$$\int_A^B dM = \int_A^B V dx$$

或
$$M_b - M_a = \int_A^B V dx \tag{4-4}$$

此式表剖面B(右邊)與剖面A(左邊)上彎曲矩差值＝剪力圖上A與B點間的面積。

綜合以上方程式(4-1)式至(4-4)式，其意義表示如下：

1. 方程式(4-1)式，表示剪力V隨著距離x(軸向)變化，它相對於x的變化率等於負載的負值$-q$。若負載向下時，變化率為負值，代表剪力隨距離x而減少，反之負載向上時，變化率為正值。(4-1)式適用於連續分佈負載(因使用泰勒級數)，不能用於承受集中負載的點之剖面上。

2. 方程式(4-2)式表示M對x的變化率等於剪力。此式僅適用於梁上受到分佈負載的部分。在集中負載的作用點上，剪力值會導致突然的(或稱為不連續的)變化，以致於微分dM/dx無從定義。

3. 方程式(4-3)式表示兩剖面間剪力的增減量等於兩剖面間的總負載(或負載分佈的面積)。若總負載為正(向下)，剪力減少；反之總負載為負(向上)，剪力增加。

4. 方程式(4-4)式表示兩剖面間彎曲矩的增減量等於兩剖面間剪力圖之面積。若總剪力面積為正，則彎曲矩增加；若總剪力面積為負，則彎曲矩減少。

現在考慮作用於梁元素上是垂直集中負載P(圖 4-13(b))，負載向下為正，作用於左側面上是V與M，而於右側上，以$V + V_1$和$M + M_1$表示，其中V_1和M_1分別表示剪力和彎曲矩可能的增量。由力的平衡條件得

$$+\downarrow \Sigma F_y = 0 , \quad V + V_1 + P - V = 0$$

或
$$V_1 = -P \tag{4-5}$$

為了瞭解負載P與剪力增量V_1及彎曲矩M_1之間的關係，故取左側點的合力矩為零，即

$$\curvearrowleft \; \Sigma M = 0 , \; + M + P\left(\frac{dx}{2}\right) + (V + V_1)dx - M - M_1 = 0$$

或
$$M_1 = P\left(\frac{dx}{2}\right) + V dx + V_1 dx \tag{4-6}$$

　　最後一種情況是力偶 M_0 型式的負載，其方向以逆時針設定為正值(圖 4-13(c))。如集中負載 P 一樣由平衡方程式得

$$+\downarrow\Sigma F_y = 0 \quad V_1 = 0 \tag{4-7}$$

$$\curvearrowleft\ \Sigma M = 0 \quad +M-M_0+(V+V_1)dx-(M+M_1) = 0$$

或
$$M_1 = -M_0 + V dx \tag{4-8}$$

　　由於上述(4-5)式至(4-8)式未能確實說明集中力與集中力矩作用點處，剪力圖及彎曲矩圖如果變化，在此利用微積分中函數極限觀念及導數觀念，說明集中力與集中力矩作用點處，剪力圖及彎曲矩圖的函數值及其斜率。

(A) 集中力

　　由(4-5)式知，集中力 作用點處，集中力 作用向下（向上），剪力圖中剪力值減少（增加） 值，但剪力值減少或增加如何變化，必須利用導數觀念得

$$\frac{dV}{dx} = \lim_{\Delta x \to 0} \frac{V_1}{\Delta x} = \lim_{\Delta x \to 0} \frac{-P}{\Delta x} = -\infty$$

　　上式代表向下（向上）作用集中力 作用點處，剪力圖是鉛直向下直線減少 P 值；向上作用集中力 作用點處，剪力圖是鉛直向上直線增加 P 值。

　　接著將(4-6)式整理變形得

$$M_1 = P\left(\frac{dx}{2}\right) + V dx + V_1 dx = \left(V - \frac{P}{2}\right) dx$$

其中 $V_1 = -P$(由(4-5)式得到的)

將集中力看成均勻分佈力之極限情況

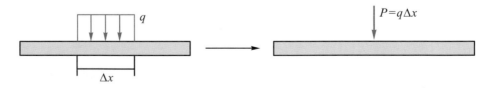

分別探討彎曲矩圖函數值及彎曲矩圖的斜率

$$\lim_{\Delta x \to 0} M_1 = \lim_{\Delta x \to 0} \left(V - \frac{P}{2}\right)\Delta x = 0$$

因為$\left(V - \dfrac{P}{2}\right)$為有限值，趨近於零，上式表示集中力作用點彎曲矩值不變。

由圖 4-13(b)，將集中力視為均勻分佈力之極限情況，左側斷面彎曲矩及剪力對集中力作用點之彎曲矩增量$\Delta M_l = V\Delta x/2$，右側斷面彎曲矩及剪力對集中力作用點之彎曲矩增量得$\Delta M_r = (V + V_1)\Delta x/2$，必須利用導數觀念得

$$\frac{dM}{dx} = \lim_{\Delta x \to 0} \frac{\Delta M_r - \Delta M_l}{\Delta x/2} = \lim_{\Delta x \to 0} (V_1) = -P$$

上式表示集中力作用點，彎曲矩圖形斜率改變；亦即集中力作用點處，彎曲矩圖中彎曲矩值不變，但圖形斜率改變$-P$。

(B)集中力矩M_0

由(4-7)式知，集中力矩 作用點處，不管集中力矩 是順(逆)時針旋轉，剪力圖中剪力值不變(增量)，利用導數觀念得

$$\frac{dV}{dx} = \lim_{\Delta x \to 0} \frac{V_1}{\Delta x} = \lim_{\Delta x \to 0} \frac{0}{\Delta x} = 0$$

上式表示集中力矩M_0作用點處，剪力圖中剪力值不變且不動。

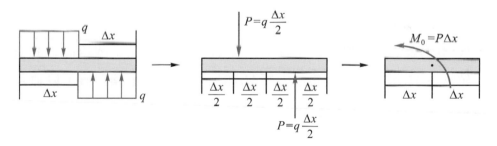

分別探討彎曲矩圖函數值及彎曲矩圖的斜率

$$\lim_{\Delta x \to 0} M_1 = \lim_{\Delta x \to 0} (-M_0 + V\Delta x) = -M_0$$

上式代表逆時針集中力矩作用點，彎曲矩減少(下降)M_0量，反之順時針集中力矩作用點，增加(上升)M_0量

彎曲矩圖之斜率，接著將集中力矩 看成兩不同方向均勻分佈力之極限情況，

左側斷面彎曲矩及剪力對集中力矩作用點之彎曲矩增量 $M_l = V\Delta x$，右側斷面彎曲矩及剪力對集中力矩作用點之彎曲矩增量得 $\Delta M_r = -M_0 + V\Delta x$

$$\frac{dM}{dx} = \lim_{\Delta x \to 0} \frac{\Delta M_r - \Delta M_l}{\Delta x} = \left(\frac{-M_0}{\Delta x}\right) = -\infty$$

上式代表逆時針集中力矩 M_0 作用點，彎曲矩圖斜率為負無窮大(表示圖形鉛直下降直線)，反之順時針集中力矩作用點彎曲矩圖斜率為正無窮大(表示圖形鉛直上升直線)。

綜合上述討論，說明方程式(4-5)式至(4-8)式，其意義如下：

1. 方程式(4-5)式表示在集中負載作用點，剪力會突然變化。從左至右穿過該負載作用點，向下作用集中負載 P，剪力圖中是鉛直下降直線，剪力減少 P 量；向上作用集中負載 P，剪力圖中是鉛直上升直線，剪力增加 P 量。

2. 方程式(4-6)式表示在集中負載作用點，彎曲矩圖中彎曲矩值不變，但彎曲矩圖斜率改變，即左側斷面對彎曲矩及剪力對集中力作用點之彎曲矩增量 $\Delta M_l = V\Delta x/2$，而右側斷面彎曲矩及剪力對集中力作用點之彎曲矩增量 $\Delta M_r = (V+V_1)\Delta x/2$，彎曲矩變化率為 $dM/dx = -P$(向下集中負載)，反之向上集中負載，彎曲矩變化率為 $dM/dx = P$。

3. 方程式(4-7)式表示在集中力矩 M_0 作用點，不管集中力矩 M_0 是順(逆)時針旋轉，剪力圖中剪力值不變且不動。

4. 方程式(4-8)式表示在順時針集中力矩 M_0 作用點，彎曲矩圖鉛直上升直線，彎曲矩值增加 M_0 量；逆時針集中力矩 M_0 作用點，彎曲矩圖鉛直下降直線，彎曲矩值減少量。

觀念討論(觀念深) ●

1. 一般推導剛體或變形體之統御方程式，皆取一為小段。數學上是利用泰勒展開式展開，再利用物理或力學定律(靜力平衡或牛頓第二定律等)求得統御方程式，然後再利用解析延拓(analytic continuity)將範圍擴大(而力學上的動作是力線平移定理與靜力平衡或牛頓第二定律等應用)，最後再利用阿貝爾極限原理(Abel's limit theorem)(參考 T. M. Apostol Mathematical Analysis(二版)第 245

頁，定理 9.31)得到初值或邊界條件(在力學上的動作是力線平移定理及靜力平衡)。特別注意泰勒展開式只對一微小段才成立，而一般偏微分書說成推導過程這一微小段是任意取，就推定整個區域成立，事實上不太正確，應該已加上解析延拓了。

2. 遇到不連續處，數學上不可用泰勒氏展開式，是利用阿貝爾極限原理處理不連續處左右極限滿足不連續值或滿足較低連續要求(如位移連續，斜率連續等)，而力學上是利用等效力系觀念避開這不連續點。

3. 在數學上處理不連續函數常用分段函數表示，而不連續點處再使用阿貝爾極限原理。

 -6   剪力圖與彎曲矩圖

由上節的研究得知，梁承受負載，則任一剖面必同時承受剪力V與彎曲矩M，不同位置的剖面所承受的剪力與彎曲矩不同，為了易於瞭解梁內剪力與彎曲矩圖變化情形，通常以圖形表示這些變化情形，此種圖形以橫座標表橫向剖面的位置，而以縱座標表示剪力或彎曲矩值，依此方式畫出剪力與彎曲矩隨位置變化的曲線，稱之為剪力圖(shear diagram)與彎曲矩圖(bending moment diagram)。為了更能清楚看出剪力與彎曲矩變化情況，將剪力圖與彎曲矩圖直接擺在原梁負載圖正下方，且位置相對應著，是最方便的。這兩個圖形對梁的設計分析方面非常有用，因為一般情況梁常在剪力與彎曲矩發生變化的地方損壞，尤其是最大剪力或最大彎曲矩之處。

繪製剪力圖與彎曲矩圖(簡稱為$V-M$圖)，需注意梁在分佈負載改變處，集中負載作用點及力偶作用點，這將使剪力或彎曲矩呈不連續的變化，而無法用一方程式或一曲線表示。作圖時必須將不連續負載間的剪力與彎曲矩分別列出來。

一般繪製剪力圖與彎曲矩圖的方法有截面法、作圖法、積分法及重疊法等。分別說明如下：

1. 截面法

此方法已在 4-3 節中介紹過了。若梁承受不同種類的負載，先將梁分成若干段，在適當位置將梁切斷，使每段梁上負載的唯一表成x的函數表示式，列出平衡方程式求出剪力與彎曲矩的表示式，再依此繪出它們的圖形即可。此方法可以得到較完整的$V-M$圖，但缺點是費時，且由於計算誤差所引起的累積誤差。

2. 作圖法

利用類似數學上繪製函數曲線作圖方法，去繪製$V-M$圖。此方法較快速，但缺點是只繪出$V-M$圖的大致圖形(只包括一些特殊點－負載點和最大剪力、彎曲矩點的位置及數值)，然而這些特殊點的$V-M$值在工程上已足夠了。此法是本書主要介紹的方法，但是這方法雖有許多書(包括英文、中文的材料力學或結構力學)有介紹，但只片斷介紹，無法做系統化地作圖，後面將用一些篇幅介紹繪製$V-M$的原則及注意事項，並列出表4-1的繪製$V-M$流程圖以供參考。

3. 積分法

若分佈負載強度q可以表為多項式或其他函數形式，利用(4-1)及(4-2)式直接積分或數值積分可求得V及M表示式，而積分常數再由支承點剪力與彎曲矩之邊界條件求得。

4. 重疊法

若梁上負載為較簡單的形式，且個別負載所引起的$V-M$圖，容易求得或已知，則原梁之$V-M$圖為個別負載之$V-M$圖疊加。

但特別注意上述的截面法和作圖法，常用等效力系觀念，去求出各種面積大小及形心。而在用圖形面積公式時(查表)是必須要求所謂標準拋物線，即表示含有頂點在內且頂點處的切線與基線平行的拋物線，並且要齊次的；例如三次拋物線$y = kx^3$ ($k \neq 0$)。這樣使用面積公式和形心公式才是正確，不然導致錯誤結果(參考力學與實踐 NO.1, P.63, 1994)。

若梁承受負載可表示為多項式函數，由(4-3)及(4-4)式知，剪力與彎曲矩函數階次分別比負載高出一次及二次。因此可利用數學上畫函數曲線的特性，使得畫$V-M$圖更易於處理。

現在偏離主題一下，回顧數學上處理曲線時，必須要定出其特徵：斜率與斜率變化(或曲率)，有些可能更高階導數。在微積分中曲線的斜率($m = \tan\alpha$，α角是切線與水平線的夾角)，由於正切函數的特性知，$\alpha > \beta > 0°$時，則$\tan\alpha > \tan\beta$；另外 $\tan(-\alpha) = -\tan\alpha$。圖 4-14 表示曲線斜率或斜直線斜率正負號及大小。

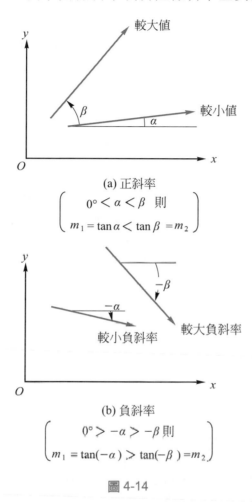

(a) 正斜率
$$\begin{pmatrix} 0° < \alpha < \beta \quad 則 \\ m_1 = \tan\alpha < \tan\beta = m_2 \end{pmatrix}$$

(b) 負斜率
$$\begin{pmatrix} 0° > -\alpha > -\beta \quad 則 \\ m_1 = \tan(-\alpha) > \tan(-\beta) = m_2 \end{pmatrix}$$

圖 4-14

　　另外多項式函數次數為二次及二次以上的曲線圖形，如圖 4-15(a)及(b)中所示 的四種形狀(在此顯示由左畫至右圖形)。**此時除了斜率外，還必須要知道它們的斜 率變化或曲率，甚至更高導數才可以辨別個別曲線。**

為了更了解曲線特性,我們現在證明曲線①的斜率,其他的曲線留給讀者當作習題。現考慮圖4-15(a)中曲線①,在其上任取兩點A、B,其距離為dx,將它放大如圖4-16,在圖上A點與B點(B點在A點右方)的切線與水平線的夾角分別為α與β,由圖知β角小於α角,則A、B兩點的斜率分別為m_1與m_2,所以$m_2 = \tan\beta < \tan\alpha = m_1$。由微積分知,斜率變化為

$$\frac{d}{dx}\left(\frac{dy}{dx}\right) = \lim_{\Delta x \to 0} \frac{m_2 - m_1}{\Delta x} \tag{a}$$

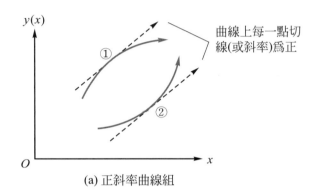

(a) 正斜率曲線組

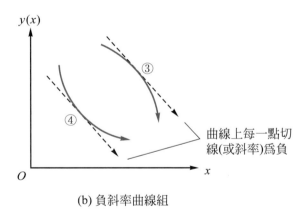

(b) 負斜率曲線組

圖 4-15

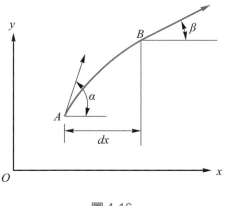

圖 4-16

由於 B 點在 A 點右方即 $\Delta x > 0$ 且 $m_2 < m_1$，則(a)式中斜率變化 $\dfrac{d}{dx}\left(\dfrac{dy}{dx}\right) < 0$。因而知曲線①由左向右畫時，其上各點切線對原點 O 是順時針旋轉，它的斜率變化(二階導數)為負值，同理其他曲線也可證明，將它們的性質歸納為圖 4-17。

現在言歸正題，基於畫函數曲線的經驗及綜合前節分析結果，在做剪力圖與彎曲矩圖(簡稱 $V-M$ 圖)，其原則如下：

1. 剪力 V 與彎曲矩均由零開始，從左向右畫，最後亦回到零值，這是因合力與合力矩在平衡狀態下為零。剪力 V 與彎曲矩 M 的正負值是依變形符號表示法。在 $V-M$ 圖上應註明正負號及各點的大小。

2. 若兩剖面間沒有負載作用時，剪力圖為一水平直線，而彎曲矩圖為一斜直線。若剪力 $V > 0$，彎曲矩圖為上升的斜直線，而兩端點的距離是依兩剖面彎曲矩的增減量(距原點較遠點彎曲矩減去另一彎曲矩值)等於兩剖面間剪力圖的面積(以橫座標上面面積為正)。

3. 若兩剖面間承受均佈負載時，剪力圖為一斜直線，若負載向下時，剪力圖為一下降的斜直線；若負載向上時，剪力圖為一上升的斜直線，斜直線兩端點的距離是依兩剖面間剪力的增減量(距原點最近點剪力值減去另一剪力值)等於兩剖面間的總負載(以向下負載為正)。此種負載的彎曲矩圖為一拋物線，若 $V > 0$ 且上升，則拋物線形狀為 ⤴ ；若 $V > 0$ 且下降，則拋物線形狀為 ⤵ ；若 $V < 0$ 且上升，則拋物線形狀為 ⤦ ；若 $V < 0$ 且下降時，則拋物線形狀為 ⤷ 。這些

拋物線是由dM/dx決定其走向。而拋物線兩端點的距離是依兩剖面間彎曲矩的增減量等於兩剖面間剪力圖的面積。

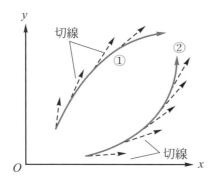

(a) 正斜率曲線組

(A) 曲線①與③中，其各點切線對原點O是順時針旋轉，它的斜率變化為負值。

(B) 曲線②與④中，其各點切線對原點O是逆時針旋轉，它的斜率變化為正值。

[註] 各曲線皆由左向右畫出。

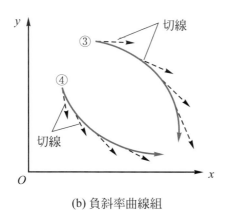

(b) 負斜率曲線組

圖 4-17

4. 在集中負載P的作用點上，剪力圖上V為上升(負載P向上)或下降(負載P向下)量為P的大小，但彎曲矩圖上的彎曲矩沒有變化，而彎曲矩曲線在作用點兩邊的斜率有變化，變化量為剪力的大小V。

5. 在力偶M_0作用點上，剪力圖上剪力V沒有變化，但彎曲矩圖上彎曲矩會上升(若力偶M_0為順時針方向旋轉)或下降(若力偶為逆時針方向旋轉)量為M_0

註　集中負載P作用，使V圖上升或下降，可由圖 4-13(b)中忽略彎曲矩，利用合力為零得到V圖是上升或下降。同理集中彎矩作用，可由圖 4-13(c)中忽略剪力，用合力矩為零得M圖是上升或下降。或者由圖 4-8(a)決定，左邊剖面V、M為已知值，右邊剖面為欲求值，即可如上述方法判定。

6. 若梁上承受均變負載、有規則變化負載或不規則變化負載時，最好將負載q代入(4-1)與(4-2)兩式，積分求出剪力與彎曲矩方程式，再畫在$V-M$圖上。

7. 一般而言，若負載$q(x) \neq 0$，它表示為$q(x) \sim x^n$，x的n次方函數，則$V(x) \sim x^{n+1}$，$M(x) \sim x^{n+2}$。因而

$$\frac{dV}{dx} = -q(x)$$

表示剪力圖上某一x點的斜率之大小等於負載強度在x點的大小，但符號恰好相反。負載符號以向下為正。

$$\frac{dM}{dx} = V(x)$$

表示彎曲矩圖上某一x點的斜率之大小等於剪力圖上在x點的大小，且符號相同。剪力圖及彎曲矩圖的斜率正負號如圖4-18所示。(配合圖4-17幾何上曲線判斷)。

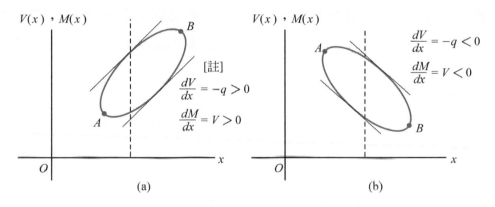

[註] 要求左邊$\frac{dV}{dx}$和$\frac{dM}{dx}$之值必須分別知道右邊$-q$及V之值。

圖 4-18

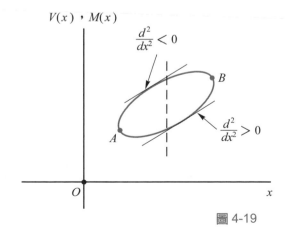

[註] 要求左邊$\frac{d}{dx}\left(\frac{dV}{dx}\right)$和$\frac{d}{dx}\left(\frac{dM}{dx}\right)$之值必須分別知道右邊$-\frac{dq}{dx}$及$\frac{dV}{dx}$之值。

圖 4-19

在某些特殊負載作用下，必須要求下列兩個關係才能正確描述剪力圖及彎曲矩圖。

$$\frac{d}{dx}\left(\frac{dV}{dx}\right) = -\frac{dq}{dx}$$

$$\frac{d}{dx}\left(\frac{dM}{dx}\right) = \frac{dV}{dx}$$

註　剪力圖上的切線反時針旋轉或順時針旋轉決定於相對應的負載強度的變化是負的或正的。

彎曲矩圖上的切線反時針旋轉或順時針旋轉決定於相對應的剪力圖斜率是正的或負的。

綜合以上分析，為了使 $V-M$ 圖作圖更能系統化，首先介紹繪製 $V-M$ 圖應注意的事項如下：

(1) 若負載為 x^n 次方的多項式，則 V 圖為 x^{n+1} 次方，而 M 圖為 x^{n+2} 次方。

(2) 畫 $V-M$ 圖形，首先決定其形狀；若為一次方多項式(即斜直線)，只要決定其斜率即可；若超過二次方以上多項式，必須決定斜率及斜率變化，才可以真正決定出曲線形狀。

(3) 畫 V 圖(或 M 圖)時，是依上面圖形亦即負載圖(或剪力圖)的形狀趨勢去決定 V 圖(或 M 圖)形狀，而一些特殊點的 V 值和 M 值，先要利用等效力系觀念，再配合平衡條件求出其值；而並非用等效力系觀念去畫出整個 $V-M$ 圖形。真正 $V-M$ 圖就必須依梁真正分佈負載去畫出。

繪製 $V-M$ 圖，每一圖形皆有四個步驟去判斷或求所需要的值；繪製時，先了解上述的注意事項及作圖原則，再由以下四個步驟逐一檢查(有些步驟對某些情況是不需要，可以直接跳過)，詳細可查表 4-1 的流程圖。此四個步驟內容如下：

1. 畫剪力圖(V 圖)的步驟(所有畫 V 圖的訊息看上圖，即負載圖)。

(1) 先決定 V 圖形狀為何：

看負載圖的形狀，V 圖比 q 圖函數次方高一次方，再配合作圖注意事項(1)來決定形狀。

(2) 決定圖形斜率 $\dfrac{dV}{dx}$：

因 $\dfrac{dV}{dx} = -q$，為了要求左邊 $\dfrac{dV}{dx}$ 值，必須知道右邊 $-q$ 值，這表示要看負載圖正負號，來決定斜率 $\dfrac{dV}{dx}$ 是正或負值。

表 4-1

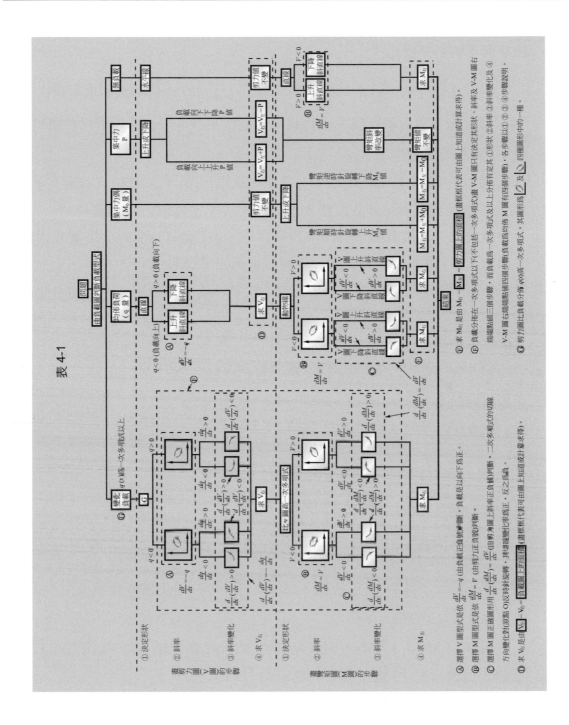

(3) 決定圖形的斜率變化 $\dfrac{d}{dx}\left(\dfrac{dV}{dx}\right)$：

因 $\dfrac{d}{dx}\left(\dfrac{dV}{dx}\right) = -\dfrac{dq}{dx}$，為了要求左邊 $\dfrac{d}{dx}\left(\dfrac{dV}{dx}\right)$ 值，必須要知道右邊 $\left(-\dfrac{dq}{dx}\right)$ 值，這表示要看負載圖斜率之負值，才能決定 $\dfrac{d}{dx}\left(\dfrac{dV}{dx}\right)$ 是正值或負值。

(4) 決定 V 圖右端值(即 $V_右$)：

因 $V_左 - V_右 = \displaystyle\int_A^B q\,dx$，又因 $V_左$ 已知，欲求 $V_右$ 值，必須知道右邊 $\displaystyle\int_A^B q\,dx$，表示要求負載圖兩點間的面積大小後代入式子才可求出右端值 $V_右$。

特殊情況：若負載圖上有集中負載作用，畫 V 圖只有曲線上下變化而已，不必用前面畫 V 圖步驟，只要參考作圖原則第(4)項即可。

2. 畫彎曲矩圖(M圖)的步驟(除了集中力偶作用點外才看負載圖，不然所有訊息看 V 圖)。

(1) 先決定其形狀為何：

看 V 圖的形狀，注意 M 圖比 V 圖函數次方高一次方。

(2) 決定圖形斜率 $\dfrac{dM}{dx}$：

因 $\dfrac{dM}{dx} = V$，要求左邊斜率 $\dfrac{dM}{dx}$ 必須知道右邊 V 值，這表示要看 V 圖上之正負號，來決定斜率 $\dfrac{dM}{dx}$ 是正值或負值。

(3) 決定圖形的斜率變化 $\dfrac{d}{dx}\left(\dfrac{dM}{dx}\right)$：

因 $\dfrac{d}{dx}\left(\dfrac{dM}{dx}\right) = \dfrac{dV}{dx}$，要求左邊斜率變化 $\dfrac{d}{dx}\left(\dfrac{dM}{dx}\right)$ 必須知道 $\dfrac{dV}{dx}$，這表示要看 V 圖上圖形之斜率 $\dfrac{dV}{dx}$ 正負號，來決定 $\dfrac{d}{dx}\left(\dfrac{dM}{dx}\right)$ 是正值或負值。

(4) 決定 M 圖右端值(即 $M_右$)：

因 $M_右 - M_左 = \displaystyle\int_A^B V\,dx$，由於 $M_左$ 是已知，而要求 $M_右$ 必須知道右端 $\displaystyle\int_A^B V\,dx$ 之值，這表示要求 V 圖上圖形面積值即 $\displaystyle\int_A^B V\,dx$ 之值。

特殊情況：若負載圖上有集中力偶作用，畫 M 圖只有曲線上下變化而已，不必用前面畫 M 圖步驟，只要參考作圖原則第(5)項即可。

以上一些資料根據作者所知，不管英文或中文的材料力學、結構力學皆無此內

容，因此讀者熟讀此內容，勤加練習，必收事半功倍之效。$V-M$圖作圖非常重要，後面(第五至七章)就可見真章。

● **例題 4-6** 試繪製圖 4-20(a)所示懸臂梁的剪力與彎曲矩圖。

解 (方法一)：作圖法

(a)剪力圖：從梁的左端A點($x=0$)開始，首先遇到的負載為集中力P_1(剪力圖只有上下變化)，方向向下為負，故為向下P_1的量。接著x增加，因無外力，剪力圖為水平線，直到P_2集中力作用點左側。接著由於P_2集中力作用且向下，故剪力會下降一個P_2量。x再增加，無外力作用為水平線直到固定端左側，最後畫至零(代表固定端反力是向上P_1+P_2量)，因此得到圖4-20(b)。

(b)彎曲矩：從梁左端開始，彎曲矩為零值開始畫，因負載圖上無集中力偶作用，所有畫M圖訊息看V圖即可。在P_1與P_2作用點區間中V圖為水平線，則M圖必為斜直線且為向下(斜率為負)(因V值為負)，因斜直線無斜率變化(第 3 步驟跳過)，直到求$M_右$值(即第 4 步驟)即可，由$M_右-M_左=$此兩點之間V圖之面積$=-P_1a$，因$M_左=0$，則$M_右=-P_1a$。同理在P_2作用點，彎曲矩不變，接著由P_2作用點到B點，剪力為負值且水平線，故彎曲矩為下降斜直線，$M_右-M_左=(P_2$用點到B點之V圖之面積)$=(-P_1-P_2)b$，因已知$M_左=-P_1a$，則$M_右=-P_1a-(-P_1-P_2)b=-P_1L-P_2b$，接著回到零，表固定端彎曲矩$M_b=P_1L+P_2b(\frown)$。因此得$M$圖如圖 4-20(c)。

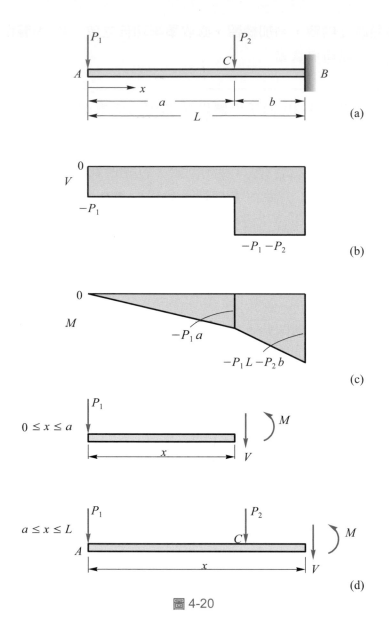

圖 4-20

(方法二)：截面法

由負載圖特性，從梁的左端量度距離x，將梁區分為$0 \le x \le a$及$a \le x \le L$兩區間（如圖 4-20(d)），使用V與M之設正法，利用靜力平衡求出V與M的表示式，即

$0 \le x \le a$　　$V = -P_1$，$M = -P_1 x$

$a \le x \le L$　　$V = -P_1 - P_2$，$M = -P_1 x - P_2(x - a)$

所對應的$V - M$圖可畫出如圖 4-20(b)及(c)。

註　由此題看出似乎截面法較容易，但若負載數目與種類較多情況下，求出V和M表示式及畫出表示式正確圖形並非易事，除非負載表示式是高次方多項式，求$V_右$及$M_右$值要用到圖形面積計算容易，此時就要用截面法甚至積分法畫$V-M$圖較佳。而作圖法畫$V-M$圖，本題是為了講解清楚起見，每一情況不管V或M圖皆檢驗四個步驟(除非特殊情況外)，所以看起來似乎較難，但再講一例題後，將簡化表示法。**注意，用截面法求V與M值表示式，在$a \leq x \leq L$(即$\overline{CB}$段)取為自由體圖為何還要存在$\overline{AC}$(即 $0 \leq x \leq a$)，主要作用是要算出$x = a$處之V與M值較麻煩，現在直接加入一平衡力系(即加入$\overline{AC}$段平衡力系)這樣對原系統平衡並不改變，但卻帶來使用上便利，這是其他書本未注意到也未說明的。**

● **例題 4-7**　考慮一承受均佈負載的簡支梁(圖4-21(a))，試決定其剪力圖和彎曲矩圖以及最大彎曲矩大小和位置。

解　首先由整個梁的自由體圖(圖4-21(a))的平衡方程式，求出支承反作用力

$$+\downarrow \Sigma F_y = 0 \quad -R_a - R_b + qL = 0$$

$$\curvearrowright \Sigma F_A = 0 \quad +R_a L + qL\left(\frac{L}{2}\right) = 0$$

或　　$R_a = \dfrac{qL}{2}(\uparrow)$，$R_b = \dfrac{qL}{2}(\uparrow)$

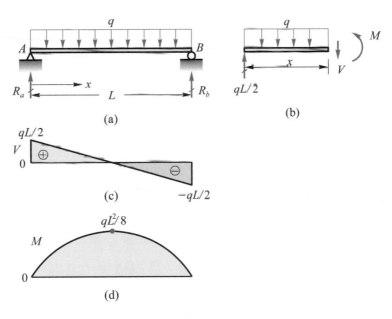

圖 4-21

(方法一)：截面法

由於梁上的負載為連續均佈負載，故整支梁的剪力和彎曲矩方程式，以一連

續函數表示。在梁內任意斷面將梁切斷且取左半部為自由體圖(圖4-21(b))，則由平衡方程式可得

$$V = \frac{qL}{2} - qx \qquad\qquad M = \frac{qLx}{2} - \frac{qx^2}{2}$$

對應的剪力圖與彎曲矩圖分別為圖4-21(c)及圖4-21(d)。

對任一剖面

$$\frac{dM}{dx} = \frac{qL}{2} - qx = V$$

彎曲矩圖最大值發生於$dM/dx = 0$，得$x = L/2$。將$x = L/2$代入彎曲矩的表示式得

$$M_{\max} = \frac{qL^2}{8}$$

(方法二)：作圖法

(a)剪力圖：由零開始，在A點承受向上集中負載$R_a = \frac{qL}{2}$，剪力圖上升$R_a = \frac{qL}{2}$，接著是均佈負載(水平線)，則V圖為斜直線且下降(斜率為負，因負載向下$\frac{dV}{dx} = -q$)。而$V_左 - V_右 = A$與B之間負載圖面積$= qL$，已知$V_左 = \frac{qL}{2}$，則$V_右 = \frac{qL}{2} - qL = \frac{-qL}{2}$，接著在$B$點承受集中負載$q_b = \frac{qL}{2}$，即$V$圖上升至零。

(b)彎曲矩圖：因無集中力偶，所以只看V圖即可。由零開始，但由V圖知，雖然是一斜直線但V值有正和負值，故分成兩區間分析。在V圖上由$\frac{qL}{2}$變至零的斜直線，M圖必為二次拋物線(如圖4-15中4個曲線)，但由V值皆為正(因$\frac{dM}{dx} = V$)(只剩圖 4-15 中曲線①或②)，接著斜率變化$\frac{d}{dx}\left(\frac{dM}{dx}\right) = \frac{dV}{dx}$(因$V$圖斜直線斜率$\frac{dV}{dx}$為負)，故只曲線①滿足，再由$M_右 - M_左 =$此兩點間$V$圖之面積，因$V = 0$位置未知，故面積無法求得。$V = 0$位置一般有兩法求得。

(c)幾何相似成比例：此兩三角形相似，對應邊成比例，即

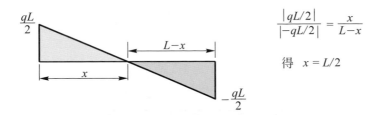

(d)利用兩剪力之差值等於它們之間負載圖的面積。

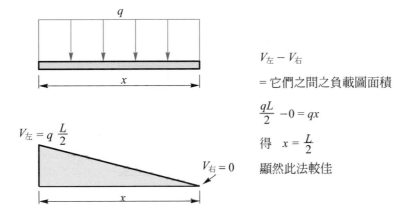

$V_左 - V_右$

＝它們之間之負載圖面積

$\dfrac{qL}{2} - 0 = qx$

得　$x = \dfrac{L}{2}$

顯然此法較佳

而$M_左 = 0$，則$M_右 - 0 = V$，圖上三角形面積$= \dfrac{1}{2}\left(\dfrac{qL}{2}\right)\dfrac{L}{2} = \dfrac{qL^2}{8}$，即$M_右 = \dfrac{qL^2}{8}$

同理，V圖上$V = 0$變化到$V = -qL/2$之直線，可得圖 4-15 中曲線③，因此M圖
如圖(c)所示。

　　因此由前兩例知，作圖法在負載較多而次方不高於一次多項式的分佈負載，比
截面法容易且快速，但後面第七、八及十章都必須用截面法求出其一截面上V與M
表示式，所以截面法和作圖法都要熟悉，對求某一些特定點變形可以用作圖法求
$V - M$圖，若要表示某段變形或整個變形就必須用截面法求得V與M表示式(見第七、
八及十章)。

　　現以較簡捷的解法書寫，直接使用作圖原則畫圖。為了方便，在此介紹兩個符
號$x = a^+$及$x = a^-$，$x = a^+$代表在$x = a$的右側，而$x = a^-$代表在$x = a$的左側，這兩
個有別於$x = a$。但畫$V - M$圖還是依上述四個步驟畫圖。

● **例題 4-8** 考慮一承受集中負載P的簡支梁(圖 4-22(a))，試求其剪力圖和彎曲矩圖。

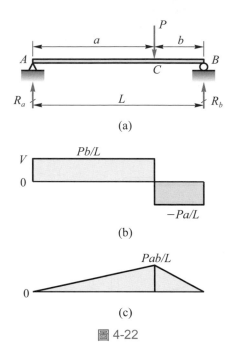

(a)

(b)

(c)

圖 4-22

解 首先由整個梁自由體圖的平衡條件，求出梁支承的反力為

$$R_a = \frac{Pb}{L}(\uparrow) \quad R_b = \frac{Pa}{L}(\uparrow)$$

剪力圖：由自由體看出，負載皆是集中負載，V圖只有上下變化。

$x = A$　　　　　　上升$R_a = \dfrac{Pb}{L}$

$x = A^+ \to C^-$　　水平線

$x = C$　　　　　　下降P量(即$V = \dfrac{Pb}{L} - P = \dfrac{-Pa}{L}$)(下降用減的)

$x = C^+ \to B^-$　　水平線

$x = B$　　　　　　上升至零

彎曲矩圖：由於負載圖上並沒有集中力偶，故畫M圖只看剪力圖即可。

$x = A$　　　　　　$M = 0$

$x = A^+ \to C^-$　　上升斜直線(因$V > 0$且為水平線)

$$M(C^-) - M(A^+) = \frac{Pba}{L}$$

$$(M(A^+)表x = A^+ 之M值，即M(A^+) = 0)$$

$$即 M(C^-) = \frac{Pba}{L}$$

$x = C$ 　　　　　$M(C) = \dfrac{Pba}{L}$

$x = C^+ \to B^-$ 　　　下降斜直線(因$V < 0$且為水平線)

$$M(B^-) - M(C^+) = \frac{-Pa}{L}b$$

$$則 M(B^-) = 0$$

$x = B$ 　　　　　$M(B) = 0$

● **例題 4-9**　一簡支梁承受一集中負載F和一力偶$M_1 = FL/4$負載作用(圖 4-23 (a))，試繪該梁的剪力圖及彎曲矩圖。

解　首先取整支梁為自由體，由平衡方程式求出支承點反力

$$R_a = \frac{5}{12}F\ (\uparrow) \qquad R_b = \frac{7}{12}F\ (\uparrow)$$

根據作圖原則繪製剪力圖(圖-23(b))及彎曲矩圖(圖 4-23(c))。

(a)剪力圖：在負載圖上集中力處只上升或下降，集中力偶不變化。

$x = 0$ ：　　　　　　　　上升$\dfrac{5}{12}F$量

　　　　　　　　　　　　則$V = 0 + \dfrac{5}{12}F = \dfrac{5}{12}F$

$x = 0^+$ 至 $x = \dfrac{L^-}{3}$ ：　水平線

$x = \dfrac{L}{3}$ ：　　　　　下降F量

　　　　　　　　　　　　則$V = \dfrac{5}{12}F - F = \dfrac{-7}{12}F$

$x = \dfrac{L^+}{3}$ 至 $x = L^-$ ：　水平線(在$x = \dfrac{2L}{3}$之集中力偶不影響)

$x = L$ ：　　　　　　　　上升$+\dfrac{7}{12}F$量

　　　　　　　　　　　　則$V = \dfrac{-7}{12}F + \dfrac{7}{12}F = 0$

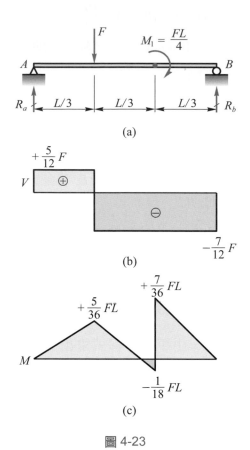

圖 4-23

(b)彎曲矩圖：在負載圖有集中力偶作用處M圖有上升或下降，其他地方看V圖。

$x = 0$ ：　　　　　　　　$M = 0$

$x = 0^+$ 至 $x = \dfrac{L^-}{3}$ ：　　因V為水平線且為正，M為上升斜直線

$$M\left(\dfrac{L^-}{3}\right) - M(0^+) = 剪力圖面積$$

$$= \dfrac{5}{12}F \times \dfrac{L}{3} = \dfrac{5FL}{36}$$

$$M\left(\dfrac{L^-}{3}\right) = \dfrac{5}{36}FL$$

$x = \dfrac{L}{3}$ ：　　　　　　$M = \dfrac{5}{36}FL$

$x = \dfrac{L^+}{3}$ 至 $x = \dfrac{2L^-}{3}$ ：　下降斜直線(V為水平線，$V < 0$)

$$M\left(\dfrac{2L^-}{3}\right) - M\left(\dfrac{L^+}{3}\right)$$

$$= -\frac{7}{12}F \times \frac{L}{3} = -\frac{7}{36}FL$$

$$M\left(\frac{2L^-}{3}\right) = -\frac{1}{18}FL$$

$$\left(x = \frac{9}{12}L \ , \ M = 0\right)$$

$x = \dfrac{L}{3}$ ：　　　　　M上升$= \dfrac{FL}{4}$量，

　　　　　　　　　　即$M = -\dfrac{1}{18}FL + \dfrac{FL}{4} = \dfrac{7}{36}FL$

$x = \dfrac{2L^+}{3}$至$x = L$：　　　M為斜直線下降至零

● **例題 4-10**　如圖4-24(a)所示的梁，試求其剪力圖及彎曲矩圖。

解　首先整支梁為自由體，由靜力平衡方程式

$$+\uparrow \Sigma F_y = 0 \qquad\qquad -3 \times 6 + R_b - 8 + R_c = 0$$

$$\curvearrowright \ \Sigma M_B = 0 \qquad\qquad 3 \times 6 \times 1 - 8 \times 5 + 8R_c = 0$$

得　　$R_c = 2.75 \ \text{kN}(\uparrow)$　　　$R_b = 23.25 \ \text{kN}(\uparrow)$

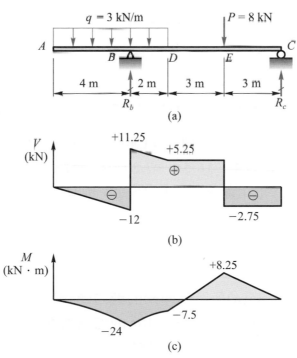

圖 4-24

(a)剪力圖：

$A \rightarrow B^-$	下降斜直線且 $V_a - V_{b^-}$ ＝負載面積＝ 3×4，$V_{b^-} = -12$ kN　(其中 $V_a = 0$)
B	V 上升 23.25 kN 量，即 $V = V_{b^-} + 23.25$ 得 $V = 11.25$ kN
$B^+ \rightarrow D^-$	下降斜直線且 $V_b - V_d = 3 \times 2 = 6$，即 $V_d = 11.25 - 6 = 5.25$ kN
$D^+ \rightarrow E^-$	水平線
E^-	下降 8 kN 量，則 $V_e = 5.25 - 8 = -2.75$ kN(下降用減的)
$E^+ \rightarrow C^-$	水平線
C	上升 2.75 kN 至零

(b)彎曲矩圖：無集中力偶，只看 V 圖。

$A \rightarrow B$	因 V 為斜直線(M圖為二次拋物線)且 $V < 0$ 取圖 4-15 中的曲線③或④(M圖斜率為負)，但因 V 圖下降斜直線(斜率為負)，故 M 圖(斜率變化為負)取曲線③，即 M 圖為 ╱ 拋物線，而 $M_b - M_a$ ＝剪力面積＝ $(-R_b)(4)(1/2)$，$M_b = 0 - 24$ kN · m ＝ -24 kN · m。
$B \rightarrow D$	同理因 V 為下降斜直線且 $V > 0$，則 M 為 ╱ 拋物線，而 $M_d - M_b$ ＝剪力圖(梯形)面積＝ $2(11.25 + 5.25)/2$，$M_d = -24 + 16.5 = -7.5$ (kN · m)。
$D \rightarrow E$	因 V 為水平線且 $V > 0$，則 M 為上升斜直線，而 $M_e - M_d = 5.25 \times 3 = 15.75$，$M_e = 8.25$ kN · m
$E \rightarrow C$	因 V 為水平線且 $V < 0$，則 M 為下降斜直線，且至零。

例題 4-11 試求圖 4-25(a)所示外伸梁的剪力圖與彎曲矩圖，該梁在外伸部分受有一強度 $q = 1.25$ kN/m 的均佈負載，且在兩支承的中點處受一 $M_0 = 14.0$ kN · m 逆時針方向的力偶。

首先取整個梁為自由體圖(圖4-25(a))，由平衡方程式可求出支承的反力$R_b=$
6.5 kN($\uparrow$)，$R_c=1.5$ kN($\downarrow$)，其方向如圖所示。使用作圖原則：

(a)剪力圖：

$A \rightarrow B^-$　　　下降斜直線(因q為水平線，且$\frac{dV}{dx}=-q$)

　　　　　　　$V(A)-V(B^-)=1.25\times4$，因$V(A)=0$，則$V(B^-)$
　　　　　　　$=-5$ kN

B　　　　　上升$R_b=6.5$ kN，則$V=-5+6.5=1.5$ kN

$B^+ \rightarrow D^-$　　　水平線

D　　　　　V不變

$D^+ \rightarrow C^-$　　　水平線

C　　　　　下降1.5 kN，則$V=1.5-1.5=0$

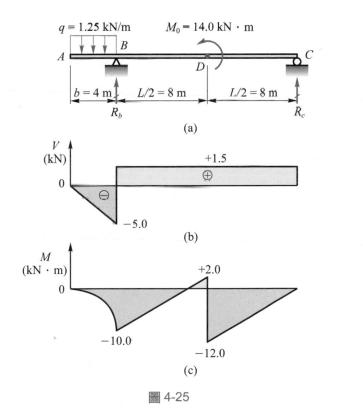

圖 4-25

(b)彎曲矩圖：在D點有反時針集中力偶，M圖下降，其他看V圖。

A	$M = 0$
$A^+ \to B^-$	因V爲下降斜直線且$V < 0$，則M爲 ⟋ 二次拋物線，且
	$M(B^-) - M(A^+) = +\dfrac{1}{2}(-5) \times 4 = -10$，則
	$M(B^-) = -10 \ \text{kN} \cdot \text{m}$
B	M不變
$B^+ \to D^-$	因V爲水平線且$V > 0$，則M爲上升斜直線，$M(D^-) - M(B^+)$
	$= 1.5 \times 8 = 12$
	則$M(D^-) = 12 + (-10) = 2 \ \text{kN} \cdot \text{m}$
D	下降 $14 \ \text{kN} \cdot \text{m}$，即$M(D) = 2 - 14 = -12 \ \text{kN} \cdot \text{m}$
$D^+ \to C$	因V爲水平線且$V > 0$，則M爲上升斜直線，$M(C) - M(D^+)$
	$= 1.5 \times 8 = 12 \ \text{kN} \cdot \text{m}$
	則$M(C) = 12 - 12 = 0$

● **例題 4-12** 一簡支梁如圖 4-26(a)所示，試繪該梁的剪力圖與彎曲矩圖。

解 取整個梁爲自由體，列出平衡方程式(解平衡問題 623 法則)

$\curvearrowright \ \Sigma M_A = 0 \quad -6 \times 4 \times 2 - 15 \times 8 + R_b \times 12 = 0$

$\qquad\qquad R_b = 14 \ \text{kN}(\uparrow)$

$+\uparrow \Sigma F_y = 0 \quad R_a - 6 \times 4 - 15 + R_b = 0$

$\qquad\qquad R_a = 25 \ \text{kN}(\uparrow)$

(a)剪力圖：

$x = A$	$V = 0$
$x = A^+$	上升 $25 \ \text{kN}$，則$V = 0 + 25 = 25 \ \text{kN}$
$x = A^+ \to C^-$	下降斜直線$\left(\text{因} \dfrac{dV}{dx} = -q\right)$，$V(A^+) - V(C^-) = 6 \times 4$，則
	$V(C^-) = 25 - 24 = 1 \ \text{kN}$
$x = C^+ \to D^-$	水平線
$x = D$	下降 $15 \ \text{kN}$，則$V = 1 - 15 = -14 \ \text{kN}$
$x = D^+ \to B^-$	水平線
$x = B$	上升 $14 \ \text{kN}$，則$V = -14 + 14 = 0$

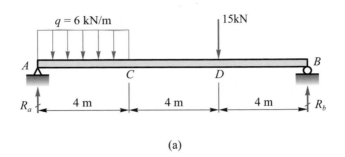

(a)

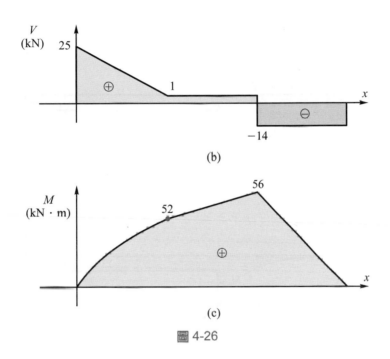

(b)

(c)

圖 4-26

(b)彎曲矩圖：無集中力偶作用，只看 V 圖。

$x = A$　　　　　$M = 0$

$x = A^+ \rightarrow C^-$　　因 V 圖是下降斜直線且 $V > 0$，則 M 圖為拋物線 ⤴，則

$$M(C^-) - M(A^+) = \left(\frac{25+1}{2}\right) \times 4 = 52，即 M(C^-) = 52 \text{ kN} \cdot \text{m}$$

$x = C^+ \rightarrow D^-$　　因 $V > 0$ 且為水平線，則 M 為上升斜直線，$M(D^-) - M(C^+)$
　　　　　　　　　$= 1 \times 4$，則 $M(D^-) = 56 \text{ kN} \cdot \text{m}$

$x = D^+ \rightarrow B$　　因 $V < 0$ 且為水平線，則 M 為下降斜直線，$M(B) - M(D^+)$
　　　　　　　　　$= -14 \times 4$，則 $M(B) = 0$

● **例題 4-13** 試繪出圖 4-27(a)中之剪力圖與彎曲矩圖。

解 首先求出支承反力

$$\curvearrowleft \ \Sigma M_A = 0 \quad \left(\frac{3 \times 4}{2}\right) \times 1 + R_b \times 4 - 10 \times 5 = 0$$

$$R_b = 11 \text{ kN}(\uparrow)$$

$$+\uparrow \Sigma F_y = 0 \quad -6 + R_a + R_b - 10 = 0$$

$$R_a = 5 \text{ kN}(\uparrow)$$

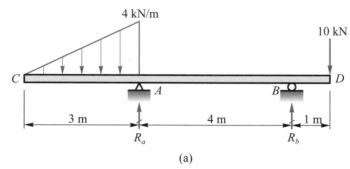

(a)

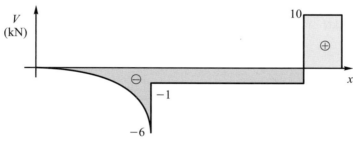

(b)

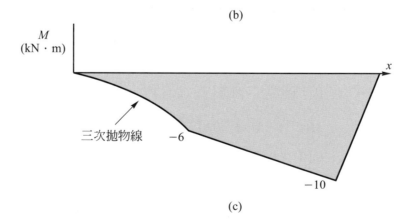

(c)

圖 4-27

(a)剪力圖：

　　$x = C$　　　　　　$V = 0$

　　$x = C^+ \to A^-$　因負載為上升斜直線分佈，但q是向下，則V圖之斜率$\left(因 \dfrac{dV}{dx} = -q\right)$為負，且斜率變化$\left(\dfrac{d}{dx}\left(\dfrac{dV}{dx}\right) = -\dfrac{dq}{dx}\right)$為負之拋物線取為╱，由$V(C) - V(A^-) = (3 \times 4)/2$，而$V(C) = 0$，即$V(A^-) = -6$ kN

　　$x = A$　　　　　　上升 5 kN，則$V = -6 + 5 = -1$ kN

　　$x = A^+ \to B^-$　水平線

　　$x = B$　　　　　　上升 11 kN，則$V = -1 + 11 = 10$ kN

　　$x = B^+ \to D^-$　水平線

　　$x = D$　　　　　　下降 10 kN，則$V = 10 - 10 = 0$

(b)彎曲矩圖：

　　$x = C$　　　　　　$M = 0$

　　$x = C \to A^-$　因V圖為二次拋物線，M圖為三次拋物線，因$\dfrac{dM}{dx} = V < 0$且$\dfrac{d}{dx}\left(\dfrac{dM}{dx}\right) = \dfrac{dV}{dx} < 0$表$M$圖斜率與斜率變化為負，故$M$圖取為╱，由$M(A^-) - M(C) = V$圖面積(拋物線面積)$\dfrac{1}{3}(-6 \times 3) = -6$，則$M(A^-) = -6$ kN · m。

　　$x = A^+ \to B$　因V為水平線且為負，M為下降斜直線，由$M(B) - M(A^+) = -1 \times 4$，則$M(B) = -4 - 6 = -10$ kN · m

　　$x = B^+ \to D$　因V為水平線且為正，M為上升斜直線，由$M(D) - M(B^+) = 10 \times 1$，則$M(D) = 10 - 10 = 0$

重點整理

1. 桿件：構件其中一方向尺寸較其他兩方向尺寸大得多，所施的負載沿軸向，使構件橫剖面產生正向應力，並使構件產生拉伸或收縮變形，特別受壓構件是壓碎而損壞。

2. 軸：承受扭轉構件，其扭轉力矩的作用面與構件橫向剖面平行，或是扭力矩向量方向沿著軸向，此種負載將使軸件的橫向剖面產生剪應力，並使軸產生扭轉角。軸是細長構件。

3. 梁：此種構件(細長構件)承受外力(此外力與該構件軸向垂直)，或構件所承受的力矩之作用面與該構件的軸向平行，而使構件產生彎曲變形。

4. 熟悉梁的分類及等效力系觀念，取自由體圖計算支承反力。

5. 梁受到不同方向橫向負載或集中力偶作用，造成不同的變形，為了區別變形形式，如同前述桿件中拉力或壓力及軸的扭力矩去定出軸向力與扭力矩正的方向，就了解其變形方向，但此處有剪力與彎曲矩，因此定義出如圖4-8所示彎曲矩及剪力正的方向，同時此圖在解題時可用於假設正的剪力與彎曲矩方向(稱為設正法)。

6. 若考慮物體剖面上的應力合力(剪力及彎曲矩)，則使用變形符號(熟記圖4-8或圖4-9)；而考慮平衡狀態問題，則使用靜力符號表示法。

7. $dV/dx = -q$ 此方程式代表剪力對 x 的變化率等於負載的負值，適用於連續分佈負載，不能用於承受集中負載點上。

8. $dM/dx = V$ 表彎曲矩對 x 的變化率等於剪力，此式僅適用於梁上受到分佈負載的部分。在集中負載作用點上，剪力值會突然變化，以致於 dM/dx 無從定義。

9. $V_b - V_a = -\int_A^B q\,dx$ 或 $V_a - V_b = \int_A^B q\,dx$

   代表兩剖面間剪力的增減量等於兩剖面間的總負載。實際計算常用左邊剖面剪力減去右邊剖面剪力等於負載圖(兩剖面間)的面積(負載以向下為正)。總負載為正(向下)，剪力減少；反之增加。

10. $M_b - M_a = \int_A^B V\,dx$

    代表兩剖面間彎曲矩的增減量等於兩剖面間剪力圖的面積。實際計算用右邊剖面彎曲矩減去左邊剖面彎曲矩等於兩兩剖面間剪力面積。剪力面積為正，彎曲矩增加；反之則減少。

11. 繪製剪力圖及彎曲矩圖，首先了解其注意事項，接著每一圖皆有四個步驟畫圖

    (1) 決定形狀。

    (2) 決定圖形曲線斜率。

    (3) 決定圖形曲線斜率變化。

(4) 決定圖形曲線右端的值。

每一段曲線皆需要按這四個步驟順序判斷(有些步驟會自動滿足可直接跳過)

可參考表 4-1。

12. 繪製剪力圖應注意事項

(1) 在無負載部分,剪力曲線之斜率為零,即與梁軸平行的直線。

(2) 在均佈負載強度q的負載部分,剪力曲線為一斜直線。負載向下,則為下降斜直線,反之為上升斜直線。

(3) 在集中負載點上,可看成負載強度為無窮大,故剪力曲線的斜率為無窮大,即與梁軸成垂直,而使剪力曲線為不連續。

13. 繪製彎曲矩圖應注意事項

(1) 若梁的剪力圖其值為常數部分,則該部分的彎曲矩曲線為斜直線。剪力為正值,該部分為上升斜直線;反之為下降斜直線。

(2) 若梁的剪力圖某一部分剪力為變數,則該部分的彎曲曲線為曲線,此曲線之次數較剪力曲線次數多一次。

附錄 EI　進階版－解平衡問題 623 法則(自創名詞):

此法在未求解之前,就知水平與鉛直合力方程式各有幾項,每一項有兩要素;合力矩方程式有幾項,每一項有三要素(集中力矩例外),各方程式項數不可多也不能少。

七種力系平衡的解題步驟:(六大步驟)

(1) 取--依據題意選取物體系統之整體或部份或單一剛體為研究對象(即自由體),了解何者為已知量,何者為未知量。

(2) 畫--對所取的研究對象進行受力分析,畫出自由體圖。

(3) 選--選擇適當的座標軸,力矩中心及平衡方程式的型式。

(4) 列--根據研究對象的受力情況列出平衡方程式,此時必須注意下列事項:

(a) 判斷是什麼力系。

(b) 有幾個平衡方程式。

(c) 有幾個未知數。

(d)　是否有解。

(e)　力量平衡方程式代表某一方向合力爲零(即研究對象該方向不移動)，未列出平衡方程式，先看自由體圖各座標軸方向的力分別有幾個力，就要剛好同數目的項數；合力矩平衡方程式代表對某一點或某一軸合力矩爲零(即研究對象在該點或該軸不旋轉)，未列出合力矩平衡方程式，先看自由體圖共有幾個力及及力矩，再減去通過力矩中心或中心軸的作用力數目，就知合力矩平衡方程式共有幾項。以共面一般力系爲例，自由體圖有m個水平分力，n個鉛直分力，集中力矩r個，通過力矩中心水平分力與鉛直分力共有s個；未解題時就能正確判斷　$\rightarrow$ $\Sigma F_x = 0$ 有m項，　有 $+\downarrow\Sigma F_y = 0$ 有n項，　　$\Sigma M_A = 0$ 有$(m+n+r-s)$項。

⑸　解--解平衡方程式求出未知量。

⑹　校--校核所得的結果是否正確或合理。

從數學的角度可知，力與力矩平衡方程式是代數方程式，每一項包括正負號(或加減)及實數，將所有項總和在一起爲零。因此根據力及力矩定義，純量式平衡方程式，可得下列結果：

(一)力平衡方程式，每一項包括二要素：

(a)　正負號(或加減)--每一力或合力方向與指定方向相同爲正，反之爲負。例如　$\rightarrow$ $\Sigma Fx=0$ 表指定方向爲正。

(b)　力的大小--集中力即本身大小，而分佈負載大小是分佈負載圖形的面積。

(二)力矩平衡方程式，每一項包括三要素;除集中力矩(或力偶)只有二要素(正負號和力矩大小)：

(a)　正負號(或加減)--對力矩中心的每一力矩旋轉方向與指定旋轉方向相同爲正，反之爲負。

(b)　力的大小--集中力即本身大小，而分佈負載大小是分佈負載圖形的面積。

(c)　力臂--力或合力的作用線(對分佈負載而言，其合力作用線經過分佈負載圖形的形心)至力矩中心的垂直距離。

爲了增加解平衡問題的能力，介紹強而有力的記憶法：

解平衡問題的６２３法則

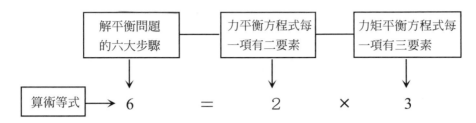

上述代表解平衡問題六大步驟，必須配合力平衡方程式(每一項有二要素)及力矩平衡方程式(每一項有三要素)在算術上是６等於２乘３，看成因數分解。本人稱此爲解平衡問題的６２３法則(不管是英文或中文書皆無此內容)，完成解平衡問題，必須滿足力與力矩平衡方程式，需細心逐項檢查滿足力平衡方程式中每一項的二要素(正負號及力大小)，力矩平衡方程式中每一項的三要素(正負號、力大小及力臂)，而集中力矩除外只有二要素(正負號及力矩大小)。對已熟悉解平衡問題的學者，工程師是非常有效的，而初學者更需要細心去學習。到目前爲止，此方法是最強而有力的利器，在教學上的成效非常卓越。

習題

(A) 問答題

4-1 拉伸(壓縮)桿件、扭轉圓軸與彎曲梁有何區別？它們所受的負載有何不同？

4-2 何謂靜定梁與靜不定梁？它們各是何種梁？

4-3 何謂彎曲矩、剪力？它們是如何求得？

4-4 何謂平面彎曲？它有何特徵？

4-5 怎樣確定剪力及彎曲矩的正負號？它們與梁的變形有何關係？

4-6 在均佈負載q作用，推導它與剪力與彎曲矩之間的關係，爲何使用泰勒展開式去求取？

4-7 試總結利用作圖法繪製剪力圖與彎曲矩圖。

4-8 爲何要繪製剪力圖與彎曲矩圖？繪製剪力圖與彎曲矩圖，各有那些情形要注意(如負載型式、作用位置等)，請定性說明之。

(B) 計算題

4-3.1　試求圖 4-28 支承反力。

答：$R_a = 35$ kN($\uparrow$)，$R_b = 25$ kN($\uparrow$)。

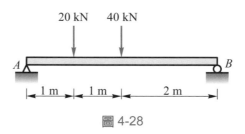

圖 4-28

4-3.2　試求圖 4-29 支承反力。

答：$R_a = 60$ kN($\uparrow$)，$M_a = 200$ kN·m($\frown$)。

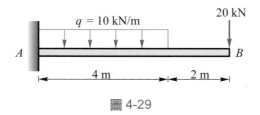

圖 4-29

4-3.3　試求圖 4-30 支承反力。

答：$R_a = R_b = 400$ N($\uparrow$)。

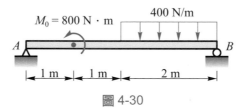

圖 4-30

4-3.4　試求圖 4-31 支承反力。

答：$R_a = 20$ kN($\uparrow$)，$M_a = 36$ kN·m($\frown$)。

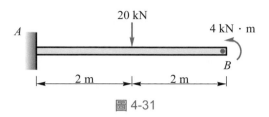

圖 4-31

4-3.5 試求圖 4-32 支承反力。

答：$R_a = 17.92$ kN($\uparrow$)，$R_b = 47.08$ kN($\uparrow$)。

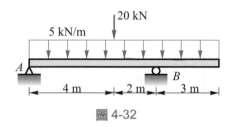

圖 4-32

4-3.6 試求圖 4-33 支承反力。

答：$R_a = 40$ kN($\uparrow$)，$M_a = 156$ kN · m($\curvearrowleft$)。

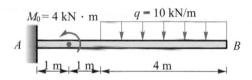

圖 4-33

4-4.1 試求圖 4-34 所示懸臂梁中，距左端固定支承 1.0 m 處的剪力 V 和彎曲矩 M。

答：$V = 10$ kN，$M = -20$ kN · m。

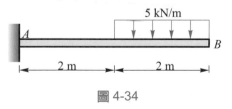

圖 4-34

4-4.2 試求圖 4-35 中簡支梁 8 kN 負載下左側剖面的剪力 V 和彎曲矩 M。

答：$V = 1$ kN，$M = 14$ kN · m。

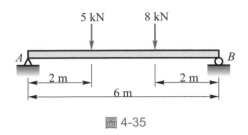

圖 4-35

4-4.3　試求圖 4-36 中外伸梁上距左端 4.5 m 處之剖面上剪力 V 和彎曲矩 M。

答：$V = -13.98$ kN，$M = -17.91$ kN・m。

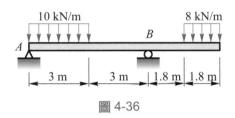

圖 4-36

4-4.4　如圖 4-37 所示之鋼梁，在 A、B 為簡支梁，A 處受一力偶 $M_0 = 28$ kN・m 在外伸處的末端受一集中負載 $P = 8$ kN。試求距左端支承 3 m 處剖面上之剪力 V 和彎曲矩 M。

答：$V = 5$ kN，$M = -13$ kN・m。

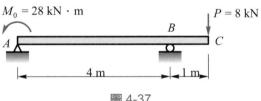

圖 4-37

4-4.5　如圖 4-38 所示，一弧形桿受兩大小相等方向相反的負載 F，桿軸形成一半徑為 r 的半圓。試求作用於角度為 θ 之剖面上的軸向力 N，剪力 V 和彎曲矩 M。

答：$N = F\sin\theta$，$V = F\cos\theta$，$M = Fr\sin\theta$。

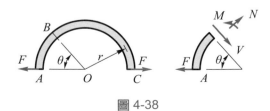

圖 4-38

4-4.6　如圖4-39所示一懸臂梁，試求距A點2 m處之剪力V和彎曲矩M。

答：$V = 26$ kN，$M = -108$ kN・m。

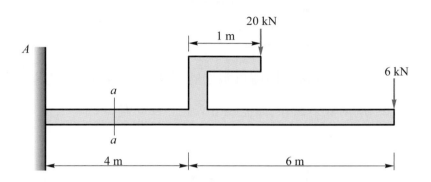

圖4-39

4-4.7　如圖4-40所示的梁，試求中點C之剪力與彎曲矩。

答：$V = -2$ kN，$M = -13$ kN・m。

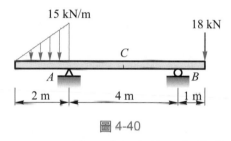

圖4-40

4-4.8　如圖4-41所示的簡支梁，試求C點處的剪力與彎曲矩。

答：$V = -19$ kN，$M = 75$ kN・m。

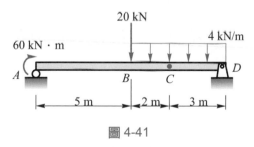

圖4-41

4-6.1至4-6.15　在解習題之時，試以適當的尺寸繪其剪力圖和彎曲矩圖，並標出臨界位置的座標，包括最大值和最小值。

4.6.1　試繪製受有兩相等集中負載之簡支梁(圖4-42)的剪力圖和彎曲矩圖。

答：$V_{max} = P$，$M_{max} = Pa$；$V_{min} = -P$，$M_{min} = 0$。

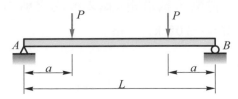

圖 4-42

4-6.2　試繪製一受有強度為 q 之均佈負載之懸臂梁(圖 4-43)的剪力圖和彎曲矩圖。

答：$V_{\max} = qL$，$M_{\max} = 0$；$V_{\min} = 0$，$M_{\min} = -\dfrac{qL^2}{2}$。

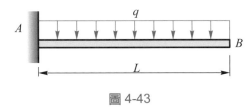

圖 4-43

4-6.3　試繪出一承受如圖 4-44 所示負載之 ABC 梁的剪力圖和彎曲矩圖。

答：$V_{\max} = P$，$M_{\max} = \dfrac{Pa}{2}$；$V_{\min} = -\dfrac{3}{2}P$，$M_{\min} = -Pa$。

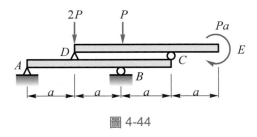

圖 4-44

4-6.4　如圖 4-45 所示，一懸臂梁承受一集中負載和力偶，試繪該梁的剪力圖和彎曲矩圖。

答：$V_{\max} = 5$ kN，$M_{\max} = 0$，$V_{\min} = 0$，$M_{\min} = -21$ kN · m。

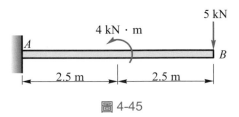

圖 4-45

4-6.5 至 4-6.15　試繪出圖中(即圖 4-46 至圖 4-56 依次順序)梁的剪力圖和彎曲矩
　　　　圖，並包括最大值與最小值。

4-6.5　答：$V_{\max} = 14$ kN，$M_{\max} = 0$；$V_{\min} = 0$，$M_{\min} = -26$ kN・m。

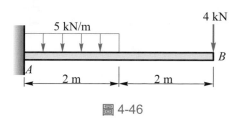

圖 4-46

4-6.6　答：$V_{\max} = 0$ kN，$M_{\max} = 0$ kN・m；$V_{\min} = -19$ kN，$M_{\min} = -26.25$　kN・m。

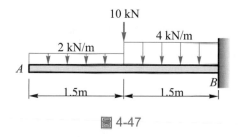

圖 4-47

4-6.7　答：$V_{\max} = \dfrac{q_0 L}{6}$，$M_{\max} = \dfrac{q_0 L^2}{9\sqrt{3}}$；$V_{\min} = \dfrac{-q_0 L}{3}$，$M_{\min} = 0$。

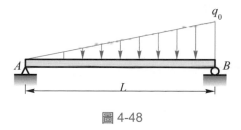

圖 4-48

4-6.8　答：$V_{max}=\frac{3}{4}qa$，$M_{max}=\frac{9}{32}qa^2$；$V_{min}=-\frac{1}{4}qa$，$M_{min}=0$。

q
A
B
a
a

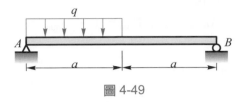

圖 4-49

4-6.9　答：$V_{max}=3P$，$M_{max}=2qa$；$V_{min}=-2P$，$M_{min}=-Pa$。

P
5P
B
A
a
a
a

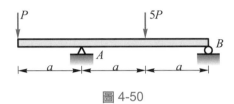

圖 4-50

4-6.10 答：$V_{max}=60$ kN，$M_{max}=0$ kN · m；$V_{min}=-60$ kN，
$M_{min}=-60$ kN · m。

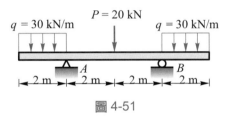

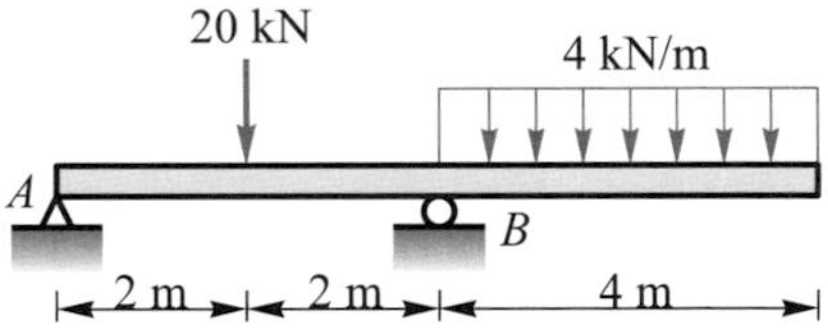

P = 20 kN
q = 30 kN/m
q = 30 kN/m
A
B
2 m
2 m
2 m
2 m

圖 4-51

4-6.11 答：$V_{max}=16$ kN，$M_{max}=4$ kN · m；$V_{min}=-18$ kN，
$M_{min}=-32$ kN · m。

20 kN
4 kN/m
A
B
2 m
2 m
4 m

圖 4-52

4-6.12 答：$V_{max}=50$ kN，$M_{max}=9.8$ kN · m；$V_{min}=-26$ kN，
$M_{min}=-50$ kN · m。

5 梁的應力

研讀項目

1. 了解何謂梁,並由實例中知道梁彎曲時,其長度會伸長或縮短,由微積分中間值定理可以印證梁有一不伸長與不縮短的位置。

2. 由於梁是靜不定問題,基於一些假設,從變形的幾何形狀去描述,得到應變公式。

3. 若梁材料為線彈性,由力平衡條件得中性軸通過剖面形心,力矩平衡得撓曲公式。

4. 基於梁的強度合理去決定所需的剖面模數,並了解一些常用剖面的原因。

5. 當梁承受非均勻彎曲,將會產生剪應力,由力平衡得縱向(或軸向)的剪應力,再由元素平衡求得橫向剪應力。在此注意其剪應變效應及剪應力公式的限制,並推導寬翼梁的剪應力。

6. 在跨距較大或橫向負載甚大的梁,通常使用組合梁,對於連接元件用剪力流公式去分析,並注意其限制條件。

7. 由兩種或兩種以上的材料構成的複合梁,可由撓曲公式導出複合梁的撓曲公式去分析,或由轉換剖面法去分析。但注意剖面中性軸並不通過剖面形心。

8. 了解軸向負載的梁所造成的組合變形,若各種不同負載所造成的變形不互相影響,可以用重疊原理去求出組合變形的應力(若內應力不超過比例限)。

5 -1　前言

如前章所述，梁承受負載或力偶作用時，梁內部會產生反作用力，或以應力的合力——剪力和彎曲矩的形式出現。在本章中，將討論應力與應變跟剪力與彎曲矩的關係。同時亦檢視在梁設計方面上的一些實際主題。

橫向負載作用於梁上，使梁產生彎曲(bend)或撓曲(flex)，因而使梁的軸變成曲線。如圖 5-1 所示，顯示懸臂梁(cantilever beam)AB在其自由端承受集中負載P。在此負載作用之前，梁的縱軸為一直線。當負載作用之後，梁的軸彎成曲線，如圖 5-1(b)所示，這就是梁的撓曲曲線(deflection curve)。

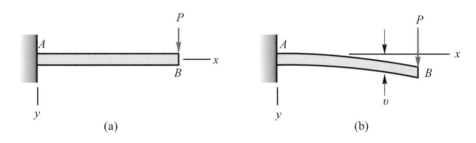

圖 5-1　懸臂梁之彎曲

為了分析方便，我們選擇一右手座標系統，作為位移座標系統。其支承處為原點，正x軸方向沿梁的軸指向右邊，而正y軸則垂直指向下，z軸其方向為垂直指向圖面(亦即遠離視線)。

日常生活中，用繃帶包紮受傷的手肘處，當你手肘(手好像懸臂梁)向內彎曲，手肘外側繃帶會拉伸，此時皮膚感覺到拉伸，而手肘內側會壓縮。另外健身彈簧棒受到彎曲，也有同樣的結果。回顧第一章，桿件受軸向拉力(或壓力)，是拿一較會變形的橡膠桿(在表面做成網格)，作用軸向拉力觀察它的變形，推知在橫截面上產生正向應力，**但無法用聖維南靜力等效求出其應力分佈，是一個靜不定問題，基於變形情況假設橫截面變形後也保持平面即為平截面假設而有均勻伸長，推導出整個應變與應力分佈。**同樣軸扭轉也是經過此種過程推導出，然而這兩種情況，在不受負載作用時(不變形位置或尺寸)，很容易描述。在此我們也拿一橡膠做的梁，其上畫出網格，兩端承受彎曲的力矩作用，如圖 5-2 所示。

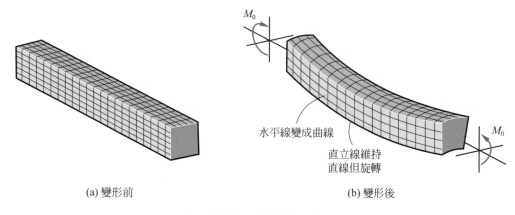

	M_0
(a) 變形前	(b) 變形後

水平線變成曲線

直立線維持
直線但旋轉

M_0

圖 5-2　　([5]圖 6-21)

由上述變形可觀察到的現象如下：

(1)　各橫向線仍各在一個平面上，只是繞著與彎曲平面垂直的軸轉動了一個小角度。

(2)　部分縱向線段伸長，部分縱向線段縮短。

(3)　縱向線段變彎，但仍與橫向線垂直。

(4)　原矩形橫截面變形後，由右側看，其側向有些部分伸長，有些部分縮短。

　　梁受彎曲的力矩作用，由上述觀察情況(2)知，它產生正向應力，但我們無法由靜力平衡，由彎曲矩大小去推知正向應力分佈，亦即靜不定問題；因而必須考慮變形條件，但由於梁伸長或縮短多少也未知，為了解決這個問題，必須尋找一個不受力(不伸長與不縮短)的尺寸為參考長度，這樣才能知道其他尺寸的變化。

　　我們還沒有分析梁變形前，梁承受彎曲的力矩作用到底是否有一位置不受力(不伸長與不縮短)，回答這個問題，我們可從微積分中間值定理著手：

中間值定理：若一函數 f 在一有限的閉區間 $[a,b]$ 連續，令 m 為最小的函數
　　　　　　值，M 為最大的函數值，則存在任一數 C 在 $[m,M]$ 區間中，至
　　　　　　少存在區間 $[a,b]$ 中的一點 z，使得 $f(z) = C$。*

梁受力變形產生撓曲曲線，假設此撓曲曲線為連續函數，若是不連續函數代表梁受力已斷裂，吾人沒有興趣去分析了。故吾人分析梁變形使用中間值定理來判斷是否

*S.L. Sales and Einar Hille Calculus 3rd John Wiley & Sons New York. P.80, 1978.

有一處不變形，是以m代表縮短量(負值)，以M代表伸長量(正值)，而取C等於零，即$m < 0 < M$，則由中間值定理知，必有一處不變形。

現在要分析梁承受純彎曲矩(梁上負載只有使梁彎曲的力矩)作用所產生的變形，而下一節再分析產生的應力分佈。為了簡化分析，需要下列假設條件：

(1) 梁為稜柱形(prismatic)的直梁，任何位置均有相同的剖面，代表剖面慣性矩為常數。

(2) 梁有一軸向對稱面，且梁上所有外力均用在此對稱平面$x-y$平面上(平面力系)，產生的彎曲撓度(bending deflection)發生於同樣平面上(此平面稱為彎曲平面(bending plane))稱此為平面彎曲，同時梁上的負載是穩定地作用其上，沒有震動或衝擊現象。

(3) 梁有足夠的厚度，不受外力而斷裂，亦不受壓力而產生挫屈(buckling)現象。挫屈現象請參考本書第九章。

(4) 垂直於梁軸線的直剖面受彎曲矩變形後仍為一直剖面(平截面假設)。

(5) 梁內部材料為均質的且等向性，即整個物體有相同密度及彈性性質。材料的拉力彈性模數與壓力彈性模數相同。

(6) 梁剖面產生的應力，不超過材料的彈性限(或比例限)。

(7) 假設梁是小變形曲線，各縱向纖維間互不擠壓，即忽略σ_y的影響。

基於假設(2)即設$\sigma_z = \tau_{yz} = \tau_{xz} = 0$；假設(4)它代表剪應變$\gamma_{xy} = 0$，亦即對剪切變形的抵抗是無窮大，這表示剪力彈性模數G為無窮大，此假設含意梁彎曲時橫向剪切變形為微小量，由此所引起的撓度變化可以忽略。這裏不能簡單地使用廣義虎克定律，求出剪應力，必須經由平衡方程式求解；純彎曲情況是無橫向剪應力，而非均勻彎曲卻存在橫向剪應力τ_{xy}，但假設$\gamma_{xy} = 0$造成矛盾，即不滿足廣義虎克定律，同樣的情況在古典板理論中也存在這一矛盾，主要原因是由假設本身忽略了次要因素所造成的。

當$l/h > 3\sim5$時，即細長梁之平截面假設及相應的應變、應力表達式與實驗結果符合，而對於粗短桿件，剪力所引起的翹曲變形成主要變形形式，此平截面假設不再適用。由以上假設知一般應力元素只剩下正向應力σ_x而已。

由上述分析及第四章梁受橫向負載和彎曲的力矩作用。**原來可以用直線及幾何尺寸描述的梁，受上述兩種負載作用會彎曲成曲線，而現在也知必須由變形去分析**

梁受彎曲的結果，然而要真正描述曲線行為，必須要知道斜率(或傾角)及斜率變化(曲率或曲率半徑)才可，在此已限制在平面問題，所以沒有曲線的扭率(torsion of a curve)。所以基於上述假設及曲線之斜率及曲率(或曲率半徑)去分析梁受彎的變形結果。

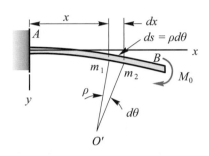

圖 5-3　受彎曲梁之曲率

為了瞭解梁的變形，現在考慮撓曲曲線上兩點m_1與m_2(圖 5-3)，點m_1位於距離y軸x距離處，而m_2點則沿著曲線m_1為ds的距離處。在這兩點上分別畫法線，使其與撓曲曲線相互垂直，這兩條法線相交於O'點，此點就是離支承x處，撓曲曲線的曲率中心，而法線的長度(亦即從曲率中心到曲線上的距離)稱為曲率半徑(radius of curvature)ρ(希臘字母 rho)。曲率(curvature)κ(希臘字母 kappa)則定義其絕對值為曲率半徑的倒數(附錄 E)。

$$|\kappa| = \frac{1}{\rho} \tag{a}$$

同時，從圖上的幾何關係，我們可以得到

$$\rho d\theta = ds$$

式中$d\theta$為法線間所夾的角。若梁的撓度很小，則撓曲曲線可視為直線，因而沿曲線距離ds可假設與水平投影量dx相等(圖 5-3)，我們得到

$$|\kappa| = \frac{1}{\rho} = \frac{d\theta}{dx} \tag{5-1}$$

一般而言，梁的曲率會沿著軸線變化，亦即κ為x的函數，**特別注意此式只在梁的撓度很小時才可適用。**

然而平面上一直線彎曲成曲線有兩個情況，為了更清楚到底是那一種曲線，因

而介紹曲率的習慣性符號以辨別曲線彎曲方向。曲率之習慣性符號(sign convention for curvature)與其座標軸有關。若x軸向右為正且y軸向下為正時，當梁向下彎曲時，則其曲率為負，若向上彎曲時，則其曲率為正的，其習慣性符號如圖5-4所示。

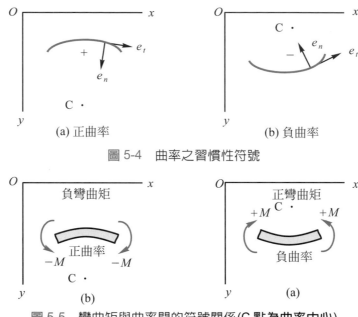

圖 5-4　曲率之習慣性符號

圖 5-5　彎曲矩與曲率間的符號關係(C 點為曲率中心)

如圖5-5所示，引入彎曲矩作用，由其正負號決定直線變成何種彎曲方向的曲線，正(負)彎曲矩產生負(正)曲率曲線；但數學上取曲線曲率永遠為正值(任何曲線曲率皆為正)，是由單位切線與法線向量去區分曲線。**在彎曲矩作用方向確定的前提之下，曲率正負號也確定了；亦即曲線彎曲形狀也確定**，因而(a)式以$\kappa = \dfrac{1}{\rho}$或$(-\kappa) = \dfrac{1}{\rho}$代替之。如圖5-7所示，$M$已知為負彎曲矩，故取正曲率$\kappa$，即$\kappa = \dfrac{1}{\rho}$，可參考本章後面附錄 F。

在還沒有討論撓曲應變(flexural strains)與撓曲應力(flexural stress)之前，我們介紹純彎曲(pure bending)與非均勻彎曲(nonuniform bending)，所謂純彎曲就是梁的撓曲(flexure)在定值的彎曲矩下的作用，也就是說其剪力為零(因$V = dM/dx$)。相對地，非均勻彎曲表示梁的撓曲有承受剪力的作用，亦即沿梁軸上的彎曲矩一直在變化。如圖5-6(a)所示，簡支梁承受兩集中負載，圖5-6(b)及5-6(c)分別代表剪力圖及彎曲矩圖。由彎曲矩圖可看出兩負載間為純彎曲，而靠近梁的支承處a長度間為非均勻彎曲。圖 5-7 是其他兩個純彎曲例子。下面章節將先討論純彎曲的正向應變與應力,然後再討論非均勻彎曲的情形。

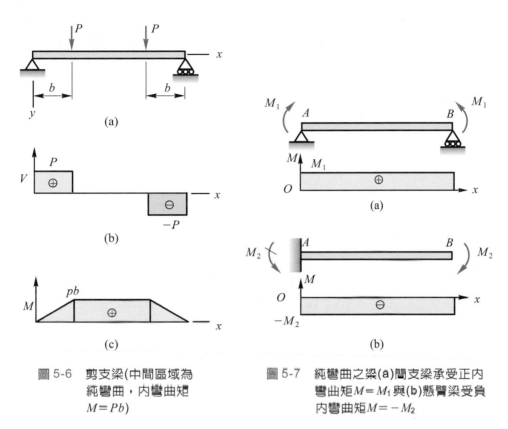

圖 5-6　剪支梁(中間區域為純彎曲,內彎曲矩 $M = Pb$)

圖 5-7　純彎曲之梁(a)間支梁承受正內彎曲矩 $M = M_1$ 與(b)懸臂梁受負內彎曲矩 $M = -M_2$

5 -2　撓曲應變之公式

　　為了求梁在彎曲下產生的應變,我們必須考慮梁的曲率與其相關的變形。如圖 5-8(a)顯示梁受力偶 M_0 作用產生純彎曲的一部分 ab。力偶 M_0 選擇使梁彎曲產生正曲率的方向(圖 5-5(a)),利用剛化原理和截面法,列出平衡方程式得彎曲矩 M,但彎曲矩 M 卻為負值($= -M_0$),由變形符號表示決定(圖 5-8(b))。此梁最初的軸線為直的(x軸),而剖面對 y 軸對稱,其形狀可以任意如圖 5-8(b)。梁彎曲變形的結果如圖 5-8(c)所示,橫剖面 mn 與 pq 分別對垂直 xy 平面的 z 軸作旋轉。"纖維"代表變形前與梁軸平行的物質線稱之為纖維(fibers)。在梁的上部分其縱向纖維(longitudinal fibers)變長,而在下部分的縱向纖維變短,即上部分的纖維受拉伸,而下部分受壓

縮。由前節討論得知，在梁的上部分與下部分間，有一平面的纖維長度不變，如圖
5-8(a)與圖 5-8(c)中所示的**虛線**ss，**稱為梁的**中性面(neutral surface)**或中立面。此**
中性面確實的位置並未知道，只是假設而已。它與任何橫剖面的平面之交線，稱為
此橫剖面的中性軸(neutral axis)**或中立軸，如圖 5-8(b)中的**z**軸即為中性軸。此兩**
者不變形可作為撓曲曲線的參考面及參考線。

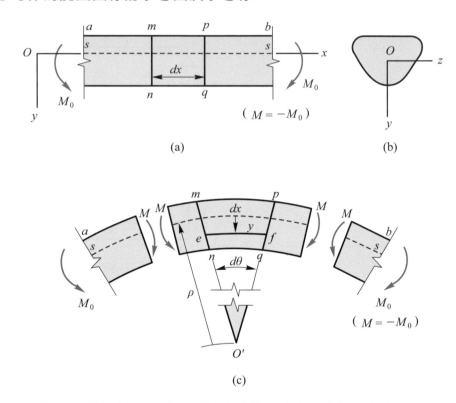

圖 5-8　純彎曲梁因力偶M_0所產生的變形(注意：彎曲矩M等於$-M_0$)

　　變形梁的剖面mn與pq的相交線通過曲率中心O'(圖 5-8(c))。這兩平面所夾的角
度為$d\theta$，從O'至中性面的距離為曲率半徑ρ。在中性面處的纖維長度不改變，即$\rho d\theta$
$=dx$，而其他縱向纖維不是變長，就是縮短，因而產生了縱向應變ε_x。為了求這個
應變，考慮位於距離中性面y處之梁的縱向纖維ef。此纖維長L_1為

$$L_1=(\rho-y)d\theta=dx-\frac{y}{\rho}dx$$

由於ef原來長度為dx，故其伸長量為(L_1-dx)或$-(ydx/\rho)$。其對應的應變為其伸長
量除以原來長度dx，故

(變形幾何方程式)

$$\varepsilon_x = -\frac{y}{\rho} = -\kappa y \tag{5-2}$$

式中 κ 為曲率。**這方程式顯示梁的縱向應變與曲率成正比，且與距中性面的距離 y 成線性變化。在中性面下方的纖維，其距離 y 為正的，若曲率是正的，則 ε_x 為負應變，這代表纖維變短。當纖維在中性面的上方，其距離 y 為負值；若曲率是正的，則應變 ε_x 為正值，代表纖維伸長。**

　　在推導(5-2)式時，我們僅從梁的幾何變形著手，因此此式不論任何材料的應力-應變圖形狀均可適用。

　　方程式(5-2)式中所導出的是軸向應變，因材料蒲松比(Poisson's ratio)的影響，將會伴隨引向側向(lateral)或橫向(transverse)應變 ε_z，在中性面 ss(圖 5-9(a))上方的正向應變，將有負值的橫向應變；而在中性面下方，其橫向應變將有正值。此橫向應變方程式為

$$\varepsilon_z = -\nu\varepsilon_x = \nu\kappa y \tag{5-3}$$

式中 ν 為蒲松比【其定義為 $\nu = -$(橫向應變)/(軸向應變)】。由於這些應變將使剖面形狀改變。例如，矩形剖面的梁(圖 5-9(b))承受純彎曲矩作用，在 z 軸下方($y > 0$)的應變 ε_z(正值)，使得剖面寬度增加；而在 z 軸上方($y < 0$)的應變 ε_z 為負值，則剖面寬度減少。由於這些寬度改變直接與 y 成比例，因此矩形剖面的邊變成互相傾斜(圖 5-9(c))，而且在剖面上原來對 z 軸平行的所有直線，則變成稍微彎曲，以保持剖面上各邊垂直(主要沒有剪應力，所以沒有角度變化，作用前垂直，彎曲後也保持垂直)。這些線的曲率中心 O'' 在(圖 5-9(c))，在相同比例下，其對應的橫向曲率半徑 ρ_1，可由(5-2)式與(5-3)式比較得到

$$\rho_1 = \frac{\rho}{\nu} \quad \kappa_1 = \nu\kappa \tag{5-4}$$

式中 $\kappa_1 = 1/\rho_1$ 為橫向曲率。**一般而言 ν 小於 1，因而橫向曲率半徑 ρ_1 比縱向曲率半徑 ρ 大，所以 ε_x 的數值大於 ε_z。**

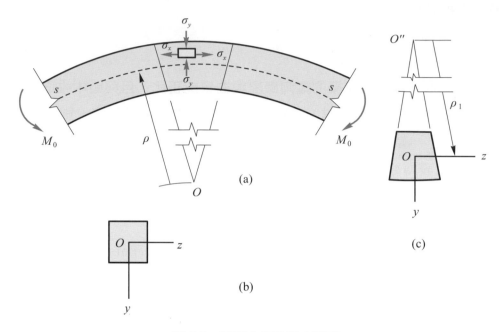

圖 5-9　純彎曲梁的橫向變形

觀念討論

1. 橫截面有對稱軸，整個梁有對稱軸組成的對稱面時，負載作用在此平面內，梁將產生彎曲也在此平面內，即為平面彎曲。

2. **軸線的曲率是衡量梁彎曲程度的主要變形參數**，梁彎曲得愈嚴重，曲率就愈大，因此各點正向應變也愈大。若彎曲成已知形狀的曲率(如圓形)時，其曲率半徑ρ即為圓的半徑。

5 -3　梁的正向應力

5-3-1　梁受純彎曲矩作用

在前節討論，梁受純彎曲產生正向應變，梁變形後相鄰橫截面將發生相對運動，為了維持如圖 5-9(a)中微小元素的平衡，將會產生擠壓應力。當梁純彎曲時，最大擠壓應力$|\sigma_y|_{max} \approx \dfrac{h}{\rho}\sigma_{x\,max}$，因小變形$\dfrac{h}{\rho} \ll 1$，則$|\sigma_y|_{max} \ll (\sigma_x)_{max}$，故擠壓應力$\sigma_y$忽略不計如假設(7)，所以梁可看成單軸向應力。假設梁材料符合虎克定律(可以變數變換)，則

得到正向應力σ_x為

(物理方程式及補充方程式)

$$\sigma_x = E\varepsilon_x = -E\kappa y \tag{5-5}$$

即作用於剖面上正向應力與距中性面距離y呈線性變化，此型式的應力分佈如圖 5-10 (a)。中性面以下的應力為負值(壓應力)，而中性面以上的應力為正值(張應力)。但是事實上中性面的位置，我們尚未確定，故(5-5)式無法去求得真正的應力。注意合力與合力矩相等推導方式與其它材料力學書略有不同。

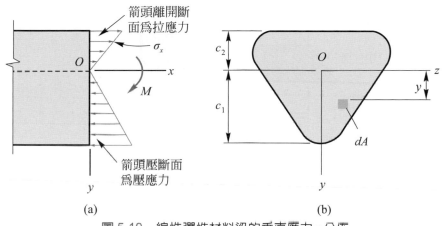

圖 5-10　線性彈性材料梁的垂直應力σ_x分佈

接著我們考慮正向應力σ_x與彎曲矩M的關係，基於聖維南原理的靜力等效(遠離負載作用端)去求得它們的關係。考慮在距離中性軸y處的一個微面積dA(圖 5-10 (b))。作用於此元素上的壓力，其方向為垂直於此剖面且其大小為$-\sigma_x dA$。因沒有正向合力作用在此剖面上，則$-\sigma_x dA$在整個剖面上的積分為零，即由聖維南原理之靜力等效得

或

$$-N = -\int \sigma_x dA = \int E\kappa y dA = E\kappa \int y dA = 0$$
$$\int y dA = 0 \quad \Rightarrow \quad \bar{y}A = 0，即 \quad \bar{y} = 0 \tag{5-6}$$

方程式顯示此剖面面積對於z軸的一次矩(the first moment of the area)為零；因此，我們可以看出z軸必須通過此剖面的形心(centroid)，亦即我們可定出長度不變化的位置。由於z軸亦為中性軸，故可結論為：**當梁的材料符合虎克定律時，其中性軸通過此剖面的形心。此性質可用來決定任何剖面形狀的梁中性軸的位置**(圖 5-11)。

當然這僅限於y軸為對稱軸的梁。由這結果，y軸亦必須通過剖面形心；因而座標原點O位於剖面上的形心。另外若剖面有y軸為對稱軸，即y軸為主軸(principal axis)，而z軸與y軸垂直，則z軸亦為主軸。因此，當線彈性梁承受純彎曲時，則y與z軸均為剖面的形心主軸(principal centroidal axis)。

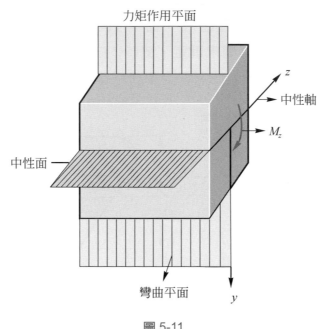

圖 5-11

另外還有對曲率中心(並非對中性軸)之合力矩相等，由於變形終了剛化原理之剛體，利用靜力學單一剛體力偶變換，將對曲率中心之合力矩，等效轉換至對中性軸之合力矩，將(5-5)式中σ_x表示式代入得

$$-M = -\int \sigma_x\, y\, dA = \kappa E \int y^2\, dA$$
$$M = -\kappa E I \tag{5-7}$$

其中
$$I = \int y^2\, dA \tag{5-8}$$

此式代表剖面面積對z軸(亦即對中性軸)的慣性矩，亦即剖面的大小及形狀對z軸抵抗彎曲的能力。慣性矩(moments of inertia)的因次為長度的四次方，其常用單位是in^4、m^4、mm^4。我們將(5-7)式重新整理得

$$\kappa = -\frac{M}{EI} \tag{5-9}$$

此式顯示梁縱向的曲率與彎曲矩M成正比，而與EI的乘積成反比。EI一般稱為梁的抗撓剛度(flexural rigidity)。它如同承受軸向負載桿件之軸向剛度EA，及承受扭轉負載的軸之扭轉剛度GI_p。

在彎矩-曲率方程式(5-9)式中的負號，是依x軸朝右，y軸朝下所導出的結果。方程式中的負號，從習慣性的符號表示法，可看出：**正的彎曲矩產生負的曲率，而負的彎曲矩產生正的曲率**，如圖 5-5 所示。若彎曲矩所用的習慣性符號與圖 5-5 相反時，或y軸向上為正；則彎矩-曲率方程式中的負號可略去。

現在將(5-9)式中的曲率用(5-5)式中的應力σ_x公式代入，則可以得到梁正向應力與彎曲矩的關係為

$$\sigma_x = \frac{My}{I} \tag{5-10}$$

此式顯示應力與彎曲矩M成正比，且與剖面慣性矩I成反比。同時應力與距中性軸距離y呈線性變化。若正彎曲矩作用在梁上，y為正時，應力亦為正(張應力)。若負彎曲矩作用在梁上，y為正時，應力為負(壓應力)。這些關係如圖 5-12 所示。公式(5-10)通常稱為撓曲公式(flexure formula)(注意，若彎曲矩M用與習慣性符號相反時或y軸向上取為正，則撓曲公式需要一個負號)。在此特別強調撓曲公式的彎曲矩與慣性矩都是對中性軸(z軸)，即$M = M_z$，$I = I_z$，而軸向為x軸，其y軸向下，彎曲平面為xy平面。不同座標系下梁承受撓曲公純彎曲矩作用正確地公式推導見後面附錄 G。

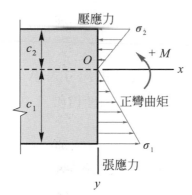

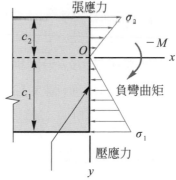

以此斷面為主，箭頭壓在此斷面
為壓應力，反之為遠離張應力

(a)　　　　　　　　　　　　　　　　(b)

圖 5-12　彎曲矩與正向應力間的符號關係(5-10)式

梁的最大拉應力與壓應力發生於離中性軸最遠的地方。我們把距離中性軸最遠的正負y方向距離記為c_1與c_2(圖 5-12)，可得最大正向應力(一個為最大拉應力，另一個為最大壓應力，注意只列出圖 5-12(a))。

$$\sigma_1 = \frac{Mc_1}{I} = \frac{M}{S_1} \tag{5-11a}$$

$$\sigma_2 = \frac{-Mc_2}{I} = -\frac{M}{S_2} \tag{5-11b}$$

其中

$$S_1 = \frac{I}{c_1} \tag{5-12a}$$

$$S_2 = \frac{I}{c_2} \tag{5-12b}$$

S_1與S_2稱為剖面模數(section moduli)，其因次為長度的三次方。

若剖面也對z軸對稱(即剖面有雙對稱軸y與z軸)，取$c_1 = c_2 = c$，則最大拉應力與最大壓應力在數值上相等，即

$$\sigma_1 = -\sigma_2 = \frac{Mc}{I} = \frac{M}{S} \tag{5-13}$$

式中

$$S = \frac{I}{c} \tag{5-14}$$

對於寬度為b，高度為h矩形剖面(圖 5-13(a))，其慣性矩與剖面模數為

$$I = \frac{bh^3}{12} \tag{5-15a}$$

$$S = \frac{I}{c} = \frac{bh^2}{6} \tag{5-15b}$$

特別注意上式的剖面尺寸b及h分別與中性軸平行與垂直的尺寸大小。

對於直徑為d的圓形剖面(圖 5-13(b))，其慣性矩與剖面模數為

$$I = \frac{\pi d^4}{64} \tag{5-16a}$$

$$S = \frac{\pi d^3}{32} \tag{5-16b}$$

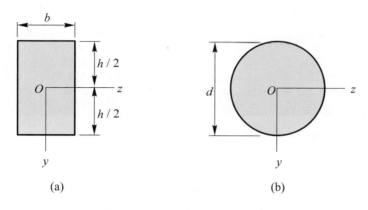

(a)   (b)

圖 5-13   雙重對稱剖面之形狀

觀念討論

1. 對於具有對稱面的梁，在平面彎曲時，中性軸必然平行於彎曲矩向量的方向。

2. 使用(5-10)式之撓曲公式時，首先要知道梁的彎曲平面及梁的軸向和撓曲變形的座標取向，例如彎曲平面為xz平面，則其彎曲矩為$M = M_y$，則中性軸是y軸，惯性矩為I_y，x軸向右，z軸向下，則撓曲公式為$\sigma_x = \dfrac{M_y z}{I_y}$。

3. 彎曲矩之方向很重要，它關係著彎曲時產生正向應力為拉應力或壓應力，同時也了解梁是如何彎曲(由(5-9)式即圖5-11之曲率與彎曲矩關係，所以正如第四章所言，圖4-8非常重要必須要熟記，同時$V-M$圖也必須要會畫。

4. 撓曲公式$\sigma_x = \dfrac{M_z y}{I_z}$，其中$M_z$是由截面法或彎曲矩圖中得到與梁截面和材料無關，而$y$【是由中性軸(形心軸)向外量】與$I_z$這兩個值當梁截面已知時即可求得；但若截面並非簡單形式，要先用形心軸公式求出形心，再利用平行軸定理求出中性軸惯性矩I_z(此值必須大於零)。中性軸是中性面與橫截面之交線，在橫截面上遠離中性軸(形心軸)正向應力最大，而中性軸(形心軸)正向應力為零。

5. 比較構件的基本變形及其相應應力及變形公式(見表5-1)

表 5-1　構件的基本變形的形式

基本變形	1 自由體圖	2 求內力或內力圖方法	3 截面幾何性質	4 剛度	5 應力公式	6 變形公式	7 備註
桿件拉伸與壓縮		用截面法求 N 或畫軸力圖	A	EA	$\sigma = \dfrac{N}{A}$	$\delta = \dfrac{NL}{EA}$	$N = P$
桿件剪切		用截面法求剪力 V	A_s	GA_s	$\tau_s = \dfrac{V}{A_s}$	依實際變形情況解之	A_s由實際情況求剪力作用面積
圓軸扭轉		用截面法求內扭矩 T 或畫扭矩圖	I_p	GI_p	$\tau = \dfrac{T\rho}{I_p}$ 或 $\tau_{max} = \dfrac{T}{Z_p}$	$\phi = \dfrac{TL}{GI_p}$	$T = T_1$ $Z_p = \dfrac{I_p}{r}$
純彎曲		用截面法求彎曲矩 M 或畫彎曲矩圖	I_z	EI_z	$\sigma = \dfrac{My}{I_z}$ 或 $\sigma_{max} = \dfrac{M_{max}}{S}$	$\dfrac{1}{\rho} = -\dfrac{M}{EI}$	$S = \dfrac{I_z}{c}$

以上四種基本變形有下列共同特點：

(1)　剛度＝材料的物理常數×截面的幾何性質，如第 4 行。

(2)　應力＝(內力)／(截面的幾何性質)，如第 5 行及加上第 7 行，特別在軸及梁變化成 $\tau_{max} = \dfrac{T}{Z_p}$ 及 $\sigma_{max} = \dfrac{M_{max}}{S}$，其中 $Z_p = \dfrac{I_p}{r}$ 和 $S = \dfrac{I_z}{c}$ 使成統一型式。

(3)　相對變形＝$\dfrac{內力×長度}{剛度}$，其中剪切無公式。而梁看成 $\theta = \dfrac{s}{\rho} = \dfrac{Ms}{EI_z}$，其中 s 為梁彎成圓弧的弧長(即弧長為 s 之梁兩端相對扭轉角 θ)。

● **例題 5-1** 一長為 $L = 5$ m 的鋼製簡支梁 AB(如圖 5-14)，受一力偶 M_0 而彎曲，使其在梁上表面產生與鋼的降伏應變相同的應變。梁從其上表面到中性面的距離為 200 mm。試求曲率 κ 與梁中點的垂直撓度 δ。假設降伏應變 ε_y 為 0.0015。

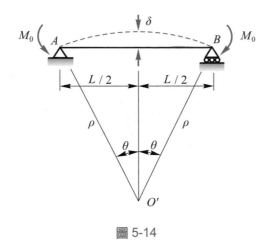

圖 5-14

解 由題意知要求曲率κ及撓度δ皆是幾何參數，所以利用$(\varepsilon_x)_{max} \leq \varepsilon_y = 0.0015$ 求出$\kappa = \dfrac{1}{\rho}$，即求出ρ，再用幾何變形關係求出δ。由於題意梁受純彎曲其上表面最先降伏，則由(5-2)式及曲率半徑永遠大於零；故用絕對值得

$$\rho = \left| \frac{-y}{\varepsilon_x} \right|_{\substack{y=-c_2 \\ \varepsilon_x = \varepsilon_y}} = \left| \frac{+c_2}{\varepsilon_y} \right| = \frac{200 \text{ mm}}{0.0015} = 133.33 \text{ m}$$

$$\kappa = \frac{1}{\rho} = 0.0075 \text{ /m}$$

接著計算梁中點的撓度δ，由圖知撓度δ為

$$\delta = \rho(1 - \cos\theta)$$

且

$$\sin\theta = \frac{L}{2\rho}$$

將數值代入得

$$\sin\theta = \frac{L}{2\rho} = \frac{5 \text{ m}}{2 \times 133.33 \text{ m}} = 0.0187$$

$$\theta = \sin^{-1}(0.0187) = 1.0715°$$

所以

$$\delta = \rho(1 - \cos\theta) = (133.33 \text{ m})(1 - 0.9998252)$$

$$= 0.0234 \text{ m} = 23.4 \text{ mm}$$

● **例題 5-2** 直徑為 d 的鋼線繞曲在半徑 r 的圓鼓上(如圖 5-15)。假設 $E =$ 207 GPa，$d =$ 5 mm，$r =$ 0.5 m 時，試求在鋼線上最大的彎曲應力 σ_{max} 與彎曲矩 M_{max}。

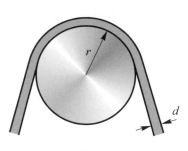

圖 5-15

解 因由題意及已知圓鼓半徑 r(亦即圓鼓的曲率半徑)，如圖所示，鋼線受彎曲(雖然沒有將彎曲的力矩描述出來)。所以也知道鋼線的曲率半徑，上述說明皆是幾何變數，而要求是 σ_{max} 與 M_{max}，因此必須用虎克定律(變數變換)及 σ_{max} 發生在最外表面訊息。

由圖知，我們可假設鋼線中性軸在鋼線中心，由此量至圓鼓中心，可得彎曲鋼線的曲率半徑。

$$\rho = r + \frac{d}{2}$$

由於最大拉應力與壓應力在數值上相等，把 $\kappa = 1/\rho$ 與 $y = d/2$ 代入(5-5)式得

$$\sigma_{max} = \frac{Ed}{2r + d} = \frac{(207\ \text{GPa})(5\ \text{mm})}{2(500\ \text{mm}) + 5\ \text{mm}} = 1030\ \text{MPa}$$

若在分母的 d 不計，則其結果為 $\sigma_{max} = 1035$ MPa，與前面的結果僅差 1％。

鋼線的最大彎曲矩可由(5-13)式及(5-14)式得到，即

$$M_{max} = \sigma_{max} S = \sigma_{max}\left(\frac{\pi d^3}{32}\right) = (1030\ \text{MPa}) \times \frac{\pi(0.005\ \text{m})^3}{32}$$
$$= 12.64\ \text{N} \cdot \text{m}$$

● **例題 5-3** 半圓形剖面的鋁桿，其半徑 $r =$ 15 mm(圖 5-16(a))，將此桿彎成平均半徑 $\rho =$ 2.6 m 的圓弧，桿的平面部分朝向圓弧的曲率中心，試求桿內最大的壓應力及拉應力。$E_a =$ 70 GPa。

【提示】 由於曲率半徑爲已知，可以用(5-9)式求出彎曲矩M，再用(5-10)式求應力σ_x。然而若以(5-2)式求出彎曲應變，再由虎克定律(變數變換)求出σ_x較爲簡單，中間過程不必求彎曲矩。

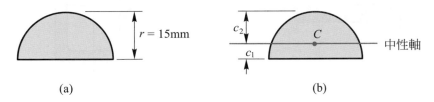

圖 5-16

解 首先定出剖面的形心位置(主要定出中性軸)(圖(b))爲

$$c_1 = \frac{4r}{3\pi} = \frac{4(15 \text{ mm})}{3\pi} = 6.37 \text{ mm}$$

則

$$c_2 = r - c_1 = 15 \text{ mm} - 6.37 \text{ mm} = 8.63 \text{ mm}$$

由於桿的平面部分朝向圓弧的曲率中心，亦即圓形表面的應力爲拉應力，從(5-2)式先求出彎曲應變爲

$$\varepsilon_t = -\frac{y}{\rho} = -\frac{(-c_2)}{\rho} = \frac{8.63 \text{ mm}}{2.6 \text{ m}} = \frac{8.63 \text{ mm}}{2.6 \times 10^3 \text{ mm}}$$
$$= 3.32 \times 10^{-3}$$

應用虎克定律求出最大拉應力σ_t爲

$$\sigma_t = E_u \varepsilon_t = (70 \times 10^9 \text{ Pa})(3.32 \times 10^{-3}) = 232.4 \text{ MPa}$$

而由於應力與距中性軸的距離成正比，故最大壓應力爲

$$\sigma_c = -\frac{c_1}{c_2}\sigma_t = -\frac{(6.37 \text{ mm})}{(8.63 \text{ mm})}(232.4 \text{ MPa}) = -171.5 \text{ MPa}$$

● 例題 5-4 一冷擠鋁合金製的矩形管，如圖 5-17(a)所示，其剖面如圖 5-17 (b)。鋁合金的降伏應力$\sigma_y = 155$ MPa，極限應力$\sigma_u = 330$ MPa，$E = 70$ GPa，不考慮內圓角的影響，若安全因數爲 3，試求：(a)彎曲矩M_0大小(b)管子相對應的曲率半徑。

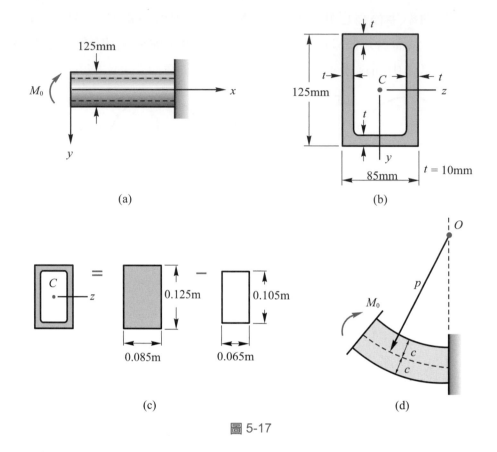

圖 5-17

解　(a)彎曲矩 M_0 大小：為了求 M_0，由題意知，我們必須去求出容許應力 σ_{allow} 由 2-12 節中得

$$\sigma_{\text{allow}} = \frac{\sigma_u}{n} = \frac{330}{3} = 110 \text{ MPa}$$

因 $\sigma_{\text{allow}} < \sigma_y$，故管子仍在彈性範圍內，前面的公式皆有效。接著求出管子剖面的慣性矩，如圖 5-17(c)所示，得

$$I = \frac{1}{12}(0.085 \text{ m})(0.125 \text{ m})^3 - \frac{1}{12}(0.065 \text{ m})(0.105 \text{ m})^3$$

$$= 7.56 \times 10^{-6} \text{ m}^4$$

取

$$c_1 = c_2 = c = \frac{1}{2}(0.125 \text{ m}) = 0.0625 \text{ m}$$

由(5-13)式得(取絕對值)，且由平衡知內彎曲矩 $M = M_0$，則

$$\sigma_{\text{allow}} = \sigma_1 = \frac{Mc}{I}$$

$$M = \frac{I}{c}\sigma_{\text{allow}} = \frac{(7.56 \times 10^{-6} \text{ m}^4)(110 \text{ MPa})}{(0.0625 \text{ m})}$$

$$= 13.3 \text{ kN} \cdot \text{m} = M_0$$

(b)曲率半徑：如圖 5-17(d)，將 $E = 70$ GPa，代入(5-9)式(取絕對值)得

$$\frac{1}{\rho} = \frac{M}{EI} = \frac{13.3 \text{ kN} \cdot \text{m}}{(70 \text{ GPa})(7.56 \times 10^{-6} \text{ m}^4)}$$

$$= 25.1 \times 10^{-3} \text{ m}^{-1}$$

$$\rho = 39.8 \text{ m}$$

另外解法，由虎克定律得

$$\varepsilon_t = \frac{\sigma_{\text{allow}}}{E} = \frac{110 \text{ MPa}}{70 \text{ GPa}} = 1571 \times 10^{-6}$$

由(5-2)式(取絕對值)得

$$\varepsilon_t = \frac{y}{\rho} = \frac{c}{\rho} \text{，} \rho = \frac{c}{\varepsilon_t} = \frac{0.0625 \text{ m}}{1571 \times 10^{-6}} = 39.8 \text{ m}$$

● **例題 5-5**　一鑄鐵製機件，如圖 5-18(a)所示，此機件受到 5 kN · m 力偶作用，已知 $E = 175$ GPa並忽略內圓角的影響，試求：(a)鑄件中最大拉應力及壓應力(b)鑄件的曲率半徑。

解　因不知截面之中性軸(形心軸)，故無法求出I_z，所以首先必須先決定T形剖面的形心位置，將T形剖面分成兩個矩形，如圖 5-18(b)所示，為了方便我們用列表方式，則

剖面	面積A_i，cm^2	$\bar{y}_i$，cm	$\bar{y}_i A_i$，cm^3	
1	(2)(9.5)= 19	5	95	$\bar{y}_i \Sigma A_i = \Sigma \bar{y}_i A_i$
2	(4)(3.5)= 14	2	28	$\bar{y}_i(33) = 123$
	$\Sigma A_i = 33$		$\Sigma \bar{y}_i A_i = 123$	$\bar{y}_i = 3.7$ cm

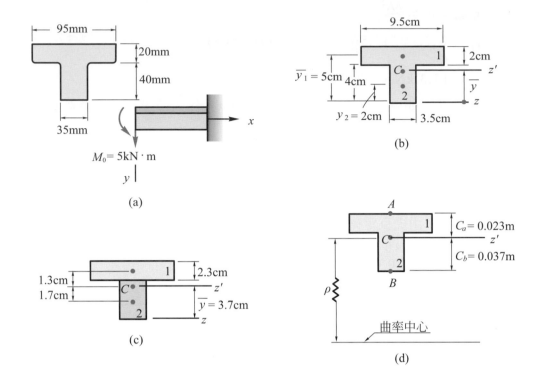

圖 5-18

求得形心位置(圖 5-18(c))，接著使用平行軸定理，而得到組合剖面形心慣性矩，即

$$I = I_{z'} = \Sigma(I_{zc} + Ad^2) = \Sigma\left(\frac{1}{12}bh^3 + Ad^2\right)$$

$$= \Sigma\left[\frac{1}{12}bh^3 + A_i(\bar{y} - \bar{y}_i)^2\right]$$

$$= \frac{1}{12}(9.5 \text{ cm})(2 \text{ cm})^3 + (9.5 \times 2 \text{ cm}^2)(1.3 \text{ cm})^2$$

$$+ \frac{1}{12}(3.5 \text{ cm})(4 \text{ cm})^3 + (3.5 \times 4 \text{ cm}^2)(1.7 \text{ cm})^2$$

$$= 97.6 \text{ cm}^4$$

$$I = 976 \times 10^{-9} \text{ m}^4$$

注意其中第一、三項是個別矩形剖面對其本身的形心軸的慣性矩，其值與形心軸平行尺寸的一次方，垂直形心軸尺寸的三次方，再除以 12，而第二、四項中的每一項有整個剖面的形心軸座標減去個別剖面的形心軸座標之平方乘上個別剖面面積，同時注意慣性矩永遠為正值。

(a)最大拉應力及壓應力：由(5-11)式及平衡條件彎曲矩$M = M_0 = -5 \text{ kN} \cdot \text{m}$，

最大拉應力發生在A點距曲率中心最遠處(圖 5-18(d))，即

$$\sigma_a = \frac{Mc_a}{I} = \frac{(-5 \text{ kN} \cdot \text{m})(-0.023 \text{ m})}{976 \times 10^{-9} \text{ m}^4}$$

$$= 118 \text{ MPa}$$

最大壓應力發生在B點(圖 5-18(d))，得

$$\sigma_b = \frac{Mc_b}{I} = \frac{(-5 \text{ kN} \cdot \text{m})(0.037 \text{ m})}{976 \times 10^{-9} \text{ m}^4}$$

$$= -189.5 \text{ MPa}$$

(b)曲率半徑：由(5-9)式取絕對值而得

$$\frac{1}{\rho} = \frac{M}{EI} = \frac{5 \text{ kN} \cdot \text{m}}{(175 \text{ GPa})(976 \times 10^{-9} \text{ m}^4)}$$

$$= 29.27 \times 10^{-3} \text{ m}^{-1}$$

$$\rho = 34.2 \text{ m}$$

5-3-2　彎曲正向應力公式的推廣

　　前面所討論的是純彎曲梁的撓曲公式，但若梁承受非均勻彎曲，如圖 5-19 所示均佈負載的簡支梁，**在橫向截面上產生剪力，因而產生剪應力且伴隨剪應變**，將**使橫截面變形不再保持平面而發生翹曲**(後面章節中介紹)，同時橫向負載的作用將**使縱向纖維間產生局部的擠壓應力**，但根據精確分析得$|\sigma_y|_{\max} \approx \left(\frac{h}{L}\right)^2 \sigma_{x\max}$**和實驗證實，當梁的跨度(span)$L$(兩支承間的距離)與橫截面高度$h$之比大於 5 時(即細長梁)，其$|\sigma_y|_{\max} \ll \sigma_{x\max}$且剪力對正向應力分佈規律的影響很小，所以純彎曲矩之撓曲公式也適用於非均勻彎曲。但是要注意此時彎曲矩並非是常數，而是與軸向位置有關。**但由撓曲公式知，正向應力σ_x與彎曲矩有關，也與截面形狀有關，因而在一般情況下，$\sigma_{\max}$並不一定發生在彎曲矩的最大截面上。

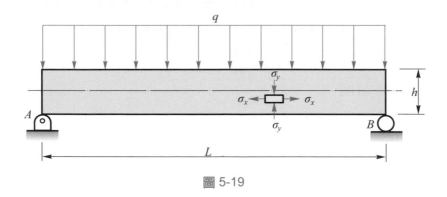

圖 5-19

觀念討論

‧‧‧‧‧‧‧‧‧‧‧‧‧‧‧‧‧‧‧‧‧‧‧‧‧‧‧‧‧‧‧‧‧‧‧

　　畫出非均勻彎曲梁的 $V-M$ 圖及相對應的剖面模數分佈圖，求出特殊點的正向應力值並比較之，即可求出非均勻彎曲梁的最大正向應力。

例題 5-6　一懸臂梁(圖 5-20)在自由端承受集中負載 $P = 10$ kN，其截面為矩形，梁長為 2 m，試求梁中最大正向應力 σ_{max}。

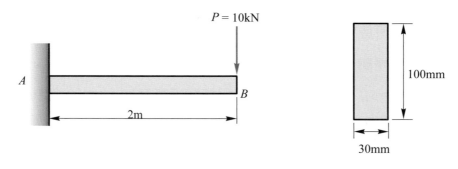

圖 5-20

解　因由題意知是非均勻彎曲且 $l/h \geq 5$，可由純彎曲之(5-13)及(5-14)式求得 σ_{max}，且因每一位置截面皆相同，故 σ_{max} 發生在 M_{max} 之處，即在固定端。

首先求出固定端之最大彎曲矩 $M_{max} = Pl = 10 \times 2 = 20$ kN · m，由(5-14)式得矩形剖面模數 S 為

$$S = \frac{I}{c} = \frac{bh^2}{6} = \frac{30 \times (100)^2}{6} \text{ mm}^3 = 5 \times 10^4 \text{ mm}^3$$

則

$$\sigma_{max} = \frac{M_{max}}{S} = \frac{20 \times 10^3 \text{ N} \cdot \text{m}}{5 \times 10^4 \text{ mm}^3} = \frac{20 \times 10^6 \text{ N} \cdot \text{mm}}{5 \times 10^4 \text{ mm}^3}$$

$$= 400 \text{ MPa}$$

● **例題 5-7** 一簡支梁承受均佈負載作用(如圖 5-21(a)所示)，試求梁中最大正向應力及在 $x = 0.5$ m (C點)之最大正向應力。

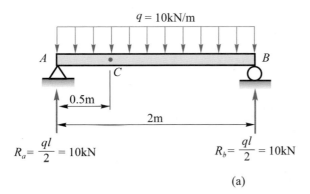
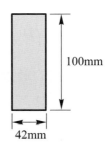

(a)

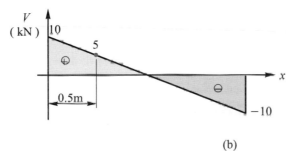

(b)

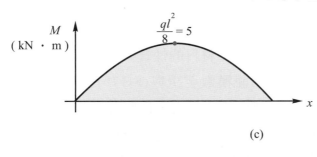

(c)

圖 5-21

解 因本題也是非均勻彎曲，如上題所述，它也滿足$l/h \geq 5$之要求，所以畫出$V-M$圖，在中點處得到$M_{max} = 5$ kN · m且剖面模數S為

$$S = \frac{bh^2}{6} = \frac{42(100)^2}{6} = 7 \times 10^4 \text{ mm}^3$$

$$\sigma_{max} = \frac{M_{max}}{S} = \frac{5 \times 10^3 \text{ N · m}}{7 \times 10^4 \text{ mm}^3} = \frac{5 \times 10^6 \text{ N · mm}}{7 \times 10^4 \text{ mm}^3}$$

$$= 71.42 \text{ MPa}$$

另外在C點$(x = 0.5$ m$)$，由V圖知其$V = 5$ kN，則由V圖面積知C點為彎曲矩

$$M_c = \left(\frac{10 + 5}{2}\right) \times 0.5 = 3.75 \text{ kN · m}$$

故在C點的最大正向應力σ為

$$\sigma = \frac{M}{S} = \frac{3.75 \times 10^6 \text{ N · mm}}{7 \times 10^4 \text{ mm}^3} = 53.57 \text{ MPa}$$

5 -4 梁的合理斷面形狀

梁的整體設計過程需要考慮多方面因素，如結構的型式、材料、負載與環境條件。然而在許多情況下，這些工作最後被減少到選擇一特殊形狀的梁及剖面尺寸之大小，使其在梁中的實際應力不超過容許應力。

為了選擇梁的斷面，必須滿足強度條件，即

$$\sigma_{max} = \frac{M_{max}}{S} \leq \sigma_{allow} \tag{5-17a}$$

或

$$S \geq \frac{M_{max}}{\sigma_{allow}} \tag{5-17b}$$

其中σ_{allow}為最大容許正向應力，此值係決定於材料的性質與安全因數的大小。為了確保不超過容許應力，則所選擇梁的剖面模數至少與(5-17b)式所得一樣大。由(15-17a)式知，剖面模數愈大，承受的彎曲矩也愈大，但此時橫截面面積較大，消耗材料愈不經濟，因此為了能儘量發揮材料功能，首先考慮材料特性，接著在截面面積較小或相等條件下合理選擇有較大的剖面模數之斷面形狀。

第一：首先考慮材料特性，去選擇合理斷面大小與形狀；

1. 若材料拉力與壓力之容許應力相同，則選擇一雙重對稱且形心在梁剖面中央的剖面形狀。

2. 若材料拉力與壓力之容許應力不同，選擇一非對稱剖面，使其受拉、受壓的最外側纖維到中性軸的距離幾乎與其受拉、受壓之容許壓力比值一樣。

第二：在經濟原則上選擇較輕的梁，使剖面積較小情況下而有較大剖面模數，以節省材料費，同時也滿足安全需求。

常用梁的剖面的形狀有：(a)矩形；(b)圓形；(c)梯形；(d)工形(或 I 字形)；(e)T形；(f)U形或C形等六種，如圖 5-22 所示。其他型式各種結構型鋼可參考附錄 5。

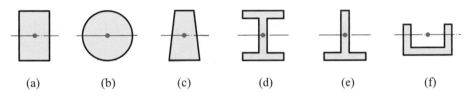

(a) (b) (c) (d) (e) (f)

圖 5-22

讓我們來比較各種剖面形狀在彎曲下的效率。首先考慮一寬度b深度為h的矩形(圖 5-22(a))，此剖面的模數為

$$S = \frac{bh^2}{6} = \frac{Ah}{6} = 0.167Ah \tag{a}$$

其中A為剖面面積。此式代表在一固定截面積下，矩形剖面隨著深度h增加時，變為更有效率，材料變得非常經濟，因剖面模數增大。但是這種增大也有個限度，假如剖面高度對寬度比太大時，會產生側向不穩定，產生側向的挫屈(buckling)，而不是材料強度不足所導致的破壞。其次考慮一直徑為d的圓形剖面，該剖面模數為

$$S = \frac{\pi}{32}d^3 = \frac{1}{8}\left(\frac{\pi d^2}{4}\right)d = \frac{1}{8}Ad = 0.125Ad \tag{b}$$

而一邊長為a的方形剖面的剖面模數$S = a^3/6$。比較方形剖面與圓形剖面在剖面積相等情況下的剖面模數，首先求出方形邊長與圓形剖面直徑的關係，即

則

$$A = \frac{1}{4}\pi d^2 = a^2$$

$$a = \frac{d}{2}\sqrt{\pi} = 0.88623d$$

因而方形剖面的剖面模數

$$S = \frac{a^3}{6} = \frac{1}{6}(a^2)a = 0.167Aa = \frac{1}{6}A\left(\frac{d}{2}\sqrt{\pi}\right) = 0.148Ad \tag{c}$$

比較(a)、(b)及(c)三式，得知在剖面面積相等的情況下，則這三個剖面的剖面積模數大小的順序為

$$\text{矩形剖面模數} > \text{方形剖面模數} > \text{圓形剖面模數} \tag{d}$$

這結果顯示選用梁的剖面，矩形剖面較經濟，其次是方形剖面，最差是圓形剖面。

　　沿剖面深度來考慮應力分佈時，為求經濟設計，梁的大部分材料，應儘可能遠離中性軸。對於已知剖面面積A與深度h(圖 5-23(a))的情況下，最有利的設計是將每一半面積置於距中性軸兩邊各$h/2$處，如圖 5-17(b)所示。則

$$S = \frac{I}{c} = \frac{\left(\frac{Ah^2}{4}\right)}{\left(\frac{h}{2}\right)} = 0.5Ah \tag{e}$$

但此種理想剖面無法存在，中間需要有一腹板(web)存在才有效，即為實際上使用的寬翼剖面或 I 形剖面(圖 5-24(c))。對於標準寬翼梁，其剖面模數大約為

$$S \approx 0.35Ah \tag{f}$$

顯然寬翼剖面與 I 形剖面較矩形剖面經濟。當然，若寬翼剖面梁的腹板太薄，則較易受挫屈影響或剪力可能超過容許值，在下一節將作討論。

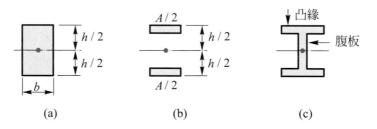

圖 5-23　梁的各種剖面形狀

觀念討論 ●

　　為了比較剖面模數大小，因而必須有一比較基準，所以選擇相同截面積A做比較，但矩形圖截面$(A=hb)$與圓形截面$\left(A=\dfrac{\pi}{4}d^2\right)$，再參考(a)(b)兩式是無從比較(因不知$0.167Ah$與$0.125Ad$那一個較大)，因此介入方形截面積$(A=a^2)$作基準，以方形邊長$a$作比較基準，在相同截面積下矩形高度$h$與寬度$b$ $(h>b)$和a做比較而得$h>a>b$，則(a)式知$S=0.167Ah>0.167Aa=(0.167A)(0.88623d)\doteqdot0.148Ad$，比較三種剖面之$S$得(d)式。

● **例題 5-8** 一梯形剖面的稜柱形梁承受純彎曲，如圖 5-24 所示的剖面，設承受正彎曲矩(上緣受壓，下緣受拉)，已知容許拉應力為$(\sigma_t)_{\text{allow}}=40$ MPa，容許壓應力為$(\sigma_c)_{\text{allow}}=60$ MPa，試求使梁重為最小時，上緣寬度b_1與下緣寬度b_2之比值。

解 由於抗拉強度與抗壓強度不等的材料，使用不對稱剖面，為了使梁重為最小時，其剖面最經濟的設計，是使其中性軸至上下兩緣距離之比等於其相對容許應力之比，而正彎曲矩作用時，將得到

$$\frac{c_1}{c_2}=\frac{(\sigma_t)_{\text{allow}}}{(\sigma_c)_{\text{allow}}}=\frac{40}{60}=\frac{2}{3} \tag{a}$$

而　$c_1+c_2=h$ (b)

由(a)(b)兩式解得

$$c_1=\frac{2}{5}h \quad c_2=\frac{3}{5}h$$

而梯形剖面的形心位置為$\bar{y}$(由附錄 4 的情況 8)

$$\bar{y}=\frac{h}{3}\left(\frac{b_2+2b_1}{b_2+b_1}\right) \tag{c}$$

令$c_1=\bar{y}$代入(c)式得

$$\frac{b_2}{b_1}=4$$

註　由於要解出c_1與c_2，但這兩值是由中性軸(或形心軸)量出，所以引出形心軸公式(c)來解題。

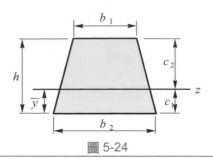

圖 5-24

● **例題 5-9** 如例題 5-7 之圖所示，一簡支梁受均佈負載作用，其跨度長 8 m，$q = 50$ kN/m，若容許彎曲應力$\sigma_{\text{allow}} = 100$ MPa 時，試求所需的剖面模數。然後從附錄 5 的 5-1 表中選擇一寬翼梁。

解　由例題 5-7 知，$M_{\max} = \dfrac{ql^2}{8} = \dfrac{50 \times 8^2}{8} = 400$ kN · m，根據(5-17b)式

$$S \geq \frac{M_{\max}}{\sigma_{\text{allow}}} = \frac{400 \times 10^3 \text{ N} \cdot \text{m}}{100 \times 10^6 \text{ N/m}^2} = 4 \times 10^{-3} \text{ m}^3 \doteqdot 4 \times 10^3 \text{ cm}^3$$

由附錄 5 之表 5-1 中剖面模數大於$S = 4000$ cm³且較接近有 762×267×147 kg UB 之$S = 4471$ cm³，另一 610×305×149 kgUB 之$S = 4079$ cm³，我們主要取 762×267×147 kgUB，因每公尺質量 147 kg 較輕(較經濟)且剖面模數較大。

5 -5　稜柱梁的剪應力

　　當梁承受非均勻彎曲時，其剖面上同時有彎曲矩M與剪力V的作用。正向應力σ_x與其相關的彎曲矩，可以從撓曲公式得到。而在此節將研究矩形斷面梁承受剪力V有關的剪應力τ的分佈情形。

　　考慮最簡單的情況，一寬為b，高為h的矩形剖面梁(圖 5-25(a))，假設梁承受橫向負載後剖面所產生的剪應力方向與其所受的剪力V的方向相同，且剪應力沿寬度方向為均勻的分佈，這種產生在梁橫剖面上的剪應力稱為垂直剪應力(vertical shear stress)。但由於剪應力必同時發生在互相垂直的兩平面上，且大小相等方向相反，如圖 5-25(b)及圖 5-25(c)所示，故梁內必同時有縱向的水平剪應力(horizontal shear stress)。

　　梁中水平剪應力的存在，可由一項簡單的實驗來說明。若取兩條高度同為h的矩形桿件，互疊在簡單的支承點上，而承受一集中負載P(圖 5-26(a))。假設兩桿件

間沒有摩擦力，則兩桿件發生彎曲現象時將互不影響，每一桿件將會在其上部發生壓縮及其下部發生拉伸。其情況如圖 5-26(b)所示。上層桿件的下部縱向纖維將沿下層桿件的上部纖維滑動。若用一深度為$2h$的實心桿件，則沿著中性面必定會有剪應力產生，以阻止滑動發生。

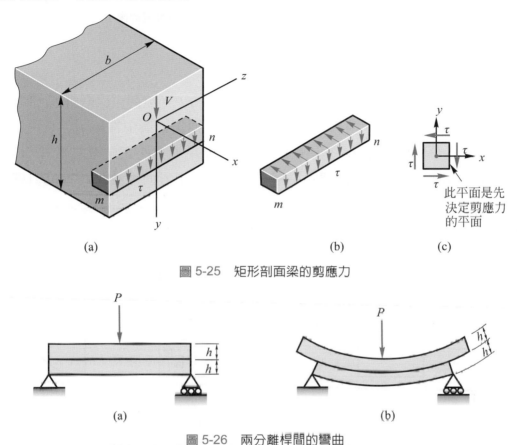

圖 5-25　矩形剖面梁的剪應力

圖 5-26　兩分離桿間的彎曲

　　因有了剪應力分佈，根據虎克定律也有剪應變產生，為了說明剪應變如何變化，考慮一用橡膠做的梁，且畫出方形網格(圖 5-27(a))。當剪力作用，其線段將變成如圖 5-27(b)所示，由觀察可以看出，接近梁的上下表面方形維持不便，而在梁中心方形格子變形較大。**一般，在截面上有非均勻**剪應變(shear strain)**分佈將使截面**翹曲(warp)，**亦即原純彎曲平截面假設不成立，截面無法維持平面。但沿梁高度變化的非均勻剪應變無法用數學式表示，因而剪應力就無法由幾何變形去推導。**

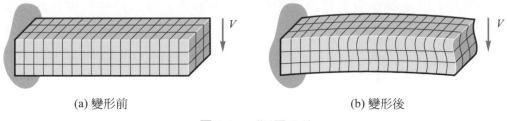

(a) 變形前   (b) 變形後

圖 5-27   ([5]圖 7-3)

5-5-1 剪應力的公式

考慮距離為dx的兩剖面mn與m_1n_1間所切的元素pp_1n_1n(圖 5-28(a))的平衡。此元素的下表面為梁的底部表面且不受應力的作用,而頂面與中性軸平行且距中性軸為任意值y_1。水平剪應力τ作用在頂面上,由彎曲矩所產生的正向彎曲應力σ_x作用在元素上(圖 5-28(a)),考慮自由體圖平衡方程式是水平方向,故未將垂直剪應力列在元素上。

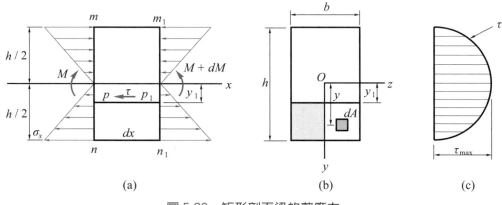

(a)   (b)   (c)

圖 5-28   矩形剖面梁的剪應力

若此元素是處於純彎曲,作用在np與n_1p_1邊的垂直應力σ_x相等。因此,此元素在這些應力單獨的作用下將會達到平衡,所以剪應力必須為零,亦即承受純彎曲矩的梁其剪力V不存在。

若梁處於非均勻彎曲,則作用在元素的mn與m_1n_1剖面彎曲矩分別記為M與$M + dM$。距中性軸y處之元素面積dA(圖 5-29(b)),則在元素左面pn的垂直力為

$$\sigma_x dA = \frac{My}{I} dA$$

所以作用在此面上的水平總力F_1為

$$F_1 = \int_{y_1}^{\frac{h}{2}} \frac{My}{I} dA$$

此式中積分是從$y = y_1$到$y = h/2$之整個陰影面積上作積分。

　　同理，可以得到作用在元素右面$p_1 n_1$上的總力F_2為

$$F_2 = \int_{y_1}^{\frac{h}{2}} \frac{(M + dM)y}{I} dA$$

而作用在頂面$p p_1$上的水平力F_3為

$$F_3 = \tau b dx$$

式中$b dx$為頂面面積。

　　由自由體圖x方向力的平衡方程式得

或

$$F_3 = F_2 - F_1$$

$$\tau b dx = \int_{y_1}^{\frac{h}{2}} \frac{(M + dM)y}{I} dA - \int_{y_1}^{\frac{h}{2}} \frac{My}{I} dA$$

則

$$\tau = \frac{dM}{dx} \left(\frac{1}{Ib} \right) \int_{y_1}^{\frac{h}{2}} y dA$$

而$dM/dx = V$代入得

$$\tau = \frac{V}{Ib} \int_{y_1}^{\frac{h}{2}} y dA$$

或

$$\tau = \frac{VQ}{Ib} \tag{5-18}$$

式中

$$Q = \int_{y_1}^{\frac{h}{2}} y dA$$

代表剖面中的陰影面積(圖 5-28(b))對中性軸(z軸)的一次矩；亦即，從y_1高度以下的剖面積一次矩。上式方程式就是著名的 剪應力公式(shear stress formula)，**可用來決定剖面上任一點的剪應力τ。**

　　考慮圖5-28(b)的矩形剖面，與中性軸的距離y_1處的Q值為

$$Q = \int_{y_1}^{\frac{h}{2}} y dA = \bar{y}' A'$$

而

$$\bar{y}' = y_1 + \frac{1}{2}\left(\frac{h}{2} - y_1\right) \quad A' = b\left(\frac{h}{2} - y_1\right)$$

這代表陰影面積乘以該面積形心至中性軸距離，則

$$Q = \left(y_1 + \frac{\frac{h}{2} - y_1}{2}\right)\left[b\left(\frac{h}{2} - y_1\right)\right] = \frac{b}{2}\left(\frac{h^2}{4} - y_1^2\right)$$

或一次矩直接由積分來決定

$$Q = \int y\,dA = \int_{-\frac{b}{2}}^{\frac{b}{2}} \int_{y_1}^{\frac{h}{2}} y\,dy\,dz = \int_{y_1}^{\frac{h}{2}} yb\,dy$$

$$= b\left[\frac{y^2}{2}\right]_{y_1}^{\frac{h}{2}} = \frac{b}{2}\left(\frac{h^2}{4} - y_1^2\right)$$

將Q值代入剪力公式得

$$\tau = \frac{V}{2I}\left(\frac{h^2}{4} - y_1^2\right) \tag{5-19}$$

此式顯示矩形梁的剪應力與中性軸的距離y_1成二次方變化；剪應力沿梁高度分佈如圖5-28(c)所示。當$y_1 = \pm h/2$時，剪應力為零，而位於中性軸時，即$y_1 = 0$，其值最大為

$$\tau_{\max} = \frac{Vh^2}{8I} = \frac{3V}{2A} \tag{5-20}$$

式中$A = bh$。因此，最大剪應力比平均剪應力(V/A)大50％，剪應力公式可以計算作用於剖面上的垂直剪應力或作用於梁水平層間的水平剪應力。

前面所導的剪應力公式**並沒有使用V與τ的習慣性符號問題。而採用剪應力與剪力的作用方向相同，主要原因為剪力是由剪應力所合成的。一般而言，剪應力公式僅使用其絕對值，而剪應力方向由觀察去決定。若我們使用習慣性剪應力符號(如2-6節)，元素右面(圖 5-25(c))產生一負剪應力，故符合習慣性符號在剪應力公式中必須加一負號。**

5-5-2 剪應變的效應

矩形剖面的梁，任一剖面上所產生的剪應力係呈拋物線的關係變化，但由於剪

應變 $\gamma = \tau / G$，故剪應變亦呈相同的關係變化。因此，梁承受橫向負載後，任一剖面由於剪應變，於彎曲後將翹曲(warped)成曲面即平面假設不成立，如圖 5-29 所示。任意剖面上的垂直線如 mn 及 pq，彎曲後不再保持直線，而會被彎曲成曲線 $m_1 n_1$ 及 $p_1 q_1$，其中最大剪應變發生在中性面上，而在剖面上下兩緣之剪應變為零，故曲線 $m_1 n_1$ 及 $p_1 q_1$ 在上下兩緣恆與梁的上下表面垂直。而在中性面上，曲線 $m_1 n_1$ 與 $p_1 q_1$ 的切線與 mn 及 pq 間的夾角等於剪應變 $\gamma = \tau_{\max} / G$。若梁承受的剪力 V 保持常數，則所有剖面的翹曲均相同，因此 $m_1 m = p_1 p$ 且 $n_1 n = q q_1$。如此由於彎曲矩所產生的縱向纖維並不因剪應變而影響其伸長與縮短。再詳細精研本問題，結果顯示即使各剖面的剪力不等，而且沿梁的縱向連續變化時，各剖面所產生的剪應變對於縱向剪應變的影響甚小。因此梁承受橫向負載時，即使剖面有剪力作用，梁彎曲所產生的正向應力，以純彎曲公式去計算，仍甚適宜。

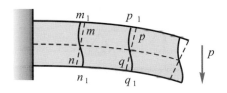

圖 5-29　梁剖面因剪力所產生的翹曲

觀念討論 ●●●●●●●●●●●●●●●●●●●●●●●●●●●●●●●●●●●●

1.　利用剪應力公式，必須確定某一截面上，由截面法或 V 圖求出 V 值。而 Q、I、b 是由剖面性質去求得，已知剖面及其中性軸，則 I 是不變量可求出，而 b 與 Q 是隨考慮的截面位置而變化，其中 b 是所考慮位置的截面寬度，而 Q 是欲求剪應力位置至外表面積(遠離中性軸)對中性軸之面積一次矩，一般剪應力公式取絕對值，剪應力方向由剪力去決定(它與剪力同向)。

2.　在梁非均勻彎曲時，彎曲正向應力遠大於剪應力，只有在剪力強度相當小、厚度很小及彎曲矩很小或為零，剪應力分佈就顯得重要，一般彎曲剪應力也要滿足強度條件 $\tau_{\max} \leq \tau_{\text{allow}}$。

3.　彎曲剪應力推導方式有一點像薄壁管的扭轉(參考第三章)，假設橫向剪應力均勻分佈(但未知其值)，再配合應力元素平衡得 $\tau_{\text{縱向}} = \tau_{\text{橫向}}$，再由靜力等效求出

$\tau_{\text{縱向}} = \dfrac{VQ}{Ib}$(剪應力公式)，而剪應力方向是由橫向剪應力與剪力同向去決定，但

薄壁管扭轉是先求出$\tau_{\text{橫向}} = \dfrac{T}{2tA_m}$，再依元素平衡求出$\tau_{\text{縱向}}(=\tau_{\text{橫向}})$。

4. 中性面的物理意義，對線性應變是拉或壓應變的分界，對剪切應變就是改變方向的分界。

例題 5-10 如圖 5-30(a)所示，試求在鋼梁AB上的作用於C點的正向應力與剪應力。此梁為簡支梁，其跨距$L = 1.2$ m，且其剖面為25 mm$\times 100$ mm 的矩形。梁上的均佈負載為$q = 30$ kN/m。

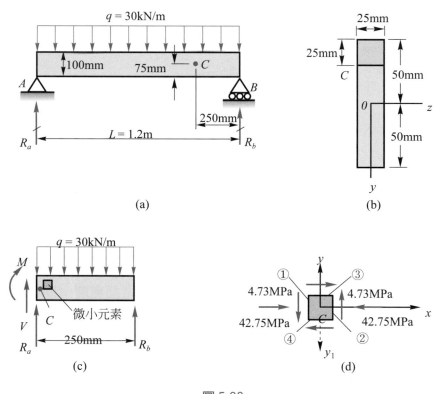

圖 5-30

解 首先取整支梁為自由體圖，由靜力平衡得

$R_a = R_b = 18$ kN

由題意需求出C點截面上之V及M值，接著在C點將梁切斷，取右半部為自由

體圖，(圖 5-30(c))，由靜力平衡得

$$M = 3.5625 \text{ kN} \cdot \text{m}(\frown) \text{，} V = -10.5 \text{ kN 或 } V = 10.5 \text{ kN}(\downarrow)$$

因只考慮 C 點位置故用截面法而不用畫 $V-M$ 圖。注意其彎曲平面為 xy，而 z 軸為中性軸(圖 5-30(b))，則剖面的慣性矩為

$$I = \frac{bh^3}{12} = \frac{1}{12}(25 \text{ mm})(100 \text{ mm})^3 = 2083 \times 10^3 \text{ mm}^4$$

從圖(a)知 C 點在中性軸上方，即 $y = -25$ mm，由(5-10)式得

$$\sigma_x = \frac{My}{I} = \frac{(3.5625 \times 10^6 \text{ N} \cdot \text{mm})(-25 \text{ mm})}{2083 \times 10^3 \text{ mm}^4} = -42.75 \text{ MPa}$$

負號代表壓應力。

為了得到剪應力，我們需要計算剖面積在 C 點與外緣間的一次矩 Q：如圖 5-30 (b)中斜線面積，則

$$Q = \bar{y}'A' = (-37.5 \text{ mm})(25 \text{ mm})(25 \text{ mm}) = -23{,}438 \text{ mm}^3$$

將 Q 代入剪應力公式(5-18)式(取絕對值)得

$$\tau = \left| \frac{VQ}{Ib} \right| = \left| \frac{(-10.5 \times 10^3 \text{ N})(23{,}438 \text{ mm}^3)}{(2083 \times 10^3 \text{ mm}^4)(25 \text{ mm})} \right| = 4.73 \text{ MPa}$$

其中 b 代表 C 點處剖面的寬度。圖 5-30(d)之應力元素是取至圖 5-30(c)之 C 點之應力元素，在圖 5-30(d)上①～④記號表決定剪應力方向的順序，記號① 剪應力方向與剪力同向，而記號②是由力平衡得出，而③～④由力矩平衡決定，但③～④順序可對調。$x-y$ 為右手座標系統，剪應力應取正值，而 $x-y_1$ 為左手座標系統與規定的梁座標系統相同，剪應力應取負值。

例題 5-11 一簡支梁 AB 間有兩個集中負載 P，圖 5-31(a)，其剖面為矩形，寬 $b = 80$ mm 與高 $h = 120$ mm，忽略梁本身的重量。從梁末端到一負載的距離 a 為 0.5 m。若梁的材料為木材，其容許彎曲應力 $\sigma_{\text{allow}} = 10$ MPa 且水平容許剪應力 $\tau_{\text{allow}} = 1.5$ MPa，試決定 P 的容許值。假設梁的長度為 L。

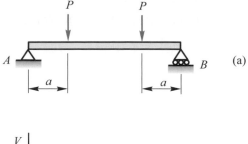

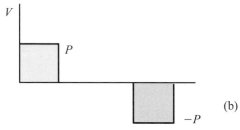

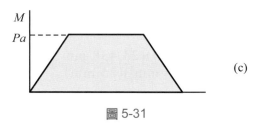

圖 5-31

解 由題意知彎曲應力和剪應力必須同時滿足個別強度條件,而決定出剪力V與
彎曲矩M,再決定出容許負載P。首先取整支梁為自由體圖,由靜力平衡條
件求得支承點反力,則

$$R_a = P(\uparrow) \quad R_b = P(\uparrow)$$

使用作圖法,畫出剪力圖(圖 5-31(b))及彎曲矩圖(圖 5-31(c))。由這些圖可
知,在梁上的最大彎曲矩M_{max}與最大剪力V_{max}為:

$$M_{max} = Pa \quad V_{max} = P \tag{a}$$

由題意知其容許彎曲應力σ_{allow}及容許剪應力τ_{allow},若再以剖面模數與剖面
積,將這些數據代入(5-11)式及(5-20)式,求得容許負載(以取較小為主)。
其中剖面模數S與剖面積A為

$$S = \frac{bh^2}{6} \quad A = bh \tag{b}$$

由(5-11)式及(5-20)式，配合個別強度條件得

$$\sigma = \frac{M}{S} = \frac{6Pa}{bh^2} \le \sigma_{\text{allow}} \ , \ \tau = \frac{3V}{2A} = \frac{3P}{2bh} \le \tau_{\text{allow}} \tag{c}$$

因此，P的容許負載值為

$$P \le \frac{\sigma_{\text{allow}}(bh^2)}{6a} \quad \text{且} \quad P \le \frac{2\tau_{\text{allow}}bh}{3}$$

或

$$P = \frac{(10 \text{ MPa}) \times (80 \text{ mm}) \times (120 \text{ mm})^2}{6(500 \text{ mm})} = 3.84 \text{ kN} \tag{d}$$

$$P = \frac{2\tau_{\text{allow}}bh}{3} = \frac{2(1.5 \text{ MPa}) \times (80 \text{ mm}) \times (120 \text{ mm})}{3} = 9.6 \text{ kN}$$

因此由(d)式之P中取一值代入(c)式中另一式看是否滿足，知其彎曲應力控制其設計，且其容許的負載為$P = 3.84$ kN。

另法將彎曲應力和剪應力必須同時滿足個別強度條件看成解容許負載P(未知數)的一元一次不等式組，求其解集合之交集

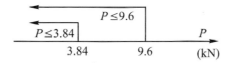

如圖所示解集合之交集得，最大容許負載$P = 3.84$ kN

● **例題 5-12** 一簡支梁，其上承受一均佈負載 18 kN/m(包含梁本身的重量)(如圖 5-32)，假設梁長為 3 m 的矩形剖面梁，且其寬為 180 mm，高為 240 mm，試求其最大的剪應力$\tau_{\max}$。

解 由題意知要求最大剪應力，我們必須先要求出最大剪力$V_{\max}$。首先取整支梁為自由體圖，由平衡條件求出支承反力$R_a = R_b = 27$ kN，再畫出剪力圖得到最大剪力$V_{\max}$為

$$V_{\max} = \frac{ql}{2} = \frac{(18 \text{ kN/m})(3 \text{ m})}{2} = 27 \text{ kN}$$

因截面為矩形，則由(5-20)式求得最大剪應力為

$$\tau_{\max} = \frac{3V_{\max}}{2A} = \frac{3}{2}\frac{27,000 \text{ N}}{180 \text{ mm} \times 240 \text{ mm}} = 937.5 \text{ kPa}$$

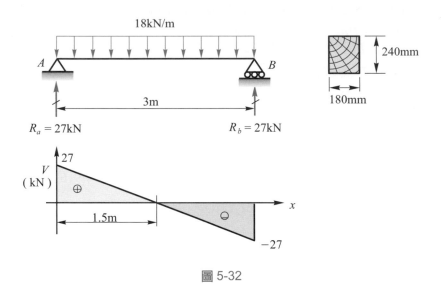

圖 5-32

5-5-3　寬翼梁中的剪應力

由前面 5-4 節討論中，承受純彎曲矩作用的梁，以寬翼形剖面最經濟。但若寬翼形式的梁，承受剪力時，由於這種形狀的影響，使得剪應力分佈較矩形剖面複雜。通常凸緣(flange)上剪應力較小且有水平及垂直方向的分量，但大部分的垂直應力均由腹板(web)承受，而腹板上的垂直剪應力可以用矩形剖面的技巧來決定這些應力。

首先考慮在寬翼形梁腹板(圖中垂直部分的矩形)ef位置處的剪應力(圖 5-33(a))，而腹板上所產生的剪應力與推導矩形剖面之假設相同；亦即，剪應力作用方向與y軸平行且在腹板厚度t是均勻分佈，則腹板上距中性面y_1處之剪應力可由(5-18)式求出，即

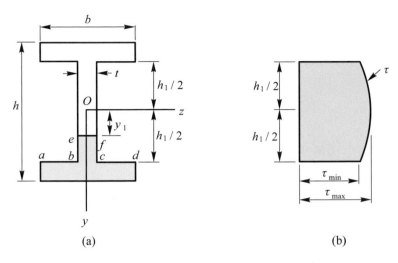

圖 5-33　寬翼梁之腹板上的剪應力

$$\tau = \frac{VQ}{It} \tag{5-18}$$

其中，t為腹板的厚度，而Q為距中性軸y_1處以外的面積(如圖 5-33(a)中之斜線面積)對中性軸(z軸)的一次矩。斜線面積可分成兩個矩形(忽略腹板與凸緣連接處的小圓角)，第一個矩形為凸緣，其面積為

$$A_f = b\left(\frac{h}{2} - \frac{h_1}{2}\right)$$

而第二個矩形為ef與凸緣間的腹板部分，其面積為

$$A_w = t\left(\frac{h_1}{2} - y_1\right)$$

這些面積對中性軸的一次矩是面積乘以面積形心到z軸距離而得；即

$$Q = b\left(\frac{h}{2} - \frac{h_1}{2}\right)\left(\frac{h_1}{2} + \frac{\frac{h}{2} - \frac{h_1}{2}}{2}\right) + t\left(\frac{h_1}{2} - y_1\right)\left(y_1 + \frac{\frac{h_1}{2} - y_1}{2}\right)$$

或　　$$Q = \frac{b}{8}(h^2 - h_1^2) + \frac{t}{8}(h_1^2 - 4y_1^2) \tag{5-21}$$

因此，在梁腹板的剪應力τ為

$$\tau = \frac{VQ}{It} = \frac{V}{8It}\left[b(h^2 - h_1^2) + t(h_1^2 - 4y_1^2)\right] \tag{5-22}$$

由上式可以看出τ對腹板的高度呈二次方的變化,如圖 5-33(b)所示。對於慣性矩I用已知尺寸表示為

$$I = \frac{bh^3}{12} - \frac{(b-t)h_1^3}{12} = \frac{1}{12}(bh^3 - bh_1^3 + th_1^3)$$

則(5-22)式可寫成

$$\tau = \frac{3V(bh^2 - bh_1^2 + th_1^2 - 4ty_1^2)}{2t(bh^3 - bh_1^3 + th_1^3)} \tag{5-23}$$

因最大剪應力發生於中性軸($y_1 = 0$),在腹板的最小剪應力發生在與凸緣的接點($y_1 = \pm h_1/2$),故得到

$$\tau_{\max} = \frac{V}{8It}(bh^2 - bh_1^2 + th_1^2) = \frac{3V(bh^2 - bh_1^2 + th_1^2)}{2t(bh^3 - bh_1^3 + th_1^3)} \tag{5-24}$$

且

$$\tau_{\min} = \frac{Vb}{8It}(h^2 - h_1^2) = \frac{3Vb(h^2 - h_1^2)}{2t(bh^3 - bh_1^3 + th_1^3)} \tag{5-25}$$

為了瞭解寬翼形梁腹板能承受多少剪力,由腹板寬度t乘以剪力圖面積(圖 5-33(b)),應力面積包含兩部分,一為矩形面積$h_1\tau_{\min}$與一拋物線部分面積

$$\frac{2}{3}h_1(\tau_{\max} - \tau_{\min})$$

因此,腹板的剪力為

$$V_{\text{web}} = h_1\tau_{\min}t + \frac{2}{3}h_1(\tau_{\max} - \tau_{\min})t = \frac{th_1}{3}(2\tau_{\max} + \tau_{\min}) \tag{5-26}$$

對一般比例形狀的梁,在腹板的剪力約為總剪力的 90 % 到 98 %;其餘的剪力由凸緣部分承受。

在設計工作中,為了方便,一般以總剪力除以腹板的面積為最大剪應力的近似值。此應力代表在腹板的平均剪應力,即

$$\tau_{\text{aver}} = \frac{V}{th_1}$$

5-5-4 剪應力公式的一些限制

我們推導剪應力公式是利用撓曲公式，以及合力的靜力等效或平衡條件求得，並非直接從幾何變形的假設著手。因導出的撓曲公式是假設梁的材料符合線彈性材料行為，故剪應力公式也限制使用線彈性材料及小撓度(間接使用幾何變形)。

剪應力公式是基於在剖面寬度上是均勻分佈的假設導出，它祇是平均值而已。因此若剖面寬度比其深度小時$\left(b \leq \dfrac{1}{4}h\right)$，所產生的剪應力(平均值)很趨近於真正的最大剪應力；**若剖面寬度對深度比值增加時，則變成有些不正確。**

若考慮T形剖面上的自由端點A(圖 5-34(a))，使用剪應力公式計算此點的剪應力τ並不等於零即(圖 5-34(b))，而事實上A點是在自由表面上，因為無外力作用，很明顯地剪應力為零。同理圓形及三角形剖面(圖 5-34(c)及(d))皆有此現象，圓形剖面的剪應力分佈(見習題 5-5.6)，**因此剪應力公式在計算垂直於自由表面(距中性軸並非最遠處)之剪應力並不正確。**

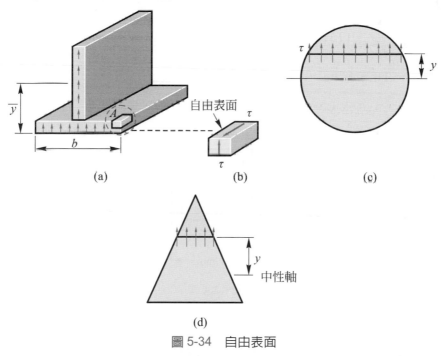

圖 5-34　自由表面

● **例題 5-13** 如圖 5-35 所示之一正方形鋁箱形梁，若其承受一剪力$V=130$ kN 時，試求其最大剪應力τ_{max}。

解 由於形狀對稱，z軸剛好在中間，因而可直接求出慣性矩爲

$$I = \frac{(300 \text{ mm})(300 \text{ mm})^3}{12} - \frac{(250 \text{ mm})(250 \text{ mm})^3}{12}$$

$$= 3.49 \times 10^8 \text{ mm}^4$$

因由題意知要求最大剪應力，而最大剪應力發生在剖面中性軸；故取中性軸以下的面積(即斜線面積)的一次矩Q，看成三個矩形對中性軸之一次矩之和，即

$$Q = (300 \text{ mm})(25 \text{ mm}) \left(\frac{300 \text{ mm} - 25 \text{ mm}}{2} \right)$$

$$+ 2(125 \text{ mm})(25 \text{ mm}) \left(\frac{125 \text{ mm}}{2} \right)$$

$$= 1,421,875 \text{ mm}^3$$

而在中性軸的剖面寬度b爲

$$b = 2t = 2 \times 25 \text{ mm} = 50 \text{ mm}$$

由剪應力公式得

$$\tau_{\max} = \frac{VQ}{Ib} = \frac{(130,000 \text{ N})(1,421,875 \text{ mm}^3)}{(3.49 \times 10^8 \text{ mm}^4)(50 \text{ mm})}$$

$$= 10.6 \text{ MPa}$$

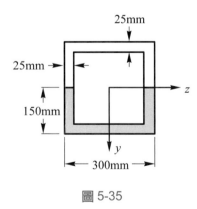

圖 5-35

● **例題 5-14** 有一AB梁由三塊不同寬板膠合成工形梁，此梁承受集中負載，如圖 5-36(a)所示。已知膠合接縫寬 25 mm，求在梁的n-n斷面上每一接縫的平均剪應力爲何？剖面形心的位置如圖 5-36(c)(d)所示，其形心慣性矩$I = 10.5 \times 10^{-6}$ m^4(圖 5-36(b))。

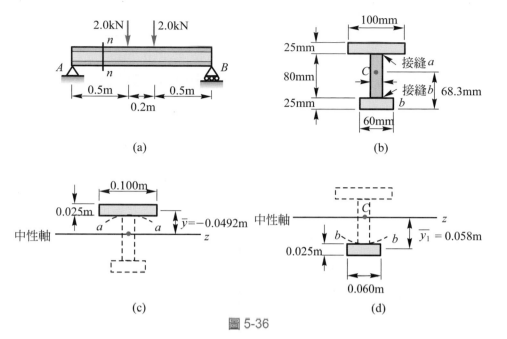

圖 5-36

解 由於梁及負載均對稱於梁的中心，故$R_a = R_b = 2.0$ kN($\uparrow$)或取整支梁爲自由體圖，由靜力平衡條件也可求得。取梁的$n-n$斷面左側爲自由體，則

$$+\uparrow \Sigma F_y = 0 \quad 2.0 \text{ kN} - V = 0 \quad V = 2.0 \text{ kN} (\downarrow)$$

要計算接縫a處的剪應力，必先求面積一次矩Q，取接縫a上方的面積(圖5-36(c))，則Q(取絕對值)爲

$$Q = A\bar{y}_1 = (0.100 \text{ m})(0.025 \text{ m})(0.0492 \text{ m})$$
$$= 123 \times 10^{-6} \text{ m}^3$$

而接縫a處剖面寬度$t = 0.025$ m，則平均剪應力爲

$$\tau_{\text{aver}} = \frac{VQ}{It} = \frac{(200 \text{ N})(123 \times 10^{-6} \text{ m}^3)}{(10.5 \times 10^{-6} \text{ m}^4)(0.025 \text{ m})} = 937.1 \text{ kPa}$$

同理，在接縫b處，求其下方面積的一次矩(同理圖5-36(d))，則Q爲

$$Q = A\bar{y}_2 = (0.060 \text{ m})(0.025 \text{ m})(0.0558 \text{ m})$$
$$= 83.7 \times 10^{-6} \text{ m}^3$$

則平均剪應力爲

$$\tau_{\text{aver}} = \frac{VQ}{It} = \frac{(2000 \text{ N})(83.7 \times 10^{-6} \text{ m}^3)}{(10.5 \times 10^{-6} \text{ m}^4)(0.025 \text{ m})}$$

$$= 637.7 \text{ kPa}$$

● **例題 5-15** 如圖 5-37 中所示，T 形剖面梁的 $b = 110$ mm，$t = 20$ mm，$h = 220$ mm，$h_1 = 200$ mm，且 $V = 50$ kN，試決定其腹板上的最大剪應力。

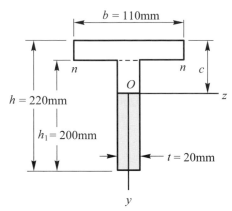

圖 5-37

提示： 從剪應力公式求出剪應力，必須知道剖面面積、一次矩及慣性矩 I，亦即首先要先求得 T 形剖面的形心軸(中性軸)位置，同時注意最大剪應力發生在中性軸。

解 首先將 T 形剖面分成兩個矩形，一個長為 110 mm 與寬為 20 mm 及另一個長為 200 mm，寬為 20 mm(兩個小矩形合成的)，取對稱軸 y 為圖示，且以上表面為參考面，則剖面形心軸為

$$c = \frac{A_1 \bar{y}_1 + A_2 \bar{y}_2}{A_1 + A_2}$$

$$= \frac{(110 \text{ mm})(20 \text{ mm})(10 \text{ mm}) + (200 \text{ mm})(20 \text{ mm})(120 \text{ mm})}{(110 \text{ mm})(20 \text{ mm}) + (200 \text{ mm})(20 \text{ mm})}$$

$$= 80.97 \text{ mm}$$

因而可得到 z 軸(即為中性軸)如圖 5-37 所示。

接著計算剖面形心軸的慣性矩 I，在 n-n 線將剖面切開成兩個矩形，首先求各矩形形心軸慣性矩，再使用平行軸定理求得對 z 軸的慣性矩，即

$$I = \frac{1}{12}(110 \text{ mm})(20 \text{ mm})^3 + (110 \text{ mm})(20 \text{ mm})$$

$$(80.97 \text{ mm} - 10 \text{ mm})^2 + \frac{1}{12}(20 \text{ mm})(200 \text{ mm})^3$$

$$+(200 \text{ mm})(20 \text{ mm})(120 \text{ mm}-80.97 \text{ mm})^2$$

$$=30.6\times10^6 \text{ mm}^4$$

最大剪應力發生於中性軸；則在中性軸以下的面積(斜線面積)一次矩Q為

$$Q=(20 \text{ mm})(220\text{mm}-80.97 \text{ mm})\frac{(220 \text{ mm}-80.97 \text{ mm})}{2}$$

$$=193\times10^3 \text{ mm}^3$$

代入剪應力公式得

$$\tau_{max}=\frac{VQ}{It}=\frac{(50,000 \text{ N})(193\times10^3 \text{ mm}^3)}{(30.6\times10^6 \text{ mm}^4)(20 \text{ mm})}=15.8 \text{ MPa}$$

觀念討論

1.　使用梁撓曲正向應力公式注意事項：

(1)　首先定出梁的座標系統，了解彎曲平面、中性軸。例如梁的座標系統軸向x軸，橫向y軸向下為正，彎曲平面為xy平面，中性軸為z軸，則公式為$\sigma_x=\frac{M_z y}{I_z}$。若$y$軸向上為正，公式變成$\sigma_x=-\frac{M_z y}{I_z}$。若取$xz$為彎曲平面，$z$軸向下為正，$y$軸為中性軸，正向應力公式$\sigma_x=\frac{M_y z}{I_y}$。

(2)　以公式$\sigma_x=\frac{M_z y}{I_z}$為例，$M_z$由截面法或$M$圖求得與剖面形狀無關。$I_z$、$y$分別由剖面形狀及欲求位置定之，與負載型式無關；但要注意y由中性軸開始量得。

(3)　剖面形狀非簡單圖形，取參考面，並將剖面分割成簡單圖形，分別計算截面積及形心軸位置(由參考面開始量得)，代入形心軸公式求出剖面之形心軸。利用平行軸定理求出個別剖面對中性軸面積慣性矩再相加。

(4)　撓曲正向應力公式是三角形分佈；中性軸位置$(y=0)$，$\sigma_x=0$；剖面外表面應力最大$\sigma_x=\sigma_{max}$；且中性軸為不變形位置，也是拉、壓應力切換位置。

(5)　非均勻彎曲問題中，當$\frac{L}{h}>5$時，撓曲正向應力可以使用。

2.　梁的剪力公式使用注意事項：

(1)　先確定梁的座標系統、彎曲平面、中性軸。例如軸向x軸，橫向y軸向下為正，

彎曲平面爲 xy 平面，中性軸爲 z 軸，則剪應力公式爲 $\tau_{xy} = \dfrac{VQ}{I_z b}$ (其中 V＝橫向剪力 V_y)。

(2) 橫向剪力 V 由截面法或 V 圖求得，與剖面形狀無關。I_z、Q、b 爲幾何參數和負載型式無關，I_z：中性軸面積慣性矩，b：欲求剪應力位置之剖面寬度，Q：欲求剪應力位置至外表面(遠離中性軸)之面積對中性軸面積一次矩，其值可正、可負或零。

(3) 剪應力是二次拋物線分佈，中性軸最大剪應力 τ_{max}，而外表面剪應力爲零。對於已知剖面中性軸最大剪應力爲

矩形剖面 $\tau_{max} = \dfrac{3V}{2A}$；圓形剖面 $\tau_{max} = \dfrac{4V}{3A}$；$I$形剖面 $\tau_{max} = \dfrac{V}{A_w}$，

A_w 爲腹板面積。

(4) 推導梁應力公式理論上是先求出縱向剪應力 τ_{yx}，再經由應力元素矩平衡求出橫向剪應力 $\tau_{xy}(=\tau_{yx})$，但實際計算時是用剪應力公式取絕對值計算，先求出橫向剪應力 τ_{xy} 大小，其指向與橫向剪力同向；接著再求出縱向剪應力 τ_{yx}。畫應力元素時，橫向座標軸與梁橫向座標軸同向，剪應力同號；反之是反向，剪應力公式計算剪應力取負號。

(5) 當 $b \leq \dfrac{1}{4}h$ 爲窄梁時，可以用剪應力公式。但當 $b > \dfrac{1}{4}h$ 爲寬梁時，剪應力公式不太正確。

(6) 剪應力公式不適用於截面突然改變之點或傾斜邊界的點(剪應力與邊界相切)；另外在 T形、三角形、圓形剖面之自由表面(不在最外表面)，不可使用剪應力公式。因實際情況剪應力爲零，但用剪應力公式計算不爲零。

5-6 組合梁的應力

一般對於跨距較大或橫向負載甚大之梁，通常需要考慮使用組合梁(built-up beam)，以承受較大的彎曲矩及橫向負載。組合梁是由兩件或多件構件連接而成，可視爲單一實體梁。此種梁可構成各種形狀以符合所需，同時所提供的剖面較一般常用的剖面大。圖 5-38 顯示一些典型剖面的組合梁。

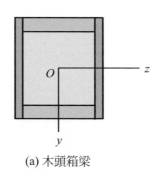

(a) 木頭箱梁

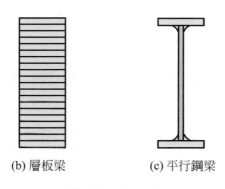

(b) 層板梁   (c) 平行鋼梁

圖 5-38　組合梁

　　組合梁的一般設計均假設其各分件的連接足夠使其視為單一構件的結構梁，其設計計算包含兩方面。第一，此梁在彎曲應力及剪應力的計算，是視為一堅固的梁來考慮。第二，連接元件(如鐵釘、熔接、螺栓、黏膠)的設計能確保梁為一堅實的梁。這些連接元件的設計是基於組合梁中各部分間所傳遞的水平剪力。

　　欲求組合梁在接合面上的水平剪力(參考圖 5-28)，其剪應力並不假設均勻分佈。在圖 5-28 中距離dx長度內，沿著pp_1面所承受的水平剪力為dF，由合力平衡條件知

$$dF = F_2 - F_1 = \frac{dM}{I}\int y dA$$

若令$f = dF/dx$，則f表示組合梁在接合面上沿梁縱向每單位長度(中性軸上)所承受的水平剪力，稱之為剪力流(shear flow)，則

$$f = \frac{dF}{dx} = \frac{dM}{Idx}\int y dA$$

因 $dM/dx = V$，且

$$Q = \int y\,dA$$

則剪力流為

$$f = \frac{VQ}{I} \tag{5-27}$$

　　剪力流公式(5-27)式不僅可適用於矩形剖面的組合梁，對於任何組合梁，只要其剖面對稱於 y 軸均可適用，同時在導出(5-27)式，我們並沒有假設剖面上的剪應力為均勻分佈。特別注意公式(5-27)式中計算 Q 的面積，是組合梁在剖面處以外的面積，圖5-39所示幾組組合梁剖面計算 Q 的面積(斜線面積)。

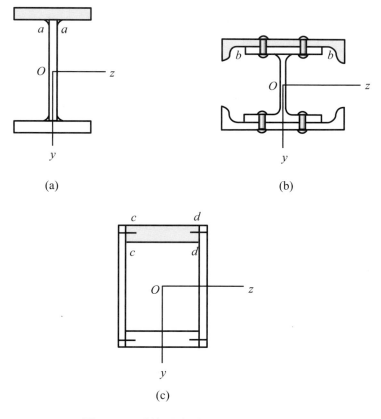

(a)　　　　　　　　　　　　　　　　(b)

(c)

圖 5-39　計算剪力流 f 時所用的面積。

觀念討論 ●

　　首先要了解何謂組合梁，它是由許多構件利用連接元件結合在一起，在剖面的剪應力並非均勻分佈，分析時先要確定組合梁在那些接合處容易被剪斷，**利用剪力流公式** $f=\dfrac{VQ}{I}$（**切忌不可用實體梁之均勻分佈假設的剪應力公式** $\tau=\dfrac{VQ}{Ib}$），**再配合連接件的容許負載去分析問題。注意因剖面上剪應力是非均勻分佈，無法用公式表示剪應力，故在組合梁分析中只出現剪力，並沒有剪應力。**

● **例題 5-16**一木製箱形梁(圖 5-40(a))由兩塊木板翼(每一個剖面為 50 mm×200 mm)及兩塊合板腹板(每一個厚 12 mm)所組成，梁的總高度為 300 mm。合板由螺絲固定於梁翼上，螺絲的剪力所容許的負載為每個螺絲承受 $F = 1000$ N。若作用在剖面上的剪力為 12 kN，試決定螺絲在縱向所容許的最大間距 s(圖 5-40(b))。

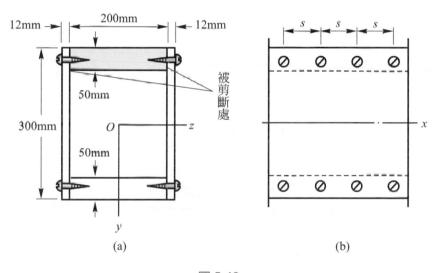

圖 5-40

解　由圖(a)知是組合梁且知在接合處螺絲可能被剪斷，因而用斜線面積求 Q 值。在每一翼與兩腹板間的水平剪力，可以由剪力流公式 $f=\dfrac{VQ}{I}$ 得到(不可用剪應力公式 $\tau=\dfrac{VQ}{Ib}$)，而面積一次矩為

$$Q = \bar{y}'A' = (125 \text{ mm})(200 \text{ mm})(50 \text{ mm})$$
$$= 1250 \times 10^3 \text{ mm}^3$$

對中性軸的面積慣性矩為(在此時將整個剖面看成一體)

$$I = \frac{1}{12}(224 \text{ mm})(300 \text{ mm})^3 - \frac{1}{12}(200 \text{ mm})(200 \text{ mm})^3$$
$$= 370.7 \times 10^6 \text{ mm}^4$$

代入剪力流公式得

$$f = \frac{VQ}{I} = \frac{(12{,}000 \text{ N})(1250 \times 10^3 \text{ mm}^3)}{370.7 \times 10^3 \text{ mm}^4} = 40.46 \text{ N/mm}$$

上式代表螺絲每 mm 長度必須承受的剪力大小。

因螺絲有兩行(每翼邊有一行),而每翼邊在 s 距離中左右各有半個合起來為一個螺絲,故共有 2 個螺絲。螺絲單位長度的負載容量為 $2F/s$。令 $2F/s$ 等於 f,可解得 s 為

$$s = \frac{2F}{f} = \frac{2(1000 \text{ N})}{(40.46 \text{ N/mm})} = 49.43 \text{ mm}$$

即螺絲的最大容許間距 $s = 49.43$ mm。

● **例題 5-17** 一木製箱形梁(圖 5-41)是由兩個 40 mm×240 mm 木板及兩個 24 mm×240 mm 木板所組成。厚板上的鐵釘在縱向間距為 $s = 100$ mm。若每一鐵釘的容許負載 $F = 1500$ N,試求最大容許剪力 V。

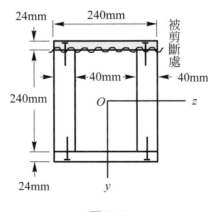

圖 5-41

解 因由圖知道是組合梁且剪斷位置至外表的面積(斜線面積)，由題意我們可先求出容許剪力流 f 為

$$f = \frac{2F}{s} = \frac{2(1500 \text{ N})}{0.1 \text{ m}} = 30,000 \text{ N/m}$$

接著求出構件剖面的 Q 及 I 為

$$Q = \bar{y}A = \left(\frac{0.24 \text{ m}}{2} + \frac{0.024 \text{ m}}{2}\right)(0.24 \text{ m})(0.024 \text{ m})$$

$$= 7.6 \times 10^{-4} \text{ m}^3$$

$$I = \frac{1}{12}(0.24 \text{ m})(0.24 \text{ m} + 2 \times 0.024 \text{m})^3$$

$$- \frac{1}{12}(0.24\text{m} - 2 \times 0.040\text{m})(0.24 \text{ m})^3$$

$$= 2.934 \times 10^{-4} \text{ m}^4$$

而剪力流 $f = VQ/I$，則

$$V = \frac{fI}{Q} = \frac{(30,000 \text{ N/m})(2.934 \times 10^{-4} \text{ m}^4)}{(7.6 \times 10^{-4} \text{ m}^3)} = 11.582 \text{ kN}$$

5 -7 複合梁

　　前面幾節所討論的梁為材質均一之稜柱形梁，但實用上為增加梁的強度，有些梁由兩種或兩種以上的材料構成，例如雙金屬梁、夾層梁(sandwich beam)及鋼筋混凝土梁(reinforced concrete beam)(如圖 5-42)。這些梁是由一種以上材料所構成，則稱為複合梁(composite beams)。**它與前一節組合梁是不同，其結合方式以及承受橫向負載的行為是不同的，要特別注意。**

　　考慮兩種材料構成的稜柱形梁，其剖面如圖 5-43(a)所示，假設此梁承受純彎曲矩作用後，任一剖面依然保持一平面，則此複合梁任一剖面所產生的應變與其至剖面的中性軸距離 y 成正比(圖 5-43(b))，即

$$\varepsilon_x = -\frac{y}{\rho} \tag{5-28}$$

但特別注意此時剖面中性軸不會通過剖面的形心，其確實位置由下列分析得到。

(a) 雙金屬梁　　(b) 夾層梁　　(c) 鋼筋混凝土梁

圖 5-42　合成不同材料之剖面的複合梁

作用在剖面上的正向應力σ_x可由應力-應變關係式求得。假設材料1與2的彈性模數記爲E_1與E_2($E_2 > E_1$)，起假設材料符合虎克定律，而梁內所產生的應力不超過比例限，則每一材料在剖面所產生的應力(圖5-43(c))分別爲

$$\sigma_{x1} = -E_1 \kappa y \quad \sigma_{x2} = -E_2 \kappa y \qquad (5\text{-}29a，b)$$

其中σ_{x1}爲材料1的應力，而σ_{x2}爲材料2的應力。

我們可以由聖維南靜力等效之等效力知道，作用於剖面的軸向合力爲零的條件得到中性軸位置

$$\int_1 \sigma_{x1} dA + \int_2 \sigma_{x2} dA = 0 \qquad (5\text{-}30)$$

第一項積分是對材料1的剖面面積來積分，而第二項是對材料2的剖面積來積分。將(5-29a，b)兩式代入(5-30)式得到一般化形式

$$E_1 \kappa \int_1 y dA + E_2 \kappa \int_2 y dA = 0 \qquad (5\text{-}31)$$

上式可用來定出兩材料之複合梁的中性軸位置，代表兩部分剖面，對中性軸的一次矩。若有兩種以上的材料，則(5-31)式須加上其他材料項。

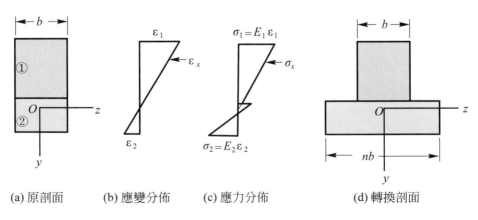

(a) 原剖面　　(b) 應變分佈　　(c) 應力分佈　　(d) 轉換剖面

圖 5-43　兩材料之複合梁

聖維南原理靜力等效之等效力矩，得彎曲矩方程式，可導出複合梁的撓曲公式，即

$$M = \int \sigma_x y dA = \int_1 \sigma_{x1} y dA + \int_2 \sigma_{x2} y dA$$
$$= -\kappa E_1 \int_1 y^2 dA - \kappa E_2 \int_2 y^2 dA$$
$$= -\kappa(E_1 I_1 + E_2 I_2) \tag{5-32}$$

式中I_1與I_2分別代表剖面面積 1 與 2 對中性軸的慣性矩，且$I = I_1 + I_2$。則曲率為

$$\kappa = \frac{1}{\rho} = -\frac{M}{E_1 I_1 + E_2 I_2} \tag{5-33}$$

其中$E_1 I_1 + E_2 I_2$為抗撓剛度。

將(5-33)式代入(5-29a，b)兩式得

$$\sigma_{x1} = \frac{MyE_1}{E_1 I_1 + E_2 I_2} \quad \sigma_{x2} = \frac{MyE_2}{E_1 I_1 + E_2 I_2} \tag{5-34a，b}$$

上式即為複合梁的撓曲公式，分別代表材料 1 與 2 的正向應力。

5-7-1　複合梁的轉換剖面法

前面對於複合梁的分析，是以各材料行為個別去分析，但用(5-31)式求出中性軸是比較難分析。為了分析方便，提供較簡捷的**轉換剖面法**(transformed-section method)。此方法是將合成材料的剖面轉換成單一材料的等效剖面。然後再分析轉換剖面，此種分析就如同單一材料的一般方式一樣。

轉換後的等效剖面若與原梁剖面等效，則梁的中性軸位置與抗彎曲矩容量必須與原梁相同，同時產生的正向應力也應相同。假設梁剖面是由兩種材料合成的，現要將材料 2 轉換為材料 1，則引入下列符號

$$n = \frac{E_2}{E_1} \tag{5-35}$$

式中n為模數比(modular ratio)。則(5-31)式可重寫成

$$\int_1 y dA + \int_2 y n dA = 0 \tag{5-36}$$

此式證明若材料 2 的每一元素面積dA乘以因數n，且每一元素面積之y沒有改變，則中性軸位於同一位置。**因此，轉換後的剖面可以看成兩部分之組成：①面積 1 其尺**

寸沒有改變與②面積2其寬度乘以n。

　　接著考慮轉換剖面的彎曲矩容量，在此我們特別注意，轉換後僅由單一材料組成的梁，則梁上的應力為

$$\sigma_{x1} = -E_1 \kappa y \tag{5-37}$$

由(5-37)式代入(5-32)式得

$$
\begin{aligned}
M &= \int \sigma_x y dA = \int_1 \sigma_x y dA + \int_2 \sigma_x y dA \\
&= -\kappa E_1 \int_1 y^2 dA - \kappa E_1 \int_2 y^2 dA \\
&= -\kappa(E_1 I_1 + E_1 n I_2) = -\kappa(E_1 I_1 + E_2 I_2)
\end{aligned}
\tag{5-38}
$$

其結果與(5-32)式相同，因此原梁與轉換梁間彎曲矩沒有改變。

轉換梁(單一材料組成)的撓曲公式為

$$\sigma_{x1} = \frac{My}{I_t} \tag{5-39}$$

式中I_t為轉換剖面對中性軸的慣性矩；即

$$I_t = I_1 + n I_2 = I_1 + \frac{E_2}{E_1} I_2 \tag{5-40}$$

將(5-40)式代入(5-39)式得

$$\sigma_{x1} = \frac{My E_1}{E_1 I_1 + E_2 I_2} \tag{5-41}$$

因此，我們看出在原梁材料1的應力與轉換梁的應力是一樣，而原梁的材料2中的應力與轉換梁的相關部分應力並不相同，亦即轉換梁上的應力必須乘以模數比n後才能得到原梁材料2的應力。

　　轉換剖面法可以引伸到超過兩種材料以上的複合梁，在此情況下的梁可將所有部分轉換到原來之一種材料。綜合以上的討論，轉換剖面法的解題步驟，以二種材料為主，其步驟如下：

1. 首先選定一種材料為主(材料1)，然後求出模數比為$n = E_2/E_1$(注意分母為E_1)，而將材料2的剖面寬度乘以模數比n。

2. 因爲轉換梁爲單一材料，則中性軸必須通過剖面積的形心。故取剖面頂部或底部爲一參考線，由下列式子定出中性軸位置，

$$\bar{y} = \frac{\sum \bar{y}_i A_i}{\sum A_i}$$

3. 使用平行軸定理，計算整個剖面積(轉換剖面)對中性軸的慣性矩I_t。

4. 使用撓曲公式$\sigma = My/I_t$來計算轉換梁的頂部、兩種材料的結合處與底部的應力。

5. 對於材料1(轉換剖面的材料)而言，原梁應力與轉換梁爲相同。對於材料2，我們把轉換梁的應力乘以模數比n，才得原梁上的應力。

● **例題 5-18** 一複合梁的剖面尺寸如圖 5-44(a)所示，梁內部承受一定值正向彎曲矩$M = 5$ kN·m。試計算在兩種材料中的最大與最小應力，假設$E_1 = 9$ GPa，$E_2 = 150$ GPa。試使用轉換剖面法分析。

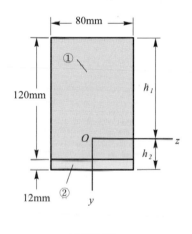

(a) 複合梁

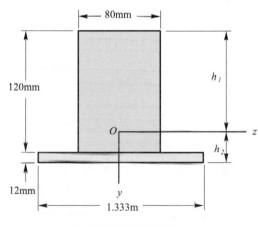

(b) 複合梁轉換至材料 1

圖 5-44

解 首先我們選定材料 1 爲主，將原梁轉換成材料 1 的梁，故梁在材料 1 部份並沒改變，但在材料 2 部份的寬度則乘以模數比n，其爲

$$n = \frac{E_2}{E_1} = \frac{150 \text{ GPa}}{9 \text{ GPa}} = 16.67$$

亦即，原梁材料 2 部分寬度變成$80 \times 16.67 = 1333$ mm $= 1.333$ m(圖 5-44(b))。在圖 5-44(b)中取剖面頂邊爲參考線，則

$$h_1 = \frac{\sum \bar{y}_i A_i}{\sum A_i}$$

$$= \frac{(60 \text{ mm})(80 \text{ mm})(120 \text{ mm}) + (126 \text{ mm})(1333 \text{ mm})(12 \text{ mm})}{(80 \text{ mm})(120 \text{ mm}) + (1333 \text{ mm})(12 \text{ mm})}$$

$$= \frac{4869 \times 10^3 \text{ mm}^3}{69 \times 10^3 \text{ mm}^2} = 101.25 \text{ mm}$$

而

$$h_2 = 132 \text{ mm} - h_1 = 30.75 \text{ mm}$$

可定出中性軸位置。使用平行軸定理,計算整個剖面對中性軸之慣性矩I_t為

$$I_t = \frac{1}{12}(80 \text{ mm})(120 \text{ mm})^3 + (80 \text{ mm})(120 \text{ mm})$$

$$(101.25 \text{ mm} - 60 \text{ mm})^2 + \frac{1}{12}(1333 \text{ mm})(12 \text{ mm})^3$$

$$+ (1333 \text{ mm})(12 \text{ mm})(30.75 \text{ mm} - 6 \text{ mm})^2$$

$$= 37.84 \times 10^6 \text{ mm}^4$$

應用撓曲公式來計算轉換梁的頂部、兩種材料的結合處與底部應力,分別如下:

$$\sigma_x = \frac{My}{I_t} = \frac{(5 \times 10^6 \text{ N} \cdot \text{mm})(-101.25 \text{ mm})}{37.84 \times 10^6 \text{ mm}^4}$$

$$= -13.4 \text{ MPa}$$

$$\sigma_x = \frac{My}{I_t} = \frac{(5 \times 10^6 \text{ N} \cdot \text{mm})(18.75 \text{ mm})}{37.84 \times 10^6 \text{ mm}^4}$$

$$= 2.48 \text{ MPa}$$

$$\sigma_x = \frac{My}{I_t} = \frac{(5 \times 10^6 \text{ N} \cdot \text{mm})(30.75 \text{ mm})}{37.84 \times 10^6 \text{ mm}^4}$$

$$= 4.06 \text{ MPa}$$

對於材料 1 而言,最大壓應力(位於梁的頂部)為

$$(\sigma_{xc1})_{max} = -13.4 \text{ MPa}$$

而材料 1 的最大拉應力(在接合處)為

$$(\sigma_{xt1})_{max} = 2.48 \text{ MPa}$$

對於材料 2 而言,我們把轉換梁的應力乘以模數比n。此部分的最大拉應力(發生在底部)

$$(\sigma_{xt2})_{max} = n(4.06 \text{ MPa})$$

$$= 16.67 \times 4.06 \text{ MPa}$$

$$= 67.8 \text{ MPa}$$

而材料 2 最小拉應力(接合處)為

$$(\sigma_{xt2})_{\min} = n(2.48 \text{ MPa})$$

$$= 16.67 \times 2.48 \text{ MPa}$$

$$= 41.3 \text{ MPa}$$

● **例題 5-19** 用轉換剖面法將例題 5-18 之圖 5-44 的複合梁轉換至材料 2 再分析其結果。

解 首先求得這轉換剖面的模數比

$$n = \frac{E_1}{E_2} = \frac{1}{16.67}$$

這對於材料 2 的轉換梁的尺寸與原梁相同，但材料 1 的寬度必須乘以模數比 n；故梁的上半部寬度為原來寬度的 1/16.67(圖 5-45 所示)。

取剖面頂邊為參考線，則計算形心距離 h_1 為

$$h_1 = \frac{\sum \bar{y}_i A_i}{\sum A_i}$$

$$= \frac{(60 \text{ mm})(4.8 \text{ mm})(120 \text{ mm}) + (126 \text{ mm})(12 \text{ mm})(80 \text{ mm})}{(4.8 \text{ mm})(120 \text{ mm}) + (80 \text{ mm})(12 \text{ mm})}$$

$$= 101.25 \text{ mm}$$

$$h_2 = 132 \text{ mm} - h_1 = 30.75 \text{ mm}$$

使用平行軸定理求得整個剖面慣性矩 I_t 為

$$I_t = \frac{1}{12}(4.8 \text{ mm})(120 \text{ mm})^3 + (4.8 \text{ mm})(120 \text{ mm})$$

$$(101.25 \text{ mm} - 60 \text{ mm})^2 + \frac{1}{12}(80 \text{ mm})(12 \text{ mm})^3$$

$$+ (80 \text{ mm})(12 \text{ mm})(30.75 \text{ mm} - 6 \text{ mm})^2$$

$$= 22.71 \times 10^5 \text{ mm}^4$$

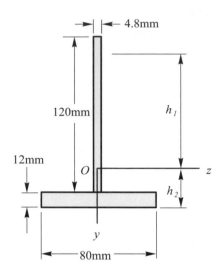

圖 5-45　例題 5-19 之合成梁轉換至材料 2

轉換剖面在其頂部、結合處與其底部之應力分別為

$$\sigma = \frac{My}{I_t} = \frac{(5 \times 10^6 \text{ N} \cdot \text{mm})(-101.25 \text{ mm})}{22.71 \times 10^5 \text{ mm}^4}$$

$$= -223 \text{ MPa}$$

$$\sigma = \frac{My}{I_t} = \frac{(5 \times 10^6 \text{ N} \cdot \text{mm})(18.75 \text{ mm})}{22.71 \times 10^5 \text{ mm}^4}$$

$$= 41.3 \text{ MPa}$$

$$\sigma = \frac{My}{I_t} = \frac{(5 \times 10^6 \text{ N} \cdot \text{mm})(30.75 \text{ mm})}{22.71 \times 10^5 \text{ mm}^4}$$

$$= 67.8 \text{ MPa}$$

對材料 1 而言，我們必須將轉換梁的應力乘以模數比 n。此部的最大壓應力(位於梁的頂部)為

$$(\sigma_{xc1})_{max} = n(-223 \text{ MPa})$$

$$= \frac{1}{16.7}(-223)$$

$$= -13.4 \text{ MPa}$$

而這部分的最大拉應力(在接合處)為

$$(\sigma_{xt1})_{max} = n(41.3 \text{ MPa})$$

$$= \frac{1}{16.67} \times 41.3$$

$$= 2.48 \text{ MPa}$$

對材料 2 而言，轉換剖面梁與原梁應力相同，則

$(\sigma_{xt2})_{max} = 67.8$ MPa

$(\sigma_{xt2})_{min} = 41.3$ MPa

解決一般梁的強度問題，如下列流程圖表 5-2，可供參考。

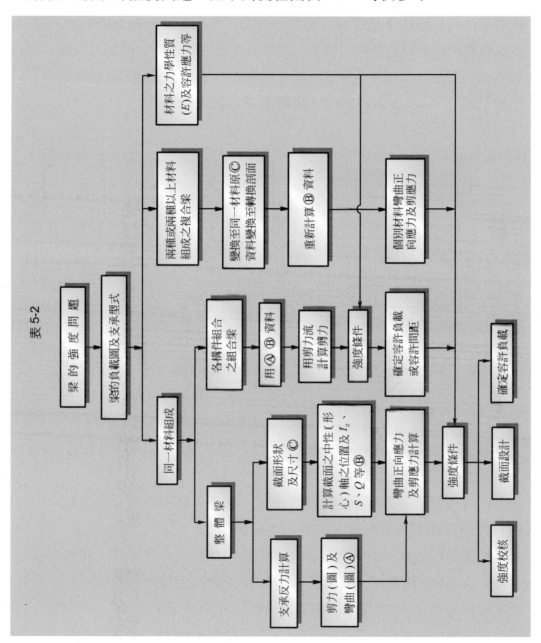

表 5-2

5 -8 軸向負載的梁

5-8-1 彎曲和軸向負載的合併

　　結構構件可以同時承受彎曲負載與軸向力，產生彎曲及軸向變形或兩種以上負載造成此種**變形**稱為**組合變形**。例如一懸臂梁在自由端承受一傾斜力F(圖 5-46(a))，此力通過剖面形心。負載F可分解成兩個分量，一為橫向負載P與軸向負載S。這兩個負載對於離支承x距離處的剖面，用截面法求出內力為

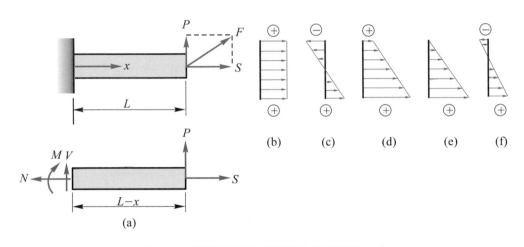

圖 5-46　懸臂梁同時承受彎曲負載與軸向力

$$M = P(L-x) \quad V = -P \quad N = S$$

這些列在剖面上任一點所產生的應力，可由公式$\sigma = My/I$，$\tau = VQ/(Ib)$及$\sigma = N/A$來決定，最後應力的分佈為這些應力來組合。

　　在還沒有探討這些力所產生的組合應力，我們先區別彎曲負載與軸向力在構件內的組合作用而產生的應力時，可能的兩種情況：

1. 梁為相當的短與剛硬或結實。因此梁的橫向撓度與長度比較，顯得非常小；因而軸向力S作用線產生一輕微的改變，此時彎曲矩M與撓度無關。一般以梁的長度對深度比在 10 或以下為結實梁。

2. 梁相當的細長與柔韌。彎曲撓度(在大小上雖然小)可能大得足以影響其彎曲矩；軸向力S的作用線在y方向產生位移，將會產生額外彎曲矩，因此軸向作用的影

響與彎曲作用的影響會交互作用(interaction)。此種是柱的行爲將在第九章討論。

現在考慮 5-46(a)懸臂梁的應力分佈，作用在任一剖面上的組合應力是由軸向力N與彎曲矩M所產生的正向應力，使用重疊原理得到的和，但忽略橫向剪力所產生的剪應力。軸向力N產生一均勻應力分佈$\sigma = N/A$(圖 5-46(b))，而彎曲矩產生一線性變化應力$\sigma = My/I$(圖 5-46(c))，則組合應力(圖 5-46(d))

$$\sigma = \frac{N}{A} + \frac{My}{I} \tag{5-42}$$

注意在拉力時，N與σ爲正，彎曲矩M的正號是依慣用彎曲矩符號而定。

梁承受彎曲與軸向負載的所有組合中，中性軸(正向應力爲零)並沒有通過形心。如圖 5-46(d)、(e)及(f)所示，中性軸可能在剖面外面、剖面邊緣或剖面內任何位置。

● **例題 5-20** 一簡支梁AB其剖面爲一矩形(寬度b，高度h)且跨距長L，負載F作用在長爲a之力臂端上(圖 5-47(a))。試求梁內的最大拉應力與壓應力。

解 首先決定梁支承的反作用力，即取整支梁的自由體(圖 5-47(b))，由平衡方程式求出支承之反作用力爲

接著，繪製軸力圖與彎曲矩圖(圖 5-47(c)及(d))，這兩圖顯示在梁中點處軸向力與彎曲矩有突然變化，因此我們在梁中點左邊和右邊之應力分開討論。

在梁中點左邊的軸向力與彎曲矩分別爲

$$N = -F，M = \frac{Fa}{2}$$

則由(5-42)式求得梁的底部($y = h/2$)及頂部($y = -h/2$)的應力分別爲

$$\sigma_b = -\frac{F}{bh} + \frac{3Fa}{bh^2} \quad \sigma_t = -\frac{F}{bh} - \frac{3Fa}{bh^2}$$

同理，在梁中點右邊的軸向力及彎曲矩爲

$$N = 0 \quad M = -\frac{Fa}{2}$$

而應力爲

$$\sigma_b = -\frac{3Fa}{bh^2} \quad \sigma_t = +\frac{3Fa}{bh^2}$$

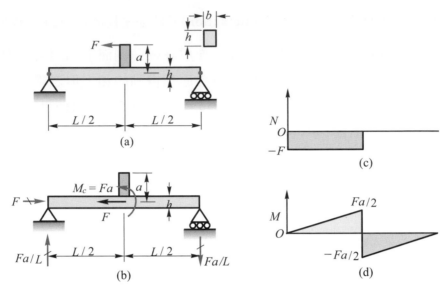

圖 5-47

比較這些應力值，最大拉應力在梁中點右邊的頂面，而最大壓應力在梁中點左邊的頂面，即拉應力及壓應力分別為

$$\sigma_{\text{tens}} = + \frac{3Fa}{bh^2} \quad , \quad \sigma_{\text{comp}} = \frac{-F}{bh} - \frac{3Fa}{bh^2}$$

● **例題 5-21** 一正方形剖面桿邊長 $a = 100$ mm，在接近中央處切一凹痕而減少一半面積(如圖 5-48)，試求在減少剖面內 mn 上因負載 $P = 40$ kN作用在其端剖面時，而產生的最大拉應力 σ_t 與壓應力 σ_c 為何？

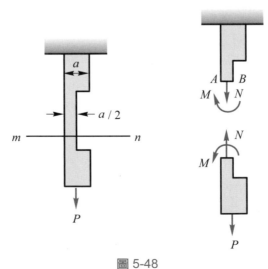

圖 5-48

解 首先求出mn剖面上的軸向力及彎曲矩分別為

$$N = P(\downarrow) \quad , \quad M = P\left(\frac{1}{2} \times \frac{a}{2}\right) = \frac{Pa}{4}(\circlearrowleft)$$

由(5-42)式可得mn剖面上最大拉應力σ_t(在B點)為

$$\sigma_t = \frac{N}{A} + \frac{My}{I} = \frac{P}{a \times \frac{a}{2}} + \frac{\dfrac{Pa}{4} \times \dfrac{a}{4}}{\dfrac{a\left(\dfrac{a}{2}\right)^3}{12}} = \frac{8P}{a^2} = \frac{8 \times 40 \times 10^3 \text{ N}}{(100 \text{ mm})^2}$$

$$= 32 \text{ MPa}$$

而最大壓應力σ_c(在A點)為

$$\sigma_c = \frac{N}{A} + \frac{My}{I} = \frac{P}{a \times \frac{a}{2}} + \frac{\left(\dfrac{Pa}{4}\right)\left(-\dfrac{a}{4}\right)}{\dfrac{a\left(\dfrac{a}{2}\right)^3}{12}} = \frac{2P}{a^2} - \frac{6P}{a^2} = -\frac{4P}{a^2}$$

$$\sigma_c = \frac{-4 \times 40 \times 10^3 \text{ N}}{(100 \text{ mm})^2} = -16 \text{ MPa}$$

5-8-2 偏心軸向負載

當梁承受軸向負載時，且負載作用線通過梁剖面的形心，則剖面上所產生的正向應力可假設為均勻分佈，這種負載稱為中心負載(centric loading)。若梁所承受軸向負載不通過形心，此種負載稱為偏心軸向負載(eccentric axial loading)。

首先考慮具有對稱平面的構件，且偏心負載作用於構件的對稱平面上，如圖5-49(a)所示。拉力負載P垂直作用在末端剖面上，距z軸的距離為e，其中z軸為通過形心C的主軸，而y軸為一對稱軸(圖5-49(b))，偏心負載P是靜力等效於一力P作用在形心上及一力偶Pe，再用截面法求出某一斷面上軸力$N = P$及彎曲矩$M = Pe = Ne$。因此，在剖面上任一點的正向應力由(5-42)式得

$$\sigma = \frac{N}{A} + \frac{Ney}{I} \tag{5-43}$$

此應力分佈如圖5-49(c)所示。

中性軸方程式(圖5-49(b)的nn線)可令正向應力(5-43)式為零而得到

$$y = -\frac{I}{Ae} \tag{5-44}$$

此式即表示在剖面上一平行z軸的直線。負號代表當軸向負載P(拉力)作用在z軸的下方時,則中性軸在z軸的上方。若偏心距e增加,則中性軸將更移向形心;若e值減少,則中性軸將遠離形心。當然,中性軸可能在剖面的外邊。

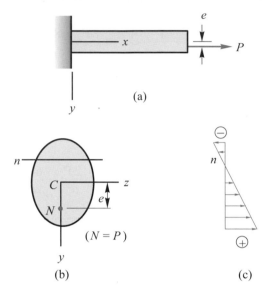

圖 5-49　桿承受偏心軸向力

觀念討論

1. 上述分析的結果當然只有在重疊原理及聖維南原理成立時才成立。也就是說,內應力不可超過材料的比例限,彎曲變形不可太大以致於影響其偏心距e,這樣軸向與彎曲變形才不致於互相影響,才可用重疊原理。

2. 上述情況是將梁組合變形分解成為若干基本變形的組合,然後計算相應於每種基本變形的應力,最後將所得結果疊加(此時更要了解基本變形應力的性質及正負值),即得梁在組合變形的應力。

例題 5-22 有一直徑 12 mm 的低碳鋼桿彎成圖 5-50(a)所示的形狀,而後連成一開口環鏈條。已知鏈條承受 900 N 負載,求:(a)環中直線部分的最大拉應力及壓應力;(b)剖面形心軸與中性軸的距離。

解 (a)最大拉應力及壓應力:首先求出環中直線部分剖面上的等效軸向負載及彎

曲矩(圖 5-50(b))，則

$N = 900 \text{ N}(\uparrow)$

$M = Pe = (900 \text{ N})(0.015 \text{ m}) = 13.5 \text{ N} \cdot \text{m}(\frown)$

接著中心負載 P 所造成的均勻應力分佈 σ_0，如圖 5-51(c)所示，

$A = \pi r^2 = \pi (0.006 \text{ m})^2 = 113.1 \times 10^{-6} \text{ m}^2$

$\sigma_0 = \dfrac{N}{A} = \dfrac{900 \text{ N}}{113.1 \times 10^{-6} \text{ m}^2} = 7.96 \text{ MPa}$

而彎曲矩 M 所造成的應力分佈 σ_m，如圖 5-51(d)所示

$I = \dfrac{1}{4}\pi r^4 = \dfrac{1}{4}\pi (0.006 \text{ m})^4 = 1.018 \times 10^{-9} \text{ m}^4$

$\sigma_m = \dfrac{My}{I} = \dfrac{(13.5 \text{ N} \cdot \text{m})(0.006 \text{ m})}{1.018 \times 10^{-9} \text{ m}^4} = 79.6 \text{ MPa}$

由這兩種應力分佈使用重疊原理或由(5-43)式可得偏心負載所造成的應力分佈如圖 5-50(e)。因此，剖面上最大拉應力及壓應力分別為

$\sigma_t = \sigma_0 + \sigma_m = 7.96 \text{ MPa} + 79.6 \text{ MPa} = 87.5 \text{ MPa}$

$\sigma_c = \sigma_0 - \sigma_m = 7.96 \text{ MPa} - 79.6 \text{ MPa} = -71.6 \text{ MPa}$

(b)形心軸與中性軸(N.A.)的距離(y)：由(5-44)式可得

$y = -\dfrac{I}{Ae} = -\dfrac{(1.018 \times 10^{-9} \text{ m}^4)}{(113.1 \times 10^{-6} \text{ m}^2)(-0.015 \text{ m})} = 0.600 \text{ mm}$

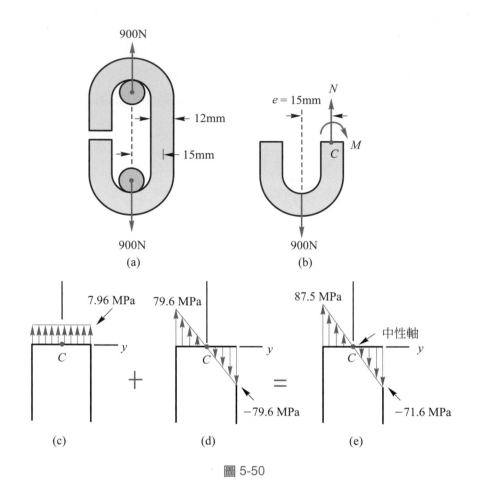

圖 5-50

重點整理

1. 純彎曲：梁內部承受定值彎曲矩作用，而無其他負載作用。

2. 彎曲平面：梁有一軸向對稱面，且梁上所有外力均作用在此對稱平面上(亦即平面力系)，產生的彎曲撓度及旋轉角發生於同樣平面上，此時彎曲稱為平面彎曲。

3. 中性面：梁承受純彎曲矩，有一平面的纖維長度不變，此一平面稱為梁的中性面。

4. 中性軸：是中性面與任何橫剖面之平面的交線。它與中性面(兩者不變形)可作為撓曲曲線的參考面及參考線。

    以上這些名詞讀者必須要了解，梁承受純彎曲矩的一些公式皆由這些名詞出發，它們決定彎曲撓度及慣性矩的值。

5. 梁承受純彎曲矩作用，基於七個假設條件得到

$$|\kappa| = \frac{1}{\rho} \quad |\kappa| = \frac{1}{\rho} = \frac{d\theta}{dx}(撓度很小，因 dx \doteq ds)$$

$$\varepsilon_x = -\frac{y}{\rho} = -\kappa y \quad \varepsilon_z = -v\varepsilon_z = v\kappa y$$

其中 ρ＝曲率半徑

κ＝曲率

v＝蒲松比

y軸以向下為正值。

註　ε_x，ε_z兩表示式只有在彎曲矩正負號確定下(即負彎曲矩產生正曲率$\kappa = \frac{1}{\rho}$)方成立。

6. 撓曲曲線：梁的縱軸為一直線，當負載作用之後，梁的軸變成曲線，此曲線為撓曲曲線。

7. 非均勻彎曲：表示梁的撓曲有承受剪力的作用，亦即沿梁軸上的彎曲矩一直在變化。

8. 曲率的習慣符號，當梁向下彎曲時，曲率為正；梁向上彎曲，其曲率為負(以x軸向右，而y軸向下)。

9. 假設梁材料符合虎克定律，可得到正向應力

$$\sigma_x = E\varepsilon_x = -E\kappa y$$

由等效力系之等效力得

$$\int y dA = 0$$

即梁材料符合虎克定律，其中性軸通過此剖面的形心。此性質可用來決定任何剖面形狀中性軸的位置，這僅限於某一軸為對稱軸(y軸)的梁。等效力系之等效力矩得

彎曲矩-曲率公式　　$|\kappa| = \frac{1}{\rho} = -\frac{M}{EI}$

撓曲公式　　　　　$\sigma_x = \frac{My}{I}$

注意若彎曲矩M方向規定與習慣性符號相反時或y軸向上取為正，則彎曲矩-曲率公式及撓曲公式都需變號。

10. 撓曲公式的彎曲矩與慣性矩都是對中性軸(z軸)，對於寬度為b，高度為h的矩形剖面如圖 5-14(a)，其慣性矩$I = bh^3/12$，剖面尺寸b及h分別與中性軸平行與垂直的尺寸。

11. 對於並非簡單剖面的梁，首先定出其座標系統，了解彎曲平面、彎曲矩方向、中性軸。在剖面上取參考線，由形心公式求出形心軸(中性軸)位置，再求其中性軸慣性矩，但特別注意要使用平行軸定理。接著由撓曲公式求應力。

12. 桿、軸、梁的基本變形形式之應力公式及相對變形有共同形式(參考表 5-1)

> 應力＝內力／截面的幾何性質
>
> 相對變形＝$\dfrac{內力 \times 長度}{剛度}$　　(其中剪力變形無公式)

另外這三者構件截面皆要求形心位置，桿件是必須軸向負載通過形心，而軸及梁也必須求形心軸，只是所求分別為截面極慣性矩及對中性軸的慣性矩。

13. 選擇梁的剖面，以基於強度之所需的剖面模數

> $$S \geq \frac{M_{\max}}{\sigma_{\text{allow}}}$$

在考慮剖面面積相同之下，矩形剖面模數最大，而方形剖面模數次之，圓形剖面模數最小。即

> (矩形)$S = 0.167Ah$　　(矩形)$S = 0.148Ah$
>
> (圓形)$S = 0.125Ah$

對於標準寬翼梁，其剖面模數$S \approx 0.35Ah$。

14. 當梁承受非均勻彎曲時，有彎曲矩與剪力作用。假設橫剖面的剪應力方向與剪力V方向相同，且剪應力沿寬度方向為均勻分佈，利用這兩個假設可完全決定矩形剖面的剪應力分佈。由於非均勻彎曲，其彎曲矩M連續變化，可由dM/dx $= V$求得剪力大小，但還是無法知道均勻分佈的剪應力(橫向剪應力大小)，然而橫向剪應力在水平邊上將伴隨水平剪應力。作用在梁上彎曲矩連續變化，取一元素為自由體圖，由軸向力平衡方程式得水平剪應力(間接得橫向剪應力)。

將此與表 3-2 中扭轉軸剪應力分佈的推導方式做比較。

15. 橫向剪應力(矩形剖面)，V值由截面法或V圖求得。

$$\tau = \frac{VQ}{Ib}$$

其中Q、I、b三個量跟剖面尺寸有關。在某一斷面上I值固定，而Q、b隨截面上點的位置不同而不同，

$$Q = \int_{y_1}^{\frac{h}{2}} y\,dA$$

代表欲求剪應力位置至剖面外表面積對中性軸的面積一次矩，I為中性軸慣性矩，b為欲求剪應力位置之剖面寬度。矩形剖面梁距中性軸y_1距離剪應力為

$$\tau = \frac{V}{2I}\left(\frac{h^2}{4} - y_1^2\right)$$

而最大剪應力發生在中性軸，其值為

$$\tau_{\max} = \frac{3}{2}\frac{V}{A}$$

外表剪應力為零。

而撓曲公式$\sigma = \dfrac{My}{I}$，在某一斷面上I值也是定值，M值由截面法(平衡方程式)或M圖求得，y值是由中性軸(形心軸)開始量起，彎曲應力σ外表最大，中性軸為零(因$y = 0$)。

16. 剖面上下兩緣之剪應變為零(因剪應力為零)，其變形後的曲線與上下表面垂直；而在中性面上，變形後的曲線切線與原直線夾角為剪應變。

17. 寬翼量的剪應力為

$$\tau = \frac{VQ}{It} = \frac{V}{8It}\left[b(h^2 - h_1^2) + t(h_1^2 - 4y_1^2)\right]$$

或

$$\tau = \frac{3V(bh^2 - bh_1^2 + th_1^2 - 4ty_1^2)}{2t(bh^3 - bh_1^3 + th_1^3)}$$

最大剪應力(在中性軸)及最小剪應力(在凸緣接點處)其值分別為

$$\tau_{\max} = \frac{3V(bh^2 - bh_1^2 + th_1^2)}{2t(bh^3 - bh_1^3 + th_1^3)}$$

$$\tau_{\min} = \frac{3Vb(h^2 - h_1^2)}{2t(bh^3 - bh_1^3 + th_1^3)}$$

寬翼形梁腹板承受剪力(凸緣所承受剪力較小)為

$$V_{\mathrm{web}} = \frac{th_1}{3}(2\tau_{\max} + \tau_{\min})$$

注意在使用這些公式時要記住其公式符號所代表剖面那一部分。

18. 剪應力公式的一些限制
   (1) 使用在線彈性材料及小撓度。
   (2) 若剖面寬度對深度比值增加時，則剪應力分佈並不正確。
   (3) 用剪應力公式在計算某些剖面形狀之自由表面的剪應力並不正確。

19. 對大部分的梁而言，橫向(或垂直)剪應力將較彎曲應力小得甚多，通常不考慮，僅在下列情況才能顯示其重要性
   (1) 梁材料剪力強度相當小時。
   (2) 當承受剪力的斷面厚度很小時；例如鈑金、抽製成形等斷面。
   (3) 當彎曲矩很小或為零時(彎曲應力很小)。

20. 一般對於跨距較大或橫向負載甚大的梁，通常需要考慮使用組合梁，以承受較大的彎曲矩。組合梁在接合面的剪力流公式為

$$f = \frac{VQ}{I}$$

此公式對於任何組合梁，只要其剖面對稱於y軸皆可，它是對同一種材料而不同剖面的元件組合在一起。注意不可用剪應力公式，因剪應力並非均勻分佈，分析時要注意何處會被剪力剪斷。

21. 梁由兩種或兩種以上的材料構成之複合梁，承受彎曲矩作用時，其中性軸位置由

$$\int_1 \sigma_{x1}dA + \int_2 \sigma_{x2}dA = 0$$

來決定，其他公式為

$$\kappa = \frac{1}{\rho} = -\frac{M}{E_1 I_1 + E_2 I_2}$$

$$\sigma_{x1} = \frac{M y E_1}{E_1 I_1 + E_2 I_2} \quad \sigma_{x2} = \frac{M y E_2}{E_1 I_1 + E_2 I_2}$$

另一方法是轉換剖面法，此種分析是將所有材料轉換成一種材料，其轉換原則是將其他材料剖面寬度乘上相對於某一材料之模數比，當然轉換後梁的中性軸位置與彎曲矩大小不變。中性軸位置由下列決定(兩材料為例)

$$\int_1 y \, dA + \int_1 y n \, dA = 0 \quad \sigma_x = -E_1 \kappa y$$

$$M = -\kappa(E_1 I_1 + E_1 n I_2) = -\kappa(E_1 I_1 + E_2 I_2)$$

轉換梁(單一材料)

$$\sigma_{x1} = \frac{M y}{I_t} \quad I_t = I_1 + n I_2 = I_1 + \frac{E_2}{E_1} I_2$$

原梁材料 1 的應力與轉換梁相同，材料 2 的應力須將轉換梁公式乘以模數比。其中性軸不通過剖面形心。

22. 梁承受彎曲矩及軸向負載(通過剖面形心)同時作用，則應力為

$$\sigma = \frac{N}{A} + \frac{M y}{I} \quad (\text{要注意} N \text{及} M \text{的正負號})$$

23. 一具有對稱平面的梁，承受偏心負載，其應力為

$$\sigma = \frac{N}{A} + \frac{N e y}{I} \quad (\text{要注意} N \text{及} M = N e \text{之正負號})$$

中性軸位置 $y = -I/Ae$ 來決定，此式表示在剖面上平行 z 軸的直線，**這些公式只有在重疊原理及聖維南原理成立才有效**。注意此中性軸不一定要經過剖面。

附錄 F　材料力學中曲率與曲率半徑正確關係式

在數學上描述平面曲線，先定出座標系統，曲線上一點定出單位切線向量 $\mathbf{e}_t$ 和單位法線向量 $\mathbf{e}_n$，而得曲率

$$\kappa = \left| \frac{d\mathbf{e}_t}{ds} \right| = \frac{1}{\rho} \quad (\rho \text{曲率半徑為正值，} \kappa \text{永遠為正值})$$

$$= \frac{\left| \dfrac{d^2 y}{dx^2} \right|}{\left[1 + \left(\dfrac{dy}{dx} \right)^2 \right]^{3/2}} \qquad 材料力學上 \kappa = \frac{\dfrac{d^2 y}{dx^2}}{\left[1 + \left(\dfrac{dy}{dx} \right)^2 \right]^{3/2}}$$

曲線彎曲方向由 e_t 和 e_n 向量去決定，因數學上任何曲線曲率皆取正值(曲線方程式已知)，曲率無法區別曲線，而取 e_t 和 e_n 等向量區分平面曲線，如圖 5-4 所示的 e_t 和 e_n 向量指向來表示曲線彎曲方向，而曲率大小(絕對值)表彎曲的程度，其值愈大代表曲線愈彎曲。

　　現在材料力學(曲線方程式已知)改爲另一種方式來說明曲線彎曲方向，曲率並未取永遠爲正值，改以如圖 5-4 所示，單位法線向量 e_n，是由曲線上一點指向曲率中心之向量，它的垂直方向的分向量有指向正 y 軸，曲率取爲正值，反之爲負值，依此兩者來區別曲線。而梁承受彎曲矩作用更能產生怎樣的彎曲方向(如圖 5-5)，可由彎曲矩正負號決定曲線彎曲方向，正彎曲矩產生負曲率，亦即確定彎曲矩正負號，就可了解曲線曲率正負號，曲線如何彎曲，故由 $|\kappa| = \dfrac{1}{\rho}$ 知，若曲線曲率爲正(負彎曲矩作用)時，取 $\kappa = \dfrac{1}{\rho}$，反之曲線率爲負(正彎曲矩作用)取 $(-\kappa) = \dfrac{1}{\rho}$。材料力學同時掌握彎曲矩和曲率正負號，曲線彎曲就可決定，不必像數學上給出曲線表示式(此時材料力學是未知，而可知彎曲矩)，求出 e_t 和 e_n 來決定彎曲方向。

　　Timoshenko 等材料力學書，推導梁彎曲變形，事先定出座標系統，再引入數學上曲線的曲率 κ 與曲率半徑 ρ 之間的關係式 $\kappa = \dfrac{1}{\rho}$(無絕對值)，因曲率半徑永遠爲正，代表曲率也應該爲正值。當梁承受負載產生平面彎曲，在斷面上產生剪力與彎曲矩，由變形符號規定(事實上代表大概彎曲曲線形狀已知)，將彎曲矩分成正負兩種，所以很自然由彎曲曲線幾何性質去辨識曲線形狀，因而引入負曲率(由正彎曲矩產生)及正曲率(由負彎曲矩產生)來區別平面上兩種彎曲曲線，但卻忽略了實數滿足三一律，一個數不可能等於正數，又等於負數(零除外)，毛病出在 $\kappa = \dfrac{1}{\rho}$(無絕對值)；事實上此式這樣取法是錯誤的，這是本人發現，其他書本未提到的。較正確的方法必須取 $|\kappa| = \dfrac{1}{\rho}$，接著由平衡方程式求出彎曲矩在斷面上彎曲方向，即可引入正負曲率，去掉絕對值，取 $\kappa = \dfrac{1}{\rho}$ 或 $(-\kappa) = \dfrac{1}{\rho}$，就不會有矛盾式的推導過程。

附錄 G　　應用聖維南靜力等效原理正確地推導出不同座標系統中純彎曲變形梁之撓曲應力公式 ＊

摘要

　　梁承受純彎曲矩作用，產生彎曲變形及軸向伸長、縮短變形兩種變形；在傳統材料力學教材中，基於變形符號表示法規定正負彎曲矩旋轉方向，只有軸向伸長、軸向縮短一種變形的定性描述，但由於內彎曲矩大小無法描述強度行為，必須考慮應力來描述；又因應力分佈未知，是為靜不定問題，必須要考慮幾何變形條件，再應用聖維南靜力等效原理推導出純彎曲變形梁之撓曲應力公式。然而由於正負彎曲矩之變形符號表示法，只有一種軸向變形，在以 y 軸向上為正或 y 軸向下為正的直角座標系統中，聖維南靜力等效原理之合力矩正負號，將關係到推導的正確性，造成梁的公式中何時取正號，何時取負號，將造成困擾，也影響後續機械設計等學科學習。本文建議新的正負彎曲矩之變形符號表示法，規定正彎曲矩代表上表面產生壓應力(或縮短變形)，下表面產生拉應力(或伸長變形)，且彎曲變形是向下凸出的曲線變形，拉(壓)應力之微小力對曲率中心微小力矩與內彎曲矩有相同(相反)旋轉方向；負彎曲矩代表上表面產生壓應力(或縮短變形)，下表面產生拉應力(或伸長變形)，且彎曲變形是向上凸出的曲線變形，拉(壓)應力之微小力對曲率中心微小力矩與內彎曲矩有相同(相反)旋轉方向；此規定包括彎曲變形及軸向變形兩種變形定性描述，基於幾何變形分析，並引入微積分的中間值定理，定量說明不變形的中性面(軸)的存在，再應用聖維南靜力等效原理推導出純彎曲變形梁之撓曲應力公式。在不同直角座標系統中，本文推導方式的邏輯概念與程序比傳統材料力學教材清楚且合理。

一、前言

　　現今中英文材料力學教材，承受純彎曲矩作用的梁，分別取 x 軸向右為正，而 y 軸向上為正或 y 軸向下為正兩種不同座標系，推導出純彎曲變形梁之撓曲應力公式，一般傳統英文材料力學教材(參考附錄 2 中參考文獻)中都針對一種座標系來推導梁的公式。然而在推導過程中有些書令壓應力之合力對中性軸之合力矩為負值，

＊本論文將發表在國外期刊

只說明它與拉應力之合力對中性軸之合力矩旋轉方向相反，事實上從梁微小元素之右側斷面看，拉、壓應力對中性軸之合力矩旋轉方向皆相同。另外大陸書有些書(在本書參考文獻)雖加入彎曲變形，但無拉(壓)應力之微小力之對曲率中心之合力矩正負號的規定，而是以微小元素左側彎曲矩旋轉方向順時針旋轉，右側彎曲矩旋轉方向逆時針旋轉，產生下凸彎曲變形為正值，事實上微小元素規定彎曲矩正負號與座標系無關，但此處似乎以規定使用右手座標系才可。為何會如此，最主要是沒有將真正原因指出來，因而在推導梁的公式中如何正確取正號或負號，對初學者將造成學習困擾，也影響後續機械設計等學科學習。同時中英文機械設計等教材，處理梁承受正負彎曲矩作用，如同材料力學一樣，有y軸向上為正或y軸向下為正的情況，因此有必要探討造成此現象的原因。

二、數學上曲線的描述

　　首先說明數學上曲線與力學上曲線有何不同。數學上的曲線：已知曲線方程式，定出座標系，以曲線上某一點單位切線向量e_t單位法線向量e_n，來描述曲線彎曲方向，其中單位切線向量e_t，單位法線向量e_n逐點變化，曲線彎曲程度以正值的曲率κ大小描述。靜力學上平衡方程式、靜力等效是以靜力符號表示法，符號規定基於空間中的方向，因此力矩或彎曲矩旋轉指向必須以正的座標軸方向為正的。現在直線形狀的直梁承受純彎曲矩作用，產生彎曲變形變成彎曲的曲線梁，其彎曲變形程度必須用數學語言及力學原理來描述，亦即使用座標系統及解析幾何中曲線性質與數學力學原理來描述。但梁受力或力矩作用彎曲變形，不可能馬上得到撓曲曲線方程式，因此無法求單位切線向量e_t，單位法線向量e_n，必須放棄數學上使用單位切線向量與單位法線向量來識別鑑曲線彎曲方向，曲線彎曲程度以正值的曲率κ大小的描述方式。直線形狀的直梁承受純彎曲矩作用，產生彎曲變形變成彎曲的曲線梁，變形終了，使用剛化原理及平衡方程式，可以求出內彎曲矩大小與旋轉方向，以及梁大概的彎曲方式。然而內彎曲矩大小無法描述梁的強度行為，必須考慮單位面積上的內力－應力，但應力分佈未知是為靜不定問題，要由變形幾何分析著手，因此又牽涉到數學上解析幾何中曲線性質，所以必須要取數學上曲線的描述優點與力學上曲線已知內彎曲矩大小與旋轉方向的描述優點，互相協調才能得到正確的結果。

三、新定義正負彎曲矩之變形符號表示法

　　直梁承受彎曲矩作用，一種是上表面產生壓應力或縮短變形，下表面產生拉應力或伸長變形，以及彎曲變成曲線梁；另一種是上表面產生拉應力或伸長變形，下表面產生壓應力或縮短變形，以及彎曲變成曲線梁。若規定彎曲矩正負旋轉方向後，只要確定彎曲矩正負號，整支梁就知如何在純彎曲矩彎曲變形，除了不變形之中性面或中性軸位置未確定，其他指定位置就知承受拉應力或壓應力，伸長變形或縮短變形。它是與座標系統無關而與變形有關。然而內彎曲矩大小無法描述梁的強度行為，必須考慮單位面積上的內力－應力，但應力分佈未知是為靜不定問題，要由變形幾何分析著手，因此務必人為定出座標系統來描述變形，由微小纖維元素分析，再基於聖維南靜力等效原理－合力與合力矩相等推導出中性軸及撓曲應力公式。

　　在傳統材料力學教材中，承受彎曲矩作用，一種是上表面產生壓應力或縮短變形，下表面產生拉應力或伸長變形時，規定彎曲矩為正值，與上述變形相反時，規定彎曲矩為負值。正負彎曲矩規定明顯與座標系統無關，但也沒有將承受純彎曲矩作用產生彎曲變形納入考慮，與事實不太吻合；上表面產生縮短變形，下表面產生伸長變形，是否一定會產生彎曲變形或對那一點產生彎曲變形，留下不確定性。應力分佈未知，取微小纖維元素分析，首先人為定出座標系統來描述變形同一位置纖維元素承受應力之微小力，在以 y 軸向下為正或 y 軸向上為正兩種不同座標系統，如何定出合力與力矩正負號將造成困擾，將直接影響後續聖維南靜力等效原理－合力與合力矩相等來推導公式，吾人非常細心檢視傳統材料力學教材中推導過程，有以下情況：

1. 用梁下表面有伸長變形而上表面有縮短變形說明一定存在不變形位置－中性面或中性軸。

2. 在微小纖維元素分析中，使用聖維南靜力等效原理之合力、合力矩相等，合力、合力矩正負值是使用靜力學符號規定，或規定壓應力微小合力矩是負值，且使用聖維南靜力等效原理之合力矩相等，合力矩是對中性面或中性軸而言。然而在微小纖維元素分析中，不管拉壓應力之合力對中性面或中性軸之合力矩旋轉方向皆同方向。

　　聖維南靜力等效原理－合力與合力矩相等代表意義是梁微小段變形要與微小纖維元素總變形相同為前題下才有合力與合力矩相等，同時注意到等效原理必須要在

相同基準下才成立，但傳統推導公式，聖維南靜力等效原理之合力矩相等是對中性面或中性軸；梁厚度一般不大，中性面落在厚度的小範圍內，若基於微小纖維元素分析中以中性軸為力矩中心為基準之合力矩相等，此時合力之力臂很小，有顯著彎曲變形要合力非常大，這是不可能的事。然而直梁承受純彎曲矩作用之微小段變形成曲線梁，直梁變成曲線梁，總效應變形必須對曲線的曲率中心彎曲變形才可，顯然聖維南靜力等效原理之合力矩相等是用不同的基準。另外合力矩正負號依據靜力學符號規定，但微小纖維元素分析中纖維彎曲方向已確定，若座標系統改變，造成合力矩符號改變。出現以上的缺點，主要是正負彎曲矩之變形符號表示法定性描述變形不正確所造成的。

現在依據梁變形的事實，以及使用解析幾何特性來描述曲線形狀，基於微小纖維元素之總變形與微小段變形要相同前題下，應用聖維南靜力等效原理－合力與合力矩相等定量描述變形，重新定義正負彎曲矩之變形符號表示法。

基於梁承受純彎曲矩作用，產生彎曲與軸向兩種變形，建議新的正負彎曲矩之變形符號表示法(定性描述)，規定正彎曲矩代表上表面產生壓應力(或縮短變形)，下表面產生拉應力(或伸長變形)，且彎曲變形是向下凸的曲線變形，拉(壓)應力之微小力對曲率中心微小力矩與內力彎曲矩有相同(相反)旋轉方向；負彎曲矩代表上表面產生壓應力(或縮短變形)，下表面產生拉應力(或伸長變形)，且彎曲變形是向上凸的曲線變形，拉(壓)應力之微小力對曲率中心微小力矩與內力彎曲矩有相同(相反)旋轉方向；此規定包括彎曲變形及軸向變形兩種變形定性描述，如圖 1 所示。為了描述純彎曲梁之強度行為，必須要分析應力分佈規律，因而要定出座標系統來分析微小纖維元素個別及總合成效應，不同座標系造成合力與合力矩正負號取捨困難。在此規定，依變形符號規定，拉應力合力為正值，壓應力合力為負值；不管在微小段元素左側或右側，拉(壓)應力合力對微小段元素彎曲變形的曲率中心之合力矩為正(負)值，且與內彎曲矩旋轉方向一致且符號相同，上述規定與座標系統無關。同時注意聖維南靜力等效原理－合力與合力矩相等，是以微小段梁彎曲變形為基準，不是以微小纖維元素彎曲變形為基準。

四、力學上曲線的描述

　　數學上解析幾何的曲線是已知曲線方程式，而直梁彎曲成曲線梁，曲線梁方程
式不可能馬上得知，而是知道內彎曲矩的大小及旋轉方向，另外也知道後續要應用
曲線幾何變形分析，必須用到解析幾何的曲線一些有用的性質，結合力學原理分析
梁的變形。直梁承受已知正(負)外力矩作用，依圖 1 所示就知道直梁彎曲成大概形
狀之上凸或下凸的曲線梁。梁微小段變形要與微小纖維元素總變形相同為前題下，
引入以 y 軸向上為正或向下為正兩種不同直角座標系，梁彎曲形狀不變，但一些幾
何量及力矩量正負號的變化，為了數學上曲線與力學上曲線互相協調，因此放棄數
學曲線曲率 一定是正值的規定，採用曲線曲率 有正負值之分，再配合正負彎曲矩
旋轉方向與不同座標系統中解析幾何中曲線性質，組合起來描述力學上的曲線。

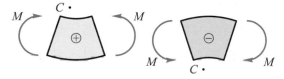

圖 1　正負彎曲矩 M 所造成之元素變形(高度放大)其中 C 點為曲率中心

　　力學上的曲線：是以彎曲矩正負值決定梁彎曲方向，再引入人為定出的座標
系，由曲線上一點指向曲率中心的向量，它在縱軸分向量與正的縱軸同向，此時正
曲率曲線，亦即 x 軸向右為正，y 軸向下為正，正彎曲矩產生負曲率；負彎曲矩產生
正曲率。圖 2 曲率之習慣性符號，圖 3 彎曲矩與曲率間的符號關係。同理 x 軸向右
為正，y 軸向上為正，正彎曲矩產生正曲率；負彎曲矩產生負曲率，這四種情況是
由幾何觀點得到的結果(圖 4)。

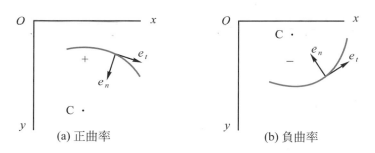

(a) 正曲率　　　　　　　　　(b) 負曲率

圖 2　曲率之習慣性符號 C 點為曲率中心

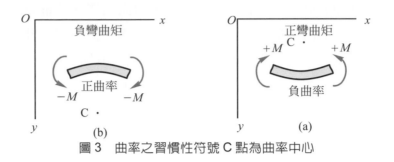

圖 3　曲率之習慣性符號 C 點為曲率中心

五、不同座標系統中純彎曲變形梁之撓曲應力公式

　　梁承受內力情況，是取微小段分析，而兩斷面間相對變形量與彎曲矩及剪力有關，是變形符號表示法，與座標系無關，但內力與變形必須滿足幾何變形相容性條件才可。在解析幾何中的曲線與力無直接相關，為了使力學上產生曲線能用幾何上以解析形式描述，所以放棄數學上曲線彎曲程度以正值的曲率κ大小描述，在y軸向下為正的座標系，正彎曲矩產生負曲率；負彎曲矩產生正曲率。在y軸向上為正的座標系，正彎曲矩產生正曲率；負彎曲矩產生負曲率(此時是以梁的彎曲方向與座標系中數學的曲線，在相同彎曲方向下，定出正負曲率)。

　　然而梁彎曲變形，規定上表面產生壓應力，下表面產生拉應力，此時規定彎曲矩為正的，與座標系無關。梁的內力－彎曲矩、剪力大小無法描述強度條件，必須考慮單位面積上的內力，亦即應力；但應力分佈未知，是靜不定問題，必須考慮幾何變形條件，因而引入座標系。然而座標系統有y軸向上、y軸向下為正兩種，取微小段梁分析，由微積分中的中間值定理知，必有一個位置不變形，亦即為中性面或中性軸，正彎曲矩作用時，不管座標系統如何取，中性面上方產生壓應力，中性面下方產生拉應力。

　　承受正彎曲矩作用的梁，上表面產生壓應力或縮短變形，下表面產生拉應力或伸長變形；承受負彎曲矩作用的梁，上表面產生拉應力或伸長變形，下表面產生壓應力或縮短變形，這樣的規定正負彎曲矩是與座標系統無關，與變形有關，確定彎曲矩正負號後，整支梁就知如何彎曲變形，除了不變形之中性面或中性軸位置未確定，其他指定位置就知承受拉應力或壓應力，伸長變形或縮短變形。

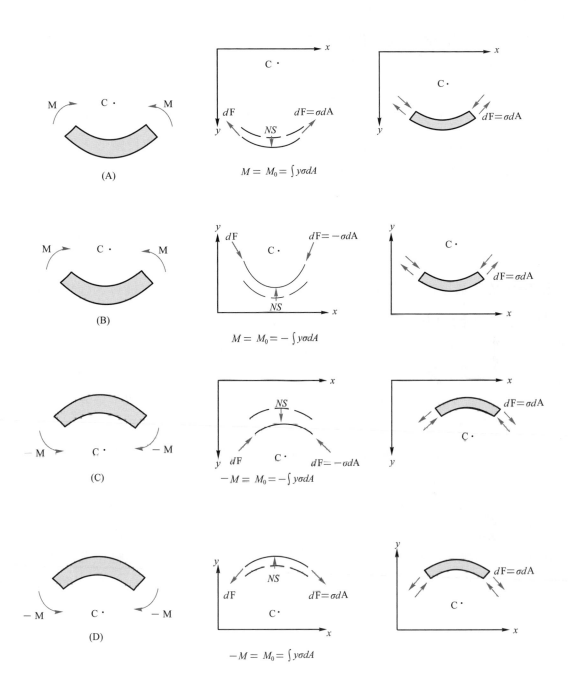

NS—中性面   C—曲率中心
圖 4　不同情況下，承受彎曲矩作用微小段梁與承受微小力作用的纖維

　　回想桿件承受兩端拉力作用，變形終了，愈靠近中間部分變形愈均勻，可以求出內力(軸向力)，伴隨軸向變形，規定軸向拉力為正，然而內力大小無法描述桿件強度條件，引入單位面積上的內力，即應力，規定正向拉應力為正，伴隨軸向伸長變形(亦即定義應力正負值來定性描述軸向變形是伸長或縮短，內力與變形滿足幾何相容性條件)，基於平截面假設，整個斷面皆產生相同伸長變形，取微小截面積的元素，基於聖維南靜力等效原理$N=\int \sigma_x dA$，求出$\sigma_x=\dfrac{N}{A}$，定量描述正向拉應力大小。同理，圓軸承受外扭力矩作用，變形終了，由平衡方程式求出內扭力矩，規定逆時針旋轉扭力矩為正值，整個斷面伴隨逆時針旋轉扭轉角變形為正值，亦即定性描述，基於平截面假設、剛性轉動假設，基於聖維南靜力等效原理$T=\int G\theta \rho^2 dA$，得出$T=G\theta I_p$，最後得出剪應力$\tau=\dfrac{T\rho}{I_p}$的定量描述，上述兩者在推導過程皆是靜不定問題，必須考慮幾何變形條件，因而引入座標系統，但由於整個斷面只有一種性質的內力，伴隨一種性質變形，因此一般取右手座標系統。

　　現在考慮梁承受正的純彎曲矩作用，產生向下凸彎曲變形，上表面產生壓應力或縮短變形，下表面產生拉應力或伸長變形；由於應力分佈未知，是靜不定問題，必須考慮幾何變形條件，因而要描述整體梁的軸向變形於與彎曲變形定性描述，規定正向拉應力為正值產生伸長變形，正向拉應力對曲率中心之力矩為正值，產生向下凸彎曲變形，滿足幾何變形相容性條件，它們與座標系統無關。要分析幾何變形條件，人為引入座標系統(有y軸向上、y軸向下為正兩種)，在正y方向任取一根纖維分析，基於一些假設及平截面假設，以及正向應變定義，推導出正向應變分佈，對線彈性材料滿足虎克定律，結合聖維南靜力等效原理得到中性軸位置、曲率－彎曲矩公式及撓曲公式。同理，梁承受負的純彎曲矩作用，產生向上凸彎曲變形；在正y方向任取一根纖維分析，規定正向拉應力為正值產生伸長變形，正向拉應力對曲率中心之力矩為正值，產生向上凸彎曲變形，滿足幾何變形相容性條件，它們與座標系統無關。

　　首先將梁視為無數根纖維材料組成，觀察梁純彎曲實驗，不同位置造成不同的變形。縱向纖維有部份伸長變形，部份縮短變形，由微積分中的中間值定理知(見5-1節)，必有一個位置不變形，亦即為中性面或中性軸。微小段的梁視為無窮多的纖維組成，代表承受微小拉力與壓力以及力矩作用的無窮多的纖維，其總合力與合力矩必須與承受正彎曲矩微小段的梁產生相同變形，因此必須合力與合力矩相等，亦即滿足聖維南靜力等效原理。然而整體梁是在平衡狀態下，在已知正(負)彎曲矩作法下，就可以決定梁如何彎曲，與座標系統無關；但是特別注意聖維南靜力等效原理是對一斷面而言，一般取右斷面，而變形是兩斷面間相對變形。在中性面上方或下方，任取一根纖維分析，不管取y軸向上或向下為正，它承受應力是拉應力或壓應力已確定，依力矩右手定則，對中性軸旋轉方向也固定不變。亦即使用聖維南靜力等效原理，不可以單純使用靜力符號表示法之符號規定合力與合力矩正負值方向。在不同座標系統，到底要取y或-y處之一根纖維分析來推導出公式，將造成麻煩，而此根纖維承受微小軸向力及力矩作用該如何變形，為了避免麻煩皆取正y處纖維分析，再規定纖維承受軸向拉力為正值(壓力為負值)，以及對中性軸之力矩，規定拉應力對中性軸之力矩為正值，壓應力對中性軸之合力矩為負值，來識別如何變形，亦即滿足內力與變形相容性條件。有了軸向力及對中性軸之力矩正負號，因此只是取正 y 處的纖維分析即可。

確定彎曲矩正負號後，現假設中性面位置(事實上正確位置未知)，定出座標系統(y軸向上或向下為正，因此曲率正負號已知)，距中性軸正y距離處，就知它是如何變形，任意取一微小段梁且為微小截面積dA的一根纖維，類似數學直線(數學上直線是無厚度可言)，纖維軸向變形是伸長(縮短)就知此承受微小拉力$dN=\sigma_x dA$(壓力$dN=-\sigma_x dA$)，亦即軸向變形是伸長或縮短，由軸向合力來識別；此處纖維如何彎曲，是規定微小拉力(壓力)對曲率中心之力矩是正值(負值)，來識別直線變形成為何種曲線，經由幾何分析可得彎曲正向應變公式(見5-2節)。現在以四種情況在不同座標系下(如圖4所示)分析如下：

第一情況下，正彎曲矩作用的梁，以y軸向下為正(暗示正彎曲矩產生負曲率)，現在考慮任意一根纖維，它距中性面為正y處，纖維承受微小拉力$dN=\sigma_x dA$，此時產生伸長變形，微小拉力$dN=\sigma_x dA$為正值，其軸向合力為正值，然而積分整個截面(中性面上方為壓應力，軸向合力為負值)。根據聖維南靜力等效，合力相等可以得到$N=N_0=\int \sigma_x dA=0$。在以y軸向下為正前提下，正 y 處纖維(如同數學上一條曲線)承受拉應力之合力－微小拉力$dN=\sigma_x dA$，規定微小拉應力之微小力$dN=\sigma_x dA$對曲率中心之力矩旋轉方向為正值，直線纖維變形成負曲率之向下凸曲線(與整體梁彎曲情況相同)，合力矩相等(定量描述彎曲變形程度)，但因曲率中心位置未知，在變形終了(此時梁爲單一剛體)平衡狀態下，由於力偶爲自由向量，利用單一剛體力偶變換將對曲率中心之合力矩變換對中性軸之合力矩，亦即$M=M_o=\int y\sigma_x dA$(如圖 4(A)所示)。因軸向合力及對中性軸之合力矩皆要積分整個剖面積，取正y處纖維分析，而上負y處有兩因素變號，即$-y$與正向壓應力，合力相等沒問題，合力矩相等中$M=M_0\int y\sigma_x dA$，y量與正向應力同時變號，力矩不變號，因而分析時只要取正y處纖維分析即可。

　　第二種情況下，正彎曲矩作用的梁，以y軸向上爲正(暗示正彎曲矩產生正曲率)，現在考慮任意一根纖維，它距中性面爲正y處(在中性面上方)，纖維承受微小壓力$dN=-\sigma_x dA$，此時產生縮短變形。根據聖維南靜力等效，合力相等可以得到$-N=N_0=-\int\sigma_x dA=0$。同第一情況一樣，在正 y 處纖維(如同數學上一條曲線)承受壓應力之合力－微小壓力$dN=-\sigma_x dA$，它對中性軸之力矩負值，產生向上凸變形曲線，因此必須加上負號才成爲向下凸變形曲線，積分整個右側斷面，得到型式相同變形結果。根據聖維南靜力等效，合力矩相等，亦即$M=M_0=-\int y\sigma_x dA$(如圖 4(B)所示)，定量描述彎曲變形量得到曲率－彎曲矩公式。

　　第三種情況下，負彎曲矩作用的梁，產生向上凸彎曲變形，現以y軸向下爲正(暗示負彎曲矩產生正曲率)，考慮任意一根纖維，它距中性面爲正y處(在中性面下方)，纖維承受微小壓力$dN=-\sigma_x dA$，此時產生縮短變形，微小壓力$dN=-\sigma_x dA$爲負值，其軸向合力爲負值。根據聖維南靜力等效，合力相等可以得到$-N=N_0=-\int\sigma_x dA=0$。正 y 處纖維(如同數學上一條曲線)承受壓應力之合力－微小壓力$dN=-\sigma_x dA$，它對中性軸之力矩爲負值，代表產生向下凸彎曲變形，必須乘上負號，使其變形型式與整體梁相同向上凸彎曲變形。根據聖維南靜力等效，合力矩相等，亦即$-M=M_0=-\int y\sigma_x dA$(如圖 4(C)所示)(因梁承受負彎曲矩作用即$-M$)，定量描述彎曲變形量得到曲率－彎曲矩公式。

　　第四種情況下，負彎曲矩作用的梁，產生向上凸彎曲變形，現以y軸向上爲正(暗示負彎曲矩產生負曲率)，考慮任意一根纖維，它距中性面爲正y處(在中性面上方)，纖維承受微小拉力$dN=\sigma_x dA$，此時產生伸長變形，規定微小拉力$dN=\sigma_x dA$爲正值，其軸向合力爲正值。根據聖維南靜力等效，合力相等可以得到$N=N_0=-\int\sigma_x dA=0$。正y處纖維(如同數學上一條曲線)承受拉應力之合力－微小拉力$dN=\sigma_x dA$，它對中性軸之力矩爲正值，產生向上凸彎曲變形，其變形型式與整體梁相同向上凸彎曲變形。根據聖維南靜力等效，合力矩相等，亦即$-M=M_0=\int y\sigma_x dA$(如圖4(D)所示)(因梁承受負彎曲矩作用即$-M$)，定量描述彎曲變形量得到曲率－彎曲矩公式。

表一　不同座標系梁在正負彎曲矩作用下聖維南靜力等效

梁受彎曲矩作用及其座標系　＼　微小段梁與纖維曲線受力情況	作用在微小段梁右側的內力		距中性軸正y距離處，任取一根具微小截面積dA之纖維曲線，無數根纖維演化成微小段梁		微小段梁與纖維曲線演化成微小段梁，兩者必須滿足聖維南靜力等效；且是在變形相同的前提下，因此必須要以微小段梁為主的合力及合力矩相等
	軸向力	彎曲矩	右側軸向合力N_0(規定微小拉(壓)力為正(負)值，相應軸向合力N_0為正(負)值)	右側合力矩M_0(規定微小拉(壓)力對中性軸之力矩為正(負)值，相應合力矩M_0為正(負)值)	
①梁承受正彎曲矩作用，且y軸向下為正座標系	$N=0$	M	拉應力之合力N_0，$N_0=\int\sigma_x dA$	拉應力之合力矩M_0，$M_0=\int y\sigma_x dA$	合力相等$N=N_0=\int\sigma_x dA=0$ 合力矩相等 $M=M_0=\int y\sigma_x dA$
②梁承受正彎曲矩作用，且y軸向上為正座標系	$-N=0$	M	壓應力之合力N_0，$N_0=-\int\sigma_x dA$	壓應力之合力矩M_0，$M_0=-\int y\sigma_x dA$	合力相等$-N=N_0=-\int\sigma_x dA=0$合力矩相等$M=M_0=-\int y\sigma_x dA$
③梁承受負彎曲矩作用，且軸向下為正座標系	$-N=0$	$-M$	壓應力之合力N_0，$N_0=-\int\sigma_x dA$	壓應力之合力矩M_0，$M_0=-\int y\sigma_x dA$	合力相等$-N=N_0=-\int\sigma_x dA=0$合力矩相等$-M=M_0=-\int y\sigma_x dA$
④梁承受負彎曲矩作用，且軸向上為正座標系	$N=0$	$-M$	拉應力之合力N_0，$N_0=\int\sigma_x dA$	拉應力之合力矩M_0，$M_0-\int y\sigma_x dA$	合力相等$N=N_0=\int\sigma_x dA=0$ 合力矩相等 $-M=M_0=\int y\sigma_x dA$

表二　不同座標系梁在正負彎曲矩作用下梁的公式

情況	彎曲矩M正負值與正y軸方向	曲率 正負值	分析正y處位置之應力為拉或壓應力	正y處位置之正向應變ε_x公式	曲率彎曲矩公式(其中 $\|\kappa\|=1/\rho$，ρ 曲率半徑)	彎曲正向應力撓曲公式
①	$M>0$，y軸向下為正	$\kappa<0$	拉應力	$\varepsilon_x=\dfrac{y}{\rho}$	$-\kappa=\dfrac{1}{\rho}=\dfrac{M}{EI}$	$\sigma_x=\dfrac{My}{I}$
②	$M>0$，y軸向上為正	$\kappa>0$	壓應力	$\varepsilon_x=\dfrac{-y}{\rho}$	$\kappa=\dfrac{1}{\rho}=\dfrac{M}{EI}$	$\sigma_x=\dfrac{-My}{I}$
③	$M<0$，y軸向下為正	$\kappa>0$	壓應力	$\varepsilon_x=\dfrac{-y}{\rho}$	$\kappa=\dfrac{1}{\rho}=\dfrac{-M}{EI}$	$\sigma_x=\dfrac{My}{I}$
④	$M<0$，y軸向上為正	$\kappa<0$	拉應力	$\varepsilon_x=\dfrac{y}{\rho}$	$-\kappa=\dfrac{1}{\rho}=\dfrac{-M}{EI}$	$\sigma_x=\dfrac{-My}{I}$

　　表一、表二中四種情況代表在不同座標系中，梁在正負彎曲矩作用下梁的公式的推導過程。分析表二中不同座標系梁在正負彎曲矩作用下梁的公式如下：

　　第一種情況：彎曲矩正值且y軸向下為正，產生負曲率($\kappa<0$，$|\kappa|=-\kappa=1/\rho$，其中ρ為曲率半徑)曲線彎曲變形，在正y處纖維，經由變形圓弧弧長及正向應變定義，得到正向應變公式$\varepsilon_x=y/\rho=-\kappa y$(其中$\kappa<0$)，假設線彈性材料滿足虎克定律，得到正向應力公式$\sigma_x=E\varepsilon_x=-\kappa Ey$(其中$\kappa<0$)，基於聖維南靜力等效原理(此處只討論合力矩相等)，將正向應力表示式代入$M=M_0=\int y\sigma_x dA=\int y(-\kappa Ey)dA=-\kappa EI$，得到曲率－彎曲矩公式$\kappa=-M/EI$，再將此式代入正向應力表示式得到撓曲公式

$$\sigma_x=-\kappa Ey=-\dfrac{-M}{EI}\times Ey=\dfrac{My}{I}$$

　　第二種情況：彎曲矩正值且y軸向上為正，產生正曲率($\kappa>0$，$|\kappa|=\kappa=1/\rho$，其中ρ為曲率半徑)曲線彎曲變形，在正y處纖維，經由變形圓弧弧長及正向應變定義，得到正向應變公式$\varepsilon_x=-y/\rho=-\kappa y$(其中$\kappa>0$)，假設線彈性材料滿足虎克定律，得到正向應力公式$\sigma_x=E\varepsilon_x=-\kappa Ey$(其中$\kappa>0$)，基於聖維南靜力等效原理(此處只討論合力矩相等)，將正向應力表示式代入$M=M_0=-\int y\sigma_x dA=-\int y(-\kappa Ey)dA=\kappa EI$，得到曲

率－彎曲矩公式$\kappa=M/EI$，再將此式代入正向應力表示式得到撓曲公式

$$\sigma_x=-\kappa Ey=-\frac{M}{EI}\times Ey=\frac{-My}{I}$$

　　第三種情況：彎曲矩負值且y軸向下為正，產生正曲率($\kappa>0$，$|\kappa|=\kappa=1/\rho$，其中ρ為曲率半徑)曲線彎曲變形，在正y處纖維，經由變形圓弧弧長及正向應變定義，得到正向應變公式$\varepsilon_x=-y/\rho=-\kappa y$(其中$\kappa>0$)，假設線彈性材料滿足虎克定律，得到正向應力公式$\sigma_x=E\varepsilon_x=-\kappa Ey$(其中$\kappa>0$)，基於聖維南靜力等效原理(此處只討論合力矩相等)，將正向應力表示式代入$-M=M_0=-\int y\sigma_x dA=-\int y(-\kappa Ey)dA=\kappa EI$，得到曲率－彎曲矩公式$\kappa=-M/EI$，再將此式代入正向應力表示式得到撓曲公式

$$\sigma_x=-\kappa Ey=-\frac{-M}{EI}\times Ey=\frac{My}{I}$$

　　第四種情況：彎曲矩負值且y軸向上為正，產生正曲率($\kappa<0$，$|\kappa|=-\kappa=1/\rho$，其中ρ為曲率半徑)曲線彎曲變形，在正y處纖維，經由變形圓弧弧長及正向應變定義，得到正向應變公式$\varepsilon_x=y/\rho=-\kappa y$(其中$\kappa<0$)，假設線彈性材料滿足虎克定律，得到正向應力公式$\sigma_x=E\varepsilon_x=-\kappa Ey$(其中$\kappa<0$)，基於聖維南靜力等效原理(此處討論合力矩相等)，將正向應力表示式代入$-M=M_0=\int y\sigma_x dA=\int y(-\kappa Ey)dA=-\kappa EI$，得到曲率－彎曲矩公式$\kappa=M/EI$，再將此式代入正向應力表示式得到撓曲公式

$$\sigma_x=-\kappa Ey=-\frac{M}{EI}\times Ey=\frac{-My}{I}$$

註　　整體梁承受外力矩作用，直線梁逐漸彎曲，變成彎曲梁，產生彎曲正向應力及正向應變。外力矩旋轉方向或正負號確定後，梁彎曲線方向也確定，亦即曲線的曲率中心可以確定在那一方位(但確實位置未知)。梁變形終了，利用剛化原理，使用平衡方程式，求出整體梁的內力－彎曲矩，彎曲矩旋轉方向是對曲率中心而言，與座標系統無關。由微積分中間值定理知，必有不變形的位置－中性面或中性軸，雖然不知中性面確實位置，但可以確信中性面上方與下方，一方是拉應力另一方是壓應力，傳統材料力學書已定性描述，拉應力伴隨伸長變形，壓應力伴隨縮短變形，但沒有對這兩種應力規定梁該往那一個方向彎曲的定性描述，對已變形終了的整體梁，任取中性面上方與下方各一位置，由拉應力與壓應力之微小力，按一力對一點(曲率中心)的力矩旋轉方向不同，不然將不會產生彎曲變形。雖然彎曲矩方向大小已知，但無法知道彎曲變形曲線方程式，因而無法正確定出曲率中心位置，所以無法由曲率中心位置去求出梁上任一位置的彎曲正向應力及正向應變。因此藉由座標系統定在中性面上，且知梁彎曲是靜不定問題，可以由幾何分析其它位置伸長或縮短多少，為了將力矩中心(曲率中心)轉移至中性軸，基於變形終了，平衡時內力－彎曲矩是自由向量，可以轉移至中性軸，然而必須要在相同變形前提下(合力矩相等是以整體梁彎曲矩對曲率中心之力矩大小和旋轉方向為主，為了避免推導公式造成誤用的結果，彎曲變形符號表示法，規定正彎曲矩代表上表面產生壓應力(或

縮短變形)，下表面產生拉應力(或伸長變形)，且彎曲變形是向下凸的曲線變形，拉(壓)應力之微小力對曲率中心微小力矩與內彎曲矩有相同(相反)旋轉方向；負彎曲矩代表上表面產生壓應力(或縮短變形)，下表面產生拉應力(或伸長變形)，且彎曲變形是向上凸的曲線變形，拉(壓)應力之微小力對曲率中心微小力矩與內彎曲矩有相同(相反)旋轉方向；且要滿足聖維南靜力等效原理，因此對正向拉應力作用在纖維之微小力對曲率中心或中性軸之力矩旋轉方向，要與彎曲矩旋轉方向一樣，亦即產生相同正負號曲率曲線定性描述，再由聖維南靜力等效原理，合力與合力矩相等定量描述伸長變形與彎曲變形。

六、結論

　　本文引進新定義正負彎曲矩之變形符號表示法，強調拉(壓)應力之微小力之合力分別與為正、負值，以及對曲率中心合力矩正負號，它們與座標無關。在推導過程梁承受純彎曲變形，變形終了剛化原理，引入座標系進行幾何變形分析，最後使用聖維南靜力等效原理－合力與合力矩相等推導出公式。在不同直角座標系統中，本文推導方式的邏輯概念與程序比傳統材料力學教材清楚且合理。

　　本文引進新定義彎曲矩正負號及正確推導過程，有下列特點：

⑴　此規定包括彎曲變形及軸向變形兩種變形定性描述，彎曲變形是對曲率中心產生彎曲變形，兩種變形與座標系無關；

⑵　規定拉應力之微小力為正值，壓應力之微小力為負值，與座標系無關；

⑶　拉(壓)應力之微小力對曲率中心微小力矩與內彎曲矩有相同(相反)旋轉方向；負彎曲矩代表上表面產生壓應力(或縮短變形)，下表面產生拉應力(或伸長變形)，且彎曲變形是向上凸的曲線變形，拉(壓)應力之微小力對曲率中心微小力矩與內彎曲矩有相同(相反)旋轉方向，與座標系無關；

⑷　彎曲矩大小無法描述梁的強度行為，必須考慮幾何變形條件，在不同座標系下使用聖維南靜力等效原理－合力與合力矩相等，是以這微小元素規定拉(壓)應力之微小力之合力分別與為正、負值與合力矩(對曲率中心)正負號為基準為主，再由變形終了剛化原理之剛體，平衡狀態下，由於力偶為自由向量，利用單一剛體力偶變換將對曲率中心之合力矩變換對中性軸之合力矩相等。

⑸　梁純彎曲，在不同位置造成不同的變形。縱向纖維有部份伸長變形，部份縮短變形，由微積分中的中間值定理知(見 5-1 節)，必有一個位置不變形，亦即為中性面或中性軸。

習 題

(A) 問答題

5-1　何謂中性面？何謂中性軸？此兩者在變形分析中有何用途？

5-2　試總結推導平面彎曲正向應力公式的步驟。在推導過程中作了那些假設？爲何需要這些假設？在什麼條件下這些假設才是正確的？

5-3　何謂梁的危險截面與危險點？

5-4　彎曲梁的合理截面形式應根據什麼原則來確定？拉伸桿件是否存在合理截面的問題？

5-5　慣性矩I_z的定義是什麼？爲什麼說它是反映橫截面積大小及形狀對彎曲變形抗力的物理量？爲什麼在拉伸桿件中用橫截面面積大小即可表示橫截面的抗力，而在彎曲梁中必須用對中性軸之慣性矩I_z？

5-6　剪應力公式有那些限制？

5-7　何謂組合梁與複合梁？各基於何種理由使用它們？在彎曲時，它們的計算應力各使用什麼公式？

(B) 計算題

5-3.1　如圖 5-51 所示，一厚爲 1.0 mm，長爲 300 mm 之薄鋼尺($E = 200$ GPa)，兩端受力偶M_0之作用彎成 45°角的圓弧。試求鋼尺上之最大應力σ_{max}。

　　　答：$\sigma_{max} = 262$ MPa。

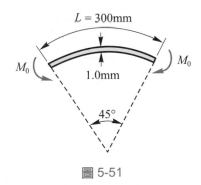

圖 5-51

5-3.2　如圖 5-52 所示之簡支梁，跨距長$L = 5$ m，承受一強度$q = 4.0$ kN/m 之均佈負載。若梁剖面爲矩形，寬$b = 150$ mm，高$h = 250$ mm，試求q在梁上所產生的最大彎曲應力σ_{max}。

答：$\sigma_{max} = 8$ MPa。

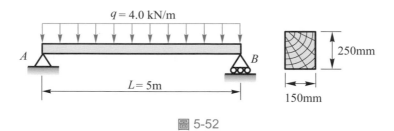

圖 5-52

5-3.3 若一簡支梁的剖面為矩形$(150\ mm \times 250\ mm)$(如圖5-53所示)，跨距為L，並承受一均佈負載$q = 8.0$ kN/m。若梁的容許彎曲應力為8.0 MPa，試求最大容許跨距長L(梁的重量包含於負載q內)。

答：$L = 3.536$ m。

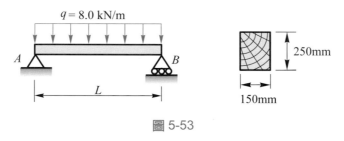

圖 5-53

5-3.4 如圖5-54所示之寬翼鋼梁，其兩外伸部分承受一強度$q = 120$ kN/m之均佈負載。若其剖面模數$S = 8.0 \times 10^6\ mm^3$，試求梁的最大彎曲應力$\sigma_{max}$。

答：$\sigma_{max} = 30$ MPa。

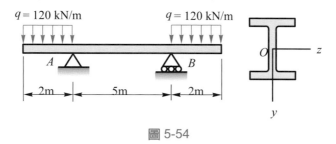

圖 5-54

5-3.5 有一梁兩端承受$300\ N \cdot m$的集中力偶作用，如圖5-55所示，若梁的截面寬$25\ mm$，高$60\ mm$，試求梁內最大彎曲應力。

答：$\sigma_{\max} = 20$ MPa。

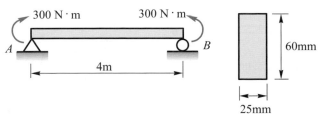

圖 5-55

5-3.6　如圖5-56所示之外伸梁ABC承受一集中負載P。梁的剖面爲 T 形，其尺寸如圖所示。材料的容許拉應力爲40 MPa，容許壓應力爲70 MPa時，試求所容許負載P值(不計梁的重量)。

答：$P = 3.376$ kN。

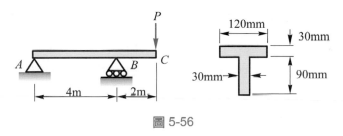

圖 5-56

5-3.7　如圖5-57所示，一集中負載P作用在簡支梁AB上，若$P = 6.0$ kN，且其剖面尺寸如圖所示，試決定最大彎曲應力$\sigma_{\max}$。

答：$\sigma_{\max} = 198.53$ MPa(壓應力)。

5-4.1　如圖5-58所示，一長1.8 m的懸臂梁承受一均佈負載$q = 4$ kN/m及一集中負載$P = 3$ kN作用於自由端。若$\sigma_{\text{allow}} = 120$ MPa，試求所需的剖面模數S。從附錄5中的表5-3選擇一適當的槽形梁，若需要選擇一新的梁尺寸，就考慮梁重量再計算S值。

答：$S = 99$ cm³，150×89×17.1 kg RSJ。

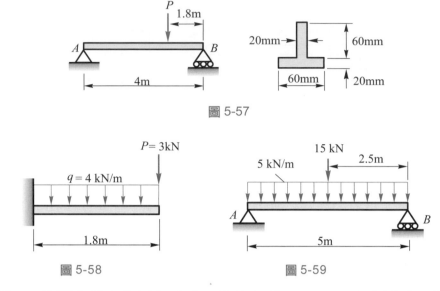

圖 5-57

圖 5-58　　　　　　　　　　　圖 5-59

5-4.2　長 5 m 的簡支梁在全長上承受一均佈負載 5 kN/m 且在中點受一集中負載 15 kN，如圖 5-59 所示。設 $\sigma_{allow} = 120$ MPa，試求所需的剖面模數。從附錄 5 中的表 5-1 選擇一適當的寬翼梁(W 形狀)，若需要選擇一新梁尺寸，就考慮梁重量再計算 S 值。

答：$S = 286$ cm³，254×102×28 kg UB。

5-4.3　圖 5-60 一懸臂梁長為 4 m，承受一均佈負載 $q = 40$ kN/m。容許拉伸或壓縮是 160 MPa。假如橫截面是矩形且高是寬的兩倍，試求其尺寸。

答：寬 $b = 144$ mm，高 $h = 2b = 288$ mm。

5-4.4　圖 5-61 中第一梁(剖面模數 S_1)為一實心圓剖面梁，其直徑為 d_1，而第二梁(剖面模數 S_2)為一空心圓剖面梁，其外徑為 d_2(如圖所示)。若兩梁的剖面積相同，試決定兩梁的剖面積模數比 S_2/S_1。

答：$\dfrac{S_2}{S_1} = \dfrac{2d_2^2 - d_1^2}{d_1 d_2}$。

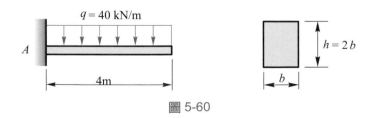

圖 5-60

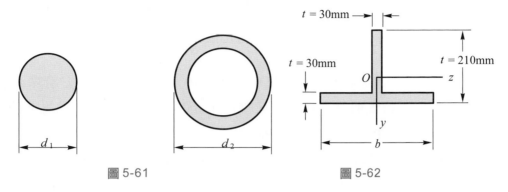

圖 5-61   圖 5-62

5-4.5 如圖 5-62 所示的 T 形剖面梁中，若在其頂部與底部正向應力比為 5：2 時，試決定其梁翼的寬(假設 $h = 210$ mm 且 $t = 30$ mm)。

答：$b = 240$ mm。

5-5.1 (a)如圖 5-63(a)所示之簡支梁，長 L，矩形剖面之高為 h，而寬為 b，承受一均佈負載 q。試導出梁中的最大剪應力 τ_{max} 公式，以最大彎曲應力 σ_{max} 來表示。(b)如圖 5-63(b)所示懸臂梁，試以與(a)相同方法求 τ_{max}。

答：(a) $\tau_{max} = \sigma_{max}\left(\dfrac{h}{L}\right)$；(b) $\tau_{max} = \sigma_{max}\left(\dfrac{h}{2L}\right)$。

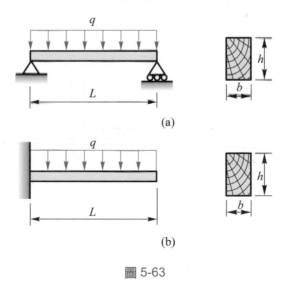

(a)

(b)

圖 5-63

5-5.2 一矩形剖面的簡支梁上受均佈負載。梁的高為 250 mm。且在彎曲與剪力的容許應力分別為 $\sigma_{allow} = 10$ MPa 與 $\tau_{allow} = 2.0$ MPa。若梁的容許負載值介於

在剪應力所決定的容許負載以下與彎曲應力所決定容許負載以上時，試求
跨距長L_0。

答：$L_0 = 1.25$ m。

5-5.3　如圖5-64所示簡支梁，承受一集中力$P = 30$ kN，試求在左支承點A右方1
　　　　m的剖面上之最大剪應力以及在此剖面上距頂面下方10 mm處之剪應力。

答：$\tau_{max} = 12$ MPa，$\tau = 7.68$ MPa。

5-5.4　如圖5-65所示一懸臂梁，其橫截面是T型的。試求(a)距固定端A點右方1 m
　　　　的剖面上之最大剪應力；(b)距上表面 25 mm 處的剪應力；(c)距下表面 20
　　　　mm 處的剪應力。

答：(a)$\tau_{max} = 9.38$ MPa；(b)$\tau = 3.73$ MPa；(c)$\tau = 1.28$ MPa。

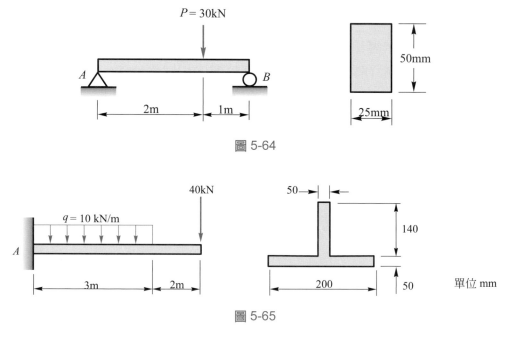

圖 5-64

圖 5-65

5-5.5　剪力$V = 600$ kN 作用在一$762 \times 267 \times 147$ kg 的寬翼鋼梁上，試求在腹板上
　　　　的最大剪應力τ_{max}。並比較此最大剪應力與由V除以腹板面積而得到平均τ_{aver}
　　　　的結果。

答：$\tau_{max} = 71.32$ MPa，$\tau_{aver} = 64.7$ MPa。

5-5.6　試推導一圓形剖面的剪應力分佈公式及其最大剪應力值。

5-6.1　一鉚接鋼梁其剖面如圖5-66所示，剖面是由兩塊 30 mm×280 mm 的翼板與

一厚 20 mm 深 50 mm 的腹板所構成。若梁承受一剪力 $V = 500$ kN，則每一鉚接圓角必須傳遞多少力 F(每單位鉚接長度)？

答：$F = 400.65$ kN/m。

5-6.2　如圖 5-67 所示的鋼梁其由兩塊 20 mm×500 mm 的翼板鉚接到 15 mm×1500 mm 的腹板所組成。若每一鉚接圓角在每 mm 鉚接長所容許的剪力負載 $F = 500$ N 時，試求所容許的剪力 V。

答：2.63×10^6 N。

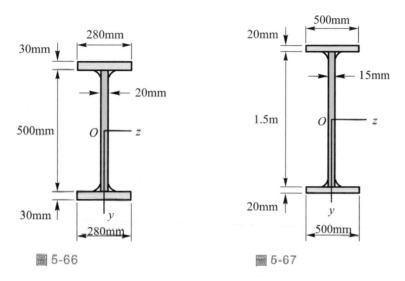

圖 5-66　　　　　　　　　　　　　　圖 5-67

5-6.3　如圖 5-68 所示，一木製箱形梁是由 20 mm×500 mm(真實尺寸)的厚板所組成。厚板間用螺絲栓接，每根螺絲容許剪力為 $F = 1.5$ kN，若剪力 V 為 5 kN 時，試求螺絲縱向間距為 s 的最大容許值。

答：$s = 105$ mm。

5-6.4　一木製箱形梁如圖 5-69 所示是由四個 60 mm×250 mm(公稱尺寸)的木板所構成。若鐵釘的縱向間距 $s = 120$ mm，且每鐵釘之容許負載為 $F = 1.2$ kN，試求所容許的剪力 V。

答：$V = 7.62$ kN。

5-6.5　一空心木梁，腹板為夾板，其剖面尺寸如圖 5-70 所示。夾板用小鐵釘連在梁翼上，小鐵釘在剪力之容許負載為 100 N。試求在剖面上所容許的最大鐵釘間距，其中當剪力 V 等於：(a)500 N；與(b)800 N 時。

答：(a)$s = 57$ mm；(b)$s = 36$ mm。

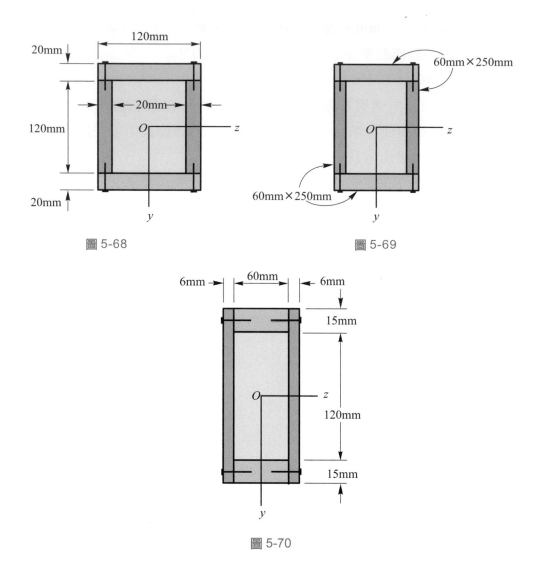

圖 5-68

圖 5-69

圖 5-70

5-7.1 長 4 m 的一簡支梁上承受一均佈負載強度 20 kN/m 如圖 5-71 所示。此梁由 120 mm×280 mm(眞實尺寸)的木板所組成，在其頂部與底部由厚 8 mm 的鋼板加強。鋼與木板的彈性模數分別爲 $E_s = 200$ GPa 與 $E_w = 10$ GPa。試求在鋼板的最大應力 σ_s 與木板的最大應力 σ_w。

答：(a)$(\sigma_s)_{max} = 116.54$ MPa；(b)$(\sigma_w)_{max} = 5.51$ MPa。

5-7.2 使用轉換剖面法重解習題 5-7.1。

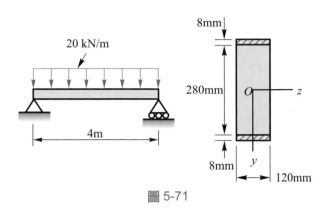

圖 5-71

5-7.3 一尺寸爲 250 mm×350 mm 的木板梁在其邊上用 10 mm 厚的鋼板來加強如圖 5-72 所示。鋼與木板分別的彈性模數爲 $E_s = 200$ GPa 與 $E_w = 8.5$ GPa。而且其對應的容許應力爲 $(\sigma_s)_{allow} = 120$ MPa 與 $(\sigma_w)_{allow} = 10$ MPa。試求對 z 軸的最大容許彎曲矩 $(M_{max})_{allow}$。

答：$(M_{max})_{allow} = 75.03$ kN · m。

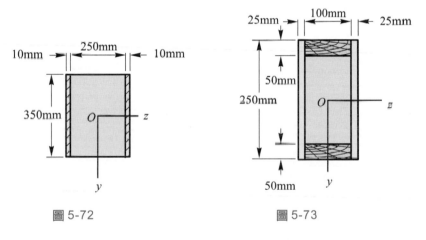

圖 5-72   圖 5-73

5-7.4 如圖 5-73 所示一空心箱形梁由 Douglas 的樅木合板爲腹板，松木爲梁翼所構成。合板爲厚 25 mm，寬 250 mm；梁翼爲 50 mm×100 mm(眞實尺寸)。合板的彈性模數爲 10 GPa，松木的彈性模數爲 8 GPa。若合板與松木的容許應力分別爲 15 MPa 與 10 MPa，求此梁的最大容許彎曲矩 M_{max}。使用轉換剖面法。

答：$(M_{max})_{allow} = 14.68$ kN · m。

5-8.1   一圓形剖面實心桿承受軸向拉力$P = 25$ kN而集中力偶$M_0 = 5$ kN · m如圖 5-74所示。若直徑$d = 80$ mm，試求最大及最小應力。

      答：$\sigma_{max} = 104.45$ MPa，$\sigma_{min} = -94.50$ MPa。

5-8.2   一正方柱承受一壓力$P = 30$ kN與一集中力偶$M_0 = 900$ N · m如圖 5-75所示。若$b = 60$ mm，試求其最大及最小應力。(忽略柱子本身的重量)。

      答：$\sigma_{max} = 16.67$ MPa，$\sigma_{min} = -33.33$ MPa。

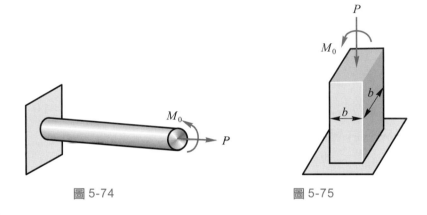

圖 5-74   圖 5-75

應力與應變的分析

研讀項目

1. 了解桿件承受軸向負載時，其斜面有正向應力及剪應力，注意這些應力正負值的方向。由此可了解延性和脆性材料承受軸向負載是如何損壞。

2. 物體內任一點同時承受兩互相垂直的軸向應力即為雙軸向應力，基於力平衡求出斜面應力公式，並求最大剪應力、應變等量。

3. 基於雙軸向應力，其中一個為拉應力，另一個為壓應力且等值，導出一斜面上只存在剪應力即為純剪，同時由元素變形量推導出 G、E 與 v 三者之間的關係。

4. 了解應力元素其斜面上正向應力和剪應力的正確方向及其座標系統的方向。物體內某一點應力狀態已知，要學會畫出應力元素表示式及其某一方向應力狀態表示式。在此特別注意，以指出紙面方向為正 z 軸，則應力元素座標系統為右手直角座標系（而莫爾圓之座標系統在本書是左手直角座標系）。

5. 平面應力是包括正向應力與剪應力，且這些應力皆在同一平面上，在此特別注意剪應力的符號規定。由力的平衡方程式推導出斜面上的正向應力與剪應力，由力矩平衡導出互相垂直平面剪應力相等；若由旋轉座標推導出互相垂直平面剪應力大小相等，但差一負號。

6. 基於微積分極值觀念推導平面應力的主應力及最大剪應力的大小及方向。其莫爾圓作圖步驟及方法必須熟記。

7. 了解平面應力的虎克定律的意義，接著推導出體積變化及其應變能密度。

8. 了解物體承受三軸向應力的情況，同時注意三軸向應力的虎克定律、體積變化與應變能密度。

9. 區別平面應力與平面應變，並推導剖面上任一點的應變公式，且用莫爾圓來表示之，同時也介紹工程上用應變規來量應變。

10. 了解薄壁壓力容器的應力分析。

11. 為了解梁內各點主應力的大小及方向變化情形，可由應力元素經由應力轉換公式去求得。

6 -1 桿件斜面上的應力

在第二章中，吾人已介紹過正向應力與剪應力，這兩種應力的性質不同，**正向應力是負載方向與截面垂直，而剪應力是負載方向與截面平行。構件或結構的損壞主要是根據材料性質與應力狀態等來決定，而損壞發生在最大應力點**，故分析或設計結構時，必須去了解可能產生最大應力的點，而最大也許是正向應力，或許是剪應力，所以最大應力點的平面可能有無數多個，此時我們無法一一求出某一平面上應力後，再比較應力大小，基於第二章所述，**應力值與它所在平面方位有關，所以數學上處理是找一參數(此處為θ)，參數變化就可描述整個不同平面方位。因而點的位置與截面方位是應力分析兩個重要課題**。首先吾人研究一支桿子受單軸向負載作用時與軸傾斜的截面pq上的應力，此應力稱之為單軸向應力(圖 6-1(a))。

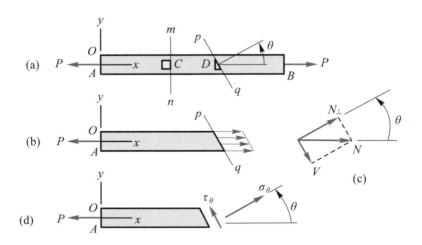

圖 6-1　橫截面mn及斜截面pq之承受拉力桿件

　　切斷此桿，使截面的法線與x軸有一夾角θ，而得斜截面pq，並取截面左半部分為自由體圖，由靜力平衡知其軸力$N=P$。現要求在斜截面上的應力。分析方法有二，分別如下所述：

一、利用力分解及應力定義

　　首先將內力N利用平行四邊形定律分解(此定律對剛體與變形皆成立)成垂直力$N_\perp$及剪力V(圖 6-1(c))，則

$$N_\perp = N\cos\theta \tag{6-1a}$$

$$V = -N\sin\theta \tag{6-1b}$$

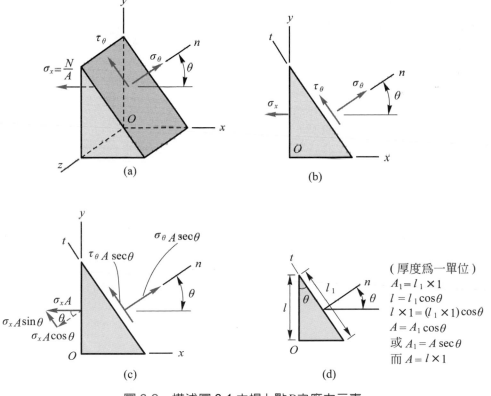

圖 6-2　描述圖 6-1 中桿上點D之應力元素

然而根據第二章分析，這兩分力產生平均正向應力σ_θ和平均剪應力τ_θ，則$\sigma_\theta = \dfrac{N_\perp}{A_1}$及 $\tau_\theta = \dfrac{V}{A_1}$，其中$A_1$為斜截面積(圖 6-2(d))。正向應力$\sigma_\theta$是以拉力時為正，且$\theta$取逆時針方向旋轉時為正(右手定則)，同時取$\tau_\theta$以使物體產生逆時針方向的旋轉時為正。則由(6-1a，b)式得

$$\sigma_\theta = \frac{N_\perp}{A_1} = \frac{N\cos\theta}{A\sec\theta} = \sigma_x\cos^2\theta \qquad (6\text{-}2a)$$

$$\tau_\theta = \frac{+\,V}{A_1} = \frac{-N\sin\theta}{A\sec\theta} = -\sigma_x\sin\theta\cos\theta = -\frac{\sigma_x}{2}\sin 2\theta \qquad (6\text{-}2b)$$

其中$\sigma_x = \dfrac{N}{A}$為橫截面上的正向應力。而σ_θ與τ_θ之方向如圖 6-2(b)。

二、利用應力元素力平衡

一物體受力作用變形處於平衡時，其內一微小元素也應處於平衡，由圖 6-2(c)知

$$^+\nearrow \;\; \Sigma F_n = 0 \qquad \sigma_\theta\sec\theta - \sigma_x A\cos\theta = 0$$

$$^+\nwarrow \;\; \Sigma F_t = 0 \qquad \tau_\theta A\sec\theta + \sigma_x A\sin\theta = 0$$

或

$$\sigma_\theta = \sigma_x\cos^2\theta \qquad (6\text{-}3a)$$

$$\tau_\theta = -\frac{\sigma_x}{2}\sin 2\theta \qquad (6\text{-}3b)$$

上兩式表示作用於任何斜面上的正向應力及剪應力，其方向分別與垂直分力$N_\perp$及平行分力之剪力V同向。由(6-3)式知$\sigma_\theta = \sigma_\theta(\theta)$及$\tau_\theta = \tau_\theta(\theta)$，表$\sigma_\theta$及$\tau_\theta$皆是$\theta$角之函數。由微積分知求一函數極值，即取該函數一階導數等於零，即知何處函數有極值。因而

$$\frac{d\sigma_\theta}{d\theta} = \frac{d}{d\theta}(\sigma_x\cos^2\theta) = 2\sigma_x\cos\theta(-\sin\theta) = 0$$

則

$$\sin 2\theta = 0 \quad 或 \quad \theta = 0°，90°$$

將$\theta = 0°$，$90°$代入(6-3)式得

$$\sigma_{\max} = \sigma_x \quad (但\,\tau_\theta = 0)$$

同理

$$\frac{d\tau_\theta}{d\theta} = -\frac{d}{d\theta}\left(\frac{\sigma_x}{2}\sin 2\theta\right) = -\frac{\sigma_x}{2}(\cos 2\theta)\times 2 = 0$$

則　$\cos 2\theta = 0$　或　$\theta = \pm 45°$

將 $\theta = \pm 45°$ 代入(6-3)式得

$$\tau_{\max} = \mp\frac{\sigma_x}{2}\quad\left(\text{但 } \sigma_\theta = \frac{\sigma_x}{2}\right)$$

觀念討論

1. 使用(6-2)或(6-3)式，必須了解軸向與斜面法線夾角以反時針為正，同時為了更清楚了解應力狀態用應力元素(如第二章所述的六面體，其中一對面無應力，故取平行四邊形)來表示。

2. 微小的應力元素，其距離都非常微小可看成一點，此時靜力等效(力的分解)與力的平衡就沒有分別了。

● **例題 6-1** 一受壓縮的等截面桿，橫剖面積 $A = 1000\ \text{mm}^2$，並承受一軸向負載 $P = 85\ \text{kN}$(圖 6-3(a))，試求作用在切角 $\theta = 25°$ 剖面上的應力，並求出應力元素上的各個應力，且繪出完整的應力元素圖及加以討論。

解 首先利用靜力平衡求出軸力 $N = P = -85\ \text{kN}$，其軸向應力為

$$\sigma_x = \frac{N}{A} = \frac{-85\times 10^3\ \text{N}}{1000\ \text{mm}^2} = -85\ \text{MPa(壓應力)}$$

再由圖 6-3(a)知 $\theta = 25°$ 代入(6-2a，b)式得

$$\sigma_\theta = \sigma_x\cos^2\theta = (-85\ \text{MPa})\cos^2(25°) = -69.82\ \text{MPa}$$

$$\tau_\theta = -\frac{\sigma_x}{2}\sin 2\theta = \frac{1}{2}(85\ \text{MPa})(\sin 50°) = 32.56\ \text{MPa}$$

圖 6-3(b)顯示這些應力真正作用於斜面上的方向。接著要繪出應力元素是從斜剖面切出任意平行四邊形(或正方形)，如圖 6-3(c)現在只有在斜面邊視圖 $\overline{ab}$ 知其 $\sigma_\theta = -69.82\ \text{MPa}$，$\tau_\theta = 32.56\ \text{MPa}$ 而 $\overline{dc}$ 上由力平衡，可得出大小相等方向相反之應力，另 $\overline{ad}$ 及 $\overline{bc}$ 現未知，但 $\overline{ad}$ 之平面法線正好與 x 軸夾角 $\theta =$

$25° + 90°$，將它代入(6-2)式得表$\overline{ad}$斜面上正向應力σ'_θ及剪應力τ'_θ為

$$\sigma_{\theta'} = \sigma_\theta|_{\theta = \theta + 90°} = -85\cos^2(25° + 90°) = -15.18 \text{ MPa}$$

$$\tau_{\theta'} = \tau_\theta|_{\theta = \theta + 90°} = \frac{85}{2}\sin 2(25° + 90°) = -32.56 \text{ MPa}$$

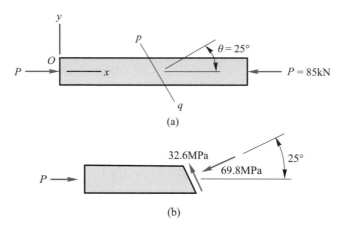

(a)

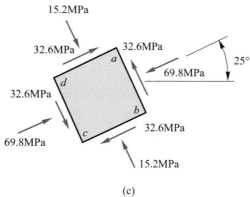

(b)

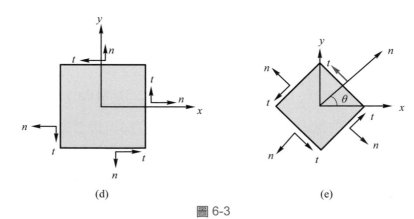

(c)

(d)　　　　　　　　　　　　　(e)

圖 6-3

將這兩值畫在圖 6-3(c)之 $\overline{ad}$ 邊上(參照本題圖 6-3(e)及這兩應力正負值規定)，另外 $\overline{bc}$ 邊上應力是根據力平衡去決定其值及方向。

由圖 6-3(c)可觀察得到下列結論：

1. 應力元素上的數字只有正的數字，而應力眞正值由其箭頭方向表示出。原單軸向應力在某斜面上，應力狀態可能爲平面應力狀態(後面介紹)。

2. 斜面上應力規定正負值由圖 6-1(d)知，隨斜面法線與切線方向同向爲正值，但法線與切線方向隨斜面(或剖面)的方位不同有所不同，如圖 6-3(d)及(e)所示一看即知。

3. $\overline{ab}$ 與 $\overline{ad}$($\overline{bc}$ 與 $\overline{dc}$)之交點 a(或 c 點)表兩平面互相垂直之交點，剪應力在圖示方向同時接近 a 點(或 c 點)，同理在 b 及 d 點同時遠離。

4. 在應力元素之任一平面上，其上剪應力正負值，若是以該平面上的法線-切線 $(n-t)$ 爲座標系統有 $\tau'_\theta = -\tau_\theta$(或如圖 6-3(c))，稱爲反對稱(再後面介紹平面應力會再介紹)，而以元素之直角座標系統爲主(如 xy 座標系統或平面應力介紹 x_1-y_1 座標系統)卻有對稱 $\tau_{yx} = \tau_{xy}$ 關係(此處爲 $\tau'_\theta = \tau_\theta$)，這兩者之間似乎看起來有矛盾(2-6 節已有說明)，但事實上是它們對於不同座標系統去規定其正負值而已，然而在使用這個關係式時要特別小心(這在一般書中並沒有特別強調)。

例題 6-2 有一外徑 250 mm 的鋼管是由 5 mm 厚的鋼板切成條狀，沿與垂直軸線的面成 20°螺旋角銲接而成，一軸向負載 $P = 300$ kN 作用在鋼管上(圖 6-4(a))，試求與銲接正交和相切的正向應力 σ_θ 和剪應力 τ_θ。

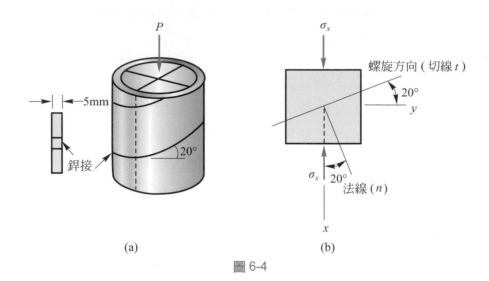

圖 6-4

解 由題意只知有P作用，首先定P作用方向為軸線方向是x軸，而y軸為徑向。
取銲接處一小元素(平行於軸向)，螺旋線與垂直軸線的面成20°，即與y軸成
20°，如圖 6-4(b)所示，垂直於螺旋線之法線與x軸夾20°，亦即$\theta = 20°$。接
著求垂直於軸線的鋼板面積A(一環面積)

$$A = \frac{\pi}{4}(d_0^2 - d_1^2) = \frac{\pi}{4}(250^2 - 240^2) = 3848 \text{ mm}^2$$

其軸向力$N = P$，而
正向應力

$$\sigma_x = \frac{N}{A} = -\frac{300 \times 10^3 \text{ N}}{3848 \text{ mm}^2} = -77.96 \text{ MPa(壓應力)}$$

則由(6-2a，b)式得

$$\sigma_\theta = \sigma_x \cos^2\theta = (-77.96 \text{ MPa})(\cos 20°)^2 = -68.84 \text{ MPa}$$

$$\tau_\theta = -\left(\frac{\sigma_x}{2}\right)\sin 2\theta = \frac{1}{2}(77.96 \text{ MPa})\sin 40°$$

$$= 25.05 \text{ MPa}$$

6 -2 雙軸向應力

　　上一節是敘述僅受軸向拉負載構件內應力的情形，構件內任一點僅單一方向產
生軸向應力，故稱為單軸向應力。本節對探討雙軸向應力(biaxial stress)的情形，

即負載不僅軸向，構件內任一點同時有兩互相垂直的軸向應力。在壓力容器、梁 (beam)、軸(shaft)和其他結構分析上，常屬此類。壓力容器應力分析後面介紹，在此處先介紹雙軸向應力狀態分析。

　　圖 6-5(a)所示為一雙軸向應力狀態，其中傾斜面pq的法線方向與x軸的夾角為 θ，(取逆時針為正)，由平衡關係可求得傾斜面pq上的正向應力σ_θ及剪應力τ_θ。今切取傾斜面pq左邊為自由體，如圖 6-5(b)。而圖 6-5(c)為完整應力元素表示。假設此自由體上σ_x作用面上的面積為A(圖 6-5(d))，則σ_y作用面上的面積為$A\tan\theta$，而σ_θ作用面上的面積為$A\sec\theta$，則在σ_θ與τ_θ方向由靜力平衡條件可分別寫出下列方程式(見圖 6-5(e))

$$+\nearrow \quad \Sigma F_n = 0 \quad \sigma_\theta A_1 - (\sigma_x A)\cos\theta - (\sigma_y A_2)\sin\theta = 0$$

$$+\nwarrow \quad \Sigma F_t = 0 \quad \tau_\theta A_1 + (\sigma_x A)\sin\theta - (\sigma_y A_2)\cos\theta = 0$$

或

$$\sigma_\theta A\sec\theta - (\sigma_x A)\cos\theta - (\sigma_y A\tan\theta)\sin\theta = 0$$

$$\tau_\theta A\sec\theta + (\sigma_x A)\sin\theta - (\sigma_y A\tan\theta)\cos\theta = 0$$

整理得

$$\sigma_\theta = \sigma_x\cos^2\theta + \sigma_y\sin^2\theta \tag{6-4}$$

$$\tau_\theta = -(\sigma_x - \sigma_y)\sin\theta\cos\theta \tag{6-5}$$

由三角函數關係式

$$\cos^2\theta = \frac{1}{2}(1 + \cos 2\theta)$$

$$\sin^2\theta = \frac{1}{2}(1 - \cos 2\theta)$$

$$\sin\theta\cos\theta = \frac{1}{2}\sin 2\theta$$

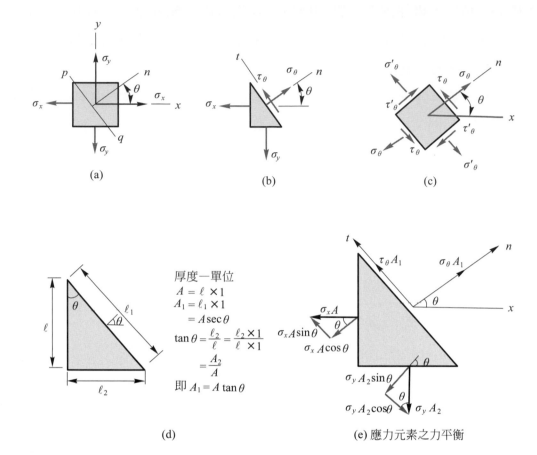

(a)　　　　　　　　　　(b)　　　　　　　　　　(c)

(d)　　　　　　　　(e) 應力元素之力平衡

圖 6-5　雙軸向應力之分析

代入(6-4)與(6-5)式，可得σ_θ及τ_θ的另一表示式

$$\sigma_\theta = \frac{1}{2}(\sigma_x + \sigma_y) + \frac{1}{2}(\sigma_x - \sigma_y)\cos 2\theta \tag{6-6}$$

$$\tau_\theta = -\frac{1}{2}(\sigma_x - \sigma_y)\sin 2\theta \tag{6-7}$$

在此特別注意σ_θ及τ_θ的正負符號規定如圖所示，θ角是傾斜面法線與x軸的夾角，以逆時針為正。

在與傾斜面pq垂直的平面$p'q'$上的正向應力σ'_θ及剪應力τ'_θ，可以直接以$\theta + 90°$代替θ而求得：

$$\sigma'_\theta = \frac{\sigma_x + \sigma_y}{2} - \frac{1}{2}(\sigma_x - \sigma_y)\cos 2\theta \tag{6-8}$$

$$\tau'_\theta = \frac{1}{2}(\sigma_x - \sigma_y)\sin 2\theta \tag{6-9}$$

由(6-6)式至(6-9)式，可得以下之關係式

$$\sigma_\theta + \sigma'_\theta = \sigma_x + \sigma_y \tag{6-10a}$$

$$\tau'_\theta = -\tau_\theta \tag{6-10b}$$

由(6-6)式知，$\theta = 0°$時，$\sigma_\theta = \sigma_x$；$\theta = 90°$時，$\sigma_\theta = \sigma_y$，即θ由$0°$至$90°$時，σ_θ由 σ_x變化至σ_y。假設σ_x大於σ_y，此雙軸應力，最大正向應力是在$\theta = 0°$，$(\sigma_\theta)_{max} = \sigma_x$； 而最小正向應力是在$\theta = 90°$，$(\sigma_\theta)_{min} = \sigma_y$。**通常正向應力的最大值及最小值，稱為 主應力(principal stresses)，而其作用面稱為主平面(principal planes)。主平面上 的剪應力，可令$\theta = 0°$及$\theta = 90°$代入(6-7)式得$\tau_\theta = 0$，即主平面上無剪應力作用。**

由(6-7)式知，剪應力τ_θ是由$\theta = 0°$時的最小值$\tau_\theta = 0$，隨θ值的增大而逐漸增加 至$\theta = \pm 45°$時剪應力達最大值，

$$\tau_{max} = \frac{\sigma_x - \sigma_y}{2} \tag{6-11}$$

亦即最大剪應力的作用面與主平面相差$45°$，且最大剪應力的值等於兩主應力差值 一半。而最大剪應力作用面上的正向應力，可令$\theta = 45°$代入(6-6)式得

$$\sigma_\theta = \frac{1}{2}(\sigma_x + \sigma_y) \tag{6-12}$$

在最大剪力作用面上的正向應力並不為零。

雙軸向應力中，x軸方向的應變除了x軸方向的應力σ_x有影響之外，由蒲松效應 知，y軸方向應力σ_y亦有影響，故x軸方向的應變為(使用重疊原理)

$$\varepsilon_x = \frac{1}{E}(\sigma_x - v\sigma_y) \tag{6-13}$$

同理，y軸方向的應變為

$$\varepsilon_y = \frac{1}{E}(\sigma_y - v\sigma_x) \tag{6-14}$$

至於σ_x與σ_y在z軸方向，將產生橫向應變為

$$\varepsilon_z = -\frac{v}{E}(\sigma_x + \sigma_y) \tag{6-15}$$

由(6-13)和(6-14)兩式，可求得σ_x及σ_y的表示式

$$\sigma_x = \frac{E}{1-v^2}(\varepsilon_x + v\varepsilon_y) \tag{6-16}$$

$$\sigma_y = \frac{E}{1-v^2}(\varepsilon_y + v\varepsilon_x) \tag{6-17}$$

觀念討論

1. 由(6-10a)式是表示承受雙軸向應力的構件，在任何兩個互相垂直平面上，其正向應力之和恆相等，且等於$\sigma_x + \sigma_y$。此式非常重要，如(6-6)式之σ_θ及(6-8)式之σ_θ'或後面介紹的主應力σ_1及σ_2計算是否正確，以(6-10a)式做檢驗工作，絕不可用$\sigma_\theta' = \sigma_x + \sigma_y - \sigma_\theta$求$\sigma_\theta'$或$\sigma_2 = \sigma_x + \sigma_y - \sigma_1$求$\sigma_2$。因$\sigma_\theta$錯誤之值，$\sigma_\theta' + \sigma_\theta$也可能等於$\sigma_x + \sigma_y$。

2. (6-10b)式之$\tau_\theta' = -\tau_\theta$，一般皆說成任意兩個互相垂直平面上，剪應力大小相等但方向相反。其中容易誤解之處是方向相反不可理解成兩向量相反是方向平行但指向相反；而是配合例題 6-1 圖(d)，一平面剪應力指向正的切線方向，則與此平面垂直之另一平面互存在大小相等，但方向必指向此平面負的切線方向。

● **例題 6-3** 一物體處於雙軸向應力，其內應力元素如圖 6-6(a)所示，試求$\theta = 30°$之應力元素上各平面應力值，並繪出應力元素圖。

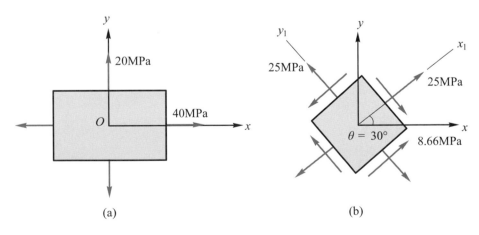

(a)　　　　　　　　　(b)

圖 6-6

解 由圖 6-6(a)知$\sigma_x = 40$ MPa，$\sigma_y = 20$ MPa(皆為正，因指向離開平面)，$\theta = 30°$
代入(6-6)式得

$$\sigma_\theta = \frac{1}{2}(\sigma_x + \sigma_y) + \frac{1}{2}(\sigma_x - \sigma_y)\cos 2\theta$$

$$= \frac{1}{2}(40 + 20) + \frac{1}{2}(40 - 20)\cos(2 \times 30°)$$

$$= 35 \text{ MPa} \tag{a}$$

$$\tau_\theta = -\frac{1}{2}(\sigma_x - \sigma_y)\sin 2\theta$$

$$= -\frac{1}{2}(40 - 20)\sin(2 \times 30°)$$

$$= -8.66 \text{ MPa} \tag{b}$$

同理由$\theta = 30° + 90° = 120°$代入(6-6)式或$\theta = 30°$代入(6-8)式得

$$\sigma'_\theta = \frac{1}{2}(\sigma_x + \sigma_y) - \frac{1}{2}(\sigma_x - \sigma_y)\cos 2\theta$$

$$= \frac{1}{2}(40 + 20) - \frac{1}{2}(40 - 20)\cos(2 \times 30°)$$

$$= 25 \text{ MPa} \tag{c}$$

$$\tau'_\theta = \frac{1}{2}(\sigma_x - \sigma_y)\sin 2\theta$$

$$= \frac{1}{2}(40 - 20)\sin(2 \times 30°)$$

$$= 8.66 \text{ MPa} \tag{d}$$

顯然由(b)(d)兩式滿足(6-10b)式，而(a)(c)兩式

$$\sigma_\theta + \sigma'_\theta = 35 \text{ MPa} + 25 \text{ MPa} = 60 \text{ MPa}$$

而

$$\sigma_x + \sigma_y = 40 \text{ MPa} + 20 \text{ MPa} = 60 \text{ MPa}$$

也滿足(6-10a)式。其應力元素如圖 6-6(a)，(參考例題 6-1 畫法，及各平面上應力的順序)，**在(b)式中是負號表在該平面剪應力指向負切線方向。**

6 -3　純剪

雙軸向應力中，若σ_x為拉應力，而σ_y為壓應力且$\sigma_x = -\sigma_y = \sigma_0$時(圖 6-7(a))，在 $\theta = 45°$的傾斜面上，其正向應力σ_θ及剪應力τ_θ(圖 6-7(b))，由(6-6)及(6-7)式求得

$$\sigma_\theta = \frac{1}{2}(\sigma_0 - \sigma_0) + \frac{1}{2}(\sigma_0 + \sigma_0)\cos 90° = 0 \qquad\qquad (6\text{-}18a)$$

$$\tau_\theta = -\frac{1}{2}(\sigma_0 + \sigma_0)\sin 90° = -\sigma_0 \qquad\qquad (6\text{-}18b)$$

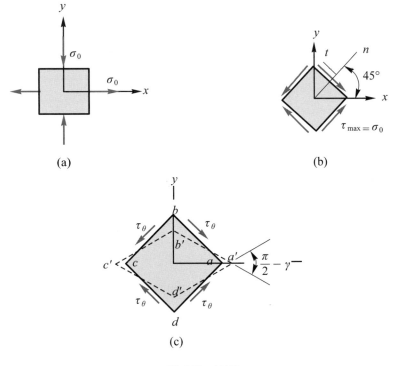

(a)　　　　　　　　　　　　　　　　(b)

(c)

圖 6-7　純剪

且由(6-10a，b)式可得

$$\sigma'_\theta = 0 \quad\quad \tau'_\theta = \sigma_0$$

在45°的傾斜截面上如僅有剪應力作用，而無正向應力作用，則稱此方位截面上的 應力狀態為純剪(pure shear)狀態。

由理論上與實驗上皆可推導出

$$G = \frac{E}{2(1 + v)} \tag{6-19}$$

此式代表 E、v 與 G 三者間的理論關係式，僅與材料種類有關而與物體的截面及所承受的負載無關。此三者不隨應力或應變的大小而變，不隨位置、座標而變，不隨方向而變。

觀念討論

第三章扭轉已介紹純剪，推導順序與圖 6-7 中之(a)至(b)剛好相反。在第三章扭轉時元素各平面皆為剪應力，可基於平行四邊形定律力量合成可直觀判斷在 $\theta = 45°$ 下的那一平面承受拉應力或壓應力。同理在此處卻是基於力量分解(也是利用平行四邊形定律)直觀判斷剪應力方向，如圖 6-7(a)雙軸向應力正方形應力元素上，取各平面中點，連接各中點，在 a 點上拉應力 σ_0，就可分解成 ab 與 ad 平面上剪應力大小為 $\tau_{max} = \sigma_0$，方向如圖 6-7(b)所示，其他點也是如此。

● **例題 6-4** 如圖 6-8 所示，一薄鋼板承受均佈的正向應力 $\sigma_x = 150$ MPa 和 $\sigma_y = 75$ MPa，假設材料的 $E = 200$ GPa，$v = 0.3$，試求材料中最大平面剪應變 γ_{max}。

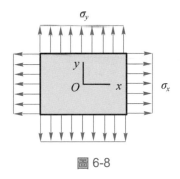

圖 6-8

解 因要求 γ_{max}，但由題目中的已知量皆為力學量，因此必須要用變數變換之剪虎克定律 $\left(\gamma_{max} = \dfrac{\tau_{max}}{G}\right)$，所以必須求出 τ_{max} 及已知量 E，v 與 G 的關係求出 G 值才

可。

首先求出最大剪應力τ_{max}爲

$$\tau_{max} = \frac{\sigma_x - \sigma_y}{2} = \frac{150 - 75}{2} = 37.5 \text{ MPa}$$

由(6-19)式得

$$G = \frac{E}{2(1+v)} = \frac{200 \text{ GPa}}{2(1+0.3)} = 76.92 \text{ GPa}$$

則

$$\gamma_{max} = \frac{\tau_{max}}{G} = \frac{37.5 \text{ MPa}}{76.92 \times 10^3 \text{ GPa}} = 487.5 \times 10^{-6}$$

6 -4　平面應力

　　一個承受負載的構件上，任取構件上一點的微小元素，若其應力狀態不論正向應力與剪應力，皆在同一平面上時，稱為平面應力。前面所討論的單軸向應力與雙軸向應力狀態，僅爲平面應力的特殊例子。平面應力狀態對於構件同時承受扭力矩與彎曲之力矩的作用時特別重要。這將在以後章節中探討。

　　首先討論平面應力的一些重要觀念。在平面應力中僅有垂直x與y軸的面承受應力，而所有的應力皆平行x及y軸(圖 6-9(a))。正向應力及剪應力正負值規定如同第二章規定一樣。

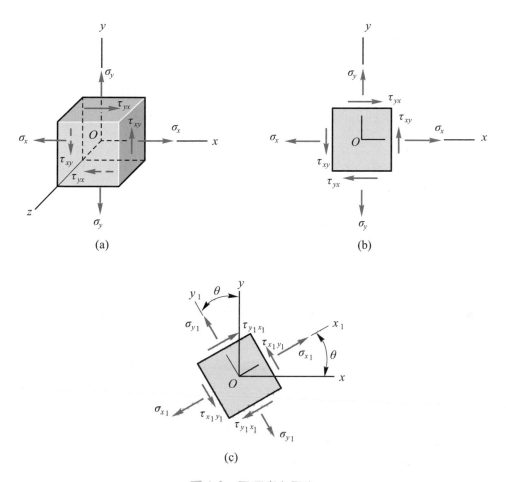

圖 6-9　平面應力元素

　　前述之剪應力的符號規則是和靜力平衡互相一致的，因為我們知道在元素反面上的剪應力必須大小相等而方向相反。即根據符號的規定，其正的剪應力τ_{xy}在正平面上，其方向向上，而負的平面上，剪應力方向向下。同理τ_{xy}作用在頂平面和底平面也一樣，如圖 6-9(a)所示，故可得

$$\tau_{xy} = \tau_{yx} \tag{6-20a}$$

　　現在考慮一個傾斜面的應力狀態，假設應力σ_x、σ_y和τ_{xy}為已知(圖 6-9(b))，為分析傾斜面的應力，畫出另一元素圖，如圖 6-9(c)，其應力元素面彼此平行和垂直於傾斜面。新元素的座標軸為x_1、y_1和z_1，而使z軸和z_1軸一致，而x_1y_1軸是相對xy

軸逆時針轉動θ角，作用於旋轉後的元素上正向應力與剪應力，被定義爲σ_{x1}、σ_{y1}、τ_{x1y1}和τ_{y1x1}，其下標的標法符號規定與xy平面相同。因此有

$$\tau_{x1y1} = \tau_{y1x1} \tag{6-20b}$$

即是假如我們知道元素四個側面中任何一個的剪應力值，則所有四個側面的其他剪應力便可以知道。

　　在旋轉後的x_1y_1元素上的應力，利用靜力平衡方程式，可以用作用於xy元素上的應力來表示。因此選擇一楔形的元素，其斜面爲旋轉元素的x_1面，而其他兩側面平行於x和y軸(圖6-10(a))。如雙軸向應力推導一樣，在此用圖6-10(b)的元素上例列出平衡方程式，則

$$\Sigma F_{x1} = 0$$
$$\sigma_{x1}A\sec\theta - \sigma_x A\cos\theta - \tau_{xy}A\sin\theta - \sigma_y A\tan\theta\sin\theta - \tau_{yx}A\tan\theta\cos\theta = 0$$
$$\Sigma F_{y1} = 0$$
$$\tau_{x1}A\sec\theta + \sigma_x A\sin\theta - \tau_{xy}A\cos\theta - \sigma_y A\tan\theta\cos\theta + \tau_{yx}A\tan\theta\sin\theta = 0$$

使用$\tau_{xy} = \tau_{yx}$，經簡化及重新排列得

$$\sigma_{x1} = \sigma_x\cos^2\theta + \sigma_y\sin^2\theta + 2\tau_{xy}\sin\theta\cos\theta \tag{6-21}$$
$$\tau_{x1y1} = -(\sigma_x - \sigma_y)sin\theta\cos\theta + \tau_{xy}(\cos^2\theta - \sin^2\theta) \tag{6-22}$$

由三角函數關係式

$$\cos^2\theta = \frac{1}{2}(1 + \cos2\theta)$$
$$\sin^2\theta = \frac{1}{2}(1 - \cos2\theta)$$
$$\sin\theta\cos\theta = \frac{1}{2}\sin2\theta$$

則(6-21)及(6-22)式可寫成

$$\sigma_{x1} = \frac{1}{2}(\sigma_x + \sigma_y) + \frac{1}{2}(\sigma_x - \sigma_y)\cos2\theta + \tau_{xy}\sin2\theta \tag{6-23}$$
$$\tau_{x1y1} = -\frac{1}{2}(\sigma_x - \sigma_y)\sin2\theta + \tau_{xy}\cos2\theta \tag{6-24}$$

在圖 6-10(b)中 y_1 平面的正向應力及剪應力 τ_{y1x1}，可由方程式(6-23)與(6-24)式，用 $\theta + 90°$ 代替 θ 即可求得

$$\sigma_{y1} = \frac{1}{2}(\sigma_x + \sigma_y) - \frac{1}{2}(\sigma_x - \sigma_y)\cos 2\theta - \tau_{xy}\sin 2\theta \qquad (6\text{-}25)$$

$$\tau_{y1x1} = \frac{1}{2}(\sigma_x - \sigma_y)\sin 2\theta - \tau_{xy}\cos 2\theta \qquad (6\text{-}26)$$

由(6-23)至(6-26)這四式可得

$$\sigma_{x1} + \sigma_{y1} = \sigma_x + \sigma_y \qquad (6\text{-}27a)$$

$$\tau_{y1x1} = -\tau_{x1y1} \qquad (6\text{-}27b)$$

這表示平面應力中任意互相垂直面上的正向應力和恆為一常數，而剪應力大小相等，但方向相反。

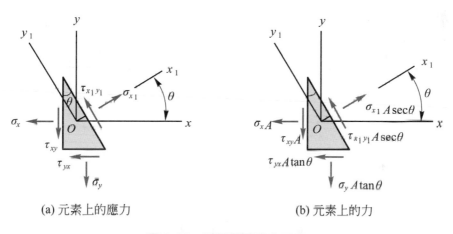

(a) 元素上的應力   (b) 元素上的力

圖 6-10　楔形平面應力元素

一般平面應力能被簡化成下列特別狀況應力

1.　單軸向應力：若作用在 y 軸方向的正向應力 σ_y 及剪應力 τ_{xy} 為零(圖 6-11(a))，則 (6-23)式變成

$$\sigma_{x1} = \sigma_x\cos^2\theta \qquad (6\text{-}28a)$$

$$\tau_{x1y1} = -\sigma_x\sin\theta\cos\theta \qquad (6\text{-}28b)$$

這些方程式與前面(6-2a，b)式所描述是一致(祇是 σ_{x1} 代替 σ_θ 而 τ_{x1y1} 代替 τ_θ)，

只是我們現在使用一個更適用的表示作用於一旋轉元素的應力。

2. 純剪力：若作用應力$\sigma_x = 0$和$\sigma_y = 0$(圖 6-11(b))，則(6-23)及(6-24)式變成

$$\sigma_{x1} = 2\tau_{xy}\sin\theta\cos\theta \tag{6-29a}$$

$$\tau_{x1y1} = \tau_{xy}(\cos^2\theta - \sin^2\theta) \tag{6-29b}$$

3. 雙軸向應力：若作用應力$\tau_{xy} = 0$(圖 6-11(c))，則(6-23)及(6-24)式變成

$$\sigma_{x1} = \frac{1}{2}(\sigma_x + \sigma_y) + \frac{1}{2}(\sigma_x - \sigma_y)\cos 2\theta \tag{6-30a}$$

$$\tau_{x1y1} = -\frac{1}{2}(\sigma_x - \sigma_y)\sin 2\theta \tag{6-30b}$$

這表示式與 6-2 節中(6-6)及(6-7)式一致。

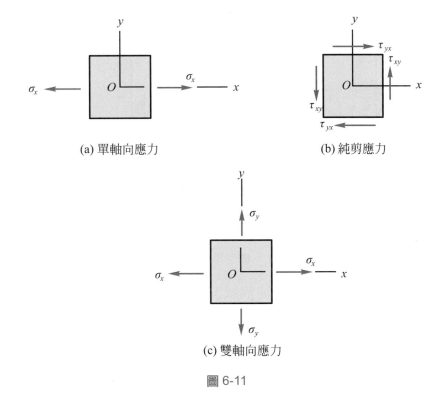

(a) 單軸向應力　　　　　　　　(b) 純剪應力

(c) 雙軸向應力

圖 6-11

　　當元素旋轉θ角時，由平面應力的轉換方程式(6-23)及(6-24)式可知其正向應力σ_{x1}及剪應力τ_{x1y1}的值將連續變化，這應力的變化情形如圖 6-12 所示。

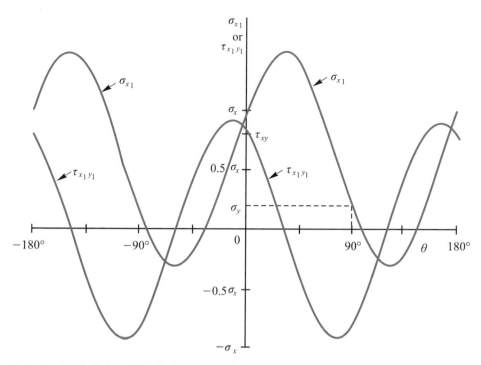

圖 6-12　正向應力σ_{x1}與剪應力τ_{x1y1}相對於旋轉θ之圖形(當$\sigma_y = 0.2\sigma_x$且$\tau_{xy} = 0.8\sigma_x$時)
　　　　　([1]圖 6-3)

觀念討論

1. (6-27)式如同(6-10)式有相同結論。同樣(6-27b)與(6-20)式似乎相矛盾，只能有一個式子成立，但是事實上並無矛盾，只是成立的基礎不同。在此再次強調(6-20)式之$\tau_{y1x1} = \tau_{x1y1}$是相對於直角座標，由力矩平衡得出。而(6-27b)式中$\tau_{y1x1} = -\tau_{x1y1}$，是相對於各平面切線與法線轉換公式，由力平衡方程式求得。

2. 平面應力之(6-23)及(6-24)式，可包括單軸向、雙軸向及純剪應力公式，故只須記這兩式即可。特別注意畫應力元素參考例題 6-1，且最後檢驗所畫出應力元素圖是否滿足力與力矩平衡，初學者容易漏畫或方向亂畫。

● **例題 6-5** 一承受平面應力的元素，其應力大小與方向如圖 6-13(a)所示，試求在順時針旋轉 $20°$的平面上之應力值。

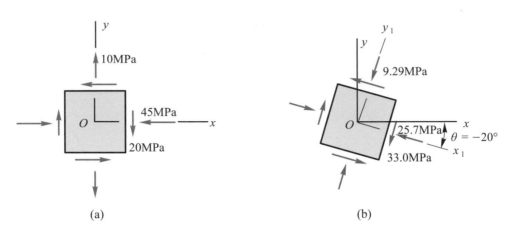

圖 6-13

解 首先依應力符號規則，求出作用在圖 6-13(a)的應力值為

$$\sigma_x = -45 \text{ MPa} , \sigma_y = 10 \text{ MPa} , \tau_{xy} = -20 \text{ MPa}$$

順時針旋轉 20°的元素，如圖 6-13(b)所示。x_1軸和x軸的夾角$\theta = -20°$，由 (6-23)式及(6-24)式得

$$\sigma_{x1} = \frac{1}{2}(\sigma_x + \sigma_y) + \frac{1}{2}(\sigma_x - \sigma_y)\cos 2\theta + \tau_{xy}\sin 2\theta$$

$$= \frac{1}{2}(-45 + 10) + \frac{1}{2}(-45 - 10)\cos(-40°) - 20\sin(40°)$$

$$= -25.71 \text{ MPa}$$

$$\tau_{x1y1} = -\frac{1}{2}(\sigma_x - \sigma_y)\sin 2\theta + \tau_{xy}\cos 2\theta$$

$$= -\frac{1}{2}(-45 - 10)\sin(-40°) - 20\cos(-40°)$$

$$= -33 \text{ MPa}$$

在y_1面上剪應力τ_{y1x1}是大小相等而方向相反。

由(6-25)式可求得在y_1面上的正向應力為

$$\sigma_{y1} = \frac{1}{2}(\sigma_x + \sigma_y) - \frac{1}{2}(\sigma_x - \sigma_y)\cos 2\theta - \tau_{xy}\sin 2\theta$$

$$= \frac{1}{2}(-45 + 10) - \frac{1}{2}(-45 - 10)\cos(-40°) + 20\sin(-40°)$$

$$= -9.29 \text{ MPa}$$

最後由(6-27)式來驗證結果正確與否。即

$$\sigma_{x1} + \sigma_{y1} = \sigma_x + \sigma_y$$

$$-25.71 - 9.29 = -45 + 10 = -35$$

表示結果正確,而其完整應力狀態之元素如圖 6-13(b)(參考例題 6-1 畫法)。

注意: 雖然 σ_{y1} 值可由(6-25)式或(6-27)式求得,而由(6-27)式計算顯然較容易得到,即 $\sigma_{y1} = \sigma_x + \sigma_y - \sigma_{x1}$。但是若 σ_{x1} 值計算錯誤,則 σ_{y1} 值也將得到錯誤的結果,故最好 σ_{y1} 還是使用(6-25)式計算,而以(6-27)式 $\sigma_x + \sigma_y = \sigma_{x1} + \sigma_{y1}$ 去驗證結果是否正確。

● **例題 6-6** 一平面應力元素承受應力如圖 6-14(a)所示,試求作用於旋轉 $\theta = 45°$ 上的應力元素。

解 由圖可知 $\sigma_x = 100$ MPa,$\sigma_y = 50$ MPa,$\tau_{xy} = 25$ MPa,由(6-23)式至(6-25)式,代入已知的數據可得

$$\sigma_{x1} = \frac{1}{2}(\sigma_x + \sigma_y) + \frac{1}{2}(\sigma_x - \sigma_y)\cos 2\theta + \tau_{xy}\sin 2\theta$$

$$= \frac{1}{2}(100 + 50) + \frac{1}{2}(100 - 50)\cos(2 \times 45°) - 25\sin(2 \times 45°)$$

$$= 100 \text{ MPa}$$

$$\sigma_{y1} = \frac{\sigma_x + \sigma_y}{2} - \frac{1}{2}(\sigma_x - \sigma_y)\sin 2\theta - \tau_{xy}\cos 2\theta$$

$$= \frac{100 + 50}{2} - \frac{1}{2}(100 - 50)\sin(2 \times 45°) + 25\cos(2 \times 45°)$$

$$= 50 \text{ MPa}$$

$$\tau_{x1y1} = -\frac{1}{2}(\sigma_x - \sigma_y)\sin 2\theta + \tau_{xy}\cos 2\theta$$

$$= -\frac{1}{2}(100 - 50)\sin(90°) + 25\cos(90°)$$

$$= -25 \text{ MPa}$$

以 $\sigma_{x1} + \sigma_{y1} = \sigma_x + \sigma_y$ 來驗算

$$100 + 50 = 100 + 50 = 150$$

其結果正確。完整應力狀態的元素圖如圖 6-14(b)所示。

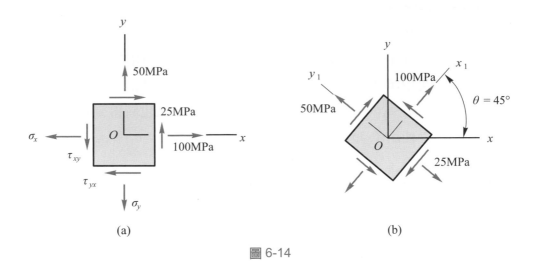

圖 6-14

注意：　**應力元素上應力數值只有正的數字，真正數值雖然包括正負號，但正負是由箭頭方向去確定，依第二章正向應力和剪應力正負值方向去決定。**

6-4-1　主應力及最大剪應力

　　由第二章抗拉試驗知，材料的損壞與其正向應力或剪應力有關，而損壞開始產生的地方是這些應力最大值之處，所以在設計上必須求出這些應力的最大值。首先要求出最大和最小正向應力，即所謂的主應力，由正向應力σ_{x1}的表示式開始著手

$$\sigma_{x1} = \frac{1}{2}(\sigma_x + \sigma_y) + \frac{1}{2}(\sigma_x - \sigma_y)\cos 2\theta + \tau_{xy}\sin 2\theta \tag{6-23}$$

從(6-23)式，由於σ_x，σ_y及τ_{xy}為已知值，故σ_{x1}為θ的函數。為了要求σ_{x1}的最大和最小值時，由微積分知其必要條件是一次微分為零，亦即取σ_{x1}對θ的一次微分，令其為零，便可解得σ_{x1}為最大或最小值的θ值，然後再代回表示式即可得之。先求θ值，即方程式

$$\frac{d\sigma_{x1}}{d\theta} = -(\sigma_x - \sigma_y)\sin 2\theta + 2\tau_{xy}\cos 2\theta = 0$$

或

$$\tan 2\theta_p = \frac{2\tau_{xy}}{\sigma_x - \sigma_y} \tag{6-31}$$

這下標表示這θ_p定義主平面的方向，主平面是主應力作用的平面。從(6-31)式，在$0°$至$360°$範圍內，有兩個$2\theta_p$的值，而此兩值差$180°$，比較小的值介於$0°$和$180°$

之間，而較大的值介於 $180°$ 與 $360°$ 之間。亦即這 θ_p 的角度有兩個值，其差為 $90°$，一個介於 $0°$ 與 $90°$ 之間，而另一值介於 $90°$ 與 $180°$ 之間。對其中一個角，正向應力 σ_{x1} 是最大的主應力，而對另一角，它為最小的主應力。由於兩個 θ_p 相差 $90°$，我們推論這兩主應力發生在互相垂直的平面上。

主應力的值可由兩個 θ_p 值代入(6-23)式，而求得 σ_{x1}。在這個過程中，我們可知兩個主應力平面角(principal angles) θ_p 和兩主應力的關係。為了較容易記憶及處理，我們由三角函數定義(圖6-15)得到

$$\cos 2\theta_p = \frac{\sigma_x - \sigma_y}{2R} \quad \sin 2\theta_p = \frac{\tau_{xy}}{R} \tag{6-32a，b}$$

其中

$$R = \sqrt{\left(\frac{\sigma_x - \sigma_y}{2}\right)^2 + \tau_{xy}^2} \tag{6-33}$$

計算 R 值時，通常取正的平方根值，然後將 $\cos 2\theta_p$ 與 $\sin 2\theta_p$ 代入(6-23)式得最大主應力，定義為 σ_1

$$\sigma_1 = \frac{\sigma_x + \sigma_y}{2} + \sqrt{\left(\frac{\sigma_x - \sigma_y}{2}\right)^2 + \tau_{xy}^2} \tag{6-34}$$

而較小的主應力，用 σ_2 表示，將 $\cos 2\theta_p$ 及 $\sin 2\theta_p$ 代入(6-25)式得

$$\sigma_2 = \frac{\sigma_x + \sigma_y}{2} - \sqrt{\left(\frac{\sigma_x - \sigma_y}{2}\right)^2 + \tau_{xy}^2}$$

σ_1 與 σ_2 的兩個值僅平方根差一負號，因此用一公式同時表示兩主應力為

$$\sigma_{1,2} = \frac{\sigma_x + \sigma_y}{2} \pm \sqrt{\left(\frac{\sigma_x - \sigma_y}{2}\right)^2 + \tau_{xy}^2} \tag{6-35}$$

正號表示較大的主應力 σ_1，而負號表示較小的主應力 σ_2。

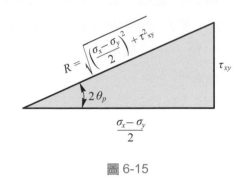

圖 6-15

σ_1 與 σ_2 是作用在兩垂直的平面，由(6-35)式可得

$$\sigma_1 + \sigma_2 = \sigma_x + \sigma_y \qquad\qquad (6\text{-}36)$$

上式也表示任意互相垂直平面之正向應力之和恆相等。

　　總之，主應力 σ_1 及 σ_2，其對應這兩主平面的角度以 θ_{p1} 和 θ_{p2} 表示，而這兩個角度可由 $\tan 2\theta_p$ 的等式來決定，但是由這等式是不能看出那一個角是 θ_{p1}，那一個角是 θ_{p2}。我們可有三種方法去判斷：

1. 由 $\tan 2\theta_p$ 等式求出兩個角度，然後把這兩個角度分別代入 σ_{x1} 表示式中，最大值為 σ_1，其對應角度就是 θ_{p1}，而最小值為 σ_2，其對應角度為 θ_{p2}。

2. 由於只有一個 θ_{p1} 值($0° \leq 2\theta_{p1} < 360°$)能滿足

$$\cos 2\theta_{p1} = \frac{\sigma_x - \sigma_y}{2R} \quad \sin 2\theta_{p1} = \frac{\tau_{xy}}{R} \qquad\qquad (6\text{-}36a，b)$$

　　首先由 $\tan 2\theta_p$ 求出兩個角 $2\theta_p$，再依 $\cos 2\theta_p$ 和 $\sin 2\theta_p$ 的正負號，判定在那一個象限內，取得正確的 $2\theta_p$ 角，即得 θ_{p1}。而主應力 σ_2 對應的 θ_{p2}，其平面是與 θ_{p1} 的平面垂直，所以必比 θ_{p1} 角大 90° 或小 90°。而主應力 σ_1 及 σ_2 值的大小由(6-35)式求得。

3. 直觀法

　　由應力莫爾圓實務中得到的規則(後面介紹)

(1) 當 $\sigma_x > \sigma_y$ 時，不管 τ_{xy} 的正負值，最大主應力 σ_1 與 σ_x 之夾角必為小於 45° 之銳角。

(2) 當 $\sigma_y > \sigma_x$ 時，不管 τ_{xy} 的正負值，最大主應力 σ_1 與 σ_y 之夾角必為小於 45° 之銳角。

　　亦即：不管 τ_{xy} 的正負值，最大主應力 σ_1 與較大的正向應力(σ_x 或 σ_y)之間的夾角必為小於 45° 之銳角。

　　我們已完成在平面應力元素上求得最大主應力的方法。現在要決定最大剪應力及其平面。如同求主應力一樣，首先由旋轉元素上的剪應力τ_{x1y1}方程式(6-24)式，作τ_{x1y1}的微分(對θ微分)且令其值為零，可得

$$\frac{d\tau_{x1y1}}{d\theta} = -(\sigma_x - \sigma_y)\cos 2\theta - 2\tau_{xy}\sin 2\theta = 0$$

或

$$\tan 2\theta_s = \frac{-(\sigma_x - \sigma_y)}{2\tau_{xy}} \tag{6-37}$$

這下標s表示角θ_s定義最大剪應力平面的方向。(6-37)式得到θ_s之值，一個在 $0°$ 和 $90°$ 之間，而另一個在 $90°$ 和 $180°$ 之間，此二值相差 $90°$。亦即這最大與最小的τ_{x1y1}**發生在兩垂直面上**。在這兩垂直平面上最大與最小剪應力，其絕對值相等而只有符號不同而已。更進一步，比較(6-31)式與(6-37)式將顯示

$$\tan 2\theta_s = -\frac{1}{\tan 2\theta_p} = -\cot 2\theta_p$$

由三角函數知

$$\tan(\alpha \pm 90°) = -\cot\alpha$$

取$\alpha = 2\theta_p$可得

$$2\theta_s = 2\theta_p \pm 90°$$

或

$$\theta_s = \theta_p \pm 45° \tag{6-38}$$

因此，我們推論最大、小剪應力發生在與主平面成 $45°$ 的平面上。

　　最大剪應力$\tau_{\max}$的平面是由角θ_s所定義，由θ_{s1}我們可得下列等式

$$\cos 2\theta_{s1} = \frac{\tau_{xy}}{R} \quad \sin 2\theta_{s1} = -\frac{\sigma_x - \sigma_y}{2R} \tag{6-39a，b}$$

其中R可由前面(6-33)式決定且由(6-32a，b)及(6-39a，b)兩式有下列關係(最大主應力平面方位角θ_{p1}已知，故可以決定一個最大剪應力平面方位角θ_{s1})

$$\theta_{s1} = \theta_{p1} - 45° \tag{6-40}$$

將$\cos 2\theta_{s1}$及$\sin 2\theta_{s1}$表示式代入(6-24)式得到

$$\tau_{\max} = \sqrt{\left(\frac{\sigma_x - \sigma_y}{2}\right)^2 + \tau_{xy}^2} \qquad (6\text{-}41)$$

而最小的剪應力 $\tau_{\min}$ 是與最大剪應力同大小，但方向相反。

　　另一個有用的最大剪應力表示式，可從最大主應力 σ_1 表示式減去最小主應力 σ_2 表示式，然後與(6-41)式比較，可得

$$\tau_{\max} = \frac{\sigma_1 - \sigma_2}{2} \qquad (6\text{-}42)$$

　　在最大剪應力面上知正向應力，可將 θ_{s1} 表示式(6-39a，b)代入(6-23)式，可得正向應力等於 $\frac{\sigma_x + \sigma_y}{2}$，亦即是在 x 和 y 面上正向應力的平均值(並非等於零)

$$\sigma_{\text{aver}} = \frac{\sigma_x + \sigma_y}{2} \qquad (6\text{-}43)$$

● **例題 6-7** 試求單軸向、雙軸向應力及純剪，如圖 6-16 所示之主平面及最大剪應力平面上的應力。

解 單軸向與雙軸向應力，由(6-31)式得主應力平面角 θ_p

$$\tan 2\theta_p = \frac{2\tau_{xy}}{\sigma_x - \sigma_y} = 0 \quad 或 \quad \theta_p = 0° 與 90°$$

即主應力平面即為 x 與 y 平面本身(圖 6-16(a)與(b))，將 $\theta = 0°$ 與 90° 代入(6-24)式得主平面之剪應力為零。

純剪(圖 6-16(c))，由(6-31)式知

$$\tan 2\theta_p = \frac{2\tau_{xy}}{\sigma_x - \sigma_y} = \infty$$

故 θ_p 為 45° 和 135°，因 τ_{xy} 為正，則 $\theta_p = 45°$ 代入(6-23)式得 $\sigma_1 = \tau_{xy}$，而 $\theta_p = 135°$ 代入(6-23)式得 $\sigma_2 = -\tau_{xy}$，且由(6-24)式知剪應力為零(圖 6-16(d))。

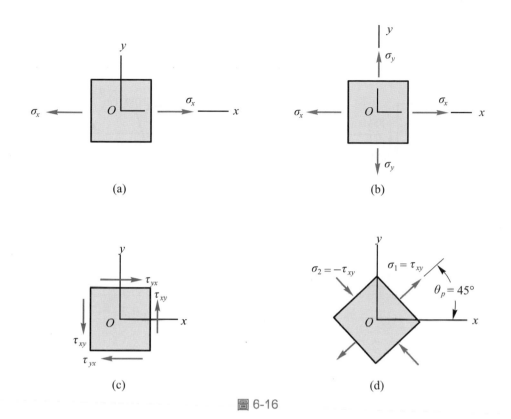

圖 6-16

● **例題 6-8** 有一平面應力元素承受應力為$\sigma_x = 85$ MPa，$\sigma_y = -35$ MPa，$\tau_{xy} = -30$ MPa，如圖 6-17(a)所示。(a)試求主平面應力，並繪出此元素上的應力圖形；(b)試求最大剪應力且繪出此元素上的應力圖形 (只考慮在平面上的應力)。

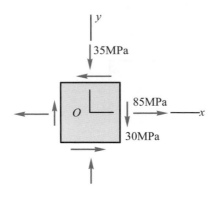

(a) 平面應力元素

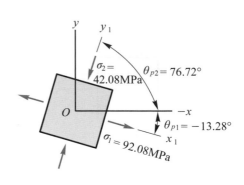

(b) 主應力元素

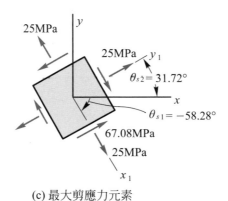

(c) 最大剪應力元素

圖 6-17

解 (a)主應力

主應力大小可由(6-35)式直接求得

$$\sigma_{1,2} = \frac{1}{2}(\sigma_x + \sigma_y) \pm \sqrt{\left(\frac{\sigma_x - \sigma_y}{2}\right)^2 + \tau_{xy}^2}$$

$$= \frac{1}{2}(85 - 35) \pm \sqrt{\left(\frac{85 + 35}{2}\right)^2 + (-30)^2}$$

$$= (25 \pm 67.08) \text{ MPa} \tag{a}$$

即

$$\sigma_1 = 92.08 \text{ MPa} \; ; \; \sigma_2 = -42.08 \text{ MPa}$$

由(6-31)式知

$$\tan 2\theta_p = \frac{2\tau_{xy}}{\sigma_x - \sigma_y} = \frac{-2(30)}{85 + 35} = -0.5$$

而

$$\cos 2\theta_p = \frac{\sigma_x - \sigma_y}{2R} = \frac{85 + 35}{2R} > 0$$

$$\sin 2\theta_p = \frac{\tau_{xy}}{R} = \frac{-30}{R} < 0$$

其中

$$R = \sqrt{\left(\frac{\sigma_x - \sigma_y}{2}\right)^2 + \tau_{xy}^2} = 67.08 \text{ MPa}$$

則

$$2\theta_p = \tan^{-1}(-0.5)$$

$$2\theta_p = -26.56° \quad 或 \quad 2\theta_p = 153.44°$$

由於 $\tan 2\theta_p$ 為負值即 $2\theta_p$ 在第二或第四象限，而 $\cos 2\theta_p$ 為正值，$\sin 2\theta_p$ 為負值，故 $2\theta_p$ 在第四象限，亦即最大主應力 σ_1 平面角 $\theta_{p1} = \frac{-26.56°}{2} = -13.28°$，也可以由前述判斷 θ_{p1} 方法 3.知 $\sigma_x > \sigma_y$ 故取 $\theta_{p1} = -13.28°$，而方法 1.將 $2\theta_p = -26.56°$ 及 $153.44°$ 代入(6-23)式也可得出同樣結果。而 σ_2，對應 $\theta_{p2} = 76.72°$。

(b)最大剪應力

由(6-41)式得

$$\tau_{\max} = \sqrt{\left(\frac{\sigma_x - \sigma_y}{2}\right) + \tau_{xy}^2} = R = 67.08 \text{ MPa}$$

此時最大正剪應力的角度 θ_{s1}，可由(6-40)式得

$$\theta_{s1} = \theta_{p1} - 45° = -13.28° - 45° = -58.28°$$

而負的剪應力平面角

$$\theta_{s2} = -58.28° + 90° = 31.72°$$

在最大剪應力平面上正向應力，由(6-43)式得

$$\sigma_{\text{aver}} = \frac{\sigma_x + \sigma_y}{2} = \frac{85 - 35}{2} = 25 \text{ MPa}$$

則最大剪應力旋轉元素的完整圖，如圖 6-17(c)所示。

注意上面(a)式分開寫出 $\frac{\sigma_x + \sigma_y}{2} = 25$ **及** $\sqrt{\left(\frac{\sigma_x - \sigma_y}{2}\right)^2 + \tau_{xy}^2} = 67.08$ **是有好處，因後面要求** σ_{aver}，R，**及** $\tau_{\max}$ **可直接應用上面所求的值。**

6 -5 平面應力莫爾圓

當材料承受平面應力作用，作用於斜面上的應力為

$$\sigma_{x1} = \frac{1}{2}(\sigma_x + \sigma_y) + \frac{1}{2}(\sigma_x - \sigma_y)\cos 2\theta + \tau_{xy}\sin 2\theta \qquad (6\text{-}23)$$

$$\tau_{x1y1} = -\frac{1}{2}(\sigma_x - \sigma_y)\sin 2\theta + \tau_{xy}\cos 2\theta \qquad (6\text{-}24)$$

其中 θ 為傾斜面的法線方向與 x 軸方向的夾角。將(6-23)式右邊第一項移到左邊，然後兩邊平方和(6-24)式兩邊平方相加，可得

$$\left(\sigma_{x1} - \frac{\sigma_x + \sigma_y}{2}\right)^2 + \tau_{x1y1}^2 = \left(\frac{\sigma_x - \sigma_y}{2}\right)^2 + \tau_{xy}^2$$

令

$$\sigma_{av} = \frac{\sigma_x + \sigma_y}{2} , \quad R = \sqrt{\left(\frac{\sigma_x - \sigma_y}{2}\right)^2 + \tau_{xy}^2}$$

則上式可變成

$$(\sigma_{x1} - \sigma_{av})^2 + \tau_{x1y1}^2 = R^2 \qquad (6\text{-}44)$$

這方程式代表以 σ_{x1} 和 τ_{x1y1} 為座標軸，以圓心 $C(\sigma_{av}, 0)$，半徑為 R 的圓。

可將此方程式用圖示法(莫爾圓)表示，去分析問題。因此，平面應力的莫爾圓的作圖步驟如下：

1. 以 σ(或 σ_{x1})為橫座標，τ(或 τ_{x1y1})為縱座標作一平面座標系統，σ 往右為正，τ 往下為正(即應力有逆時針轉之趨勢)，並取適當尺寸為其刻度值。

2. 定圓心 C 點之座標為 $(\sigma_{av}, 0)$，並定出另外兩點座標，即 A 點(x 面上的應力)其座標為 (σ_x, τ_{xy})，而 B 點(y 面上的應力)其座標為 $(\sigma_y, -\tau_{xy})$。連接 A、B 二點，即為莫爾圓之直徑。

3. 以 C 為圓心，畫一圓經 A 與 B 點，即得莫爾圓。$\overline{AC}$ 為半徑。

4. 將直徑 $\overline{AB}$ 轉動 2θ 角，轉動方向需相同於傾斜面法線方向相對於 x 軸的旋轉方向，而得到 D 點及 D' 點，D 點座標即為 $(\sigma_{x1}, \tau_{x1y1})$。而 D' 點座標即為 $(\sigma_{y1}, -\tau_{x1y1})$。

5. 若直徑 $\overline{AB}$ 轉 $2\theta_{p1}$，到達圓上 P_1 點，此點代表最大應力且剪應力為零。另一點為 P_2 點，代表最小主應力且剪應力為零。

6. 莫爾圓上最低點S的座標，即爲最大剪應力作用面上的應力，且$\tau_{\max} = R$，$(\sigma_x)_s$ $= \sigma_{av}$，而其傾斜角$\theta_{s1} = \theta_{p1} - 45°$。

以上莫爾圓的作圖，圖6-18(a)及圖6-18(b)分別代表已知元素應力狀態及轉換後的元素。而圖6-18(c)代表莫爾圓。現證明D與D'點的座標值；首先設β表σ_{x1}軸與$\overline{CD}$線間的夾角，然後從圖上的幾何關係得到

$$\sigma_{x1} = \frac{1}{2}(\sigma_x + \sigma_y) + R\cos\beta，\tau_{x1y1} = R\sin\beta \tag{a}$$

$$\cos(2\theta + \beta) = \frac{\sigma_x - \sigma_y}{2R}，\sin(2\theta + \beta) = \frac{\tau_{xy}}{R} \tag{b}$$

展開(b)式餘弦和正弦表示式得

$$\cos 2\theta \cos\beta - \sin 2\theta \sin\beta = \frac{\sigma_x - \sigma_y}{2R} \tag{c}$$

$$\sin 2\theta \cos\beta + \cos 2\theta \sin\beta = \frac{\tau_{xy}}{R} \tag{d}$$

(c)式乘$\cos 2\theta$，而(d)式乘$\sin 2\theta$，然後再相加得

$$\cos\beta = \frac{1}{R}\left(\frac{\sigma_x - \sigma_y}{2}\cos 2\theta + \tau_{xy}\sin 2\theta\right) \tag{e}$$

(c)式乘$\sin 2\theta$，而(d)式乘$\cos 2\theta$，然後再相減得

$$\sin\beta = \frac{1}{R}\left(-\frac{(\sigma_x - \sigma_y)}{2}\sin 2\theta + \tau_{xy}\cos 2\theta\right) \tag{f}$$

把$\cos\beta$和$\sin\beta$表示式代入(a)式得到轉換方程式(6-23)式，由此可看出莫爾圓上的D點，它與$\overline{CA}$的夾角是2θ，θ爲元素x_1面上法線與x軸之夾角。而D'點是在$\overline{DD'}$直徑的另一端，它與D點成$180°$，在元素上D'點與D點成$90°$夾角，即D'點表示y_1面上的應力狀態。

主應力P_1、P_2點，由圓上的幾何特性可知

$$\sigma_1 = \overline{OC} + \overline{CP_1} = \frac{1}{2}(\sigma_x + \sigma_y) + R$$

$$\sigma_2 = \overline{OC} - \overline{CP_2} = \frac{1}{2}(\sigma_x + \sigma_y) - R$$

這結果與(6-35)式相符合。

旋轉應力元素的最大主應力的平面與x軸的夾角θ_{p1}(圖6-14(b))，在莫爾圓上是

半徑$\overline{CA}$和$\overline{CP_1}$的夾角$2\theta_{p1}$，角$2\theta_{p1}$的餘弦和正弦表示式，可從圓上觀察得到

$$\cos2\theta_{p1}=\frac{\sigma_x-\sigma_y}{2R}\quad\sin2\theta_{p1}=\frac{\tau_{xy}}{R}$$

這些表示式與(6-36)式相符合。另一主平面的$2\theta_{p2}$角比$2\theta_{p1}$角大$180°$，即$\theta_{p2}=\theta_{p1}+90°$。

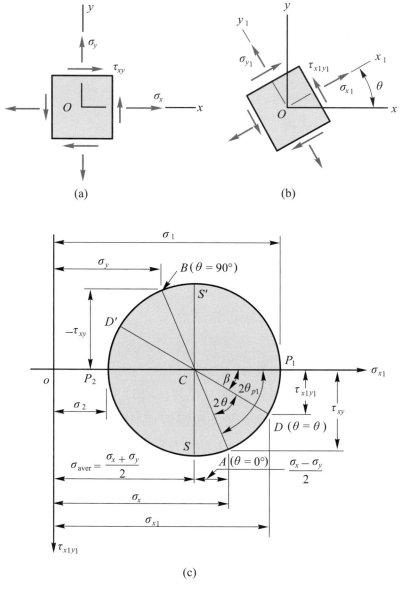

(a)　　　　　　　　　　　(b)

(c)

圖 6-18　平面應力的莫爾圓([1]圖 6-15)

而 S 和 S' 點表示正、負最大剪應力的平面,是在圓上和點 P_1 及 P_2 成 $90°$ 夾角處,因此最大剪應力平面與主應力平面成 $45°$。

由以上所討論得知,在莫爾圓上可找出任一斜面上的應力及主應力、最大剪應力。圖 6-18 所示的 σ_x 和 σ_y 均為正值,σ_x 和 σ_y 應力若其中一個或兩個應力均為負值,其作圖次序依然不變。但是在這種情況下,所有的圓將可能位於原點的左邊。我們必須注意 A 點它表示 $\theta = 0°$ 的平面上的應力狀態,可謂於圓上的任何位置上,完全視相對的 σ_x、σ_y 和 τ_{xy} 等應力值而定。然而不管點 A 位於何處,角度 2θ 總是從半徑 CA 依逆時針方向來量測的。同樣地,工程上各種莫爾圓作圖法可參考附錄 2,共推導出八種作圖方式,並注意一些結論,熟悉了解附錄 2 內容,其他版本材力、機械設計書內不同莫爾圖作圖法就能了解使用了。

觀念討論 •

1. **畫圓方法有二種:**
  ⑴ 已知圓心與半徑就可畫圓(此處用此畫法)。
  ⑵ 已知不共線三點也可畫圓(在此應力莫爾圓要知道三個平面上的應力,這樣較難,而應變莫爾圓卻可用(見後面介紹))。
2. **畫應力莫爾圓處理平面應力問題有二種方法:**
  ⑴ **圖解法,**定出適當比例及直尺、比例尺和圓規畫圓並定出圓上點的尺寸,但缺點是要畫較大的圓及精確比例尺寸。
  ⑵ **半圖解法,**畫出大概圓及配合幾何關係,求出圓上點的座標,一般用半圖解法畫莫爾圓。
3. 應力元素各平面上的應力狀態與莫爾圓相應關係,如表 6-1 所示。
    亦即莫爾圓與應力元素的對應關係是:**點面對應,旋向相同(依課本指定的座標系統而言),夾角兩倍。**

表 6-1

應力元素	莫爾圓
各平面上應力	圓上一點
一個平面及平面上應力	一條半徑線，半徑線端點座標值表應力
旋轉應力元素轉θ角	旋轉方向相同轉2θ角
互相垂直平面	圓的直徑線

4. 以莫爾圓半圖解法解平面應力問題之五步驟

   (1) 定座標。

   (2) 定圓心$C\left(\dfrac{\sigma_x + \sigma_y}{2}, 0\right)$，$\theta = 0°$之$A$點$(\sigma_x, \tau_{xy})$及$\theta = 90°$之$B$點$(\sigma_y, -\tau_{yx})$。

   (3) 以C為圓心，$\overline{CA}$或$\overline{CB}$為半徑畫應力圓。

   (4) 求出$\tan\beta = \left|\dfrac{2\tau_{xy}}{\sigma_x - \sigma_y}\right|$(絕對值)，其中$\beta$是$\overline{CA}$與$\sigma_{x1}$軸之夾角(取銳角)。

   (5) 半徑$R = \sqrt{\left(\dfrac{\sigma_x - \sigma_y}{2}\right)^2 + \tau_{xy}^2}$。

   然而(4)(5)中公式可由圓上幾何關係得。應力圓解題關鍵是點面對應，先定出基準，應力元素上一平面，定出半徑$\overline{CA}$上之A點。

5. 應力元素上互相垂直平面上剪應力對切線-法線座標有$\tau_{y1x1} = -\tau_{x1y1}$(反對稱即$x_1$與$y_1$對稱，其值是相等而反號)，在莫爾圓上剛好直徑線上兩端點對圓心反對稱，因此$\theta = 0°$上應力取為A點(σ_x, τ_{xy})，而$\theta = 90°$上應力取為B點$(\sigma_y, -\tau_{xy})$。

● **例題 6-9** 一平面應力元素承受應力值為$\sigma_x = 101$ MPa，$\sigma_y = 35$ MPa，$\tau_{xy} = 30$ MPa，如圖 6-19(a)所示。使用莫爾圓，求：(a)旋轉 40°元素上的應力值；(b)主應力值；(c)最大剪應力，並繪出上面各種方位的應力元素圖形。

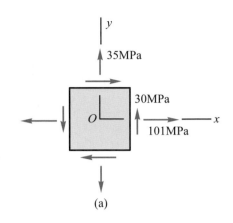

(a)

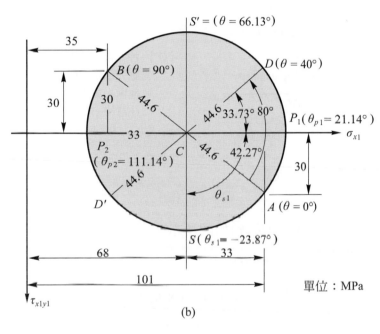

(b)

圖 6-19

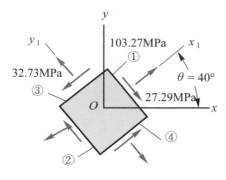

(c) $\theta = 40°$ 的應力元素

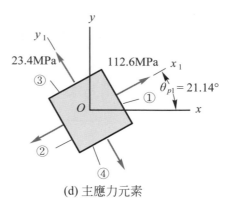

(d) 主應力元素

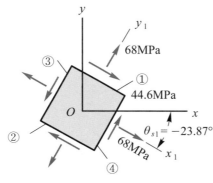

(e) 最大剪應力元素

【註】 各元素邊線上標示①〜④表
應力值決定順序，除①外其
他由力或力矩平衡求得，且
注意應力數字只有正值

圖 6-19 （續）

解 (1)定座標系統($\sigma_{x1} - \tau_{x1y1}$)系統)如圖所示

(2)定圓心 $C\left(\dfrac{\sigma_x + \sigma_y}{2}, 0\right) = (68, 0)$

其中 $\sigma_{av} = \dfrac{\sigma_x + \sigma_y}{2} = \dfrac{1}{2}(101 + 35) = 68$ MPa

(3)連接 ACB，以 C 為圓心，$\overline{CA}$ 為半徑畫圓即為莫爾圓

(4)$\tan\beta = \left|\dfrac{2\tau_{xy}}{\sigma_x - \sigma_y}\right| = \left|\dfrac{2 \times 30}{101 - 35}\right| = 0.909$，$\beta = 42.27°$

(5)$R = \sqrt{\left(\dfrac{\sigma_x - \sigma_y}{2}\right)^2 + \tau_{xy}^2} = \sqrt{\left(\dfrac{101 - 35}{2}\right)^2 + 30^2} = 44.60$ MPa

(a)旋轉 $40°$ 元素上的應力值：作用在 $\theta = 40°$ 平面上的應力為 D 點，它是從 A 點量起角度為 $2\theta = 80°$，故角 DCP_1 為

角 $DCP_1 = 80° - \beta = 80° - 42.27° = 37.73°$

此角是線 $\overline{CD}$ 與 σ_{x1} 軸的夾角。由圖觀察得到 D 點的座標為

$$\sigma_{x1} = \sigma_{av} + R\cos(\angle DCP_1) = 68 + 44.6(\cos 37.73°)$$
$$= 103.27 \text{ MPa}$$
$$\tau_{x1y1} = -R\sin(\angle DCP_1) = -44.6(\sin 37.73°) = -27.29 \text{ MPa}$$

應力元素上與之垂直的平面上之應力，由 $\overline{DC}$ 沿伸至 D'（如圖 6-19(b)），D' 之座標值即是該平面的應力值

$$\sigma_{y1} = \frac{\sigma_x + \sigma_y}{2} - R\cos\angle(P_2CD') = 68 - 44.6\cos 37.73°$$
$$= 32.73 \text{ MPa}$$
$$\tau_{y1x1} = R\sin 37.73° = 27.29 \text{ MPa}$$

注意上述求應力值時注意正負號，尤其是剪應力，其完整應力元素圖如圖 6-19(c)。

(b)主應力值：莫爾圓上其主應力是由點 P_1 與 P_2 點表示，較大的主應力 P_1 點是

$$\sigma_1 = 68 + 44.6 = 112.6 \text{ MPa}$$

因 $\beta = 2\theta_{p1}$ 則應力作用在 $\theta_{p1} = 21.14°$ 的平面上。同理，較小的主應力是

$$\sigma_2 = 68 - 44.6 = 23.4 \text{ MPa}$$

而 $2\theta_{p2}$ 為 $42.27° + 180° = 222.27°$，故另一主面平的角度為 $\theta_{p2} = 111.14°$，其應力元素如圖 6-19(d)所示。

(c)最大剪應力：最大與最小剪應力在莫爾圓上是 S 和 S' 點，大小為

$$\tau_{\max} = 44.6 \text{ MPa}$$

其值為圓的半徑。$\angle ACS = 90° - 42.27° = 47.73°$，圓上 S 點的角 $2\theta_{s1}$ 所對應的值為

$$2\theta_{s1} = -47.73°$$

此角為順時鐘，$\theta_{s1} \doteqdot -23.87°$ 為最大剪應力所在位置。最大與最小剪應力元素如圖 6-19(e)所示。

例題 6-10 一平面應力元素承受應力，如圖 6-20(a)所示。使用莫爾圓，求(a)作用於旋轉 $\theta = 45°$ 元素上的應力；(b)主應力；(c)最大剪應力，並畫出上述所有狀況的應力元素圖形。

解 首先由圖 6-20(a)知 $\sigma_x = -55$ MPa，$\sigma_y = 15$ MPa，$\tau_{xy} = -35$ MPa，接著

(1)定出座標系統。

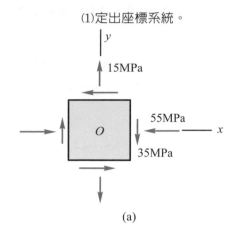

(a)

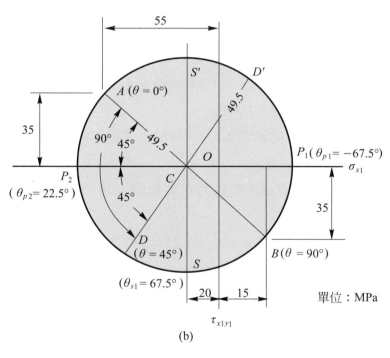

(b)

圖 6-20

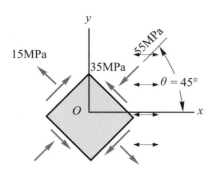

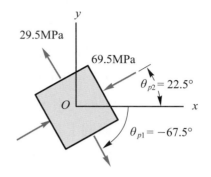

(c) $\theta = 45°$ 的應力元素　　　　　　　　　　(d) 主應力元素

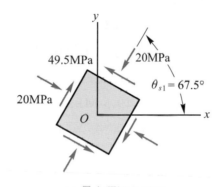

(e) 最大剪應力元素

圖 6-20　(續)

(2)定出圓心 $C\left(\dfrac{\sigma_x + \sigma_y}{2}, 0\right) = (-20, 0)$，其中 $\sigma_{av} = \dfrac{\sigma_x + \sigma_y}{2} = \dfrac{-55 + 15}{2} = -20$ MPa，A點$(\sigma_x, \tau_{xy}) = (-55, -35)$，$B$點$(\sigma_y, -\tau_{xy}) = (15, +35)$。

(3)連接ACB，以C點圓心$\overline{CA}$爲半徑畫圓即爲所求。

(4)$\tan\beta = \left|\dfrac{2\tau_{xy}}{\sigma_x - \sigma_y}\right| = \left|\dfrac{2(-35)}{-55-15}\right| = \left|\dfrac{70}{-70}\right| = 1$ 得$\beta = 45°$

(5)$R = \sqrt{\left(\dfrac{\sigma_x - \sigma_y}{2}\right)^2 + \tau_{xy}^2} = \sqrt{\left(\dfrac{-55-15}{2}\right)^2 + 35^2} = 49.5$ MPa。

(a)作用於旋轉$\theta = 45°$元素上的應力值：作用在$\theta = 45°$平面上的應力由莫爾圓上D點表示。從A點量起，其角度爲$2\theta = 90°$，即

　　　角$DCP_2 = 90° - \beta = 90° - 45° = 45°$

此角是線CD與負σ_{x1}軸的夾角，我們觀察可得到D點座標

　　　$\sigma_{x1} = -20$ MPa $- 49.5$ MPa$(\cos 45°) = -55$ MPa

$$\tau_{x1y1} = 49.5 \text{ MPa}(\sin45°) = 35 \text{ MPa}$$

同理，D'點的座標為(對頂角 $\angle D'CP_1 = 45°$)

$$\sigma_{y1} = -20 \text{ MPa} + 49.5 \text{ MPa}(\cos45°) = 15 \text{ MPa}$$

$$\tau_{y1x1} = -49.5 \text{ MPa}(\sin45°) = -35 \text{ MPa}$$

此應力在 $\theta = 45°$ 的元素，如圖 6-20(c)所示。

(b)主應力：在莫爾圓上是 P_1 與 P_2 點表示，其值為

$$\sigma_1 = -20 \text{ MPa} + 49.5 \text{ MPa} = 29.5 \text{ MPa}$$

$$\sigma_2 = -20 \text{ MPa} - 49.5 \text{ MPa} = -69.5 \text{ MPa}$$

圓上的 $2\theta_{p1}$ 角(由 A 依逆時鐘旋轉至 P_1)為 $45° + 180° = 225°$，即 $\theta_{p1} = 112.5°$。

點 P_2 的角度為 $2\theta_{p1} = 45°$，或 $\theta_{p2} \doteq 22.5°$。主平面和主應力如圖 6-20(d)所示。

(c)最大剪應力：最大與最小剪應力，在莫爾圓上是由 S 點和 S' 點表示，其大小為

$$\tau_{\max} = 49.5 \text{ MPa} \quad \tau_{\min} = -49.5 \text{ MPa}$$

而最大剪應力平面的角度 $\angle ACS = 2\theta_{s1} = 45° + 90° = 135°$，即 $\theta_{s1} = 67.5°$，其應力元素如圖 6-20(e)所示。

註　由以上幾個例子知，在莫爾圓上由 $\overline{CA}$ 旋轉至欲求點的座標取值，橫座標為 $\sigma_{x1} = \sigma_{av} \pm R\cos\theta$，其中 θ 是該點與圓心連線與橫座標之夾角，若該點在圓心 C 之右邊取加號，反之取減號。縱座標為 $\tau_{x1y1} = \pm R\sin\theta$，先判斷該點在橫座標下方取正號，反之取負號。

觀念討論　• •

1.　在此說明第三種判斷最大主應力平面角的方法，由莫爾圓知最大主應力永遠與水平軸相交於最右邊，則

　(1)　當 $\sigma_x > \sigma_y$，不管 τ_{xy} 正負值，由應力圓 A 點有兩種情況：A 點在 C 點圓心右邊之水平軸 σ_{x1} 之上方或下方，即 $\overline{CA}$ 與 σ_{x1} 夾角不超過 $90°$，故應力元素上夾角不超過 $45°$ 之銳角。

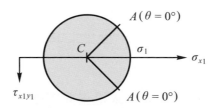

(2) 當$\sigma_y > \sigma_x$，不管τ_{xy}正負值，同理也有二種情況，但A點在C點左邊，而B點在C點右邊，此時B點或B'點與σ_{x1}軸夾角不超過$90°$，故應力元素不超過銳角$45°$。基於上述分析，最大主應力與最大正向應力(σ_x或σ_y)之夾角不超過$45°$之銳角。

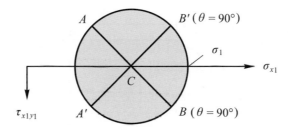

6-5-1 平面應力之虎克定律

在前面我們分析平面應力元素，如圖 6-21 所示，作用在斜面上的應力。在這些討論中，我們只用靜力等效觀念，而材料的特性並未被列入考慮。現在假設材料為均值且為等向性，亦即在整個物體上的材料是均勻的且在所有的方向有相同的性質。更進一步的假設材料行為符合虎克定律即材料為線彈性。在此狀況下，我們能夠迅速地得到在物體內應力和應變的關係。

考慮正向應變為ε_x、ε_y及ε_z(元素長度改變，而形狀未改變)，如圖 6-22 所示。其每邊均為單位長度而有一很小的改變量，三個應變是如圖所示的正方向，這些應變可用應力及材料性質來表示，由於材料是線彈性，可以用重疊原理將個別應力的影響重疊相加起來。x軸方向的應變可由應力σ_x產生應變$\varepsilon_x = \sigma_x/E$，以及$\sigma_y$產生$-v\sigma_y/E$的應變，而$\tau_{xy}$應力在$x$方向沒有產生正向應變，故合應變為

$$\varepsilon_x = \frac{1}{E}(\sigma_x - v\sigma_y) \tag{6-45a}$$

同理，我們可得在y與z方向的應變

$$\varepsilon_y = \frac{1}{E}(\sigma_y - v\sigma_x) \tag{6-45b}$$

$$\varepsilon_z = \frac{-v}{E}(\sigma_x + \sigma_y) \tag{6-45c}$$

由這些方程式可知，若應力為已知便可求得正向應變，同時注意，在正向應力σ_x和σ_y作用下，將會產生z軸方向的正向應變。

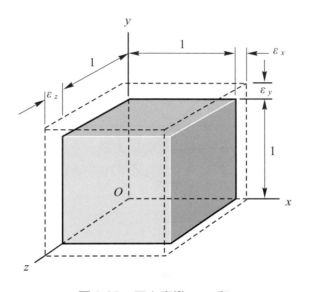

圖 6-22　正向應變ε_x　ε_y和ε_z

剪應力τ_{xy}作用將會產生元素扭曲(distorted)，使得在z面變成菱形(圖6-23)，而這變形量以剪應變表示，剪應變γ_{xy}值表示元素正(或負)x面與y面減少角度。因為沒有其他剪應力作用在元素的邊上(圖6-21)，x和y面沒有扭曲而保持正方形。由虎克定律知剪應力與剪應變的關係為

$$\gamma_{xy} = \frac{\tau_{xy}}{G} \tag{6-46}$$

當然，正向應力σ_x和σ_y並不影響到剪應變γ_{xy}。若σ_x和σ_y同時作用，則可由(6-45)和(6-46)式求得應變。

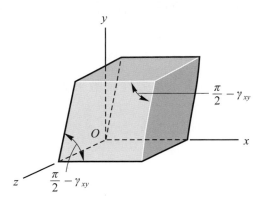

圖 6-23　剪應變γ_{xy}

若由正向應變表示式(6-45a)和(6-45b)式，聯立能解出應力以應變表示的方程式，

$$\sigma_x = \frac{E}{1-v^2}(\varepsilon_x + v\varepsilon_y) \tag{6-47a}$$

$$\sigma_y = \frac{E}{1-v^2}(\varepsilon_y + v\varepsilon_x) \tag{6-47b}$$

另外　　$$\tau_{xy} = G\gamma_{xy} \tag{6-47c}$$

若應變為已知時可由這些方程式求得應力。

從(6-45)式至(6-47)式，稱為平面應力的虎克定律(Hooke's law for plane stress)。他們包含三個彈性常數E、G和v，但有關係式$G = E/2(1 + v)$，故僅有兩個獨立常數。

6-5-2　單位體積變化

物體某一點承受平面應力時，其體積的變化可從圖 6-22 求得。此元素原來的體積為$V_o = (1)(1)(1) = 1$，受力變形後的體積V_f(剪應力不影響體積變化)為

$$V_f = (1 + \varepsilon_x)(1 + \varepsilon_y)(1 + \varepsilon_z)$$

將這乘積展開，因為正向ε_x、ε_y和ε_z皆為很小量，故略去其相互的乘積項，則

$$V_f = 1 + \varepsilon_x + \varepsilon_y + \varepsilon_z$$

體積變化量為

$$\Delta V = V_f - V_o = \varepsilon_x + \varepsilon_y + \varepsilon_z \tag{6-48}$$

因為此式祇是考慮幾何形狀的變形而已，並未說明材料性質為何，所以這方程式能適用於任何材料。

當材料是線彈性符合虎克定律時，我們將(6-45)式代入(6-48)式，而得平面應力單位體積變化(膨脹率e)以應力σ_x和σ_y及彈性常數來表示，即

$$e = \frac{\Delta V}{V_o} = \frac{1-2v}{E}(\sigma_x + \sigma_y) \tag{6-49}$$

6-5-3 應變能密度

應變能密度以u表示，即為儲存在材料單位體積中的應變能(如第二章 2-11 節所討論的)。對平面應力元素，我們可利用單位體積元素，如圖 6-22 和圖 6-23。由於正向應變與剪應變是互相獨立，故總應變能由它們和來求得。

由圖 6-22 上可看出元素的x面上有σ_x作用其上，此應力使元素移動一ε_x距離，然而σ_x和ε_x的關係我們必須先知道，才能求出應變能。亦即我們必須知道物體的材料性質。若材料為線彈性符合虎克定律，σ_x應力所作的功為$\sigma_x(\varepsilon_x/2)$。同理$\sigma_y$所作的功為$\sigma_y(\varepsilon_x/2)$，剪應力$\tau_{xy}$所作的功為$\tau_{xy}(\gamma_{xy}/2)$，故平面應力的應變能為

$$u = \frac{1}{2}(\sigma_x \varepsilon_x + \sigma_y \varepsilon_y + \tau_{xy}\gamma_{xy}) \tag{6-50}$$

將(6-45)式和(6-46)式代入(6-50)式，我們可以得到以應力表示的應變能密度方程式

$$u = \frac{1}{2E}(\sigma_x^2 + \sigma_y^2 - 2v\sigma_x\sigma_y) + \frac{\tau_{xy}^2}{2G} \tag{6-51}$$

同理，將(6-47)式代入(6-50)式，可得到以應變表示的應變能密度方程式為

$$u = \frac{E}{2(1-v^2)}(\varepsilon_x^2 + \varepsilon_y^2 + 2v\varepsilon_x\varepsilon_y) + \frac{G\gamma_{xy}^2}{2} \tag{6-52}$$

若材料承受單軸向應力σ_x，而其餘應力及應變為

$$\sigma_y = 0 \quad \tau_{xy} = 0 \quad \varepsilon_y = -v\varepsilon_x \quad \gamma_{xy} = 0$$

代入(6-51)式和(6-52)式得

$$u = \frac{\sigma_x^2}{2E} \quad u = \frac{E\varepsilon_x^2}{2}$$

這些方程式與2-11節的(2-24)式與(2-25)式相符合。

● **例題 6-11** 每邊 60 mm 的黃銅立方體，在兩相互垂直方向上承受壓力$P = 180 \text{ kN}$，若$E = 100 \text{ GPa}$，$v = 0.33$，試求此立方體體積變化ΔV及立方體中儲存的應變能。

解 因要求$\Delta V (\Delta V = V_f - V_o)$，若$V_f$可求，即可求$\Delta V$，但這不方便，由題意若能求出受力應力狀態，即可求出單位體積之變化(膨脹率e)乘上原體積即為所求。首先求出立方體之內力

$$N = P = -180 \text{ kN}(在x，y方向上)$$

$$\sigma_x = \frac{N}{A} = \frac{-180 \times 10^3 \text{ N}}{(60 \text{ mm})^2} = -50 \text{ MPa} = -0.05 \text{ GPa}$$

且

$$\sigma_y = \sigma_x \quad \tau_{xy} = 0$$

由於應力為已知，利用(6-49)式得

$$e = \frac{\Delta V}{V_o} = \frac{1-2v}{E}(\sigma_x + \sigma_y)$$

$$= \frac{(1-2 \times 0.33)}{100 \text{ GPa}}[-0.05 \text{ GPa} + (-0.05 \text{ GPa})]$$

$$= -0.00034$$

即

$$\Delta V = -0.00034 \times 60^3 \text{ mm}^3 = -73.44 \text{ mm}^3$$

由(6-51)式可求得應變能密度

$$u = \frac{1}{2E}(\sigma_x^2 + \sigma_y^2 - 2v\sigma_x\sigma_y) + \frac{\tau_{xy}^2}{2G}$$

$$= \frac{1}{200 \text{ GPa}}[0.05^2 \text{ GPa}^2 + 0.05^2 \text{ GPa}^2 - 2 \times 0.33(0.05 \text{ GPa}^2)] + 0$$

$$= 1.675 \times 10^{-5} \text{ GPa}$$

而應變能U為

$$U = u \times V_o = (0.06 \text{ m})^3 \times 1.675 \times 10^{-5} \text{ GPa} = 3.618 \text{ J}$$

● **例題 6-12**　如圖 6-24 所示，一平面應力元素承受應力σ_x、σ_y 及τ_{xy}。其應力為 $\sigma_y = -0.6\sigma_x$，$\tau_{xy} = \sigma_x$，此元素的應變能密度$u = 300\ \text{kPa}$，假設此 材料為鎂$E = 45\ \text{GPa}$，$v = 0.34$。求應力σ_x、σ_y 和τ_{xy}。

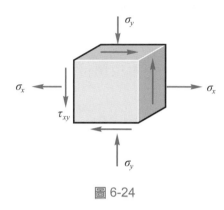

圖 6-24

解　由題意知，我們知道應變能密度u，要去求平面應力故必須由(6-51)式開始 著手，但是首先要求出G值，即

$$G = \frac{E}{2(1+v)} = \frac{45\ \text{GPa}}{2(1+0.34)} = 16.79\ \text{GPa}$$

將$\sigma_y = -0.6\sigma_x$，$\tau_{xy} = \sigma_x$ 及$u = 300\ \text{kPa}$ 代入(6-51)式得

$$u = \frac{1}{2E}(\sigma_x^2 + \sigma_y^2 - 2v\sigma_x\sigma_y) + \frac{\tau_{xy}^2}{2G}$$

$$300\times10^3\ \text{Pa} = \frac{1}{2\times45\times10^9\ \text{Pa}}[\sigma_x^2 + 0.36\sigma_x^2 - 2\times0.34\times\sigma_x$$

$$\times(-0.6\sigma_x)] + \frac{\sigma_x^2}{2\times16.79\times10^9\ \text{Pa}}$$

$$\sigma_x^2 = 6073\times10^{12}\ \text{Pa} \Rightarrow \sigma_x = 78\ \text{MPa}$$

則

$$\sigma_y = -0.6\sigma_x = (-0.6)(78\ \text{MPa}) = -46.8\ \text{MPa}$$

$$\tau_{xy} = \sigma_x = 78\ \text{MPa}$$

6 -6 三軸向應力

一材料元素承受三互相垂直的正向應力σ_x、σ_y和σ_z(圖 6-25(a))，則稱為三軸向應力(triaxial stress)。須注意的是在x、y和z面上不受剪應力作用，因此這種應力情況並非三度空間的一般化形式。

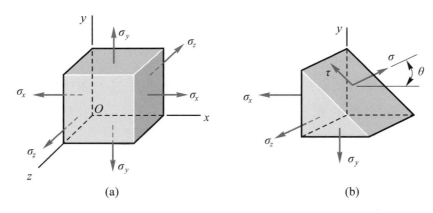

圖 6-25　三軸向應力元素

考慮自一元素切下平行於z軸的傾斜面(圖 6-25(b))，斜面上僅有正向應力σ和剪應力τ作用在xy面。這些應力與前面所討論平面應力的σ_{x1}和τ_{x1y1}一樣。因為這些應力是由xy面的靜力平衡方程式求得，此應力與此σ_z無關。可藉平面應力的轉換方程式或莫爾圓求出σ和τ。

由前面的平面應力討論中，我們得知最大剪應力發生與主平面成 45°的平面上。為了得到三軸向應力元素的這些平面。元素要對x、y和z軸旋轉 45°。例如考慮對z軸轉 45°，則作用在元素上的最大剪應力為

$$(\tau_{\max})_z = \pm\frac{\sigma_x - \sigma_y}{2} \tag{6-53a}$$

同理對x軸及y軸旋轉 45°的最大剪應力分別為

$$(\tau_{\max})_x = \pm\frac{\sigma_y - \sigma_z}{2} \tag{6-53b}$$

$$(\tau_{\max})_y = \pm\frac{\sigma_x - \sigma_z}{2} \tag{6-53c}$$

絕對最大剪應力是由(6-53)式所決定，取其這些應力中代數值最大者，它是等於三個主應力中代數值最大和最小值差值的一半。然而或許三軸向應力的最小值為零，那麼我們該認定材料是處於雙軸向應力或者三軸向應力，**一般而言我們是取三軸向應力，為了使材料以這些最大剪應力絕對值最大者為容許設計應力，以保證構件安全設計。**

作用於對 x、y 和 z 軸旋轉某一角度的元素上應力，可藉莫爾圓求得。在圖 6-26 中所標示的 A 圓，是元素對 z 軸旋轉元素上的應力，此圓是針對 σ_x 與 σ_y 均為拉力且 $\sigma_x > \sigma_y$。同理，B 圓和 C 圓是元素對 x 和 y 軸旋轉。圓的半徑表示由(6-53)式所給的最大剪應力，而最大剪應力絕對值最大的是等於最大圓的半徑，而作用在最大剪應力面上的正向應力即為此圓的圓心座標。

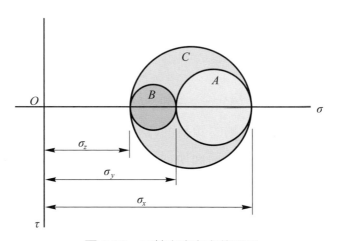

圖 6-26　三軸向應力之莫爾圓

6-6-1　三軸向應力的虎克定律

若材料的性質是等向性且符合虎克定律，則三軸向應力在 x、y 和 z 軸方向的正向應力與正向應變的關係，如同雙軸向應力情況一樣去求得它們之間的關係。由於 σ_x、σ_y 和 σ_z 產生的應變是互相獨立，可藉重疊原理求得其合應變，故可得應變的關係式如下：

$$\varepsilon_x = \frac{\sigma_x}{E} - \frac{v}{E}(\sigma_y + \sigma_z) \tag{6-54a}$$

$$\varepsilon_y = \frac{\sigma_y}{E} - \frac{v}{E}(\sigma_z + \sigma_x) \tag{6-54b}$$

$$\varepsilon_z = \frac{\sigma_z}{E} - \frac{v}{E}(\sigma_x + \sigma_y) \tag{6-54c}$$

在這些方程式,拉應力為正,伸長應變為正,這是應力來表示應變的表示式。

由(6-54)式的聯立解得,以應變表示的應力方程式為

$$\sigma_x = \frac{E}{(1+v)(1-2v)}[(1-v)\varepsilon_x + v(\varepsilon_y + \varepsilon_z)] \tag{6-55a}$$

$$\sigma_y = \frac{E}{(1+v)(1-2v)}[(1-v)\varepsilon_y + v(\varepsilon_z + \varepsilon_x)] \tag{6-55b}$$

$$\sigma_z = \frac{E}{(1+v)(1-2v)}[(1-v)\varepsilon_z + v(\varepsilon_x + \varepsilon_y)] \tag{6-55c}$$

方程式(6-54)式與(6-55)式即表示三軸向應力的虎克定律。

6-6-2 體積的變化與應變能密度

在三軸向應力作用下,元素單位體積的變化求法與平面應力的求法相同。考慮單位尺寸的立方體(圖6-25),則最初體積$V_o = 1$,最後體積為

$$V_f = (1+\varepsilon_x)(1+\varepsilon_y)(1+\varepsilon_z)$$

單位體積變化定義為

$$e = \frac{\Delta V}{V_o} = \frac{V_f}{V_o} - 1$$

$$e = (1+\varepsilon_x)(1+\varepsilon_y)(1+\varepsilon_z) - 1$$

$$= \varepsilon_x + \varepsilon_y + \varepsilon_z + \varepsilon_x\varepsilon_y + \varepsilon_x\varepsilon_z + \varepsilon_y\varepsilon_z + \varepsilon_x\varepsilon_y\varepsilon_z \tag{6-56}$$

當應變很小時,我們可忽略包含其乘積項,而得到下列單位體積變化的簡化表示式

$$e = \varepsilon_x + \varepsilon_y + \varepsilon_z \tag{6-57}$$

此式對任何材料均正確。

若材料性質符合虎克定律,則將(6-54)式代入(6-57)式得

$$e = \frac{1-2v}{E}(\sigma_x + \sigma_y + \sigma_z) \tag{6-58}$$

上式即為在三軸向應力作用下,單位體積變化的表示式。此e值稱為膨脹率(dilatation)或體積應變(volumetric strain)。

如圖 6-25(a)單位長度的元素承受三軸向應力作用，則作用在面上的力等於各面上應力值，當應力作用在元素時，每個力移動的距離等於相對應的應變值。由這些力所作的功就是元素應變能密度。若材料滿足虎克定律，則應變能密度u可表為

$$u = \frac{1}{2}(\sigma_x \varepsilon_x + \sigma_y \varepsilon_y + \sigma_z \varepsilon_z) \tag{6-59}$$

將(6-54)式應變的式子代入(6-59)式，可得到以應力表示應變能密度的方程式為

$$u = \frac{1}{2E}(\sigma_x^2 + \sigma_y^2 + \sigma_z^2) - \frac{v}{E}(\sigma_x \sigma_y + \sigma_x \sigma_z + \sigma_y \sigma_z) \tag{6-60}$$

同理，亦可用應變來表示應變能密度，即(6-55)式代入(6-59)式得

$$u = \frac{E}{2(1+v)(1-2v)}[(1-v)(\varepsilon_x^2 + \varepsilon_y^2 + \varepsilon_z^2)$$
$$+ 2v(\varepsilon_x \varepsilon_y + \varepsilon_x \varepsilon_z + \varepsilon_y \varepsilon_z)] \tag{6-61}$$

然而用這些表示式時，必須考慮到應力與應變的正負號。

6-6-3　球形應力與容積彈性模數

當三軸向應力作用在物體上，而所有三個正向應力都相等時，此應力狀態稱之為球形應力(spherical stress)(圖 6-27)。即

$$\sigma_x = \sigma_y = \sigma_z = \sigma_0$$

在這情況下，所有元素切開的每一個面上均承受同樣的正向應力σ_0，因此在每一方向上的正向應力均相等，而沒有剪應力。每一個平面均為主平面，而圖 6-26 所示的三個莫爾圓簡化成單一點。在球形應力下所有方向的正向應變均為

$$\varepsilon_0 = \frac{\sigma_0}{E}(1-2v) \tag{6-62}$$

而單位體積變化的表示式，可由(6-58)式得到

$$e = \frac{\Delta V}{V_o} = \frac{3(1-2v)}{E}\sigma_0 \tag{6-63a}$$

或

$$e = 3\varepsilon_0 \tag{6-63b}$$

在(6-63a)式中通常引用一新的符號K，此值稱為體積彈性模數(volume modulus of

elasticity)或容積彈性模數(bulk modulus of elasticity)。即

$$K = \frac{E}{3(1-2v)} \qquad (6\text{-}64)$$

利用此符號，則體積應變可寫成

$$e = \frac{\sigma_0}{K} \qquad (6\text{-}65a)$$

或　　　　$$K = \frac{\sigma_0}{e} \qquad (6\text{-}65b)$$

因此，體積彈性模數K可定義為球形應力對體積應變之比值，它是類似於模數E的定義。

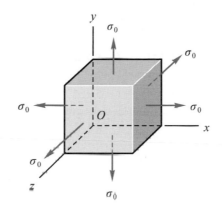

圖 6-27　球形應力

　　由(6-64)式與(6-65)式知，若蒲松比$v = 1/3$時，$K = E$。若$v = 0$，$K = E/3$。而當$v = 0.5$，K變成無窮大，表示一剛性材料體積沒有變化，因此蒲松比其理論的最大值為0.5。

● **例題 6-13**　一立方體的花崗石塊，每邊長80 mm，花崗石之$E = 65$ GPa，$v = 0.30$，經試驗測得應變$\varepsilon_x = -750 \times 10^{-6}$，$\varepsilon_y = \varepsilon_z = -250 \times 10^{-6}$，求下列各值：(a)作用在元素上$x$、$y$及$z$面上正向應力$\sigma_x$、$\sigma_y$及$\sigma_z$；(b)材料中最大剪應力$\tau_{\max}$；(c)體積變化$\Delta V$；(d)花崗石塊儲存的總應變能$U$。

解　(a)正向應力：由於正向應變是已知值，則利用(6-55)式可得到正向應力

$$\sigma_x = \frac{E}{(1+v)(1-2v)}[(1-v)\varepsilon_x + v(\varepsilon_y + \varepsilon_z)]$$

$$= \frac{65 \times 10^9 \text{ Pa}}{(1+0.30)(1-2\times0.30)}[(1-0.30)(-750)$$

$$+ 0.30(-250-250)]\times10^{-6}$$

$$= -84.4 \text{ MPa}$$

同理

$$\sigma_y = \frac{E}{(1+v)(1-2v)}[(1-v)\varepsilon_y + v(\varepsilon_x + \varepsilon_z)]$$

$$= -59.4 \text{ MPa}$$

$$\sigma_z = \frac{E}{(1+v)(1-2v)}[(1-v)\varepsilon_z + v(\varepsilon_x + \varepsilon_y)]$$

$$= -59.4 \text{ MPa}$$

(b)最大剪應力：由(a)的結果，利用(6-53)式可得

$$(\tau_{\max})_z = \frac{\sigma_x - \sigma_y}{2} = \frac{-84.4 \text{ MPa} - (-59.4 \text{ MPa})}{2} = -12.5 \text{ MPa}$$

$$(\tau_{\max})_x = \frac{\sigma_y - \sigma_z}{2} = \frac{-59.4 \text{ MPa} - (-59.4 \text{ MPa})}{2} = 0$$

$$(\tau_{\max})_y = \frac{\sigma_z - \sigma_x}{2} = \frac{-59.4 \text{ MPa} - (-84.4 \text{ MPa})}{2} = 12.5 \text{ MPa}$$

即

$$\tau_{\max} = 12.5 \text{ MPa}$$

(c)體積變化：由於應變的值很小，則利用(6-57)式可得體積應變為

$$e = \varepsilon_x + \varepsilon_y + \varepsilon_z = -(750 + 250 + 250)\times10^{-6}$$

$$= -1250\times10^{-6}$$

$$\Delta V = eV_o = -1250\times10^{-6}(80 \text{ mm})^3 = -640 \text{ mm}^3$$

(d)總應變能：由(6-61)式先求得應變能密度

$$u = \frac{E}{2(1+v)(1-2v)}[(1-v)(\varepsilon_x^2 + \varepsilon_y^2 + \varepsilon_z^2)$$

$$+ 2v(\varepsilon_x\varepsilon_y + \varepsilon_x\varepsilon_z + \varepsilon_y\varepsilon_z)]$$

$$= \frac{65\times10^9}{2(1+0.3)(1-2\times0.3)}[(1-0.30)(750^2 + 250^2 + 250^2)$$

$$+ 2\times0.30(250\times750 + 250\times750 + 250\times250)\times10^{-12}]$$

$$= 46,484.4 = 46,484.4 \text{ J/m}^3$$

$$U = uV_o = 46,484.4 \text{ Pa} \times (0.080 \text{ m})^3 = 23.8 \text{ kJ}$$

● **例題 6-14** 一實心黃銅球體(體積彈性模數$K = 120$ GPa)，在其外表面突然加熱，由於外部的加熱致使此球體向外膨脹，並且靠近球心處，在各方向產生均勻的拉力。若在球心的應力為95 MPa，則應變為多少？且求單位體積的變化及在球體的應變能密度u。

解 由題意知，黃銅球體承受球形應力，則

$$\sigma_x = \sigma_y = \sigma_z = \sigma_0 = 95 \text{ MPa}$$

其應變可由(6-62)式得到

$$\varepsilon_0 = \frac{\sigma_0}{E}(1 - 2v)$$

但是v及E值未知，因而將上式整理及利用(6-64)式得

$$\varepsilon_0 = \frac{\frac{1}{3}\sigma_0}{\frac{E}{3(1-2v)}} = \frac{\sigma_0}{3K} = \frac{95 \text{ MPa}}{3 \times 120 \times 10^3 \text{ MPa}} = 263.9 \times 10^{-6}$$

由(6-63b)得單位體積變化

$$e = 3\varepsilon_0 = 3 \times 263.9 \times 10^{-6} = 791.7 \times 10^{-6}$$

由(6-60)式求得應變能密度

$$u = \frac{1}{2E}(\sigma_x^2 + \sigma_y^2 + \sigma_z^2) - \frac{v}{E}(\sigma_x\sigma_y + \sigma_x\sigma_z + \sigma_y\sigma_z)$$

$$= \frac{1}{2E}(3\sigma_0^2) - \frac{v}{E}(3\sigma_0^2) = \frac{3\sigma_0^2(1-2v)}{2E}$$

$$= \frac{\sigma_0^2}{\frac{2E}{3(1-2v)}} = \frac{\sigma_0^2}{2K} = \frac{(95 \times 10^6 \text{ Pa})^2}{2 \times 120 \times 10^9 \text{ Pa}} = 37.6 \text{ kPa}$$

6 -7 平面應變

當構件承受負載時，其材料內任一點僅具有平面上三個應變，例如xy平面上的三個應變(圖 6-28)ε_x、ε_y和γ_{xy}，稱其處於平面應變狀態，故平面應變的情況可由下列條件定義

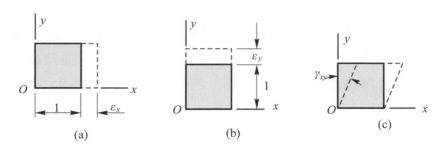

圖 6-28　在 xy 面上的應變 ε_x、ε_y 和 γ_{xy}

$$\varepsilon_x \neq 0 \quad \varepsilon_y \neq 0 \quad \gamma_{xy} \neq 0$$
$$\varepsilon_z = \gamma_{yz} = \gamma_{zx} = 0$$

而前面的平面應力，也可用類似的定義，即

$$\sigma_x \neq 0 \quad \sigma_y \neq 0 \quad \tau_{xy} \neq 0$$
$$\sigma_z = \tau_{xz} = \tau_{yz} = 0$$

　　但平面應力與平面應變並不相同，由虎克定律知 $\varepsilon_z = \dfrac{\sigma_z}{E} - v\left(\dfrac{\sigma_x + \sigma_y}{E}\right)$，平面應力狀態 $\sigma_z = 0$，但 $\varepsilon_z = -\dfrac{v}{E}(\sigma_x + \sigma_y) \neq 0$。而平面應變是 ε_x，ε_y 不為零，相應 σ_x 及 σ_y 也不為零，為了使 ε_z 為零以滿足平面應變要求，但由 $\varepsilon_z = \dfrac{\sigma_z}{E} - \dfrac{v}{E}(\sigma_x + \sigma_y)$ 知，必須保持 $\sigma_z \neq 0$，才能有 $\varepsilon_z = 0$。因此由上述分析知平面應力與平面應變通常並不同時發生。除了有兩種例外情況，一平面應力承受相等且相反的正向應力($\sigma_x = -\sigma_y$)，另一材料蒲松比 $v = 0$，則由 $\varepsilon_z = \dfrac{1}{E}(\sigma_z - v(\sigma_x + \sigma_y))$ 式知，這兩種情況下平面應力即為平面應變。平面應力與平面應變見圖 6-29。

	平面應力	平面應變
應力	$\sigma_z = 0$，$\tau_{xz} = 0$，$\tau_{yz} = 0$ σ_x，σ_y 與 τ_{xy} 可具有不為零之值	$\tau_{xz} = 0$，$\tau_{yz} = 0$ σ_x，σ_y，σ_z 與 τ_{xy} 可具有不為零之值
應變	$\gamma_{xz} = 0$，$\gamma_{yz} = 0$ ε_x，ε_y，ε_z 與 γ_{xy} 可具有不為零之值	$\varepsilon_z = 0$，$\gamma_{xz} = 0$，$\gamma_{yz} = 0$ ε_x，ε_y 與 γ_{xy} 可具有不為零之值

圖 6-29　平面應力與平面應變的比較

　　前面曾導出 xy 平面上的應力轉換公式(6-23)式，此式亦可用於存在正向應力 σ_z，因 σ_z 並沒有影響到求斜面上應力 σ_{x1} 和 τ_{x1y1} 的平衡方程式。故我們亦可導出平面應變的轉換公式，而此轉換公式亦適用於應變 ε_z 存在的情況。因此，當發生平面應變時，平面應力的轉換公式可應用於 xy 平面的應力上；反之，當發生平面應力時，平面應變的轉換公式可適用於 xy 平面的應變上。

　　假設已知材料某一點與 xy 平面相關的應變 ε_x、ε_y 和 γ_{xy}，現欲求出與 x_1 和 y_1 軸相關的正向應變 ε_{x1} 與剪應變 γ_{x1y1}，其中 x_1、y_1 軸相對於 x、y 軸為逆時鐘方向旋轉 θ 角，如圖 6-30 所示。

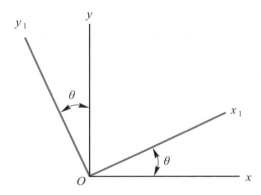

圖 6-30　旋轉後的軸 x_1 與 y_1

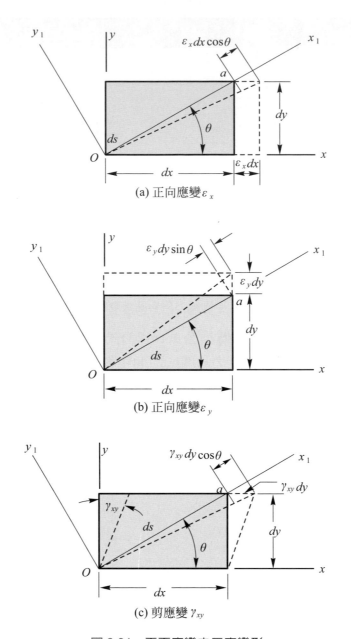

図 6-31　平面應變之元素變形

　　由圖 6-31 所示，長方形對角線爲x_1的方向，其邊長分別爲dx和dy，在xy平面上的應變ε_x、ε_y和γ_{xy}將使長方形元素產生變形。ε_x應力在x_1方向產生變形量爲$\varepsilon_x dx \cos\theta$(圖 6-31(a))，而$\varepsilon_y$在$x_1$方向產生的變形量爲$\varepsilon_y dy \sin\theta$(圖 6-31(b))，而$\gamma_{xy}$在$x_1$方向產生的變形量爲$\gamma_{xy} dy \cos\theta$(圖 6-31(c))，則對角線的總增加量爲這些量之和，即

$$\Delta d = \varepsilon_x dx \cos\theta + \varepsilon_y dy \sin\theta + \gamma_{xy} dy \cos\theta$$

則 x_1 方向的應變 ε_{x1} 為

$$\varepsilon_{x1} = \frac{\Delta d}{ds} = \varepsilon_x \frac{dx}{ds} \cos\theta + \varepsilon_y \frac{dy}{ds} \sin\theta + \gamma_{xy} \frac{dy}{ds} \cos\theta$$

而 $dx/ds = \cos\theta$ 且 $dy/ds = \sin\theta$，則上式變成

$$\varepsilon_{x1} = \varepsilon_x \cos^2\theta + \varepsilon_y \sin^2\theta + \gamma_{xy} \sin\theta\cos\theta$$

由三角函數關係式

$$\cos^2\theta = \frac{1}{2}(1 + \cos 2\theta) \quad \sin^2\theta = \frac{1}{2}(1 - \cos 2\theta)$$

$$\sin\theta\cos\theta = \frac{1}{2}\sin 2\theta$$

上式可改為

$$\varepsilon_{x1} = \frac{1}{2}(\varepsilon_x + \varepsilon_y) + \frac{1}{2}(\varepsilon_x - \varepsilon_y)\cos 2\theta + \frac{\gamma_{xy}}{2}\sin 2\theta$$

至於剪應變 γ_{x1y1}，這個應變等於介於 x_1 和 y_1 軸間角度的減少量，如圖 6-32 所示。材料的 Oa 線最初是沿著 x_1 軸(圖 6-31)，其變形會造成此線依逆時鐘對 x_1 軸旋轉 α 角(圖 6-32)。同理 Ob 線最初是沿 y_1 軸，但由於變形，而產生順時鐘旋轉 β 角，則

$$\gamma_{x1y1} = \alpha + \beta$$

由圖 6-31(a)中應變 ε_x 使 Oa 線順時鐘旋轉，其旋轉角為 $-\varepsilon_x dx \sin\theta/ds$，同時 ε_y 及 γ_{xy} 產生的變形對角 α 的貢獻分別為 $\varepsilon_y dy\cos\theta/ds$ 及 $-\gamma_{xy} dy\sin\theta/ds$，則

$$\alpha = -\varepsilon_x \frac{dx}{ds}\sin\theta + \varepsilon_y \frac{dy}{ds}\cos\theta - \gamma_{xy}\frac{dy}{ds}\sin\theta$$

$$= -\varepsilon_x \sin\theta\cos\theta + \varepsilon_y \sin\theta\cos\theta - \gamma_{xy}\sin^2\theta$$

$$= -(\varepsilon_x - \varepsilon_y)\sin\theta\cos\theta - \gamma_{xy}\sin^2\theta$$

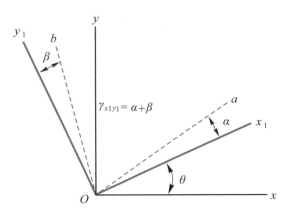

圖 6-32　剪應變 γ_{x1y1} 與 x_1y_1 之關係

而 Ob 線最初是與 Oa 線成 $90°$，故在 α 角公式中以 $\theta+90°$ 代 θ，便可得 Ob 的旋轉角，但特別注意在 α 角是以逆時鐘旋轉為主，而 β 角是順時鐘旋轉，故 β 角為負，得

$$\beta=(\varepsilon_x-\varepsilon_y)\sin(\theta+90°)\cos(\theta+90°)+\gamma_{xy}\sin^2(\theta+90°)$$
$$=-(\varepsilon_x-\varepsilon_y)\sin\theta\cos\theta+\gamma_{xy}\cos^2\theta$$

α 角和 β 角相加即可得剪應變 γ_{x1y1}

$$\gamma_{x1y1}=-2(\varepsilon_x-\varepsilon_y)\sin\theta\cos\theta+\gamma_{xy}(\cos^2\theta-\sin^2\theta)$$

由三角函數關係式知，上式可寫成

$$\frac{\gamma_{x1y1}}{2}=-\frac{(\varepsilon_x-\varepsilon_y)}{2}\sin2\theta+\frac{\gamma_{xy}}{2}\cos2\theta$$

故平面應變的轉換方程式總結如下：

$$\varepsilon_{x1}=\frac{1}{2}(\varepsilon_x+\varepsilon_y)+\frac{1}{2}(\varepsilon_x-\varepsilon_y)\cos2\theta+\frac{\gamma_{xy}}{2}\sin2\theta \tag{6-66a}$$

$$\frac{\gamma_{x1y1}}{2}=-\frac{1}{2}(\varepsilon_x-\varepsilon_y)\sin2\theta+\frac{\gamma_{xy}}{2}\cos2\theta \tag{6-66b}$$

這些方程式可與正向應力的(6-23)式及(6-24)式相比較，其兩組方程式的對應關係如表 6-2。

表 6-2　平面應力轉換方程式(6-23)和(6-24)與平面應變轉換
方程式(6-66)間的對應變數

應力	應變
σ_x	ε_x
σ_y	ε_y
τ_{xy}	$\dfrac{\gamma_{xy}}{2}$
σ_{x1}	ε_{x1}
τ_{x1y1}	$\dfrac{\gamma_{x1y1}}{2}$

至於y_1軸的正向應力ε_{y1}及剪應變γ_{y1x1}，可以用$\theta + 90°$代入θ，則

$$\varepsilon_{x1} + \varepsilon_{y1} = \varepsilon_x + \varepsilon_y \tag{6-67a}$$

$$\gamma_{y1x1} = -\gamma_{x1y1} \tag{6-67b}$$

上式表示平面應變，在兩互相垂直方向上正向應變之和恆爲常數，且等於$\varepsilon_x + \varepsilon_y$，同時兩互相垂直方向的剪應變之大小恆相等，但符號相反。

使用表6-2的對應關係，平面應變將有平面應力之類似的結果。因此對平面應變有下列結果

主應變的方向由下列方程式得到

$$\tan 2\theta_p = \frac{\gamma_{xy}}{\varepsilon_x - \varepsilon_y} \tag{6-68}$$

主應變的大小可由下面方程式求得

$$\varepsilon_{1,2} = \frac{1}{2}(\varepsilon_x + \varepsilon_y) \pm \sqrt{\left(\frac{\varepsilon_x - \varepsilon_y}{2}\right)^2 + \left(\frac{\gamma_{xy}}{2}\right)^2} \tag{6-69}$$

在主應變的方向，其剪應變爲零。於xy平面上的最大剪應變是和主應變方向成$45°$的軸上，最大剪應變值是由下列方程式求得

$$\frac{\gamma_{max}}{2} = \sqrt{\left(\frac{\varepsilon_x - \varepsilon_y}{2}\right)^2 + \left(\frac{\gamma_{xy}}{2}\right)^2} \tag{6-70}$$

最小剪應變，其值與最大剪應變相等而方向相反。在最大剪應變方向之正向應變是等於$(\varepsilon_x + \varepsilon_y)/2$。

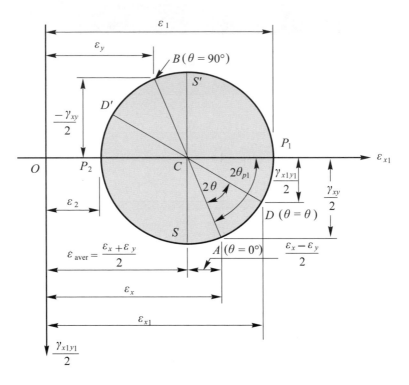

圖 6-33　平面應變的莫爾圓([1]圖 6.44)

　　由於平面應變(6-66)和(6-67)式與平面應力中(6-23)式至(6-26)式相類似，因而可以用莫爾圓來描述。平面應變的莫爾圓作圖法與平面應力作圖法一樣，只要利用表 6-2 的對應關係即可，平面應變的莫爾圓如圖 6-33 所示。

● **例題 6-15** 材料元素承受平面應變，其應變如下：

$\varepsilon_x = 350\times10^{-6}$，$\varepsilon_y = 120\times10^{-6}$，$\gamma_{xy} = 200\times10^{-6}$

這些應變如圖 6-34(a)所示，假設此元素沿x與y軸為單位長度。既然元素的長度為單位長度，故其尺寸的改變為正向應變量。為了方便起見，剪應變表為位於元素原點處的角度變化。試求下列各量：(a)元素旋轉$\theta = 30°$時的應變；(b)主應變；(c)最大剪應變(僅考慮平面應變)。

解 (a)元素旋轉$\theta = 30°$時的應變：可由(6-66)式$\theta = 30°$代入而得到

$$\varepsilon_{x1} = \frac{1}{2}(\varepsilon_x + \varepsilon_y) + \frac{1}{2}(\varepsilon_x - \varepsilon_y)\cos2\theta + \frac{\gamma_{xy}}{2}\sin2\theta$$

$$= \left[\frac{1}{2}(350 + 120) + \frac{1}{2}(350 - 120)\cos60° + \frac{1}{2}200\sin60°\right] \times 10^{-6}$$

$$= 379.1 \times 10^{-6}$$

$$\frac{\gamma_{x1y1}}{2} = -\frac{1}{2}(\varepsilon_x - \varepsilon_y)\sin2\theta + \frac{\gamma_{xy}}{2}\cos2\theta$$

$$= \left[-\frac{1}{2}(350 - 120)\sin60° + \frac{200}{2}200\cos60°\right] \times 10^{-6}$$

$$= -49.6 \times 10^{-6}$$

或

$$\gamma_{x1y1} = -99.2 \times 10^{-6}$$

同理由(6-66)式得到

$$\varepsilon_{y1} = \frac{1}{2}(\varepsilon_x + \varepsilon_y) - \frac{1}{2}(\varepsilon_x - \varepsilon_y)\cos2\theta - \frac{\gamma_{xy}}{2}\sin2\theta$$

$$= \left[\frac{1}{2}(350 + 120) - \frac{1}{2}(350 - 120)\cos60° - \frac{200}{2}\sin60°\right] \times 10^{-6}$$

$$= 90.9 \times 10^{-6}$$

接著由(6-67a)式驗證此結果

$$\varepsilon_{x1} + \varepsilon_{y1} = (379.1 + 90.9) \times 10^{-6} = 470 \times 10^{-6}$$

$$\varepsilon_x + \varepsilon_y = (350 + 120) \times 10^{-6} = 470 \times 10^{-6}$$

結果顯示正確無誤。$\theta = 30°$的元素應變如圖 6-34(b)所示，但必須注意γ_{x1y1}的值為負，在原點處角度會增加。

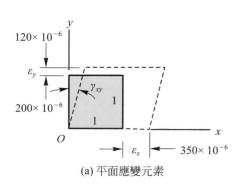

(a) 平面應變元素

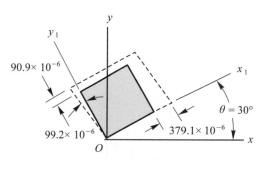

(b) 在 $\theta = 30°$元素

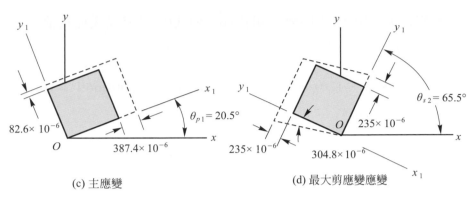

(c) 主應變　　　　　　　　　(d) 最大剪應變應變

(注意：元素的每邊均為單位長度)

圖 6-34

(b)主應變：

(方法一)：

由(6-69)式求得

$$\varepsilon_{1,2} = \frac{1}{2}(\varepsilon_x + \varepsilon_y) \pm \sqrt{\left(\frac{\varepsilon_x - \varepsilon_y}{2}\right)^2 + \left(\frac{\gamma_{xy}}{2}\right)^2}$$

$$= \left[\frac{350 + 120}{2} \pm \sqrt{\left(\frac{350 - 120}{2}\right)^2 + \left(\frac{200}{2}\right)^2}\right] \times 10^{-6}$$

$$= 235 \times 10^{-6} \pm 152.4 \times 10^{-6}$$

故

$$\varepsilon_1 = 387.4 \times 10^{-6} \quad \varepsilon_2 = 85.6 \times 10^{-6}$$

最好還是用 $\varepsilon_1 + \varepsilon_2 = \varepsilon_x + \varepsilon_y$ 驗證計算結果，結果顯示正確無誤。

主應變的方向可由(6-68)式得出

$$\tan 2\theta_p = \frac{\gamma_{xy}}{\varepsilon_x - \varepsilon_y} = \frac{200 \times 10^{-6}}{(350 - 120) \times 10^{-6}} = 0.8696$$

且

$$\cos 2\theta_p = \frac{\varepsilon_x - \varepsilon_y}{2R} = \frac{(350 - 120) \times 10^{-6}}{2 \times 152.4 \times 10^{-6}} = 0.7546$$

$$\sin 2\theta_p = \frac{\gamma_{xy}}{2R} = \frac{200 \times 10^{-6}}{2 \times 152.4 \times 10^{-6}} = 0.6562$$

$$R = \sqrt{\left(\frac{\varepsilon_x - \varepsilon_y}{2}\right)^2 + \left(\frac{\gamma_{xy}}{2}\right)^2} = 152.4 \times 10^{-6}$$

由於 $\cos 2\theta_p$、$\tan 2\theta_p$ 及 $\tan 2\theta_p$ 皆為正值，故以 $\tan 2\theta_p = 0.8696$(在第一象限)求出最大主應變 ε_1 對應的 $2\theta_{p1} = 41°$，即 $\theta_{p1} = 20.5°$，而最小主應變 ε_2 對應的 $2\theta_{p2} =$

221°，即$\theta_{p2} = 110.5°$。

(方法二)：

由(6-68)式先求出主應變方向

$$\tan 2\theta_p = \frac{\gamma_{xy}}{\varepsilon_x - \varepsilon_y} = \frac{200 \times 10^{-6}}{(350 - 120) \times 10^{-6}} = 0.8696$$

則在 0°與 360°之間可求出$2\theta_p$為 41°和 221°。故主應變的方向為

$$\theta_p = 20.5° 和 110.5°$$

要決定那一個角度對應最大主應變，只要將θ_p值代入(6-66a)式就可以知道。因此，$\theta_p = 20.5°$可得到

$$\varepsilon_{x1} = \frac{1}{2}(\varepsilon_x + \varepsilon_y) + \frac{1}{2}(\varepsilon_x - \varepsilon_y)\cos 2\theta + \frac{\gamma_{xy}}{2}\sin 2\theta$$

$$= \left[\frac{1}{2}(350 + 120) + \frac{1}{2}(350 - 120)\cos 41° + \frac{200}{2}\sin 41°\right] \times 10^{-6}$$

$$= 387.4 \times 10^{-6}$$

另一個$\theta_p = 110.5°$則

$$\varepsilon_{x2} = \left[\frac{1}{2}(350 + 120) + \frac{1}{2}(350 - 120)\cos 221° + \frac{200}{2}\sin 221°\right] \times 10^{-6}$$

$$= 82.6 \times 10^{-6}$$

結果與方法(一)中相同，也可以如主應力第三種方法去判斷。主應力元素如圖 6-34(c)所示。

(c)最大剪應變：由(6-70)式求得最大剪應變大小，即

$$\frac{\gamma_{max}}{2} = \sqrt{\left(\frac{\varepsilon_x - \varepsilon_y}{2}\right)^2 + \left(\frac{\gamma_{xy}}{2}\right)^2}$$

$$= \sqrt{\left(\frac{350 - 120}{2}\right)^2 + \left(\frac{200}{2}\right)^2} \times 10^{-6}$$

$$\gamma_{max} = 304.8 \times 10^{-6}$$

最大(正)剪應變元素的方位比主應變的方位小 45°，即

$$\theta_{s1} = \theta_{p1} - 45° = 20.5° - 45° = -24.5°$$

而最小(負)剪應變是與最大正剪應變方位相差 90°，即

$$\theta_{s2} = \theta_{s1} + 90° = -24.5° + 90° = 65.5°$$

將θ_{s2}代入(6-66b)式得

$$\frac{\gamma_{max}}{2} = -\frac{1}{2}(\varepsilon_x - \varepsilon_y)\sin 2\theta + \frac{\gamma_{xy}}{2}\cos 2\theta$$

$$= \left[-\frac{1}{2}(350-120)\sin 131° + \frac{200}{2}\cos 131° \right] \times 10^{-6}$$

$$= -152.4 \times 10^{-6}$$

或

$$\gamma_{x1y1} = -304.8 \times 10^{-6}$$

它與最大剪應變值相等而符號相反。在最大或最小剪應變作用面上的正向應變為

$$\varepsilon_{\text{aver}} = \frac{1}{2}(\varepsilon_x + \varepsilon_y) = 235 \times 10^{-6}$$

此元素如圖 6-34(d)所示。

● **例題 6-16** 利用平面應力的轉換方程式和虎克定律來導出平面應變的轉換方程式。

解 首先列出平面應力的轉換方程式

$$\sigma_{x1} = \frac{1}{2}(\sigma_x + \sigma_y) + \frac{1}{2}(\sigma_x - \sigma_y)\cos 2\theta + \tau_{xy}\sin 2\theta$$

$$\tau_{x1y1} = -\frac{1}{2}(\sigma_x - \sigma_y)\sin 2\theta + \tau_{xy}\cos 2\theta$$

$$\sigma_{y1} = \frac{1}{2}(\sigma_x + \sigma_y) - \frac{1}{2}(\sigma_x - \sigma_y)\cos 2\theta - \tau_{xy}\sin 2\theta$$

而旋轉後元素上的應變 ε_{x1} 和 γ_{x1y1}，可藉虎克定律求得

$$\varepsilon_{x1} = \frac{\sigma_{x1}}{E} - \frac{v\sigma_{y1}}{E} \quad \gamma_{x1y1} = \frac{\tau_{x1y1}}{G}$$

將 σ_{x1}、σ_{y1} 和 τ_{x1y1} 代入上式

$$\varepsilon_{x1} = \frac{1}{E}\left(\frac{\sigma_x + \sigma_y}{2} + \frac{\sigma_x - \sigma_y}{2}\cos 2\theta + \tau_{xy}\sin 2\theta \right)$$

$$- \frac{v}{E}\left(\frac{\sigma_x + \sigma_y}{2} - \frac{\sigma_x - \sigma_y}{2}\cos 2\theta - \tau_{xy}\sin 2\theta \right)$$

$$\gamma_{x1y1} = \frac{1}{G}\left(-\frac{\sigma_x - \sigma_y}{2}\sin 2\theta + \tau_{xy}\cos 2\theta \right)$$

但由於

$$\varepsilon_x = \frac{\sigma_x}{E} - \frac{v\sigma_y}{E} \quad \gamma_{xy} = \frac{\tau_{xy}}{G}$$

則 ε_{x1} 和 γ_{x1y1} 表示式變成

$$\varepsilon_{x1} = \frac{1}{2}(\varepsilon_x + \varepsilon_y) + \frac{1}{2}(\varepsilon_x - \varepsilon_y)\cos 2\theta + \frac{\gamma_{xy}}{2}\sin 2\theta$$

$$\frac{\gamma_{x1y1}}{2} = -\frac{1}{2}(\varepsilon_x - \varepsilon_y)\sin 2\theta + \frac{\gamma_{xy}}{2}\cos 2\theta$$

以上方程式就是平面應變的轉換方程式。

6 -8 應變的量度與菊花形應變規

在工程設計中，作用在構件上的負載如太複雜時，就難以明確建立應用公式去分析問題。若構件的形狀亦相當複雜，將更無法應用基本應力公式去做應力分析，必須利用其他方法來分析構件的應力；如光彈性或應變規等，尤其是承受平面應力的材料，通常都希望去直接量測出應力，但一般情況下是無法直接量測應力，而是去量測應變。再由得到的應變，間接去求得應力。

測量機件或機械零件表面上任意方向的正向應變時，可在所欲測量的方向刻上一道線，線上標示 A 和 B 兩點，然後分別測量施加負載前和施加負載後，AB 線段的長度，它們之間的差異即是伸長量 δ，而未變形前長度為 L，則沿著 AB 方向的正向應變為 $\varepsilon = \delta/L$。

另外有更方便且更準確的方法是應變規。典型的應變規是由長電阻絲所構成，外面以兩張紙將它黏合，如圖 6-35 所示。在測量 AB 方向的正向應變 ε_{ab} 時，應變計黏合在材料表面上，使電阻絲的方向與 AB 線平行，當材料被拉長時，電阻絲的長度會增加，直徑減小，則應變規的電阻增加，因而機件表面由於應力作用所產生的應變反應成電阻的信號；此電阻信號的改變是線性的，經由儀器可以直接讀出應變大小。

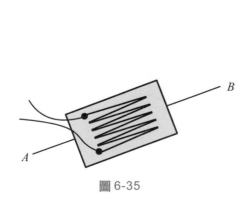

圖 6-35

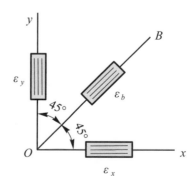

圖 6-36

由(6-66a)式中，已知變數有σ_x、σ_y、θ、ε_{x1}及γ_{xy}共五個，但應變計無法直接求出剪應變γ_{xy}，而測量方向與水平軸之夾角θ是事先知道，因此除非已知ε_x、ε_y及ε_{x1}三個量(至少要知三個方向的正向應變)才有可能求出剪應變γ_{xy}。

若材料自由表面上任意點的x軸和y軸之正向應變ε_x和ε_y，以及沿xy軸夾角角平分線OB方向的正向應變ε_b，用應變規直接測量得到，則由應變的轉換公式可求出剪應變γ_{xy}(圖6-36)，即$\theta = 45°$代入(6-66a)式，得

$$\varepsilon_{x1} = \varepsilon_b = \frac{1}{2}(\varepsilon_x + \varepsilon_y) + \frac{1}{2}(\varepsilon_x - \varepsilon_y)\cos 2\theta + \frac{\gamma_{xy}}{2}\sin 2\theta$$

$$= \frac{1}{2}(\varepsilon_x + \varepsilon_y) + \frac{1}{2}(\varepsilon_x - \varepsilon_y)\cos 90° + \frac{\gamma_{xy}}{2}\sin 90°$$

$$= \frac{1}{2}(\varepsilon_x + \varepsilon_y) + \frac{\gamma_{xy}}{2}$$

則
$$\gamma_{xy} = 2\varepsilon_b - (\varepsilon_x + \varepsilon_y) \tag{6-71}$$

用以測量x、y軸及其夾角平分線方向上應變的應變規稱為45°菊花形應變規。

● **例題 6-17** 如圖6-37所示之60°菊花形應變規，可以求出鋼質機器基座表面上Q點的應變

$\varepsilon_1 = 50 \mu$，$\varepsilon_2 = 950 \mu$，$\varepsilon_3 = 350 \mu$

試求Q點下列各項之值：(a)應變分量ε_x、ε_y及γ_{xy}；(b)主應變；(c)最大剪應變。($v = 0.30$)

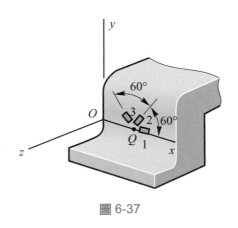

圖 6-37

解 (a)應變分量ε_x、ε_y及γ_{xy}：首先由圖示座標知，

$$\theta_1 = 0° \quad \theta_2 = 60° \quad \theta_3 = 120°$$

將這些角度值代入(6-66a)式得

$$\varepsilon_1 = \varepsilon_x(1) + \varepsilon_y(0) + \gamma_{xy}(0)(1)$$

$$\varepsilon_2 = \varepsilon_x(0.500)^2 + \varepsilon_y(0.866)^2 + \gamma_{xy}(0.866)(0.500)$$

$$\varepsilon_3 = \varepsilon_x(-0.500)^2 + \varepsilon_y(0.866)^2 + \gamma_{xy}(0.866)(-0.500)$$

解上式得到

$$\varepsilon_x = \varepsilon_1 \quad \varepsilon_y = \frac{1}{3}(2\varepsilon_2 + 2\varepsilon_3 - \varepsilon_1) \quad \gamma_{xy} = \frac{\varepsilon_2 - \varepsilon_3}{0.866}$$

將已知值代入得

$$\varepsilon_x = 50 \ \mu \quad \varepsilon_y = \frac{1}{3}[2(950) + 2(350) - 50] \ \mu = 850 \ \mu$$

$$\gamma_{xy} = \frac{\varepsilon_2 - \varepsilon_3}{0.866} = \frac{(950 - 350) \ \mu}{0.866} = 692.8 \ \mu$$

(b)主應變：首先由(6-69)式求出主應變，但為了與上面已知值ε_1、ε_2及ε_3有所分別，其主應變以ε_a及ε_b代替，即

$$\varepsilon_a = \frac{1}{2}(\varepsilon_x + \varepsilon_y) + \sqrt{\left(\frac{\varepsilon_x - \varepsilon_y}{2}\right)^2 + \left(\frac{\gamma_{xy}}{2}\right)^2}$$

$$= \frac{1}{2}(50 \ \mu + 850 \ \mu) + \sqrt{\left(\frac{50 \ \mu - 850 \ \mu}{2}\right)^2 + \left(\frac{692.8 \ \mu}{2}\right)^2}$$

$$= 450 \ \mu + 529 \ \mu$$

$$= 979 \ \mu$$

$$\varepsilon_b = \frac{1}{2}(\varepsilon_x + \varepsilon_y) - \sqrt{\left(\frac{\varepsilon_x - \varepsilon_y}{2}\right)^2 + \left(\frac{\gamma_{xy}}{2}\right)^2}$$

$$= \frac{1}{2}(50 \ \mu + 850 \ \mu) - \sqrt{\left(\frac{50 \ \mu - 850 \ \mu}{2}\right)^2 + \left(\frac{692.8 \ \mu}{2}\right)^2}$$

$$= 450 \ \mu - 529 \ \mu$$

$$= -79 \ \mu$$

而最大主應變對應的角度由

$$\tan 2\theta_p = \frac{\gamma_{xy}}{\varepsilon_x - \varepsilon_y} = \frac{629.8 \ \mu}{50 \ \mu - 850 \ \mu} = -0.866$$

且

$$\cos 2\theta_p = \frac{\varepsilon_x - \varepsilon_y}{2R} = \frac{50 \ \mu - 850 \ \mu}{2 \times 529 \ \mu} = -0.7561$$

$$\sin 2\theta_p = \frac{\gamma_{xy}}{2R} = \frac{692.8\ \mu}{2 \times 529\ \mu} = 0.6548$$

其中

$$R = \sqrt{\left(\frac{\varepsilon_x - \varepsilon_y}{2}\right)^2 + \left(\frac{\gamma_{xy}}{2}\right)^2} = 529\ \mu$$

故 $2\theta_p$ 在第二象限得

$$2\theta_{p1} = 130.89° \Rightarrow \theta_{p1} \doteqdot 65.4°$$

而最小的主應變角度是和最大的主應變角度相差 90°，即

$$\theta_{p2} = \theta_{p1} - 90° = 65.4° - 90° = -24.5°$$

在垂直於主應力平面上之 σ_z 等於零，則 $\varepsilon_z = \varepsilon_c$ 由虎克定律知

$$\varepsilon_a = \frac{1}{E}(\sigma_a - v\sigma_b) \quad \varepsilon_b = \frac{1}{E}(\sigma_b - v\sigma_a)$$

$$\varepsilon_c = \frac{-v}{E}(\sigma_a + \sigma_b)$$

由上式第一式與第二式相加得

$$\varepsilon_a + \varepsilon_b = \frac{1-v}{E}(\sigma_a + \sigma_b)$$

再將得到 $\sigma_a + \sigma_b$ 代入第三式得

$$\varepsilon_c = -\frac{v}{1-v}(\varepsilon_a + \varepsilon_b) = -\frac{0.30}{1-0.30}(979\ \mu - 79\ \mu)$$

$$= -385.7\ \mu$$

(c)最大剪應變：由下式三式求出代數值最大的即是

$$\frac{1}{2}\gamma_{max} = \frac{1}{2}(\varepsilon_a - \varepsilon_b) = \frac{1}{2}(979\ \mu - 79\ \mu) = 450\ \mu$$

$$\frac{1}{2}\gamma_{max} = \frac{1}{2}(\varepsilon_b - \varepsilon_c) = \frac{1}{2}[-79\ \mu - (-385.7\ \mu)] = 153.4\ \mu$$

$$\frac{1}{2}\gamma_{max} = \frac{1}{2}(\varepsilon_a - \varepsilon_c) = \frac{1}{2}(979\ \mu + 385.7\ \mu) = 682.4\ \mu$$

則最大剪應變為

$$\gamma_{max} = 2 \times 682.4\ \mu = 1364.8\ \mu$$

● **例題 6-18** 如圖 6-38 所示，由三電阻式應變規排列而成的 60° 菊花形。A 規量得在 x 軸的正向應變 ε_a，B 規及 C 規測得在斜方向的應變為 ε_b 及 ε_c。試求在 xy 軸的應變 ε_x、ε_y 與 γ_{xy} 的方程式。

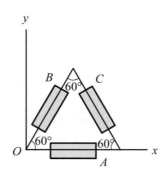

圖 6-38

解 因為由題意知，應變規測得正向應變，故祇需要應用(6-66a)式即可，但要注意 θ 角是由 x 軸逆時鐘量起，則

$$\varepsilon_a = \varepsilon_x \tag{a}$$

$$\varepsilon_b = \frac{1}{2}(\varepsilon_x + \varepsilon_y) + \frac{1}{2}(\varepsilon_x - \varepsilon_y)\cos 120° + \frac{\gamma_{xy}}{2}\sin 120°$$

$$= \frac{\varepsilon_x + 3\varepsilon_y}{4} + \frac{\sqrt{3}}{4}\gamma_{xy} \tag{b}$$

$$\varepsilon_c = \frac{1}{2}(\varepsilon_x + \varepsilon_y) + \frac{1}{2}(\varepsilon_x - \varepsilon_y)\cos 240° + \frac{\gamma_{xy}}{2}\sin 240°$$

$$= \frac{\varepsilon_x + 3\varepsilon_y}{4} - \frac{\sqrt{3}}{4}\gamma_{xy} \tag{c}$$

將(b)式和(c)式相加且(a)式代入，則

$$\varepsilon_b + \varepsilon_c = \frac{\varepsilon_a + 3\varepsilon_y}{2}$$

或

$$\varepsilon_y = \frac{1}{3}(2\varepsilon_b + 2\varepsilon_c - \varepsilon_a)$$

同理由(b)式減去(c)式且 $\varepsilon_x = \varepsilon_a$，則

$$\varepsilon_b - \varepsilon_c = \frac{\sqrt{3}}{2}\gamma_{xy}$$

或

$$\gamma_{xy} = \frac{2}{\sqrt{3}}(\varepsilon_b - \varepsilon_c)$$

亦即結果為

$$\varepsilon_x = \varepsilon_a \quad \varepsilon_y = \frac{1}{2}(2\varepsilon_b + 2\varepsilon_c - \varepsilon_a)$$

$$\gamma_{xy} = \frac{2}{\sqrt{3}}(\varepsilon_b - \varepsilon_c)$$

6 -9　薄壁圓環及壓力容器的應力(雙軸向應力)

6-9-1　薄壁圓環的應力

　　考慮一承受均勻分佈的徑向負載的薄壁圓環，如圖 6-39(a)所示。若薄環沿著圓周的剖面積A為定值，厚度t遠小於平均中心線半徑r，此種負載將在薄環中產生均勻的周向應力(circumferential stress)及應變。此種應力分佈可由內壓力或外壓力所引起，亦可為轉動圓環中的離心力所引起的。若徑向負載朝向外，周向應力為張應力，反之則為壓應力。在平均中心線半徑r所圍成的單位周長上所承受的力量，稱為負載強度(intensity)q，其單位為 N/mm 或 lb/in。

　　現欲討論此種負載所產生的內力，切取一微小元素如圖 6-39(b)，而其長度為$ds = rd\theta$。圖中T表示周向拉力(hoop tension)，$qrd\theta$代表此元素所承受向外的徑向負載。由於微小元素處於平衡狀況，故

$$qrd\theta - 2T \cdot \sin\frac{d\theta}{2} = 0$$

但因$d\theta/2$為很小時

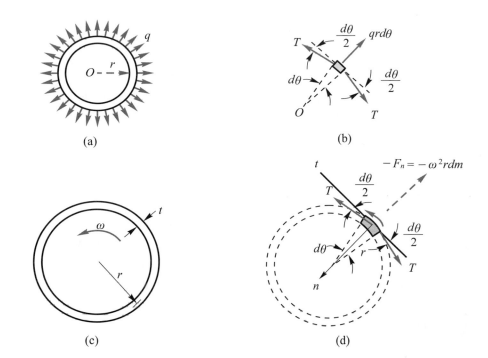

圖 6-39

$$\sin\frac{d\theta}{2} \doteqdot \frac{d\theta}{2}$$

所以上式改為

$$qr\,d\theta - 2T\frac{d\theta}{2} = 0$$

得周向拉力(它是內力)

$$T = qr \tag{6-72}$$

由於假設圓環厚度t比其平均半徑r小得很多，周向張力可視為均勻分佈在剖面積A上，則周向應力σ_h為

$$\sigma_h = \frac{T}{A} = \frac{qr}{A} \tag{6-73}$$

同理，圓環的周向應變(circumferential strain)也是均勻分佈，即為

$$\varepsilon_h = \frac{\sigma_h}{E} = \frac{qr}{AE} \tag{6-74}$$

薄壁圓環時常在收縮配合時遇到，它必須考慮徑向應變ε_d(因徑向尺寸會變化)，但因圓環的圓周長與直徑的比值恆為π，故由應變的定義知，徑向應變ε_d應與周向應變相同。即

$$\varepsilon_d = \varepsilon_h$$

　　若此薄壁圓環以等角速ω繞著垂直環面的幾何軸線轉動，亦可產生圖6-39(c)、(d)所示的均勻徑向負載。假定此單位周長薄壁圓環的重量為w，則作用在薄壁圓環所有元素的離心力，可以用前面討論將它視為均勻分佈的徑向負載強度。即

$$q = \frac{w}{g}\omega^2 r \tag{6-75}$$

將(6-75)式代入(6-72)式可得周向張力T為

$$T = qr = \frac{w}{g}\omega^2 r^2 \tag{6-76}$$

則周向應力及應變分別為

$$\sigma_h = \frac{T}{A} = \frac{w}{Ag}\omega^2 r^2 = \frac{\gamma}{g}\omega^2 r^2 \tag{6-77}$$

$$\varepsilon_h = \frac{\sigma_h}{E} = \frac{\gamma}{gE}\omega^2 r^2 = \frac{\rho}{E}\omega^2 r^2 \tag{6-78}$$

其中$\gamma = w/A$為比重量，g為重力加速度，ρ為密度。

　　由(6-77)式中可看出周向應力與角速度ω及薄環半徑平方成正比，因此在高速轉動的大圓環，將承受很高的應力。

● **例題 6-19** 欲將壁厚t的鋼套，裝入直徑$d = 60$ mm 的實心圓軸，如圖6-40所示，若圓軸的變形不計，且收縮配合導致套環的周向應力，應不超過一規定的工作應力$\sigma_w = 110$ MPa，試求鋼套(其$E = 200$ GPa)原有的內直徑。

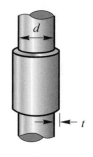

圖 6-40

解 收縮配合導致套環承受張力負載，在收縮配合前套環的內徑必須較圓軸外徑小。本例要求套環內徑，故要去求徑向應變，但容許周向應變等於容許徑向應變，即

$$\varepsilon_d = \frac{\Delta d}{d} = \frac{\sigma_w}{E}$$

式中 Δd 代表圓軸直徑 d 與鋼套原有內徑間的差值。由上式可得

$$\Delta d = \frac{\sigma_w}{E} d = \frac{110 \text{ MPa}}{200 \text{ GPa}} \times 60 \text{ mm} = 0.033 \text{ mm}$$

所以鋼套原有內直徑不應小於 $60 - 0.033 = 59.967$ mm。

例題 6-20 在溫度 200℃ 時，將內徑 600 mm，壁厚 1.25 mm 之銅環套入一外徑 600 mm，厚 2.5 mm 之鋼環上，如圖 6-41 所示。兩環寬度皆為 15 mm。將此系統冷至 20℃。試求兩環間將產生的徑向壓力 q，及收縮配合在環中所造的周向應力 σ_h。已知 $E_s = 200$ GPa，$\alpha_s = 3.6 \times 10^{-6}$ mm/mm/℃，$E_b = 90$ GPa，$\alpha_b = 5.7 \times 10^{-6}$ mm/mm/℃。

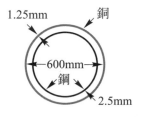

圖 6-41

解 首先兩環的半徑間的差異很小，忽略不計，則每一環的平均半徑$r = 300$ mm。由於α_b大於α_s，則銅環承受張力，鋼環承受壓力。兩環收縮配合系統受到兩環間的徑向壓力q及溫度變化影響，而這兩影響使兩環產生的周向應變必須相等。故

$$\alpha_b \Delta T + \frac{qr}{A_b E_b} = \alpha_s \Delta T - \frac{qr}{A_s E_s}$$

解得

$$q = \frac{(\alpha_s - \alpha_b) \Delta T}{1 + \frac{A_s E_s}{A_b E_b}} \frac{A_s E_s}{r}$$

將已知的數據代入上式得

$$q = \frac{(3.6 - 5.7) \times 10^{-6} \times (20 - 200)(15 \times 2.5) \times 200 \times 10^3 \text{ N/mm}^2}{1 + \frac{(1.5 \times 2.5) \times 200 \text{ GPa}}{(15 \times 1.25) \times 90 \text{ GPa}}} \frac{}{300 \text{ mm}}$$

$$= 1.736 \text{ N/mm}$$

而銅環的周向應力為

$$\sigma_h = \frac{qr}{A_b} = \frac{(1.736 \text{ N/mm})(300 \text{ mm})}{(15)(1.25)} = 27.8 \text{ MPa}$$

6-9-2 圓柱形薄壁壓力容器

壓力容器(pressure vessel)是貯存高壓流體的容器，常見的圓柱形的薄壁壓力容器(cylindrical thin-wall pressure vessel)，有瓦斯筒、油槽、鍋爐、水管等。這些壓力容器由於筒內壓力的作用，使圓筒有向上下及左右裂開成兩半的傾向，故筒壁有三個互相垂直的主應力，即周向應力σ_h(hoop stress or circumferential stress)與縱向應力σ_l(longitudinal stress)以及徑向應力σ_r(radial stress)，以抵抗內壓力。

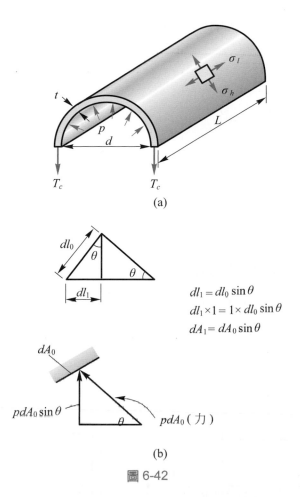

圖 6-42

首先求出筒壁上內力，由圖 6-42(a)中看出壓力可看成因幾何與負載對稱關係，其水平力會自動平衡，為了方便取微小元素(圖 6-42(b))得

$$\text{垂直微小力}(p\,dA_0)\sin\theta = p\,dA_1 \tag{a}$$

其中　　　$dA_1 = dA_0\sin\theta$(微小投影(水平)面積)

如圖 6-42(a)平衡得

$$2T_c = \int p\,dA_1 = p\int dA_1 = p\,dL \quad \text{或} \quad T_c = \frac{p(d\times L)}{2} \tag{b}$$

其中　　　$A_1 = d\times L$(投影面積)

為了分析這些應力，我們再假設圓筒端的任何鉚接處不產生應力。周向應力是抵抗內壓力產生圓壁破裂的應力，為了方便取一半圓筒如圖 6-42。

因筒壁厚度t與圓筒直徑d的比值t/d小於$1/20$時，假設周向應力σ_h為均勻分佈，由靜力等效得

$$\sigma_h A_2 = T_c \qquad (\text{其中} A_2 = tL) \tag{6-79}$$

或

$$\sigma_h = \frac{T_c}{A_2} = \frac{(pdL/2)}{tL} = \frac{Pd}{2t}$$

由於圓筒壓力容器可能在圓筒端以抵抗內壓力，而產生縱向應力σ_l，因而首先求出圓筒端的縱向內力T_1(圖6-43)，即

$$T_1 = p\frac{\pi d^2}{4}$$

因圓筒壁t很小，縱向應力σ_l為均勻分佈，由靜力等效得

$$\sigma_l A = T_1 \qquad (\text{其中} A = \pi dt)$$

或

$$\sigma_l = \frac{T_1}{A} = \frac{P\left(\dfrac{\pi d^2}{4}\right)}{\pi dt} = \frac{pd}{4t} \tag{6-80}$$

其中　　　A為圓筒壁截面積$= \pi dt$

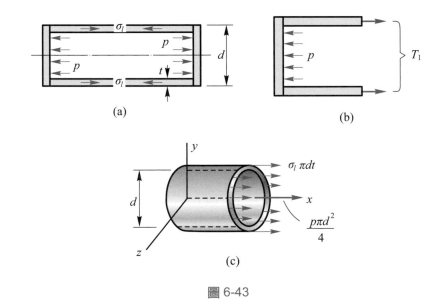

圖 6-43

由(6-79)及(6-80)兩式，得知周向應力σ_h為縱向應力σ_l的兩倍

$$\sigma_h = 2\sigma_l \tag{6-81}$$

且由(6-79)及(6-80)兩式與徑向應力σ_r比較,因內表面$\sigma_r = -p$,而外表面$\sigma_r = 0$ 故 $-p \leq \sigma_r \leq 0$,而由(6-79)與(6-80)兩式由於$t/d < 1/20$時,則σ_h,$\sigma_l \gg \sigma_r$,故σ_r可以忽略不計。

6-9-3 球形壓力容器

若流體的壓力較高通常用球形壓力容器(spherical pressure vessel)貯存,如液化瓦斯貯氣槽即用此種容器。由於球形的對稱性,容器承受內壓力產生互相垂直兩相等的周向應力和一徑向應力。當球壁厚度與球直徑比值小於 1/20,則徑向應力比周向應力小而可忽略不計,此應力系統稱為雙軸向周向應力(biaxial hoop stresses)。

考慮半球的平衡狀態,由靜力平衡方程式得

> 半球內壓力的總力＝球形筒壁之內力(T_s)
>
> $$p\frac{\pi d^2}{4} = T_s$$

因筒壁t很小,假設周向應力均勻分佈,由靜力等效(如圖6-44)

或
$$\sigma_h A_c = T_s$$

$$\sigma_h = \frac{T_s}{A_c} = \frac{p\left(\dfrac{\pi d^2}{4}\right)}{\pi d t} = \frac{pd}{4t} \tag{6-82}$$

$\sigma_h \pi d t$

T_s

圖 6-44

● **例題 6-21** 一圓柱形薄壁壓力容器,直徑為 1 m,壁厚為 10 mm,圓柱筒內流體壓力為 60 kPa,試求筒壁的周向應力及縱向應力。

解 首先檢驗薄壁壓力容器是否符合假設,即

$$\frac{t}{d} < \frac{1}{20} \qquad \frac{t}{d} = \frac{10}{100} < \frac{1}{20}$$

符合薄壁假設

由(6-79)與(6-80)兩式得

$$\sigma_h = \frac{pd}{2t} = \frac{600 \times 10^{-3} \text{ MPa} \times 1000 \text{ mm}}{2 \times 10 \text{ mm}} = 30 \text{ MPa}$$

$$\sigma_l = \frac{pd}{4t} = \frac{600 \times 10^{-3} \text{ MPa} \times 1000 \text{ mm}}{4 \times 10 \text{ mm}} = 15 \text{ MPa}$$

● 例題 6-22 一圓柱形薄壁壓力容器，長度為L，直徑為d，壁厚為t，而材料彈性模數為E，蒲松比v，此壓力容器承受內壓力p作用時，其尺寸會有變化，試求其長度變化量ΔL，直徑變化量Δd。

解 因ΔL、Δd為幾何量而題目中為力學量p，故要用變數變換(虎克定律)

(a)圓柱形薄壁壓力容器長度變化是由於縱向應變ε_l所引起的。而縱向應變可由圖6-30及蒲松效應知

$$\varepsilon_l = \frac{1}{E}(\sigma_l - v\sigma_h)$$

故

$$\Delta L = \varepsilon_l \times L = \frac{L}{E}(\sigma_l - v\sigma_h)$$

而由(6-79)與(6-80)式得

$$\Delta L = \frac{L}{E}(\sigma_l - 2v\sigma_l) = \frac{pdL}{4tE}(1 - 2v)$$

(b)吾人可由前面的理論得知，薄壁壓力容器忽略徑向應力，因此無法直接由虎克定律及蒲松效應去求出徑向應變。若吾人以另一觀點去分析，即以直徑較有關的周向應變ε_h定義來著手，則

$$\varepsilon_h = \frac{圓周長變化量}{圓周長} = \frac{\Delta s}{s} = \frac{\Delta s}{\pi d}$$

或

$$\Delta s = \pi d \varepsilon_h$$

故新的圓周長為

$$s = \pi d + \Delta s = \pi d(1 + \varepsilon_h)$$

這代表新直徑$d(1 + \varepsilon_h)$的圓周長。

由此知直徑變化量

$$\Delta d = d(1 + \varepsilon_h) - d = d\varepsilon_h$$

而

$$\varepsilon_r = \frac{\Delta d}{d} = \frac{d\varepsilon_h}{d} = \varepsilon_h$$

此式代表徑向應變相同於周向應變。

則直徑變化量

$$\Delta d = d\varepsilon_h = \frac{d}{E}(\sigma_h - v\sigma_l) = \frac{pd^2}{4tE}(2-v)$$

● **例題 6-23** 圓柱筒壓力槽,與縱軸線成$\alpha = 60°$的螺旋狀銲道來銲接(圖6-45)。
槽的內半徑$r = 0.6$ m,壁厚$t = 15$ mm,內壓$p = 2.0$ MPa,求槽
的圓筒部分的下列各值:(a)周向及縱向應力;(b)平面上最大剪應
力;(c)作用於垂直與平行銲道平面上的正向應力與剪應力;(d)若
考慮為徑向應力$\sigma_r \doteqdot 0$為三軸向應力,求最大剪應力。

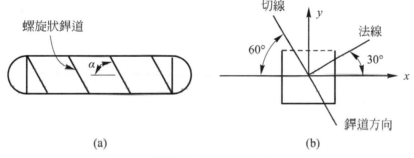

(a)   (b)

圖 6-45   螺旋狀銲道

解 由於圓柱筒壓力槽是雙軸向應力,且有周向及縱向應力,因而首先必須確定
雙軸向的座標系統。

(a)由(6-79)及(6-80)兩式知,周向及縱向應力分別為

$$\sigma_y = \sigma_h = \frac{pd}{2t} = \frac{pr}{t} = \frac{(2.0 \text{ MPa})(600 \text{ mm})}{(15 \text{ mm})} = 80 \text{ MPa}$$

$$\sigma_x = \sigma_l = \frac{pd}{4t} = \frac{\sigma_h}{2} = 40 \text{ MPa}$$

(b)由(6-11)式知,平面上最大剪應力為

$$\tau_{\max} = \frac{1}{2}|(\sigma_x - \sigma_y)| = 20 \text{ MPa}$$

(c)由圖 6-45(b)可知

$$\theta = 90° - \alpha = 90° - 60° = 30°$$

則

$$\sigma_\theta = \frac{1}{2}(\sigma_x + \sigma_y) + \frac{1}{2}(\sigma_x - \sigma_y)\cos 2\theta$$

$$= \frac{1}{2}(40 + 80) + \frac{1}{2}(40 - 80)\cos 60°$$

$$= 50 \text{ MPa}$$

$$\tau_\theta = -\frac{1}{2}(\sigma_x - \sigma_y)\sin 2\theta$$

$$= -\frac{1}{2}(40 - 80)\sin 60°$$

$$= 17.32 \text{ MPa}$$

(d)徑向應力σ_r很小，即$\sigma_z = \sigma_r \doteq 0$，則由 6-6 節中(6-53)式

$$(\tau_{\max})_z = \frac{\sigma_y - \sigma_x}{2} = \frac{80 - 40}{2} = 20 \text{ MPa}$$

$$(\tau_{\max})_x = \frac{\sigma_y - \sigma_z}{2} = \frac{80 - 0}{2} = 40 \text{ MPa}$$

$$(\tau_{\max})_y = \frac{\sigma_x - \sigma_z}{2} = \frac{40 - 0}{2} = 20 \text{ MPa}$$

則最大剪應力發生在$y-z$平面上，其值$(\tau_{\max})_x = 40$ MPa。

6 -10 梁的主應力

在 5-3 節及 5-5 節所討論的梁，是承受橫向負載的梁，產生彎曲矩M及剪力V，其內力應用撓曲公式$\sigma_x = My/I$及剪應力公式$\tau_{xy} = VQ/(Ib)$，可以求得梁剖面上任一點的正向彎曲應力σ_x及剪應力τ_{xy}。**正向應力的最大值發生於梁的頂面與底面，在中性軸處為零。而剪應力在中性軸處為最大，在梁的頂面與底面處均為零。**因此除了中性軸及頂面、底面外，剖面上任一點均承受正向應力及剪應力。由於撓度及負載皆在彎曲平面，很顯然地梁內各點的應力均為平面應力狀態，可以利用平面應力方程式或莫爾圓求出主應力及最大剪應力。

為了解梁內各點主應力的大小及其方向變化情形，我們考慮(圖 6-46(a))所示矩形剖面梁之任一剖面上A、B、C、D及E五點的應力情形。在剖面上下緣之A、E兩點有最大的彎曲應力，但剪應力為零；而在中性軸的C點，卻有最大剪應力，彎曲應力為零。至於B、D兩點則為平面應力狀態(圖 4-46(b))。各點的主應力、主平

面傾斜角θ_p(主平面的作用面法線與x軸的夾角)，最大剪應力及最大剪應力作用面的傾斜角θ_s(最大剪應力作用面的法線與x軸之夾角)。可由下面公式求得，即

$$\sigma_{1,2} = \frac{\sigma_x}{2} \pm \sqrt{\left(\frac{\sigma_x}{2}\right)^2 + (\tau_{xy})^2} \qquad (6\text{-}83)$$

$$\tan 2\theta_p = \frac{2\tau_{xy}}{\sigma_x}$$

$$\tau_{\max} = \sqrt{\left(\frac{\sigma_x}{2}\right)^2 + \tau_{xy}^2} \qquad (6\text{-}84)$$

$$\theta_s = \theta_p \pm 45°$$

所得各點的主應力狀態及最大剪應力狀態如圖 6-46(c)及圖 6-46(d)所示。

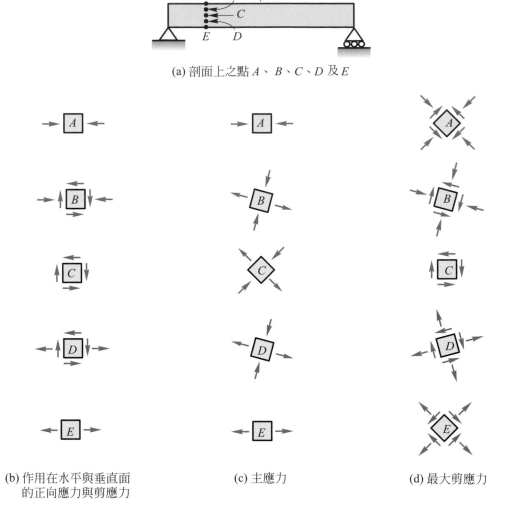

(a) 剖面上之點 A、B、C、D 及 E

(b) 作用在水平與垂直面
的正向應力與剪應力

(c) 主應力

(d) 最大剪應力

圖 6-46　梁之剖面上的應力

　　由於梁內各剖面所承受的剪力與彎曲矩不一定相等，因此各剖面主應力大小及
方向亦不相同，此時可藉分析各個斷面的主應力，而建立兩系列互成正交的曲線，
此曲線上每一點的切線方向代表該點主應力的方向，根據這曲線族可顯示主應力方
向的變化情況，此等曲線稱為主應力軌跡(trajectory of principal stress)。圖 6-47
所表示是懸臂梁自由端承受集中負載的主應力軌跡，而圖 6-48 為簡支梁承受均佈
負載之主應力的軌跡，其中實線代表主拉應力軌跡(principal tensile stress

trajectories)，而虛線爲主壓應力軌跡(principal compressive stress trajectories)。此兩組主應力軌跡互垂直，且與中性軸相交成45°。在梁的上緣或下緣表面剪應力爲零，所以主應力軌跡與上下兩緣的自由表面垂直或平行。

圖 6-47 所示懸臂梁，在固定端的彎曲矩爲最大，主應力軌跡在該剖面的切線爲水平方向(可由公式求出$\theta_p = 0°$)。而在圖 6-48 中，簡支梁因中央剖面處彎曲矩爲最大，主應力軌跡在該剖面的切線方向亦呈水平。

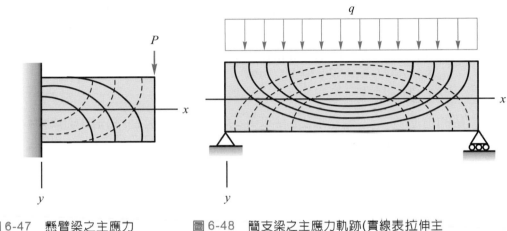

圖 6-47 懸臂梁之主應力   圖 6-48 簡支梁之主應力軌跡(實線表拉伸主
         軌跡   應力，虛線表壓縮主應力)

一般在設計梁時，均是以剖面上緣或下緣之最大彎曲應力爲考慮的對象；但某一些剖面上，上下緣間的其他位置，雖然彎曲應力σ_x較上下緣表面爲小，但在這些位置卻同時承受有剪應力τ_{xy}，則該位置所產生的主應力有可能大於上下緣所產生的最大彎曲應力，此種情形在矩形及圓形剖面梁不會發生，但在寬翼形或 I 形剖面梁，其凸緣與腹板連接面處之主應力有可能大於上下緣的最大彎曲應力，故在設計寬翼形及 I 形剖面梁時需要特別注意。

● **例題 6-24** 寬翼型鋼的懸臂梁，其剖面為 $203 \times 203 \times 86$ kg，自由端承受一集中負載$P = 180$ kN，如圖 6-49(a)，試求：(a)$A-A'$剖面上緣的最大彎曲矩應力；(b)$A-A'$剖面上凸緣與腹板連接處的最大主應力，並與(a)所得的結果相比較。

解 首先求出$A-A'$剖面所承受的剪力與彎曲矩，由圖 6-49(b)中的自由體圖平衡

方程式得到

$$V_a = 180 \text{ kN} \quad M_a = -72 \text{ kN} \cdot \text{m}$$

寬翼型鋼 $203 \times 203 \times 86$ kg 剖面的尺寸，慣性矩與剖面模數，由附錄 5 可查得，如圖 6-49(c)所示。

(a)在剖面上緣a點的最大彎曲應力

$$\sigma_a = \frac{M_a}{S} = \frac{72 \times 10^6 \text{ N} \cdot \text{mm}}{852 \times 10^3 \text{ mm}^3} = 84.5 \text{ MPa}$$

(b)至於在剖面凸緣與腹板連接處b的應力為平面應力狀態，包括有正向應力 σ_b 及剪應力 τ_b。

$$\sigma_b = \frac{M_a y_b}{I} = \frac{(-72 \times 10^6 \text{ N} \cdot \text{mm})(-90.7 \text{ mm})}{94.6 \times 10^6 \text{ mm}^4}$$

$$= 69 \text{ MPa}$$

求b點的剪應力，必須先求出b點以外的面積(即翼板面積)對中性軸的一次矩 Q，由圖 6-49(d)可得

$$Q = \bar{y}A = (101 \text{ mm})(208.8 \text{ mm})(20.5 \text{ mm})$$

$$= 432 \times 10^3 \text{ mm}^3$$

則

$$\tau_b = \frac{V_a Q}{Ib} = \frac{(180 \times 10^3 \text{ N})(432 \times 10^3 \text{ mm}^3)}{(94.6 \times 10^6 \text{ mm}^4)(13 \text{ mm})} = 63.3 \text{ MPa}$$

b點應力元素為圖 6-49(e)所示。因此b點的最大主應力為

$$\sigma_1 = \frac{\sigma_b}{2} + \sqrt{\left(\frac{\sigma_b}{2}\right)^2 + \tau_b^2} = \frac{69}{2} + \sqrt{\left(\frac{69}{2}\right)^2 + (63.3)^2}$$

$$= 106.6 \text{ MPa}$$

很顯然地，$A - A'$剖面上的b點最大主應力大於a點的最大彎曲應力。

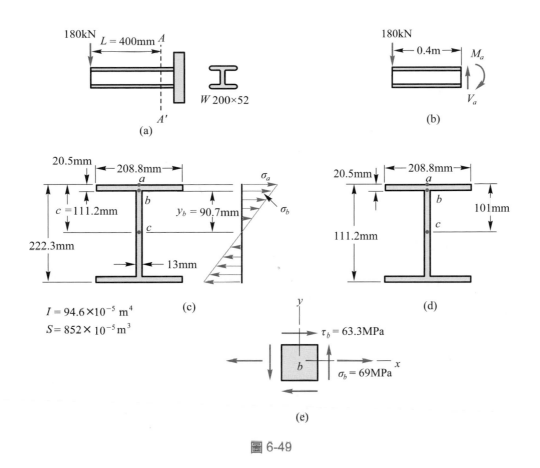

圖 6-49

重點整理

1. 單軸向負載條件，其斜剖面上應力為

$$\sigma_\theta = \sigma_x \cos^2\theta \quad \tau_\theta = -\sigma_x \sin\theta\cos\theta$$

θ是斜面法線與負載方向的夾角，以反時針為正。

2. 物體內任一點承受兩互相垂直的軸向應力，稱為雙軸向應力。物體一傾斜面法線與x軸夾θ角，逆時針θ為正，則應力為

$$\sigma_\theta = \frac{1}{2}(\sigma_x + \sigma_y) + \frac{1}{2}(\sigma_x - \sigma_y)\cos 2\theta$$

$$\tau_\theta = -\frac{1}{2}(\sigma_x - \sigma_y)\sin 2\theta$$

與此傾斜面垂直的平面，其上的應力為

$$\sigma'_\theta = \frac{\sigma_x + \sigma_y}{2} - \frac{1}{2}(\sigma_x - \sigma_y)\cos 2\theta$$

$$\tau'_\theta = \frac{1}{2}(\sigma_x - \sigma_y)\sin 2\theta$$

且　　$\sigma_\theta + \sigma'_\theta = \sigma_x + \sigma_y$　　$\tau'_\theta = -\tau_\theta$

這代表任意兩個互相垂直平面上正向應力和恆相等，且等於$\sigma_x + \sigma_y$，同時剪應力大小相等而方向相反。若$\sigma_x > \sigma_y$，$\theta = 0°$，$(\sigma_\theta)_{max} = \sigma_x$；$\theta = 90°$，$(\sigma_\theta)_{min} = \sigma_y$；$\theta = 45°$時，$\sigma_\theta = (\sigma_x + \sigma_y)/2$，而剪應力為最大值$\tau_{max} = (\sigma_x - \sigma_y)/2$。

3. 雙軸向應力之應變

$$\varepsilon_x = \frac{1}{E}(\sigma_x - v\sigma_y) \quad \varepsilon_y = \frac{1}{E}(\sigma_y - v\sigma_x)$$

$$\varepsilon_z = -\frac{v}{E}(\sigma_x + \sigma_y)$$

或者以應變表示應力

$$\sigma_x = \frac{E}{1-v^2}(\varepsilon_x + v\varepsilon_y) \quad \sigma_y = \frac{E}{1-v^2}(\varepsilon_y + v\varepsilon_x)$$

4. 在雙軸向應力中，$\sigma_x = -\sigma_y = \sigma_0$則$\theta = 45°$，傾斜面上正向應力為零，而只有剪應力，稱為純剪。由理論與實驗可推導出

$$G = \frac{E}{2(1+v)}$$

5. 平面應力包括正向應力與剪應力，且皆在同一平面。基於力矩平衡求得$\tau_{yx} = \tau_{xy}$。物體任一點平面的法線方向與x軸夾θ角之應力為

$$\sigma_{x1} = \frac{1}{2}(\sigma_x + \sigma_y) + \frac{1}{2}(\sigma_x - \sigma_y)\cos 2\theta + \tau_{xy}\sin 2\theta$$

$$\tau_{x1y1} = -\frac{1}{2}(\sigma_x - \sigma_y)\sin 2\theta + \tau_{xy}\cos 2\theta$$

且　　$\sigma_{x1} + \sigma_{y1} = \sigma_x + \sigma_y$　　$\tau_{y1x1} = -\tau_{x1y1}$

由$\tau_{y1x1} = -\tau_{x1y1}$(及雙軸向應力之$\tau'_\theta = -\tau_\theta$)代表任意兩個互相垂直平面上剪應力大小相等而方向相反，此方向相反並非如向量指向相反，而是對法線與切線座標

系統，剪應力指向在某一平面之切線指向同向，而與此平面垂直的另一平面之剪應力(大小是相等)，但其指向是跟這時平面切線指向相反。

6. 平面應力中最大主應力與最小主應力的大小為

$$\begin{matrix} \sigma_1 \\ \sigma_2 \end{matrix} = \frac{\sigma_x + \sigma_y}{2} \pm \sqrt{\left(\frac{\sigma_x - \sigma_y}{2}\right)^2 + \tau_{xy}^2}$$

而其方向 θ_p 的決定是由

$$\tan 2\theta_p = \frac{2\tau_{xy}}{\sigma_x - \sigma_y}$$

在 0° 至 360° 範圍內有兩個 $2\theta_p$ 值，一個對應最大主應力，另一角對應最小主應力，這可由下列三種方法判斷：

(1) 將兩個 $2\theta_p$ 值代入(6-23)式，求得 σ_{x1}。比較兩個 σ_{x1} 值，較大值為 σ_1 對應最大主應力平面角 θ_{p1}，而最小值為 σ_2，對應角度為 θ_{p2}。

(2) 首先由 $\tan 2\theta_p$ 公式求出兩個角，再依 $\cos 2\theta_p = \frac{\sigma_x - \sigma_y}{2R}$ 和 $\sin 2\theta_p = \frac{\tau_{xy}}{R}$，$\left(R = \sqrt{\left(\frac{\sigma_x - \sigma_y}{2}\right)^2 + \tau_{xy}^2}\right)$ 的正負號，判定在那一個象限內，取得正確的 $2\theta_p$ 角，即得 θ_{p1}。而 θ_{p2} 必比 θ_{p1} 角大 90° 或小 90°(這也由正割函數正負號判斷)。

(3) 直觀法：若 $\sigma_x > \sigma_y$ 時，不管 τ_{xy} 是正或負，其主應力 σ_1 與 σ_x 之夾角小於 45° 之銳角。若 $\sigma_y > \sigma_x$ 時，不管 τ_{xy} 是正或負，其主應力 σ_1 與 σ_y 之夾角小於 45° 之銳角。

7. 平面應力的最大剪應力，其大小為

$$\tau_{\max} = \sqrt{\left(\frac{\sigma_x - \sigma_y}{2}\right)^2 + \tau_{xy}^2}$$

相對應角度為 $\theta_{s1} = \theta_{p1} - 45°$；而負的剪應力平面角度 θ_{s2} 是與 θ_{s1} 相差 90°，而其平面上正向應力為 $\sigma_{\text{aver}} = (\sigma_x + \sigma_y)/2$，注意此應力不為零。另一方法是由 $\tan 2\theta_s = -(\sigma_x - \sigma_y)/2\tau_{xy}$ 公式求得兩個 $2\theta_s$ 值(兩者相差 180°)，將這兩值代入 τ_{x1y1} 表示式可得 τ_{x1y1} 值，正值對應 θ_{s1} 角度，負值對應 θ_{s2} 角度。

8. 熟記莫爾圓作圖解題五個步驟及其元素、莫爾圓座標系統，並了解圓上各點的意義，求出主應力及最大剪應力。

9. 在本書中莫爾圓的旋轉方向與元素旋轉方向是相同，而圓的旋轉角度量是兩倍於元素旋轉角度量。

10. 使用莫爾圓去求物體任一點平面的法線方向與 x 軸夾 θ 角的應力。首先求出 σ_{aver}
$= (\sigma_x + \sigma_y)/2$ 及半徑 $R = \sqrt{\left(\dfrac{\sigma_x - \sigma_y}{2}\right)^2 + \tau_{xy}^2}$，接著將 CA(即圓心至 A 點，$\theta = 0°$ 線段)

依元素旋轉方向旋轉 2θ，即根據符號的規定，則此點座標(欲求點的應力)可由幾何關係求得。

11. 平面應力中主應力、最大剪應力及任一斜面應力，可由莫爾圓求得，反方向也可進行。

12. 單軸向應力與雙軸向、純剪應力，其斜面方位在某些值，可爲平面應力。

13. 平面應力的虎克定律

$$\varepsilon_x = \frac{1}{E}(\sigma_x - v\sigma_y) \quad \varepsilon_y = \frac{1}{E}(\sigma_y - v\sigma_x)$$
$$\varepsilon_z = \frac{-v}{E}(\sigma_x + \sigma_y) \quad \gamma_{xy} = \frac{\tau_{xy}}{G}$$

或 $$\varepsilon_x = \frac{E}{1-v^2}(\varepsilon_x + v\sigma_y) \quad \varepsilon_y = \frac{E}{1-v^2}(\varepsilon_y + v\sigma_x)$$

$$\tau_{xy} = G\gamma_{xy}$$

單位體積變化(若應變量很小)

$$e = \frac{\Delta V}{V_o} = \varepsilon_x + \varepsilon_y + \varepsilon_z = \frac{1-2v}{E}(\sigma_x + \sigma_y)$$

而其應變能密度 u 爲

$$u = \frac{1}{2}(\sigma_x \varepsilon_x + \sigma_y \varepsilon_y + \tau_{xy} \gamma_{xy})$$
$$= \frac{1}{2E}(\sigma_x^2 + \sigma_y^2 - 2v\sigma_x \sigma_y) + \frac{\tau_{xy}^2}{2G}$$
$$= \frac{E}{2(1-v^2)}(\varepsilon_x^2 + \varepsilon_y^2 + 2v\varepsilon_x \varepsilon_y) + \frac{G\tau_{xy}^2}{2}$$

14. 三軸向應力是材料元素承受三互相垂直的正向應力，而面上不受剪應力作用。最大剪應力發生在與平面成 45° 的平面上，其大小是比較下列三者取其代數值最大者。

$$(\tau_{\max})_z = \pm\frac{\sigma_x - \sigma_y}{2} \quad (\tau_{\max})_x = \pm\frac{\sigma_y - \sigma_z}{2}$$

$$(\tau_{\max})_y = \pm\frac{\sigma_x - \sigma_z}{2}$$

虎克定律為

$$\varepsilon_x = \frac{\sigma_x}{E} - \frac{v}{E}(\sigma_y + \sigma_z) \quad \varepsilon_y = \frac{\sigma_y}{E} - \frac{v}{E}(\sigma_z + \sigma_x)$$

$$\varepsilon_z = \frac{\sigma_z}{E} - \frac{v}{E}(\sigma_x + \sigma_y)$$

或者

$$\sigma_x = \frac{E}{(1+v)(1-2v)}[(1-v)\varepsilon_x + v(\varepsilon_y + \varepsilon_z)]$$

$$\sigma_y = \frac{E}{(1+v)(1-2v)}[(1-v)\varepsilon_y + v(\varepsilon_z + \varepsilon_x)]$$

$$\sigma_z = \frac{E}{(1+v)(1-2v)}[(1-v)\varepsilon_z + v(\varepsilon_x + \varepsilon_y)]$$

單位體積變化 e 為

$$e = \frac{\Delta V}{V_o} = \varepsilon_x + \varepsilon_y + \varepsilon_z + \varepsilon_x\varepsilon_y + \varepsilon_x\varepsilon_z + \varepsilon_y\varepsilon_z + \varepsilon_x\varepsilon_y\varepsilon_z$$

若應變很小

$$e = \varepsilon_x + \varepsilon_y + \varepsilon_z \quad 或 \quad e = \frac{1-2v}{E}(\sigma_x + \sigma_y + \sigma_z)$$

應變能密度 u 為

$$u = \frac{1}{2}(\sigma_x\varepsilon_x + \sigma_y\varepsilon_y + \sigma_z\varepsilon_z)$$

$$= \frac{1}{2E}(\sigma_x^2 + \sigma_y^2 + \sigma_z^2) - \frac{v}{E}(\sigma_x\sigma_y + \sigma_x\sigma_z + \sigma_y\sigma_z)$$

或

$$u = \frac{E}{2(1+v)(1-2v)}[(1-v)(\varepsilon_x^2 + \varepsilon_y^2 + \varepsilon_z^2)$$

$$+ 2v(\varepsilon_x\varepsilon_y + \varepsilon_x\varepsilon_z + \varepsilon_y\varepsilon_z)]$$

15. 若三軸向應力中 $\sigma_x = \sigma_y = \sigma_z = \sigma_0$，則正向應變為

$$\varepsilon_0 = \frac{\sigma_0}{E}(1 - 2v)$$

單位體積變化$e = 3\varepsilon_0$而$e = \sigma_0/K$，$K = E/3(1 - 2v)$為體積彈性模數。若$v = 0.5$時，K變成無窮大，因此知蒲松比最大值(理論上)為0.5。

16. 平面應變是$\varepsilon_x \neq 0$，$\varepsilon_y \neq 0$，$\gamma_{xy} \neq 0$，$\varepsilon_z = \gamma_{yz} = \gamma_{zx} = 0$，而平面應力是$\sigma_x \neq 0$，$\sigma_y \neq 0$，$\tau_{xy} \neq 0$，$\sigma_z = \tau_{xz} = \tau_{yz} = 0$，兩者並不相同，平面應力有$\varepsilon_z \neq 0$，而平面應變存在$\sigma_z$以保持$\varepsilon_z = 0$。兩者通常並不同時發生。只有在$v = 0$及純剪($\sigma_x = -\sigma_y$)情況下，平面應力與平面應變同時發生。

17. 剪應變的轉換公式

$$\varepsilon_{x1} = \frac{1}{2}(\varepsilon_x + \varepsilon_y) + \frac{1}{2}(\varepsilon_x - \varepsilon_y)\cos 2\theta + \frac{\gamma_{xy}}{2}\sin 2\theta$$

$$\frac{\gamma_{x1y1}}{2} = -\frac{1}{2}(\varepsilon_x - \varepsilon_y)\sin 2\theta + \frac{\gamma_{xy}}{2}\cos 2\theta$$

且

$$\varepsilon_{x1} + \varepsilon_{y1} = \varepsilon_x + \varepsilon_y \quad \gamma_{x1y1} = -\gamma_{y1x1}$$

其中γ_{xy}代表介於x和y軸間角度的減少量。其他公式如同平面應力，經由表 6-2 對應關係即可得到。

18. 實際測量應力並非直接測量，而是由應變規測得應變，再由應變轉換公式去求取其他點的應變，間接得到該點的應力。

19. 薄壁圓環承受負載(壓力)q的周向應力$\sigma_h = qr/A$。若此圓環以等角速ω轉動時，其周向應力為

$$\sigma_h = \frac{\gamma}{g}\omega^2 r^2$$

20. 圓柱形薄壁壓力容器承受內壓力的周向應力及縱向應力分別為

$$\sigma_h = \frac{pd}{2t} \quad \sigma_l = \frac{pd}{4t}$$

21. 球形壓力容器承受內壓力產生周向應力及徑向應力，其兩值相等

$$\sigma_h = \sigma_d = \frac{pd}{4t}$$

22. 基於梁同時承受彎曲應力及剪應力作用，而材料的損壞與主應力有關，因此由應力轉換公式去求其主應力，特別在寬翼形及 I 形剖面梁的設計要特別注意。中性軸剪應力是最大，剪應變最大，而外表剪應力為零，剪應變為零(矩形剖面保持垂直)，因此變形的平面假設不正確，但一般剪應力影響很小，對細長梁及梁高不大之下，可以忽略剪應力影響。

習 題

(A) 問答題

6-1　何謂一點應力狀態？

6-2　為何要研究單軸向斜面上應力？

6-3　何謂單軸向、雙軸向及平面的應力？

6-4　何謂主平面？何謂主應力？

6-5　判斷平面應力之最大、最小主應力有那些方法？

6-6　試總結平面應力莫爾圓的作圖步驟。

6-7　試說明應力元素各平面上的應力狀態與莫爾圓有何關係。

6-8　何謂三軸向應力的虎克定律？該定律是怎樣建立？在什麼條件下才成立？

6-9　何謂平面應力與平面應變？它們有何特徵？是否會同時發生？

6-10　設計梁時，使用寬翼形或 I 形剖面，為何在剖面上下緣並非最大應力處？

(B) 計算題

6-1.1　直徑 $d = 30$ mm 之圓桿，如圖 6-50 所示受 $P = 70$ kN 之軸向負載，則桿中之最大剪應力 τ_{max} 為何？

答：$\tau_{max} = 49.51$ MPa。

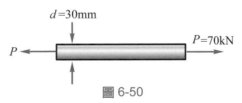

圖 6-50

6-1.2　如圖 6-51 所示，一 80 mm×80 mm 之等剖面方形剖面鋼桿承受一拉力負載 $P = 640$ kN。試求應力元素旋轉一角度 $\theta = 45°$ 時，所有斜面上之正向應力及剪應力。

答：$\sigma_\theta = 50$ MPa，$\tau_\theta = -50$ MPa。

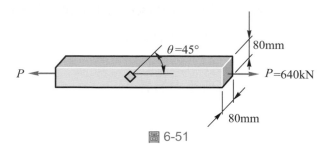

圖 6-51

6-1.3　剖面積為 $A = 1500$ mm² 之受拉力等剖面桿，承受負載 $P = 150$ kN 如圖 6-52 所示。試求一元素旋轉角度 $\theta = 30°$ 時，所有斜面上作用之應力。

答：$\sigma_\theta = 25$ MPa，$\tau_\theta = -43.3$ MPa。

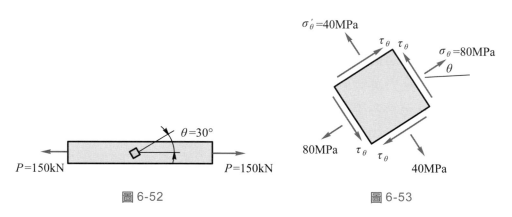

圖 6-52　　　　　　　　　　　　　　圖 6-53

6-1.4　如圖 6-53 所示，由桿所切得之元素上其正向應力 80 MPa 及 40 MPa。試求角度 θ 及剪應力 τ_θ，且決定最大正向應力 σ_x 及最大剪應力 τ_{max}。

答：$\theta = 35.26°$，$\tau_\theta = -56.57$ MPa，$\sigma_x = 120$ MPa，$\tau_{max} = 60$ MPa。

6-2.1　一木製構件之木紋與垂直面成 15°，其應力元素如圖 6-54 所示。試求(a)垂直於木紋的正向應力，(b)平行於木紋的剪應力。

答：(a)$\sigma_\theta = -5.72$ MPa，(b)$\tau_\theta = -1.05$ MPa。

6-2.2　一物體內之應力元素如圖 6-55 所示，試求 $\theta = 30°$ 斜面上的應力值，並畫出完整的應力元素。

答：$\sigma_\theta = 17.5$ MPa，$\tau_\theta = -21.65$ MPa，$\sigma'_\theta = -7.5$ MPa，

　　　$\tau'_\theta = 21.65$ MPa。

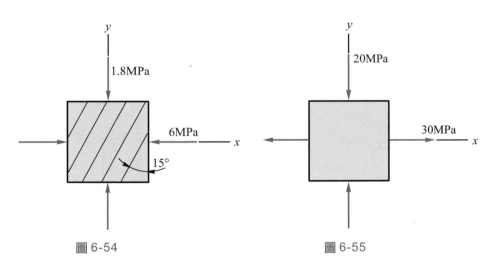

圖 6-54   圖 6-55

6-3.1　一元素承受純剪力τ_{xy}作用，如圖 6-56 所示，求：(a)作用在與x軸成$\theta= 75°$旋轉角元素上的應力；(b)主應力。且畫出此方位元素的應力圖。

　　　答：$\sigma_{x1}= 12.5$ MPa，$\tau_{x1y1}=-18.75$ MPa，$\sigma_{y1}=-12.5$ MPa，

　　　　　$\sigma_1= 25$ MPa，$\sigma_2=-25$ MPa。

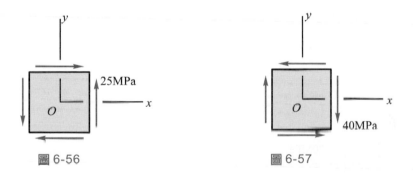

圖 6-56   圖 6-57

6-3.2　一元素承受純剪應力τ_{xy}作用，如圖 6-57 所示，求：(a)作用在與x軸成$\theta= 75°$旋轉角元素上的應力；(b)主應力。且畫出此方位元素的應力圖。

　　　答：$\sigma_{x1}=-20$ MPa，$\tau_{x1y1}= 34.6$ MPa，$\sigma_{y1}= 20$ MPa，

　　　　　$\sigma_1= 40$ MPa，$\sigma_2=-40$ MPa。

6-3.3　試證明(6-19)式。

6-4.1　一平面應力元素承受的應力，如圖 6-58 所示。試求作用在與x軸成$\theta= 60°$旋轉角之元素的應力。

答：$\sigma_{x1} = -27.81$ MPa，$\tau_{x1y1} = 21.47$ MPa，$\sigma_{y1} = -77.81$ MPa，

$\tau_{y1x1} = -21.47$ MPa。

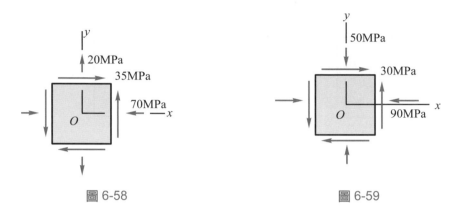

圖 6-58   圖 6-59

6-4.2   解習題 6-4.1 內容，而 $\theta = 40°$，如圖 6-59 所示。

答：$\sigma_{x1} = -43.93$ MPa，$\tau_{x1y1} = +24.91$ MPa，$\sigma_{y1} = -96.07$ MPa，

$\tau_{y1x1} = -24.91$ MPa。

6-4.3   在結構上某一點承受平面應力，其應力的大小和方向如圖 6-60 元素 A 所示。

而元素 B 是經旋轉某一 θ_1 其應力值亦如圖所示，求正向應力 σ_b 和角 θ_1。

答：$\sigma_b = 20$ MPa，$\theta_1 = 33.72°$。

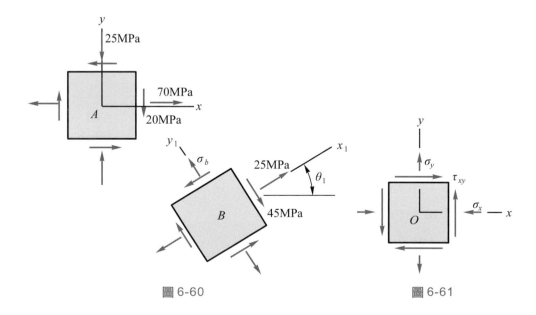

圖 6-60   圖 6-61

6-4.4～6-4.8　解題內容如習題 6-4.4 所示。

6-4.4　一平面應力元素如圖 6-61，承受應力 σ_x、σ_y 和 τ_{xy}，如下所述：

$\sigma_x = 120$ MPa，$\sigma_y = 40$ MPa，$\tau_{xy} = 30$ MPa

(a)求主應力，且畫出此方位的應力元素圖。

(b)求最大剪應力，且畫出此方位的應力元素圖(僅考慮成平面應力)。

答：$\sigma_1 = 130$ MPa，$\sigma_2 = 30$ MPa，$\theta_{p1} = 18.43°$，$\tau_{max} = 50$ MPa，

　　$\theta_{s1} = -26.57°$。

6-4.5　$\sigma_x = 30$ MPa，$\sigma_y = 0$，$\tau_{xy} = -30$ MPa。

答：$\sigma_1 = 48.54$ MPa，$\sigma_2 = -18.54$ MPa，$\theta_{p1} = -31.72°$，

　　$\tau_{max} = 33.54$ MPa，$\theta_{s1} = -76.72°$。

6-4.6　$\sigma_x = 50$ MPa，$\sigma_y = 0$，$\tau_{xy} = 50$ MPa。

答：$\sigma_1 = 80.94$ MPa，$\sigma_2 = -30.9$ MPa，$\theta_{p1} = 31.72°$，

　　$\tau_{max} = 55.9$ MPa，$\theta_{s1} = -13.28°$。

6-4.7　$\sigma_x = 0$，$\sigma_y = 25$ MPa，$\tau_{xy} = 15$ MPa。

答：$\sigma_1 = 32.03$ MPa，$\sigma_2 = -7.03$ MPa，$\theta_{p1} = 64.9°$，

　　$\tau_{max} = 19.53$ MPa，$\theta_{s1} = 19.9°$。

6-4.8　$\sigma_x = 30$ MPa，$\sigma_y = -50$ MPa，$\tau_{xy} = 20$ MPa。

答：$\sigma_1 = 34.72$ MPa，$\sigma_2 = -54.72$ MPa，$\theta_{p1} = 13.28°$，

　　$\tau_{max} = 44.72$ MPa，$\theta_{s1} = -31.72°$。

6-5.1　一元素承受平面應力 σ_x、σ_y 和 τ_{xy} 如圖 6-62 所示。使用莫爾圓求(a)作用在 $\theta = 20°$ 元素上的應力，(b)最大與最小主應力，(c)最大剪應力，並畫出這三種情況的應力元素的圖形。

答：(a)$\sigma_{x1} = -16.20$ MPa，$\tau_{x1y1} = 5.48$ MPa，$\sigma_{y1} = -18.80$ MPa，

　　　$\tau_{y1x1} = -5.48$ MPa。

　　(b)$\sigma_1 = -11.91$ MPa，$\sigma_2 = -23.09$ MPa，$\theta_{p1} = 58.285°$

　　(c)$\tau_{max} = 5.59$ MPa，$\theta_{s1} = 13.285°$。

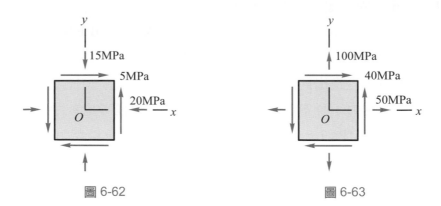

圖 6-62　　　　　　　　　　　　　　　　圖 6-63

6-5.2　一元素承受平面應力 σ_x、σ_y 和 τ_{xy} 如圖 6-63 所示。使用莫爾圓求(a)作用在 $\theta=$ $-40°$ 元素上的應力，(b)最大與最小主應力，(c)最大剪應力，並畫出這三種情況的應力元素的圖形。

答：(a)$\sigma_{x1}= 31.26$ MPa，$\tau_{x1y1}= -17.67$ MPa，$\sigma_{y1}= 118.74$ MPa，

$\tau_{y1x1}= 17.67$ MPa。

(b)$\sigma_1= 122.17$ MPa，$\sigma_2= 27.83$ MPa，$\theta_{p1}= 29°$

(c)$\tau_{\max}= 47.17$ MPa，$\theta_{s1}= 16°$。

6-5.3　如圖 6-64 所示，一矩形的板，厚為 t，寬為 b，高度為 h，承受正向應力 σ_x 和 σ_y。試求厚度的改變量 Δt 和體積的改變量 ΔV，若尺寸和應力數據如下：$t = 10$ mm，$b= 800$ mm，$h= 600$ mm，$\sigma_x= 80$ MPa，$\sigma_y= -40$ MPa。假設此材料為鋁，其 $E= 70$ GPa，$v= 0.33$。

答：$\Delta t= -0.0019$ mm，$\Delta V= 932.57$ mm^3 正值表體積增加。

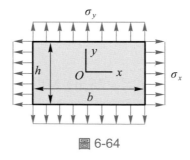

圖 6-64

6-5.4　解前一題，設 $t= 20$ mm，$b= 850$ mm，$h= 400$ mm，$\sigma_x= 65$ MPa，$\sigma_y=$

−20 MPa，材料為$E = 200$ GPa 之鋼，$v = 0.3$。

答：$\Delta t = -0.00135$ mm，$\Delta V = 612$ mm^3。

6-5.5 一每邊為 50 mm 的黃銅立方體，在兩相互垂直的方向承受壓力為$P = 180$ kN。求此立方體的體積變化ΔV及儲存在立方體內的總應變能U，設$E = 100$ GPa，$v = 0.34$。

答：$\Delta V = -57.6$ mm^3，$U = 4.28$ J。

6-6.1 如圖 6-65 所示，一矩形六面體之鋁塊，其尺寸為$a = 120$ mm，$b = 90$ mm 及$c = 60$ mm，承受三軸向應力為$\sigma_x = 80$ MPa，$\sigma_y = -25$ MPa 及$\sigma_z = -5$ MPa分別作用於x、y、z面上。試求以下各值：(a)在材料中最大剪應力τ_{max}；(b)鋁塊尺寸變化量Δa，Δb，Δc；(c)體積的變化量ΔV；及(d)鋁塊中的儲存應變能U。設$E = 70$ GPa，$v = 0.33$。

答：(a)$\tau_{max} = 52.5$ MPa，(b)$\Delta a = 0.154$ mm，$\Delta b = -0.064$ mm，

$\Delta c = -0.02$ mm，(c)$\Delta V = 157.4$ mm^3，(d)$U = 39.58$ J。

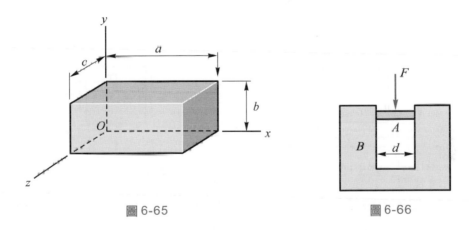

圖 6-65   圖 6-66

6-6.2 試解前一題，若為鋼塊($E = 200$ GPa，$v = 0.30$)，且尺寸為$a = 350$ mm，$b = 175$ mm，$c = 175$ mm，應力值為$\sigma_x = -65$ MPa，$\sigma_y = -45$ MPa，$\sigma_z = -45$ MPa。

答：(a)$\tau_{max} = 10$ MPa；(b)$\Delta a = -0.0665$ mm，$\Delta b = -0.0105$ mm，

$\Delta c = -0.0105$ mm，(c)$\Delta V = -3322.81$ mm^3，(d)$U = 95.13$ J。

6-6.3 如圖 6-66 所示，一內徑為d之橡皮圓柱，於鋼圓筒內受F之壓力。

(a)試以F，d及蒲松比v來表出介於橡皮圓柱與鋼筒間的側向壓力p　的公式

(假設鋼圓筒爲剛體，且忽略介於橡皮圓柱與鋼筒間的摩擦)。

(b)試求此壓力p，若$F = 5.0$ kN，$d = 60$ mm，$v = 0.45$。

答：(a)$p = \dfrac{4vF}{\pi d^2(1-v)}$；(b)$p = 1.45$ MPa 壓應力。

6-6.4　一實心鋼球($E = 200$ GPa，$v = 0.3$)承受一液靜壓力p而使體積減少0.4％。(a)試求壓力p；(b)計算鋼球體積彈性模數K；(c)若球直徑$d = 120$ mm，試求儲存於球體內的應變能U。

答：(a)$p = 666.7$ MPa，(b)$K = 166.67$ GPa，(c)$U = 1206.5$ J。

6-7.1　一平面應變元素如圖 6-67 所示，其應變值如下：$\varepsilon_x = 220 \times 10^{-6}$，$\varepsilon_y = 500 \times 10^{-6}$，$\gamma_{xy} = 220 \times 10^{-6}$。試求在旋轉$\theta = 40°$的元素上的應變爲多少？

答：$\varepsilon_{x1} = 434.2 \times 10^{-6}$，$\gamma_{x1y1} = 310.5 \times 10^{-6}$，$\varepsilon_{y1} = 285.8 \times 10^{-6}$，
$\gamma_{y1x1} = -310.5 \times 10^{-6}$。

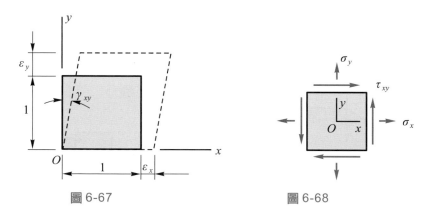

圖 6-67　　　　　　　　　　　圖 6-68

6-7.2　解前一題，若數據如下：$\varepsilon_x = 420 \times 10^{-6}$，$\varepsilon_y = -150 \times 10^{-6}$，$\gamma_{xy} = 300 \times 10^{-6}$。

答：$\varepsilon_{x1} = 332.2 \times 10^{-6}$，$\gamma_{x1y1} = -509.2 \times 10^{-6}$，$\varepsilon_{y1} = -62.2 \times 10^{-6}$，
$\gamma_{y1x1} = +509.2 \times 10^{-6}$。

6-7.3　一平面應力元素承受的應力：$\sigma_x = -60$ MPa，$\sigma_y = 5$ MPa，$\tau_{xy} = -10$ MPa，如圖 6-68 所示。若材料爲鋁質，其彈性模數$E = 70$ GPa，蒲松比$v = 0.33$。試求：(a)$\theta = 30°$之元素上的應變；(b)主應變；及(c)最大剪應變。(解題時，自行注意σ_x，σ_y，τ_{xy}之正確方向。)

答：(a)$\varepsilon_{x1} = -736.50 \times 10^{-6}$，$\gamma_{x1y1} = 879.54 \times 10^{-6}$，

$\varepsilon_{y1} = 210.08 \times 10^{-6}$，$\gamma_{y1x1} = -879.54 \times 10^{-6}$。

(b)$\varepsilon_1 = 382.86 \times 10^{-6}$，$\varepsilon_2 = -909.28 \times 10^{-6}$，$\theta_{p1} = 98.55°$。

(c)$\gamma_{max} = 1294.14 \times 10^{-6}$，$\theta_{s1} = 53.55°$。

6-7.4 解前一題，數據如下：$\sigma_x = -150$ MPa，$\sigma_y = -200$ MPa，$\tau_{xy} = -15$ MPa，$\theta = 60°$。此材料為$E = 100$ GPa，$v = 0.34$的黃銅。

答：(a)$\varepsilon_{x1} = -14.97 \times 10^{-4}$，$\gamma_{x1y1} = -3.79 \times 10^{-4}$，

$\varepsilon_{y1} = -8.13 \times 10^{-4}$，$\gamma_{y1x1} = 3.79 \times 10^{-4}$。

(b)$\varepsilon_1 = -7.643 \times 10^{-4}$，$\varepsilon_2 = -15.457 \times 10^{-4}$，$\theta_{p1} = -15.48°$。

(c)$\gamma_{max} = 7.814 \times 10^{-4}$，$\theta_{s1} = -60.48°$。

6-8.1 如圖 6-69 所示，一機翼在靜態測試下，由 45°菊花形應變規上，測得下列各值：規A，550×10^{-6}；規B，400×10^{-6}；規C，-90×10^{-6}。試求主應變及最大剪應變。

答：$\varepsilon_1 = 592.35 \times 10^{-6}$，$\varepsilon_2 = -132.35 \times 10^{-6}$，$\gamma_{max} = 724.70 \times 10^{-6}$。

6-8.2 如圖 6-69 所示，一 45°菊花形應變規貼在汽車的構架表面上，由實驗測得下列各值：規A，250×10^{-6}；規B，200×10^{-6}；規C，-150×10^{-6}。試求主應變及最大剪應變。

答：$\varepsilon_1 = 300 \times 10^{-6}$，$\varepsilon_2 = -200 \times 10^{-6}$，$\gamma_{max} = 500 \times 10^{-6}$。

6-8.3 試求應變ε_x(如圖 6-70 所示)，已知用菊花形應變規計得知下列應變：$\varepsilon_1 = +450$ μ，$\varepsilon_2 = -150$ μ，$\varepsilon_3 = +100$ μ。

答：$\varepsilon_x = 304$ μ。

6-8.4 如圖 6-71 所示之菊花形應變規，由傳遞軸之表面求得之應變，$\varepsilon_1 = +300$ μ，$\varepsilon_2 = -50$ μ，$\varepsilon_4 = +120$ μ。(a)應變計 3 之讀數為多少？(b)求主應變$(\varepsilon_1)_p$和$(\varepsilon_2)_p$與受力面最大剪應變。

答：(a)$\varepsilon_3 = -230$ μ；

(b)$(\varepsilon_1)_p = 313$ μ；$(\varepsilon_2)_p = -243$ μ，$\gamma_{max} = 557$ μ。

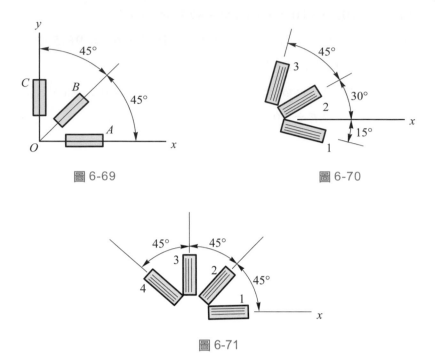

圖 6-69　　　　　　　　　　　　　圖 6-70

圖 6-71

6-9.1　平均半徑為 300 mm 之鋼製薄壁圓環，其容許拉應力為 150 MPa，試求此圓筒繞其中心軸迴轉之容許最大轉速為何？鋼材之密度為 7850 kg/m³。

答：$n = 4400$ rpm。

6-9.2　一鑄鐵管之直徑為 800 mm，壁厚為 8 mm，容許的拉應力為 70 MPa，試求管內之容許壓力。

答：$p = 1.4$ MPa。

6-9.3　一球體壓力容器，設計壓力為 8 MPa，內徑為 650 mm，鋼的降伏應力為 450 MPa。若取抗降伏之安全因數為 3.5，則板的最小厚度 t 為多少？

答：$t = 10.1$ mm。

6-9.4　一內徑為 1.5 m，壁厚 60 mm 的球形槽，內部充滿壓力為 20 MPa 的空氣。此槽是由兩半圓銲接而成，試求此銲道所承受的拉力負載 f（每 mm 長度的牛頓數）。

答：$f = 7.5$ kN/mm。

6-9.5　一內徑為 1.2 m，壁厚為 15 mm 之球殼，其內壓力 $p = 3.5$ MPa。(a)殼的最大平面應力 τ 為多少？(b)求絕對最大剪應力 τ_{max} 為多少？

答：(a)$\tau = 0$；(b)$\tau_{max} = 36.75$ MPa。

6-9.6　一圓柱筒形壓力容器，直徑為 800 mm，筒壁使用 15 mm 的鋼板沿一與橫截面夾 30°的螺旋線鉚接而成，如圖 6-72 所示，設筒內裝壓力為 1.50 MPa 的空氣，試求(a)筒壁上與鉚道成垂直及平行剖面上的應力；(b)筒壁厚度的減少量。設鋼的 $v = 0.3$，$E = 200$ GPa。

　　答：(a)$\sigma_\theta = 25$ MPa，$\tau_\theta = -8.66$ MPa，

　　　　(b)$\Delta t = -1.35 \times 10^{-3}$ mm。

6-10.1　如圖 6-73 所示，一矩形剖面之懸臂梁，在自由端承受一負載 P。試求在 A 點的主應力及最大剪應力，並畫出此方位元素的應力圖形。若使用下列值：$P = 50$ kN，$b = 125$ mm，$h = 300$ mm，$c = 650$ mm，及 $d = 75$ mm。

　　答：$\sigma_1 = 0.41$ MPa，$\sigma_2 = -6.19$ MPa，$\theta_{p1} = 75.52°$，

　　　　$\tau_{max} = 3.30$ MPa，$\theta_{s1} = 30.52°$。

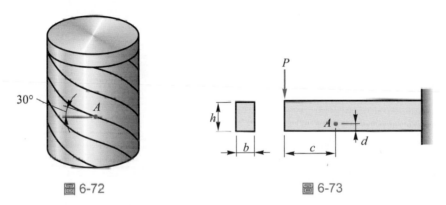

圖 6-72　　　　　　　　　　　　　　　　　　圖 6-73

6-10.2　試解前題，若 $P = 40$ kN，$b = 120$ mm，$h = 250$ mm，$c = 0.6$ mm，$d = 150$ mm。

　　答：$\sigma_1 = 4.64$ MPa，$\sigma_2 = -0.8$ MPa，$\theta_{p1} = 22.5°$，

　　　　$\tau_{max} = 2.72$ MPa，$\theta_{s1} = -22.5°$。

7 梁的變形 *

研讀項目

1. 梁受力變形後，由幾何求出旋轉角與撓度、曲率(或曲率半徑)的關係，再經由虎克定律求得撓度曲線微分方程式。若依彎曲矩與剪力及負載之間的關係，可得不同表示式的撓度曲線微分方程式。

2. 首先將承受負載梁的彎曲矩通式寫出，代入撓度曲線微分方程式，積分後依邊界條件求出撓度表示式。

3. 寫出梁上某一剖面彎曲矩表示式或剪力、負載表示式代入微分方程式，連續積分，並由邊界條件求得撓度。

4. 繪出梁的彎曲矩圖或M/EI圖，選出適當參考切線，且熟記各種圖形(M/EI圖)之形心，由力矩面積第一、二定理求得旋轉角及撓度。

5. 梁的材料遵守虎克定律且撓度很小時，可用重疊原理，將梁上個別負載所產生的旋轉角或撓度，相加起來得出梁的旋轉角或撓度。

6. 梁承受負載作用，可求得彎曲矩表示式，因而知其彎曲之應變能，可由此彎曲之應變能求得旋轉角及撓度。

7. 了解剪應力的效應，將使剖面由平面變成曲面，熟悉一些特殊形狀剖面及支承情況剪應力的影響情況。

8. 了解為何要計算梁的變形，並比較上述各種求撓度、旋轉角的方法。

---

* 梁的變形(deformation)包括旋轉角(斜率)及撓度，設計梁時都要考慮，因而以梁的變形表示比梁的撓度適切。

7 -1 前言

　　一直梁承受負載作用時，則最初為直線的縱軸就變形為一曲線，此曲線稱為梁的撓度曲線(deflection curve)，在本章我們將討論如何來決定此撓度曲線的方程式，及撓度曲線上某些特定點的撓度。在下一章再討論靜不定梁撓度及旋轉角的求法。**求撓度其主要的目的是使撓度不能超過最大的容許值**。在建築物的結構設計上，撓度通常有一最大限定值，因撓度愈大則結構愈危險容易破壞。而在機器中的機件，機件間有其相對的位置，**若撓度太大，此機件可能無法發揮本來的功能，或許會阻礙其他機件的運動，此時撓度為其限定值**。

7 -2 撓度曲線之微分方程式

　　為了得到梁的撓度曲線，讓我們考慮如圖 7-1(a)所示的AB懸臂梁，我們取固定端為座標軸的原點，x軸的方向以向右為正，y軸以向下為正。如前面所討論的，我們假設xy平面是對稱平面，且所有負載均在此平面上。因此，彎曲矩產生在xy面上，此梁距原點x處的m_1點其撓度為v(圖 7-1(a))即為點在y方向的位移(即橫截面的形心在垂直於梁軸(x軸)方向的線位移稱為橫截面的撓度)。此位移是從x軸量至撓度曲線。因此，我們選定撓度以向下為正，向上為負，此撓度曲線方程式中的v為x的函數。

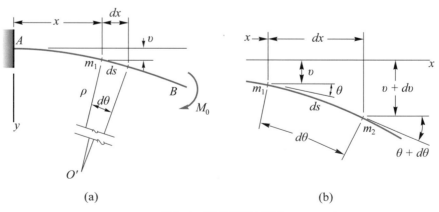

(a)   (b)

圖 7-1　梁的撓度曲線

在梁上任一點m_1的旋轉角(angle of rotation)(橫截面相對於原位置的角位移)為x軸與撓度曲線在m_1點切線的夾角(圖 7-1(b))，旋轉角以順時鐘為正。x為y軸的正方向如圖7-1(a)所示。**撓度和旋轉角是度量梁的變形的兩個基本量。**

現考慮第二點m_2，其位置沿撓度曲線與m_1點相距一微小距離ds，而距原點的距離為$x + ds$，此點的撓度為$v + dv$，dv為從m_1至m_2撓度的增加量，而m_2點的旋轉角為$\theta + d\theta$，$d\theta$為旋轉角的增加量。在m_1與m_2點，我們可畫出垂直於切線的線，其交點為O'稱為曲率中心(center of curvature)，從曲線至O'的距離稱為曲率半徑ρ(radius of curvature)。從圖上，我們可看出$\rho\, d\theta = ds$。曲率κ(curvature)(其絕對值等於曲率半徑的倒數)，可由下列方程式定義之：

$$|\kappa| = \frac{1}{\rho} = \frac{d\theta}{ds} \tag{7-1}$$

曲率的符號如圖5-4所示，正的曲率相對於正的$d\theta/ds$，即沿x正方向。若θ增加時，其曲率便為正的，此處討論的曲率為正，即$|\kappa| = \kappa$。

此撓度曲線的斜率為一次導數dv/dx，從圖 7-1(b)，我們可看出此斜率即等於此旋轉角θ的*正切*(tangnet)，因dx很小，

$$\frac{dv}{dx} = \tan\theta \quad 或 \quad \theta = \arctan\frac{dv}{dx} \tag{7-2a，b}$$

故方程式(7-1)與(7-2)是僅考慮梁的幾何形狀。因此，對每一種材質的梁均可適用，而對旋轉角與撓度的大小，則並無任何限制。

大部份的梁受負載後其旋轉角均很小，因此，曲率半徑很大，即曲率很小。在此狀況下，角θ很小，因此，我們可作一些簡化工作，從圖7-1(b)，我們可看出

$$ds = \frac{dx}{\cos\theta}$$

當θ很小時，$\cos \approx 1$，我們可得：

$$ds = dx \tag{a}$$

因此，(7-1)式變成：

$$|\kappa| = \frac{1}{\rho} = \frac{d\theta}{dx} \tag{7-3}$$

當θ很小時，$\tan\theta \approx \theta$，則(7-2)式變成：

$$\theta \approx \tan\theta = \frac{dv}{dx} \qquad (b)$$

因此，對很小撓度的梁，旋轉角即等於斜率(注意此旋轉角以弳度量表示)。取θ對x微分，我們可得：

$$\frac{d\theta}{dx} = \frac{d^2v}{dx^2} \qquad (c)$$

現將此方程式與(7-3)式合併，可得：

$$|\kappa| = \frac{1}{\rho} = \frac{d\theta}{dx} = \frac{d^2v}{dx^2} \qquad (7-4)$$

此方程式即表梁曲率與撓度v的關係，它可適合各種材料的梁；但其旋轉角須很小。

若此梁在彈性限內，由虎克定律，則此曲率(見5-9式)為：

$$\kappa = -\frac{M}{EI} \qquad (7-5)$$

M為彎曲矩，EI為梁的抗撓剛度(flexural rigidity of beam)，**(7-5)式不論旋轉角的大小皆能適用，**彎曲矩與曲率正負號關係如圖5-12所示，在很小旋轉角的限制下，由(7-4)式與(7-5)式可得：

$$\frac{d\theta}{dx} = \frac{d^2v}{dx^2} = -\frac{M}{EI} \qquad (7-6)$$

此即為梁的基本撓度曲線微分方程式，利用積分可求出梁由彎曲矩M所造成的旋轉角θ或撓度v。

總之，(7-6)式的符號規定如下：(1)x與y軸以向右、向下為正；(2)旋轉角θ以從x軸順時鐘為正；(3)撓度v以向下為正；(4)彎曲矩M以能使梁的上表面產生壓力為正；(5)曲梁凹面向下時，曲率為正。若M的符號相反，或y軸取向上為正，則(7-6)式的正號就變成負號。若M及y的符號同時相反，則方程式不變。

將$q = -dV/dx$及$V = dM/dx$(見(4-1)式與(4-2)式)代入(7-6)式的微分方程式，我們可得：

$$\frac{d^3v}{dx^3} = -\frac{V}{EI} \qquad (7-7)$$

$$\frac{d^4v}{dx^4} = \frac{q}{EI} \tag{7-8}$$

V為剪力，q為分佈負載的強度，撓度v能由(7-6)式至(7-8)式中的任一個求得M、V及q的符號如圖 7-2。

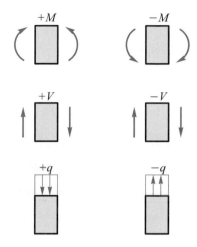

圖 7-2　彎曲矩M、剪力V，及分佈負載強度q的符號規則

為了對以下討論中之簡化，將用撇($'$)之符號表示微分，故

$$v' \equiv \frac{dv}{dx} \quad v'' \equiv \frac{d^2v}{dx^2} \quad v''' \equiv \frac{d^3v}{dx^3} \quad v'''' \equiv \frac{d^4v}{dx^4} \tag{7-9}$$

用這些符號，我們可將以上的方程式表成：

$$EIv'' = -M \tag{7-10a}$$
$$EIv''' = -V \tag{7-10b}$$
$$EIv'''' = q \tag{7-10c}$$

在後兩節中，我們將利用此等方程式，求梁之撓度。**此步驟包含了對方程式連續積分及由梁之邊界條件，算出積分常數。**

　　從各方程式之導出過程，我們可看出，**此等方程式僅適用於合乎虎克定律之材料，且撓度曲線之斜率須很小才有效。**此外，必須了解，方程式的導出是僅考慮由純彎曲矩所引起的變形，而不考慮剪力之變形，此項限制對於許多實際應用均可適用，但在少數情況中，也可能需要去考慮剪力效應所導致之額外撓度。

觀念討論 •

1. 根據變形平面假設，變形後梁的橫截面仍垂直於軸線。因此，旋轉角 θ 就是撓曲曲線法線與 y 軸的夾角，它應等於撓曲曲線在該點切線與 x 軸的夾角。從整體看，梁的變形由撓曲曲線表示；從局部看，是用撓度(線位移)和旋轉角(角位移)表示之。

2. 梁支承的邊界條件一般有下列幾種情況

  (1)   固定端：$v = 0$(撓度為零)，$v' = 0$(斜率為零)。

  (2)   簡支端：$v = 0$(撓度為零)，$v'' = 0$(彎曲矩為零)。

  (3)   自由端：$v'' = 0$(彎曲矩為零)，$v''' = 0$(剪力為零)。

3. 由曲率-彎曲矩公式(7-6)及曲率與彎曲矩正負號規定，不管抗撓剛度 EI 是常數或變化，只要知道彎曲矩正負號，變形之撓度就知道，這個在後面求解撓度是非常重要。

7 -3 由彎曲矩方程式積分求撓度與旋轉角

    彎曲矩 M 與撓度的關係，由(7-10a)式知是二階微分方程式，若積分兩次，再配合梁的邊界條件，即可得到撓度 v，而撓度 v 為 x 的函數。其解題步驟如下：

1. 首先應用靜力平衡方程式，求出支承點的反作用力及力矩。

2. 取一自由體圖，利用靜力平衡方程式可寫出彎曲矩方程式，它包含反作用力的力矩及反力矩。若梁上的負載有突然的改變，則必須分開每一區域討論彎曲矩。

3. 對每一區域將彎曲矩表示式 M 代入撓度曲線微分方程式(7-10a)，然後由此方程式積分一次可得斜率 v'，和一積分常數。再積分一次便可得撓度 v 及另一積分常數。

4. 在每一區域均有兩個積分常數，這些積分常數可由梁的支承點的 v 及 v' 的邊界條件，及區域的交界處必須滿足 v 及 v' 的連續性條件，去求得積分常數。若這些條件的數目與積分常數的數目相等，我們就能解這些方程式的常數值，然後將求出的常數代回撓度 v 的表示式，即可得到撓度曲線方程式。

以上這些方法稱爲逐次積分法(method of successive integration)。

● **例題 7-1** 如圖 7-3(a)所示的一懸臂梁,其均佈負載強度爲q。試求在自由端的撓度δ_b和旋轉角θ_b(或傾斜角)。

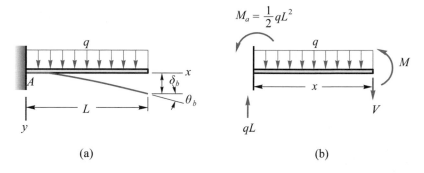

圖 7-3　均佈負載之懸臂梁

(解) 首先定左端支承點爲座標軸的原點,取整支梁爲自由體,應用靜力平衡方程式求得A點反作用力$R_a = qL(\uparrow)$,反力矩$M_a = qL^2/2(\curvearrowright)$。接著取距左端支承點$x$距離的自由體圖如圖 7-3(b)所示,應用靜力平衡方程式

$$\curvearrowleft \quad \Sigma M = 0$$

$$M + \frac{qL^2}{2} - qLx + \frac{qx^2}{2} = 0$$

即彎曲矩

$$M = -\frac{q(L-x)^2}{2}$$

則(7-10a)微分方程式爲

$$EIv'' = -M = \frac{q(L-x)^2}{2}$$

積分爲

$$EIv' = \int \frac{q(L-x)^2}{2} dx + C_1$$

令$L - x = y$,$dx = -dy$則

$$EIv' = -\int \frac{qy^2}{2} dy + C_1$$

積分後再以$y=L-x$代入得

$$EIv' = -\frac{q(L-x)^3}{6} + C_1 \tag{a}$$

同理

$$EIv = +\frac{q(L-x)^4}{24} + C_1x + C_2 \tag{b}$$

在左端支承點的邊界條件(簡寫爲 B.C.)$v(0)=0$ 及 $v'(0)=0$，即

B.C.　$v'(0)=0$ 由(a)式求得 $C_1=\dfrac{qL^3}{6}$

B.C.　$v(0)=0$ 由(b)式求得 $C_2=-\dfrac{qL^4}{24}$

因此撓度方程式爲

$$v = \frac{qx^2}{24EI}(6L^2 - 4Lx + x^2) \tag{c}$$

在梁自由端的旋轉角θ_b及撓度δ_b，是將$x=L$代入(a)及(c)式得

$$\theta_b = v'(L) = \frac{qL^3}{6EI} \quad (\searrow)(角位移需標示旋轉方向)$$

$$\delta_b = v(L) = \frac{qL^4}{8EI} \quad (\downarrow)(線位移需標示方向)$$

● **例題 7-2**　如圖 7-4 所示一簡支梁AB，由一集中負載P作用，試求其撓度曲線方程式，且求在支承點處的旋轉角θ_a與θ_b，最大撓度$v_{\max}$及在中央處的撓度δ_c。(設$a>b$)

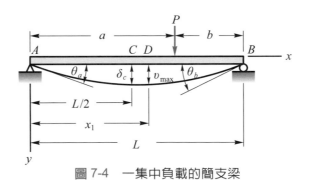

圖 7-4　一集中負載的簡支梁

解　若本題要用彎曲矩方程式積分解，由第四章知，必須分段描述彎曲矩，積分求出各段完整的撓度及斜率方程式即可求θ_a、θ_b及δ_c。但$v_{\max}$無法馬上求得，

因位置還未知，由微積分極值觀念，其一階導數爲零而求得最大撓度位置，再去求 v_{max}。

首先應用靜力平衡方程式可求出支承點反作用力

即　$R_b = \dfrac{Pa}{L}(\uparrow)$　　$R_a = \dfrac{Pb}{L}(\uparrow)$

因負載不連續，故要分開討論。梁每一區域的彎曲矩爲

$$0 \leq x \leq a \quad M = +\dfrac{Pbx}{L}$$

$$a \leq x \leq L \quad M = \dfrac{Pbx}{L} - P(x-a)$$

使用(7-10a)式可寫出梁每一區域的撓度曲線方程式

$$EIv'' = -\dfrac{Pbx}{L} \quad (0 \leq x \leq a)$$

$$EIv'' = -\dfrac{Pbx}{L} + P(x-a) \quad (a \leq x \leq L)$$

將這些微分方程式積分可得(EI爲常數)

$$EIv' = -\dfrac{Pbx^2}{2L} + C_1 \quad (0 \leq x \leq a) \tag{a}$$

$$EIv' = -\dfrac{Pbx^2}{2L} + \dfrac{P(x-a)^2}{2} + C_2 \quad (a \leq x \leq L) \tag{b}$$

再積分一次得

$$EIv = -\dfrac{Pbx^3}{6L} + C_1 x + C_3 \quad (0 \leq x \leq a) \tag{c}$$

$$EIv = -\dfrac{Pbx^3}{6L} + \dfrac{P(x-a)^3}{6} + C_2 x + C_4 \quad (a \leq x \leq L) \tag{d}$$

以上方程式內出現四個積分常數可從下列條件求得

⑴在 $x = a$ 時，梁兩部份的旋轉角必須相等。

⑵在 $x = a$ 時，梁兩部份的撓度必須相等。

⑶在 $x = 0$ 時，撓度爲零。

⑷在 $x = L$ 時，撓度爲零。

第一條件　$x = a$ 時，由(a)與(b)式兩個斜率相等得

$$-\dfrac{Pba^2}{2L} + C_1 = -\dfrac{Pba^2}{2L} + C_2$$

即　$C_1 = C_2$

第二條件　由(c)與(d)式兩個撓度相等得

$$-\frac{Pba^3}{6L} + C_1 a + C_3 = -\frac{Pba^3}{6L} + C_2 a + C_4$$

因　$C_1 = C_2$，則$C_3 = C_4$。

最後兩個條件由(c)與(d)式求得

$$C_3 = 0 \quad 及 \quad C_2 = \frac{Pb(L^2 - b^2)}{6L}$$

因此

$$C_1 = C_2 = \frac{Pb(L^2 - b^2)}{6L} ， C_3 = C_4 = 0$$

故撓度曲線方程式為

$$EIv = \frac{Pbx}{6L}(L^2 - b^2 - x^2) \quad (0 \le x \le a) \tag{e}$$

$$EIv = \frac{Pbx}{6L}(L^2 - b^2 - x^2) + \frac{P(x-a)^3}{6} \quad (a \le x \le L) \tag{f}$$

注意這兩方程式中第一個是在負載P作用點左側部份梁的撓度曲線，而第二個是在負載P作用點右側部份的梁撓度曲線。

梁此兩部份的斜率為

$$EIv' = \frac{Pb}{6L}(L^2 - b^2 - 3x^2) \quad (0 \le x \le a) \tag{g}$$

$$EIv' = \frac{Pb}{6L}(L^2 - b^2 - 3x^2) + \frac{P(x-a)^3}{2} \quad (a \le x \le L) \tag{h}$$

為了得到梁在兩端的旋轉角θ_a與θ_b，將$x = 0$及$x = L$分別代入(g)及(h)式得

$$\theta_a = v'(0) = \frac{Pb(L^2 - b^2)}{6LEI} = \frac{Pab(L + b)}{6LEI} \quad (\searrow)$$

$$\theta_b = -v'(L) = \frac{-Pab(L + a)}{6LEI} \quad (\nearrow)$$

(在$x = L$處旋轉角θ_b是逆時針，故取負斜率$\theta_b = -v'(L)$)

此梁的最大撓度在D點(如圖所示)，撓度方程式在此處的切線為水平；若$a > b$，最大撓度發生在梁的左側部份，我們將令(g)式為零，求其最大撓度的位置得

$$x = \sqrt{\frac{L^2 - b^2}{3}} \quad (a \ge b)$$

將 x 值代入(e)式得

$$v_{\max} = \frac{Pb(L^2 - b^2)^{3/2}}{9\sqrt{3}LEI} \quad (\downarrow) \quad (a \geq b)$$

在梁中點的撓度可由 $x = L/2$ 代入(e)式可得

$$\delta_c = v\left(\frac{L}{2}\right) = \frac{Pb(3L^2 - 4b^2)}{48EI} \quad (\downarrow) \quad (a \geq b)$$

7 -4 剪力與負載方程式積分求撓度與旋轉角

從梁的剪力及負載強度 q((7-10b)與(c)式)亦可得到梁撓度的曲線方程式,只要先求得剪力及負載的表示式。此過程與彎曲矩的微分方程式相似,僅是須積分多次,現分別說明這兩種方法。

1. 若從剪力微分方程式著手,首先將剪力表示式求出,再代入此微分方程式,此微分方程式為三階,故須積分三次,才能得到撓度曲線方程式。其積分常數,可由包括彎曲矩、旋轉角(斜率)與撓度的邊界條件及連續條件得之。

2. 若從負載微分方程式著手,首先求出負載表示式,再代入此微分方程式,此微分方程式為四階,故須積分四次,才能得到撓度曲線方程式,其積分常數可由包括剪力、彎曲矩、撓度與斜率之邊界條件及連續條件得之。

根據以上所討論的三個微分方程式,如何去選擇其中的一個微分方程式,是依個人所好。但最好是最容易將彎曲矩、剪力及負載中的那一個表示式表達出來,以及最容易列出邊界條件及連續條件為原則。

● **例題 7-3** 一懸臂梁 AB,承受一線性變化負載,其最大負載強度 q_0(圖 7-5 (a)),試求其撓度曲線方程式,且求撓度 δ_b 及在自由端的旋轉角 θ_b。

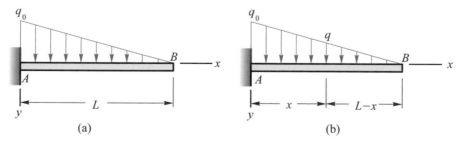

圖 7-5 一懸臂梁承受最大強度為 q_0 之線性變化負載

解 本題負載容易表示，所以先求梁上 x 位置處之 q 值，因負載是一線性變化，可由圖 7-5(b)知(相似三角形)，

$$\frac{q_0}{L} = \frac{q}{L-x} \qquad \text{即} \qquad q = \frac{q_0(L-x)}{L} = q_0 - \frac{q_0 x}{L}$$

由(7-10c)負載四階微分方程式為

$$EIv'''' = \frac{q_0(L-x)}{L} = q_0 - \frac{q_0 x}{L}$$

積分可得

$$EIv''' = q_0 x - \frac{q_0 x}{2L} + C_1$$

$$EIv'' = \frac{q_0 x^2}{2} - \frac{q_0 x^3}{6L} + C_1 x + C_2$$

$$EIv' = \frac{q_0 x^3}{6} - \frac{q_0 x^4}{24L} + \frac{C_1 x^2}{2} + C_2 x + C_3$$

$$EIv = \frac{q_0 x^4}{24} - \frac{q_0 x^5}{120L} + \frac{C_1 x^3}{6} + \frac{C_2 x^2}{2} + C_3 x + C_4$$

B.C.(1)當 $x = L$ 時，$v'''(L) = 0$(自由端剪力為零)

$$0 = q_0 L - \frac{q_0 L^2}{2L} + C_1$$

得

$$C_1 = -\frac{q_0 L}{2}$$

B.C.(2)當 $x = L$ 時，$v''(0) = 0$(自由端，彎曲矩為零)

$$0 = \frac{q_0 L^2}{2} - \frac{q_0 L^3}{6L} - \frac{q_0 L^2}{2} + C_2$$

$$C_2 = \frac{q_0 L^2}{6}$$

B.C.(3)當 $x = 0$ 時，$v'(0) = 0$(固定端斜率為零)，得

$$C_3 = 0$$

B.C.(4)當 $x = 0$ 時，$v(0) = 0$(固定端撓度為零)，得

$$C_4 = 0$$

因此得到斜率與撓度方程式為

$$v' = \frac{q_0 x}{24 L E I}(4L^3 - 6L^2 x + 4Lx^2 - x^3) \tag{a}$$

$$v = \frac{q_0 x^2}{120LEI}(10L^3 - 10L^2 x + 5Lx^2 - x^3) \tag{b}$$

由(a)與(b)式可得自由端$x=L$的旋轉角θ_b與撓度δ_b，

$$\theta_b = \frac{q_0 L^3}{24EI} \quad (\diagdown) \qquad \delta_b = \frac{q_0 L^4}{30EI} \quad (\downarrow)$$

● **例題 7-4** 一簡支梁AB承受一正弦曲線分佈負載(如圖 7-6 所示)，負載的最大強度為q_0，試求梁的撓度曲線方程式及最大撓度。EI是常數。

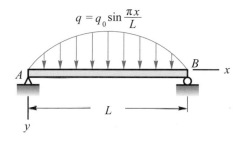

$$q = q_0 \sin\frac{\pi x}{L}$$

圖 7-6　簡支梁承受正弦曲線分佈負載

解 由於圖上即可求得負載表示式，使用(7-10c)式得

$$EIv'''' = q = q_0 \sin\frac{\pi x}{L}$$

積分得

$$EIv''' = -\frac{q_0 L}{\pi}\cos\frac{\pi x}{L} + C_1 \tag{a}$$

$$EIv'' = -\frac{q_0 L^2}{\pi^2}\sin\frac{\pi x}{L} + C_1 x + C_2 \tag{b}$$

$$EIv' = -\frac{q_0 L^3}{\pi^3}\cos\frac{\pi x}{L} + \frac{C_1 x^2}{2} + C_2 x + C_3 \tag{c}$$

$$EIv = \frac{q_0 L^4}{\pi^4}\sin\frac{\pi x}{L} + \frac{C_1 x^3}{6} + \frac{C_2 x^2}{2} + C_3 x + C_4 \tag{d}$$

B.C.(1)當$x=0$時，$v''(0)=0$；由(b)式可得$C_2=0$

(2)當$x=L$時，$v''(L)=0$；由(b)式可得$C_1=0$

(3)當$x=0$時，$v(0)=0$；由(d)式可得$C_4=0$

(4)當$x=L$時，$v(L)=0$；由(d)式可得$C_3=0$

故撓度曲線方程式為

$$v = \frac{q_0 L^4}{\pi^4 EI} \sin\frac{\pi x}{L} \tag{f}$$

梁的最大撓度位置，其斜率為零；即令(c)式為零，而得

$$\frac{q_0 L^3}{\pi^3}\cos\frac{\pi x}{L} = 0 \quad 即 \quad \cos\frac{\pi x}{L} = 0$$

得　$\frac{\pi x}{L} = \frac{\pi}{2}$　則　$x = \frac{L}{2}$

將$x = L/2$代入(f)式得

$$\delta_{\max} = \frac{q_0 L^4}{\pi^4 EI}\sin\frac{\pi(L/2)}{L} = \frac{q_0 L^4}{\pi^4 EI} \quad (\downarrow)$$

7 -5　力矩面積法

　　前一節中，我們使用微分方程式著手，求出撓度曲線的完整方程式；但是在有些情況下，我們比較有興趣的是梁上某一點的撓度或旋轉角，而並非撓度或旋轉角的整個完整方程式。因而在此介紹另一種半圖解方法：力矩面積法，去求梁的撓度或旋轉角。此方法需利用彎曲矩圖的面積，故稱為**力矩面積法**(moment-area method)。

　　為了說明此方法，我們考慮一梁的撓度曲線AB部份(圖7-7)，此區域的曲率為正，在A點的切線AB'與x軸夾一正的旋轉角θ_a，在B點其切線$C'B$有θ_b的旋轉角，這兩切線的夾角為θ_{ba}，即

$$\theta_{ba} = \theta_b - \theta_a \tag{7-11}$$

因此，θ_{ba}**代表在B點切線相對於A點切線的旋轉角，當θ_b大於θ_a時，相對角θ_{ba}定義為正，如圖所示。**

　　考慮梁上兩點m_1及m_2，其距離為ds，這些點撓度曲線的切線為$m_1 p_1$及$m_2 p_2$如圖所示，此兩切線的垂直距離($\overline{p_1 p_2}$)為$d\Delta$，畫這兩切線的垂直法線，這兩垂直線在曲線中心處之交角為$d\theta$，由前一章知

$$\frac{1}{\rho} = \frac{d\theta}{ds} \tag{7-12}$$

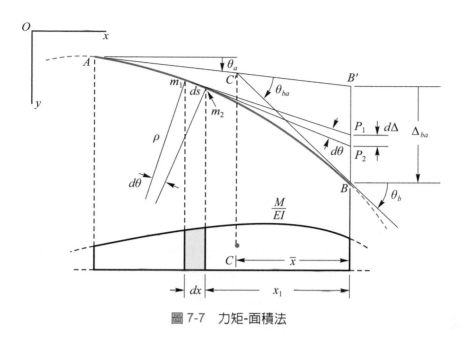

圖 7-7　力矩-面積法

其中ρ為曲率半徑。假設變形撓度很小，則$ds = dx$，故由(5-9)式得

$$\kappa = \frac{d\theta}{dx} = -\frac{M}{EI} \tag{7-13}$$

$$d\theta = -\frac{Mdx}{EI} \tag{a}$$

$$\int_A^B d\theta = -\int_A^B \frac{Mdx}{EI} \tag{b}$$

左邊的積分式代表在B點與A點切線間的夾角θ_{ba}，而$\theta_{ba} = \theta_b - \theta_u$。在右邊積分式代表介於$A$點與$B$點$M/EI$圖形的面積。其中$M/EI$的圖形其座標等於該點的彎曲矩$M$除以抗撓剛度$EI$，因此，$M/EI$圖形與彎曲矩圖一樣，只差一個$EI$值(此值一定為正)。$M/EI$圖形面積的正負值，完全是依彎曲矩$M$的正負值而定。

因此(b)式可寫成

$$\theta_{ba} = -\int_A^B \frac{Mdx}{EI} \tag{7-14}$$

$$= -[介於A點B點間M/EI圖形之面積]$$

此方程式可敘述成下面的定理：

> **力矩面積第一定理**：撓度曲線上 A 與 B 兩點切線的夾角 θ_{ba} 等於彎曲矩圖內介
> 於該兩點間的面積除以 EI 的負值。

力矩面積第一定理應注意的事項：

1. 當 θ_b 的值大於 θ_a，如圖 7-7 所示，則兩切線的相對角度為正，但必須注意 B 點一定位於 A 點的右邊，即在 x 軸的正方向；但單位為弳度(rad)。

2. 彎曲矩的符號是以能使梁上表面產生壓應力之彎曲矩為正。

3. M/EI 圖形的面積求法，可將其分割成較簡單的圖形面積，再求其代數和。

4. M/EI 圖形面積的正或負是依彎曲矩的正或負來決定。若彎曲矩圖中，一部份為正，另一部份為負，則 M/EI 圖形的相對應部份之面積亦為相同的符號，此時 M/EI 圖形的面積以代數量來處理或分段積分。

5. 力矩面積第一定理是用來沿梁軸向兩點間的相對旋轉角。

6. 此定理僅能使用於線彈性的梁，因為推導過程中是基於(7-6)式。

7. 在許多例子中，梁承受負載時可直接地看出梁的旋轉角(傾斜角)為順時鐘或逆時鐘。在此情形下，就不必依隨力矩面積法符號的規定，在計算的過程就直接取其絕對值。

接著，我們考慮在 A 點切線上 B' 點與 B 點的相對撓度 Δ_{ba}，此量 Δ_{ba}**代表 B 點對 A 點切線上的垂直**偏距(offset)，**但需記住旋轉角 θ_a 與 θ_b 都很小**。如圖 7-7 可看出，微小元素 m_1m_2 之垂直偏距 $d\Delta$（即為 p_1p_2）等於 $x_1d\theta$，其中 x_1 為微元素 m_1m_2 到 B 點的水平偏距，但因 $d\theta = -Mdx/EI$，故我們可得

$$d\Delta = x_1d\theta = -x_1\frac{Mdx}{EI} \tag{c}$$

$d\Delta$ 代表微元素 m_1m_2 的彎曲矩對相對撓度 Δ_{ba} 的貢獻。因而相對撓度 Δ_{ba}，必須從 A 點積分至 B 點，即

$$\int_A^B d\Delta = -\int_A^B x_1\frac{Mdx}{EI} \tag{d}$$

左邊的積分式等於 Δ_{ba}，即 A 點切線到 B 點的相對撓度，而右邊的積分式表 M/EI 圖形

中介於 A 與 B 間的面積對 B 點的一次矩，則(d)式可寫成

$$\Delta_{ba} = - \int_A^B x_1 \frac{Mdx}{EI} \tag{7-15}$$
$$= -[\text{在} M/EI \text{中圖中介於} A \text{與} B \text{間的面積對} B \text{的一次矩}]$$

此方程式爲力矩面積的第二定理，可敘述如下：

> **力矩面積第二定理**：B 點距 A 點切線的垂直偏距等於 M/EI 圖形中介於 A 與 B 間的面積對 B 的一次面積矩的負值。

力矩面積第二定理應注意的事項：

1. 相對撓度 Δ_{ba} 之指向是由 A 點切線上 B' 點畫到 B 點的向量，**當 Δ_{ba} 在正 y 軸方向表為正值**。

2. 若沿著 x 軸方向從 A 點移至 B 點，M/EI 圖形面積爲負值，**則一次矩爲負，即相對撓度爲正**，表示 B 點在 A 點切線的下方。若彎曲矩面積爲正，則面積一次矩爲正，而**相對撓度爲負，表示 B 點在 A 切線上方**。

3. M/EI 圖形的面積一次矩，可由圖形的面積與從 B 至面積形心 C 之距離 $\bar{x}$ 相乘而求得面積的一次矩(參考附錄4)。

4. 若 M/EI 圖形在 A 點與 B 點間有正值和負值時，即撓度曲線有反曲點存在，此時 M/EI 圖形分成正值與負值兩部份，並分別求出這兩部份面積的形心到 B 點的距離，將此距離分別乘以個別面積求其代數和或分段積分。

5. 力矩面積第二定理是用來求相對撓度。

6. 此定理僅能使用於線彈性梁。

7. 在許多情況下，可直接看出撓度向上或向下，那就不必依力矩面積法符號規定，在計算的過程就直接取其絕對值。

在前面所述，在力矩面積第一定理中，旋轉角 θ_{ba} 是撓度曲線上 A 點與 B 點之切線所夾的角。因此若已知道 A 點的旋轉角，即可求出 B 點的切線與水平線的夾角，也就是 B 點的旋轉角。同理，力矩面積第二定理中，是在求撓度曲線上的一點與過一點切線的垂直偏距。**若已經知道 A 點的旋轉角，則可利用切線之相對撓度 Δ_{ba} 求點 B 的位置**。因而，由上面的討論可知，**如果已知撓度曲線上某一點的切線，將它**

當作參考切線(reference tangent)，便可有效地利用這兩個力矩面積原理求旋轉角及撓度。

使用力矩面積法的解題步驟如下：

1. 求出梁的支承反力。

2. 畫出梁的彎曲矩圖，爲了方便往往畫出個別負載的彎曲矩圖。力矩面積法第一、二定理皆要用M/EI圖，只要求出彎曲矩圖M，再除以EI。若EI爲常數，則M/EI圖與M圖形狀相似。

3. 依彎曲矩圖畫出梁的大概撓度曲線，即依彎曲矩$M > 0$區間，梁變形爲"⌣"，而$M < 0$區間梁變形爲"⌢"去畫出大概撓度曲線。

4. 選擇合適的點，在大概撓度曲線上，作出一條參考切線相切於撓度曲線。

5. 由力矩-面積第一、二定理分別計算點B相對於A點切線的相對旋轉角及相對撓度。有些情況A點切線爲參考切線(水平線)，則B點相對旋轉角及撓度，皆爲絕對旋轉角及撓度。然而一般情況需要計算得到兩個撓度之間的幾何關係，以求得所要求的撓度。

觀念討論 ●

1. 力矩面積法求解撓度，最重要是畫出彎曲矩圖(或M/EI圖)、大概撓度曲線及選擇參考切線。

2. 選擇某些點切線作爲參考切線原則順序，優先取固定支承點，已知最大撓度位置點，一般簡支承等。

3. 相對旋轉角θ_{ba}及相對撓度Δ_{ba}，皆是由A點切線(參考切線)至B點的相對旋轉角及相對撓度。

4. 注意積分法求撓度與旋轉角，必須由微分方程式積分，再配合連續條件，邊界條件才可得到，它屬於邊界值問題(boundary value problems)，而力矩面積法知$\theta_b = \theta_a - \int_A^B \dfrac{M dx}{EI}$及$\delta_b = \delta_a - \int_A^B x_1 \dfrac{M dx}{EI}$，只要知道某一點(即$A$點)之撓度$\delta_a$和旋轉角$\theta_a$當做初始值，以及$A$點至$B$點間的彎曲矩圖，利用上兩式可能得到$B$點旋轉角$\theta_b$及撓度$\delta_b$，從數學角度看，力矩面積法是將邊界值問題變成初始值問題(Initial value problems)來處理。

● **例題 7-5** 一懸臂梁，部份梁承受強度q的均佈負載作用，求自由端之旋轉角θ_b及撓度δ_b(圖 7-8)。

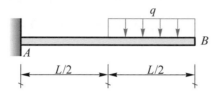

圖 7-8　$L/2$ 長受均佈負載的懸臂梁

解 首先求出固定端A的反力及反力矩，再由作圖法求出彎曲矩圖，並畫出大概撓度曲線(注意彎曲矩為負值)。因EI為常數，則M/EI圖形與彎曲矩M相似。

固定端A點的切線為水平，選為參考切線。旋轉角θ_b等於θ_{ba}，在A點B點間M/EI圖形面積(附錄 4)至A段為直線。為了方便求取M/EI圖形的面積與一次矩，將此圖形分為三部份A_1、A_2、A_3，如圖所示。由附錄 4 知

$$A_1 = \frac{1}{3}\left(\frac{L}{2}\right)\left(\frac{-qL^2}{8EI}\right) = -\frac{qL^3}{48EI}$$

$$A_2 = \frac{L}{2}\left(-\frac{qL^2}{8EI}\right) = -\frac{qL^3}{16EI}$$

$$A_3 = \frac{1}{2}\left(\frac{L}{2}\right)\left(-\frac{qL^2}{4EI}\right) = -\frac{qL^3}{16EI}$$

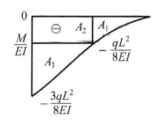

取固定端A點的切線為參考切線，則$\theta_b = \theta_{ba}$(其值為正，順時鐘旋轉)，由力矩面積第一定理得

$$\theta_b = -(A_1 + A_2 + A_3) = \frac{7qL^3}{48EI} \quad (\searrow)$$

而撓度$\delta_b = +\Delta_{ba}$(其值為正，A點切線至B點垂直距離指向下)，由力矩面積第二定理得

$$\delta_b = -(A_1\bar{x}_1 + A_2\bar{x}_2 + A_3\bar{x}_3)$$

其中$\bar{x}_1$、$\bar{x}_2$、$\bar{x}_3$是個別面積形心至B點的距離,即

$$\delta_b = \frac{qL^3}{48EI}\left(\frac{3L}{8}\right) + \frac{qL^3}{16EI}\left(\frac{3L}{4}\right) + \frac{qL^3}{16EI}\left(\frac{5L}{6}\right) = \frac{41qL^4}{384EI} \quad (\downarrow)$$

例題 7-6 稜柱形桿AD及DB銲在一起組成懸臂梁ADB。已知抗撓剛度在AD部份為EI,在BD部份為$2EI$,如圖7-9所示,求A端的旋轉角及撓度。

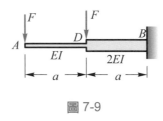

圖 7-9

解 首先訂出此梁的座標系統,原點在A點x軸向右為正,y軸向下為正。依作圖原則繪製剪力圖彎曲矩圖,然後由梁的每一點的M值除以點上相對應的抗撓剛度,得到M/EI圖,並且繪製大概的撓度曲線圖(注意$M<0$)。

接著選擇固定端設置B之水平切線為參考切線,由於B點在A點的右邊,因而符合力矩面積法,則

$$\theta_{ba} = \theta_b - \theta_a$$

且

$$\Delta_{ab} = \delta_a - \delta_b$$

因 固 定 端B之θ_b $=0$且$\delta_b=0$,則

$$\theta_a = -\theta_{ba}$$

$$\delta_a = \Delta_{ab}$$

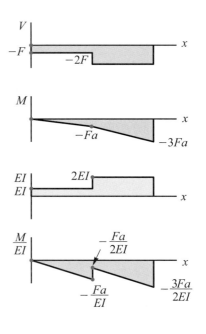

注意當參考線為水平線的情況下,求解較簡單。

將M/EI圖分成三個三角形部份,可得

$$A_1 = -\frac{1}{2}\left(\frac{Fa}{EI}\right)(a) = \frac{-Fa^2}{2EI}$$

$$A_2 = -\frac{1}{2}\left(\frac{Fa}{2EI}\right)(a) = -\frac{Fa^2}{4EI}$$

$$A_3 = -\frac{1}{2}\left(\frac{3Fa}{2EI}\right)(a) = \frac{-3Fa^2}{4EI}$$

利用力矩面積第一定理，得

$$\theta_{ba} = -(A_1 + A_2 + A_3)$$

$$= +\frac{Fa^2}{2EI} + \frac{Fa^2}{4EI} + 4\frac{3Fa^2}{2EI}$$

$$= \frac{3Fa^2}{2EI}$$

而

$$\theta_a = -\theta_{ba} = -\frac{3Fa^2}{2EI}$$

即

$$\theta_a = \frac{3Fa^2}{2EI} \quad (\angle)$$

利用力矩面積第二定理(對A點的一次矩)得

$$\delta_a = \Delta_{ab} = -(A_1\overline{X}_1 + A_2\overline{X}_2 + A_3\overline{X}_3)$$

$$= \left(\frac{Fa^2}{2EI}\right)\left(\frac{2a}{3}\right) + \left(\frac{Fa^2}{4EI}\right)\left(\frac{4a}{3}\right) + \left(\frac{3Fa^2}{4EI}\right)\left(\frac{5a}{3}\right)$$

$$\delta_a = \frac{23Fa^3}{12EI} \quad (\downarrow)$$

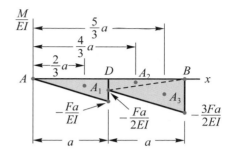

例題 7-7 如圖 7-10(a)所示之稜柱形梁及負載，求E端的旋轉角與撓度。

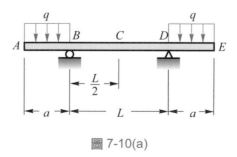

圖 7-10(a)

解 首先取整支梁爲自由體，而得支承反力，依作圖原則繪出剪力圖及彎曲矩圖。因 EI 爲常數，將每一 M 值除以 EI 得到 M/EI(圖(b))，並且繪出大概撓度曲線圖(圖(c))，注意 M 爲負值。由於此梁及其負載皆對稱於其中心點 C，故 C 點的切線爲水平線，可取爲參考切線。如圖 7-10(b) 所示，因 $\theta_c = 0$，且由幾何關係知

$$\theta_e = \theta_c + \theta_{ec} = \theta_{ec}$$

$$\delta_e = \Delta_{ec} - \Delta_{dc}$$

由圖 7-10(c) 求出 C 與 E 點間的 M/EI 圖形面積，即

$$A_1 = -\left(\frac{qa^2}{2EI}\right)\left(\frac{L}{2}\right) = \frac{-qa^2L}{4EI}$$

$$A_2 = -\frac{1}{3}\left(\frac{qa^2}{2EI}\right)(a) = -\frac{qa^3}{6EI}$$

由力矩面積第一定理可得

$$\theta_{ec} = -(A_1 + A_2) = \frac{qa^2L}{4EI} + \frac{qa^3}{6EI}$$

$$= \frac{qa^2}{12EI}(3L + 2a)$$

即

$$\theta_e = \frac{qa^2}{12EI}(3L + 2a) \quad (\searrow)$$

利用力矩面積第二定理，得

$$\Delta_{ec} = -\left[A_1\left(a + \frac{L}{4}\right) + A_2\frac{3a}{4}\right]$$

$$= \frac{qa^2L}{4EI}\left(a + \frac{L}{4}\right) + \left(\frac{qa^2}{6EI}\right)\left(\frac{3a}{4}\right) = \frac{qa^3L}{4EI} + \frac{qa^2L^2}{16EI} + \frac{qa^4}{8EI}$$

這代表 C 與 E 點間 M/EI 圖面積對 E 點的一次矩

$$\Delta_{dc} = -A_1\left(\frac{L}{4}\right) = +\left(\frac{qa^2L}{4EI}\right)\left(\frac{L}{4}\right) = \left(\frac{qa^2L^2}{16EI}\right)$$

所以

$$\delta_e = \Delta_{ec} - \Delta_{dc} = \frac{qa^3L}{4EI} + \frac{qa^4}{8EI} = \frac{qa^3}{8EI}(2L + a)$$

即

$$\delta_e = \frac{qa^3}{8EI}(2L + a) \quad (\downarrow)$$

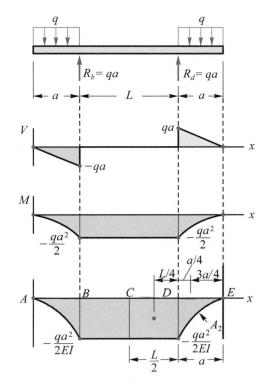

圖 7-10(b)

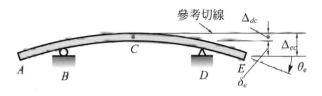

圖 7-10(c)

例題 7-8 如圖 7-11 所示，一簡支梁AB承受一集中負載P作用，試求在A點的旋轉角θ_a及負載處的撓度δ，及最大撓度δ_{max}。EI為常數。

解 如前面例子一樣，我們先求出支承反力，再以作圖法畫出彎曲矩，並畫出大概撓度曲線圖(注意$M > 0$)。

由於負載並非對稱，取A點的切線為參考切線，但因參考切線並非水平線，所以要求出參考切線的絕對旋轉角。首先利用力矩面積第二定理求出參考切線至B點的相對撓度Δ_{ba}。M/EI圖形面積為

$$A_1 = \frac{1}{2}(L)\left(\frac{Pab}{L}\right)\left(\frac{1}{EI}\right) = \frac{Pab}{2EI}$$

其面積形心距B點為$\left(\dfrac{L+b}{3}\right)$(附錄 4，情況 3)，故$\Delta_{ba}$為

$$\Delta_{ba} = -A_1\left(\frac{L+b}{3}\right) = -\frac{Pab}{6EI}(L+b)$$

此負號表撓度在y軸的負方向，即B點在切點上方。

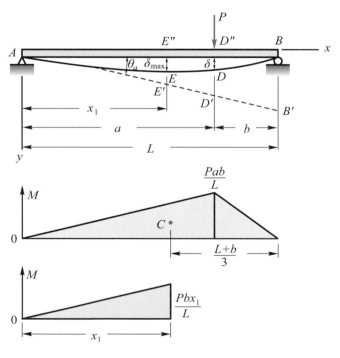

圖 7-11　受集中負載的簡支梁

從圖可看出旋轉角θ_a可得

$$\theta_a = -\frac{\Delta_{ba}}{L} = \frac{Pab}{6LEI}(L+b)$$

即

$$\theta_a = \frac{Pab}{6LEI}(L+b)(\ \diagdown\ )$$

從圖中可看出負載處的撓度δ爲

$$\delta = \overline{D'D''} - \overline{D'D}$$

其中$\overline{D'D''} = a\theta_a$

而$\overline{D'D}$代表參考切線(因D'點在此切線上)至D點的偏距(D點在撓度曲線上)，因此可由力矩面積第二定理求得；亦即取介於A點與D點間M/EI圖形面積對D點的一次矩，則

$$A_2 = \frac{1}{2}(a)\left(\frac{Pab}{L}\right)\left(\frac{1}{EI}\right) = \frac{Pa^2b}{2LEI}$$

$$Q_1 = A_2\left(\frac{a}{3}\right) = \frac{Pa^3b}{6LEI}$$

而$\overline{D'D} = -\Delta_{da}$(由圖知相對撓度爲負值)，故

$$\overline{D'D} = -\Delta_{da} = +Q_1 = \frac{Pa^3b}{6LEI}$$

則

$$\delta = \overline{D'D''} - \overline{D'D} = a\theta_a - \frac{Pa^3b}{6LEI} = \frac{Pa^2b^2}{3LEI}$$

即

$$\delta = \frac{Pa^2b^2}{3LEI}\ \ (\downarrow)$$

現假設$a \geq b$，則最大的撓度在負載的左邊，距A點爲x_1距離的E點(如圖所示)，此處的切線必爲水平，即$\theta_e = 0$，而其相對旋轉角$\theta_{ea} = \theta_e - \theta_a = -\theta_a$，根據力矩面積第一定理可得到$x_1$值。$\theta_{ea}$是介於$A$與$E$點間$M/EI$圖形面積的負值，其面積爲

$$A_3 = \frac{1}{2}(x_1)\left(\frac{Pbx_1}{L}\right)\left(\frac{1}{EI}\right) = \frac{Pbx_1^2}{2LEI}$$

則

$$\theta_{ea} = -\theta_a = -A_3 = -\frac{Pbx_1^2}{2LE}$$

而 $\theta_a = \dfrac{Pab}{6LEI}(L+b)$，則

$$-\frac{Pab}{6LEI}(L+b) = -\frac{Pbx_1^2}{2LE}$$

得

$$x_1 = \sqrt{\frac{a(2L-a)}{3}} = \sqrt{\frac{L^2-b^2}{3}}$$

最大撓度 $\delta_{\max}$ 由圖看出

$$\delta_{\max} = \overline{E'E''} - \overline{E'E}$$

其中 $\overline{E'E''} = x_1\theta_a$，而 $\overline{E'E}$ 是根據力矩面積第二定理得到，即

$$\delta_{\max} = x_1\theta_a - A_3\left(\frac{x_1}{3}\right) = \frac{Pb}{9\sqrt{3}LEI}(L^2-b^2)^{\frac{3}{2}} \quad (\downarrow)$$

另一較簡單的方法也可求得 $\delta_{\max}$。因 $\Delta_{ae} = \Delta_a - \Delta_e$ 而 $\Delta_a = 0$，則 $\Delta_{ae} = -\Delta_e$ 或 $\delta_{\max} = \Delta_e = -\Delta_{ae}$（因 Δ_{ae} 代表 E 點切線指向 A 點垂直距離），而 Δ_{ae} 的 A 點與 E 點間 M/EI 面積對 A 點一次矩，即

$$\Delta_{ae} = -A_3\left(\frac{2x_1}{3}\right) = -\frac{Pbx_1^3}{3LEI}$$

則

$$\delta_{\max} = -\Delta_{ae} = \frac{Pbx_1^3}{3LEI}$$

$$= \frac{Pb}{9\sqrt{3}LEI}(L^2-b^2)^{\frac{3}{2}} \quad (\downarrow)$$

由以上幾個例子知道，**使用力矩面積法求解相對撓度及相對旋轉角，必須畫出彎曲矩圖及 M/EI 圖，再依彎曲矩之正負號畫出大概的撓度曲線，接著由原梁幾何形狀與所繪撓度曲線選擇參考切線，解題時以撓度曲線之參考切線及幾何關係去求解，因而可以說是環環相扣，所以解題必須頭腦清楚，注意重要觀念及力矩面積法一些注意事項。**

7-6 重疊法

梁的撓度曲線方程式(7-10)式係線性微分方程式，這一事實意味著對於不同負載情況下，微分方程式的解答為個別負載微分方程式解答的線性組合。因此，在各種不同負載同時作用下時，梁的撓度(或旋轉角)可以由個別負載分別作用時所產生的撓度(或旋轉角)，重疊加在一起而得。

前面的章節，我們已使用重疊法求桿件伸長量，偏心負載的應力等，**這說明此重疊法必須有一參考狀態，即在未變形狀態，這樣我們才能了解承受負載作用後，物體產生的變形(伸長或縮短)，及應力是拉應力或壓應力。因此本節使用重疊法去求梁的旋轉角及撓度，必須先知道大概的撓度曲線，這樣才有辦法確定旋轉角及撓度值是正或負值。**我們取撓度向下為正，而向上為負；旋轉角(或斜率)是取順時鐘為正(由水平軸開始量度)，以逆時鐘為負。最後再將個別負載所產生的旋轉角及撓度重疊相加(對梁上同一點而言)求其代數和。

重疊法特別適用於當梁的總負載可以細分為各已知撓度的負載情況。**應用重疊法求撓度及旋轉角時，只有在梁的材料遵守虎克定律且梁的撓度很小，此方法才可適用。撓度很小這個必要條件，是確保撓度曲線之微分方程式是線性的，且確保其負載及反力的作用線，不會因彼此的作用使原有作用位置改變到其他位置。**

使用重疊法求梁的撓度及旋轉角，我們必須求出每一負載單獨作用在梁上這些量的大小及正確方向，而這些量的大小及方向，可用積分法或查附錄7，以及使用力矩面積法(這種方法是使用重疊法及力矩面積法，個別負載求彎曲矩圖)。分別計算梁的撓度或斜率，再重疊加在一起，即得梁承受負載的撓度或斜率。

● **例題 7-9** 一懸臂梁上，有一部份跨距承受均勻強度q的均佈負載，且自由端承受一集中負載作用，試求自由端B的撓度δ_b(如圖 7-12(a)所示)。

解 自由端B撓度δ_b，可以利用附錄 7-1 的情況 2 及 4，分別求出集中負載及均佈負載在自由端的撓度即δ_F與δ_q，再相加得

$$\delta_b = \delta_F + \delta_q = \frac{FL^3}{3EI} + \frac{qa^3(4L-a)}{24EI}$$

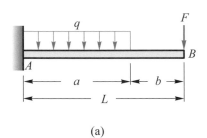

(a)

 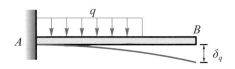

(b)

圖 7-12

● **例題 7-10** 試求圖 7-13(a)內所示的結構，在鉸接處B的撓度δ_b，注意此結構由兩部份所組成(1)一梁AB，在A處簡支，與(2)一懸臂梁BC，C處固定。此二根梁在B處由一插銷所連接。

解 取AB梁爲一自由體，利用靜力平衡求出A、B兩端的反作用力分別爲$F/3$及$2F/3$(圖(b))，兩者都是向上。由於作用與反作用力的關係，則在鉸接處B，必存在$2F/3$的向下作用力(圖(c))。因而懸臂梁承受一個均佈負載強度q及自由端有一個$2F/3$集中負載作用(圖(d))。此懸臂梁端的撓度，即爲鉸接處的撓度，由附錄 7-1 中的情況 1 與 4 查得

$$\delta_b = \delta_1 + \delta_2$$

即

$$\delta_b = \frac{qb^4}{8EI} + \frac{2Fb^4}{9EI} \quad (\downarrow)$$

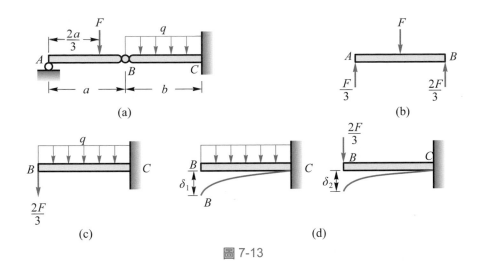

圖 7-13

● **例題 7-11** 試求出圖 7-14(a)中，D點的旋轉角及撓度，其中$EI = 110$ MN · m²。

解 梁上任意點的旋轉角和撓度，可以由集中負載和均佈負載所造成的旋轉角和
撓度，使用重疊法相加而求得(圖 7-14(b))。

集中負載查附錄 7-2 情況 5 得

$$v' = \frac{Pb}{6LEI}(L^2 - b^2 - 3x^2)$$

$$v = \frac{Pbx}{6LEI}(L^2 - b^2 - x^2)$$

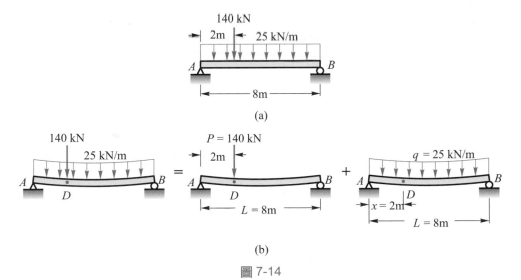

圖 7-14

其中$L = 8$ m，$b = 6$ m，則

$(\delta_d)_p = v(2)$

$\qquad = \dfrac{(140 \times 10^3 \text{ N})(6 \text{ m})(2 \text{ m})}{(6)(8 \text{ m})(110 \times 10^6 \text{ N} \cdot \text{m}^2)}(8^2 - 6^2 - 2^2) \text{ m}^2$

$\qquad = 7.6$ mm $\quad (\downarrow)$

$(\theta_d)_p = v'(2)$

$\qquad = \dfrac{(140 \times 10^3 \text{ N})(6 \text{ m})}{(6)(8 \text{ m})(110 \times 10^6 \text{ N} \cdot \text{m}^2)}(8^2 - 6^2 - 3 \times 2^2) \text{ m}^2$

$\qquad = 2.54 \times 10^{-3}$ rad $(\searagle) = 0.15°$ $(\searagle)$

對均佈負載，查附錄 7-2 情況 1 得

$v' = \dfrac{q}{24EI}(L^3 - 6Lx^2 + 4x^3)$

$v = \dfrac{qx}{24EI}(L^3 - 2Lx^2 + x^3)$

其中$q = 25$ kN/m，則

$(\delta_d)_q = v(2)$

$\qquad = \dfrac{(25 \times 10^3 \text{ N})(2 \text{ m})}{24(110 \times 10^6 \text{ N} \cdot \text{m}^2)}(8^3 - 2 \times 8 \times 2^2 + 2^3) \text{ m}^3 = 8.6$ mm$(\downarrow)$

$(\theta_d)_q = v'(2)$

$\qquad = \dfrac{(25 \times 10^3 \text{ N})}{24(110 \times 10^6 \text{ N} \cdot \text{m}^2)}(8^3 - 6 \times 8 \times 2^2 + 4 \times 2^3) \text{ m}^3$

$\qquad = 3.33 \times 10^{-3}$ rad $(\searagle) = 0.19°$ $(\searagle)$

因此梁之D點撓度與旋轉角分別為

$\delta_d = (\delta_d)_p + (\delta_d)_q = 7.6$ mm $+ 7.60$ mm $= 15.2$ mm $(\downarrow)$

$\theta_d = (\theta_d)_p + (\theta_d)_q$

$\qquad = 2.54 \times 10^{-3}$ rad $+ 3.33 \times 10^{-3}$ rad

$\qquad = 5.87 \times 10^{-3}$ rad $(\searagle) = 0.34°$ $(\searagle)$

● **例題 7-12** 如圖 7-15(a)所示的懸臂梁,求出在B點的旋轉角與撓度。

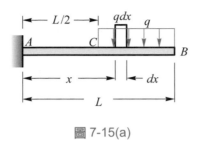

圖 7-15(a)

解 (方法一)將均佈負載的一個元素當做一個集中負載來考慮,其作用處是距支承A為x距離,負載大小為$p = q\,dx$,此負載將在自由端產生一撓度$d\delta$及旋轉角$d\theta$,從附錄 7-1 情況 5,查得

$$d\delta = \frac{(q\,dx)x^2(3L-x)}{6EI}$$

$$d\theta = \frac{q\,dx(x^2)}{2EI}$$

上兩式積分而得(利用整體梁的變形是微小段梁變形的疊加)

$$\delta_b = \int d\delta = \frac{q}{6EI}\int_{L/2}^{L}x^2(3L-x)dx$$

$$= \frac{41qL^4}{384EI} \quad (\downarrow)$$

$$\theta_b = \int d\theta = \frac{q}{2EI}\int_{L/2}^{L}x^2\,dx = \frac{7qL^3}{48EI} \quad (\searrow)$$

積分上下限是$L/2$至L,因在此段才有負載作用。

(方法二)直接查附錄 7-1 情況 3 得

$$v = \frac{q}{24EI}(x^4 - 4Lx^3 + 6L^2x^2 - 4a^3x + a^4)$$

$$v' = \frac{q}{6EI}(x^3 - 3Lx^2 + 3L^2x - a^3)$$

將$a = b = L/2$及$x = L$代入得

$$\delta_b = v(L) = \frac{q}{24EI}\left[L^4 - 4L^4 + 6L^4 - 4\left(\frac{L}{2}\right)^3 L + \left(\frac{L}{4}\right)^4\right]$$

$$= \frac{41qL^4}{384EI}$$

$$\theta_b = v'(L) = \frac{q}{6EI}\left[L^3 - 3L^3 + 3L^3 - \left(\frac{L}{2}\right)^2\right]$$

$$= \frac{7qL^3}{48EI}$$

(方法三)已知負載可由圖 7-15(b)的負載重疊相加。

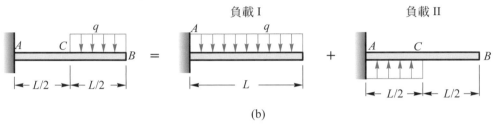

(b)

圖 7-15　(續)

對於負載 I 和 II，可以由附錄求出B點的撓度及旋轉角，再相加(圖 7-15(c))。

負載 I (附錄 7-1 情況 1)

$$(\theta_b)_{\text{I}} = \frac{qL^3}{6EI} \quad (\delta_b)_{\text{I}} = \frac{qL^4}{8EI}$$

負載 II (附錄 7-1 情況 2，但負載方向相反)在C點旋轉角及撓度

$$(\theta_c)_{\text{II}} = -\frac{q\left(\frac{L}{2}\right)^3}{6EI} = -\frac{qL^3}{48EI}$$

$$(\delta_c)_{\text{II}} = -\frac{q\left(\frac{L}{2}\right)^4}{8EI} = -\frac{qL^4}{128EI}$$

但在CB段，負載 II 的彎曲矩為零，則撓度曲線為一直線，故

$$(\theta_b)_{\text{II}} = (\theta_c)_{\text{II}} = -\frac{qL^3}{48EI}$$

$$(\delta_b)_{\text{II}} = (\delta_c)_{\text{II}} + (\theta_c)_{\text{II}}\left(\frac{L}{2}\right) = -\frac{7qL^4}{384EI}$$

所以自由端的旋轉角及撓度為

$$\theta_b = (\theta_b)_{\text{I}} + (\theta_b)_{\text{II}}$$

$$= \frac{qL^3}{6EI} - \frac{qL^3}{48EI} = \frac{7qL^3}{48EI} \quad (\,\diagdown\,)$$

$$\delta_b = (\delta_b)_{\text{I}} + (\delta_b)_{\text{II}} = \frac{41qL^4}{384EI} \quad (\downarrow)$$

● **例題 7-13** 稜柱形懸臂梁AB承受負載如圖 7-16(a)所示，求B端的旋轉角與撓度。此梁的抗撓剛度$EI = 10 \text{ MN} \cdot \text{m}^2$。

解 由於此梁有兩個負載同時作用，在此我們不用第四章的作圖原則去畫出彎曲矩圖，而直接先使用重疊法，再分別畫出各負載的彎曲矩圖(圖 7-16(b))和大概的撓度曲線圖(圖 7-16(c))，再結合力矩面積求解。

要注意由於個別負載造成彎曲矩有正有負，合成相加時，剛開始$M < 0$，然後再變成$M > 0$，因此大概的撓度曲線如圖(c)所示。

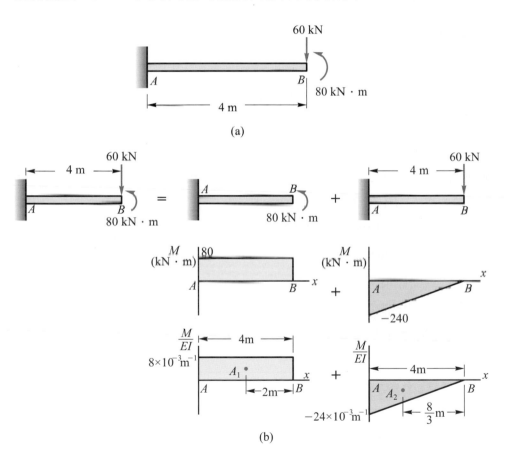

(a)

(b)

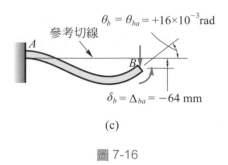

$$\theta_b = \theta_{ba} = +16\times10^{-3}\text{rad}$$

參考切線

A

B

$$\delta_b = \Delta_{ba} = -64 \text{ mm}$$

(c)

圖 7-16

因為A點為固定端,故取A點的切線為參考切線(即為水平線),即$\theta_a = 0$,而

$$\theta_{ba} = \theta_b - \theta_a = \theta_b$$

使用力矩面積第一定理得

$$\theta_b = \theta_{ba} = -(A_1 + A_2)$$

$$= -\left[(8\times10^{-3}\text{ m}^{-1})(4\text{ m}) - \frac{1}{2}(24\times10^{-3}\text{ m}^{-1})(4\text{ m})\right]$$

$$= 16\times10^{-3}\text{ rad}$$

即　$\theta_b = 16\times10^{-3}\text{ rad}$　(⟍) $= 0.92°$ (⟍)

使用力矩面積第二定理去求得Δ_{ba} (M/EI面積對B點之一次矩的負值),即

$$\Delta_{ba} = -[A_1(2.67\text{ m}) + A_2(2\text{ m})]$$

$$= -[(-48\times10^{-3})(2.67\text{ m}) + (32\times10^{-3})(2\text{ m})]$$

$$= 128\text{ mm} - 64\text{ mm}$$

$$= 64\text{ mm}$$

但A點參考切線為水平,則B點撓度等於Δ_{ba},即

$$\delta_b = \Delta_{ba} = 64\text{ mm}　(\downarrow)$$

7 -7　彎曲的應變能

　　應變能在前面我們曾應用到受軸向負載及扭力矩的桿件,現在我們要將此觀念應用到受彎曲的梁,在此僅考慮梁在彈性限內,即材料行為能滿足虎克定律及撓度、斜率均很小。

　　我們考慮一梁受一集中力矩M_0時(圖 7-17(a)),亦即梁承受純彎矩$M(=M_0)$作用,則此撓度曲線上每一點的曲率均為一樣,$\kappa = -M/EI$(見(7-5)式)。此角度θ可用L/ρ代之，L爲梁的長度，ρ爲曲率半徑，若僅考慮其絕對值，我們可得：

$$\frac{1}{\rho} = \frac{M}{EI} = \frac{\theta}{L} \quad \text{或} \quad \theta = \frac{ML}{EI} \tag{7-16}$$

彎曲矩M及角度θ其線性的關係性如圖 7-17(b)的OA線所示。當彎曲矩從零增加至最大值M，則在OA線下面的面積即爲彎曲矩所作的功(圖 7-17(b))陰影的面積，此項功等於儲存於梁內的應變能，其值爲：

$$U = W = \frac{M\theta}{2} \tag{7-17}$$

此式與一受軸向負載及扭力矩的應變能方程式(2-18)式及(3-30)式形式相似。

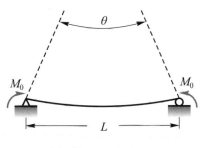

(a) 受集中力矩的梁

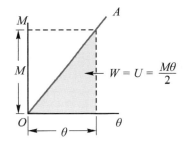

(b) 表示力矩與旋轉角成直線關係之圖示

圖 7-17

將(7-16)式及(7-17)式合併，即可將儲存於一根受純彎梁的應變能表示如下：

$$U = \frac{M^2 L}{2EI} \quad U = \frac{EI\theta^2}{2L} \tag{7-18a，b}$$

上述應變能的第一式子是以M表示，而第二式子則以θ表示，這些式子與軸向負載及扭力矩的應變能形式相似(見(2-19)式及(3-28)式)。

若梁所承受的彎曲矩是沿著梁而變化，則我們取一元素，其長度爲dx，承受彎曲矩M(圖 7-18)，注意$d\theta$是此元素兩邊的夾角，由(7-6)式得

$$d\theta = \frac{d^2 v}{dx^2} dx = \frac{Mdx}{EI}$$

在此我們僅考慮其絕對值，因此儲存在此元素的應變能(由(7-18 式))爲

$$dU = \frac{M^2 dx}{2EI} \quad 或 \quad dU = \frac{EI}{2}\left(\frac{d^2 v}{dx^2}\right)^2 dx$$

積分此式子，我們可得儲存於此梁的總能量爲下列的形式：

$$U = \int \frac{M^2 dx}{2EI} \tag{7-19a}$$

$$U = \int \frac{EI}{2}\left(\frac{d^2 v}{dx^2}\right)^2 dx \tag{7-19b}$$

此積分式爲對梁的全長積分。**當彎曲矩M爲已知時，使用第一個方程式；當撓度v爲已知時，使用第二個方程式。**

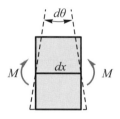

圖 7-18　梁的元素

　　(7-19)式的應變能公式僅考慮梁受彎曲矩作用的影響，另外由剪力造成的應變能，在 7-8 節再介紹。**不過，一般梁的長度比其深度大很多(如$L/h > 5$)，則剪力造成的應變能與彎曲矩造成的應變能相比**，其值太小可以忽略。

　　在結構分析及受動力或衝擊負載的結構設計中，應變能觀念擔任很重要的角色，一些較重要能量法在結構學中探討。本節祇舉數個例題說明如何計算梁儲存的應變能，以及使用應變能觀念求負載處的撓度(**此方法只在結構中僅受單一負載且在求負載處撓度才可以用**)。

● **例題 7-14**　一懸臂梁長爲L，受一集中負載P作用於自由端(如圖 7-19 所示)，試求儲存梁的應變能及梁端點之撓度δ_b。

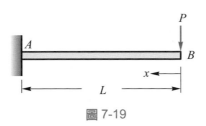

圖 7-19

解 首先求出梁任一橫斷面的彎曲矩 $M = -Px$，其中 x 由自由端為原點至任一橫斷面位置的距離，由(7-19(a))式得

$$U = \int \frac{M^2}{2EI} dx = \int_0^L \frac{(-Px)^2 dx}{2EI} = \frac{P^2 L^3}{6EI}$$

由於在負載 P 的作用下，我們可利用所作的功等於應變能，而求撓度

$$\frac{P\delta_b}{2} = \frac{P^2 L^2}{6EI}$$

故　　$\delta_b = \frac{PL^3}{3EI}$（↓）

● **例題 7-15** 一懸臂梁長為 L，其自由端受一力偶 M_0 的作用，試求此梁的應變能 U 及自由端的旋轉角 θ_b（如圖 7-20 所示）。

解 因為梁上任一橫斷面承受的彎曲矩是常數，由(7-19(a))式得

$$U = \int \frac{M^2 dx}{2EI} = \int_0^L \frac{(-M_0)^2 dx}{2EI} = \frac{M_0^2 L}{2EI}$$

而力偶 M_0 所作的功為 $M_0 \theta_b / 2$，則

$$\frac{M_0 \theta_b}{2} = \frac{M_0^2 L}{2EI}$$

故　　$\theta_b = \frac{M_0 L}{EI}$（↙）

旋轉角與彎曲矩有同樣的指向，對此梁為順時鐘旋轉。

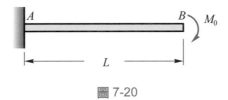

圖 7-20

● **例題 7-16** 一懸臂梁承受一集中負載P及一力偶M_0(如圖 7-21 所示)，試求此梁應變能U。

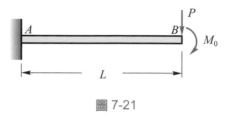

圖 7-21

(解) 首先求出梁上任一橫斷面的彎曲矩

$$M = -Px - M_0$$

x是從自由端開始量起，由(7-19(a))式得

$$U = \int \frac{M^2 dx}{2EI} = \frac{1}{2EI} \int_0^L (-Px - M_0)^2 dx$$
$$= \frac{P^2 L^3}{6EI} + \frac{PM_0 L^2}{2EI} + \frac{M_0^2 L}{2EI}$$

● **例題 7-17** 一簡支梁受均佈負載強度q作用，其撓度曲線的方程式為
$v = \frac{qx}{24EI}(L^3 - 2Lx^2 + x^3)$，如圖 7-22 所示。

試以附錄 7 中表 7-2 情況 1，使用此表示式，求儲存於梁中的應變能。

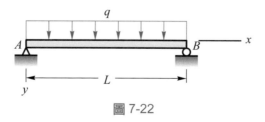

圖 7-22

(解) 由於梁的撓度曲線方程式為已知，故可用(7-19(b))式求出應變能。而其dv/dx及d^2v/dx^2分別為

$$\frac{dv}{dx} = \frac{q}{24EI}(L^3 - 6Lx^2 + 4x^3)$$

$$\frac{d^2v}{dx^2} = -\frac{qx}{2EI}(L-x)$$

將上面式子代入(7-19(b))式得

$$U = \int \frac{EI}{2}\left(\frac{d^2v}{dx^2}\right)^2 dx = \frac{EI}{2}\int_0^L \left[-\frac{qx}{2EI}(L-x)\right]^2 dx = \frac{q^2L^5}{240EI}$$

7 -8　剪應力之效應

在本章前部分中求撓度時，僅考慮純彎曲變形，**而由第五章知梁承受橫向負載時，將產生剪應力，由虎克定律知，它伴隨引起剪應變變形。然而剪應力分佈並非是均勻分佈；且和橫截面形狀有關。**

僅由剪力產生梁撓度曲線的斜率大約等於中性軸之剪應變(圖 7-23)。因此，僅由剪力所產生的撓度，以v_s表示，可求得斜率方程式為

$$\frac{dv_s}{dx} = \gamma_c = \frac{\alpha_s V}{GA} \tag{7-20}$$

其中V/A為剪力除以梁剖面面積之平均剪應力，α_s表示數值因數(或剪力係數)，$\alpha_s V/A$即為剖面形心處的剪應力，G表示剪力彈性模數。對於矩形剖面$\alpha_s = 3/2$，圓形剖面$\alpha_s = 4/3$，對於 I 形梁α_s大約等於A/A_w，A_w表示梁腹板面積，而GA/α_s稱為梁的剪力剛度(shearing rigidity)。

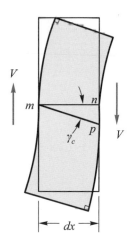

圖 7-23　梁之剪力變形

當梁上有一連續分佈負載q作用，剪力V乃是一連續函數，此連續函數可對x微分，則僅由剪力單獨產生的曲率為

$$\frac{d^2v_s}{dx^2} = \frac{\alpha_s}{GA}\frac{dV}{dx} = -\frac{\alpha_s q}{GA}$$ (7-21)

然而梁的總撓度v等於彎曲撓度v_b和剪力撓度v_s之和，則$v = v_b + v_s$，故總曲率為

$$\frac{d^2v}{dx^2} = \frac{d^2v_b}{dx^2} + \frac{d^2v_s}{dx^2} = -\frac{M}{EI} - \frac{\alpha_s q}{GA}$$ (7-22)

此微分方程式表示剪力效應列入考慮的撓度微分方程式，若連續積分可求得梁的撓度。其積分常數，可由梁的邊界及連續條件求得。

● **例題 7-18** 試求一承受均勻負載q(如圖 7-24 所示)的簡支梁，由彎曲矩及剪力所產生的撓度曲線方程式與中點的撓度。

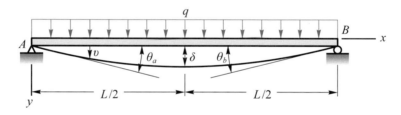

圖 7-24　均佈負載簡支梁之撓度

(解) 首先使用梁受到彎曲矩及剪力作用的曲率方程式，即由(7-22)式及$M = (q/2)(xL - x^2)$得

$$\frac{d^2v}{dx^2} = \frac{-q}{2EI}(xL - x^2) - \frac{\alpha_s q}{GA}$$

經兩次積分得撓度曲線方程式

$$v = \frac{q}{24EI}(x^4 - 2x^3L) - \frac{\alpha_s q}{2GA}x^2 + C_1 x + C_2$$

積分常數由邊界條件求得

① B.C.　$v(0) = 0$；得$C_2 = 0$

② B.C.　$v(L) = 0$；得$C_1 = \frac{qL^3}{24EI} + \frac{\alpha_s qL}{2GA}$

故得撓度曲線方程式

$$v = \frac{qL^4}{24EI}\left(\frac{x}{L}\right)\left(\frac{x^3}{L^3} - 2\frac{x^2}{L^2} + 1\right) + \frac{\alpha_s qL^2}{2GA}\left(\frac{x}{L}\right)\left(1 - \frac{x}{L}\right)$$

上式右邊第一項乃是彎曲矩所引起的撓度，第二項是由剪力變形所產生的額外撓度。

梁之中點處$(x = L/2)$的撓度為

$$\delta_c = v\left(\frac{L}{2}\right) = \frac{5qL^4}{384EI} + \frac{\alpha_s qL^2}{8GA}$$

$$= \frac{5qL^4}{384EI}\left(1 + \frac{48\alpha_s EI}{5GAL^2}\right)$$

上式的最後一項，是剪力效應所引起的。

-9 梁的剛性條件及各種求梁變形方法的比較

研究梁的變形有以下兩個目的：

第一：　在設計梁時，除了要滿足強度條件以保證安全外，還要滿足梁的剛性條件以保證梁的正常工作。

剛性條件是要求梁的最大撓度和最大旋轉角(或傾斜角)或某些特定截面處的撓度或旋轉角，不超過某一限度，這樣剛性條件可寫成。

$$|v|_{max} \le \delta_{allow} \tag{7-23}$$

$$|\theta|_{max} \le \theta_{allow} \tag{7-24}$$

其中δ_{allow}和θ_{allow}分別是梁的容許撓度和容許旋轉角。

第二：　梁的變形計算，它是靜不定梁的基礎。對於靜不定梁(下一章內容)，只用靜力平衡條件是不能解其支承反力或內力，必須選擇適當贅力配合梁的變形條件建立補充條件，來求解靜不定梁。

計算梁的變形，本章中介紹有積分法、力矩面積法及重疊法這三種方法，現列出各種方法的優缺點。

積分法求梁的變形是一個基本方法，它可以求出梁的整個撓曲曲線。但比較麻煩的是當梁上負載不連續，就需要分段寫彎曲矩、剪力或負載方程式。分段愈多，則出現的積分常數也愈多，要配合邊界條件及連續條件，可能要解聯立方程式，因此工程上較少採用。

　　力矩面積法是求梁上某一特定點的位移較方便，但缺點是要選擇適當參考切線，畫出大概撓曲曲線，配合幾何及M/EI的面積與形心位置去解題(有半圖解意義)，若這些有關鍵的量很難求，此種方法就較麻煩。若負載數目較多，可用重疊法求出個別M/EI圖，配合力矩面積法求個別負載下的位移，再疊加求出整個位移。

　　重疊法是在梁材料是線彈性材料(滿足虎克定律)，且梁的撓度很小才可適用，它可求出梁的撓曲曲線或某一點的撓度，它是工程上廣泛採用的查表疊加的方法，但有時要作適當的變換，靈活運用已知的表格，但要注意疊加要在同一基準上及同一點上疊加位移，並注意位移(撓度和旋轉角)的正負號。

重點整理

1. 梁承受純彎曲矩作用，是由幾何方法求得撓度曲線方面的關係式

$$|\kappa| = \frac{1}{\rho} \ , \ \frac{d\theta}{dx} = \frac{d^2v}{dx^2} = -\frac{M}{EI}$$

　　它可適合各種材料的梁；但其旋轉角θ很小才可以。由曲率與彎曲矩符號規定，經由彎曲矩正負號可畫出梁彎曲的趨勢(EI值影響撓度大小，不改變彎曲方向)。

2. 由於$q = -\dfrac{dV}{dx}$及$V = dM/dx$，我們可得

$$EIv'' = -M \quad EIv''' = -V \quad EIv'''' = q$$

　　此等方程式僅適用於符合虎克定律之材料，且撓度曲線之斜率須很小，方程式導出僅考慮由純彎曲的變形。同時注意q、M、V、x、y及θ之正負號規定。

3. 梁支承的邊界條件一般有下列幾種情況

   (1) 固定端：$v = 0$(撓度為零)，$v' = 0$(斜率為零)。

   (2) 簡支端：$v = 0$(撓度為零)，$v'' = 0$(彎曲矩為零)。

   (3) 自由端：$v'' = 0$(彎曲矩為零)，$v''' = 0$(剪力為零)。

4. 選擇最容易表示的彎曲矩、剪力或負載微分方程式，以及邊界條件與連續條件，去求解梁的問題。

5. 力矩面積第一定理：撓度曲線A與B兩點切線的夾角θ_{ba}等於彎曲矩圖內介於該兩點的面積除以EI的負值。

6. 力矩面積第二定理：撓度曲線上B點距A點切線的垂直變化等於M/EI圖形中介於A與B點間的面積對B的面積一次矩的負值。

7. 力矩面積法求解梁的旋轉角及撓度時，首先要求出M/EI圖形，畫出大概的撓度曲線，取適當點的切線為參考切線。懸臂梁以固定端，承受對稱的負載之簡支梁之中點切線為參考切線。若採用力矩面積第二定理，其形心距是M/EI圖形之形心至非參考點的距離。

8. 在力矩面積法中，取y軸向下為正，而相對旋轉角θ_{ba}是表A點切線旋轉至B點切線的角度，以順時鐘為正，反之為負。相對撓度Δ_{ba}表A點切線至B點的垂直距離，和y軸同向為正，反向為負。

9. 單獨剪力產生的撓度v_s之微分方程式

$$\frac{d^2 v_s}{dx^2} = -\frac{\alpha_s q}{GA}$$

即剪力與彎曲矩產生的總撓度v是剪力撓度v_s及彎曲撓度v_b之和，即$v = v_b + v_s$，總曲率為

$$\frac{d^2 v}{dx^2} = \frac{d^2 v_b}{dx^2} + \frac{d^2 v_s}{dx^2} = -\frac{M}{EI} - \frac{\alpha_s q}{GA}$$

其中σ_s為剪力係數。

　　可經由上述兩微分方程式求得剪力撓度v_s或總撓度，其積分常數可由梁的邊界及連續條件求得。

10. 研究梁的變形目的有二：其一是在設計梁時，除了要滿足強度條件以保證安全外，還要滿足梁的剛性條件以保證梁的正常工作。另一是梁的變形計算，它是靜不定梁的基礎。

11. 梁的剛性條件是要求梁的最大撓度和最大旋轉角或某些特定截面處的撓度或旋轉角，不超過某一限度，即容許撓度δ_{allow}和容許旋轉角θ_{allow}。

$$|(v)|_{\max} \leq \delta_{\text{allow}}$$
$$|(\theta)|_{\max} \leq \theta_{\text{allow}}$$

12. 工程上常用重疊法配合已知變形的表格，經由適當變換，互相疊加而得所求。

習 題

(A) 問答題

7-1 何謂梁的撓度？何謂梁的旋轉角？

7-2 撓度曲線(近似)微分方程式是如何建立的？該方程式的應用條件是什麼？

7-3 用積分法求梁的變形，如何確定積分常數？邊界條件和連續條件的意義是什麼？

7-4 如何繪製大概的撓度曲線？

7-5 力矩面積法為何要畫大概的撓度曲線？

7-6 為什麼可以用重疊(疊加)法求變形？

7-7 用重疊法求變形必須滿足什麼條件？

7-8 抗撓剛度EI之物理意義為何？

(B) 計算題

7-2.1 如圖 7-25 所示之簡支梁AB的撓度曲線方程式為：

$$v = \frac{q_0 x}{360 LEI}(7L^4 - 10L^2 x^2 + 3x^4)$$

試問梁中負載為何？

答：$q = \dfrac{q_0 x}{L}$。

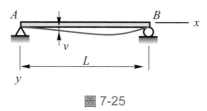

圖 7-25

7-2.2 如圖 7-25 之簡支梁AB的撓度曲線方程式為

$$v = \frac{q_0 L^4}{\pi^4 EI}\sin\frac{\pi x}{L}$$

試問梁中負載為何？

答：$q = q_0\sin\dfrac{\pi x}{L}$。

7-3.1 試求懸臂梁AB在自由端如圖7-26所示，支持一負載P的撓度曲線方程式，並求出在自由端的撓度δ_b及旋轉角θ_b。

答：$v = \dfrac{Px^2}{6EI}(3L-x)$，$\delta_b = \dfrac{PL^3}{3EI}$（↓），$\theta_b = \dfrac{PL^2}{2EI}$（╲）。

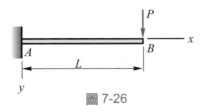

圖 7-26

7-3.2 試求簡支梁在一端承受一個力偶M_0的撓度曲線方程式，如圖7-27所示。並求出最大撓度$\delta_{\max}$。

答：$v = \dfrac{M_0 x(2L^2 - 3Lx + x^2)}{6EI}$，$\delta_{\max} = \dfrac{M_0 L^2}{9\sqrt{3}EI}$。

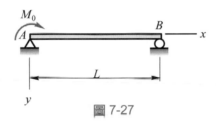

圖 7-27

7-3.3 一簡支梁AB在距其左端a距離處承受到一力偶M_0的作用，如圖7-28。試導出其撓度曲線的方程式。

答：$v_1 = \dfrac{M_0 x}{6EIL}(-x^2 + 6aL - 2L^2 - 3a^2)$ $(0 \le x \le a)$

$v_2 = \dfrac{M_0(L-x)}{6EIL}[(L-x)^2 - L^2 + 3a^2]$ $(a \le x \le L)$

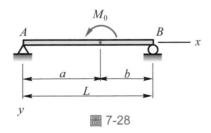

圖 7-28

7-4.1 一懸臂梁AB在跨距上之一部份承載著強度q的均佈負載，如圖7-29所示。

試定出其撓度曲線方程式。

答：$v_1 = \dfrac{qx^2}{24EI}(6a^2 - 4ax + x^2)$　$(0 \le x \le a)$

　　$v_2 = \dfrac{qa^3}{24EI}(4x - a)$　$(a \le x \le L)$

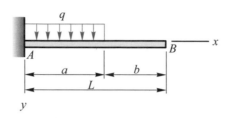

圖 7-29

7-4.2　懸臂梁AB的自由端承受一順時針方向的力偶M_0如圖 7-30 所示，試求其撓度曲線方程式自由端的撓度δ_b及旋轉角θ_b，利用撓度曲線的三階微分方程式(剪力方程式)。

答：$\delta_b = \dfrac{M_0 L^2}{2EI}$　$(\downarrow)$，$\theta_b = \dfrac{M_0 L}{EI}$　$(\searrow)$。

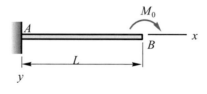

圖 7-30

7-4.3　強度q為$q_0 \cos \pi x/2L$的分佈負載作用在一懸臂梁上，其中q_0是負載的最大強度如圖 7-31 所示。試求撓度曲線方程式以及自由端的撓度δ_b，利用撓度曲線的四階微分方程式(負載方程式)。

答：$v = \dfrac{q_0 L}{3EI\pi^4}\left(48L^3\cos\dfrac{\pi x}{2L} - \pi^3 x^3 + 3\pi^2 Lx^2 - 48L^3\right)$

$\delta_b = \dfrac{q_0 L^4}{3EI\pi^4}(2\pi^3 - 48)$

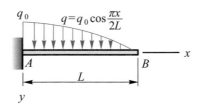

圖 7-31

7-4.4　外伸梁的外伸部份承受一強度為 q 的均佈負載，試求其撓度曲線的方程式如圖 7-32 所示。同時求出在外伸端的撓度 δ_c 及旋轉角 θ_c 的公式。

答：$v = -\dfrac{qLx}{48EI}(L^2 - x^2)$　$(0 \le x \le L)$

$v = \dfrac{q}{48EI}(L-x)(7L^3 - 17L^2 x + 10Lx^2 - 2x^3)$，$\left(L \le x \le \dfrac{3}{2}L\right)$

$\delta_c = \dfrac{11qL^4}{384EI}$（↓），$\theta_c = \dfrac{qL^3}{16EI}$（◹）。

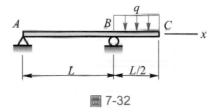

圖 7-32

7-5.1～7-5.6　用力矩面積法解之。所有的梁均視為有定值的抗撓剛度 EI。

7-5.1　如圖 7-33 所示之懸臂梁 AB 的自由端承受到集中負載 P 及力偶 M_0，試求在端點 B 的旋轉角 θ_b 及撓度 δ_b。

答：$\theta_b = \dfrac{PL^2}{2EI} - \dfrac{M_0 L}{EI}$，$\delta_b = \dfrac{PL^3}{3EI} - \dfrac{M_0 L^2}{2EI}$。

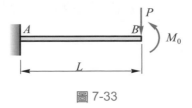

圖 7-33

7-5.2　如圖 7-34 所示之懸臂梁 AB，其中間 $L/3$ 承受一均佈負載，試求其自由端的旋轉角 θ_b 及撓度 δ_b。

答：$\theta_b = \dfrac{7qL^3}{162EI}$ （　），$\delta_b = \dfrac{23qL^4}{648EI}$ （↓）。

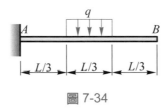

圖 7-34

7-5.3　如圖 7-35 所示，懸臂梁 AB 支持二個集中負載。試計算在 B 與 C 的撓度 δ_b 及 δ_c。假設 $P_1 = 12$ kN，$P_2 = 6$ kN，$L = 2.4$ m，$E = 200$ GPa，$I = 24 \times 10^6$ mm^4。

答：$\delta_b = 9.36$ mm （↓），$\delta_c = 3.24$ mm （↓）。

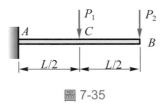

圖 7-35

7-5.4　試求出圖 7-36 中懸臂梁的 B 及 C 的撓度 δ_b 及 δ_c。假設 $M_0 = 5$ kN · m，$P = 18$ kN，$L = 2.5$ m，$EI = 6.5$ MN · m^2。

答：$\delta_b = 12.6$ mm （↓），$\delta_c = 3.9$ mm （↓）。

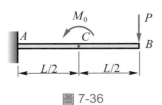

圖 7-36

7-5.5 簡支梁AB在圖 7-37 所示的位置受二個集中負載P。在施加負載之前，在梁的中點之下放置一個離梁d距離支撐C。假設d= 15 mm，L= 8 m，E= 200 GPa，I= 180×10^6 mm^4，試求出可令此梁剛好接觸到C的支點之P力大小。

答：P= 36.8 kN。

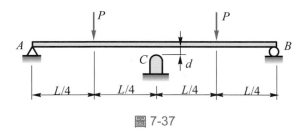

圖 7-37

7-5.6 試求出圖 7-38 所示梁ABC在外伸端點的撓度δ_c。

答：$\delta_c = \dfrac{Pa^2(L + a)}{3EI}$（↓）。

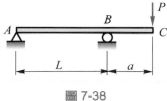

圖 7-38

7-6.1～7-6.6 用重疊法解之

7-6.1 如圖 7-39 之懸臂梁AB受二集中負載P。試求出自由端的撓度δ_b。

答：$\delta_b = \dfrac{2PL^3}{9EI}$（↓）。

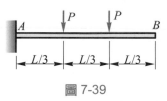

圖 7-39

7-6.2 圖 7-40 所示懸臂梁AB有一個接在其自由端的架子BCD。P作用在架子端部。(a)欲使B點的垂直撓度為零，則比值a/L為何？(b)欲使在B點的斜率為零，則a/L比值為何？

答：(a)$\dfrac{a}{L} = \dfrac{2}{3}$，(b)$\dfrac{a}{L} = \dfrac{1}{2}$。

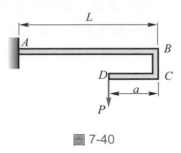

圖 7-40

7-6.3　求解習題 7-5.2(懸臂梁的中央 1/3 處承受到均佈負載)。

7-6.4　求解習題 7-5.3(懸臂梁受二集中負載)。

7-6.5　求解習題 7-5.4(懸臂梁的中點承受到 M_0，自由端承受到集中負載 P)。

7-6.6　一根外伸梁，在其一端外伸之部份承受負載如圖 7-41 所示，求外伸部份之端點撓度 δ_c。

答：$\delta_c = \dfrac{qa}{24EI}(3a^3 + 4a^2L - L^3)$　($\downarrow$)。

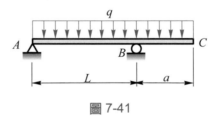

圖 7-41

7-7.1　試求出儲存在中點承受一集中 P 的簡支梁中的應變能 U(如圖 7-42 所示)，及中點處的撓度。

答：$U = \dfrac{P^2L^3}{96EI}$，$\delta = \dfrac{PL^3}{48EI}$　($\downarrow$)。

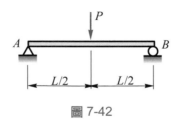

圖 7-42

7-7.2　簡支梁的外伸自由端承載一負載如圖 7-43 所示。求出梁中應變能 U。

答：$U = \dfrac{P^2 a^2 (L + a)}{6EI}$。

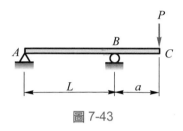

圖 7-43

7-7.3　如圖 7-44 所示，簡支梁在中點支持一集中負載 P，另一端支持一力偶 M_0。
試求出存在梁中的應變能 U。

答：$U = \dfrac{M_0^2 L}{6EI} + \dfrac{P M_0 L^2}{16EI} + \dfrac{P^2 L^3}{86EI}$。

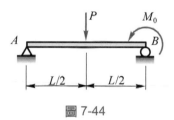

圖 7-44

7-8.1　一矩形剖面之懸臂梁，長度為 L，承受一均佈負載 q(左端是固定)，試求此
梁由於剪力在自由端所產生的最大撓度。

答：$\delta_v = \dfrac{3qL^2}{4GA}$ （↓）。

7-8.2　一矩形剖面(寬為 b，高為 h)之簡支梁，跨距為 L，在中點承受一集中負載
P，試求此梁由剪力及彎矩所產生的總最大撓度。($E/G = 2.5$)

答：$\delta_{max} = \dfrac{PL^3}{48EI}\left[3.75\left(\dfrac{h}{L}\right)^2 + 1 \right]$ （↓）。

8 靜不定梁

研讀項目

1. 要了解靜定梁及靜不定梁的區別，同時要知道靜不定梁之靜不定度。求解靜定梁問題，祇用到靜力學平衡方程式，而解靜不定梁問題要平衡方程式同時加上幾何變形條件。

2. 利用積分法解靜不定梁，首先選擇適當贅力，再依靜定梁中積分法解之。

3. 熟悉積分法解靜不定問題的二種方法，其中一種沒有選擇贅力，另外一種方法選擇贅力去解。

4. 靜不定梁依其靜不定度，選擇適當贅力，此時贅力看成釋放結構的外力，再利用力矩面積法或重疊法去解之。

6. 靜不定梁求解時，以未知反力當作贅力，但此贅力移去時，結構必須是靜態穩定，同時要了解贅力作用點的變形條件給我們什麼訊息(是撓度或旋轉角等)。

6. 梁有三個支承以上稱為連續梁，依力矩面積法及重疊法導出三彎曲矩公式，了解公式的推導及符號意義，同時熟記表 8-1。

7. 梁承受彎曲變形，因有滾子支承無法阻止水平移動，導致產生水平位移Δ，了解水平位移Δ的推導過程。

8 -1　前言

　　前章中，我們只探討靜定梁，僅藉著靜力平衡方程式，即可求得梁的反作用力，然後求出彎曲矩及剪力，進而求得應力及撓度，此時反力數目等於平衡方程式的數目。而梁之反力數目超過靜力平衡方程式的數目，即所謂的靜不定(statically indeterminate)梁。若僅依靜力學理論並不能解得支承反力，必須要考慮梁的撓度，得出幾何相容方程式，以補靜力學方程式的不足。此種方法曾經在軸向負載及扭力矩作用的構件等靜不定問題中已研討過。

　　一般工程上構件常需要使用較靜定梁為多的支承，增加支承數目可增加梁的剛性(即減少梁的撓度)，且可降低最大彎曲矩，使梁達到更經濟的設計。

　　求解靜不定梁，首先需將贅力移去，並將移去的贅力看成靜定梁上的外力。而使靜不定梁變成一靜定梁之結構，此種留下來的靜定結構稱為釋放結構(released structure)或主結構(primary structure)。但並非任何未知反力都可以當作贅力處理；而是將贅力移去時，此結構必須是靜態穩定，因支承數目不夠而引起平衡條件的破壞，稱之為靜態不穩定(statical instability)。同時要注意移去贅力數目必須與靜不定度相同。由於靜定梁需要與原靜不定梁等效，所以兩者之變形需要相同，亦即等效靜定梁在贅力作用點之變形條件，與原靜不定梁在該贅力處相對應支承點的邊界條件必須符合，由此可得到梁變形關係方程式，再配合平衡方程式去求解。

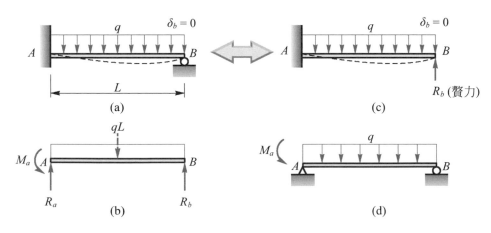

圖 8-1

　　一般取贅力有二種方法，其中以反力為贅力，此時給予我們的訊息是支承點邊界條件之撓度為零，即 $v = 0$，如圖 8-1(c)；另一種是取反力矩為贅力，此時給予我們的訊息是支承點邊界條件之斜率為零；即 $\theta = 0$(圖 8-1(d)及 8-2(d))，但不能取 R_a 為贅力，因釋放結構並非靜態穩定，圖 8-2(c)是以 R_b 及 M_b 為贅力。以下各節將介紹各種靜不定梁的方法。

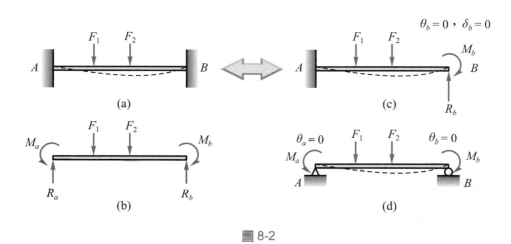

圖 8-2

● **例題 8-1** 試求下列各種靜不定梁(圖 8-3)之靜不定度。

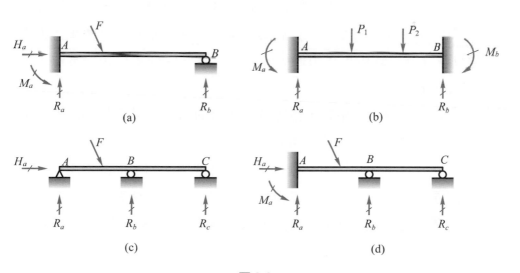

圖 8-3

靜不定度是反力數目減去平衡方程式之數目。若能求出梁的支承反力數目及
靜力平衡方程式的數目，即可求出靜不定數目。

⑴圖(a)中支承反力(直接畫在圖上)有 4 個，而此時梁負載是平面一般力系有
三個平衡方程式，故為一度靜不定。

⑵圖(b)中支承反力有 4 個，而此時梁負載是平行力系有兩個平衡方程式，故
為二度靜不定。

⑶圖(c)中支承反力有 4 個，而此時梁負載是平面一般力系有三個平衡方程
式，故為一度靜不定。

⑷圖(d)中支承反力有 5 個，而此時梁負載是平面一般力系有三個平衡方程
式，故為二度靜不定。

8 -2　積分法解靜不定梁

在前一章節中，我們利用積分法解靜定梁，係應用梁的撓度曲線的微分方程
式，不論是彎矩M的二階微分方程式或剪力V的三階微分方程式，及橫向負載強度
q的四階微分方程式，均可以用來解靜定梁問題，此時靜定梁是先用靜力平衡方程
式求出支承點的反力及反力矩，然後將這些反力與反力矩包括於彎矩，剪力或橫向
負載強度q的微分方程式中，求出通解後，再由邊界條件求得積分常數，即求出梁
的撓度曲線方程式。

現在以積分法解靜不定梁時，**首先選擇適當的贅力，並將其他反力及反力矩表
為贅力及外施負載的函數，再代入微分方程式，由邊界條件求得積分常數**，且可求
出所有支承的反力及反力矩，**另一個方法並沒有選擇贅力，而直接用撓度曲線的微
分方程式求出通解，再由邊界條件求得積分常數，且求得所有支承反力及反力矩**。
但特別注意此積分法如前面所述，僅適用於簡單負載且單一跨距的靜不定梁。

● **例題 8-2** 對於均勻梁AB(圖 8-4(a))，(1)試求在A點反力，(2)導出撓度曲線方程式，(3)求在A點的斜率。

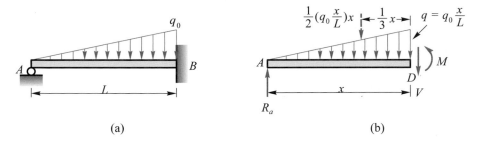

圖 8-4

解 (1)A點的反力

由圖示知此梁為一度靜不定。選擇R_a為贅力，應用圖(b)所示之自由體圖可寫出

$$\curvearrowright \ \Sigma M_D = 0 \quad R_a x - \frac{1}{2}\left(\frac{q_0 x^2}{L}\right)\frac{x}{3} - M = 0$$

$$M = R_a x - \frac{q_0 x^3}{6L}$$

則撓度曲線微分方程式為

$$EIv'' = -M = -R_a x + \frac{q_0 x^3}{6L}$$

因為抗撓剛度為常數，積分兩次為

$$EIv' = EI\theta = -\frac{1}{2}R_a x^2 + \frac{q_0 x^4}{24L} + C_1 \tag{a}$$

$$EIv = -\frac{1}{6}R_a x^3 + \frac{q_0 x^5}{120L} + C_1 x + C_2 \tag{b}$$

由邊界條件可解出積分常數(因有三個未知數C_1、C_2及R_a必要三個條件才可解出)

① B.C. $\quad v(0) = 0 \qquad C_2 = 0$ $\tag{c}$

② B.C. $\quad v'(L) = 0 \qquad -\frac{1}{2}R_a L^2 + \frac{q_0 L^3}{24} + C_1 = 0$ $\tag{d}$

③ B.C.　$v(L)=0$　　　$-\dfrac{1}{6}R_aL^3+\dfrac{q_0L^4}{120}+C_1L+C_2=0$　　　　　(e)

由(d)、(e)兩式可解得

$$R_a=\dfrac{1}{10}q_0L\quad(\uparrow)\qquad C_1=+\dfrac{1}{120}q_0L^3$$

⑵撓度曲線方程式

將R_a、C_1及C_2代入(b)式，整理得

$$v=\dfrac{q_0}{120EIL}(x^5-2L^2x^3+L^4x)\tag{f}$$

⑶A點斜率(旋轉角)

將R_a、C_1及C_2代入(a)式，整理得

$$v'=\dfrac{q_0}{120EIL}(5x^4-6L^2x^2+L^4)\tag{g}$$

以$x=0$代入(g)式得

$$\theta_a=\dfrac{q_0}{120EIL}(L^4)=\dfrac{q_0L^3}{120EI}$$

即

$$\theta_a=\dfrac{q_0L^3}{120EI}\quad(\diagdown)$$

● **例題 8-3**　如圖 8-5 所示的固定一簡支梁AB，承受一均佈負載q，試求此梁的撓度曲線方程式及兩端的反力。

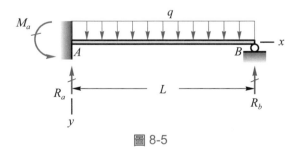

圖 8-5

解　(方法一)由負載強度q的四階微分方程式積分

$$EIv''''=q$$

$$EIv'''=-V=qx+C_1$$

$$EIv'' = -M = \frac{1}{2}qx^2 + C_1 x + C_2$$

$$EIv' = EI\theta = \frac{1}{6}qx^3 + \frac{1}{2}C_1 x^2 + C_2 x + C_3$$

$$EIv = \frac{q}{24}x^4 + \frac{1}{6}C_1 x^3 + \frac{C_2}{2}x^2 + C_3 x + C_4$$

由邊界條件，求出積分常數(因有 4 個未知數C_1、C_2、C_3及C_4，故必須要 4 個條件才可解出)

① B.C.　$v(0) = 0$ 　　　　　　　　$C_4 = 0$

② B.C.　$v'(0) = 0$ 　　　　　　　　$C_3 = 0$

③ B.C.　$EIv''(L) = -M = 0$ ；　$\frac{1}{2}qL^2 + C_1 L + C_2 = 0$ 　　　　　　(a)

④ B.C.　$v(L) = 0$ 　　　　　　　$\frac{q}{24}L^4 + \frac{1}{6}C_1 L^3 + \frac{C_2}{2}L^2 = 0$ 　　　(b)

由(a)、(b)兩式可解得

$$C_1 = -\frac{5}{8}qL \qquad\qquad C_2 = \frac{1}{8}qL^2$$

則撓度曲線微分方程式

$$v = \frac{qL^4}{48EI}\left[2\left(\frac{x}{L}\right)^4 - 5\left(\frac{x}{L}\right)^3 + 3\left(\frac{x}{L}\right) \right]$$

接著求A、B兩端之反力，

當$x = 0$時：

$$-V = -R_a = C_1 = -\frac{5}{8}qL \text{ ；得} R_a = \frac{5}{8}qL \text{ （↑）}$$

當$x = L$時：

$$-V = +R_b = qL + C_1 = qL - \frac{5}{8}qL \text{ ；得} R_b = \frac{3}{8}qL \text{ （↑）}$$

當$x = 0$時：

$$-M = +M_a = C_2 = \frac{1}{8}qL^2 \text{ ；得} M_a = \frac{qL^2}{8}qL \text{ （↺）}$$

注意前面反力方向是依圖示方向，它們的正負號是依剪力、彎曲矩符號規定。

(方法二)選擇M_a為贅力

但為了由彎曲矩微分方程式著手解決問題，必須先知道R_a值，首先由平衡方程式求出以外施負載q及贅力M_a來表示R_a值，即

$$\curvearrowleft \ \Sigma M_B = 0 \quad -R_a L + M_a + \frac{qL^2}{2} = 0$$

$$R_a = \frac{M_a}{L} + \frac{qL}{2}$$

現在距固定端 x 距離任一剖面之彎曲矩 M 為

$$M = \frac{M_a x}{L} + \frac{qLx}{2} - \frac{qx^2}{2} - M_a$$

則彎曲矩的微分方程式為

$$EIv'' = -M = \frac{qx^2}{2} + M_a - \frac{M_a x}{L} - \frac{qLx}{2}$$

積分得

$$EIv' = \frac{qx^3}{6} + M_a x - \frac{M_a x^2}{2L} - \frac{qLx^2}{4} + C_5$$

$$EIv = \frac{qx^4}{24} + \frac{M_a x^2}{2} - \frac{M_a x^3}{6L} - \frac{qLx^3}{12} + C_5 x + C_6$$

由邊界條件，求出積分常數及贅力(共有 C_5、C_6 及 M_a 這三個未知數，故需 3 個條件才可解出)。

① B.C.　$v(0) = 0$　　$C_6 = 0$

② B.C.　$v'(0) = 0$　　$C_5 = 0$

③ B.C.　$v(L) = 0$　　$\dfrac{qL^2}{24} + \dfrac{M_a L^2}{2} - \dfrac{M_a L^2}{6} - \dfrac{qL^4}{12} = 0$

得　　　　　　　　　　　$M_a = \dfrac{qL^2}{8}$　（↺）

而其撓度曲線方程式

$$v = \frac{qL^4}{48EI} \left[2\left(\frac{x}{L}\right)^2 - 5\left(\frac{x}{L}\right)^3 + 3\left(\frac{x}{L}\right) \right]$$

將 M_a 值代入 R_a 的公式中，得

$$R_a = \frac{5qL}{8}　（↑）$$

而由平衡方程式求得 R_b，

$$R_b = qL - R_a = \frac{3qL}{8}　（↑）$$

(方法三)選擇 R_b 為贅力

為了方便，我們不將固定端的反力及反力矩包括在彎曲矩的表示式內，因而取距固定端 x 距離之右邊梁為自由體圖(或改變 x 軸的取向)，由平衡方程式得

$$\curvearrowleft \ \Sigma M_x = 0 \quad M - R_b(L-x) + \frac{q(L-x)^2}{2} = 0$$

$$M = R_b(L-x) - \frac{q(L-x)^2}{2}$$

其彎曲矩微分方程式為

$$EIv'' = -M = \frac{q(L-x)^2}{2} - R_b(L-x)$$

積分得

$$EIv' = \frac{qL^2x}{2} - \frac{qLx^2}{2} + \frac{qx^3}{6} - R_bLx + \frac{R_bx^2}{2} + C_7$$

$$EIv = \frac{qL^2x^2}{4} - \frac{qLx^3}{6} + \frac{qx^4}{24} - \frac{R_bLx^2}{2} + \frac{R_bx^3}{6} + C_7x + C_8$$

由邊界條件求出積分常數及贅力(有 C_7、C_8 及 R_b 這三個未知數,故需要 3 個條件)

① B.C. $\quad v(0) = 0 \qquad C_8 = 0$

② B.C. $\quad v'(0) = 0 \qquad C_7 = 0$

③ B.C. $\quad v(L) = 0 \qquad \frac{qL^4}{4} - \frac{qL^4}{6} + \frac{qL^4}{24} - \frac{R_bL^3}{2} + \frac{R_bL^3}{6} = 0$

或 $\qquad\qquad\qquad R_b = \frac{3qL}{8} \quad (\uparrow)$

由平衡條件

$$+\downarrow \Sigma F_y = 0 \qquad R_a + R_b = qL$$

$$\curvearrowleft \ \Sigma M_A = 0 \qquad R_bL - M_a - \frac{qL^2}{2} = 0$$

得

$$R_a = \frac{5}{8}qL \quad (\uparrow) \qquad M_a = \frac{qL^2}{8} \quad (\circlearrowleft)$$

觀念討論

　　使用積分法求靜不定梁支承反力時,首先列出靜力平衡方程式,同時判斷靜不定度為若干?可取適當贅力或不取贅力,接著求出彎曲矩方程式(或剪力、負載方程式),可能由於不連續要分段描述之,接著積分兩次或以上,求出整個或(分段)的旋轉角及撓度方程式,然後事先判斷其表示式中共含有多少個未知數,它包括積分常數及未知力,若要全部求出必須要有相同個數的條件(邊界條件和連續條件),但有些狀況不必全部求出(如習題8-2.2),這樣解題思路才清晰。

8 -3   力矩面積法

　　分析靜不定梁時，首先將贅力移去，而變成為等效靜定梁和加上該支承的變形條件去分析。可使用力矩面積法解出該靜定梁在被移去多餘支承處之變形量，而此變形量應與該支承變形的條件相符，因而可計算出贅力，然後應用梁的自由體圖，求得其他反作用力。一旦求出梁支承點之反作用力，則可再應用力矩面積求出梁上任一點的斜率及撓度。

　　力矩面積法解靜不定梁之步驟如下：

1.　首先將自由體圖畫出，判定梁的靜不定度數目，接著選擇適當贅力(必須使梁為靜態穩定)，並且將它所代表的支承移去，在此注意贅力數目等於靜不定度。

2.　畫出原靜不定梁的釋放結構，並列出所有外力及其贅力，此時贅力看成外力。

3.　繪出各負載所產生的M/EI圖形及大概的撓度曲線圖。

4.　選擇參考切線，使用力矩面積第一、第二定理，得出特別的關係式(此時看原靜不定梁之支承點之邊界條件)，算出贅力。然而這些關係式，將視梁之型式及贅力的選擇而定。通常符合條件是一支承點對另一支承點相對撓度(或旋轉角)為零或已知值。

5.　然後應用梁的自由體圖，求得其他反作用力。

6.　再應用力矩面積法求出梁上任一點之斜率及撓度。

● **例題 8-4**　應用力矩面積法，試求圖 8-6(a)所示固定一簡支梁AB之反力。

解　　首先繪出梁之所有反力，如圖 8-6(a)，此梁為一度靜不定，故必須選擇一個反力當作贅力。我們有兩種不同的選擇，分別說明如下：

(方法一)選R_b為贅力，則其放鬆結構是固定端在A點的懸臂梁，而外力負載P及R_b(圖 8-6(b))。

接著繪出負載P及R_b個別之M或M/EI圖形(圖 8-6(c))，由於撓度曲線之斜率在A點為零(圖 8-6(d))(當作參考切線)。同時注意到曲線在A點之切線經過B點；亦即B點距A點切線之相對撓度Δ_{ba}為零。因此使用力矩面積第二定理知在A與B點之間M/EI圖形面積，對B點的一次矩為零，即

$$\frac{L}{2}\left(\frac{R_b L}{EI}\right)\left(\frac{2L}{3}\right) - \frac{a}{2}\left(\frac{Pa}{EI}\right)\left(L - \frac{a}{3}\right) = 0$$

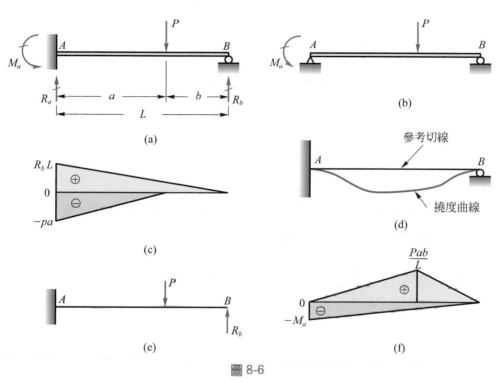

圖 8-6

或

$$R_b = \frac{Pa^2}{2L^3}(3L - a) \quad (\uparrow)$$

再由圖 8-6(a)的梁自由體圖，應用平衡方程式

$$+\uparrow \Sigma F_y = 0 \quad R_a + R_b = P$$

$$\curvearrowright \Sigma M_A = 0 \quad M_a - Pa + R_b L = 0$$

可得

$$R_a = \frac{Pb}{2L^3}(3L^2 - b^2) \quad (\uparrow)$$

$$M_a = \frac{Pab}{2L^2}(L + b) \quad (\curvearrowleft)$$

(方法二)若選反力矩M_a爲贅力，該情況之釋放結構爲一簡支梁(圖 8-6(e))，由P及M_a所產生的M/EI圖形(圖 8-6(f))。應用力矩面積第二定理，並取M/EI圖形對B點之一次矩，得

$$\frac{L}{2}\left(\frac{Pab}{LEI}\right)\left(\frac{L+b}{3}\right) - \frac{L}{2}\left(\frac{M_a}{EI}\right)\left(\frac{2L}{3}\right) = 0$$

或

$$M_a = \frac{Pab}{2L^2}(L+b) \quad (\curvearrowleft)$$

再由圖 8-6(a)的梁自由體圖，應用平衡方程式可得

$$R_a = \frac{Pb}{2L^3}(3L^2 - b^2) \quad (\uparrow)$$

$$R_b = \frac{Pa^2}{2L^3}(3L - a) \quad (\uparrow)$$

● **例題 8-5**　一兩端固定梁AB右端比左端相對有一垂直位移Δ(圖 8-7(a))，試求梁的反力，EI為常數。

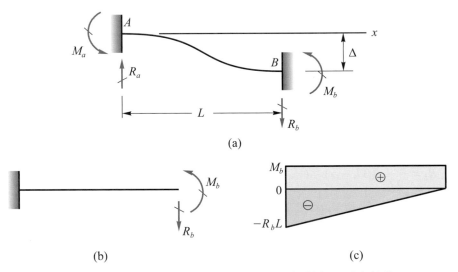

圖 8-7　兩端為固定端的梁，而兩支承端相對有一垂直位移

解　首先由圖 8-7(a)知此梁是二度靜不定，因而我們選B點之反力R_b及反力矩M_b當作贅力，其相對之釋放結構如圖 8-7(b)所示。受R_b及M_b作用之彎曲矩圖形(圖 8-7(c))，由於R_b及M_b兩贅力，必須有兩個方程式，方能解出兩端固定梁兩支承點之斜率均為零，因此從力矩面積第一定理，知A與B間M/EI圖形的面積和為零，即

$$L\left(\frac{M_b}{EI}\right) - \frac{L}{2}\left(\frac{R_bL}{EI}\right) = 0$$

或

$$2M_b = R_b L \tag{a}$$

同時由題意知兩端點有相對垂直位移Δ，所以使用力矩面積第二定理，此$\Delta = \Delta_{ba}$為介於A與B點間M/EI圖形面積對B點一次矩的負值。

$$\Delta = \Delta_{ba} = -L\left(\frac{M_b}{EI}\right)\left(\frac{L}{2}\right) + \frac{L}{2}\left(\frac{R_b L}{EI}\right)\left(\frac{2L}{3}\right)$$

或

$$2R_b L - 3M_b = \frac{6EI\Delta}{L^2} \tag{b}$$

解(a)、(b)兩式得

$$R_b = \frac{12EI\Delta}{L^3} \quad (\downarrow) \qquad M_b = \frac{6EI\Delta}{L^2} \quad (\curvearrowleft)$$

再由靜力平衡方程式得

$$R_a = \frac{12EI\Delta}{L^3} \quad (\uparrow) \qquad M_a = \frac{6EI\Delta}{L^2} \quad (\curvearrowleft)$$

● **例題 8-6** 梁承受如圖 8-8(a)的集中負載$P = 60$ kN，若$EI = 25$ MN·m^2，試求支承處的反作用力及C點的旋轉角θ_c及撓度δ_c。

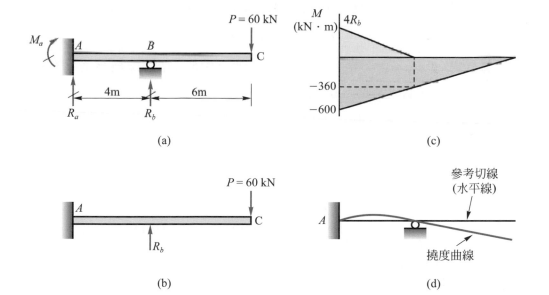

圖 8-8

解 首先畫出自由體圖(圖 8-8(a))，知其為一度靜不定。取 R_b 為贅力，得放鬆結構(圖 8-8(b))，並繪出各負載的彎曲矩圖(圖 8-8(c))及大概的撓度曲線圖(圖 8-8(d))。

接著畫出 A 點切線為參考切線(水平線)，由圖 8-8(d)知參考切線通過 B 點，即知 B 點相對於 A 點的垂直相對撓度 $\Delta_{ba} = 0$，由力矩面積法第二定理知，此 Δ_{ba} 為介於 A 與 B 兩點間 M/EI 圖形面積對 B 點一次矩之負值。即

$$0 = \Delta_{ba}$$

$$= -\left[\frac{1}{2}\left(\frac{4R_b}{EI}\right)\times 4 \times \frac{2}{3}\times 4 + \left(\frac{-360\times 4}{EI}\right)\times 2 + \left(\frac{-600\times 4}{2EI}\right)\times \frac{2}{3}\times 4 \right]$$

$$R_b = 285 \text{ kN} \quad (\uparrow)$$

其中 $P = 60$ kN 產生的彎曲矩在 A 與 B 間圖形為梯形，上底由比例關係得 -360 kN·m。且可分成一矩形及一三角形。

由靜力平衡方程式

$$+\uparrow \Sigma F_y = 0 \qquad R_a + R_b = P$$

$$R_a = P - R_b = 60 - 285 = -225 \text{ kN}$$

即

$$R_a = 225 \text{ kN} \quad (\downarrow)$$

$$\curvearrowleft \ \Sigma M_A = 0 \quad -M_a + (285 \text{ kN})\times(4 \text{ m}) - (60 \text{ kN})\times 10 \text{ m} = 0$$

即

$$M_a = 540 \text{ kN·m} \quad (\curvearrowright)$$

接著計算 θ_c 及 δ_c。由力矩面積法第一定理，由於 A 點切線為參考切線(水平線)且為固定點，即 $\theta_a = \delta_a = 0$，得

$$\theta_{ca} = \theta_c - \theta_a{}^0 = -(A_1 + A_2)$$

即

$$\theta_c = -(A_1 + A_2)$$

(注意要用 A 與 C 兩點間 M/EI 圖形面積)

$$\theta_c = -\frac{1}{EI}\left[\frac{4 \text{ m}\times 285 \text{ kN}\times 4 \text{ m}}{2} + \frac{-600 \text{ kN·m}\times 10 \text{ m}}{2} \right]$$

$$= \frac{720 \text{ kN·m}^2}{25 \text{ MN·m}^2} = 0.0288 \text{ rad} = 1.65° \quad (\searrow)$$

由力矩面積第二定理且

$\Delta_{ca} = \delta_c - {\delta_a}^0 = \delta_c$，得

$$\delta_c = \Delta_{ca} = -\frac{1}{25 \text{ MN} \cdot \text{m}^2}\left[\frac{(4 \times 285 \text{ kN} \cdot \text{m})(4 \text{ m})}{2}\left(4 + \frac{2}{3} \times 4\right) \text{ m} \right.$$
$$\left. + \left(\frac{-600 \times 10 \text{ kN} \cdot \text{m}^2}{2}\right) \times \frac{2}{3} \times 10 \text{ m}\right]$$
$$= 0.192 \text{ m} = 192 \text{ mm} \quad (\downarrow)$$

8 -4　重疊法

　　應用重疊法解靜不定梁支承處之反作用力，通常甚為便捷。一旦求出支承點上的作用力，則梁上其他任何一點上的斜率及撓度，就可以求出，但是特別注意重疊法僅適用於線彈性結構且在未變形或同一基準上疊加撓度及旋轉角。現將重疊法解靜不定梁的步驟歸納如下：

1. 首先確定靜不定梁本身之靜不定度。
2. 選取適當的反作用力或反力矩為贅力，將贅力處之支承去除，得到放鬆結構。
3. 此放鬆結構承受實際負載及贅力作用，因而可由前章各種方法或由附錄 7 中，分別求出各個負載在贅力作用點處之斜率或撓度(視原靜不定梁支承型式而定)。
4. 分別將斜率或撓度重疊相加，其值剛好符合原靜不定梁支承的邊界條件，而得幾何相容性方程式(compatibility equation)，可解出贅力。
5. 其他反作用力，由梁之自由體圖，應用靜力平衡方程式求出，同時也可以求得梁上其他任何一點的斜率及撓度。

● 例題 8-7　如圖 8-9(a)所示之固定一簡支梁承受均勻負載作用，試求其支承點之反力。

解　由圖 8-9(a)中知，此梁為一度靜不定
(方法一)
取反力 R_b 為贅力，並將支承移去，得到一放鬆結構之懸臂梁。因為贅力為反力，它給我們的訊息為撓度，故求出贅力作用點之撓度，分別由均佈負載產生 δ_b' 及贅力產生 δ_b''，如圖 8-9(b)及(c)所示。

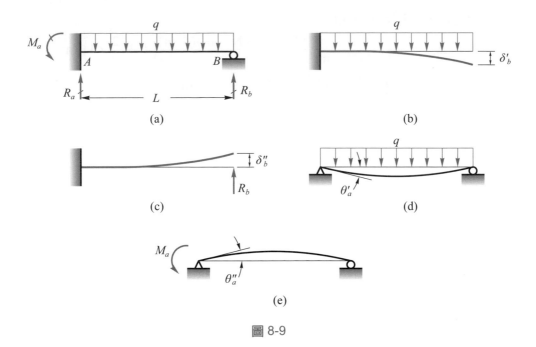

圖 8-9

重疊撓度δ_b'與δ_b''，它必須等於原靜不定梁的總撓度δ_b，其值爲零，即

$$\delta_b = \delta_b' + \delta_b'' = 0$$

δ_b'與δ_b''可由附錄 7 的表 7-1 之情況 1 與情況 4 中查得

$$\delta_b' = \frac{qL^4}{8EI} \ (\downarrow) \qquad \delta_b'' = \frac{R_b L^3}{3EI} \ (\downarrow)$$

則

$$\delta_b = \frac{qL^4}{8EI} - \frac{R_b L^3}{3EI} = 0$$

或

$$R_b = \frac{3qL}{8} \ (\uparrow)$$

由梁之自由體圖(圖 8-9(a))，應用靜力平衡方程式得

$$+\downarrow \Sigma F_y = 0 \qquad qL - R_a - R_b = 0$$

得
$$R_a = \frac{5}{8}qL \quad (\uparrow)$$

$$\curvearrowright \ \Sigma M_A = 0 \quad M_a + R_b L - (qL)\left(\frac{1}{2}L\right) = 0$$

得
$$M_a = \frac{1}{8}qL^2 \quad (\curvearrowleft)$$

(方法二)

若將M_a當作贅力，在此情況中釋放結構成為一簡支梁，而M_a贅力給我們的訊息是要求贅力作用點之旋轉角。

均佈負載作用於贅力作用點之旋轉角(圖 8-9(b))，得

$$\theta'_a = \frac{qL^3}{24EI}$$

而贅力M_a所產生的旋轉角(圖 8-9(e))，得

$$\theta''_a = -\frac{M_a L}{3EI}$$

然而在原靜不定梁支承A處總旋轉角為零，因此由重疊原理得

$$\theta_a = \theta'_a + \theta''_a = \frac{qL^3}{24EI} - \frac{M_a L}{3EI} = 0$$

即 $M_a = \dfrac{qL^2}{8}$ (⌒)

同理可得

$$R_a = \frac{5}{8}qL \quad (\uparrow) \qquad R_b = \frac{3qL}{8} \quad (\uparrow)$$

● **例題 8-8**　一梁兩側固定，承受集中負載P作用於圖 8-10(a)所示的位置。試求在梁端點之反力及集中負載作用點之撓度。

解　由圖 8-10(a)知，此梁為二度靜不定。選擇反力矩M_a及M_b當作贅力，得出釋放結構為簡支梁型式(圖 8-10(b))。兩贅力給我們的訊息是旋轉角；由負載P所產生端點之旋轉角，查附錄 7 中之表 7-2 之情況 5，可得

$$\theta'_a = \frac{Pab(L+b)}{6LEI} \qquad \theta'_b = -\frac{Pab(L+b)}{6LEI}$$

其中順時針旋轉角為正。

由M_a贅力所產生之旋轉角(查附錄 7 中之表 7-2 之情況 7)(圖 8-10(c))為

$$\theta''_a = -\frac{M_a L}{3EI} \qquad \theta''_b = \frac{M_a L}{6EI}$$

由於M_b贅力所產生端點之旋轉角(圖 8-10(d))為

$$\theta'''_a = -\frac{M_b L}{6EI} \qquad \theta'''_b = \frac{M_b L}{3EI}$$

但是由原靜不定梁兩端點之旋轉角為零，應用重疊原理，可得相容方程式

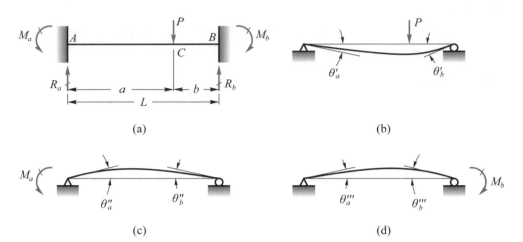

圖 8-10　兩端固定受一集中負載的梁

$$\theta_a = \theta_a' + \theta_a'' + \theta_a''' = \frac{Pab(L+b)}{6LEI} - \frac{M_a L}{3EI} - \frac{M_b L}{6EI} = 0$$

$$\theta_b = \theta_b' + \theta_b'' + \theta_b''' = -\frac{Pab(L+b)}{6LEI} + \frac{M_a L}{6EI} + \frac{M_b L}{3EI} = 0$$

解上兩式得

$$M_a = \frac{Pab^2}{L^2} \quad (\circlearrowleft) \qquad M_b = \frac{Pa^2 b}{L^2} \quad (\circlearrowleft)$$

再應用圖 8-10(a)之梁自由體圖，由靜力平衡方程式可得

$$R_a = \frac{Pb^2(L+2a)}{L^3} \quad (\uparrow)$$

$$R_b = \frac{Pa^2}{L^3}(L+2b) \quad (\uparrow)$$

接著求靜力定梁在集中負載作用點C之撓度。放鬆結構中負載P作用的撓度 δ_c，查附錄 7 中表 7-2 之情況 5 知

$$v = \frac{Pbx}{6LEI}(L^2 - b^2 - x^2)$$

令$x = a$，$L = a + b$代入得

$$\delta_c = \frac{Pa^2 b^2}{3LEI} \quad (\downarrow)$$

贅力M_a作用時在C點之撓度δ_c''，查附錄 7 中表 7-2 之情況 7 得

$$v = \frac{M_0 x}{6LEI}(2L^2 - 3Lx + x^2)$$

令$M_0 = -M_a$，$L = a + b$及$x = a$代入得

$$\delta_c'' = -\frac{M_a\,ab}{6LEI}(L+b)$$

同理贅力M_b作用時，在C點之撓度δ_c''，查附錄 7 中之表 7-2 之情況 7 知

$$v = \frac{M_0\,x}{6LEI}(2L^2 - 3Lx + x^2)$$

令$M_a = -M_b$，$L = a + b$及$x = b$代入得

$$\delta_c''' = -\frac{M_b\,ab}{6LEI}(L+a)$$

C點之總撓度δ_c，由重疊原理得

$$\delta_c = \delta_c' + \delta_c'' + \delta_c''' = \frac{Pa^3b^2}{3L^2EI} \quad (\downarrow)$$

● **例題 8-9** 兩跨度的連續梁ABC，承受一均佈負載q作用，如圖 8-11(a)所示，試用重疊原理求其反力。

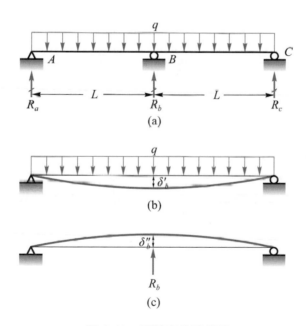

圖 8-11　兩跨度的連續梁

解 由圖 8-11(a)知，此連續梁為一度靜不定。我們選擇中點反力R_b當作贅力，可看出放鬆結構為簡支梁(圖 8-17(b))，贅力R_b給我們的訊息是撓度。在均佈負載作用下，放鬆結構中B點之撓度(表附錄 7 中之表 7-2，情況 1)為

$$\delta_b' = \frac{5q(2L)^4}{384EI} = \frac{5qL^4}{24EI} \quad (\downarrow)$$

由贅力所產生向上撓度(圖 8-11(c))，查附錄 7 中表 7-2，情況 4 得

$$\delta_b'' = \frac{R_b(2L)^3}{48EI} = \frac{R_bL^3}{6EI} \quad (\uparrow)$$

B點的幾何相容性方程式為

$$\delta_b'' = \delta_b' - \delta_b'' = \frac{5qL^4}{24EI} - \frac{R_bL^3}{6EI} = 0$$

可得

$$R_b = \frac{5qL}{4} \quad (\uparrow)$$

其他兩個反力值，由靜力平衡方程式求得$R_a = R_c = 3qL/8 \quad (\uparrow)$。

● **例題 8-10** 如圖 8-12(a)所示的梁及負載，試求各支承反力。

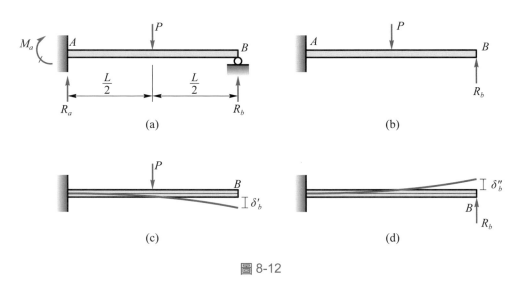

圖 8-12

解　由圖 8-12(a)知其為一度靜不定，選擇R_b為贅力得放鬆結構如圖 8-12(b)所示，因為贅力為反力，它給我們的訊息為撓度，故求出贅力作用點之撓度，分別由負載P產生δ_b'及贅力R_b產生δ_b''，如圖 8-12(c)及(d)所示。

重疊撓度δ_b'與δ_b''，它必須等於原靜不定梁的總撓度δ_b，其值為零，即

$$\delta_b = \delta_b' + \delta_b'' = 0$$

(方法一)

δ' 與 δ_b'' 可由附錄 7 的表 7-1 之情況 5 與情況 4 中查得

$$\delta_b = \frac{Pa^2}{6EI}(3L-a)\left(\text{其中 } a = \frac{L}{2}\right) \text{, } \delta_b = \frac{PL^3}{3EI}(\text{其中}R_a = -P)$$

即

$$\delta_b' = \frac{P\left(\frac{L}{2}\right)}{6EI}\left(3L - \frac{L}{2}\right) = \frac{5PL^3}{48EI} \quad (\downarrow) \text{, } \delta_b'' = \frac{R_bL^3}{3EI} \quad (\uparrow)$$

則

$$\delta_b = \frac{5PL^3}{48EI} - \frac{R_aL^3}{3EI} = 0$$

$$R_a = \frac{5}{16}P \quad (\uparrow)$$

由圖 8-12(a)列出平衡方程式

$$+\uparrow\Sigma F_y = 0 \quad R_a - P + R_b = 0$$

$$R_a = P - R_b = P - \frac{5}{16}P = \frac{11}{16}P \quad (\uparrow)$$

$$\curvearrowright \ \Sigma M_A = 0 \quad -M_a - \frac{PL}{2} + R_bL = 0$$

$$M_a = \frac{PL}{2} - R_bL = \frac{PL}{2} - \frac{5}{16}RL = \frac{3PL}{16} \quad (\frown)$$

(方法二)

將圖 8-12(c)處理成附錄 7 的表 7-1 之情況 5 中查得

$$x = a \quad v' = \frac{Pa^2}{2EI} \quad v' = \frac{Pa^2}{2EI}$$

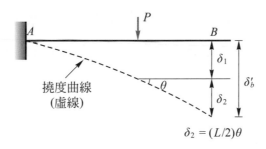

$$\delta_2 = (L/2)\theta$$

如上圖 $\delta_b' = \delta_1 + \delta_2$

$$= \frac{P\left(\frac{L}{2}\right)^3}{3EI} + \frac{L}{2}\frac{P\left(\frac{L}{2}\right)^2}{2EI} = \frac{5PL^3}{48EI} \quad (\downarrow)$$

其中 $\quad x = a = \frac{L}{2}$

而　　　$\delta_b'' = \dfrac{R_b L^3}{3EI}$　（↑）

$\delta = \delta_b' + \delta_b'' = 0 = \dfrac{5PL^3}{48EI} - \dfrac{R_a L^3}{3EI} = 0$

$R_a = \dfrac{5}{16}P$　（↑）

同理其他支承反力也可以如(方法一)得到相同結果。

● **例題 8-11**　試求彈簧常數為k，它作用在懸臂梁(圖 8-13)的反力R。

解　首先畫出彈簧力，因懸臂梁受均佈負載作用而變形，而有力壓彈簧設為R，作用力與反作用力關係有R作用在懸臂梁(圖 8-13(b))。反力R給我們的訊息是撓度，利用重疊法且滿足變形幾何相容條件(如圖 8-13(b)、(c)及(d))知

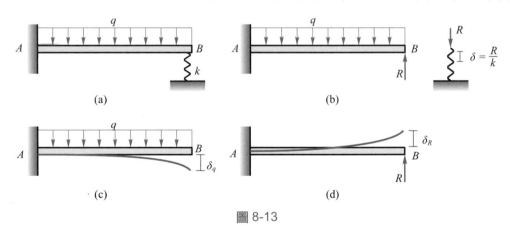

圖 8-13

彈簧變形$\delta\left(=\dfrac{R}{k}\right)$(向下)＝原梁的變形＝$\delta_q + \delta_R$　　　　　　　(a)

取撓度向下為正，則查附錄 7 的表 7-1 之情況 2 及情況 4 知

$\delta_q = \dfrac{qL^4}{8EI}$　（↓），$\delta_R = \dfrac{RL^3}{3EI}$　（↑）

代入(a)式得

$\dfrac{R}{k} = \dfrac{qL^4}{8EI} - \dfrac{RL^3}{3EI}$

得

$R = \dfrac{\dfrac{3}{8}qL}{1 + \dfrac{3EI}{kL^3}}$

連續跨過數個支承之梁，稱為連續梁，如建築物、管道、橋梁及其他特殊結構。圖 8-14 所示，有六個垂直反力，但只有二個平衡方程式，故應有四個贅力。

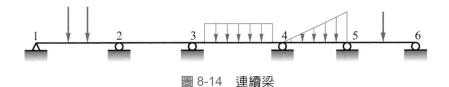

圖 8-14　連續梁

雖然我們可以利用前幾節中任何方法來分析連續梁，但衹有重疊法較切合實際。其中一個可能的方法，是選擇中間支承之反力當作贅力，在此情況中，釋放結構即為簡支梁。此技巧曾用在前一節例題 8-9(圖 8-11)，此法頗適用於只有兩個或三個跨矩之梁。當贅力多於兩個時，則選擇在梁中間支承處之彎曲矩作為贅力更屬有利；可導出一組聯立方程式，不論贅力總數為若干，每一方程式最多只出現三個未知量，故此種選擇可大大地簡化計算。

當各支承之彎曲矩從結構中釋放時，梁在各支承處之連續性遭到破壞；因此，該釋放結構將由一組簡支梁組成。如此每根梁皆承受負載作用，以及在其兩端處的贅力作用，然而贅力為反力矩，它給我們的訊息是旋轉角；因此在這些負載作用下，我們可求取每一簡支梁端點處之旋轉角。**為了維持原結構之連續性，在贅力作用點(端點處)必須具有相同的旋轉角，而得到相容性方程式，此乃為求解未知彎曲矩之必要方程式。**

考慮圖 8-15(a)所示為連續梁之一部份，三個連續支承以 A、B 及 C 表示，兩相鄰跨距之長度及慣性矩分別以 L_a，I_a 及 L_b，I_b 表示，令 M_a，M_b 及 M_c 表示在三支承之彎曲矩，這些力矩的真實方向將依梁的負載而定，但是為了導出方便，我們將假設彎曲矩皆為正號(即梁之頂面受壓力作用)。簡支梁所組成的釋放結構，如圖 8-15(b)，每一跨距受外施負載及贅力作用；這些負載使兩根簡支梁產生撓度及旋轉角。在支承 B 處左端之梁的旋轉角(因贅力為彎曲矩給我們的訊息)如圖中 θ_b'，同一支承右端旋轉角以 θ_b'' 表示。這兩個角度均依圖示取為正號(意即各角度與正彎曲矩同一

方向爲正，此即爲變形幾何相容性條件)，但因梁軸實際上過支承B點是連續，故
相容性方程式爲

$$\theta_b' + \theta_b'' = 0$$

或 $$\theta_b' = -\theta_b''$$ (8-1)

接著應用重疊原理及力矩面積法求得θ_b'及θ_b''。

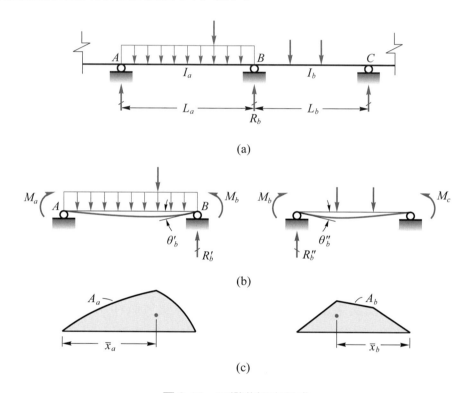

(a)

(b)

(c)

圖 8-15   三彎曲矩方程式

作用在釋放結構上的外施負載的彎曲矩圖示於圖 8-15(c)中，這些特殊形狀將
視負載之性質而定。不過在所有情況中，我們均能以彎曲矩圖之面積及形心距表明
其特性。令兩彎曲矩圖之面積分別以A_a及A_b表示，由A點至A_a面積形心之距離以$\bar{x}_a$
表示，由C點至A_b面積形心之距離以$\bar{x}_b$表示(注意兩者面積並沒有對B點取出形心
距)。在AB梁上選B點之切線爲參考切線，由力矩面積第二定理，求出相對撓度
Δ_{ab}，再以Δ_{ab}除以梁長L_a，則作用於AB梁上外施負載產生對旋轉角θ_b'之貢獻爲

$$\frac{A_a \bar{x}_a}{EI_a L_a}$$

此外，力矩M_a及M_b對旋轉角θ'_b之貢獻，查表附錄7-2，情況7為

$$\frac{M_a L_a}{6EI_a} \quad 和 \quad \frac{M_b L_a}{3EI_a}$$

由重疊原理得旋轉角θ'_b為

$$\theta'_b = \frac{M_a L_a}{6EI_a} + \frac{M_b L_a}{3EI_a} + \frac{A_a \bar{x}_a}{EI_a L_a} \tag{a}$$

考慮右側跨距BC梁上之θ''_b，依同樣方法，可得

$$\theta''_b = \frac{M_b L_b}{3EI_b} + \frac{M_c L_b}{6EI_b} + \frac{A_b \bar{x}_b}{EI_b L_b} \tag{b}$$

將(a)、(b)兩式代入(8-1)式，經整理後得到下面方程式

$$M_a\left(\frac{L_a}{I_a}\right) + 2M_b\left(\frac{L_a}{I_a} + \frac{L_b}{I_b}\right) + M_c\left(\frac{L_b}{I_b}\right)$$
$$= -\frac{6A_a \bar{x}_a}{I_a L_a} - \frac{6A_b \bar{x}_b}{I_b L_b} \tag{8-2}$$

因為此方程式使得梁中三連續彎曲矩發生關係，故稱為三彎曲矩方程式(three-moment equation)，在連續梁的每一中間支承，皆可寫出一個這種方程式，有多少未知彎曲矩數目，即可寫出同數目的方程式。方程式右邊項只要梁上之負載已知即可求得。以下有兩個特殊情況，可使三彎曲矩方程式簡化：

1. 若所有跨距皆有相同I，則三彎曲矩方程式為

$$M_a L_a + 2M_b(L_a + L_b) + M_c L_b = -\frac{6A_a \bar{x}_a}{L_a} - \frac{6A_b \bar{x}_b}{L_b} \tag{8-3}$$

2. 若所有的跨距具有相同I及長度L，則三彎曲矩方程式為

$$M_a + 4M_b + M_c = -\frac{6}{L^2}(A_a \bar{x}_a + A_b \bar{x}_b) \tag{8-4}$$

由上述三彎曲矩方程式與兩端之邊界條件，可將連續梁支承點之彎曲矩全部解出，再應用靜力平衡方程式求出各支承點之反力。然而必須注意原連續梁在中間支承之反力為各相鄰支承反力之和，由圖8-15(a)(b)，可得

$$R_b = R'_b + R''_b \tag{8-5}$$

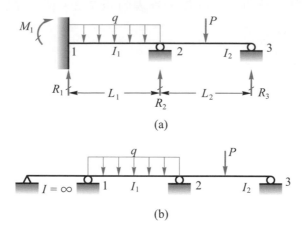

圖 8-16　用一無限大慣性矩來代替固定支承

　　整個前面的討論中，皆假設連續梁之兩個最外端為簡支梁；如果其中之一或兩者為固定支承，則贅力數將會增加(圖 8-16(a))。解決此情況最簡單的方法乃是將連續梁向外另加一跨距，以代替固定端支承，而此增加的跨距之慣性矩為無限大(圖 8-16(b))，這另行增加的跨距具有無限大剛性之效應，以阻止支承 1 的旋轉，這與固定端支承具有相同的意義。圖 8-16(b)中所示連續梁在點 1、2 及 3 所求得之彎曲矩與原梁所求得相同。然而另行增加之跨距並無規定其長度(除了必須大於零以外，在三彎曲矩方程式中，由於無限大的慣性矩I，長度必然消失)。

　　連續梁以三彎曲矩方程式的解題步驟綜合如下：(限制慣性矩I為常數)

1. 首先看看連續梁各支承是否有固定端，若為固定端支承時，向外另加一跨距(長度大於零)且無限大的慣性矩。

2. 求出各跨距上外施負載作用所引起的彎曲矩面積或查表 8-1。

表 8-1

編號 6	負載之種類	$\dfrac{6A_a x_a}{L_a}$	$\dfrac{6A_b x_b}{L_b}$
1 7		$\dfrac{Pa}{L}(L^2-a^2)$ $-\dfrac{M_0}{L}(3a^2-L^2)$	$\dfrac{Pb}{L}(L^2-b^2)$ $+\dfrac{M_0}{L}(3b^2-L^2)$
2		$\dfrac{qL^3}{4}$	$\dfrac{qL^3}{4}$
3		$\dfrac{8}{60}q_0 L^3$	$\dfrac{7}{60}q_0 L^3$
4		$\dfrac{7}{60}q_0 L^3$	$\dfrac{8}{60}q_0 L^3$
5		$\dfrac{q}{4L}[b^2(2L^2-b^2)$ $-a^2(2L^2-a^2)]$	$\dfrac{q}{4L}[d^2(2L^2-d^2)$ $-c^2(2L^2-c^2)]$
6		$\dfrac{5}{32}q_0 L^3$	$\dfrac{5}{32}q_0 L^3$
7		$-\dfrac{M_0}{L}(3a^2-L^2)$	$+\dfrac{M_0}{L}(3b^2-L^2)$

3. 由修正後連續梁最左端支點開始，每三個支承為主，未知的三個彎曲矩代入三彎曲矩方程式左邊，而各跨距上外施負載所引起的彎曲矩面積代入三彎曲矩方程式右邊，如此可得到一組聯立方程式。若三個支承點並未在同一直線上，可由例題 8-14 結果解題。注意在三彎曲矩方程式中的形心距，是兩外端點到彎曲矩面積形心的面積，並不包含中間支承點。

4. 解聯立方程式，求得彎曲矩，而其他反力由靜力平衡求得，每一端點之反力為同一點反力值的代數和。

● **例題 8-12** 試求圖 8-17(a)中連續梁之剪力及彎曲矩圖。

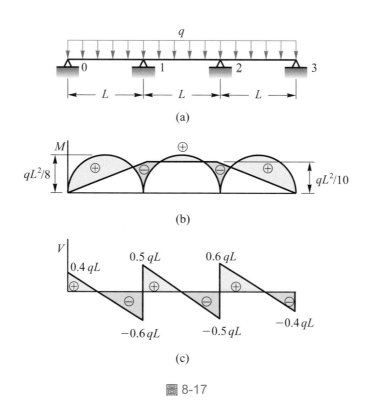

圖 8-17

解　假想在各個支承點將梁切斷，則每一段梁為簡支梁，對簡支梁之均佈負載而言，其彎曲矩圖為拋物線，且最大值為 $qL^2/8$。而拋物線之面積為：

$$A = \left(\frac{2}{3}L\right)\left(\frac{qL^2}{8}\right) = \frac{qL^3}{12}$$

而形心在跨距中點，則 $t_a = t_b = L/2$，考慮 0-1-2 之跨距的連續梁，因為 $M_0 =$

0，公式(8-4)變成

$$0 + 4M_1 + M_2 = -\frac{qL^2}{4} - \frac{qL^2}{4} \tag{a}$$

由對稱條件，可知$M_1 = M_2$，由(a)式得$M_1 = -qL^2/10 = M_2$。利用第四章作圖原則及重疊原理，其彎曲矩如圖 8-17(b)。

考慮 0-1 跨距如圖 8-15(b)一樣，由靜力平衡方程式得

$$\curvearrowleft\ \Sigma M_0 = 0 \quad R_1' L = M_1 + \frac{qL^2}{2}$$

即　$R_1' = \dfrac{qL^2/10 + qL^2/2}{L} = 0.6qL$

同理 1-2 跨距可得

$$R_1'' = 0.5qL$$

因此由(8-5)式，支承 1 上之反作用力為

$$R_1 = R_1' + R_2'' = 0.6qL + 0.5qL = 1.1qL$$

由對稱特性，可得$R_2 = R_1$，且$R_0 = R_3$。由靜力學知$R_0 + R_1 + R_2 + R_3 = 3qL$，即$R_0 = R_3 = 4qL/10$。已知各反力後，依作圖原則可繪得剪力圖(圖 8-17(c))。

● **例題 8-13**　如圖 8-18(a)所示的連續梁，以三彎曲矩方程式來分析此梁。此梁有三等長跨距及相同慣性矩(為常數)，而負載作用在第一及第三跨距上，其中集中負載P等於qL。試求剪力圖與彎曲矩圖。

(解)　由於這連續梁有兩個中間支承，可列出兩個三彎曲矩方程式。連續梁(1-2-3支承)之三彎曲矩方程式，因跨距、慣性矩相等且為常數，由彎曲矩圖作法求得$A_a\bar{x}_a = qL^4/24$，將結果代入(8-4)式得

$$4M_2 + M_3 = -\frac{qL^2}{4} \tag{a}$$

其中$M_1 = 0$(支承 1 為簡支端)

而連續梁(2-3-4 支承)，就 3-4 跨距而言，其彎曲矩圖是一三角形，面積為$3qL^3/32$，由點 4 至形心距離為$5L/12$(見附錄 4，情況 3)，則$A_b\bar{x}_b = 5qL^4/128$，代入(8-4)式得

$$M_2 + 4M_3 = -\frac{15qL^2}{64} \tag{b}$$

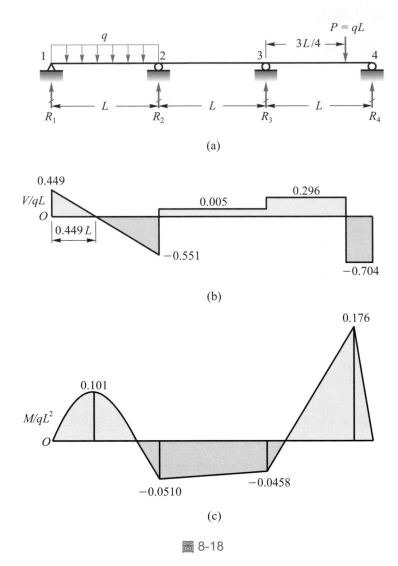

圖 8-18

其中 $M_4 = 0$(支承 4 為簡支端)。

解(a)與(b)兩式得

$$M_2 = -\frac{49qL^2}{960} \qquad M_3 = -\frac{11qL^2}{240}$$

接著要求各支承之反力,必須先求中間支承反力,再求其他支承點之反力。
由梁的自由體圖,支承 2 之反力 R_2,是等於 R_2'(簡支梁 1-2)加上 R_2''(簡支梁 2-3)。
簡支梁 1-2 之平衡方程式

$$\curvearrowright \quad \Sigma M_1 = 0 \qquad R_2'(L) = \frac{1}{2}qL^2 + \frac{49qL^2}{960}$$

$$R_2' = \frac{529qL}{960} \quad (\uparrow)$$

$$+\uparrow \Sigma F_y = 0 \qquad R_1 + R_2' = qL$$

$$R_1 = \frac{431qL}{960} \quad (\uparrow)$$

簡支梁 2-3 之平衡方程式

$$\curvearrowright \quad \Sigma M_3 = 0 \qquad R_2''(L) = \frac{49qL^2}{960} - \frac{11qL^2}{240}$$

$$R_2'' = \frac{5qL}{960} \quad (\uparrow)$$

故

$$R_2 = R_2' + R_2'' = \frac{89qL}{160} \quad (\uparrow)$$

同理可求得

$$R_3 = \frac{93qL}{320} \quad (\uparrow) \qquad R_4 = \frac{169qL}{240} \quad (\uparrow)$$

應用第四章所述的方法，可繪得連續梁之剪力圖及彎曲矩圖，如圖 8-18(b)(c)。

● **例題 8-14** 假設連續梁由於支承沈陷或其他原因而使支承不在同一水平面上(圖 8-19)，試問如何能使此種效應加入三彎曲矩方程式中？

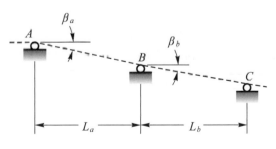

圖 8-19　不同水平面之支承

解　假設三連續支承A、B及C之位置，如圖 8-19 所示。連接A、B及C之虛線並不代表梁之軸線，但兩支點間可為一直線。令β_a及β_b代表這些直線之傾斜角，當右端支承較左端支承為低時，假設為正。

如同圖 8-15 的分析，我們在此處也選B點的切線為參考切線，因而θ_b'旋轉角

為

$$\theta_b' = \frac{M_a L_a}{6EI_a} + \frac{M_b L_a}{3EI_a} + \frac{A_a \bar{x}_a}{EI_a L_a} - \beta_a \tag{a}$$

其中最後一項是A點相對於B點的旋轉角為$-\beta_a$。而θ_b''旋轉角為

$$\theta_b'' = \frac{M_b L_b}{3EI_b} + \frac{M_c L_b}{6EI_b} + \frac{A_b \bar{x}_b}{EI_b L_b} + \beta_b \tag{b}$$

其中最後一項是C點相對於B點之旋轉角為β_b。

實際上B點支承是連續的，其相適性方程式為

$$\theta_b' + \theta_b'' = 0 \tag{c}$$

將(a)與(b)式代入(c)式，重新整理得

$$M_a \left(\frac{L_a}{I_a} \right) + 2M_b \left(\frac{L_a}{I_a} + \frac{L_b}{I_b} \right) + M_c \left(\frac{L_b}{I_b} \right)$$

$$= -\frac{6A_a \bar{x}_a}{I_a L_a} - \frac{6A_b \bar{x}_b}{I_b L_b} + 6E(\beta_a - \beta_b)$$

8 -6　**梁端之水平位移**[*]

　　若一梁AB，一端為銷支承，另一端為可以水平自由位移(圖 8-20(a))。當梁承受橫向負載而彎曲變形時，而B端因是滾子支承無法阻止水平移動，由B點至B'移動了一微小距離$d\Delta$。此移位$d\Delta$，它等於梁初始長度L與彎曲梁AB'弦長的差距。取一微小曲線長ds，此元素投影在x軸上的長度有dx。弧長ds與其水平投影之差為

$$ds - dx = \sqrt{dx^2 + dv^2} - dx = dx \sqrt{1 + \left(\frac{dv}{dx} \right)^2} - dx \tag{a}$$

式中v代表梁的撓度。引入下列二項式定理：

$$(1 + u)^{1/2} = 1 + \frac{u}{2} - \frac{u^2}{8} + \frac{u^3}{16} - \cdots \tag{b}$$

若u比 1 小時，該式收斂。而$u \ll 1$時，忽略二次及二次以上的項，則(b)式變成

$$(1 + u)^{1/2} \approx 1 + \frac{u}{2} \tag{c}$$

若(a)式內的$\left(\dfrac{dv}{dx} \right)^2$是很微小，因此使用(c)式，使(a)式變成

$$ds - dx = dx\left[1 + \frac{1}{2}\left(\frac{dv}{dx}\right)^2\right] - dx = \frac{1}{2}\left(\frac{dv}{dx}\right)^2 dx$$

若對梁長而言，積分上式即得梁全長與弦AB'之差值Δ

$$\Delta = \frac{1}{2}\int_0^L \left(\frac{dv}{dx}\right)^2 dx \tag{8-6}$$

上式表若知道梁的撓度曲線，就可將水平位移Δ。但若B端改爲銷子支承(圖 8-20 (b))，它將阻止其水平移動，以致於梁有一水平反力N作用，使彎曲梁產生一軸向伸長Δ，則此水平反力N利用軸向負載桿件可求得

$$N = \frac{EA\Delta}{L} \tag{8-7}$$

其中A爲梁截面積，因而將引起軸向應力

$$\sigma = \frac{N}{A} = \frac{E\Delta}{L} \tag{8-8}$$

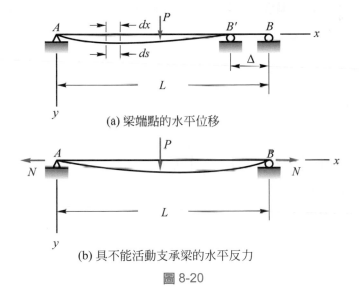

(a) 梁端點的水平位移

(b) 具不能活動支承梁的水平反力

圖 8-20

＊ 可視學生程度及教學時間酌量刪除。

● **例題 8-15** 試求如圖 8-20(a)所示的簡支梁，左端為銷支承，而另端為滾子
　　　　　　支承，且中點承受集中負載P作用，試求其水平位移Δ。

解　首先由附錄表 7-2 之情況 4，查得

$$\frac{dv}{dx} = \frac{P}{16EI}(L^2 - 4x^2) \quad 0 \leq x \leq \frac{L}{2}$$

代入(8-6)式且由於對稱關係知

$$\Delta = \frac{1}{2}\int_0^L \left(\frac{dv}{dx}\right)^2 dx = 2 \times \frac{1}{2}\int_0^{L/2}\left(\frac{dv}{dx}\right)^2 dx$$

$$= \left(\frac{P}{16EI}\right)^2 \int_0^{L/2}(L^2 - 4x^2)^2 dx$$

$$= \frac{P^2 L^5}{960 E^2 I^2}$$

● **例題 8-16** 圖 8-21(a)所示的簡支梁，試求(1)支承B的水平位移，以及(2)支
　　　　　　承B若改為銷子支承(圖 8-21(b))時，梁內的軸向拉應力。抗撓剛
　　　　　　度EI為常數。

解　首先由附錄表 7-2 中情況 1，查得

$$\frac{dv}{dx} = \frac{q}{24EI}(L^3 - 6Lx^2 + 4x^3)$$

代入(8-6)式得

$$\Delta = \frac{1}{2}\int_0^L \left(\frac{dv}{dx}\right)^2 dx = \frac{1}{2}\left(\frac{q}{24EI}\right)^2 \int_0^L (L^3 - 6Lx^2 + 4x^3)^2 dx$$

$$= \frac{17q^2 L^7}{40,320 E^2 I^2}$$

再由(8-8)式知梁內軸向拉應力

$$\sigma = \frac{E\Delta}{L} = \frac{17q^2 L^6}{40,320 EI^2}$$

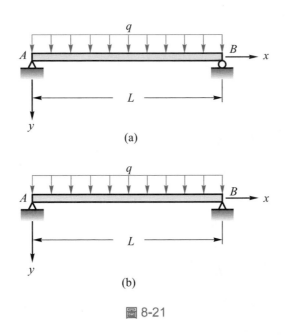

圖 8-21

重點整理

1. 靜不定梁是其反力數目超過靜力平衡方程式知數目的梁；而超過的數目，稱為靜不定度。

2. 分析靜不定梁時，首先需將贅力移去，但並非任何未知反力都可以當作贅力處理，而是將贅力移去，此時結構(稱為放鬆或釋放結構)必須是靜態穩定。取贅力的數目要與靜不定度相等，且同時贅力作用點之變形條件與原靜不定梁在贅力處之支承點的邊界條件必須相符。

3. 若取贅力為反力，此時支承點邊界條件之訊息是撓度為零，$v = 0$；若取贅力為反力矩，此時支承點邊界條件之訊息是旋轉角為零，$\theta = 0$。

4. 靜不定梁之放鬆結構(贅力也看成外力)，可用前章解靜定梁的力矩面積法、重疊法及積分法分析，再配合贅力之變形條件(支承點的邊界條件)解之。力矩面積法最主要工作畫出即大概的撓度曲線和選擇參考切線及畫出 M/EI 圖形。重疊法最主要工作是選擇參考狀態(未變形狀態)及大概的撓度曲線，但最好記住附錄 7 的一些較簡單結果，使解題快速。積分法最主要的工作是將贅力及外施負載表成彎曲矩、剪力或負載的表示式。

5. 連續跨過數個支承的梁，稱為連續梁，利用重疊法及力矩面積法導出三彎曲矩

公式爲(假設兩個最外端爲簡支梁)

$$M_a\left(\frac{L_a}{I_a}\right) + 2M_b\left(\frac{L_a}{I_a} + \frac{L_b}{I_b}\right) + M_c\left(\frac{L_b}{I_b}\right)$$
$$= -\frac{6A_a\bar{x}_a}{I_aL_a} - \frac{6A_b\bar{x}_b}{I_bL_b}$$

若所有跨距皆有相同I，則三彎曲矩方程式爲

$$M_aL_a + 2M_b(L_a + L_b) + M_cL_b = -\frac{6A_a\bar{x}_a}{L_a} - \frac{6A_b\bar{x}_b}{L_b}$$

若所有的跨距具有相同I及L，則三彎曲矩方程式爲

$$M_a + 4M_b + M_c = -\frac{6}{L^2}(A_a\bar{x}_a + A_b\bar{x}_b)$$

注意$\bar{x}_a$及$\bar{x}_b$，這兩者並未對中間支承取形心距。由三彎曲矩方程式可解出各支承的彎曲矩，再由平衡方程式求得各支承之反力。

6. 若連續梁最外端的支承爲固定端時，必須另行增加長度不爲零且具有無限大的慣性矩之簡支承來代替。

7. 梁彎曲變形，在滾子支承端產生的水平位移Δ爲

$$\Delta = \frac{1}{2}\int_0^L\left(\frac{dv}{dx}\right)^2dx$$

首先求旋轉角$\theta = \dfrac{dv}{dx}$方程式，代入上述積分即可得到。若要拉住使梁不可有水平位移，要有多大拉力，即$N = \dfrac{EA\Delta}{L}$，產生軸向應力爲$\sigma = \dfrac{N}{A} = \dfrac{E\Delta}{L}$。反之，若題目本來兩端皆無滾子支承，梁產生的軸向力N及軸向應力，是先用滾子支承代替其中一個支承，得出水平位移，而去求出$N = \dfrac{EA\Delta}{L}$及$\sigma = \dfrac{N}{A} = \dfrac{E\Delta}{L}$。

習 題

(A) 問答題

8-1　何謂靜不定梁？何謂靜不定度？為何工程上常用靜不定梁？

8-2　靜不定梁中多餘拘束是什麼意思？在求解靜不定梁時，從多餘拘束能提供什麼條件？

8-3　材料力學中推導構件基本變形的應力分佈公式時，遇到的問題是靜定問題還是靜不定問題？

(B) 計算題

8-2.1　如圖 8-22 所示之梁，兩端固定且承受均勻分佈負載，試求支承處之反作用力。

答：$R_a = R_b = \dfrac{qL}{2}$ (↑)，$M_A = \dfrac{qL^2}{12}$ (⌢)，$M_B = \dfrac{qL^2}{12}$ (⌢)。

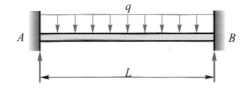

圖 8-22

8-2.2　試求圖 8-23 中支承處之反力。

答：$R_a = \dfrac{3P}{2}$ (↓)，$R_b = \dfrac{5P}{2}$ (↑)，$M_a = \dfrac{PL}{2}$ (⌢)。

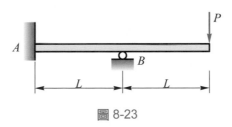

圖 8-23

8-2.3　試求圖 8-24 中支承 A 和 B 的反作用力。

答：$A_y = \dfrac{20}{27}P$ (↑)，$B_y = \dfrac{7P}{27}$ (↑)，$M_a = \dfrac{4PL}{9}$ (⌢)，$M_b = \dfrac{2PL}{9}$ (⌢)。

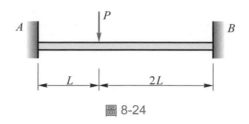

圖 8-24

8-2.4　試求圖 8-25 中支承 A、B 和 C 處的反作用力。

答：$A_y = \dfrac{5}{16}P(\uparrow)$，$B_y = \dfrac{11}{8}P(\uparrow)$，$C_y = \dfrac{5}{16}P(\uparrow)$

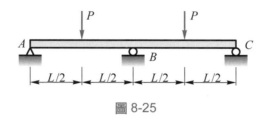

圖 8-25

8-3.1～8-3.6　均用力矩-面積法解之

8-3.1　試求如圖 8-26 所示的支承懸臂梁 AB 的反力。

答：$R_a = \dfrac{5}{8}qL\ (\uparrow)$，$M_a = \dfrac{1}{8}qL^2\ (\curvearrowleft)$，$R_b = \dfrac{3}{8}qL\ (\uparrow)$。

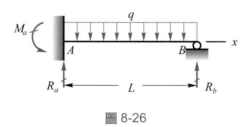

圖 8-26

8-3.2　二個集中負載作用在如圖 8-27 所示的一個支承懸臂梁上，試求出此梁的反力。

答：$R_a = \dfrac{4}{3}P(\uparrow)$，$R_b = \dfrac{2}{3}P(\uparrow)$，$M_a = PL(\curvearrowleft)$。

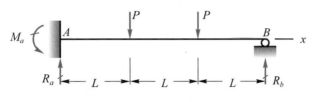

圖 8-27

8-3.3 試計算有一外伸部份的支承懸臂梁如圖 8-28 所示的反力。(取R_b為贅力)

答：$R_a = 50$ kN(↑)，$R_b = 100$ kN(↑)，$M_a = 50$ kN・m(⌒)。

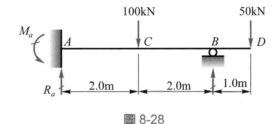

圖 8-28

8-3.4 一固定端點梁承受一均佈負載如圖 8-29 所示，試求反力及在中點的撓度$\delta_{\max}$。

答：$R_a = R_b = \dfrac{qL}{2}$，$M_a = M_b = \dfrac{qL^2}{12}$，$\delta_{\max} = \dfrac{qL^4}{384EI}$。

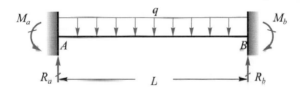

圖 8-29

8-3.5 圖 8-30 所示的固定端點梁AB承載二個集中負載，試求其反力及最大撓度$\delta_{\max}$。

答：$R_a = R_b = P$(↑)，$M_a = \dfrac{Pa}{L}(L-a)$(⌒)，$M_b = \dfrac{Pa}{L}(L-a)$(⌒)，

$\delta_{\max} = \dfrac{Pa^2}{24EI}(3L-4a)$(↓)。

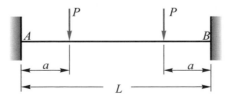

圖 8-30

8-3.6 固定端點梁承受一集中負載，如圖 8-31 所示，試求出在負載P作用點的撓度δ及反力。

答：$R_a = \dfrac{Pb^2}{L^3}(L + 2a)(\uparrow)$，$M_a = \dfrac{Pab^2}{L^2}(\frown)$，$\delta = \dfrac{Pa^3b^3}{3L^3EI}(\downarrow)$，

$R_b = \dfrac{Pa^2}{L^3}(L + 2b)(\uparrow)$，$M_b = \dfrac{Pa^2b}{L^2}(\frown)$。

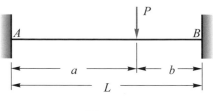

圖 8-31

8-4.1～8-4.3　用重疊法解之

8-4.1 如圖 8-32 所示為支持一個最大強度為q_0的線性變化負載的支承懸臂梁AB。試求此梁的所有反力。

答：$R_a = \dfrac{2q_0L}{5}(\uparrow)$，$R_b = \dfrac{q_0L}{10}(\uparrow)$，$M_a = \dfrac{q_0L^2}{15}(\frown)$。

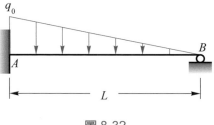

圖 8-32

8-4.2 帶有二個不等跨距的連續梁ABC支持著一均佈負載，如圖 8-33 所示。試求出此梁的反力。

答：$R_a = \dfrac{qL}{8}(\uparrow)$，$R_b = \dfrac{33qL}{16}(\uparrow)$，$M_a = \dfrac{13qL}{16}(\uparrow)$。

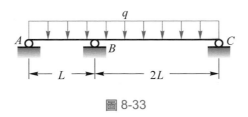

圖 8-33

8-4.3　二個懸臂梁AB與CD如圖 8-34 所示般地支持著。一個滾輪良好地配合在二個梁的中間D點。上一梁具有抗撓剛度EI_1，而下一梁的抗撓剛度則為EI_2。試求作用在D點的力量F。

答：$F = \dfrac{5PI_2}{2(I_1 + I_2)}$。

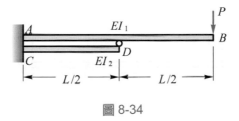

圖 8-34

8-4.4　圖 8-35 所示的梁ABC具有抗撓剛度$EI = 5.0$ MN $\cdot$ m^2。當施加負載時，在B的支點就垂直地移動 4.0 mm 的距離。試計算在B的反力R_b。

答：$R_b = 16.92$ kN。

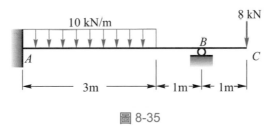

圖 8-35

8-4.5　一個二跨距梁ABC在施加負載之前是安置在A及C的支點如圖 8-36 所示。在梁及支點B間的小間隙為Δ。當梁中承受到均佈負載時，間隙會封閉，而在所有的三個支點產生反力。間隙Δ應取多大，方可令三個反力相等。

答：$\Delta = \dfrac{7qL^4}{72EI}$。

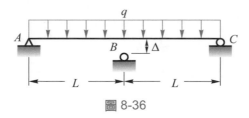

圖 8-36

8-4.6　懸臂梁AB支持在另一根懸臂梁CD的上方如圖 8-37 所示。二根梁除了長度之外均相同。在沒有負載時，二根梁是相接觸，但是在其間並沒有任何壓力。當施加負載P時，在二梁之間的D點會產生多大力量F？(提示：證明此二根梁僅在C及D點才有接觸。)

答：$F = \dfrac{P}{4L}(2L + 3a)$。

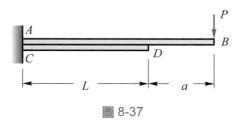

圖 8-37

8-4.7　如圖 8-38 所示之梁ABC簡支於A與B點，且其中心C支持在彈簧常數k(縮短每單位的力量)的彈簧上。若欲令梁中的最大彎曲矩有最小的可能值，試問彈簧的k應為多少？

答：$k = 89.63 \dfrac{EI}{L^3}$。

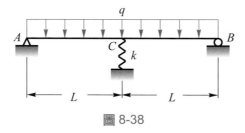

圖 8-38

8-5.1～8-5.4　用三彎曲矩方程式解之

8-5.1　連續梁$ABCD$有長度均為L的三個跨矩，且抗撓剛度均為EI，它在每一跨距的中點均支持一個集中負載P如圖 8-39 所示。試求出在此梁A端部的反力R_a。同時畫出剪力及彎曲矩圖，標出所有的臨界縱座標。

答：$R_a = \dfrac{7P}{20}$，$V_{max} = \dfrac{13P}{20}$，$M_{max} = \dfrac{7PL}{40}$。

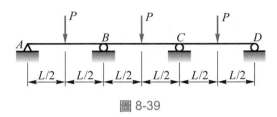

圖 8-39

8-5.2 圖 8-40 所示的連續梁的其中一端有一外伸部份。試求出此梁的反力。同時也繪出剪力及彎曲矩圖，標出所有的臨界縱座標。

答：$R_1 = 34.82$ kN($\uparrow$)，$R_2 = 48.88$ kN($\uparrow$)，$R_3 = 6.30$ kN($\uparrow$)

$V_{pos} = 34.82$ kN，$V_{neg} = -45.18$ kN，$M_{pos} = 30.29$ kN・m

$M_{neg} = -31.1$ kN・m。

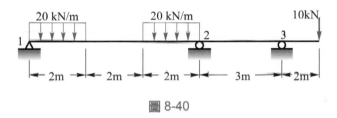

圖 8-40

8-5.3 試求出圖 8-41 所示梁的彎曲矩M_1、M_2 及 M_3。同時畫出剪力及彎曲矩圖，標出所有的臨界縱座標。

答：$M_1 = -\dfrac{Pa}{7}$，$M_2 = \dfrac{2Pa}{7}$，$M_3 = -Pa$。

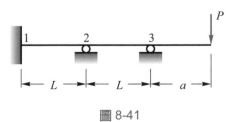

圖 8-41

8-5.4 假設在圖 8-42 所示梁的全長支持一個強度 q 的均佈負載。試求出彎曲矩 M_1、
M_2 及 M_3。同時畫出剪力及彎曲矩圖，標出所有的臨界縱座標。

答：$M_1 = -\dfrac{5qL^2}{56}$，$M_2 = \dfrac{qL^2}{14}$，$M_3 = -\dfrac{qL}{8}$。

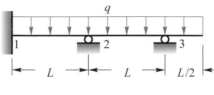

圖 8-42

8-6.1 如圖 8-43(a) 所示的簡支梁，均勻負載強度 $q = 20$ kN/m，其矩形剖面 40 mm
×200 mm，試求 (a) 支承 B 的水平位移，(b) 支承 B 若改為銷子支承 (圖 8-43(b))
時，梁內的軸向拉應力。$E = 200$ GPa，$L = 4$ m。

答：(a)$\Delta = 0.194$ mm，(b)$\sigma = 9.71$ MPa。

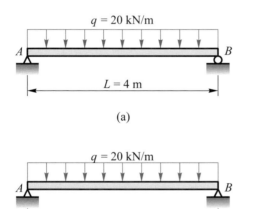

(a)

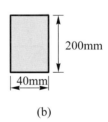

(b)

(c)

圖 8-43

8-6.2 如圖 8-44 所示，有一懸臂梁在自由端承受集中力P，抗撓剛度EI為常數，試求自由端的水平位移Δ。

答：$\Delta = \dfrac{P^2 L^5}{15 E^2 I^2}$。

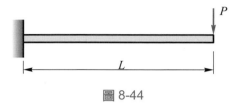

圖 8-44

9 柱

研讀項目

1. 了解何謂柱，以及細長柱破壞的型式：挫屈。
2. 了解桿件及彈簧系統的穩定性狀態，並導出柱的臨界負載與柱長度關係。
3. 熟悉梁的撓度微分方程式決定柱的臨界負載及撓度時之撓度形狀。不同柱端點用有效長度去說明。
4. 承受軸向負荷之短柱(細長比$KL/r = 40$至$KL/r = 100$之間)，提供一些能夠減少歐拉公式中較大的細長比且符合短柱壓縮降伏觀念之公式。
5. 了解實際柱行為與理想柱行為有何不同，因而建議一些經驗公式來設計柱，以柱常數來區分長柱或短柱。介紹一些協會建議柱的經驗設計公式。
6. 介紹柱的穩定條件及其穩定性的校核。
7. 了解如何提高柱的穩定性措施。

9 -1　挫屈與穩定性

　　結構及機械之破壞係依材料所承受的負載及支承的形式而有所不同，例如，延性材料的桿件，若超載時，可能產生伸長或彎曲，而使結構分解或崩潰。脆性材料的桿件，則因負載之超額應力而產生破碎。因此為避免上述的破壞，一般常限制桿件之最大容許應力及最大容許撓度，依此桿件的強度及剛性是設計的重要基準。上述情況已于前面章節討論過。

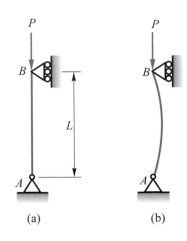

圖 9-1　由軸向壓力負載 P 造成一根柱子的挫屈

　　另一種破壞的型式稱為挫屈(buckling)，是本章討論的主題。細長柱(長度尺寸較其他尺寸大很多)在承受軸向壓縮負載後，將伴隨產生彎曲及側向撓曲(圖 9-1(a)(b))，**通常在應力小於材料極限應力時產生挫屈而喪失承載能力，這是因為平衡有穩定性和不穩定性的區別。此時細長柱可能會以彈性不穩定或挫屈的方式破壞，而不以**壓碎(crushing)**的型式破壞；而所謂的彈性不穩定是柱的剛性不足以維持其**直度(straight)。**柱的撓度會很突然地發生，且若負載不消除，則柱即行破壞。**當然，挫屈可能有不同之形式發生於不同的結構。如站立在鋁罐上時，罐壁產生的挫屈，橋梁鋼板受壓力而起皺之挫屈而崩潰。

　　現說明平衡的穩定性。考慮圖 9-2 中的小球(剛體)分別放在不同的位置上，但它們都是處於平衡狀態。根據小球受輕微擾動後能否回到原始位置，區分為穩定平衡、不穩定平衡及隨遇平衡狀態。

(a) 處於穩定平衡　　　(b) 不穩定平衡　　(c) 隨遇平衡狀態之球

圖 9-2

　　爲了解釋挫屈基本型式之現象，考慮一理想化結構(圖9-3(a))，AB桿爲剛體，底部爲鉸支承，頂部是連結彈簧(爲了了解剛性的影響及恢復力)，其彈簧常數爲k，桿件承受一沿桿軸心線作用之負載P。假設桿件由於外力作用，在支承A發生一旋轉角θ(圖9-3(b))，若P值很小，則外力移除時系統能恢復原狀，此稱爲穩定；但若P值很大，則該桿件將繼續旋轉而破壞。因此在大作用力下，該系統爲不穩定且由於旋轉角度大而挫屈。

　　用靜力平衡來分析桿件系統的細節狀況。當桿件旋轉角度很小時，彈簧伸長θL，L爲桿長，則彈簧力F_s爲

$$F_s = k\theta L \tag{9-1}$$

該力在A點處產生一相當於$F_s L$順時針轉向之彎曲矩或等於$k\theta L^2$，可視爲回復彎曲矩。而P力在A點造成反時針轉向之彎曲矩，最欲傾倒桿件之傾倒力矩$P\theta L$。

若$P\theta L < k\theta L^2$　或　$P < kL$爲穩定系統
若$P\theta L > k\theta L^2$　或　$P > kL$爲不穩定系統

而由穩定系統變化爲不穩定系統，發生於$P\theta L = k\theta L^2$或$P = kL$，該負載稱爲臨界負載

$$P_{cr} = kL \tag{9-2}$$

故當$P < P_{cr}$時，系統爲穩定系統。$P > P_{cr}$時，系統爲不穩定系統。

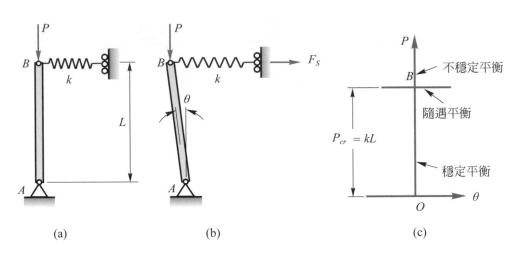

(a)　　　　　　　　　(b)　　　　　　　　　(c)

圖 9-3　以彈簧支持的一剛桿挫屈

　　當 $P＝P_{cr}$ 時，系統若恢復其初始位置且 $\theta＝0°$，稱為穩定平衡。當 $P＜P_{cr}$ 且 $\theta＝0°$，此時桿件直接受壓，而彈簧不受力，這種平衡狀態受輕微的擾動，將導致崩潰，稱為不穩定平衡，當 $P＞P_{cr}$ 且 θ 為任意微小（$P＝P_{cr}$ 時，θ 已消失），此種平衡狀態稱為隨遇平衡或中性平衡。這些平衡關係以 P 對 θ 圖來表示（圖 9-3(c)），粗線代表平衡狀態，點 B 為圖上之分歧點，水平線由左至右，因為 θ 可為順時針或逆時針轉向，且假設 θ 角度很小，故水平線僅延伸一小距離。在圖 9-3 所示桿件的平衡，就如同一球置於表面上一樣（圖 9-2）。

觀念討論

1. 剛體平衡狀態的穩定性與它的拘束情況有關，拘束情況的臨界狀態是衡量剛體平衡狀態穩定性的重要指標。它在處於平衡位置給予微小的干擾，使它脫離原來的平衡位置，後來觀察其運動，若剛體脫離原本平衡位置後，仍向原來位置方向運動，此原來平衡狀態是穩定（如圖 9-2）。

2. 變形體的平衡穩定性除有存在拘束條件所造成的平衡狀態的穩定性問題外，還存在著變形狀態平衡穩定性問題。一般工程結構，都是事先要求設計構件的拘束情況沒能使它處於穩定平衡狀態，因而在此只討論變形狀態的穩定性問題。

3. 變形體穩定性判斷方法仍與剛體類似，是在構件上施加微小的干擾，使它脫離原來的正常變形狀態，而觀察它的運動情況；但與剛體不同之處在於變形體已認為拘束條件能使變形體處於穩定平衡狀態，故施加干擾後構件不會產生整體運動，而只會產生其他的變形狀態。變形狀態的穩定平衡問題是指在正常變形狀態附近是否存在著能使變形體處於平衡的其他變形狀態。若不存在其他變形狀態，施加干擾後仍回原正常變形狀態，此狀態的平衡是穩定的，反之則是不穩定。

9 -2 鉸支端柱

前一節討論得知，柱的臨界負載與柱的長度有關，所以首先考慮一細長柱且兩端為鉸接(圖 9-4(a))，該柱承受一沿柱中心軸垂直作用之 P 力，此柱為直立且為線彈性材料(遵守虎克定律)。xy 平面為對稱面，並假設彎曲矩發生於該平面上。

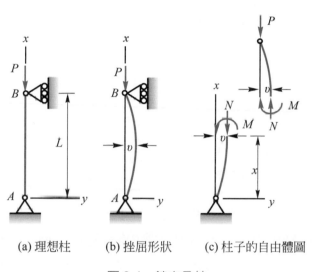

(a) 理想柱　　(b) 挫屈形狀　　(c) 柱子的自由體圖

圖 9-4　鉸支承柱

若軸向負載 P 小於臨界負載時，柱將保持直線且僅受軸向壓力的作用，**此柱的平衡稱為穩定，即若有一側向力的作用且產生一小撓度，則當側向力被移去時，撓度也將消去，柱將恢復為直線。**當軸向負載 P 達到臨界負載時，柱為一種中性平衡的情況，柱可具有任何小值的撓度，一小側向作用將使柱產生一撓度；當側向力被移去時，此撓度並不消失。當負載更大時，在線性狀況下仍維持平衡，但該柱處於不穩定平衡；若有微小的擾動，即可能產生側向撓曲，並迅速增大而崩潰。

爲了決定臨界負載，及挫屈時之撓曲形狀，我們使用梁的撓曲微分方程式，即

$$EIv'' = -M \qquad\qquad (9\text{-}3)$$

式中v爲y軸之撓曲。設x及y軸如圖 9-4(b)，則距A點x處之彎曲矩M，可由圖 9-4(c) 之自由體圖而得

$$N = P \quad M = Pv \quad (\text{其中}N\text{爲軸向內力})$$
$$EIv'' = -M = -Pv$$

或　　　$$EIv'' + Pv = 0 \qquad\qquad (9\text{-}4)$$

式中EI爲xy平面上之抗撓剛度，因而xy平面即爲挫屈面。

　　首先令$k^2 = P/EI$，則上式重寫爲

$$v'' + k^2v = 0 \qquad\qquad (9\text{-}5)$$

方程式之通解爲

$$v = C_1 \sin kx + C_2 \cos kx$$

C_1、C_2爲常數，可由邊界條件求出。由鉸接邊界條件

$$v(0) = 0 \quad 及 \quad v(L) = 0$$
得出　　　$$C_2 = 0 \quad 及 \quad C_1 \sin kL = 0$$

由後面式子，得知$C_1 = 0$或$\sin kL = 0$；若$C_1 = 0$，則撓曲v爲零且柱保持直線形狀，在此狀況下，對任何kL值均符合，因而負載P爲任意值。微分方程式的解代表圖 9-5 之負載撓度圖上之垂直軸。若$\sin kL = 0$，即代表$kL = 0，\pi，2\pi，\cdots$，當$kL = 0$，代表$P = 0$，此解並不重要，因此要考慮的解爲

$$kL = n\pi \quad n = 1,2,3,\cdots$$
或　　　$$P = \frac{n^2\pi^2 EI}{L^2} \quad n = 1,2,3,\cdots \qquad\qquad (9\text{-}6)$$

由式(9-6)求出P的最小值($n = 1$)，

$$P_{cr} = \frac{\pi^2 EI}{L^2} \qquad\qquad (9\text{-}7)$$

在圖 9-5 負載撓度圖中相關於P_{cr}為一水平直線，所得式子為歐拉公式(Euler's formula)，以紀念瑞士數學家Leonhord Euler(1707～1783)。於圖9-6中是鉸支承理想柱的挫屈形狀。

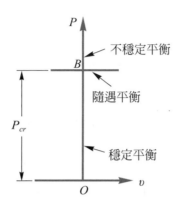

圖 9-5　對於一根理想彈性柱的負載-撓度圖

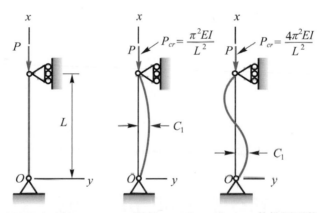

(a) 最初的直線柱　　(b) $n = 1$ 的挫屈形狀　　(c) $n = 2$ 的挫屈形狀

圖 9-6　鉸支承之理想柱的挫屈形狀

　　從(9-6)式或(9-7)式得知，臨界負載與抗撓剛度EI成正比，而與長度平方成反比，和材料強度無關，因此使用高強度材料並不增加臨界負載。為了增加柱的臨界負載，可增加剛性(即使用高彈性模數E)和慣性矩I，故在相同面積下，管狀要比實心者經濟，減少管壁厚度，因而增加I值，其臨界負載增大。但這種方式有實際上的限制，乃因管壁變薄會變為不穩定，產生皺褶而導致局部挫屈，而非圖9-6的整體挫屈。

相對應於臨界負載之應力值稱為臨界應力(critical stress)並記為σ_{cr}。由式(9-7)，並令$I = Ar^2$，其中A為剖面積，而r為其迴轉半徑，可得到

$$\sigma_{cr} = \frac{P_{cr}}{A} = \frac{\pi^2 E A r^2}{A L^2}$$

或

$$\sigma_{cr} = \frac{\pi^2 E}{\left(\dfrac{L}{r}\right)^2} \tag{9-8}$$

其中L/r稱為柱的細長比(slenderness ratio)。應用此式必須使用最小迴轉半徑r計算柱之細長比和臨界應力。若σ_{cr}值比降伏強度σ_y大，此柱會在挫屈前因壓力而降伏。

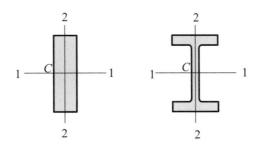

圖 9-7　對於主形心軸$I_1 > I_2$的柱剖面

在以上分析中，假設xy平面為柱的對稱且挫屈發生在該平面上。**圖9-7 中的矩形及寬翼剖面，剖面上I_1大於I_2，將較小之慣性矩I_2，代入臨界負載方程式，而挫屈將產生於1-1平面，即挫屈發生在垂直於相對應最小慣性矩主軸之平面上。**

9 -3　歐拉公式在其他端點狀況的柱之推廣

歐拉公式係由兩端鉸支承柱之挫屈型式，稱為挫屈之基本型式，尚有其他條件如固定端、彈性支承或自由端等亦常應用。

現分析一端固定，另一端為自由端之理想彈性柱，它承受垂直負載P(圖 9-8(a))，首先分析柱之撓曲(圖9-8(b))，由圖中知距底端x處之彎曲矩為

$$M = -P(\delta - v)$$

δ為自由端撓度，其撓曲微分方程式為

$$EIv'' = -M = P(\delta - v) \tag{a}$$

式中I為挫屈平面上之慣性矩。令$k = P/EI$，則(a)式變成

$$v'' + k^2v = k^2\delta \tag{b}$$

此式為非齊次(nonhomogeneous)二次微分方程式。解包括兩部份(1)齊性解(或補充解)，為齊次方程式，即右側為零的解。(2)特解，為包括右側項方程式的解。

則齊性解v_h為

$$v_h = C_1\sin kx + C_2\cos kx$$

而特解$v_p = \delta$，故通解為

$$v = v_h + v_P = C_1\sin kx + C_2\cos kx + \delta \tag{c}$$

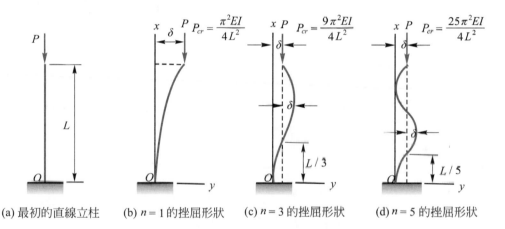

(a) 最初的直線立柱　(b) $n = 1$的挫屈形狀　(c) $n = 3$的挫屈形狀　(d) $n = 5$的挫屈形狀

圖 9-8　底端為固定，上端為自由的理想柱

式中包括三個未知數C_1、C_2及δ，由固定端兩個條件$v(0) = 0$，$v'(0) = 0$，自由端一個條件$v(L) = \delta$求得。由前面兩個條件得撓度曲線方程式

$$v = \delta(1 - \cos kx) \tag{d}$$

而將第三個條件代入(d)式得

$$\delta\cos kL = 0 \tag{e}$$

即　　$\delta = 0$　或　$\cos kL = 0$

若 $\delta = 0$ 時，如同前所述無撓度產生。若 $\cos kL = 0$，其條件為

$$kL = \frac{n\pi}{2} \qquad n = 1,3,5,\cdots \tag{f}$$

對臨界負載之相關方程式為

$$P_{cr} = \frac{n^2 \pi^2 EI}{4L^2} \qquad n = 1,3,5,\cdots \tag{g}$$

其挫屈形狀(由(f)代入(d)式)

$$v = \delta\left(1 - \cos\frac{n\pi x}{2L}\right) \qquad n = 1,3,5,\cdots \tag{h}$$

而實際應用上為最小臨界值($n = 1$)

$$P_{cr} = \frac{\pi^2 EI}{4L^2} \tag{9-9}$$

其相關之挫屈形狀為

$$v = \delta\left(1 - \cos\frac{\pi x}{2L}\right) \tag{9-10}$$

見圖 9-8(b)，可得如圖 9-5 之負載撓度圖上之水平線。圖 9-8(c)及(d)，分別表示 $n = 3$，$n = 5$ 時之挫屈形狀及其臨界負載。

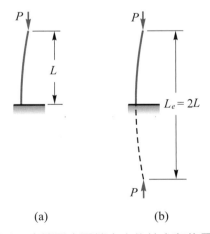

(a)　　　　　　　　(b)

圖 9-9　底端固定頂端自由的柱之有效長度 L_e

由前面的分析知,柱之臨界負載皆由撓度曲線及邊界條件求出,現介紹一種有效長度之觀念,來求出柱之臨界負載。為了解釋此觀念,觀察柱的撓度形狀(圖 9-9(a)),該柱挫屈形式為四分之一正弦波,若延伸其形狀(圖 9-9(b))如同鉸支柱之形狀。有效長度 L_e 等於鉸支端的柱長,或撓度曲線上反曲點之距離,因此對此柱而言,有效長度為

$$L_e = 2L$$

使用有效長度,則臨界負載可寫為

$$P_{cr} = \frac{\pi^2 EI}{L_e^2} \tag{9-11}$$

一般有效長度常表示為 $L_e = KL$,其中 K 為有效長度係數,它與柱端點有關,令 $I_A = Ar^2$,因而臨界負載為

$$P_{cr} = \frac{\pi^2 EI}{(KL)^2} = \frac{\pi^2 EA}{\left(\dfrac{KL}{r}\right)^2} \tag{9-12}$$

對一端固定,另一自由端之柱 $K = 2$;而鉸支柱 $K = 1$。

現考慮一端抵抗旋轉固定端柱(圖 9-10(a)),上端加軸向力 P,則有一相等反力產生在底端;當挫屈發生,端點上亦發生彎曲矩 M_0(圖 9-10(b)),其第一挫屈形式之反曲點距底端 $L/4$ 處;因此有效長度為反曲點間之距離。

$$L_e = \frac{L}{2}$$

代入(9-11)式得臨界負載

$$P_{cr} = \frac{4\pi^2 EI}{L^2} \tag{9-13}$$

該解亦可由微分方程式求出(見例題 9-1)。

另一情況是底端固定,而上端鉸支端柱;臨界負載及挫屈形狀,不能由觀察挫屈形狀而決定,乃因反曲點之位置並不明顯,因此必須解微分方程式(見例題 9-2)。

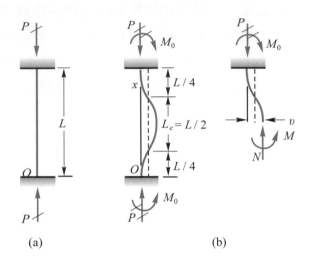

圖 9-10 兩端抵抗旋轉之固定端柱的有效長度

● **例題 9-1** 一固定端柱，試以解撓度曲線之微分方程式求得臨界負載P_{cr}與挫屈形狀。見圖 9-10。

解 由自由體圖求得

$$M_x = -M_0 + Pv$$

則撓度微分方程式為

$$EIv'' = -M_x = M_0 - Pv \tag{a}$$

(注意，$EIv'' = -M_x$，取負號代表彎曲矩產生正撓度)，設$k^2 = P/EI$，則(a)式變成

$$v'' + k^2v = \frac{k^2 M_0}{P} \tag{b}$$

其通解為

$$v = C_1 \sin kx + C_2 \cos kx + \frac{M_0}{P}$$

而此柱的邊界條件為$v'(0) = 0$，$v(0) = 0$，$v(L) = 0$

由前面兩條件得撓度曲線方程式為

$$v = \frac{M_0}{P}(1 - \cos kx) \tag{c}$$

由第三個條件代入(c)式得

$$\frac{M_0}{P}(1-\cos kx)=0$$

$\cos kL=1$ 即 $kL=2n\pi\,(n=1,2,3,\cdots)$，故臨界負載為

$$P_{cr}=k^2EI=\frac{4n^2\pi^2EI}{L^2}\quad(n=1,2,3,\cdots)$$

挫屈形狀為

$$v=\frac{M_0}{P}\left(1-\cos\frac{2n\pi x}{L}\right)\quad(n=1,2,3,\cdots)$$

例題 9-2 底端固定，上端鉸支端柱，承受軸向壓力 P，試求其臨界負載 P_{cr} 及其撓度曲線方程式(圖 9-11)。

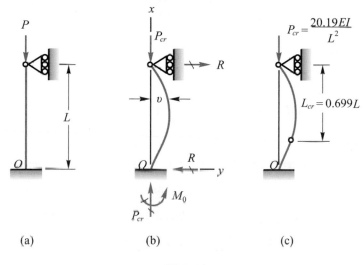

圖 9-11

解　由分離體圖，距底端距離 x 處之彎曲矩(取上半部為自由體圖)

$$M=Pv-R(L-x)$$

則

$$EIv''=-M=R(L-x)-Pv\tag{a}$$

令 $k^2=P/EI$，則(a)式變成

$$v''+k^2v=\frac{R}{EI}(L-x)\tag{b}$$

其通解為

$$v = C_1 \sin kx + C_2 \cos kx + \frac{R}{P}(L-x) \tag{c}$$

式中有三個未知數C_1、C_2及R，故需三個邊界條件

(1)當$x = 0$，$v = 0$；得$C_2 = -\frac{R}{P}L$

(2)當$x = 0$，$v' = 0$；得$C_1 = \frac{R}{kP}$

(3)當$x = L$，$v = 0$；得$\frac{R}{kP}\sin kL - \frac{RL}{P}\cos kL = 0$

$\therefore \tan kL = kL$ 由圖解法或試誤法得其最小非零之kL值為

$\quad kL = 4.4934$

其對應臨界負載

$$P_{cr} = \frac{20.19EI}{L^2} = \frac{2.046\pi^2 EI}{L^2} = \frac{\pi^2 EI}{(0.699L)^2}$$

$$\approx \frac{\pi^2 EI}{(0.7L)^2}$$

撓度曲線方程式

$$v = \frac{RL}{P}\left[\frac{1}{4.49}\sin kx - \cos kx + \left(1 - \frac{x}{L}\right)\right]$$

● **例題 9-3** 一正方形剖面，兩公尺長的鉸支端柱由杉木所製成。假設$E = 15$ GPa，與木紋平行的抗壓容許應力$\sigma_{allow} = 14$ MPa。計算歐拉臨界負載，採用安全因數 3，如欲使此柱能安全支持(a)150 kN 負載，(b)250 kN 負載時，試求其剖面的尺寸。

解 (a)對於 150 kN 負載，應用已知的安全因數得

$\quad P_{cr} = (3)(150 \text{ kN}) = 450 \text{ kN}$

而$L = 2$ m，$E = 15$ GPa，將以上各值代入(9-7)式，解得I值為

$$I = \frac{P_{cr}L^2}{\pi^2 E} = \frac{(450 \times 10^3 \text{ N})(2 \text{ m})^2}{\pi^2(15 \times 10^9 \text{ Pa})} = 12.16 \times 10^{-6} \text{ m}^4$$

邊長為a之正方形有$I = a^4/12$，可得

$$\frac{a^4}{12} = 12.16 \times 10^{-6} \text{ m}^4 \quad \text{則} \quad a = 109.9 \text{ mm} \doteqdot 110 \text{ mm}$$

現在檢查柱中的正向應力值($N = P = 150$ kN)

$$\sigma = \frac{N}{A} = \frac{150 \text{ kN}}{(0.11 \text{ m})^2} = 12.4 \text{ MPa}$$

由於σ值比容許應力小，故上述剖面 110 mm×110 mm 可接受。

(b)對於 250 kN 負載，再由(9-7)式解I，現令

$$P_{cr} = (3)(250 \text{ kN}) = 750 \text{ kN}$$

$$I = \frac{P_{cr}L^2}{\pi^2 E} = 20.26 \times 10^{-6} \text{ m}^4$$

可得

$$\frac{a^4}{12} = 20.26 \times 10^{-6} \quad 得 \quad a = 124.8 \text{ mm}$$

正向應力值爲

$$\sigma = \frac{N}{A} = \frac{250 \text{ kN}}{(0.1248 \text{ m})^2} = 16.05 \text{ MPa}$$

因爲此值大於容許應力，故上述所求得的尺寸不能接受，必須要根據其抗壓能力選用剖面。亦即得

$$A = \frac{N}{\sigma_{\text{allow}}} = \frac{250 \text{ kN}}{14 \text{ MPa}} = 17.86 \times 10^{-3} \text{ m}^2$$

$$a^2 = 17,86 \times 10^{-3} \text{ m}^2，a = 133.6 \text{ mm}$$

採用 135×135 mm 剖面(取用較大的尺寸，使其應力σ值會較小些)。

● 例題 9-4 如圖 9-12 所示，長度爲L，剖面爲矩形之鋁柱，其一端B爲固定且在A支持中心負載。兩塊光滑且磨圓的固定板，限制了端點A在柱的一對稱垂直平面中運動，但卻容許在其他平面中運動，(a)試求抗挫屈性最有效的剖面之邊長比a/b，(b)已知$L = 600$ mm，$E = 70$ GPa，$P = 25$ kN，安全因數 2.5，求柱的最有效剖面。

解 若柱在xy平面中挫屈，端點A被限制運動，因此在此平面中是兩端固定的柱，由例題 9-2 知有效長度$L_e = 0.7L$，而主軸慣性矩以垂直於挫屈平面的軸爲主軸，即慣性矩爲I_z，即

$$I_z = \frac{1}{12} ba^3$$

因$I_z = Ar_z^2$，其中$A = ab$

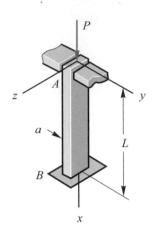

圖 9-12

$$r_z^2 = \frac{I_z}{A} = \frac{a^2}{12} \quad r_z = \frac{a}{\sqrt{12}}$$

柱在xy平面中挫屈之有效細長比是

$$\frac{L_e}{r_z} = \frac{0.7L}{\dfrac{a}{\sqrt{12}}} \tag{a}$$

若在xz平面中挫屈，端點A可以自由運動，則柱為一端固定，另一為自由端，其有效長度是$L_e = 2L$，同理相對應之迴轉半徑$r_y = b/\sqrt{12}$，故細長比為

$$\frac{L_e}{r_y} = \frac{2L}{\dfrac{b}{\sqrt{12}}} \tag{b}$$

(a)最有效設計：最有效的設計是使其兩種可能的挫屈之臨界應力相等。

由(a)、(b)兩式知

$$\frac{0.7L}{\dfrac{a}{\sqrt{12}}} = \frac{2L}{\dfrac{b}{\sqrt{12}}}$$

由此解得

$$\frac{a}{b} = \frac{0.7}{2} = 0.35$$

(b)對於所給予之數據設計

$$P_{cr} = (2.5)P = (2.5)(25 \text{ kN}) = 62.5 \text{ kN}$$

$a = 0.35b$，可得$A = ab = 0.35b^2$，而

$$\sigma_{cr} = \frac{P_{cr}}{A} = \frac{62.5 \times 10^3 \text{ N}}{0.35b^2}$$

$L = 0.600$ m 代入(b)式得

$$\frac{L_e}{r_y} = \frac{4.157}{b}$$

則

$$\sigma_{cr} = \frac{\pi^2 E}{\left(\dfrac{L_e}{r_y}\right)^2}$$

$$\frac{62.5 \times 10^3 \text{ N}}{0.35b^2} = \frac{\pi^2(70 \times 10^9 \text{ Pa})}{\left(\dfrac{4.157}{b}\right)^2}$$

$b = 45.9$ mm，而 $a = 0.35b = 0.35 \times 45.9 = 16$ mm。

9 -4 承受軸向負載之短柱

歐拉公式是基於柱之損壞型式為彈性挫屈，但當柱的剖面積不變，而長度減少時，柱承受負載會發生損壞，此時並非柱產生挫屈，而是產生壓縮降伏的損壞。亦即臨界應力不超過比例限($\sigma_{cr} \leq \sigma_{pl}$，$\sigma_{pl}$：比例限)，因而可用歐拉公式求出有效細長比(effective slenderness ratio)

$$\left(\frac{KL}{r}\right)_e = \sqrt{\frac{\pi^2 R}{\sigma_{pl}}} \quad \text{其中} K \text{為有效長度係數} \tag{9-14}$$

由 $\sigma_{cr} \leq \sigma_{pl}$ 表示歐拉公式必須使用在細長比大於有效細長比才有效。一般而言 $KL/r = 40$ 至 $KL/r = 100$ 之間，由歐拉公式所得的結果並不與實際值相符，其臨界負載可能超過真正使柱損壞的負載。因此有些學者提供一些公式，能夠減少歐拉公式中較大的細長比且同時也符合短柱壓縮降伏的觀念。建議使用的公式如下：

一、直線公式

在圖 9-13 中歐拉曲線 ABC，首先考慮鉸支端的柱，我們從材料壓縮降伏應力點 D 點畫歐拉曲線之切線 DE 相切於 B 點，P_{cr} 為臨界負載，則

$$y = \frac{P_{cr}}{A} = \sigma_y + m\left(\frac{L}{r}\right) = \sigma_y + \frac{dy}{dx}\left(\frac{L}{r}\right) \tag{a}$$

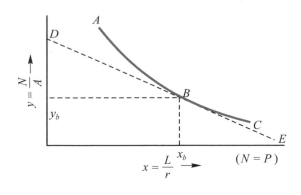

圖 9-13

此式代表不同的細長比有不同的臨界應力。為了求直線 DE 之斜率 m，必須由歐拉曲線求得，而歐拉公式為

$$y = \frac{P_{cr}}{A} = \frac{\pi^2 E}{\left(\dfrac{L}{r}\right)^2} = \frac{\pi^2 E}{x^2} \tag{b}$$

而

$$\frac{dy}{dx} = -\frac{2\pi^2 E}{x^3}$$

在 $x = x_b$ 時，

$$\frac{dy}{dx} = m = -\frac{2\pi^2 E}{(x_b)^3} \tag{c}$$

因而

$$y_b = \sigma_y - \frac{2\pi^2 E}{(x_b)^2} \tag{d}$$

由(b)、(d)兩式得

$$x_b = \left(\frac{3E\pi^2}{\sigma_y}\right)^{\frac{1}{2}} \ , \ y_b = \frac{\sigma_y}{3}$$

將這 y_b 值代入(c)式得

$$m = -\frac{2\pi^2 E}{\left(\dfrac{3E\pi^2}{\sigma_y}\right)^{\frac{3}{2}}} = -\frac{2\sigma_y^{\frac{3}{2}}}{3\pi\sqrt{3E}}$$

則(a)式變成

$$\frac{P_{cr}}{A} = \sigma_y - \left(\frac{L}{r}\right) \frac{2\sigma_y^{\frac{3}{2}}}{3\pi\sqrt{3E}} \tag{9-15}$$

二、強生拋物線公式(Johnson parabolic formula)

在圖9-14中歐拉曲線ABC，我們從材料壓縮降伏應力點D畫一拋物線DBE，它與歐拉曲線相切於B點，則拋物線DBE之方程式為

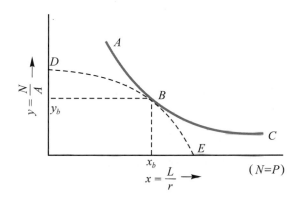

圖 9-14

$$y = \sigma_y - ax^2 \tag{e}$$

其中a為常數。

於B點兩曲線之斜率為

$$\begin{aligned} ABC曲線 \quad & \frac{dy}{dx} = -\frac{2\pi^2 E}{(x_b)^3} \\ DBE拋物線 \quad & \frac{dy}{dx} = -2ax_b \end{aligned} \tag{f}$$

因兩者斜率相等

$$-\frac{2\pi^2 E}{(x_b)^3} = -2ax_b$$

或

$$a = \frac{\pi^2 E}{(x_b)^4} \tag{g}$$

由歐拉曲線及(e)式得

$$y_b = \sigma_y - a x_b^2 = \frac{\pi^2 E}{(x_b)^2}$$

得
$$x_b^2 = \frac{2\pi^2 E}{\sigma_y} \tag{h}$$

將(h)式代入(g)式得

$$a = \frac{\pi^2 E}{(x_b)^4} = \frac{\sigma_y^2}{4\pi^2 E}$$

故強生拋物線公式為

$$\frac{P_{cr}}{A} = \sigma_y - \frac{\sigma_y^2}{4\pi^2 E}\left(\frac{L}{r}\right)^2 \tag{9-16}$$

三、朗金-高登公式(Rankine-Gordon formula)

此公式是組合歐拉負載及壓縮降伏負載，其公式為

$$\frac{1}{P_r} = \frac{1}{P_{cr}} + \frac{1}{P_c} \tag{i}$$

其中P_{cr}為歐拉負載，P_c為壓縮降伏負載。重寫(i)式為

或
$$\frac{1}{\sigma A} = \frac{1}{\sigma_{cr} A} + \frac{1}{\sigma_y A}$$
$$\sigma = \frac{\sigma_y}{\left(1 + \dfrac{\sigma_y}{\sigma_{cr}}\right)} \tag{j}$$

兩端鉸支端之σ_{cr}值為

$$\sigma_{cr} = \frac{\pi^2 E}{\left(\dfrac{L}{r}\right)^2}$$

所以(j)式變成

$$\sigma = \frac{\sigma_y}{1 + a\left(\dfrac{L}{r}\right)^2} \tag{9-17}$$

而$\sigma = \sigma_y / (\pi^2 E)$，此值為理論值，一般$a$值可由實驗得出，如下表9-1。

表 9-1

材料	壓縮降伏應力 (MPa)	a	
		鉸支端	固定端
低碳鋼	315	$\dfrac{1}{7500}$	$\dfrac{1}{30,000}$
鑄鐵	50	$\dfrac{1}{1600}$	$\dfrac{1}{6400}$
木材	35	$\dfrac{1}{3000}$	$\dfrac{1}{12,000}$

注意直線公式與強生拋物線公式，使用在非鉸支端之短柱，只要將柱長 L 以有效長度 L_e 代替。

● **例題 9-5** 二個 280 mm×120 mm 之 I 形剖面，由二塊 10 mm 厚度之厚板接合成 7 m 的支柱。已知安全因數為 2.5，壓縮降伏應力為 320 MPa，且常數 $a = 1/7500$，利用 Rankine-Gordon 公式求支柱承受的容許負載。如圖 9-15 上之 I 形剖面的 $I_x = 96×10^{-6}$ m⁴，$I_y = 4.2×10^{-6}$ m⁴，$A = 6×10^{-3}$ m²。

解 由圖知柱剖面積慣性矩

I 形件之 $I_x = 2×96×10^{-6} = 192×10^{-6}$ m⁴

厚板之 $I_x = 033×\dfrac{(0.3)^3}{12} - \dfrac{0.33×(0.28)^3}{12}$

$\qquad = 138.8×10^{-6}$ m⁴

整個接合件之 $I_x = (192 + 138.8)×10^{-6}$ m⁴

$\qquad = 330.8×10^{-6}$ m⁴

利用平行軸定理

I 形接合件之 $I_y = 2[4.2×10^{-6} + 6×10^{-3}(0.1)^2]$

$\qquad = 128.4×10^{-6}$ m⁴

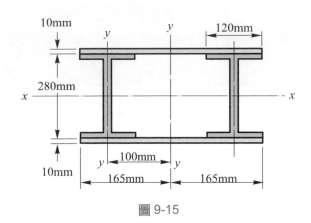

圖 9-15

而

$$厚板之 I_y = 3\left[\frac{0.01\times(0.33)^3}{12}\right] = 59.9\times10^{-6} \text{ m}^4$$

$$整個接合件之 I_y = (128.4 + 71.9)\times10^{-6}$$

$$= 188.3\times10^{-6} \text{ m}^4$$

因此柱的最小慣性矩為

$$I_y = 188.3\times10^{-6} \text{ m}^4$$

而接合件之總面積

$$A = 2\times6\times10^{-3} + 2\times0.33\times10\times10^{-3} = 18.6\times10^{-3} \text{ m}^2$$

則

$$r_y^2 = \frac{I_y}{A} = \frac{188.3\times10^{-6}}{18.6\times10^{-3}} = 10.12\times10^{-3} \text{ m}^2$$

$$\left(\frac{L}{r}\right)^2 = \frac{7^2}{10.12\times10^{-3}} = 4.84\times10^3$$

故

$$\sigma = \frac{\sigma_y}{1 + a\left(\frac{L}{r}\right)^2} = \frac{320\times10^6}{1 + \dfrac{4.84\times10^3}{7500}} = 194.5 \text{ MPa}$$

$$P_r = \sigma A = 194.5\times10^6\times18.6\times10^{-3} = 3.62 \text{ MN}$$

所以

$$P_{\max} = \frac{P_r}{n} = \frac{3.61\times10^6}{2.5} = 1.447 \text{ MN}$$

9 -5　柱的經驗公式

　　前述各節中，吾人根據理論上的考慮，討論柱之負載能力。下一步就是要決定柱的容許負載，此時不僅考慮理論的結果，也要考慮在實驗室測試中所得實際柱的行為。如果有適當的實驗資料，在公式有效範圍裏使用經驗設計公式，都可得相當滿意的計算，但要注意不管從最大負載到容許負載(或最大應力到容許應力)間，吾人必須使用安全因數。同時使用設計公式時，下列的限制必須注意：

(1)　公式僅對某一特定材料有效。

(2)　公式僅在某一特定範圍的細長比時才有效。

(3)　公式可能指的是容許應力，也可能指的是最大應力；若是後者必須使用安全因數，以便得到容許應力。

　　現在介紹各種規範中的經驗公式，訂出了容許的平均壓應力$(N/A)_{\text{allow}}$(其中$N=P$)與細長比(L/r)的關係：

1. **直線公式**

$$\left(\frac{N}{A}\right)_{\text{allow}} = \sigma_w - \alpha\left(\frac{L}{r}\right)$$

式中σ_w為材料的抗壓工作應力，α為數據係數。

　　美國鐵路協會(AREA)建議兩端為鉸支端之結構鋼柱，承受軸向負載時，計算容許平均壓應力

$$\left(\frac{N}{A}\right)_{\text{allow}} = 110 - 0.482\left(\frac{L}{r}\right) \qquad 30 < \frac{L}{r} < 120$$

若$(L/r) < 30$時，

$$\left(\frac{N}{A}\right)_{\text{allow}} = 96.3 \text{ MPa} \qquad\qquad\qquad (9\text{-}18)$$

　　若$(L/r) > 120$時，應用歐拉公式。

2. **拋物線公式**

$$\left(\frac{N}{A}\right)_{\text{allow}} = \sigma_w - \alpha\left(\frac{L}{r}\right)^2$$

式中σ_w爲材料的抗壓工作應力，α爲一數據係數。美國鋼鐵構造學會(AISC，The American Institute of steel constructin)基於結構穩定性研究協會(SSRC)建議，對於滾軋剖面結構取$\sigma_{pl} = 0.5\sigma_y$，因材料內有較大的壓縮殘留應力。由(9-14)式可得臨界(最小)細長比，稱之爲柱常數C_c。即

$$C_c = \left(\frac{KL}{r}\right)_c = \sqrt{\frac{2\pi^2 E}{\sigma_y}} \qquad (9\text{-}19)$$

AISC 對結構鋼柱的設計提供公式爲

對於短及中等長度的柱

$$\sigma_{\text{allow}} = \frac{\sigma_{\max}}{n_1} = \frac{\sigma_y}{n_1}\left[1 - \frac{1}{2}\left(\frac{\frac{L}{r}}{C_c}\right)^2\right] \qquad 0 \le \frac{L}{r} \le C_c$$

$$安全因數\, n_1 = \frac{5}{3} + \frac{3}{8}\frac{\left(\frac{L}{r}\right)}{C_c} - \frac{1}{8}\left(\frac{\frac{L}{r}}{C_c}\right)^3 \qquad (9\text{-}20)$$

對於長柱

$$\sigma_{\text{allow}} = \frac{\sigma_{\max}}{n_2} = \frac{\pi^2 E}{1.92\left(\frac{L}{r}\right)^2} \qquad C_c \le \frac{L}{r} \le 200$$

$$安全因數\, n_2 = 1.92 \qquad (9\text{-}21)$$

3. 鋁柱公式

鋁協會的規範中針對承受中心負載的鋁柱提供計算容許應力的兩種公式

鋁合金 6601-T6

$$\sigma_{\text{allow}} = 19\text{ ksi} = 131\text{ MPa} \qquad \frac{L}{r} \le 9.5$$

$$\sigma_{\text{allow}} = \left[20.2 - 0.126\left(\frac{L}{r}\right)\right]\text{ ksi}$$

$$= \left[139 - 0.868\left(\frac{L}{r}\right)\right]\text{ MPa} \qquad 9.5 < \frac{L}{r} < 66$$

$$\sigma_{\text{allow}} = \frac{51,000\text{ ksi}}{\left(\frac{L}{r}\right)^2}$$

$$= \frac{351 \times 10^3\text{ MPa}}{\left(\frac{L}{r}\right)^2} \qquad \frac{L}{r} \ge 66 \qquad (9\text{-}22)$$

鋁合金 2014-T6

$$\sigma_{allow} = 28 \text{ ksi} = 193 \text{ MPa} \qquad\qquad \frac{L}{r} \leq 12$$

$$\sigma_{allow} = \left[30.7 - 0.23\left(\frac{L}{r}\right)\right] \text{ ksi} \qquad 12 < \frac{L}{r} < 55$$

$$= \left[212 - 1.585\left(\frac{L}{r}\right)\right] \text{ MPa}$$

$$\sigma_{allow} = \frac{54{,}000 \text{ ksi}}{\left(\frac{L}{r}\right)^2}$$

$$= \frac{372 \times 10^3 \text{ MPa}}{\left(\frac{L}{r}\right)^2} \qquad\qquad \frac{L}{r} \geq 55 \qquad\qquad (9\text{-}23)$$

4. 木質材料

　　美國國家森林產品協會所出版的木質結構國家設計規格，對於正方形木柱的容許應力公式為

$$\sigma_{allow} = F_c \qquad\qquad\qquad 0 \leq \frac{L}{d} \leq 11$$

$$\sigma_{allow} = F_c\left[1 - \frac{1}{3}\left(\frac{\frac{L}{d}}{k_1}\right)^4\right] \qquad 11 < \frac{L}{d} < k_1$$

$$\sigma_{allow} = \frac{0.3E}{\left(\frac{L}{d}\right)^2} = \frac{2F_c}{3}\left(\frac{k_1}{\frac{L}{d}}\right)^2 \qquad k_1 \leq \frac{L}{d} \leq 50 \qquad (9\text{-}24)$$

其中 F_c 是平行木紋壓縮之設計應力值；結構木樁之典型 F_c 在 5～12.5 MPa 之間。**細長比 L/d 是挫屈柱之有效長度 L 除以剖面尺寸 d。**而因數 k_1 是分開中與長柱之細長比值。

$$k_1 = \sqrt{\frac{0.45E}{F_c}} \qquad\qquad\qquad\qquad (9\text{-}25)$$

k_1 值一般都在 18 到 30 的範圍。

● **例題 9-6** 欲使一 S100×11 的軋鋼受壓桿件 AB，能安全地支持圖示的中心負載(圖 9-16)，假定 $\sigma_y = 280$ MPa 及 $E = 200$ GPa，試求最長的無支承長度 L 為多少？

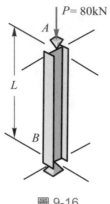

圖 9-16

解 從附錄5可以查出 S100×11 的剖面資料

$$A = 1452 \text{ mm}^2 \quad r_x = 41.6 \text{ mm} \quad r_y = 14.75 \text{ mm}$$

如欲使此桿件能安全地支持 80 kN 的負載，由平衡條件得軸力 $N = P = 80$ kN，則

$$\sigma_{\text{allow}} = \frac{N}{A} = \frac{80 \times 10^3 \text{ N}}{1452 \times 10^{-6} \text{ m}^3} = 55.1 \text{ MPa} \tag{a}$$

根據已知降伏強度，求柱常數

$$C_c = \sqrt{\frac{2\pi^2 E}{\sigma_y}} = \sqrt{\frac{2\pi^2 \times 200 \times 10^9}{280 \times 10^6}} = 118.7$$

因為柱兩端點為鉸支點，則 $K = 1$。

假設 $L/r \geq C_c$，利用(9-21)式得

$$\sigma_{\text{allow}} = \frac{\pi^2 E}{1.92 \left(\dfrac{L}{r}\right)^2} = \frac{\pi^2 (200 \times 10^9)}{1.92 \left(\dfrac{L}{r}\right)^2} = \frac{1.028 \times 10^{12} \text{ Pa}}{\left(\dfrac{L}{r}\right)^2} \tag{b}$$

由(a)、(b)兩式得

$$\frac{1.028 \times 10^{12} \text{ Pa}}{\left(\dfrac{L}{r}\right)^2} = 55.1 \times 10^6 \text{ Pa}$$

$$\frac{L}{r} = 136.6$$

由於 $L/r > C_c$，前面的假設正確。選用迴轉半徑較小的，可得

$$\frac{L}{r_y} = \frac{L}{14.75 \times 10^{-3} \text{ m}} = 136.6$$

$$L = 2.01 \text{ m}$$

9 -6 柱的穩定性校核

一、柱的穩定性條件

為了保證柱能正常工作，既需要使柱滿足強度條件，也要滿足穩定性條件。

強度條件 $\qquad \sigma_{\max} = \dfrac{N}{A_o} \le \sigma_{\text{allow}} = \dfrac{\sigma_y}{n}$ (9-26)

穩定性條件 $\quad N \le (P_{cr})_{\text{allow}} = \dfrac{P_{cr}}{n_s}$ (9-27a)

或 $\qquad\qquad\quad (\sigma_s)_{\max} = \dfrac{N}{A} \le (\sigma_s)_{\text{allow}} = \dfrac{\sigma_s}{n_s}$ (9-27b)

其中 A_0 是橫截面的淨面積(考慮開孔、凹槽等)，n_s 穩定安全因數，P_{cr} 是柱的臨界負載，n 為強度安全因數，而 A 是橫截面的全面積(不考慮開孔等局部減弱因素)，主要是臨界負載 P_{cr}，它是考慮整個柱變形的影響，是由各微段變形累積而得，個別微段變形大小對 P_{cr} 影響很小，而有局部減弱處附近變形較大而已，但對於 P_{cr} 不考慮，故只取全面積 A 而不取淨面積 A_0。

前面探討柱的行為，引入細長比 KL/r，它是衡量柱穩定承載能力的重要物理量，且它也考慮到柱的尺寸及拘束情況對臨界應力的影響。由細長比的臨界值的有效細長比 $\left(\dfrac{KL}{r}\right)_e = \sqrt{\dfrac{\pi^2 E}{\sigma_{pl}}}$ 來說明是否要以歐拉公式之細長柱處理或短柱處理。

綜合上面討論，可得下面結論：

(1) 若無局部減弱的柱，則 $A_0 = A$，且 $(\sigma_s)_{\text{allow}} \le \sigma_{\text{allow}}$，故需要用(9-27)式校核即可。

(2) 若有局部減弱的柱，應同時按(9-27)式進行穩定性校核及按(9-26)式進行強度校核。

特別強調穩定容許應力 $(\sigma_s)_{\text{allow}}$ 和穩定安全因數 n_s 及臨界負載 P_{cr}，它們與細長比有關，而細長比與柱的拘束條件 (K)，自由長度 (L) 及截面的慣性半徑 (r) 有關。而柱抵抗失去穩定的能力與柱的彈性模數、細長比有關，以及要考慮柱初曲率及負載偏心距等因素影響(但此處不討論，可參考其他資料)。因此提高柱的穩定性措施如下：

1. **合理地選擇材料：**

　　細長柱是由於臨界負載驗算其穩定性而選用高彈性模數的材料，而短柱選用高強度的材料，這樣可以提高穩定性。

2. **改變柱的拘束條件：**

　　由歐拉公式知，減少自由長度、改變柱拘束條件，可以提高臨界負載，如兩端鉸支承改爲兩端固定，將臨界負載提高 4 倍。若細長柱在結構允許下，在柱中間增加鉸支承(使自由長度減少)，從而提高柱的穩定性。

3. **選擇合理的截面形狀：**

　　細長柱的歐拉公式及短柱，其穩定承載能力與截面慣性矩迴轉半徑有關，亦即與截面積大小有關，還要考慮截面形狀。現考慮下列兩種情形：

(1) 當柱兩端在各方向拘束情況相同時，其挫屈發生在最小剛度(I_{min})平面內，對截面積一定條件下，希望可能有較大的最小主慣性矩。爲了使各方向抵抗失去穩定性條件相同，最好使最大與最小主慣性矩接近相等，其次使材料分佈愈遠離形心使主慣性矩提高。

(2) 當柱兩端在各方向的拘束情況不同，在截面積一定條件下，選擇主慣性矩不相等的截面，但使柱在兩個主形心慣性平面之細長比接近相等。

重點整理

1. 當一結構桿件因受軸向壓力作用，產生彎曲及側向撓曲，若是軸向壓力消除後，側向撓曲卻沒有恢復，而導致桿件破壞，此現象稱爲挫屈。

2. 彈性不穩定是柱的剛性不足以維持其直度。

3. 剛體平衡穩定性與變形體平衡穩定性是有區別，剛體平衡的穩定性與它的拘束情況有關，而變形體平衡穩定性除有拘束條件所造成的平衡狀態的穩定性問題外，還存在著變形狀態平衡穩定性問題。此變形狀態穩定平衡是指在正常變形狀態附近是否存在著能使變形體處於平衡的其他變形狀態，若不存在其他變形狀態，施加干擾後仍回復原正常變形狀態，此狀態的平衡是穩定的。

4. 細長柱的歐拉公式是基於柱承受沿中心軸向壓力作用，柱爲直立且爲線彈性材料，有一對稱面及彎曲矩發生在同一平面上的假設。

5. 歐拉公式，即細長柱的臨界負載(兩端鉸支端)

$$P = \frac{n^2 \pi^2 EI}{L^2} \quad n = 1, 2, 3, \cdots$$

最小臨界負載$(n = 1)$為$P_{cr} = \pi^2 EI/L^2$，此臨界負載與材料強度無關，亦即使用高強度材料並不增加臨界負載。使用高彈性模數E和增加慣性矩I，將增加臨界負載。

6. 臨界應力是相對於臨界負載之應力值，即

$$\sigma_{cr} = \frac{\pi^2 E}{\left(\dfrac{KL}{r}\right)^2} \quad 細長比 = \frac{KL}{r}$$

而臨界負載

$$P_{cr} = \frac{\pi^2 EI}{(L_e)^2} \quad 有效長度 L_e = KL$$

其中K為有效長度係數，I為最小主軸慣性矩，r為最小迴轉半徑；亦即挫屈發生在垂直於相對應最小慣性矩主軸之平面上。

表 9-2

柱兩端的情況	K
兩端為鉸支承	1
一端固定，另一端自由端	2
兩端皆為固定端	1/2
一端固定，另一端鉸支端	0.7

細長比是衡量柱穩定承載能力的重要物理量，且它也考慮到柱的尺寸及拘束情況對臨界應力的影響。

7. 承受軸向負載的短柱，細長比$KL/r = 40$ 至$KL/r = 100$ 間，用歐拉公式所得結果並不與實驗值相符。一般建議使用的公式如下：

直線公式 $$\frac{P_{cr}}{A} = \sigma_y - \frac{L}{r}\frac{\sigma_y^{\frac{3}{2}}}{3\pi\sqrt{3E}}$$

強生拋物線公式　$\dfrac{P_{cr}}{A} = \sigma_y - \dfrac{\sigma_y^2}{4\pi^2 E}\left(\dfrac{L}{r}\right)^2$

朗金-高登公式　$\sigma = \dfrac{\sigma_y}{1 + a\left(\dfrac{L}{r}\right)^2}$　$a = \dfrac{\sigma_y}{\pi^2 E}$　或查表 9-1

若柱的端點非鉸支端，以有效長度 L_e 代替 L。

8. 受中心負載柱的設計，先要了解短柱及壓力塊，主要是降伏破壞(即 σ_y 值有關)，中等長度的柱，破壞與 σ_y 和 E 兩者值有關；細長柱，破壞與 E 有關。一般設計柱時，是先假設長柱，用長柱公式求得剖面尺寸，再求出柱常數，求出柱常數是否小於細長比。若 $KL/r > C_c$ 代表假設正確，若 $KL/r < C_c$，改用短柱公式設計。

9. 為了保證柱能正常工作，既需要使柱滿足強度條件，也要滿足穩定性條件。

強度條件　　　$\sigma_{\text{max}} = \dfrac{N}{A_0} \leq \sigma_{\text{allow}} = \dfrac{\sigma_y}{n}$ 　　　　　　(9-26)

穩定性條件　$N \leq (P_{cr})_{\text{allow}} = \dfrac{P_{cr}}{n_s}$ 　　　　　　(9-27a)

或　　　　　　$(\sigma_s)_{\text{max}} = \dfrac{N}{A} \leq (\sigma_s)_{\text{allow}} = \dfrac{\sigma_s}{n_s}$ 　　　　(9-27b)

其中 A_0 是橫截面的淨面積(考慮開孔、凹槽等)，n_s 穩定安全因數，n 為強度安全因數，而 A 為全面積。

若無局部減弱的柱只用(9-27)式穩定性條件校核即可，而有局部減弱的柱，需用(9-26)及(9-27)式同時進行強度和穩定性條件的校核。

10. 提高柱的穩定性措施有合理地選擇材料、改變柱的拘束條件，選擇合理的截面形狀。

習 題

(A) 問答題

9-1　何謂平衡的穩定性？變形體的平衡穩定性與剛體的平衡穩定性有何區別？

9-2　何謂柱的喪失穩定性？

9-3　何謂柱的臨界負載？承受中心軸向壓力之細長柱之歐拉臨界負載是在什麼條件下才成立？

9-4　何謂臨界壓力？爲何工程設計柱常用臨界壓力而不用臨界負載去驗算柱的穩定性？

9-5　爲細長比？它有何意義？

9-6　提高柱的穩定性有何措施？

(B) 計算題

9-1.1～9-1.3　假設桿件爲剛性，彈簧爲彈性，且撓度、旋轉角均非常小。

9-1.1　試解圖 9-17 所示桿件-彈簧系統之臨界負載P_{cr}，桿件B處爲自由端，A處受一彈簧常數爲k_{θ}之旋轉彈簧支承，換句話說，$M=k_{\theta}\theta$，此處M作用於彈簧上之力矩而θ爲旋轉角。

答：$P_{cr}=\dfrac{k_{\theta}}{L}$。

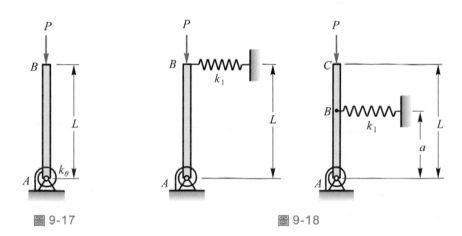

圖 9-17　　　　　　　　　　　　　　　圖 9-18

9-1.2～9-1.3　試求圖 9-18 所示桿件-彈簧系統之臨界負載P_{cr}。

答：$P_{cr}=k_1 L+\dfrac{k\theta}{L}$，$P_{cr}=\dfrac{k_1 a^2}{L}$雪

第 9-2 節內的習題用以下假定解之：理想化、細長、等剖面、彈性的柱，除了特別敘述以外，挫屈發生於圖中之平面。

9-2.1　試求一根 254×254×107 kg UC 鋼柱之臨界負載，柱長$L=5$ m 與$E=207$ GPa，假定柱端點爲鉸接且在任一方向可能發生挫屈。

答：4822 kN。

9-2.2　對一根長$L=8$ m 之 305×305×158 kg UC 鋼柱，試解前一習題。

答：$P_{cr}=3998$ kN。

9-2.3 一端鉸接之柱頂支承一軸向負載$P = 1.5$ MN，挫屈安全因數$n = 2.5$，此柱長度$L = 4.5$ m，在任一方向皆可能發生挫屈，從附錄 5 內之表 5-1 選出能支承此負載之最輕型鋼($E = 200$ GPa)。

答：254×254×107 kg 鋼柱。

9-2.4 如圖 9-19 所示之水平桿件AB支承於端點鉸接柱，此柱為正方形剖面(每邊長 50 mm)之鋼構件($E = 200$ GPa)，假如柱挫屈安全因數為$n = 3$，試求容許負載F_{allow}。

答：$F_{\text{allow}} = 9519$ N。

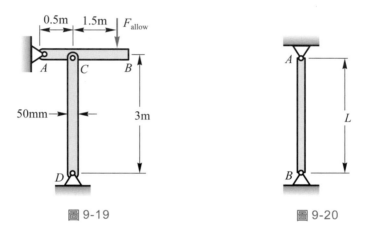

圖 9-19　　　　　　　　　圖 9-20

9-2.5 一細長桿件AB鉸接於鋼性支座如圖 9-20 所示，當溫度增加ΔT為若干時，此桿件將產生挫屈？

答：$\Delta T = \dfrac{\pi^2 I}{\alpha A L^2}$。

第 9-3 節內之習題用以下假定解之：理想的、細長的、彈性柱，除了特別敘述以外，挫屈發生於圖形中之平面。

9-3.1 一矩形柱具有尺寸b與h剖面，在端點A與C受鉸接支承如圖 9-21 所示。在圖形平面內，柱半高處受限制，但垂直於圖形平面方向仍可自由彎曲(除了A點與C點外)，試求h/b之比值，以使柱在兩個主軸方向發生挫屈時之臨界負載值相同。

答：$\dfrac{h}{b} = 2$。

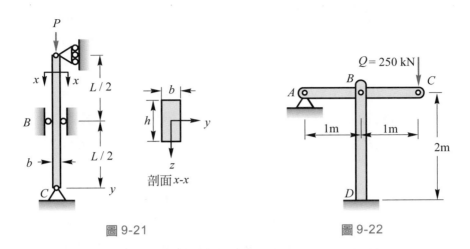

圖 9-21　　　　　　　　　　　　　　　　　　　　圖 9-22

9-3.2　一根 BD 管柱，其基座為固定端，頂部鉸接於一水平桿件，支承一負載 Q ＝ 250 kN 如圖 9-22 所示，假如外徑為 120 mm，挫屈安全因數 n ＝ 3，此管柱是由 E ＝ 72 GPa 之鋁所製成，試求管柱所需的厚度 t。

答：t ＝ 7.34 mm。

9-3.3　一寬翼鋼柱(E ＝ 200 GPa)為 305×305×158 kg UC，其長度 L ＝ 8 m，柱僅在端點受支承且可能在任一方向發生挫屈，試以如下之支承情況計算臨界負載 P_{cr}：⑴鉸支端-鉸支端，⑵固定端-固定端，⑶固定端-鉸支端，⑷固定端-固定端。

答：⑴P_{cr} ＝ 3.86 MN，⑵P_{cr} ＝ 9.65 kN。

　　⑶P_{cr} ＝ 7.88 kN，⑷P_{cr} ＝ 15.45 kN。

9-4.1　矩形剖面(12×18 mm)，長 300 mm 的熱輥軋鋼，E ＝ 270 GPa，σ_y ＝ 290 MPa 之鋼柱，其底端以緊配合方式鎖入套筒中，並妥善地銲接，頂端為鉸接。首先判斷是否短柱，若為短柱，使用強生公式求臨界負載值。

答：P_{cr} ＝ 52.8 kN。

9-4.2　兩鉸支端的柱子，用熱輥軋鋼，E ＝ 210 GPa，σ_y ＝ 190 MPa，製成 12×24 mm 的矩形剖面。試求柱長 180 mm 時之臨界負載值。(提示為短柱，使用強生公式)

答：P_{cr} ＝ 42.8 kN。

9-5.1　對一根端點鉸接之 203×203×60 kg UC 寬翼型鋼柱，試用以下之長度求其容許軸向負載 P_{allow}：$L = 2.5$ m，4.5 m，6.5 m 及 8.5 m，假定 $E = 210$ GPa，$\sigma_y = 250$ MPa。

答：$P_{\text{allow}} = 979$ kN，779 kN，521 kN，305 kN。

9-5.2　對一根端點鉸接之 203×203×86 kg UC 寬翼型鋼柱，試用以下之長度求其容許軸向負載 P_{allow}：$L = 3$ m，5 m，7 m 及 9 m，假定 $E = 210$ GPa，$\sigma_y = 250$ MPa。

答：$P_{\text{allow}} = 1.91$ kN，1.27 kN，686 kN，415 kN。

9-5.3　對一根端點鉸接之 254×254×107 kg UC 寬翼型鋼柱，試用以下之長度求其容許軸向負載 P_{allow}：$L = 4$ m，8 m，10 m 及 12 m，假定 $E = 200$ GPa，$\sigma_y = 250$ MPa。

答：$P_{\text{allow}} = 1.65$ MN，944 kN，606 kN，421 kN。

9-5.4　對一根一端點固定另一端鉸接之 305×305×158 kg UC 寬翼型鋼柱，試用以下之長度求其容許軸向負載 P_{allow}：$L = 4$ m，8 m，12 m 及 15 m，假定 $E = 200$ GPa，$\sigma_y = 340$ MPa。

答：$P_{\text{allow}} = 3.66$ MN，2.97 MN，2.01 MN，11.7 MN。

9-5.5　一鋁管柱(合金 2014-T6)，試用以下之長度求其容許軸向負載 P_{allow}：$L = 1$ m，2 m，3 m 及 5 m，此柱外徑為 150 mm，內徑為 130 mm。

答：$P_{\text{allow}} = 792$ kN，651 kN，447 kN，161 kN。

9-6.1　一根端點鉸接長度 $L = 1.8$ m 之實心正方形剖面柱，假如其必須支承一軸向負載 $P = 280$ kN，其所容許之最小寬度為若干？(假定 $E = 200$ GPa，$\sigma_y = 250$ MPa)。

答：$b = 58$ mm。

9-6.2　一壓力構件剖面如圖 9-23 所示，其有效長度為 1.4 m，所用的材料為鋁合金 2014-T6，求其容許中心負載 P_{allow}。

答：$P_{\text{allow}} = 287$ kN。

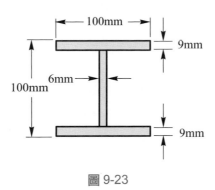

圖 9-23

9-6.3　一柱有效長度爲 4.2 m，須承受 850 kN 的中心負載。已知材料的$\sigma_y =$ 250
　　　 MPa和$E =$ 200 GPa，試選擇標稱深度 250 mm 之寬翼緣型鋼型號，($\sigma_{\text{allow}} =$
　　　 100 MPa)。

　　　 答：用 W250×67。

10 能量法

研讀項目

1. 了解功、能概念及功能原理，並了解何謂能量法。

2. 了解功的定義，功的本質，尤其是所謂的位移是作用點處之質點位移。

3. 正確理解何謂正功與負功。

4. 了解何謂應變能，為何同一負載有兩個或兩個以上同時作用不可用重疊法求應變能，但不同種負載有時卻可以使用重疊原理。

5. 介紹補功、補能及補應變能密度的觀念。

6. 介紹虛位移觀念，並區別剛體虛位移與便形體虛位移的不同，何謂虛功。

7. 了解變形體的虛功原理，並由虛功原理如何推導出單位負載法。

8. 理解廣義力與廣義位移觀念。

9. 介紹卡氏第一定理及其應用。

10. 介紹克-安定理及卡氏第二定理，了解卡氏第二定理的應用及限制條件。

10 -1 概述

彈性體受外力作用發生變形，同時外力作用點也發生位移，因而外力作功 W 將以應變能 U 的形式貯存於彈性體的內部，使彈性體有作功的能力。當外力去掉後，彈性體所累積的應變能緩慢地完全轉換成其它形式的能量釋放出來，此時認為**彈性體在外力作用下始終處於平衡狀態，動能的變化及其他能量的損耗均忽略不計**，根據能量守恆定律，外力所作的功全部轉化為彈性體應變能，即

$$U = W \qquad\qquad\qquad (10\text{-}1)$$

此關係稱為功能原理。

利用功、能的概念和能量守恆定律，推導出一系列求解變形體的位移、變形和**内力的方法，統稱為能量法**。首先回顧外力所作的功和變形能的計算。接著介紹虛功原理及單位負載法，最後介紹卡氏第一定理及第二定理。

10 -2 外力所作的功和應變能的計算

在靜力學或物理學中，已經介紹過了功的概念，但為了更清楚了解功的觀念，在此先回顧一下質點、質點系和剛體的外力功，經由【觀念討論】來強調功的觀念。

一力 F 作用在一質點而沿任意路徑移動所作的功(work)，定義為自時間 t_1，位置 P_1 至時間 t_2，位置 P_2 之 F 與 $d\mathbf{r}$ 之純量積線積分。因此

$$W = \int \mathbf{F} \cdot d\mathbf{r} \qquad\qquad\qquad (10\text{-}2)$$

其中 $d\mathbf{r}$ 為位置向量 r 之無限小變化。

若作用在質點的力並非一單力，則(10-2)式可寫成

$$W = \int \mathbf{F} \cdot d\mathbf{r} = \int \mathbf{F}_1 \cdot d\mathbf{r} + \int \mathbf{F}_2 \cdot d\mathbf{r} + \cdots + \int \mathbf{F}_n \cdot d\mathbf{r}$$
$$(10\text{-}3)^*$$

其中　　$\mathbf{F} = \mathbf{F}_1 + \mathbf{F}_2 + \cdots + \mathbf{F}_n$

---

* 粗黑英文字母代表向量。

此式代表合力所作的功等於各分力所作的功。

　　當研究兩個彼此相互作用的兩質點(圖 10-1)，它們的質量分別為m_1和m_2，且$m_1 \neq m_2$；它們互相作用力為$\mathbf{F}_{21}$與$\mathbf{F}_{12}$，且$\mathbf{F}_{21} = -\mathbf{F}_{12}$，$\mathbf{F}_{21}$為質點 2 對質點 1 之作用力。以$d\mathbf{r}_1$、$d\mathbf{r}_2$分別表示兩質點在相同時間之內的微小位移。由於$m_1 \neq m_2$必有$d\mathbf{r}_1 \neq d\mathbf{r}_2$，因此有

$$\int \mathbf{F}_{21} \cdot d\mathbf{r}_1 = -\int \mathbf{F}_{12} \cdot d\mathbf{r}_1 \neq -\int \mathbf{F}_{12} \cdot d\mathbf{r}_2 \tag{a}$$

上式表明，雖然兩質點作用力與反作用力等值異號，但作用力的功與反作用力的功可以是不等值且又不等號。作用在一質點系上的力，分成外力與質點間互相作用的內力。若每一質點的受力情況和位移(即微小位移$d\mathbf{r}_1$必須指明那一質點上的位移)皆已知，才可計算每一質點所受力對該質點所作的功。然後全部相加得總功W

$$W = W_{外} + W_{內} \tag{b}$$

　　一剛體可以看成無窮多的質點所組成的質點系，由於剛體受力後，其內任意兩點距離不變(即$W_{內} = 0$)，故

$$W = \int \mathbf{F} \cdot d\mathbf{r} \tag{10-4}$$

其中$d\mathbf{r}$是作用力於作用處質點的微小位移。

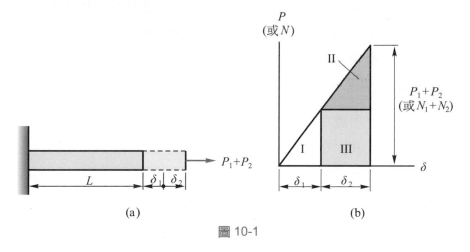

圖 10-1

同理一剛體承受一力偶 M 的作用，剛體經歷微小角位移$d\boldsymbol{\theta}$，則所作的功

$$W = \int \mathbf{M} \cdot d\boldsymbol{\theta} \tag{10-5}$$

觀念討論　• •

1. 功的定義中所述的位移，一般有三種不同看法：力的作用點位移，物體位移和質點位移，採用質點位移去定義功較佳(見參考文獻[7][8])，這是非常重要的觀念，但一般書中沒有特別強調，在物理學中也不強調，因處理為質點，三種定義皆相同。

2. 從功的本質來看，功是力對空間的累積過程，是物體在能量發生變化的過程中，用來量度能量變化多少的一種過程量；而能量是一狀態量。

3. 功是代數量，但正、負功其實是對同一物理過程從不同角度的描述而已。因為力總是成對產生的，其正、負並不表示作功的方向，也不表示數量上的正與負，我們既不能說 "正功與負功方向相反" 也不能說 "正功大於負功"，只是用正功和負功來區別誰對誰作功而已，它是表示兩種相反的作功效果的標誌。若從功是物體能量變化的量度角度看，外力對物體做了正功，意味著該物體獲得了能量，而外力對物體做了負功，意味著該物體輸出或損耗了能量。所以功的 "正" 與 "負"，實質上反映了作功者與被作功者能量的輸入或輸出，或者獲得或耗損。

4. 功有相對性，這是因為位移與參考標架(reference frame)有關，不同參考標架，有不同結果，但在同一參考標架，功的數值與座標系的選擇無關。

5. 能量是物體以運動形式存在，對物體運動的量度或表示物體做功本領大小的物理量，而功是能量變化的量度。

一、構件的應變能

　　考慮彈性體受力作用發生變形，在作用點產生位移，而內部產生應力及應變，則作用力對彈性體作功 W，在外力不超過一定範圍，此功全部轉變為彈性變形能或應變能 U 貯存在彈性變形體內(亦即 $U = W$)。在此我們回顧前面討論的線彈性材料承受負載作用，而限定只發生小變形(亦即變形與力作用線方向始終保持直線)時的應變能。其應變能計算公式分別如下：

桿件　　　　　　$U = W = \dfrac{1}{2} P\delta = \displaystyle\int_0^L \dfrac{N^2 dx}{2AE}$　　　　　　　　　　(10-6)

$$\text{圓軸} \qquad U = W = \frac{1}{2}T_1\phi = \int_0^L \frac{T^2 dx}{2GI_p} \qquad (10\text{-}7)$$

$$\text{純彎曲梁} \qquad U = W = \frac{1}{2}M_0\theta = \int_0^L \frac{M^2 dx}{2EI} \qquad (10\text{-}8)$$

$$\text{橫向彎曲梁} \quad U = W = \frac{1}{2}Py = \int_0^L \frac{M^2(x)dx}{2EI} + \int_0^L \frac{\alpha_s V^2 dx}{2GA} \qquad (10\text{-}9)$$

其中各符號如前面章節所述，(10-9)式中(見習題 10-1)第二項代表剪切應變能，而 α_s 代表截面形狀因數，它僅與梁的截面形狀有關。而 α_s 爲(其中 Q 是面積一次矩)

$$\alpha_s = \frac{A}{I^2}\int_A \frac{Q^2}{b^2}dA \qquad (10\text{-}10)$$

一般而言梁的高度遠小於跨度長，剪切應變能與彎曲應變能相比是很小，可略去不計，即(10-9)式變成

$$U = W = \frac{1}{2}Py \doteqdot \int_0^L \frac{M^2(x)dx}{2EI} \qquad (10\text{-}11\text{a})$$

或

$$U = W = \frac{1}{2}Py \doteqdot \int_0^L \frac{EI}{2}\left(\frac{d^2 y}{dx^2}\right)^2 dx (\text{其中}EIy'' = -M) \qquad (10\text{-}11\text{b})$$

前面(10-6)式至(10-8)式只考慮截面積及內力爲常數，則寫成

$$U = W = \frac{1}{2}P\Delta = \frac{(\text{廣義內力})^2 L}{2(\text{廣義剛度})} \qquad (10\text{-}12)$$

若截面積及內力在變化，則其應變能計算公式可統一寫成爲

$$U = W = \int_0^{\delta_1} Pd\delta = \int_0^L \frac{(\text{廣義內力})^2 dx}{2(\text{廣義剛度})} \qquad (10\text{-}13)$$

其中 P 理解爲廣義力(generalized force)，Δ 理解成廣義位移(generalized displacement)；而廣義力在廣義位移上作功。廣義力可以是軸向負載，集中扭力矩或集中力偶，甚至可以是分佈力或分佈力偶。廣義力相對應的廣義位移，可以是伸長量、扭轉角、旋轉角，也可以是相對線位移或相對角位移。而其**廣義內力可以為軸向內力、內扭矩或彎曲矩，廣義剛度為軸向剛度** EA **、抗扭剛度** GI_p **及抗撓剛度** EI 。

二、有關應變能的兩個重要觀念

1. **有關重疊法計算應變能**

　　一般而沿，同一種負載有兩個或兩個以上同時作用在變形體，其應變能不可疊加，因其各負載產生變形互相影響而作功。但若有兩種或以上不同負載作用，任一種負載在另一種負載引起之位移上如不作功，則兩種負載單獨作用時的應變能可以用重疊法疊加，如一構件同時承受拉伸與彎曲，軸向負載在彎曲引起的旋轉角 $d\theta$ 上不作功，彎曲矩在軸向負載引起的伸長量 δ 上也不作功。所以構件同時承受拉、扭及彎曲變形之負載，可單獨求出個別應變能再相加，即總應變能為

$$U = \int_0^L \frac{N^2 dx}{2EA} + \int_0^L \frac{T^2 dx}{2GI_p} + \int_0^L \frac{M^2 dx}{2EI} \tag{10-14}$$

2. **應變能與加載過程的概念**

　　考慮一桿件承受負載由零增加至 P_1(圖 10-1(a))，伸長量為 δ_1，故貯存應變能 $U_1 = \frac{N_1^2 L}{2AE}$(其中 $N_1 = P_1$)；接著 P_1 保持不變，再施加由零至 P_2 之負載，桿件而伸長 δ_2。故貯存應變能有二部分：其中一部分是 P_2 本身產生應變能 $\frac{N_2^2 L}{2AE}$(其中 $N_2 = P_2$)(圖 10-1(b))之面積 II)，另一部分是 P_1 保持一定而作功 $P_1 \delta_2 = \frac{P_1 P_2 L}{AE} = U_3 = \frac{N_1 N_2 L}{AE}$(圖 10-1(b)之面積 III)，故總應變能為

$$W = \frac{1}{2}(P_1 + P_2)(\delta_1 + \delta_2) = U = \frac{1}{2}\frac{N_1^2 L}{AE} + \frac{N_1 N_2 L}{AE} + \frac{1}{2}\frac{N_2^2 L}{AE} \tag{a}$$

反之負載先後次序相反，亦即得到相同結果。這**說明應變能大小與加載過程的先後次序無關，而只決定於負載及其相應位移的最終值**。亦即線彈性體內的應變能與加載順序有關，那麼按不同的加載和卸載順序，就可獲得額外能量，這是違反能量守恆定律的。依此可見，對於非線性彈性體，它的應變能也與負載順序無關。

若有許多廣義力作用在線彈性材料的構件，則由功能原理知

$$U = W = \sum_{i=1}^{n} \frac{1}{2} P_i \Delta_i = \sum_{i=1}^{n} \int \frac{N_i^2 dx}{2AE}$$

$$+ \sum_{i=1}^{n} \int \frac{T_i^2 dx}{2GI_p} + \sum_{i=1}^{n} \int \frac{M_i^2 dx}{2EI} \tag{10-15}$$

基於第二章所述，為了避免體積大小影響應變能大小，採用應變能密度，即

$$u = \frac{U}{V} = \frac{\sigma^2}{2E} = \frac{E\varepsilon^2}{2} \tag{10-16}$$

其中V為體積。

● **例題 10-1** 如圖 10-2 所示，由線彈性材料組成的圓形構件，它分別承受軸向負載P，集中外扭矩T_1和集中力偶M_0(純彎曲矩)作用，試以功能原理求出各種情況下的變形量。構件長度為L，截面積為A。

解 (a)當構件承受軸向負載P作用(圖 10-2(a))，此時看成桿件，則P作用點處之**質點位移**為δ，則所作的功W

$$W = \frac{1}{2} P\delta$$

此時桿件內之應變能U

$$U = \frac{1}{2} \frac{N^2 L}{AE} \quad (其中N = P)$$

由功能原理

$$U = W = \frac{1}{2} P\delta = \frac{1}{2} \frac{N^2 L}{AE} \quad (其中N = P)$$

則　$\delta = \frac{NL}{AE}$

(b)當構件承受外扭矩時(看成軸)，如圖 10-2(b)所示。同理由功能原理可求出外扭矩作用處之質點位移(扭轉角)

$$W = \frac{1}{2} T_0 \phi，U = \frac{T^2 L}{2GI_p} (其中內扭矩T = T_0)$$

得$U = W$，即

$$\frac{1}{2} T_0 \phi = \frac{T^2 L}{2GI_p} \quad (其中T = T_0)$$

得　　$\phi = \dfrac{TL}{GI_p}$

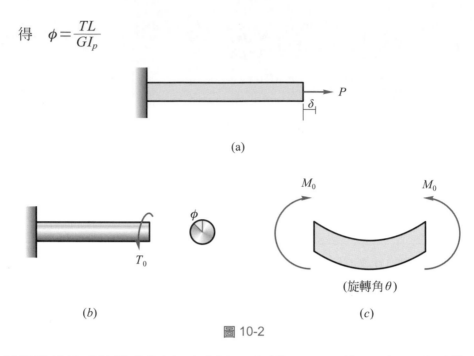

(a)

(b)　　　　　　　　　　　　　　　　　　　　(c)

圖 10-2

(c)當構件承受純彎曲作用(看成梁)，如圖 10-2(c)所示。同理由功能原理求出
集中力偶處之質點位移(旋轉角)

$$W = \dfrac{1}{2} M_0\, \theta\ ,\ U = \dfrac{M^2 L}{2EI}\quad (其中 M = M_0)$$

則　　$W = U$

$$\dfrac{1}{2} M_0\, \theta = \dfrac{M^2 L}{2AI}\quad (其中 M = M_0)$$

即　　$\theta = \dfrac{ML}{EI}$

● **例題 10-2** 如圖 10-3 所示桁架，在節點 B 處承受一垂直集中力 P 作用，試求
整個桁架之應變能及 B 點的垂直位移 δ_v。其中 AB、BC 兩等直桿
有相同軸向剛度 EA 及截面積 A。

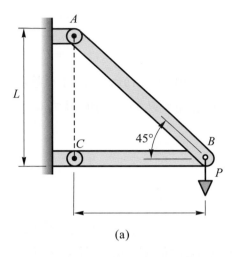

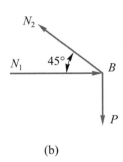

(a)   (b)

圖 10-3

解 取B點為自由點,則

$+\uparrow \Sigma F_y = 0 \quad N_2 \sin 45° - P = 0$

$\qquad N_2 = \sqrt{2}P(張力)$

$\xrightarrow{+} \Sigma F_x = 0 \quad N_1 - N_2 \cos 45° = 0$

$\qquad N_1 = P(壓力)$

接著計算應變能,它是由AB、BC兩桿應變能相加,即由(10-6)式得

$$U = U_{AB} + U_{BC} = \frac{N_2^2 L_{ab}}{2AE} + \frac{N_1^2 L_{bc}}{2AE} = \frac{(\sqrt{2}P)^2(\sqrt{2}L)}{2AE} + \frac{P^2 L}{2AE}$$

$$= \frac{(1 + 2\sqrt{2})P^2 L}{2AE} \quad (其中 L_{ab} = \sqrt{2}L)$$

由功能原理$W = U$知

$$\frac{1}{2}P\delta_v = \left(\frac{1 + 2\sqrt{2}}{2AE}\right)P^2 L$$

則 $\quad \delta_v = \frac{(1 + 2\sqrt{2})PL}{AE}$

10-3 補功及補應變能

　　現介紹另一種類型的功，稱為補功(complementary work)，考慮非線性彈性材料所製成的桿件(圖 10-4(a))，當外力從 0 增加到 P_1 時，仿照外力功表達計算另一積分(圖 10-4(b))，則

$$\int_0^{P_1} \delta dP \tag{a}$$

這積分從因次上看出與外力所作的功相同，故也把它看成一種功，由圖 10-4(b)之負載-位移曲線圖上看出，此積分是這曲線與縱座標間的面積，它與外力 $P = P_1$ 時所作的功之和，剛好等於矩形面積 $P_1\delta_1$，此(a)式稱為補功，用 W_c 表示，即

$$W_c = \int_0^{P_1} \delta dP \tag{b}$$

且

$$W + W_c = P_1\delta_1 \tag{c}$$

由於材料是彈性體，仿照功與應變能相等關係，也定義與補功相對應的能稱為補能(complementary energy)，以 U_c 表示，即

$$U_c = W_c = \int_0^{P_1} \delta dP \tag{10-17}$$

同樣可仿照前面應變能密度來計算應變能的方式，由補能密度(complementary energy density) u_c 來計算補能，則

$$U_c = \int_V u_c dV \quad (dV 為微小體積) \tag{10-18}$$

其中 u_c 的表示式為

$$u_c = \int_0^{\sigma_1} \varepsilon d\sigma \tag{10-19}$$

圖 10-4(c)中應力-應變曲線中，積分式 $\int_0^{\sigma_1} \varepsilon d\sigma$ 代表曲線與縱座標間的面積。

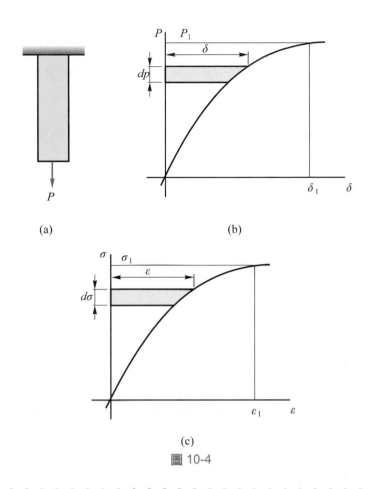

(a)

(b)

(c)

圖 10-4

觀念討論

1. 補功、補能及補能密度這三者皆沒有具體的物理意義，它們只是具有功和能之相同因次而已。

2. 應變能是以位移表示，而補能是以負載表示(如(10-17)式)，當虎克定律適用時，補能及應變能數值相等，但這兩者在觀念上的差異仍存在，主要是這兩者在本來定義上有所不同。

3. 當結構不只一負載作用時，負載所作用之總功可以從各負載所作的功疊加而得。不管結構的材料是線性或非線性的彈性體，以及幾何非線性，其總功 W 等於個別構件應變能總和。但補功 W_c 等於個別構件補能之和 U_c，只有在無幾何非線性存在時才成立，因幾何非線性存在時，其變形會改變作用力造成總補功不等於補能之和。

● **例題 10-3** 如例題 10-2 中的桁架(圖 10-3)，但此時使用材料的應力-應變曲線具有 $\sigma = B\sqrt{\varepsilon}$ 的關係(B 是常數)，試利用該外力 P 表示系統的總補能 U_c。

解 不管材料 $\sigma-\varepsilon$ 關係，可由例題 10-2 知，AB 桿的內力 $N_2 = \sqrt{2}P$(張力)，而 BC 桿的內力為 $N_1 = P$(壓力)。則相對之應力分別為

$$\sigma_{ab} = \frac{N_2}{A} = \frac{\sqrt{2}P}{A} \ , \ \sigma_{bc} = \frac{N_1}{A} = \frac{-P}{A}(壓應力) \tag{a}$$

各桿件之補能為

$$(u_c)_{ab} = \int \varepsilon d\sigma = \int_0^{\sigma_{ab}} \frac{\sigma^2}{B^2} d\sigma = \frac{\sigma_{ab}^3}{3B^2} \tag{b}$$

$$(u_c)_{bc} = \int \varepsilon d\sigma = \int_0^{\sigma_{bc}} \frac{\sigma^2}{B^2} d\sigma = \frac{\sigma_{bc}^3}{3B^2} \tag{c}$$

將(a)式代入(b)(c)兩式得

$$(u_c)_{ab} = \frac{2\sqrt{2}P^3}{3A^3B^2} \ , \ (u_c)_{bc} = \frac{P^3}{3A^3B^2} \tag{d}$$

因此系統的總補能 U_c 為

$$\begin{aligned}
U_c &= (U_c)_{ab} + (U_c)_{bc} \\
&= (U_c)_{ab}(\sqrt{2}LA) + (U_c)_{bc}(LA) \\
&= \frac{2\sqrt{2}P^3}{3A^3B^2}(\sqrt{2}LA) + \frac{P^3}{3A^3B^2}(LA) \\
&= \frac{5P^3L}{3A^2B^2}
\end{aligned}$$

10 -4　虛功原理

在討論靜力學平衡，也可經由虛功原理去處理。虛位移(virtual displacement)是假想可能的位移，實際上或物理觀念上不存在，它是某一瞬間在拘束允許的條件下可能發生的位移。在虛位移上，各真實負載所作的功，稱之為虛功(virtual work)。

在剛體中的虛功原理(principle of virtual work)是一雙向、定常、理想的拘束之質點，剛體或剛體系統處於平衡狀態，其總虛功為零。

　　虛位移通常皆限定在一很小的位移，使各力之作用線發生虛位移時不會改變。虛位移產生之際，物體也處於平衡狀態，且此虛位移必須滿足拘束的支承條件。

　　現要將此虛功原理推廣至變形體。取一任意構件(變形體)可看成是個質點系，而作用在構件上之力可分成外力與內力，外力包括外施負載及支承反力，而內力則是截面上各部分間的互相作用力。因此，**一構件處於平衡狀態下，其外力與內力對任意給定的虛位移所作的總虛功也必定為零。**即

$$W_e + W_i = 0 \tag{10-20}$$

其中W_e和W_i分別代表外力和內力對虛位移所作的虛功。(10-20)式代表可變形體的虛功原理(或虛位移原理)。

　　在此特別強調虛位移還是很小的量，但在可變形體上之虛位移必須滿足支承拘束條件外，還要滿足構件各單元體變形的連續條件(這在剛體力學中是沒有的)。

　　可變形體受負載作用時，將產生應力與應變，因而將虛功原理又區分為如上所述之*虛位移原理*(principle of virtual displacement)及*虛力原理*(principle of virtual force)，**而虛力原理是當可變形體之任意的虛力與虛應力滿足平衡條件下，若其總外補虛功等於總內補虛功，即$(W_c)_e = (W_c)_i$，則其內的應變和位移將相容且滿足拘束條件。**

　　現考慮一根直梁，梁上承受負載P_i(廣義力)及支承反力R_i(廣義力)，給定此梁任意一個虛位移時，所有負載作用點處均有沿其作用方向有相應虛位移(質點位移)，δ_i(廣義位移)，在支承處不可能有虛位移，不然違反支承條件。則外虛功W_e為

$$W_e = \sum_{i=1}^{n} P_i \delta_i \tag{a}$$

取任一微段dx(圖10-5(a))來研究內虛功W_i。作用在該微段左右兩截面的內力分別為N、T、M、V和$N + dN$、$T + dT$、$M + dM$、$V + dV$(圖10-5(b))，但對該微段這些力看成外力；**這微段的虛位移可分為剛體虛位移和變形虛位移，所研究的微段因其餘各微段變形而引發的虛位移(稱為剛體虛位移)，而該微段本身變形所引起的虛位移(稱為變形虛位移)。**但由於微段在上述外力作用下處於平衡狀態，根據質點虛位移原理，所有外力對於該微段的剛體虛位移所作總虛功為零。至於該微段的變形虛位移所作的虛功(圖10-5(c)～(f))，基於虛位移原理(軸向力N等看成外力)，即

則
$$dW_i + Nd\delta + Md\theta + Vd\lambda + Td\phi = 0$$
$$dW_i = -(Nd\delta + Md\theta + Vd\lambda + Td\phi) \tag{b}$$

因此整個梁的內虛功為

$$W_i = \int dW_i = -\int (Nd\delta + Md\theta + Vd\lambda + Td\phi) \tag{c}$$

將(a)(c)兩式代入虛位移原理得

$$\sum_{i=1}^{n} P_i \delta_i - \int (Nd\delta + Md\theta + Vd\lambda + Td\phi) = 0$$

亦即
$$\sum_{i=1}^{n} P_i \delta_i = \int_L (Nd\delta + Md\theta + Vd\lambda + Td\phi) \tag{10-21}$$

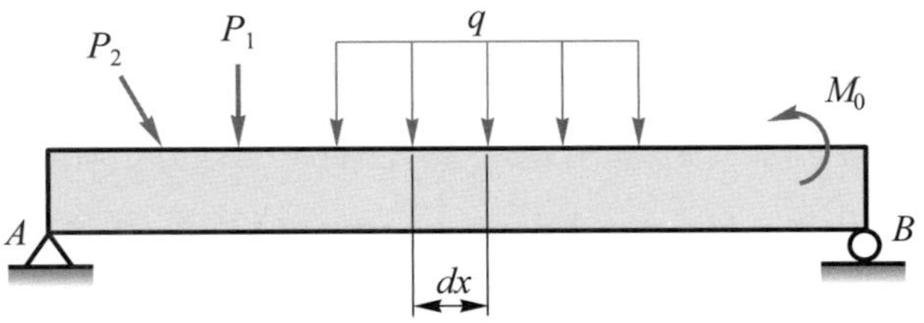

(a)

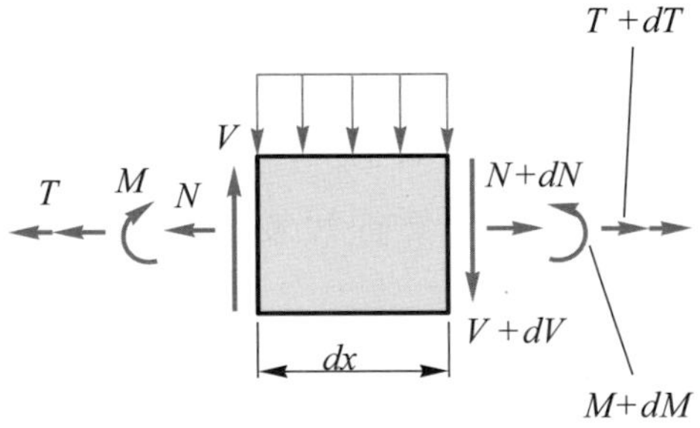

(b)

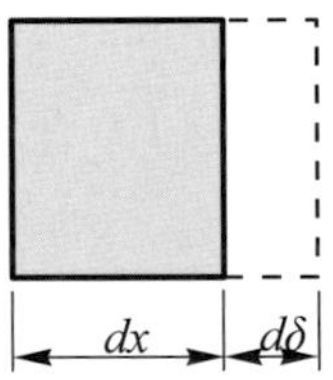

(c)

圖 10-5

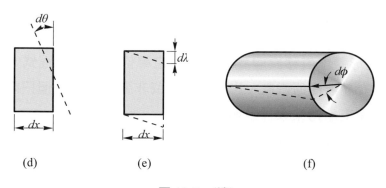

(d)　　　　　　　　　　(e)　　　　　　　　　　　　(f)

圖 10-5　(續)

右端是沿構件長度積分。其中$d\delta$，$d\theta$，$d\lambda$，$d\phi$則爲桿件中長爲dx的微段兩端橫截面的相對位移(此處看成虛位移)。

10-4-1　單位負載法

如前所推導，**只要符合構件的支承條件且滿足各微段間變形連續條件的微小位移，皆可當作虛位移。所以可以將實際負載作用下構件的位移及各微段的相對位移當作虛位移。**若要確定在實際負載作用下，構件某一點沿某一指定方向的位移Δ，此時可以在該點處施加該方向一個相應的單位力，如 1 kN 或 1 N 的力，而這單位所引起該構件在任意橫截面上有內力N_u、M_u、V_u、T_u等。由(10-21)式可寫成

$$1 \cdot \Delta = \int_L (N_u d\delta + M_u d\theta + V_u d\lambda + T_u d\phi) \tag{10-22}$$

上式表用單位負載法計算構件的一般公式。

若考慮線彈性材料的構件，取任一微段長dx，則兩端橫斷面的相對位移，可以用前面章節中得到

$$d\delta = \frac{N_L dx}{EA} \quad d\theta = \frac{M_L dx}{EI} \quad d\lambda = \frac{\alpha_s V_L dx}{GA} \quad d\phi = \frac{T_L dx}{GI_p} \tag{a}$$

其中α_s爲剪力係數(shear coefficient)

將(a)式代入(10-22)式得

$$1 \cdot \Delta = \int \frac{N_u N_L}{EA} dx + \int \frac{M_u M_L}{EI} dx + \int \frac{\alpha_s V_u V_L}{GA} dx + \int \frac{T_u T_L}{GI_p} dx \tag{10-23}$$

其中N_L、M_L、V_L、T_L是實際負載所引起的內力。

觀念討論 ●

1. (10-21)式變形體虛位移原理及(10-22)式之單位負載法方程式，對於材料或結構的線性行為並無任何限制，也可為彈性或非彈性材料。但只限制虛位移是微小量，它滿足支承拘束條件及連續條件。

2. 在單位負載是廣義力，它視所要求的位移Δ的性質而定，且它是個有單位的量。若Δ為一截面的轉角或扭轉角，則單位力為施力於該截面處的彎曲矩或外扭矩。若Δ為桁架上兩接點間的相對線位移，則單位力應該是施加在兩接點上的一對大小相等指向相反之力，其作用線與兩接點間的連線重合。

3. (10-23)式只能使用在線彈性結構，因使用(a)式代入(10-22)式而得(10-23)式。

4. (10-23)式的右端的計算結果若為正值，則左端也是正值，這代表所求位移Δ指向與單位負載指向一致。反之，若為負值，則Δ指向與單位負載指向相反。

5. 以單位負載法方程式(10-23)求解位移之步驟：

⑴ 決定結構承受實際負載所引起應力之合力N_L、M_L、V_L及T_L。

⑵ 在欲求點的位移Δ上施加一單位負載(廣義力)。

⑶ 求取單位負載所引起應力合力N_u、M_u、V_u及T_u。

⑷ 將⑴⑵步驟代入(10-23)式且積分各項，即可求得位移Δ。但必須注意並非(10-23)式皆有這四項，有些項目不存在。

● **例題 10-4** 試求如圖 10-6(a)所示懸臂梁自由端B點之垂直撓度。

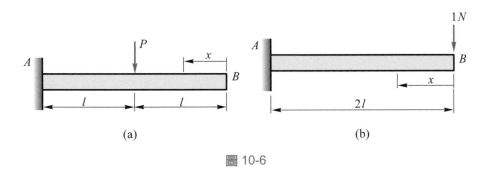

(a)　　　　　　　　　　　　(b)

圖 10-6

解 本題用單位負載法，首先求真實負載作用之彎曲矩表示式

$$M_{L1} = 0 \qquad\qquad (0 \le x \le l)$$

$$M_{L2} = -P(x-l) \qquad (l \le x \le 2l) \qquad\qquad\qquad\qquad\text{(a)}$$

接著在B點處施加單位負載 1 N(圖 10-6(b))，求出其彎曲矩表示式 M_u

$$M_u = -x \qquad\qquad (0 \le x \le 2l) \qquad\qquad\qquad\qquad\text{(b)}$$

將(a)(b)兩式代入(10-23)式

$$v_b = \int_0^l \frac{M_u M_{L1}}{EI}dx + \int_l^{2l} \frac{M_u M_{L2}}{EI}dx$$

$$= \frac{P}{EI}\int_0^l (x)0\,dx + \frac{P}{EI}\int_l^{2l}(x)(x-l)dx$$

積分得

$$v_b = \frac{5Pl^3}{6EI} \ (\downarrow)$$

● **例題 10-5** 懸臂梁AB承受一均佈負載q(圖 10-7(a))，試求B點處之撓度與傾斜角。

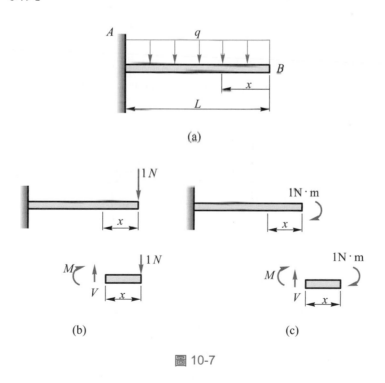

(a)

(b)　　　　　　　　(c)

圖 10-7

 本題使用單位負載法解題。首先求出真實負載的彎曲矩表示式

$$M_L = -\frac{qx^2}{2} \quad (0 \leq x \leq L) \tag{a}$$

欲求 B 點撓度，即在 B 點處施加一單位力 1 N(圖 10-7(b))，它的彎曲矩表示式

$$M_u = -x \quad (0 \leq x \leq L) \tag{b}$$

將(a)(b)兩式代入(10-23)得

$$v_b = \int_0^L \frac{M_u M_L}{EI} dx = \frac{1}{EI} \int_0^L (-x)\left(\frac{-qx^2}{2}\right) dx = \frac{qL^4}{8EI} \quad (\downarrow)$$

欲求 B 點傾斜角，即在 B 點處施加一單位力偶 1 N · m(圖 10-7(c))，則它的彎曲矩表示式

$$M_{u1} = -1 \quad (0 \leq x \leq L) \tag{c}$$

將(a)(c)兩式代入(10-23)式得

$$\theta_b = \int_0^L \frac{M_{u1} M_L}{EI} dx = \frac{1}{EI} \int_0^L (-1)\left(\frac{-qx^2}{2}\right) dx = \frac{qL^3}{6EI} \quad (\searrow)$$

● **例題 10-6** 如圖(10-8(a))所示之梁，一端固定，另一端為簡支承，承受均勻負載作用，試以單位負載法求 B 點的支承反力。

解 由圖 10-8(a)知；此梁為一度靜不定，且由題意要求 R_b，所以取 R_b 為贅力得放鬆結構(圖 10-8(b))。將 R_b 看成外力，則求出放鬆結構的彎曲矩表示

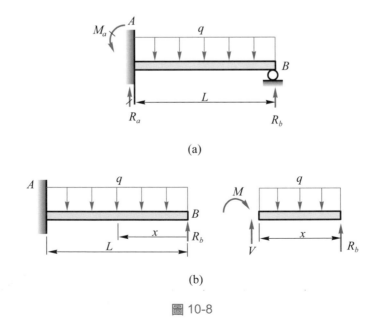

(a)

(b)

圖 10-8

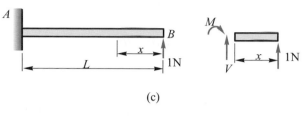

(c)

圖 10-8　（續）

$$M_L = R_b x - \frac{qx^2}{2} \quad (0 \le x \le L) \tag{a}$$

在B點處加上一單位負載 1 N，則其彎曲矩表示式

$$M_u = x \quad (0 \le x \le L) \tag{b}$$

將(a)(b)代入(10-23)式得

$$v_b = \int_0^L \frac{M_u M_L}{EI} dx = \frac{1}{EI} \int_0^L (x)\left(R_b x - \frac{qx^2}{2}\right) dx$$

$$= \frac{R_b L^3}{3EI} - \frac{qL^4}{8EI}$$

但因B點支承拘束條件$v_b = 0$，則

$$v_b = \frac{R_b L^3}{3EI} - \frac{qL^4}{8EI} = 0$$

即 $R_b = \frac{3}{8}qL \quad (\uparrow)$

● **例題 10-7**　有一四分之一圓周的平面曲桿(圖 10-9(a))，其EI為常數，曲桿的A端固定，自由端B上承受垂直集中力P，試以單位負載法求B點的垂直與水平位移。僅考慮彎曲矩影響。

解　首先求出眞實負載在$a-a$截面上之彎曲矩表示式

$$M_L = -PR\cos\theta \quad \left(0 \le \theta \le \frac{\pi}{2}\right) \tag{a}$$

其中彎曲桿彎曲矩正負號是以減少曲率趨勢之彎曲矩爲正值。

接著在B點上施加一單位垂直力 1 N(圖 10-9(b))，其彎曲矩爲

$$M_{u1} = -R\cos\theta \quad \left(0 \le \theta \le \frac{\pi}{2}\right) \tag{b}$$

將(a)(b)兩式代入(10-23)式得垂直位移v_b

$$v_b = \int \frac{M_{u1} M_L}{EI} ds \quad (其中 ds = R d\theta)$$

$$= \frac{1}{EI} \int_0^{\frac{\pi}{2}} (-R\cos\theta)(-PR\cos\theta) R d\theta$$

$$= \frac{PR^3 \pi}{4EI} \quad (\downarrow)$$

另外在 B 點上施加一水平單位力 1 N(圖 10-9(c))，其彎曲矩為

$$M_{u2} = -R(1 - \sin\theta) \quad \left(0 \le \theta \le \frac{\pi}{2} \right) \tag{c}$$

將(a)(c)代入(10-23)式得水平位移 v_h

$$v_h = \int \frac{M_{u2} M_L}{EI} ds = \frac{1}{EI} \int_0^{\frac{\pi}{2}} [-R(1-\sin\theta)(-PR\cos\theta) R d\theta]$$

$$= \frac{PR^3}{2EI} \quad (\rightarrow)$$

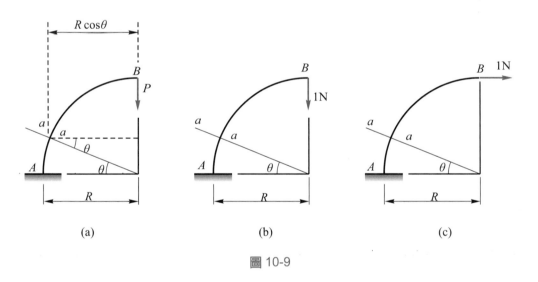

圖 10-9

10 -5　卡氏第一定理

前面已介紹了變形體的應變能和補能的觀念，它們可以通過外力功或外力補功來計算。**這些表達式(10-13)與(10-17)式可適用於線性與非線性彈性構件**。利用(10-13)式，卡氏(A. Castigliano)推導出了計算彈性構件的力與位移的兩個定理，通常稱之爲卡氏第一定理和卡氏第二定理。首先介紹卡氏第一定理，下一節再介紹第二定理。

考慮如圖 10-10 所示的構件，假設其上作用廣義力 $P_i\,(i=1,2,\cdots,n)$，而在這些廣義力作用點相應產生廣義位移 $\delta_i\,(i=1,2,\cdots,n)$。由於構件應變能 U 在數值上就等於外力功，則依前述所得

$$U = W = \sum_{i=1}^{n} \int_0^{\delta_i} P_i\,d\delta_i \qquad\qquad (10\text{-}24)$$

上式表明應變能 U 為所有廣義力作用點最後位移 δ_i 之函數。

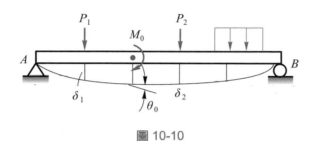

圖 10-10

假設第 i 個廣義力作用點的位移有一微小增量 $d\delta_i$，則構件內應變能的變化 dU 為

$$dU = \frac{\partial U}{\partial \delta_i}\,d\delta_i \qquad\qquad (a)$$

其中 $\dfrac{\partial U}{\partial \delta_i}$ 代表應變能對於位移 δ_i 的變化率。因只有第 i 個廣義力作用點的廣義位移有一微小增量 $d\delta_i$，而其餘各廣義力的作用點並無附加的廣義位移，因此只有 P_i 作了外功，即

$$dW = P_i\,d\delta_i \qquad\qquad (b)$$

且外力功的變化量等於應變能的變化量，則

$$dW = dU \qquad\qquad (c)$$

將(a)(b)兩式代入(c)式得

$$P_i = \frac{\partial U}{\partial \delta_i} \qquad\qquad (10\text{-}25)$$

此式即為卡氏第一定理。它說明彈性構件的應變能 U 對於構件上某一外力(廣義力)作用點的位移變化率就等於該外力(廣義力)的數值。卡氏第一定理不像後面介紹的第二定理應用較廣些。

觀念討論 •

1. 卡氏第一定理可適用於線性彈性體,又適用於非線性彈性體。

2. 運用卡氏第一定理時,必須將應變能U表達式寫成給定位移的函數,這樣才可

  求$\dfrac{\partial U}{\partial \delta_i} = P_i$。

例題 10-8 如圖(10-11(a))所示對稱桁架,包含有三根桿交於接點D。所有桿件有相同的軸向剛度EA,而中間桿長為L。在桁架上有一垂直力P作用於D。(a)試以接點D之垂直位移δ來表示桁架應變能U,(b)利用卡氏第一定理,求位移δ,(c)求桁架上各桿件的軸向力N_{ad},N_{bd}和N_{cd}。

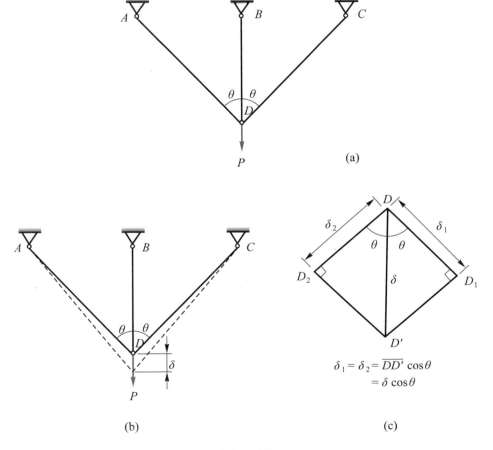

(a)

(b)   (c)

$$\delta_1 = \delta_2 = \overline{DD'} \cos\theta$$
$$= \delta \cos\theta$$

圖 10-11

(a)由題意知要求$U = U(\delta)$，必須要知道桁架中(圖10-11(b))各桿件的變形量，因而畫出位移圖或威氏圖(Williot's Diagram)。其中$\delta_1 = \delta_2 = \delta\cos\theta$而$\overline{AD} = \overline{CD} = L_1 = L_2 = \dfrac{L}{\cos\theta}$。由第二章知各桿件應變能為

$$U = \frac{EA}{2L}\delta^2$$

則　$U = U_{AD} + U_{BD} + U_{CD}$

$$= \frac{EA}{2L}\delta^2 + 2\frac{EA}{2(L/\cos\theta)}(\delta\cos\theta)^2$$

$$= \frac{EA\delta^2}{2L}(1 + 2\cos^3\theta)$$

(b)利用卡氏第一定理，則

$$P = \frac{\partial U}{\partial \delta} = \frac{\partial}{\partial \delta}\left[\frac{EA\delta^2}{2L}(1 + 2\cos^3\theta)\right]$$

$$= \frac{EA\delta}{L}(1 + 2\cos^3\theta)$$

故　$\delta = \dfrac{PL}{AE}\dfrac{1}{(1 + 2\cos^3\theta)}$

(c)由於各桿件軸向力$N = \dfrac{EA\Delta}{L}$　　(Δ為桿件伸長量)

$$N_{ad} = N_{cd} = \frac{EA(\delta\cos\theta)}{(L/\cos\theta)} = \frac{EA}{L}\delta\cos^2\theta$$

$$= \frac{EA}{L}\cos^2\theta\left[\frac{PL}{AE}\frac{1}{(1 + 2\cos^3\theta)}\right] = \frac{P\cos^2\theta}{1 + 2\cos^3\theta}$$

$$N_{bd} = \frac{EA\delta}{L} = \frac{EA}{L}\left[\frac{PL}{AE}\frac{1}{(1 + 2\cos^3\theta)}\right] = \frac{P}{1 + 2\cos^3\theta}$$

10 -6　卡氏第二定理

　　考慮如上一節中圖10-10，仍然由廣義力P_i $(i = 1, 2, \cdots, n)$作用，產生相應廣義位移$\delta_i (i = 1, 2, \cdots, n)$，依照前面所述可得到，此構件的外力補功等於補能，而此補功為各廣義力補功之和，則

$$U_C = W_C = \sum_{i=1}^{n}\int_0^{P_i}\delta_i dP_l \tag{10-26}$$

此式表明構件的補能是外力(廣義力)的函數。

現假設第i個外力(廣義力)P_i有一微小增量dP_i，而其餘外力保持不變，因而外力總補功相應改變量為

$$dW_C = \delta_i dP_i \tag{a}$$

然而外力P_i改變了dP_i，構件內補能的相應改變量為

$$dU_C = \frac{\partial U_C}{\partial P_i} dP_i \tag{b}$$

但因外力補功等於彈性體之補能，所以它們的改變量也相等，即

$$dU_C = dW_C \tag{c}$$

將(a)(b)兩式代入(c)式得

$$\delta_i = \frac{\partial U_C}{\partial P_i} \tag{10-27}$$

此式可用來計算非彈性構件在外力(廣義力)P_i作用點處相應位移(廣義位移)δ_i。此式稱為克-安定理(Crotti-Engesse theorem)。

若線彈性材料之構件，因應變能U等於補能U_C，則(10-27)式變成為

$$\delta_i = \frac{\partial U}{\partial P_i} \tag{10-28}$$

此式即為卡氏第二定理。它表明線彈性構件的應變能U對於作用在構件的某一外力(廣義力)之變化率，就等於該力作用點沿作用線方向的位移(廣義位移)。

觀念討論

1.　注意卡氏第二定理僅適用於線彈性材料所組成任意形狀的物體，因使用$U = U_C$。但對於非線彈性體只能用(10-27)式的克-安定理。

2.　卡氏第二定理實質上表示有關物體幾何變形相容性條件是必要條件。

3.　卡氏第二定理可以用來求獨立外力方向上的位移，但不適用於求解靜定系統支承反力方向上的位移，因彈性體之支承反力由負載$P_1, P_2, \cdots, P_n$所決定，當其中一個負載P_i改變，支承反力也改變，故支承反力並非獨立外力，卡氏定理就不適用。

4. 使用卡氏第二定理求結構某處之位移(廣義位移,可為線位移、扭轉角等),則在該處附加上廣義力,再由真實負載及附加廣義力Q去求結構應變能,再使用卡氏第二定理。

5. 卡氏第二定理的數學表示式相似於虛位移原理的單位負載法方程式,由(10-14)式用卡氏第二定理(忽略剪力影響)得

$$\delta_i = \frac{\partial U}{\partial P_i}$$
$$= \int_0^L \frac{\partial N}{\partial P_i} \frac{N}{EA} dx + \int_0^L \frac{\partial T}{\partial P_i} \frac{T}{GI_p} dx + \int_0^L \frac{\partial M}{\partial P_i} \frac{M}{EI} dx \qquad (10\text{-}29)$$

此式與(10-23)式相似。由卡氏第二定理,利用附加單位廣義力$Q=1$得到莫爾定理(Mohr theorem)或莫爾積分。例如只考慮彎曲矩作用之位移$\Delta = \int \frac{MM_u}{EI} dx$,其$M_u$是附加單位廣義力所引起彎曲矩。

6. 利用卡氏第二定理解題,其步驟如下:

(1) 在欲求方向是否有真實負載存在,如果沒有,在該方向上施加一廣義力Q。

(2) 由真實負載與附加上的廣義力Q求出結構上的總應變能。

(3) 若要求某一真實負載P_i方向的相應位移,為了方便,先令總應變能U表示式中$Q=0$,接著使用卡氏第二定理即可求出欲求之位移。

(4) 若要求附加廣義力Q方向之位移,先利用卡氏第二定理,總應變能對Q偏微分後,再令$Q=0$,即可求出欲求的位移。

● **例題 10-9** 如圖 10-12(a)中所示懸臂梁,試求自由端C點的撓度及點B之傾斜角,EI為常數。

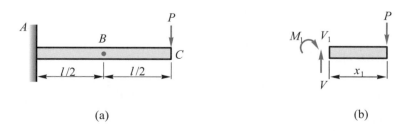

(a)　　　　　　　　　　(b)

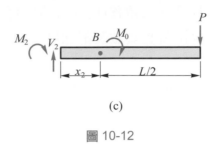

(c)

圖 10-12

解 (a)求自由端C點之撓度δ_c。

取圖 10-12(b)之自由圖，則

$$\curvearrowleft \ \Sigma M_x = 0 \quad M_1 = -Px_1 \quad (0 \le x_1 \le L)$$

$$\frac{\partial M_1}{\partial P} = -x_1 \tag{a}$$

利用卡氏第二定理得

$$\delta_c = \int_0^L \frac{\partial M_1}{\partial P} \frac{M_1}{EI} dx_1 = \frac{1}{EI} \int_0^L (-x_1)(-px_1)dx_1 = \frac{PL^3}{3EI} \quad (\downarrow) \tag{b}$$

(b)B點：傾斜角θ_b

由於在B處無集中力偶作用，故在B點處施加上一假想集中力偶M_0，因在M_0在B點使其彎曲矩不連續，所以取兩個座標x_1與x_2，其中 $0 \le x_1 \le L/2$(是C點至B點)已由圖 10-12(b)求得$M_1 = -px_1$表示式，而 $\frac{\partial M_1}{\partial M_0} = 0 \quad \left(0 \le x_1 \le \frac{L}{2}\right)$

$$\curvearrowleft \ \Sigma M_x = 0 \qquad -M_2 - M_0 - P\left(\frac{L}{2} + x_2\right) = 0$$

$$M_2 = -M_0 - P\left(\frac{L}{2} + x_2\right) \quad \left(0 \le x_2 \le \frac{L}{2}\right)$$

$$\frac{\partial M_2}{\partial M_0} = -1$$

由卡氏第二定理知

$$\theta_b = \frac{\partial U}{\partial M_0}\bigg|_{M_0 = 0} = \int_0^L \left[\frac{\partial M}{\partial M_0}\frac{M}{EI}\right]\bigg|_{M_0 = 0} dx$$

$$= \int_0^{\frac{L}{2}} (0)\left(\frac{-Px_1}{EI}\right)dx_1 + \int_0^{\frac{L}{2}} (-1)\left(\frac{-M_0 - P(L/2 + x_2)}{EI}\right)\bigg|_{M_0 = 0} dx_2$$

$$= \frac{3PL^2}{8EI} \quad (\searrow)$$

● **例題 10-10**　如圖 10-13(a)所示的簡支梁AB，它承受均佈負載作用。利用卡
氏第二定理求B點的傾斜角θ_b。EI為常數。

解　因在B點無集中力偶作用，所以用卡氏第二定理時，要在B點處假想一力偶
M_0(圖 10-13(b))。首先求出支承反力

$$\curvearrowright \ \Sigma M_B = 0 \qquad M_0 - R_a L + qL\left(\frac{L}{2}\right) = 0$$

$$R_a = \frac{qL}{2} + \frac{M_0}{L} \tag{a}$$

由圖 10-13(c)中求出彎曲矩表示式

$$\curvearrowright \ \Sigma M_x = 0 \qquad M + (qx)\frac{x}{2} - R_a x = 0$$

$$M = \frac{-qx^2}{2} + \frac{qL}{2}x - \frac{M_0}{L}x$$

$$\frac{\partial M}{\partial M_0} = -\frac{x}{L} \tag{b}$$

利用卡氏第二定理得

$$\theta_b = \frac{\partial M}{\partial M_0}\bigg|_{M_0=0} = \int_0^L \left(\frac{\partial M}{\partial M_0}\frac{M}{EI}\right)\bigg|_{M_0=0} dx$$

$$= \int_0^L \left(\frac{\partial M}{\partial M_0}\right)\bigg|_{M_0=0} \left(\frac{M}{EI}\right)\bigg|_{M_0=0} dx$$

$$= \frac{1}{EI}\int_0^L \left(\frac{-x}{L}\right)\left(\frac{-qx^2}{2} + \frac{qL}{2}x\right)dx = \frac{qL^3}{24EI} \quad (\searrow)$$

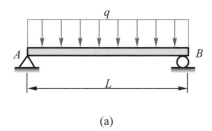

(a)

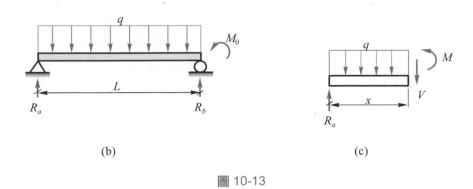

(b)　　　　　　　　　　　　　(c)

圖 10-13

例題 10-11 如圖 10-14(a)所示一度靜不定梁，EI為常數，利用卡氏第二定理，求出B點之支承反力R_b。

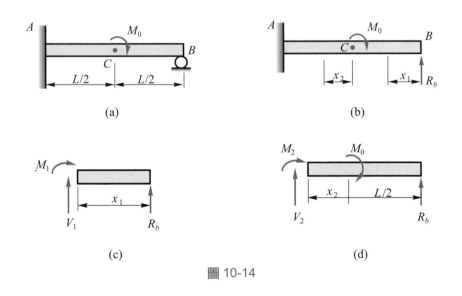

(a)　　　　　　　　　　　　　(b)

(c)　　　　　　　　　　　　　(d)

圖 10-14

解 由於是一度靜不定梁，且要求R_b，故取贅力R_b得放鬆結構(圖 10-14(b))。因C點處有集中外力偶M_0，而彎曲矩不連續，為了方便取兩個座標x_1與x_2來表示彎曲矩。如圖 10-14(c)(d)知

BC段　　　$M_1 = R_b x_1$　　　　　　$\left(0 \le x_1 \le \dfrac{L}{2}\right)$

　　　　　　$\dfrac{\partial M_1}{\partial R_b} = x_1$

BC段　　　$M_2 = R_b\left(\dfrac{L}{2} + x_2\right) - M_0$　　$\left(0 \le x_2 \le \dfrac{L}{2}\right)$

$$\frac{\partial M_2}{\partial R_b} = \frac{L}{2} + x_2$$

利用卡氏第二定理

$$\delta_b = \frac{\partial U}{\partial R_b} = \int_0^L \frac{\partial M}{\partial R_b} \frac{M}{EI} dx = \int_0^{\frac{L}{2}} \frac{\partial M_1}{\partial R_b} \frac{M_1}{EI} dx_1 + \int_0^{\frac{L}{2}} \frac{\partial M_2}{\partial R_b} \frac{M_2}{EI} dx_2$$

$$= \frac{1}{EI} \int_0^{\frac{L}{2}} (x_1) R_b x_1 dx_1 + \int_0^{\frac{L}{2}} \left(\frac{L}{2} + x_2\right) \left[R_b\left(\frac{L}{2} + x_2\right) - M_0\right] dx_2$$

$$= \frac{R_b L^3}{3EI} - \frac{3 M_0 L^2}{8EI}$$

但因支承點 B 之位移 $\delta_b = 0$，則

$$\frac{R_b L^3}{3EI} - \frac{3 M_0 L^2}{8EI} = 0$$

即 $R_b = \frac{9 M_0}{8L}$ （↑）

重點整理

1. 彈性體在外力作用下始終處於平衡狀態，動能的變化及其他能量的損耗均忽略不計，根據能量守恆定律，外力所做的功全部轉化為彈性體的應變能；即 $U = W$ 稱為功能原理。

2. 利用能量守恆定律求解變形體的位移、變形和內力的方法稱為能量法則。

3. 功的定義：一力 F 作用在物體(可為質點、質點系、剛體或變形體等)此力作用點位置之質點，產生質點位移 $d\mathbf{r}$ 之純量積。即

$$W = \int \mathbf{F} \cdot d\mathbf{r}$$

4. 正功與負功並非數值上的正負號，或是作功方向的不同，而是誰對誰作功，或反映作功者與被作功者能量的輸入或輸出，或者獲得或損耗。

5. 構件承受軸向負載，扭矩、彎曲之應變能為

$$U = \int \frac{N^2 dx}{2AE} + \int \frac{T^2 dx}{2GI_p} + \int \frac{M^2 dx}{2EI} + \int \frac{\alpha_s V^2 dx}{2GA}$$

6. 應變能大小與加載、卸載順序無關。且對同一種負載兩個或兩個以上不可用重疊原理疊加，因應變能大小並非與負載成正比，而是負載平方成正比，但若不同負載同時作用，只要變形不互相影響可用重疊原理來疊加。

7. 補功、補能與補應變能密度三者沒有具體的物理意義，只是相對於功、應變能與應變能密度引出方便處理的數學式子，它們只是具有功和能相同因次而已。

8. 變形體的虛功原理，是一構件處於平衡狀態下，其外力與內力對任意給定的虛位移所作的總虛功也必定為零，即 $W_e + W_i = 0$。

9. 變形體虛位移，是很小的量，它必須保持支承拘束條件外，還要滿足各單元體變形的連續條件(這在剛體力學中是沒有的)。

10. 在虛功原理中取構件某一點沿某一指方向的位移Δ為虛位移，在其上加上一單位負載，即可推導出單位負載法

$$1 \cdot \Delta = \int N_u ds + M_u d\theta + V_u d\lambda + T_u d\phi$$
$$= \int \frac{N_u N_L}{EA} dx + \int \frac{M_u M_L}{EI} dx + \int \frac{\alpha_s V_u V_L}{GA} dx + \int \frac{T_u T_L}{GI_p} dx$$

其中N_u、M_u、V_u、T_u為單位負載引起的內力，而N_L、M_L、V_L、T_L為實際負載引起的內力。

11. 卡氏第一定理$P_i = \dfrac{\partial U}{\partial \delta_i}$，它說明彈性構件的應變能$U$對於構件上某一外力(廣義力)作用點的位移變化率就等於該外力(廣義力)的數值。它適用於線性、非線性彈性材料，但應用較不廣泛。

12. 卡氏第二定理$\delta_i = \dfrac{\partial U}{\partial P_i}$，它說明現彈性構件的應變能$U$對於作用在構件的某一外力(廣義力)之變化率就等於該力作用點沿作用線方向的位移(廣義位移)，只用於線彈性材料。若欲求某一方向之位移，但此方向上無集中廣義力，在此點此方向加上一假想廣義力Q，再由此力Q與真實負載作用來求出應變能之後，先對Q微分後，再令Q等於零，即可求出欲求廣義位移。

習 題

(A) 問答題

10-1　何謂彈性體的功能原理？何謂能量法？

10-2　何謂功？功的本質為何？它與能量有何不同？

10-3　何謂正功與負功？是否是功在數量上的正負號？

10-4　計算應變能是否可以用重疊法去疊加個別負載產生的應變能？

10-5 何謂補功、補能及補能密度？是否有具體的物理意義？

10-6 何謂虛位移？它具有何種限制？剛體力學上虛位移與變形體的虛位移有何不同？

10-7 何謂虛功？何謂虛功原理？

10-8 何謂卡氏第一定理、第二定理？各有何限制條件？

10-9 卡氏第二定理為何不可以用來求解靜定系統支承反力方向的位移？

10-10 何謂克-安定理(Crotti-Engesser theorem)？

(B) 計算題

10-2.1 如圖 10-15 所示的階級圓軸，兩段直徑分為 d_1 和 d_2，受扭力矩 T_0 作用，試求兩段軸中各儲存應變能的比值。

答：$\dfrac{U_{AB}}{U_{BC}} = \dfrac{L_1}{L_2}\left(\dfrac{d_2}{d_1}\right)^4$。

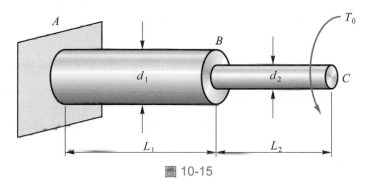

圖 10-15

10-2.2 一懸臂梁承受均佈負載 q，如圖 10-16 所示，試求(a)彎曲矩及剪力產生的應變能分別為 U_b 和 U_s，(b)若 $L = 5a$ 時，兩者之比值為何？EI 為常數。

答：(a)$U_b = \dfrac{q^2 L^5}{40EI}$，$U_s = \dfrac{q^2 L^3}{5GA}$，(b)$\dfrac{U_s}{U_b} = 0.08$。

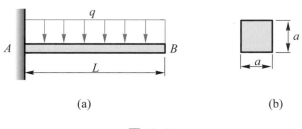

(a)   (b)

圖 10-16

10-2.3 如圖 10-17 所示桁架，試求整個桁架總應變能，且利用功能法求出 C 點水平
位移。每根桿件 AE 皆相同。

答：$\Delta_C = \dfrac{2PL}{AE}(\rightarrow)$。

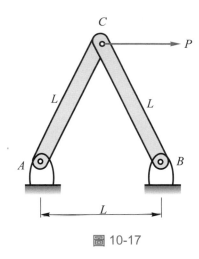

圖 10-17   圖 10-18

10-2.4 如圖 10-18 所示，試求節點 D 之垂直位移。每根桿件 AE 皆相同。

答：$\Delta_D = \dfrac{3.5PL}{AE}$ （↓）。

10-2.5 至 10-2.8 分別如圖 10-19(a)～圖 10-19(d)所示的梁及負載，試求各彎曲矩
所引起的應變能。

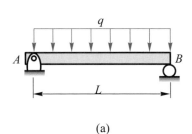

(a)   (b)

答：$U = \dfrac{1}{240}\dfrac{q^2 L^5}{EI}$。   答：$U = \dfrac{M_0^2 L}{6EI}$。

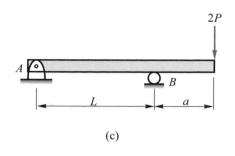

(c)

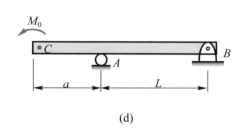

(d)

答：$U = \dfrac{2P^2a^2}{3EI}(L+a)$。

答：$U = \dfrac{M_0^2}{2EI}\left(a + \dfrac{L}{3}\right)$。

圖 10-19

10-4.1 如圖 10-20 所示，試求點 B 的垂直位移。$E = 200\,\text{GPa}$，所有桿件截面積 $A = 1200\,\text{mm}^2$。

答：$\Delta_{Bv} = 0.119\,\text{mm}$（↓）。

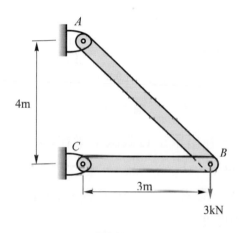

圖 10-20

10-4.2 試求上題 B 點之水平位移(如圖 10-20)。

答：$\Delta_{Bh} = 0.028\,\text{mm}$（←）。

10-4.3 利用單位負載法，試求如圖 10-21 所示之梁上 B 點的傾斜度。EI 為常數。

答：$\theta_b = \dfrac{3PL^2}{8EI}$（↘）。

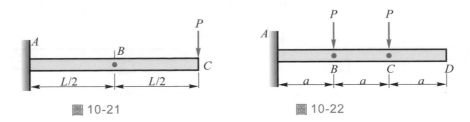

圖 10-21　　　　　　　　　　　圖 10-22

10-4.4　如圖 10-22 所示，一懸臂梁具有抗撓剛度 EI 為常數，承受兩集中負載 P，求在 B、C、D 點上之撓度 δ_b，δ_c 及 δ_d。

答：$\delta_b = \dfrac{7Pa^3}{6EI}$ （↓），$\delta_c = \dfrac{7Pa^3}{2EI}$ （↓），$\delta_d = \dfrac{6Pa^3}{EI}$ （↓）。

10-4.5　利用單位負載法求圖 10-23 所示之梁在 D 點的傾斜度或旋轉角。$(E = 200\ \text{GPa})$

答：$\theta_d = 0.67°$(反時針)。

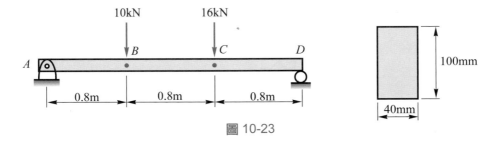

圖 10-23

10-4.6　承上題(圖 10-23)，利用單位負載法求梁在 C 點的撓度。

答：$\delta_c = 7.59\ \text{mm}$(↓)。

10-4.7　如圖 10-24 所示，一懸臂梁承受一力偶矩 M_0 作用在其端點。利用單位負載法求自由端 B 點的撓度。

答：$\delta_b = \dfrac{M_0 L^2}{2EI}$ （↑）。

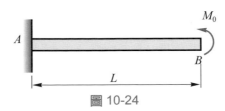

圖 10-24

10-4.8　如上題(圖 10-24)，求自由端 B 點的傾斜度或旋轉角。

答：$\theta_b = \dfrac{M_0 L}{EI}$ （⌒）。

10-4.9 一外伸承受均勻負載，如圖 10-25 所示，利用單位負載法求 B 點之旋轉角。

答：$\theta_b = \dfrac{5qL^3}{216EI}$ (⤢)。

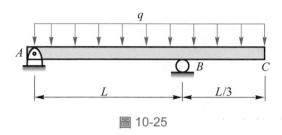

圖 10-25

10-4.10 如圖 10-26 所示的梁，一端固定，另一端簡支梁，承受一集中負載 P，利用單位負載法求支承反力。

答：$R_a = \dfrac{11}{16}P(\downarrow)$，$R_b = \dfrac{5}{16}P(\uparrow)$，$M_a = \dfrac{3PL}{16}(\frown)$。

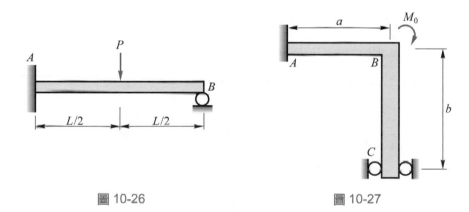

圖 10-26　　　　　　　　　　　　　　　　　　　　圖 10-27

10-4.11 如圖 10-27 所示，一平面構架在 B 點處承受一集中力偶 M_0 作用，利用單位負載法求滾子上之支承反力。

答：$R = \dfrac{3M_0 a}{b(b+3a)}$。

10-6.1 一桁架如圖 10-28 所示，所有桿件有相同的剖面積 A 及彈性模數 E，利用卡氏第二定理決定 D 點的垂直位移 δ_v。

答：$\delta_v = 8.6\dfrac{WL}{AE}(\downarrow)$。

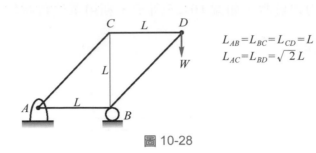

圖 10-28

10-6.2 利用卡氏第二定理求上題D點(圖10-28)的水平位移。

答：$\delta_h = 4.8\dfrac{WL}{AE}(\rightarrow)$。

10-6.3 利用卡氏第二定理重解習題10-4.1及10-4.2(圖10-20)。

答：$\Delta_{bv} = 0.119$ mm ($\downarrow$)，$\Delta_{bh} = 0.028$ mm ($\leftarrow$)。

10-6.4 如圖 10-29 所示的桁架，由三根具有相同軸向剛度AE的桿件所組成，在D點承受負載P作用，利用卡氏第二定理，決定每一根桿件所受之力。

答：$N_{bd} = 0.494P$(拉力)，$N_{ad} = N_{cd} = 0.316P$(拉力)。

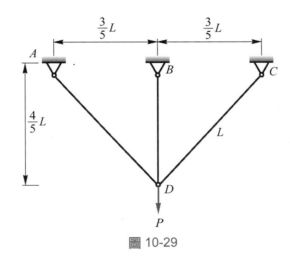

圖 10-29

10-6.5 如圖10-30所示，一半圓環一端固定，另一端承受負載P的作用，忽略剪力與正向力所造成的變形，利用卡氏第二定理求自由端B點之水平位移δ_h。

答：$\delta_h = \dfrac{\pi PR^3}{2EI}$ ($\rightarrow$)。

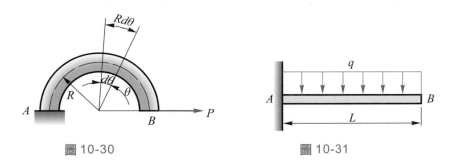

圖 10-30　　　　　　　　　　　圖 10-31

10-6.6 一懸臂梁承受均佈負載，利用卡氏第二定理求自由端的撓度，如圖 10-31 所示。

答：$\delta_b = \dfrac{qL^4}{8EI}$ （↓）。

10-6.7 利用卡氏第二定理，解上題(圖 10-31)自由端 B 點的旋轉角。

答：$\theta_b = \dfrac{qL^3}{6EI}$ （↘）。

10-6.8 一簡支梁如圖 10-32 所示，利用卡氏第二定理求中點的最大撓度。

答：$\delta_c = \dfrac{PL^3}{48EI}$ （↓）。

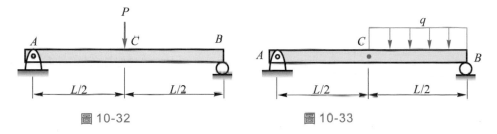

圖 10-32　　　　　　　　　　　圖 10-33

10-6.9 如圖 10-33 所示，利用卡氏第二定理，求簡支梁之中點 C 點的撓度。

答：$\delta_c = \dfrac{5qL^4}{768EI}$ （↓）。

10-6.10 利用卡氏第二定理求 C 點的垂直撓度，其中 $E = 200$ GPa，$I = 120 \times 10^{-6}$ m^4，如圖 10-34 所示。

答：$\delta_c = 10.2$ mm （↓）。

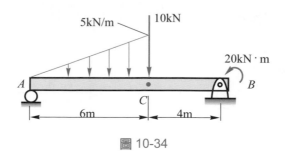

圖 10-34

10-6.11 利用卡氏第二定理求靜不定梁之支承反力，如圖 10-35 所示。

答：$R_a = R_b = \dfrac{P}{2}(\uparrow)$，$M_a = \dfrac{PL}{4}(\frown)$，$M_b = \dfrac{PL}{4}(\frown)$。

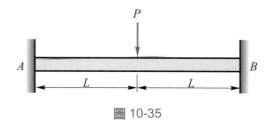

圖 10-35

10-6.12 利用卡氏第二定理重解習題 10-4.10(圖 10-26)。

材料之力學性質

附錄

注意：材料的性質與製造程序、化學組成、內部缺點、溫度、試體之尺寸和其他的
因素有關，其變化相當大。因此，本表中所示之材料只是代表一般性質，對
於特殊應用而言並非恰當。在某些情況，表中所給予的值乃是爲了顯示在性
質上一些可能的變化。除非特別說明，否則所代表的是材料受張力時之力學
性質與彈性模數。

附表 1-1 比重量(重量密度)與質量密度

材料	比重 γ		質量密度 ρ	
	lb/ft³	kN/m³	slugs/ft³	kg/m³
鋁(純)	169	26.6	5.26	2710
鋁合金	160～180	26～28	5.2～5.4	2600～2800
2014-T6	175	28	5.4	2800
6061-T6	170	26	5.2	2700
7075-T6	175	28	5.4	2800
黃銅	520～540	82～85	16～17	8400～8600
紅黃銅(80％銅，20％鋅)	540	85	17	8600
海軍黃銅	525	82	16	8400
磚	110～140	17～22	3.4～4.4	1800～2200
青銅	510～550	80～86	16～17	8200～8800
錳青銅	520	82	16	8300
鑄鐵	435～460	68～72	13～14	7000～7400
混凝土				
低強度	145	23	4.5	2300
中強度	150	24	4.7	2400
高強度	70～115	11～18	2.2～3.6	1100～1800
銅	556	87	17	8900
玻璃	150～180	24～28	4.7～5.4	2400～2800
鎂(純)	109	17	3.4	1750

附表 1-1 比重量(重量密度)與質量密度 (續)

材料	比重γ		質量密度ρ	
	lb/ft³	kN/m³	slugs/ft³	kg/m³
合金	110～114	17～18	3.4～3.5	1760～1830
蒙納(67％鎳，30％銅)	550	87	17	8800
鎳	550	87	17	8800
奈龍	70	11	2.2	1100
橡膠	60～80	9～13	1.9～2.5	960～1300
鋼	490	77.0	15.2	7850
石頭				
花崗石	165	26	5.1	2600
石灰石	125～180	20～28	3.9～5.6	2000～2900
大理石	165～180	26～28	5.1～5.6	2600～2900
石英	165	26	5.1	2600
鈦	280	44	8.7	4500
鎢	1200	190	37	1900
木材(空氣乾燥)				
灰分	35～40	5.5～6.3	1.1～1.2	560～640
洋松	30～35	4.7～5.5	0.9～1.1	480～560
橡樹	40～45	6.9～7.1	1.2～1.4	640～720
南松	35～40	5.5～6.3	1.1～1.2	560～640
熟鐵	460～490	72～77	14～15	7400～7800

附表 1-2　彈性模數與蒲松比

材料	彈性模數 E		剪力彈性模數 G		蒲松比 v
	ksi	GPa	ksi	GPa	
鋁(純)	10,000	70	3,800	26	0.33
鋁合金	10,000～11,400	70～79	3,800～4,300	26～30	0.33
2014-T6	10,600	73	4,000	28	0.33
6061-T6	10,000	70	3,800	26	0.33
7075-T6	10,400	72	3,900	27	0.33
黃銅	14,000～16,000	96～110	5,200～6,000	36～41	0.34
紅黃銅(80 %銅，20 %鋅)	15,000	100	5,600	39	0.34
海軍黃銅	15,000	100	5,600	39	0.34
磚(受壓)	1,500～3,500	10～24			
青銅	14,000～17,000	96～120	5,200～6,300	36～4	0.34
錳青銅	15,000	100	5,600	39	0.34
鑄鐵	12,000～25,000	83～170	4,600～10,000	32～69	0.2～0.3
灰鑄鐵	14,000	97	5,600	39	0.25
混凝土(受壓)					0.1～0.2
低強度	2,600	18			
中強度	3,600	25			
高強度	4,400	30			
銅(純)	16,000～18,000	110～120	5,800～6,800	40～7	0.33～0.36
鈹銅合金(硬)	18,000	120	6,800	47	0.33
玻璃	7,000～12,000	48～83	2,800～5,000	19～34	0.20～0.27

附表 1-2　彈性模數與蒲松比　（續）

材料	彈性模數E		剪力彈性模數G		蒲松比v
	ksi	GPa	ksi	GPa	
鎂(純)	6,000	41	2,200	15	0.35
合金	6,500	45	2,400	17	0.35
蒙納(67 ％鎳，30 ％銅)	25,000	170	9,500	66	0.32
鎳	30,000	210	11,400	80	0.31
奈龍	300～400	2.1～2.8			0.4
橡膠	0.1～0.6	0.0007～0.004	0.03～0.2	0.0002～0.001	0.45～0.50
鋼	28,000～30,000	190～210	10,800～11,800	75～80	0.27～0.30
石頭(受壓)					
花崗石	6,000～10,000	40～70			0.2～0.3
石灰石	3,000～10,000	20～70			0.2～0.3
大理石	7,000～14,000	500～100			0.2～0.3
鈦(純)	15,500	110	5,800	40	0.33
合金	15,000～17,000	100～120	5,600～6,400	39～44	0.33
鎢	50,000～55,000	340～380	21,000～23,000	140～160	0.2
木材(彎曲)					
灰分	1,500～1,600	10～11			
洋松	1,600～1,900	11～13			
橡樹	1,600～1,800	11～12			
南松	1,600～2,000	11～14			
熟鐵	28,000	190	10,800	75	0.3

附表 1-3　力學性質

材料	降伏應力σ_y		極限應力σ_u		伸長率(2 in.標距長度)
	ksi	MPa	ksi	MPa	
鋁(純)	3	20	10	70	60
鋁合金	5～70	35～500	15～18	100～550	1～45
2014-T6	60	410	70	480	13
6061-T6	40	270	45	310	17
7075-T6	70	480	80	550	11
黃銅	10～80	70～550	30～90	200～620	4～60
紅黃銅(80 %銅，20 %鋅)，硬	70	470	85	590	4
紅黃銅(80 %銅，20 %鋅)，軟	13	90	43	300	50
海軍黃銅；硬	60	410	85	590	15
海軍黃銅；軟	25	170	59	410	50
磚(受壓)			1～10	7～70	
青銅	12～100	82～690	30～120	20～830	5～60
錳青銅；硬	65	450	90	620	10
錳青銅；軟	25	170	65	450	35
鑄鐵(受拉)	17～42	120～290	10～70	69～480	0～1
灰鑄鐵	17	120	20～60	140～410	0～1
鑄鐵(受壓)			50～200	340～1,400	
混凝土(受壓)			1.5～10	10～70	
低強度			2	14	
中強度			4	28	
高強度			6	41	

附表 1-3　力學性質　(續)

材料	降伏應力σ_y		極限應力σ_u		伸長率 (2 in.標 距長度)
	ksi	MPa	ksi	MPa	
銅					
硬拉	48	330	55	380	10
軟(退火)	8	55	33	230	50
鈹銅合金(硬)	110	760	120	830	4
玻璃			5～150	30～1,000	
平板玻璃			10	70	
玻璃纖維			1,000～3,000	7,000～20,000	
鎂(純)	3～10	20～70	15～25	100～170	5～15
合金	12～40	80～280	20～50	140～340	2～20
蒙納(67 %鎳， 30 %銅)	25～160	170～1,100	65～170	450～1,200	2～50
鎳	20～90	140～620	45～110	310～760	2～50
奈龍			6～10	40～70	50
橡膠	0.2～1.0	1～7	1～3	7～20	100～800
鋼					
高強度	50～150	340～1,000	80～180	550～1,200	5～25
機械	50～100	340～700	80～125	550～860	5～25
彈簧	60～240	400～1,600	100～270	700～1,900	3～15
不銹鋼	40～100	280～700	60～150	400～1,000	5～40
刀具	75	520	130	900	8
鋼，結構用	30～100	200～700	50～120	340～830	10～40
ASTM-A36	36	250	60	400	30

附表 1-3　力學性質　（續）

材料	降伏應力σ_y		極限應力σ_u		伸長率 (2 in.標距長度)
	ksi	MPa	ksi	MPa	
ASTM-A572	50	340	70	500	20
ASTM-A514	100	700	120	830	15
鋼絲	40～150	280～1,000	80～200	550～1,400	5～40
石頭(受壓)					
花崗石			10～40	70～280	
石灰石			3～30	20～200	
大理石			8～25	50～180	
鈦(純)	60	400	70	500	25
合金	110～130	760～900	130～140	900～970	10
鎢			200～600	1,400～4,000	0～4
木材(彎曲)					
灰分	6～10	40～70	8～14	50～100	
洋杉	5～8	30～50	8～12	50～80	
橡樹	6～9	40～60	8～14	500～100	
南松	6～9	40～60	8～14	500～100	
木材 (受壓平行於木紋)					
灰分	4～6	30～40	5～8	30～50	
洋松	4～8	30～50	6～10	40～70	
橡樹	4～6	30～40	5～8	30～50	
南松	4～8	30～50	6～10	40～70	
熟鐵	30	210	50	340	35

附表 1-4　熱膨脹係數

材料	熱膨脹係數	
	10^{-6} /°F	10^{-6} /°C
鋁及鋁合金	13	23
黃銅	10.6～11.8	19.1～21.2
紅銅	10.6	19.1
海軍黃銅	11.7	21.1
磚	3～4	5～7
青銅	9.9～11.6	18～21
錳青銅	11	20
鑄鐵	5.5～6.6	9.9～12.0
灰鑄鐵	5.6	10.0
混凝土	4～8	7～14
中-強度	6	11
紫銅	9.2～9.8	16.6～17.6
鈹銅合金	9.4	17.0
玻璃	3～6	
鎂(純)	14.0	25.2
合金	14.5～16.0	26.1～28.8
蒙納合金	7.7	14
鎳	7.2	13
尼龍	40～60	75～100
橡皮	70～110	130～200
鋼	5.5～9.9	10～18

附表 1-4　熱膨脹係數　（續）

材料	熱膨脹係數	
	10^{-6} /°F	10^{-6} /°C
高強度	8.0	14
不銹鋼	9.6	17
結構鋼	6.5	12
石頭	3～5	5～9
鈦(合金)	4.5～5.5	8～10
鎢	2.4	4.3
熟鐵	6.5	12

2 工程上各種莫爾圓作圖法的理論分析*

附錄

摘要

　　在材料力學及機械設計等課程中，探討機件承受平面應力作用，皆介紹莫爾圓半圖解法來計算主應力(主應變)與最大(小)剪應力(剪應變)，以及任何平面的應力(剪應變)分佈；另外靜力學中的的面積慣性矩(積)，也以莫爾圓半圖解法去計算。然而在建立莫爾圓過程中，牽涉到的應力元素、斜面應力元素及莫爾圓座標系統的選取，並未能以理論詳細分析，造成學習者與教學者一些困擾。本論文主要重新檢視莫爾圓建構過程，包括轉換公式推導，藉由數學中映射與逆映射觀念，統一莫爾圓作圖方式，推導出八種莫爾圓作圖方式(但不包括在莫爾圓座標系統中，強制性規定剪應力正負值相反於應力元素座標系統)，並列表說明，也以實例印證理論的正確性。

一、前言

　　機件承受負載作用產生應力與應變，爲了使機件安全操作，判斷負載對機件某一部位的影響，在工程上是最基本的問題，而這個判斷是設計過程中非常重要的一環：要選擇一個元件的尺寸或材料，必須要先瞭解元件內部的受力之大小及變形程度。應力是用來表示一特定平面上某個點所受的內力大小及其方向，而變形程度是用每個單位長度內的位移量即應變(正向應變與剪應變)來量測，此應變的重要性如同應力。在設計機械元件時，從強度的觀點，工程師必須考慮應力是否能夠滿足；同時從破壞或降伏的觀點，工程師還必須考慮位移或變形量是否也能夠滿足，因此可以看出應力與應變分析在設計機械元件是非常重要的工作。很多機械元件的應力分析通常會有一個平面不受應力，則這方向應力可以忽略不計，因此機件處於平面

---

* 本論文將發表在國外期刊。

應力狀態。在平面應力分析中，常介紹莫爾圓半圖解法，最主要莫爾圓好處就是可以看到任何平面的應力分佈，結合幾何和代數簡單的運算，就可以估計出主應力及最大剪應力大小及其方向。然而莫爾圓作圖方式，各種書本的作者採用不同方式作圖，內容也未以理論說明爲何必須如此做，造成學習者或教學者的困難，因此有重新檢視的必要，提出作圖的理論分析。若機件某一方向應變很小可忽略不計，因而考慮成平面應變狀態，其分析內容類似於平面應力；慣性矩及慣性積分析，也類似平面應力，因此只要分析平面應力。

二、應力轉換公式

　　機件承受負載作用產生應力，其上某一點應力狀態常用應力元素來描述。機件或結構的損壞主要根據材料性質與應力狀態等來決定，一般損壞發生在最大應力點，這個應力可能是正向應力或剪應力，主要是此應力與平面是垂直或平行。然而經過一點的平面有無窮多，不可能一一求出某一平面上應力後，再比較應力大小，因應力值與它所在平面方位有關。平面的方位，數學上處理是找一參數(此處爲 θ)，由參數變化就可描述經過某一點不同方位的平面。引入斜面應力元素，經由應力合力平衡得出應力轉換公式。

　　在應力元素上的應力值跟座標軸的定位有很大的關係，一般座標軸有兩種選擇：左手座標系統及右手座標系統(如附圖 2-1 所示，拇指指出紙面)，應力正負值規定，正向應力箭頭指向離開斷面爲正值，反之爲負值；剪應力有兩個下標，第一個下標代表剪應力所在平面的法線方向，第二個下標代表剪應力指向。在第一、二下標具有正正、負負，取剪應力值爲正值，其他爲負值。斜面應力元素也有兩種座標系統(正向應力旋轉至剪應力方向)爲左、右手座標系統(附圖 2-2)。

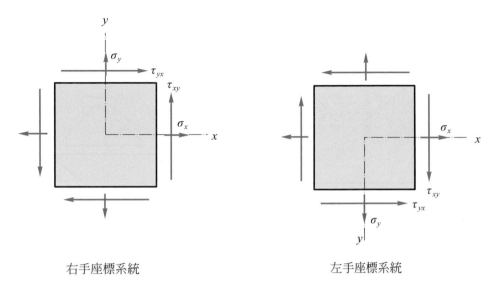

右手座標系統　　　　　　　　　　左手座標系統

附圖 2-1　應力元素座標系統

右手座標系統　　　　　　　　左手座標系統

附圖 2-2　斜面應力元素座標系統

　　應力元素與斜面應力元素之座標系統的選擇共有四種情況；右-右，右-左，左-右，左-左。斜面應力元素的水平及垂直面上的正向應力、剪應力合力，分別分解成法線方向及切線方向的分力。對座標系統而言，兩者座標系統取相同時，它們之間的映射稱爲恆等映射(identity map)，其逆映射是恆等映射。若兩者座標系統取不同時，它們之間的映射稱爲負值恆等映射，其逆映射是負值恆等映射。應力元素與斜面應力元素之座標系統(取法線-切線旋轉座標系統)的選擇，將會影響各分力的指向，列出法線與切線方向平衡，有些項的正負號將不同。現分別以下列兩種情況推導應力轉換公式：

1. 應力元素(附圖 2-3 中水平與垂直面)與斜面應力元素(附圖 2-3 中斜面法線一切線旋轉座標系統)取相同座標系統(右-右，左-左)。

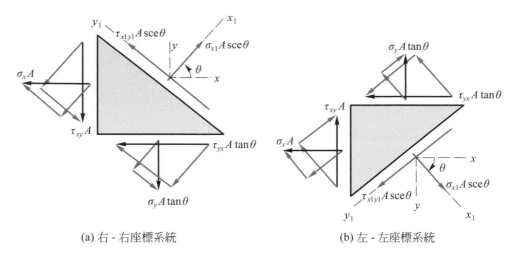

(a) 右 - 右座標系統　　　　　　　　　　(b) 左 - 左座標系統

附圖 2-3　應力合力元素(1)

在右-右座標系統中，力量平衡(其中A為橫向截面積)

$$\Sigma F_n = 0$$
$$\sigma_{x1}A\sec\theta - \sigma_x A\cos\theta - \tau_{xy}A\sin\theta - \sigma_y A\tan\theta\sin\theta - \tau_{yx}A\tan\theta\cos\theta = 0$$

$$\Sigma F_t = 0$$
$$\tau_{x1y1}A\sec\theta + \sigma_x A\sin\theta - \tau_{xy}A\cos\theta - \sigma_y A\tan\theta\cos\theta + \tau_{yx}A\tan\theta\sin\theta = 0$$

經過化簡整理得：

$$\sigma_{x1} = \frac{1}{2}(\sigma_x + \sigma_y) + \frac{1}{2}(\sigma_x - \sigma_y)\cos2\theta + \tau_{xy}\sin2\theta \tag{2-1}$$

$$\tau_{x1y1} = -\frac{1}{2}(\sigma_x - \sigma_y)\sin2\theta + \tau_{xy}\cos2\theta \tag{2-2}$$

在垂直面上應力狀態以$\theta + 90°$代入(2-1)及(2-2)式得

$$\sigma_{y1} = \frac{1}{2}(\sigma_x + \sigma_y) - \frac{1}{2}(\sigma_x - \sigma_y)\cos2\theta - \tau_{xy}\sin2\theta \tag{2-3}$$

$$\tau_{y1x1} = -\frac{1}{2}(\sigma_x - \sigma_y)\sin2\theta - \tau_{xy}\cos2\theta \tag{2-4}$$

同理在左-左座標系統中，力量平衡也得到相同結果。

2. 應力元素(附圖2-4中水平與垂直面)與斜面應力元素(附圖2-4中斜面法線-切線旋轉座標系統)取不同座標系統(右-左，左-右)。

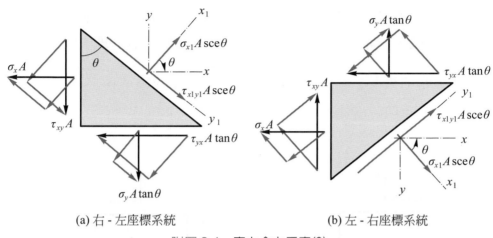

(a) 右 - 左座標系統　　　　　(b) 左 - 右座標系統

附圖 2-4　應力合力元素(2)

在右-左座標系統中，力量平衡

$$\Sigma F_n = 0$$
$$\sigma_{x1} A \sec\theta - \sigma_x A \cos\theta - \tau_{xy} A \sin\theta - \sigma_y A \tan\theta \sin\theta - \tau_{yx} A \tan\theta \cos\theta = 0$$
$$\Sigma F_t = 0$$
$$\tau_{x1y1} A \sec\theta - \sigma_x A \sin\theta + \tau_{xy} A \cos\theta + \sigma_y A \tan\theta \cos\theta - \tau_{yx} A \tan\theta \sin\theta = 0$$

經過化簡整理得

$$\sigma_{x1} = \frac{1}{2}(\sigma_x + \sigma_y) + \frac{1}{2}(\sigma_x - \sigma_y)\cos 2\theta + \tau_{xy}\sin 2\theta \qquad (2\text{-}5)$$

$$\tau_{x1y1} = \frac{1}{2}(\sigma_x - \sigma_y)\sin 2\theta - \tau_{xy}\cos 2\theta \qquad (2\text{-}6)$$

在垂直面上應力狀態以 $\theta + 90°$ 代入(5)(6)式得

$$\sigma_{y1} = \frac{1}{2}(\sigma_x + \sigma_y) - \frac{1}{2}(\sigma_x - \sigma_y)\cos 2\theta - \tau_{xy}\sin 2\theta \qquad (2\text{-}7)$$

$$\tau_{y1x1} = -\frac{1}{2}(\sigma_x - \sigma_y)\sin 2\theta + \tau_{xy}\cos 2\theta \qquad (2\text{-}8)$$

同理在左-右座標系統中，力量平衡也得到相同結果。

　　使用應力轉換公式於應力元素或斜面應力元素求某一點的應力狀態，是使用法線-切線旋轉座標系統，並非固定右、左手座標系統，四個面上法線-切線旋轉座標系統如附圖 2-5 所示，互相垂直平面上正向應力之和為一常數，剪應力是差一負號，並非 $\tau_{y1x1}=\tau_{x1y1}$，這一點必須特別注意。即

$$\sigma_{x1}+\sigma_{y1}=\sigma_x+\sigma_y \qquad\qquad\qquad\qquad (2\text{-}9)$$
$$\tau_{y1x1}=-\tau_{x1y1} \qquad\qquad\qquad\qquad\qquad (2\text{-}10)$$

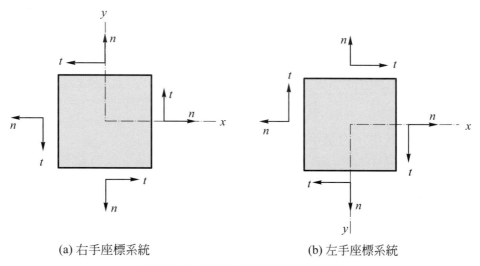

(a) 右手座標系統　　　　　　　　　　(b) 左手座標系統

附圖 2-5　法線(n)-切線(t)座標系統

綜合上述分析，其結論如下：

1. 應力元素與斜面應力元素座標系選擇相同，應力轉換公式為(2-1)～(2-2)式，旋轉參變數角度(依照應力元素座標系統旋轉角度為主來量測)取($+\theta$)，剪應力正負值看法一致；若取不相同座標系統應力轉換公式為(2-5)～(2-6)式，旋轉參變數角度取($-\theta$)，剪應力正負值在兩座標系統，原來正值剪應力被看成負值，負值剪應力被看成正值。

2. 為了使應力轉換公式的正向應力部份相同型式(即(2-1)與(2-5)式相同)，斜面應力元素斜面取法有其技巧性，希望在其水平面及垂直面之正向應力合力及剪應力合力在其法線方向之分力，必須皆與斜面法線分力相反。

3. 應力狀態σ_x、σ_y、τ_{xy}，與斜面應力元素的應力狀態σ_{x1}、σ_{y1}、τ_{x1y1}，看成數學上

"映射"，其映射關係即是應力轉換公式。

4. 使用應力轉換公式於應力元素或斜面應力元素求某一點的應力狀態，使用法線-切線旋轉座標系統，並非固定右、左手座標系統。

平面應變及面積慣性矩(積)皆有類似平面應力的轉換公式，將這些關係綜合如下(其中舊座標系統$x-y$，新座標系統$u-v$)，則轉換公式：

$$\begin{cases} P = A + B\cos2\theta + D\sin2\theta \\ Q = B\sin2\theta - D\cos2\theta \end{cases} \tag{a}$$

或

$$\begin{cases} P = A + B\cos2\theta + D\sin2\theta \\ Q = -B\sin2\theta + D\cos2\theta \end{cases} \tag{b}$$

而

$$P = \sigma_u \text{，} \varepsilon_u \text{，} I_u$$

$$Q = \tau_{uv} \text{，} \frac{\gamma_{uv}}{2} \text{，} I_{uv}^* \text{ (但 } I_{uv}^* = -I_{uv})$$

$$A = \frac{\sigma_x + \sigma_y}{2} \text{，} \frac{\varepsilon_x + \varepsilon_y}{2} \text{，} \frac{I_x + I_y}{2}$$

$$B = \frac{\sigma_x - \sigma_y}{2} \text{，} \frac{\varepsilon_x - \varepsilon_y}{2} \text{，} \frac{I_x - I_y}{2}$$

$$D = \tau_{xy} \text{，} \frac{\gamma_{xy}}{2} \text{，} I_{xy}^* \text{ (但 } I_{xy}^* = -I_{xy})$$

P量的主值及其方位為

$$\begin{aligned} P_{max} \\ P_{min} \end{aligned} = A \pm \sqrt{B^2 + D^2} \quad \tan2\theta_P = \frac{D}{B} \tag{2-11}$$

Q量的主值及其方位為

$$\begin{aligned} Q_{max} \\ Q_{min} \end{aligned} = \pm \sqrt{B^2 + D^2} \quad \tan2\theta_s = -\frac{B}{D} \tag{2-12}$$

若新舊座標系統取向相同座標系統轉換公式為(b)式，反之取不相同座標系，轉換公式為(a)式。

三、由應力轉換公式推導出莫爾圓

應力轉換公式(2-1)(2-2)式，即

$$\sigma_{x1} = \frac{1}{2}(\sigma_x + \sigma_y) + \frac{1}{2}(\sigma_x - \sigma_y)\cos2\theta + \tau_{xy}\sin2\theta \tag{2-1}$$

$$\tau_{x1y1} = -\frac{1}{2}(\sigma_x - \sigma_y)\sin 2\theta + \tau_{xy}\cos 2\theta \qquad\qquad (2\text{-}2)$$

將(2-1)式移項得：

$$\sigma_{x1} - \frac{\sigma_x + \sigma_y}{2} = \frac{\sigma_x - \sigma_y}{2}\cos 2\theta + \tau_{xy}\sin 2\theta \qquad\qquad (2\text{-}13)$$

(2-2)式與(2-13)式兩邊平方相加整理得：

$$\left(\sigma_{x1} - \frac{\sigma_x + \sigma_y}{2}\right)^2 + \tau_{x1y1}^2 = \left(\frac{\sigma_x - \sigma_y}{2}\right)^2 + \tau_{xy}^2 \qquad\qquad (2\text{-}14)$$

(2-14)式即稱為莫爾圓，它是以 $\left(\dfrac{\sigma_x + \sigma_y}{2}, 0\right)$ 為圓心，半徑為 $\left[\left(\dfrac{\sigma_x - \sigma_y}{2}\right)^2 + \tau_{xy}^2\right]^{1/2}$ 在座標系統 $\sigma_{x1} - \tau_{x1y1}$ 下的圓方程式。

同理由應力轉換公式(2-5)～(2-6)式也可得到同樣的結果。

在此說明一些注意事項：

1. 莫爾圓是由應力轉換公式移項，平方和整理得出，而應力轉換公式是由斜面應力元素力量平衡得出，而此時斜面應力元素座標系統的旋轉參變數角度，是依照應力元素座標系統旋轉角度為主來量測，相同座標系統取$(+\theta)$，不同座標系統取$(-\theta)$。

2. 應力轉換公式變成莫爾圓可以看成"映射"，因每一個應力狀態取每一個旋轉角，對應莫爾圓是不同的點，對應關係是一對一且映成映射，因此必有逆映射存在，代表莫爾圓逆映射至斜面應力元素是取該旋轉角(正映射)的負值(角度量測依應力元素座標量測)，且注意正映射角度在莫爾圓公式中是隱藏著。

3. 應力元素旋轉角度量θ角，在莫爾圓是2θ角度。莫爾圓右、左手座標系統就如同解析幾何中$x-y$之右、左手座標系統，並非旋轉座標系統。

四、莫爾圓作圖法的理論分析

應力轉換公式看成將斜面應力元素狀態映射至莫爾圓，但是在這映射過程中，旋轉角度θ參變數被隱藏，因此在某一個方位上的斜面應力元素狀態，映射至莫爾圓上那一點無法去確認。建立莫爾圓作圖時，事先取座標系統，亦即已說明了正向應力與剪應力正負值是落在莫爾圓的哪些位置。現在由莫爾圓"逆映射"至斜面應力元素還是無法直接使用，必須事先確定莫爾圓上的某一點座標逆映射至哪一方位斜面應力元素的應力狀態。為了解決這些困難，引入應力元素與斜面應力元素間的正映射當橋梁，主要是因為應力元素應力狀態已知(即知σ_x，σ_y與τ_{xy}應力值)，而這個正映射是一對一且映成映射(對每一方位角θ之平面應力狀態，在莫爾圓上皆有一點與之對應，亦即映成映射是顯然的；任取兩個不同方位角之應力狀態，在應力轉換公式中有 $\cos 2\theta$ 與 $\sin 2\theta$ 等項，結果對應不同的應力值，代表斜面應力元素狀態映射至莫爾圓是一對一映射)，另外斜面應力元素上應力轉換公式映射至莫爾圓，旋轉角度參變數θ被隱藏，但莫爾圓圓心位置已知，因此只要兩個不同方位平面($\theta = 0°$及$\theta = 90°$)的應力狀態就可畫出真正莫爾圓。現由莫爾圓逆映射至應力元素，主要考慮是莫爾圓先逆映射至斜面應力元素(這代表此逆映射為應力轉換公式旋轉參變數θ之負值的映射)，另外再由斜面應力元素逆映射至應力元素，此時逆映射代表斜面應力元素旋轉參變數θ在應力元素座標系統看是$+\theta$或$-\theta$，它正好是應力轉換公式正映射至莫爾圓旋轉參變數，這樣就可在確定座標系統莫爾圓上由A點($\theta = 0°$)旋轉$+2\theta$或-2θ角度至新的一點，即為應力元素要旋轉$+\theta$或$-\theta$角之應力狀態。

　　基於上述分析，應力元素、斜面應力元素及莫爾圓之座標系統的選取，將會造成不同型式莫爾圓半圖解法，每一個有左手與右手座標系統的選擇共有八種作圖法，另外第九種是在莫爾圓上另取不同於應力元素上剪應力正負值規定所造成，第十種是面積慣性矩(積)，如附表 2-1 所示，並列出出版處。

　　現說明附表 2-1 各直行的內容及其應用；第九及第十種作圖法另外說明。

1. 第二，三直行分別代表應力元素及斜面應力座標系統的不同選取，選擇相同座標時，第四直行轉換公式用(b)式，第六直行取A點座標($\theta = 0°$平面)為(σ_x, τ_{xy})(代表用斜面應力元素座標系統看應力元素$\theta = 0°$應力狀態是相同的)；反之座標不同時第四直行轉換公式用(a)式，第六直行取A點座標($\theta = 0°$平面)為$(\sigma_x, -\tau_{xy})$。

2. 橫跨第四直行，由左至右或由右至左射線的意義(其上$+\theta$角度；皆以第二直行應力元素座標系統旋轉同向)。

　(1) 由左至右的射線代表應力轉換公式，正映射(一對一且映成的映射)至莫爾圓，其上的$(+\theta)$角度表斜面應力元素座標系統與應力元素座標系統相同，反之表示不同座標系統。它們是兩個旋轉座標系統間的映射。

(2) 由右至左的射線代表莫爾圓逆映射至斜面應力元素,再由斜面應力元素逆映射至應力元素。其上小括號前面負號代表是斜面應力元素正映射至莫爾圓的逆映射;整個逆映射結果可以用到第五直行中已確定座標系統的莫爾圓,由 ($\theta = 0°$)點向那一方向旋轉,若逆映射結果為$+\theta$代表同莫爾圓座標系統旋轉方向同向,但旋轉$+2\theta$角,反之逆轉2θ角。

3. 第九種作圖法,相似於第一種作圓法,但主要不同是在莫爾圓上再指定剪應力順時針為正,正好與應力元素上剪應力正負值規定相反,因此在逆映射中括號前加上負號(即由右至左射線上中括號外之負號),原因是最後畫應力元素是以應力元素上座標系統為主。但此法事先規定剪應力正負值相反於應力元素上座標系統中剪應力正負值的規定。事實上第九種作圖法與第二種作圖法相同,因在第九種作圖法向上縱座標是規定順時針剪應力,亦即向下縱座標就是逆時針剪應力,這就是第二種作圖法方式。

4. 第十種面積慣性矩(積)作圖法,主要取($I_{uv}^* = -I_{uv}$)及($I_{xy}^* = -I_{xy}$)來統一轉換公式(第四直行),事實上在莫爾圓座標系統中面積慣性積是取正值而不取負值,因此在逆映射(由右至右射線上)中括號前加上負號。

莫爾圓作圖步驟如下:

1. 取莫爾圓座標系統$\sigma_{x1} - \tau_{x1y1}$。

2. 定出圓心 $C\left(\dfrac{\sigma_x + \sigma_y}{2}, 0\right)$ 的位置,A點座標($\theta = 0°$平面上的應力狀態)(σ_x, τ_{xy})及B點座標($\theta = 0°$平面上的應力狀態)$(\sigma_x, -\tau_{xy})$或A點座標為$(\sigma_x, -\tau_{xy})$及B點座標(σ_x, τ_{xy})。應力元素座標系統與斜面應力元素座標系統相同取A點座標(σ_x, τ_{xy}),代表在斜面座標系統看應力元素上($\theta = 0°$)之應力狀態是相同,反之座標系統取不同,A點座標為$(\sigma_x, -\tau_{xy})$,代表斜面應力元素座標下將原來正的剪應力看成負的剪應力值。

3. 連接ACB三點,以C為圓心,$\overline{CA}$為半徑畫出圓即為所求,且知半徑

$$R = \overline{CA} = \overline{CB} = \left[\left(\frac{\sigma_x - \sigma_y}{2}\right)^2 + \tau_{xy}^2\right]^{1/2}$$

4. 由幾何關係可以求出$\overline{CA}$線段與水平軸σ_{x1}軸之夾角β。

5. 利用莫爾圓半圖解法,求出與應力元素座標系統旋轉$+\theta$角之應力值。首先確

定由A點旋轉$+2\theta$或-2θ角度(看附表 2-1 第六直行)，再由幾何圖形關係計算座標值。

現在由莫爾圓(八種作圖法)證明幾何性質解析法(代數法)導出應力轉換公式與最大、最小主應力及其方位角和最大、最小剪應力及其方位角。然而必須特別小心由莫爾圓上逆映射，只能映射至斜面應力元素而已；**若應力元素與斜面應力元素座標不同，再映射至應力元素，還要剪應力及旋轉角θ都要同時變號。**附表 2-1 作圖法編號 1、2、7 及 8 代表兩組座標相同；另外作圖法編號 3 至 6 共四種代表兩組不同座標系統。現處理編號 2 的作圖法分析如下：

1. 應力元素與斜面應力元素具有相同座標系統(附表 2-1 作圖法編號 1、2、7 及 8 號)，應力元素上旋轉θ角，即在莫爾圓上由A點轉2θ角，經由幾何關係及三角函數恆等式，參考文獻[6，13]可推得應力轉換公式

$$\sigma_{x1} = \frac{\sigma_x + \sigma_y}{2} + \frac{\sigma_x - \sigma_y}{2}\cos 2\theta + \tau_{xy}\sin 2\theta \qquad (2\text{-}15)$$

$$\tau_{x1y1} = -\frac{\sigma_x - \sigma_y}{2}\sin 2\theta + \tau_{xy}\cos 2\theta \qquad (2\text{-}16)$$

相同於(2-1)(2-2)兩式。另外最大主應力

$$\sigma_1 = \frac{\sigma_x + \sigma_y}{2} + R \qquad (2\text{-}17)$$

其中$R = \sqrt{\left(\dfrac{\sigma_x - \sigma_y}{2}\right)^2 + \tau_{xy}^2}$，最大主應力平面方位角$\theta_{p1}$，且

$$\cos 2\theta_{p1} = \frac{\sigma_x - \sigma_y}{2R} \qquad (2\text{-}18)$$

$$\sin 2\theta_{p1} = \frac{\tau_{xy}}{R} \qquad (2\text{-}19)$$

$$\tan 2\theta_{p1} = \frac{2\tau_{xy}}{\sigma_x - \sigma_y} \qquad (2\text{-}20)$$

最大剪應力$\tau_{\max}$

$$\tau_{\max} = R \qquad (2\text{-}21)$$

最大剪應力平面方位角θ_{s1}，且

$$\cos 2\theta_{s1} = \frac{\tau_{xy}}{R} \tag{2-22}$$

$$\sin 2\theta_{s1} = -\frac{\sigma_x - \sigma_y}{2R} \tag{2-23}$$

$$\tan 2\theta_{s1} = -\frac{\sigma_x - \sigma_y}{2\tau_{xy}} \tag{2-24}$$

注意在莫爾圓上最大主應力在σ_{x1}軸最右邊，最大剪應力點在正縱軸τ_{x1y1}最大的位置。由莫爾圓上知y_1軸平面，最小主應力平面及最小剪應力平面相對於x_1軸平面；最大主應力平面及最大剪應力平面是180°，以$\theta + 180°$代入上面式子即可，不另證。

2. 應力元素與斜面應力元素具有不同座標系統(附表 2-1 作圖法編號 3、4、5 及 6 號)，此時必須剪應力與旋轉角同時變號，由(2-15)(2-16)式得

$$\sigma_{x1} = \frac{\sigma_x + \sigma_y}{2} + \frac{\sigma_x - \sigma_y}{2}\cos(-2\theta) - \tau_{xy}\sin(-2\theta)$$

$$\tau_{x1y1} = -\frac{\sigma_x - \sigma_y}{2}\sin(-2\theta) - \tau_{xy}\cos(-2\theta) \tag{c}$$

因α角度小於 90°，$\cos(-\alpha) = \cos\alpha$且$\sin(-\alpha) = -\sin\alpha$，則上述變成

$$\sigma_{x1} = \frac{\sigma_x + \sigma_y}{2} + \frac{\sigma_x - \sigma_y}{2}\cos 2\theta + \tau_{xy}\sin 2\theta \tag{2-25}$$

$$\tau_{x1y1} = \frac{\sigma_x - \sigma_y}{2}\sin 2\theta - \tau_{xy}\cos 2\theta \tag{2-26}$$

相同於(2-5)(2-6)兩式。

最大主應力σ_1在莫爾圓與σ_{x1}軸最右端交點，由附表 2-1 看出，由A點正旋轉$2\theta_{p1}$至水平軸σ_{x1}軸，但應力元素此時必須剪應力及角度同時變號，由(2-18)式至(2-20)式得

$$\cos(-2\theta_{p1}) = \frac{\sigma_x - \sigma_y}{2R}$$

$$\sin(-2\theta_{p1}) = -\frac{\tau_{xy}}{R}$$

$$\tan(-2\theta_{p1}) = \frac{-2\tau_{xy}}{\sigma_x - \sigma_y} \tag{d}$$

在莫爾圓上$2\theta_{p1} = \alpha$小於 90°，而$\cos(-\alpha) = \cos\alpha$，$\sin(-\alpha) = -\sin\alpha$且$\tan(-\alpha) =$

$-\tan\alpha$，得

$$\cos(2\theta_{p1}) = \frac{\sigma_x - \sigma_y}{2R} \tag{2-27}$$

$$\sin(2\theta_{p1}) = \frac{\tau_{xy}}{R} \tag{2-28}$$

$$\tan(2\theta_{p1}) = \frac{2\tau_{xy}}{\sigma_x - \sigma_y} \tag{2-29}$$

將(2-27)式及(2-28)式代入(2-25)(2-26)式得

$$\sigma_1 = \sigma_{x1} = \frac{\sigma_x + \sigma_y}{2} + \frac{\sigma_x - \sigma_y}{2}\left(\frac{\sigma_x - \sigma_y}{2R}\right) + \tau_{xy}\frac{\tau_{xy}}{R} = \frac{\sigma_x + \sigma_y}{2} + R \tag{2-30}$$

$$\tau_{x1y1} = \frac{\sigma_x - \sigma_y}{2}\left(\frac{\tau_{xy}}{R}\right) - \tau_{xy}\left(\frac{\sigma_x - \sigma_y}{2R}\right) = 0 \tag{2-31}$$

　　現在求最大剪應力$\tau_{\max}$特別注意，因應力元素與斜面應力元素座標系統不同，所以最大剪應力點必須選在最大負值縱座標上S點(附表 2-1 標號 3 至 6 號)，雖然由A點旋轉至S點與編號 1、2、7 及 8 號相同，皆是負的旋轉方向，但因取不同座標系統，旋轉角及剪應力必須變號，由(2-22)式至(2-24)式得

$$\cos(-2\theta_{s1}) = \frac{-\tau_{xy}}{R}$$

$$\sin(-2\theta_{s1}) = -\frac{\sigma_x - \sigma_y}{R}$$

$$\tan(-2\theta_{s1}) = \frac{-\sigma_x - \sigma_y}{(-2\tau_{xy})} \tag{e}$$

或

$$\cos(2\theta_{s1}) = -\frac{\tau_{xy}}{R} \tag{2-32}$$

$$\sin(2\theta_{s1}) = \frac{\sigma_x - \sigma_y}{R} \tag{2-33}$$

$$\tan(2\theta_{s1}) = \frac{\sigma_x - \sigma_y}{2\tau_{xy}} \tag{2-34}$$

將(2-32)及(2-33)兩式代入(2-26)式得最大剪應力$\tau_{\max}$為

$$\tau_{\max} = \frac{\sigma_x - \sigma_y}{2}\sin 2\theta_{s1} - \tau_{xy}\cos 2\theta_{s1}$$
$$= \frac{\sigma_x - \sigma_y}{2}\left(\frac{\sigma_x - \sigma_y}{R}\right) - \tau_{xy}\left(\frac{-\tau_{xy}}{R}\right) = R \tag{2-35}$$

由莫爾圓上知y_1軸平面之最小主應力平面及最小剪應力平面是相對於x_1軸平面；最大主應力平面及最大剪應力平面是180°，以$\theta + 108°$代入上面式子即可，不另證。

附表 2-1

作圖方法編號	元素座標系統及其正旋轉方向	斜面元素座標系統	轉換公式	莫爾圓座標系統及其正旋轉方向	元素$\theta = 0°$平面上應力在圓上座標	參考文獻
1	右手座標	右手座標	$\begin{array}{c}-(+\theta)\\=-\theta\end{array}$ (b) $+\theta$	右手座標	(σ_x, τ_{xy})	7,14
2	右手座標	右手座標	$\begin{array}{c}-(+\theta)\\=-\theta\end{array}$ (b) $+\theta$	左手座標	(σ_x, τ_{xy})	5,6
3	右手座標	左手座標	$\begin{array}{c}-(-\theta)\\=+\theta\end{array}$ (a) $-\theta$	右手座標	$(\sigma_x, -\tau_{xy})$	3,8, 12,15
4	右手座標	左手座標	$\begin{array}{c}-(-\theta)\\=+\theta\end{array}$ (a) $-\theta$	左手座標	$(\sigma_x, -\tau_{xy})$	NO

附表 2-1　(續)

作圖方法編號	元素座標系統及其正旋轉方向	斜面元素座標系統	轉換公式	莫爾圓座標系統及其正旋轉方向	元素 $\theta = 0°$ 平面上應力在圓上座標	參考文獻
5	 左手座標	 右手座標	$-(-\theta)$ $= +\theta$ (a) $-\theta$	 右手座標	$(\sigma_x, -\tau_{xy})$	NO
6	 左手座標	 右手座標	$-(-\theta)$ $= +\theta$ (a) $-\theta$	 左手座標	$(\sigma_x, -\tau_{xy})$	NO
7	 左手座標	 左手座標	$-(+\theta)$ $= -\theta$ (b) $+\theta$	 右手座標	$(\sigma_x, +\tau_{xy})$	1
8	 左手座標	 左手座標	$-(+\theta)$ $= -\theta$ (b) $+\theta$	 左手座標	$(\sigma_x, +\tau_{xy})$	NO

附表 2-1 　（續）

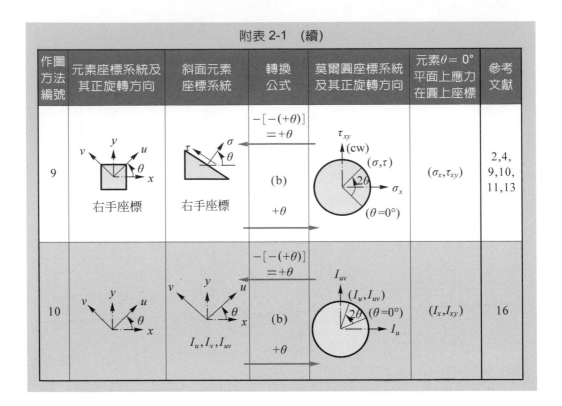

作圖方法編號	元素座標系統及其正旋轉方向	斜面元素座標系統	轉換公式	莫爾圓座標系統及其正旋轉方向	元素 $\theta = 0°$ 平面上應力在圓上座標	參考文獻
9	右手座標	右手座標	$-[-(+\theta)]$ $= +\theta$ (b) $+\theta$		(σ_x, τ_{xy})	2,4, 9,10, 11,13
10	I_u, I_v, I_{uv}		$-[-(+\theta)]$ $= +\theta$ (b) $+\theta$		(I_x, I_{xy})	16

五、算例

● **例題 一** 　一平面應力元素(附圖 2-6)，承受應力值為 $\sigma_x = 101$ MPa，$\sigma_y = 35$ PMa，$\tau_{xy} = 30$ MPa，如附圖所示。使用附表 2-1 第一至第八種莫爾圓作圖法，求(a)旋轉 40° 元素上的應力值；(b)主應力值及其平面方位角；(c)最大剪應力其平面方位角，並繪出上面各種的應力元素圖形。其中 $x-y'$ 為左手座標系統。

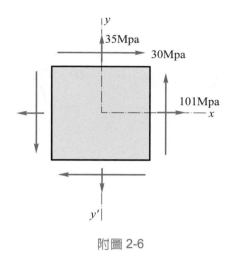

附圖 2-6

解 (1)定座標系統 $\sigma_{x1} - \tau_{x1y1}$。

(2)定圓心 $C\left(\dfrac{\sigma_x + \sigma_y}{2}, 0\right) = (68, 0)$。

　　A點座標$(\sigma_x, \tau_{xy}) = (103, 30)$ (或A點座標$(\sigma_x, -\tau_{xy}) = (101, -30)$)

　　B點座標$(\sigma_y, -\tau_{yx}) = (35, -30)$ (或B點座標$(\sigma_y, \tau_{xy}) = (35, 30)$)。

(3)連接ACB，以C點為圓心，$\overline{CA}$為半徑畫莫爾圓(共有八個，如圖 2-7 示)。

(4) $\tan\beta = \left|\dfrac{2\tau_{xy}}{\sigma_x - \sigma_y}\right| = \left|\dfrac{2 \times 30}{101 - 35}\right| = 0.909$，$\beta = 42.27°$。

(5) $R = \sqrt{\left(\dfrac{\sigma_x - \sigma_y}{2}\right)^2 + \tau_{xy}^2} = \sqrt{\left(\dfrac{101 - 35}{2}\right)^2 + 30^2} = 44.60$ MPa

首先處理第一種至第四種莫爾圓作圖法，應力元素皆為右手座標系統，其中
($+$cw)代表以順時針旋轉為正，($+$ccw)代表以逆時針旋轉為正，如附圖 2-7。

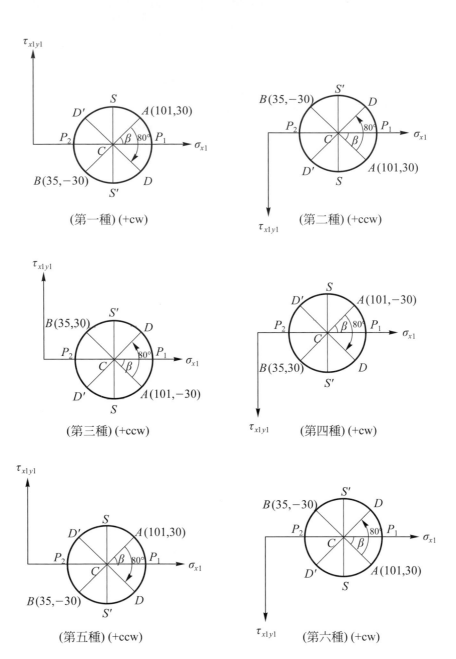

附圖 2-7　八種莫爾圓作圖法

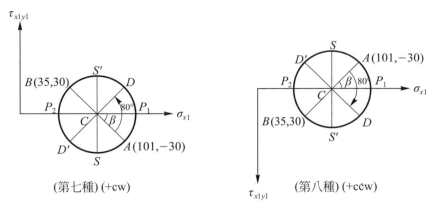

(第七種) (+cw)　　　　　　　　(第八種) (+ccw)

附圖 2-7　(續)

(a)　旋轉 40°元素上的應力值：作用在 $\theta = 40°$ 平面上的應力爲 D 點，它是從 A 點量起角度爲 $2\theta = 80°$。

①　第一種莫爾圓作圖法(A 點順時旋轉 80°)

角 $\angle DCP_1 = 80° - \beta = 37.73°$

D 點座標爲：

$$\sigma_{x1} = \sigma_{av} + R\cos\angle DCP_1 = 68 + 44.6\cos(37.73°) = 103.27 \text{ MPa}$$
$$\tau_{x1y1} = -R\sin(\angle DCP_1) = -44.6\sin 37.73° = -27.29 \text{ MPa}$$

在應力元素上與之垂直平面上的應力，由 DC 延伸至 D'，D' 的座標值爲：

$$\sigma_{y1} = \frac{\sigma_x + \sigma_y}{2} - R\cos(\angle P_2 CD') = 68 - \cos(37.73°) = 32.73 \text{ MPa}$$
$$\tau_{y1x1} = R\sin 37.7° = 27.29 \text{ MPa}$$

(此值是在法線-切線旋轉座標系統中，應力元素座標系統如附圖 2-7 所示之指向)。完整應力元素如附圖 2-8 所示：左手座標系統 $x_1 - y_1'$，$\theta = -40°$ (ccw)。

②　第二種莫爾圓作圖法(由 A 點逆時針旋轉 80°)，所得座標值與應力元素相同於第一種莫爾圓作圖法。

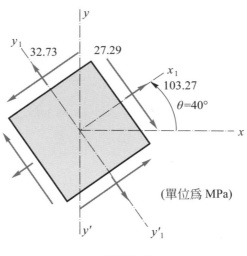

(單位為 MPa)

附圖 2-8

③　第三種莫爾圓作圖法(由A點逆時針旋轉 $80°$)

角 $\angle DCP_1 = 80° - \beta = 37.73°$

D點座標值：

$$\sigma_{x1} = \sigma_{av} + R\cos(\angle DCP_1) = 68 + 44.6\cos(37.73°)$$
$$= 103.27 \text{ MPa}$$
$$\tau_{x1y1} = R\sin(\angle DCP_1) = 44.6\sin(37.73°) = 27.29 \text{ MPa}$$

由DC延伸至D'，D'的座標值為：

$$\sigma_{y1} = \frac{\sigma_x + \sigma_y}{2} - R\cos(\angle D'CP_2) = 68 - 44.60\cos(37.73°)$$
$$= 32.73 \text{ MPa}$$
$$\tau_{y1x1} = -R\sin(\angle D'CP_2) = -44.6\sin(37.73°) = -27.29 \text{ MPa}$$

但因應力元素與斜面應力元素座標系統是不同，剪應力求出後必須變號，即$\tau_{x1y1} = -27.29$ MPa，$\tau_{y1x1} = 27.29$ MPa；畫出完整應力元素如附圖 2-9 所示。

④　第四種莫爾圓作圖法(由A點順時針旋轉 $80°$)解法及完整應力元素如同第三種莫爾圓作圖法。

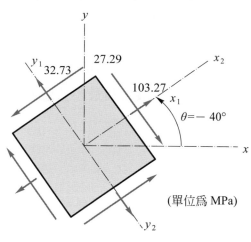

注意此剪應力正
負值是以斜面應
力元素左手座標
系統為主，其正
負值，正確指向
如圖所示

(單位為 MPa)

(x_2-y_2)為左手座標系統

附圖 2-9

(b) 主應力值：莫爾圓上其主應力是由P_1點與P_2點表示第一種莫爾圓作圖法最大
主應力P_1點座標

$$\sigma_1 = 68 + 44.6 = 112.6 \text{ MPa}$$

因$\beta = 2\theta_{p1}$則應力作用在$\theta_{p1} = 21.14°$的平面上，同理最小主應力(P_2點)

$$\sigma_2 = 68 - 44.6 = 23.4 \text{ MPa}$$

而$2\theta_{p1}$為 $42.27° + 180° = 222.27°$，故另一主平面的角度為$\theta_{p2} = 111.14°$，
其應力元素，如附圖 2-10 所示。

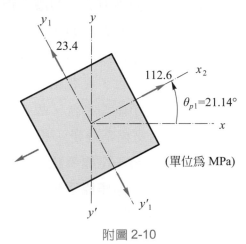

(單位為 MPa)

附圖 2-10

在不同莫爾圓作圖法中，皆以應力元素座標系統旋轉角度θ為正值，以上四種莫爾圓作圖法由A點旋轉至P_1點，旋轉方向皆依莫爾圓上正確旋轉方向，故角度取為正$\theta_{p1} = 21.14°$，應力元素如附圖 2-10 所示。

(c) 最大、小剪應力：第一種莫爾圓作圖法，最大與最小剪應力在莫爾圓上是S和S'點，大小為

$$\tau_{\max} = 44.6 \text{ MPa}$$

其值為圓的半徑。

$$\angle ACS = 90° - 42.27° = 47.73°$$

圖上S點的角$2\theta_{s1}$所對應的值為：

$$2\theta_{s1} = -47.73°$$

以此角為順時針(因由A點旋轉至S點，旋轉方向與規定莫爾圓正旋轉方向不同)，$\theta_{s1} = -23.87°$為最大剪應力所在位置。完整最大、最小剪應力元素如附圖 2-11 所示：左手座標系統$x_1 - y_1'$，右手座標系統$x_1 - y_1$。

　　特別注意最大與最小剪應力大小相等，符號相反，因此在莫爾圓上最大剪應力點是S或S'點。主要是莫爾圓作圖法的旋轉方向皆以應力元素座標系統正旋轉方向為主，因此在莫爾圓的逆旋轉方向就可以判斷應力元素(右手座標系統)旋轉方向是順時針旋轉。至於剪應力的正負值在莫爾圓座標系統上可以看出，但因莫爾圓是由斜面應力元素的應力轉換公式推得，所以由莫爾圓上座標值直接推出應力元素的應力狀態必須小心，必須重新檢視應力元素與斜面應力元素座標系統是否相同或不同。若兩座標系統是相同，代表其剪應力指向在兩座標系統中看法一致，具有相同正負值，即在第一種、第二種莫爾圓作圖法中，兩者皆為右手座標系統，故在莫爾圓中取正的最大縱座標S點為其最大剪應力點。若兩座標系統是不相同，代表剪應力指向在兩座標系中看法相反，正的剪應力在另一座標系統中被看成負值，因此在第三、四種莫爾圓作圖法中，斜面應力元素座標系統為左手座標系統，找最大剪應力點(S點)必須找最大負值縱座標點(這樣在應力元素右手座標系統即為正值

最大剪應力)。

　　同理處理第五種至第八種莫爾圓作圖法，應力元素皆爲左手座標系統 (規定順時針旋轉爲正)，依題目剪應力值應取$\tau_{xy} = -30$ MPa，逆時針旋轉 $40°$，在此處取$\theta = -40°$，在莫爾圓上由A點旋轉$-80°$。在求最大、小剪應 力特別注意，其值相等但差一負號，右手座標系統中正值最大剪應力，在左 手座標系統即爲負值剪應力，因此在第七、八種莫爾圓作圖法中，應力元素 與斜面應力元素爲座標系統取相同左手座標系統，應由A點旋轉至負值剪應 力的S點；但在第五、六種莫爾圓作圖法中，應力元素與斜面應力元素座標 系統取不相同左手座標系統，應由A點旋轉至正值剪應力的S點，如附圖 2-7 所示。

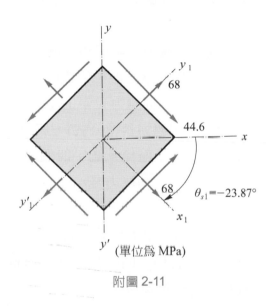

附圖 2-11

六、結論

　　對工程人員而言，莫爾圓作圖法由於觀念清晰，結合幾何關係，就能很迅速求 出任何方位平面上的應力狀態，但因各種莫爾圓作圖法牽涉到應力元素，斜面應力 元素及莫爾圓座標系統不同的選擇，將造成不同形式做法，而一般材料力學及機械 設計教科書皆未說明原因，也並未加以理論分析。本論文在此以數學映射角度提出 理論分析，現將一些結果摘列如下，並結合列表，就能掌握莫爾圓作圖法的精神。

結論：

1. 應力元素與斜面應力元素座標系統取相同時：

   (1) 應力轉換公式為(b)式，且在莫爾圓上A點($\theta = 0°$平面上應力狀態)座標為(σ_x, τ_{xy})。

   (2) 代表兩者對剪應力指向，正負值取相同或看法一致。

2. 應力元素與斜面應力元素座標系統取不相同時：

   (1) 應力轉換公式為(a)式，且在莫爾圓上A點($\theta = 0°$平面上應力狀態)座標為(σ_x, $-\tau_{xy}$)。

   (2) 代表兩者對剪應力指向，正負值取不同或看法相反。

3. 為了使應力轉換公式型式簡單，在斜面應力元素上應力元素上取斜面的切法，有其技巧性，主要為了使法線正向應力皆相同，而切線方向剪應力轉換公式差一負號。

4. 所有莫爾圓作圖正旋轉方向皆以應力元素座標系統正旋轉方向為主。應力元素座標系統剪應力正負值，規定其下標正正、負負指向其值為正，反之為負。但應用應力轉換公式於應力元素或斜面應力元素上應力元素，包括由莫爾圓作圖求出應力元素上應力狀態(再應用應力轉換公式)，使用的座標系統是法線-切線旋轉座標系統，並非固定右、左手座標系統，四個面上法線-切線旋轉座標系統如圖 2-5 所示，互相垂直平面上剪應力是$\tau_{y1x1} = -\tau_{x1y1}$，並非$\tau_{y1x1} = \tau_{x1y1}$，這一點必須特別注意。

5. 特別注意單獨使用應力元素、斜面應力元素上斜面及莫爾圓座標系統是一般的固定右、左手座標系統，若是它們之間轉換就使用法線-切線旋轉座標系統。事實上莫爾圓座標系統跟一般解析幾何座標系統是一樣，不必去規定縱座標順時針或逆時針旋轉為正，不要與應力元素、斜面應力元素規定剪應力指向是順時針或逆時針旋轉為正互相混淆。

6. 使用數學上映射觀念，由斜面應力元素化簡成莫爾圓看成一對一且映成的正映射，其變數θ是斜面應力元素旋轉方向，兩座標系統相同取$+\theta$，反之為$-\theta$。另外這個正映射至莫爾圓系統中參變數被隱藏。

7. 由莫爾圓作圖法得到應力值，並畫出應力元素，代表是由莫爾圓逆映射至應力元素座標系統，亦即由莫爾圓向斜面應力元素的逆映射後，再由斜面應力元素座標系統向應力元素座標系統的逆恆等映射或逆負值恆等映射。

8. 在莫爾圓上由A點($\theta = 0°$平面應力狀態)向那一方向旋轉？如何判斷？

   (1) 先定出莫爾圓上座標系統，因而A點位置確定。

   (2) 由莫爾圓向斜面應力元素的逆參變數映射表正參變數映射的負值。

   (3) 另有在莫爾圓座標系統中強制剪應力(或縱座標)的正負值取法與斜面應力元素中相反時，則其逆參變數映射還必須加上負號。如表2-1的第九、十作圖法。

   (4) 綜合上述總逆參變數映射結果爲$+\theta$，將由A點旋轉$+2\theta$，旋轉方向與莫爾圓座標系統旋轉方向同向，反之異向。

9. 由莫爾圓上A點旋轉至另一點時，如何求出應力元素上應力狀態及方位角的值？

   (1) 旋轉方向：由A點旋轉至某一點旋轉方向與規定莫爾圓正確正旋轉方向相同，代表畫應力元素方位角相同旋轉方向是正旋轉，反之負旋轉。

   (2) 應力大小及指向：正向應力大小及正負號，依莫爾圓上座標即可，而剪應力正負號(或指向)必須先確定應力元素與斜面應力元素座標系是否相同，若兩者座標相同就可由莫爾圓上座標正負值正確決定應力元素上剪應力指向；反之兩者座標不同，代表莫爾圓上正的剪應力在應力元素上是負值的剪應力。藉由附表 2-1 及參考文獻[6,7,11,13]等的理論的分析，推論應力元素上最大剪應力發生在與主平面成45°平面上，亦即$\theta_{s1} = \theta_{p1} - 45°$；最簡易判斷最大剪應力方式，當$\sigma_x > \sigma_y$時，在莫爾圓上最大剪應力點靠近$A$點且與最大主應力點夾角不超過 90°；當$\sigma_x < \sigma_y$時，在莫爾圓上最大剪應力點靠近$B$點且與最大主應力點夾角不超過90°。

七、參考文獻

[1]. M. F. Spotts and T. E. Shoup, Design of Machine Elements, Seventh Edition Prentice-Hall, 2000.

[2]. J.E. Shigley and C. R. Mischke, Mechanical Engineering Design, Sixth Edition, McGraw-Hill, 2001.

[3]. T. J. Lardner and R. R. Archer, Mechanics of Solids : An Introduction, McGraw-Hill,1994.

[4]. B. J. Hamrock, B. O. Jacobson and S. R. Schmid, Fundamentals of Machine

Elements, McGraw-Hill,1999.

[5]. R.C. Hibbeler, Mechanics of Material, 4th ed., Prentice Hall, Inc. 2000.

[6]. J. M. Gere and S. P. Timoshenko, Mechanics of Materials, Second SI Edition, Wadsmorth 1985.

[7]. J. M. Gere and S. P. Timoshenko, Mechanics of Materials, Van Nostrand Reinhold Company,1972.

[8]. W. Orthwein, Machine Component Design, West Publishing Company 1990.

[9]. F. P. Beer, E. R. Johnston Jr. and J. T. Dewolf, Mechanics of Materials, 3th ed. McGraw-Hill, 2002.

[10]. A. C. Ugural, Mechanics of Materials, McGraw-Hill, 1994.

[11]. D. L. Logan, Mechanics of Materials, Harper Collins College Publishers,1991.

[12]. D.Roylance, Mechanics of Materials, John Wiley & Sons, Inc., 1996.

[13]. R. R. Craig Jr., Mechanics of Materials, John Wiley & Sons, Inc., 1982.

[14]. E. J. Hearn, Mechanics of Materials, Pergamon Press Ltd. 1977.

[15]. D. W. A. Rees, Mechanics of Solids and Structures, McGraw-Hill,1992.

[16]. R.C.Hibbeler, Engineering Mechanics, Statics, 6th ed., Macmillan, New York, 1992.

3 平面面積之形心與慣性矩

附錄

3 -1 面積之形心

一個平面面積之形心位置是面積的一個重要幾何性質，為了定義形心之座標，讓我們參考附圖 3-1 內所示之面積A與xy座標系統，一微小元素面積dA，具有座標x與y，示於圖形中。總面積A由以下積分式定義之：

$$A = \int dA \tag{3-1}$$

另外，其分別對於x與y軸之面積一次矩，為

$$Q_x = \int y\,dA \quad Q_y = \int x\,dA \tag{3-2}$$

形心C(附圖 3-1)之座標$\bar{x}$與$\bar{y}$之座標等於一次矩除以本身面積

$$\bar{x} = \frac{\int x\,dA}{\int dA} = \frac{Q_y}{A} \quad \bar{y} = \frac{\int y\,dA}{\int dA} = \frac{Q_x}{A} \tag{3-3}$$

假如面積之邊界由簡單的數學表示來定義，在一封閉形式中我們可計算示於方程式(3-3)之積分，因此得到$\bar{x}$與$\bar{y}$之公式。而以這種方法獲得之公式表列於附錄 4 內。

假如面積對一軸對稱(symmtric about an axis)，形心必位於此軸上，因為對於對稱軸之一次矩等於零。例如，附圖 3-2 所示之單一對稱面積形心位於x軸上，如附圖 3-3 所示斷面之狀況，因為形心位於對稱軸之相交點。附圖 3-4 內所示之面積形式為對稱於一點，它沒有對稱軸，但是有一點(稱為對稱中心)，面積內穿過此點之每一條現均對稱於該點。當然，形心是與對稱中心重合的，因此形心可由觀察來定之。

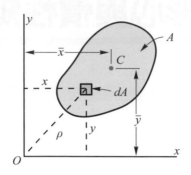

附圖 3-1　含形心C之平面面積

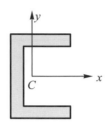

附圖 3-2　含單一對稱軸之面積

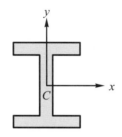

附圖 3-3　含兩對稱軸之面積

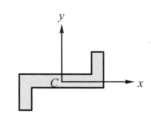

附圖 3-4　對稱於一點之面積

　　假如面積邊界爲不規則曲線不能由數學的表示來定義之，然而可藉由近似值法計算方程式(3-3)之積分。最簡單的步驟爲將面積分割爲面積ΔA_i之微小元素，以總合計算取代積分法：

$$A = \sum_{i=1}^{n} \Delta A_i \quad Q_x = \sum_{i=1}^{n} y_i \Delta A_i \quad Q_y = \sum_{i=1}^{n} x_i \Delta A_i \tag{3-4}$$

式中n爲單元面積之總數，y_i爲面積ΔA_i形心之y座標，與x_i爲面積ΔA_i形心之x座標。對於$\bar{x}$與$\bar{y}$計算之準確度是依靠著所選微小元素是多接近於實際面積。

例題 3-1　　如附圖 3-5 所示，一拋物線之半部OAB是以x軸、y軸與一拋物線爲邊界。曲線之方程式爲

$$y = f(x) = h\left(1 - \frac{x^2}{b^2}\right) \tag{a}$$

式中b爲基邊與h爲半部之高度，試定此半部之形心。

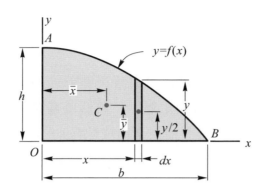

附圖 3-5　一拋物線半部之形心

解 爲完成此分析，我們選擇一寬 dx 與高 y 之薄條形微小元素面積 dA，此微小元素面積爲

$$dA = ydx = h\left(1 - \frac{x^2}{b^2}\right)dx$$

因此，總面積爲

$$A = \int dA = \int_0^b h\left(1 - \frac{x^2}{b^2}\right)dx = \frac{2bh}{3} \tag{b}$$

微面積對於任一軸之一次矩可由其面積乘以其形心對於該軸之距離而得之，既然微面積形心之 x 與 y 座標分別爲 x 與 $y/2$；則一次矩爲

$$Q_x = \int \frac{y}{2}dA = \int_0^b \frac{h^2}{2}\left(1 - \frac{x^2}{b^2}\right)^2 dx = \frac{4bh^2}{15}$$

$$Q_y = \int xdA = \int_0^b hx\left(1 - \frac{x^2}{b^2}\right)^2 dx = \frac{b^2h}{4}$$

現在我們可定形心 C 之座標如下：

$$\bar{x} = \frac{Q_y}{A} = \frac{3b}{8} \quad \bar{y} = \frac{Q_x}{A} = \frac{2h}{5} \tag{c}$$

此問題亦可以取微面積 dA 爲一水平長條，其高 dy 與寬而求解。

$$x = b\sqrt{1 - \frac{y}{h}}$$

上式以解方程式(a)而獲得以 y 來表示之 x，其他可行性解法是取微面積爲一寬 dx 與高 dy 之矩形；在此情況中，A、Q_x 與 Q_y 之表示爲雙積分之形式。

3 -2　組合面積之形心

在工程實用上，我們時常需要定出由若干部分面積組合而成之組合面積的形心，各部分具有熟悉的變何形狀(如矩形、三角形或寬翼緣截面)，例如一梁剖面的組合面積，此剖面常由幾個矩形面積組合而成(例如，見附圖 3-2、3-3 與 3-4)。組合面積之面積與第一次矩之計算，可由各部分之相關性質總加之：

$$A = \sum_{i=1}^{n} A_i \quad Q_x = \sum_{i=1}^{n} y_i A_i \quad Q_y = \sum_{i=1}^{n} x_i A_i \tag{3-5}$$

式中 A_i 是第 i 部分之面積，x_i 與 y_i 是第 i 部分之形心座標，而 n 是部分面積之數目，注意到其可能將中空部分之面積當成一"負面積"來處理；例如當一個規則形狀存在一個空洞時，這觀念是有用的。已經從方程式(3-5)獲得 A、Q_x 與 Q_y，我們可從方程式(3-3)定出形心之座標。

為舉例這步驟，考慮一個可分為兩部分之組合面積特例。在附圖 3-6 所示 L 形面積為此一類型，因其可分為兩個矩形面積 A_1 與 A_2 ，此兩個矩形分別含有已知座標 (x_1,y_1) 與 (x_2,y_2) 之形心 C_1 與 C_2，所以，從方程式(3-5)獲得以下方程式：

$$A = A_1 + A_2 \quad Q_x = y_1 A_1 + y_2 A_2 \quad Q_y = x_1 A_1 + x_2 A_2$$

形心 C 座標為

$$\bar{x} = \frac{Q_y}{A} = \frac{x_1 A_1 + x_2 A_2}{A_1 + A_2} \quad \bar{y} = \frac{Q_x}{A} = \frac{y_1 A_1 + y_2 A_2}{A_1 + A_2} \tag{3-6}$$

由方程式(3-3)，當一面積可分為兩部分時，整體面積之形心 C 位於二部分形心 C_1 與 C_2 之連線上，如附圖 3-6 所示。

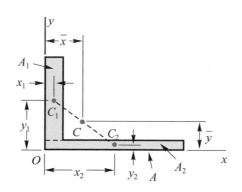

附圖 3-6　包含二部分組合面積之形心

例題 3-2　一 457×191×98 kgUB 剖面積構築之梁的全剖面，含一 150×12 mm 蓋板銲接於頂部翼緣與一 254×76×28.3 kg 槽型剖面銲接於下翼緣，於附圖 3-7 示之。試定出此剖面積之形心 C。

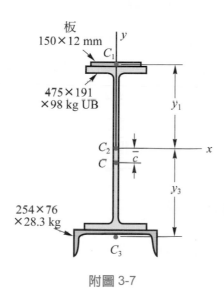

附圖 3-7

解　讓我們分別以 C_1，C_2 和 C_3 表示蓋板，寬翼截面與槽型截面積形心，並且這相對應面積為

$$A_1 = (150 \text{ mm})(12 \text{ mm}) = 18 \text{ cm}^2$$

$$A_2 = 125.2 \text{ cm}^2$$

$$A_3 = 36 \text{ cm}^2$$

式中面積A_2與A_3從附錄 4 中表 4-1 與 4-4 獲得。假如x軸與y軸取C_2為原點，則這三個面積之形心距離為

$$y_1 = \frac{467.4 \text{ mm}}{2} + \frac{12 \text{ mm}}{2} = 239.7 \text{ mm}$$

$$y_2 = 0$$

$$y_3 = \frac{467.4 \text{ mm}}{2} + 18.6 \text{ mm} = 252.3 \text{ mm}$$

式中剖面之適當尺寸為從附錄 4 中表 4-1 與 4-4 獲得。

整個剖面的面積A與一次矩Q_x為

$$A = A_1 + A_2 + A_3 = 179.2 \text{ cm}^2$$

$$Q_x = y_1 A_1 + y_2 A_2 - y_3 A_3$$

$$= (239.7 \text{ mm})(1800 \text{ mm}^2) + 0 - (252.3 \text{ mm})(3600 \text{ mm}^2)$$

$$= -476,800 \text{ mm}^3$$

形心C之座標$\bar{y}$可從以下方程式獲得：

$$\bar{y} = \frac{Q_x}{A} = -\frac{476,800 \text{ mm}^3}{17,920 \text{ mm}^2} = -26.6 \text{ mm}$$

既然，$\bar{y}$是正的與正y軸是在同一方向，則負號表示形心C位於x軸下方(見附圖 3-7)，所以x軸與形心C間之距離$\bar{c}$為

$$\bar{c} = -\bar{y} = 26.6 \text{ mm}$$

注意到選擇x軸之位置是任意的(但很方便)。

3 -3　面積之慣性矩

平面面積(見附圖 3-1)對x與y軸之慣性矩，分別定義如下列之積分式

$$I_x = \int y^2 dA \quad I_y = \int x^2 dA \tag{3-7}$$

式中x與y軸為面積dA之微小元素座標，因為dA是被乘以距離之平方，慣性矩就被稱為面積二次矩。

　　為說明從積分式中獲得多少慣性矩，讓我們考慮附圖 3-8 中所示的矩形，x與y軸具有在形心C之原點。為方便起見，使用寬b與高dy之薄條形面積微小元素，如此$dA = b dy$。因此對於x軸之慣性矩為

$$I_x = \int_{-h/2}^{h/2} y^2 b\,dy = \frac{bh^3}{12} \qquad\text{(a)}$$

同法,我們使用垂直長條形式之元素面積dA與獲得對y軸之慣性矩為

$$I_y = \int_{-b/2}^{b/2} x^2 h\,dx = \frac{hb^3}{12} \qquad\text{(b)}$$

　　假如選用不同的軸,則慣性矩將會有不同的值。例如,考慮在矩形底邊之軸BB。在上述例中,我們定義y為從軸BB至面積dA微小元素之距離。則慣性矩之計算步驟如下:

$$I_{BB} = \int y^2\,dA = \int_0^h y^2 b\,dy = \frac{bh^3}{3} \qquad\text{(c)}$$

注意到對於軸BB之慣性矩是大於對形心x軸之慣性矩。通常,當參考軸平行的遠離形心,慣性矩將增加。忽略所選之軸,慣性矩總是為正值,因為座標x與y為平方式(見方程式 3-7)。

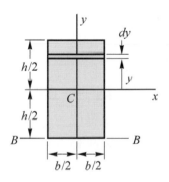

附圖 3-8　矩形之慣性矩

　　對於一特殊軸之組合面積慣性矩為各部分對於相同軸之慣性矩總合。例如在附圖 3-9(a)所示之中空箱形剖面。x軸為穿過形心C之一對稱軸。對於x軸之慣性矩等於這兩個矩形慣性矩間之差

$$I_x = \frac{bh^3}{12} - \frac{b_2 h_1^3}{12} \qquad\text{(d)}$$

此一公式適合分別示於附圖(b)與(c)剖分之槽形剖面與 Z 形剖面。對於箱形剖面可使用相同的技巧以獲得慣性矩I_y。使用平行軸定理,在下一節描述,更容易獲得I_y。

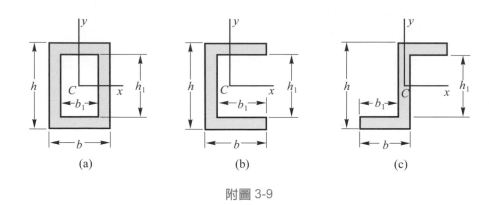

附圖 3-9

　　對於許多一般面積的慣性矩列表於附錄 5，在表內公式之使用與平行軸定理(3-4節)相關連，使獲得對於面臨之大多數其他形狀之慣性矩變為可能的。藉著數值方法我們總是可獲得其慣性矩，這步驟為將面積分為 ΔA 面積之微小元素，在將此面積乘以從軸量起至微小元素距離之平方，然後計算乘積之總合。

　　迴轉半徑(radius of gyration)一距離稱為一面積之迴轉半徑，在力學裡常被使用。其定義為慣性矩除以本身面積之平方根：

$$r_x = \sqrt{\frac{I_x}{A}} \quad r_y = \sqrt{\frac{I_y}{A}} \tag{3-8}$$

此處 r_x 與 r_y 分別表示對於 x 與 y 軸之迴轉半徑，既然 I 含有長度單位的四次方，A 具有長度單位的二次方，則迴轉半徑為長度單位。我們可以考慮一面積之迴轉半徑為從軸算起之距離，所有面積可視為集中於此軸上，但仍然保有與原始面積相同之慣性矩。

● **例題 3-3**　示於附圖 3-5 內之拋物線半部 OAB，試求其慣性矩 I_x 與 I_y，拋物線邊界方程式為 $y = f(x) = h\left(1 - \dfrac{x^2}{b^2}\right)$，如同 3-1 節中所給予的。

解　使用面積 dA 之微小元素如附圖 3-5 所示之垂直長條形：

$$dA = y\,dx = h\left(1 - \frac{x^2}{b^2}\right)dx$$

既然面積微小元素內之每一點對 y 軸有相同的距離 x，微小元素對於 y 軸之慣性矩為 $x^2 dA$。因此，全面積對於 y 軸之慣性矩求之如下：

$$I_y = \int x^2 dA = \int_0^b x^2 h\left(1 - \frac{x^2}{b^2}\right)dx = \frac{2hb^3}{15} \tag{e}$$

為獲得對於x軸之慣性矩，我們注意到面積dA微小元素有一慣性矩等於$\frac{1}{3}(dx)y^3$相對於x軸(見方程式(c))。

因此，整個面積之慣性矩為：

$$I_x = \int_0^b \frac{y^3}{3}dx = \int_0^b \frac{h^3}{3}\left(1 - \frac{x^2}{b^2}\right)^3 dx = \frac{16bh^3}{105} \tag{f}$$

使用水平長條形微小元素形式，或者使用面積$dA = dxdy$之矩形微小元素與演算一雙積分式可獲得相同結果。

3 -4　慣性矩之平行軸定理

在一平面面積內對任一軸面積慣性矩藉著平行軸定理，是屬於對平移形心軸之慣性矩而導出極有用之定理，我們考慮附圖3-10內所示之面積。假定$x_c y_c$軸通過面積之形心C，xy軸平行於$x_c y_c$軸，其原點為任一點O，介於相對應軸間之距離為d_1與d_2，從慣性矩之定義，我們獲得對於x軸之慣性矩：

$$I_x = \int(y + d_1)^2 dA = \int y^2 dA + 2d_1 \int ydA + d_1^2 \int dA$$

從右邊之第一個積分式為對於x_c軸之慣性矩I_{x_c}；因為x_c軸通過形心，所以第二個積分為零；第三個積分為圖形之面積A。因此，先前之方程式減為

$$I_x = I_{x_c} + Ad_1^2 \tag{3-9a}$$

對y軸以相同之方法，獲得

$$I_y = I_{y_c} + Ad_2^2 \tag{3-9b}$$

方程式(3-9)代表對慣性矩之平行軸定理：對於在平面內任一軸之面積慣性矩等於對平行形心軸之慣性矩加上面積與兩軸間距離平方之乘積。

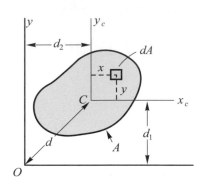

附圖 3-10   平行軸定理之誘導

由平行軸定理，我們了解到慣性矩隨著軸之遠離形心而增加。因此對應於形心軸之慣性矩為一最小之面積慣性矩(對一已知方位之軸)。

對於求慣性矩平行軸定理是相當有用的，尤其對於組合面積。當使用此定理時，我們必須記住兩軸之一須為形心軸。為證明此觀點，再考慮附圖 3-8 內所示之矩形，已知對 x 軸之慣性矩，x 軸通過形心，為 $bh^3/12$(見 3-3 節之方程式(a))，我們可迅速定出對於矩形基邊之慣性矩 I_{BB}

$$I_{BB} = I_x + Ad^2 = \frac{bh^3}{12} + bh\left(\frac{h}{2}\right)^2 = \frac{bh^3}{3}$$

此結果與由先前積分(3-3 節之方程式(c))所得之結果相同。

當對其他非形心(與平行)軸之慣性矩 I_2 已知時，假如對一非形心軸之慣性矩 I_1 必須求得，我們可使用兩次平行軸定理得之。

在組合面積情況中，我們可求得每一部分面積之慣性矩(對一特殊軸)，然後合計諸慣性矩以獲得全面積之 I 值。例如附圖 3-9(c)所示之 Z 形截面，且假定 I_y 將被計算之。則我們可將此面積分為三個矩形，每一矩形含有可從觀察得知的形心。對於穿過形心平行於 y 軸之軸的諸矩形慣性矩，可從 $I = bh^3/12$ 之一般公式獲得，然後使用平行軸定理以求得對 y 軸之慣性矩，合計諸慣性矩，可得全面積之 I_y 值。

● **例題 3-4**　試求對於水平軸之慣性矩I_c，此軸穿過 3-2 節描述之梁剖面的形心C，且示於附圖 3-7 內(當計算梁之撓度與應力時，是需要此慣性矩)。

解　為獲得組合面積之形心慣性矩I_c，我們可考慮這面積為三部分：⑴蓋板，⑵寬翼剖面與⑶槽形剖面。如此，我們可從 3-2 節例題中取得以下之特性與尺寸：

$$A_1 = 18 \text{ cm}^2 \qquad A_2 = 125.2 \text{ cm}^2 \qquad A_3 = 36 \text{ cm}^2$$

$$y_1 = 239.7 \text{ mm} \qquad y_3 = 252.3 \text{ mm} \qquad c = 26.6 \text{ mm}$$

對於此三部分本身形心之慣性矩如下：

$$I_1 = \frac{bh^3}{12} = \frac{1}{12}(150 \text{ mm})(12 \text{ mm})^3$$

$$= 21,600 \text{mm}^4 = 2.16 \text{cm}^4$$

$$I_2 = 45,650 \text{ cm}^4$$

$$I_3 = 163 \text{ cm}^4$$

式中之I_2與I_3分別從 3-1 節與 3-2 獲得。

對於過形心C之軸，我們現可利用平行軸定理，計算此三部分剖面之慣性矩：

$$I_{c1} = I_1 + A_1(y_1 + \overline{c})^2 = 2.16 + 18(26.63)^2 = 12,700 \text{ cm}^4$$

$$I_{c2} = I_2 + A_2\overline{c}^2 = 45,650 + 125.2(2.66)^2 = 46,540 \text{ cm}^4$$

$$I_{c3} = I_3 + A_3(y_3 + \overline{c})^2 = 163 + 36(22.57)^2 = 18,500 \text{ cm}^4$$

諸慣性矩之總合為

$$I_c = I_{c1} + I_{c2} + I_{c3} = 77,810 \text{ cm}^4$$

上式為整個截面之形心慣性矩。

3 -5　**極慣性矩**

對於垂直x、y軸之平面慣性矩，謂之極慣性矩(polar moment of inertia)，定義為下列之積分式

$$I_p = \int \rho^2 dA \qquad (3\text{-}10)$$

ρ為面積dA至O點之距離(見附圖 3-1)，x、y為垂直軸而$\rho^2 = x^2 + y^2$，並得I_p之表示式為：

$$I_p = \int \rho^2 dA = \int (x^2 + y^2)dA$$

故得　　　$I_p = I_x + I_y$ 　　　　　　　　　　　　　　　　　　　　　(3-11)

上式表示，對任一點O之極慣性矩，是等於以交點O之x、y軸各慣性矩之和。

　　對任意點計算其極慣性矩，可應用對極慣性矩之平行軸原理。由附圖 3-10 可導出此原理，對原點O之極慣性矩為I_{p_o}，對形心C者為I_{p_c}，則寫出下式：

$$I_{p_o} = I_x + I_y \quad\quad I_{p_c} = I_{x_c} + I_{y_c} \tag{a}$$

(見(3-11)式)再由 3-4 節之平行軸原理(方程式(3-9))，得

$$I_x = I_{x_c} + A d_1^2 \quad\quad I_y = I_{y_c} + A d_2^2 \tag{b}$$

將上兩式相加，則

$$I_x + I_y = I_{x_c} + I_{y_c} + A(d_1^2 + d_2^2)$$

代入(a)式及因$d^2 = d_1^2 + d_2^2$(見附圖 3-10)可得：

$$I_{p_o} = I_{p_c} + A d^2 \tag{3-12}$$

此式是表示求極慣性矩的平行軸原理，此定理是說：某面積對同平面上任一點O所引起的極慣性矩，等於該面積對其形心C之極慣性矩加該面積乘以OC間距離之平方。

　　茲就一圓面積對其中心所起之極慣性矩(附圖 3-11)之計算說明，設圓面積分成若干微小圓環，其寬度為$d\rho$，半徑為ρ，由此可知圓環之面積為$dA = 2\pi\rho d\rho$，依極慣性矩之定義，其對中心之極慣性矩為$2\pi\rho^3 d\rho$，求整個面積對其中心所起之極慣性矩，可就整個面積積分之而得：

$$I_p = \int \rho^2 dA = \int_0^r 2\pi\rho^3 d\rho = \frac{\pi r^4}{2} \tag{c}$$

而對任意B點之極慣性矩，由平行軸原理得

$$I_{p_b} = I_{p_c} + A d^2 = \frac{\pi r^4}{2} + \pi r^2 (r^2) = \frac{3\pi r^4}{2} \tag{d}$$

自然地，可輕易應用方程式(3-11)求出附圖 3-11，圓之慣性矩為

$$I_x = I_y = \frac{I_p}{2} = \frac{\pi r^4}{4} \tag{e}$$

求極慣性矩而言，圓為一特例，可輕易直接求出，至於其他者，通常不直接求極慣性矩，而先求兩垂直軸慣性矩，再求其兩者之和(方程式(3-11))，其求法已於 3-3、3-4 節說明。

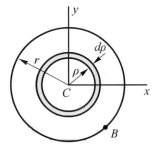

附圖 3-11

3 -6　慣性積

一平面面積對 x、y 軸(見附圖 3-1)之慣性積(product of inertia)，依下列積分式定義之

$$I_{xy} = \int xy \, dA \tag{3-13}$$

上式中每一面積單元 dA 乘該單元的座標之積，面對整個面積積分之，雖然慣性矩均為正值，但由(3-13)式知，慣性積可為正或負，或為零，將依其所處 xy 軸之座標而定。若整個面積在座標第一象限內，如附圖 3-1，則其慣性積為正，因所有面積微小元素的 x、y 座標為正數；若面積在第二象限，則慣性積將為負值，因所有面積元素的 x、y 座標均為負值；同

樣落在第三象限及第四象限之面積，其慣性積將分別爲正及負。若面積位在一個象限以外，則依面積的分佈在那個象限而定其慣性積爲正或爲負。

一種特殊情形，當兩軸中的任一軸爲該面積之對稱軸，如附圖 3-12 所示，該面積以 y 軸爲其對稱軸，如是每一面積元素各有正的 y 座標存在相等及對稱，但 x 爲負座標，由此 $xy \cdot dA$ 之積，均被消去而致 (3-13) 式爲零，由此可得一結論，凡面積對兩軸中的任一軸成對稱者，其慣性積爲零。

參閱 3-17、3-8、3-9(a)、3-9(b) 及 3-11 附圖，對其慣性積俱爲零，而附圖 3-6、3-9 及 3-11(c) 則慣性積不爲零，與以上結論者不同，當然面積慣性積是隨軸之變化而改變。

茲假定一對形心軸 x_c，y_c 的慣性積爲 $I_{x_c y_c}$ (見附圖 3-11) 爲已知，則對另一組平行軸 x、y 所起之慣性積，可以下式求得：

$$I_{xy} = \int (x + d_2)(y + d_1)dA$$
$$= \int xy dA + d_1 \int x dA + d_2 \int y dA + d_1 d_2 \int dA$$

最後式中的第一積分式是對自身形心軸所得的慣性積爲 $I_{x_c y_c}$，第二項與第三項均爲零，因兩軸均經過其形心，最後一項積分是面積，因此上式可改寫成

$$I_{xy} = I_{x_c y_c} + A d_1 d_2 \tag{3-14}$$

上式中之 d_1 與 d_2 是形心 C 的 x、y 軸的座標，公式 (3-14) 稱爲慣性積的平行軸定理。

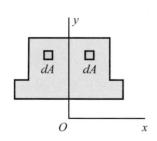

附圖 3-12　一軸爲對稱軸時之慣性積

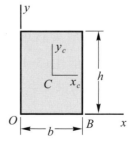

附圖 3-13　慣性積之平行軸原理

茲舉例說明如何應用平行軸定理，假設一個矩形的角隅置於兩軸之交點 O 上 (附圖 3-13)，求其慣性積，已知矩形面積時對其形心軸 x_c、y_c 之慣性積爲零，因此對 x、y 之慣性積爲

$$d_1 = \frac{h}{2} \quad d_2 = \frac{b}{2}$$

代入(3-14)式中，求得：

$$I_{xy} = I_{x_c y_c} + A d_1 d_2 = 0 + bh\left(\frac{h}{2}\right)\left(\frac{b}{2}\right) = \frac{b^2 h^2}{4}$$

上式之為正值，乃因面積位在第一象限，若兩軸平移，而B點成為原點(見附圖 3-13)，則面積落在第二象限，而慣性積則為$-b^2 h^2/4$。

3 -7 軸之旋轉

假定任一平面面積(附圖 3-14)中的慣性矩及慣性積均為已知

$$I_x = \int y^2 dA \quad I_y = \int x^2 dA \quad I_{xy} = \int xy\,dA \tag{a}$$

求兩軸旋轉成x_1、y_1位置如附圖的諸相對應之慣性矩I_{x_1}、I_{y_1}及慣性積$I_{x_1 y_1}$，設面積元素dA之原軸座標為x、y系統，經旋轉後的新軸座標系為

$$x_1 = x\cos\theta + y\sin\theta \quad y_1 = y\cos\theta - x\sin\theta \tag{b}$$

(b)式中θ為原軸旋轉成新軸之夾角，由此得慣性矩I_{x_1}式為

$$\begin{aligned} I_{x_1} &= \int y_1^2 dA = \int (y\cos\theta - x\sin\theta)^2 dA \\ &= \cos^2\theta \int y^2 dA + \sin^2\theta \int x^2 dA - 2\sin\theta\cos\theta \int xy\,dA \end{aligned}$$

將(a)式代入上式，得

$$I_{x_1} = I_x \cos^2\theta + I_y \sin^2\theta - 2I_{xy}\sin\theta\cos\theta \tag{c}$$

依三角恆等式：

$$\cos^2\theta = \frac{1}{2}(1 + \cos 2\theta)$$
$$\sin^2\theta = \frac{1}{2}(1 - \cos 2\theta)$$
$$2\sin\theta\cos\theta = \sin 2\theta$$

則(c)式變為：

$$I_{x_1} = \frac{I_x + I_y}{2} + \frac{I_x - I_y}{2}\cos 2\theta - I_{xy}\sin 2\theta \qquad (3\text{-}15\text{a})$$

以相似步驟，則可得對 $x_1 y_1$ 軸之慣性積為

$$I_{x_1 y_1} = \int x_1 y_1 dA = \int (x\cos\theta + y\sin\theta)(y\cos\theta - x\sin\theta)dA$$
$$= (I_x - I_y)\sin\theta\cos\theta + I_{xy}(\cos^2\theta - \sin^2\theta)$$

再利用三角恆等式，得

$$I_{x_1 y_1} = \frac{I_x - I_y}{2}\sin 2\theta + I_{xy}\cos 2\theta \qquad (3\text{-}15\text{b})$$

(3-15)式已表出以原軸系統表示旋轉軸之慣性矩及慣性積，這些式子稱為慣性矩及慣性積之轉換方程式，注意其形式與平面應力之轉換方程式相似，I_{x_1} 對應 σ_{x_1}，$I_{x_1 y_1}$ 對應 $\tau_{x_1 y_1}$，I_x 對應 σ_x，I_y 對應 σ_y 及 $-I_{xy}$ 對應 τ_{xy}，因此亦可應用莫爾圓來分析慣性矩及慣性積。

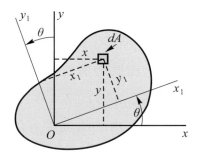

附圖 3-14　軸之旋轉

以對求 I_{x_1} 及 $I_{x_1 y_1}$ 之相似步驟求 I_{y_1}，得

$$I_{y_1} = \int x_1^2 dA = \int (x\cos\theta + y\sin\theta)^2 dA$$
$$= I_x \sin^2\theta + I_y \cos^2\theta + 2I_{xy}\sin\theta\cos\theta$$

利用三角恆等公式，可得

$$I_{y_1} = \frac{I_x + I_y}{2} - \frac{I_x - I_y}{2}\cos 2\theta + I_{xy}\sin 2\theta \qquad (3\text{-}16)$$

將I_{x_1}及I_{y_1}相加，得

$$I_{x_1} + I_{y_1} = I_x + I_y \tag{3-17}$$

上式說明，兩軸雖經旋轉，但其慣性矩之和仍與原軸慣性矩之和相等，而兩者之和爲對原點的極慣性矩。

3 -8　主軸

　　上節中爲求旋轉軸之慣性矩及慣性積(見方程式(3-15))，該方程式之值隨θ角度之變化而變，而特別注意的乃在求其最大及最小之慣性值，該值即通稱之主慣性矩，而該相關軸則稱爲主軸。

　　爲求使I_{x_1}爲最大或最小值之θ角度，則可對(3-15a)式取對θ角微分，並使其微分式等於零

$$(I_x - I_y)\sin 2\theta + 2I_{xy}\cos 2\theta = 0 \tag{a}$$

重整該式

$$\tan 2\theta_p = -\frac{2I_{xy}}{I_x - I_y} \tag{3-18}$$

此θ_p符號是用來表示這θ角，以定義其主軸的，由(3-18)式可得兩種$2\theta_p$值，兩值相差爲$180°$，兩個θ_p值相差爲$90°$，用來決定兩個相互正交的主軸方向。

　　現考慮當θ改變時之$I_{x_1 y_1}$(見方程式(3-15b))，若$\theta = \theta°$則得$I_{x_1 y_1} = I_{xy}$，如所預知，當$\theta = 90°$則$I_{x_1 y_1} = -I_{xy}$，因此若軸旋轉$90°$，則慣性積改變正負號，亦表示若干軸方向，其慣性矩爲消去。爲決定此方位，設$I_{x_1 y_1}$((3-15b)式)爲零

$$(I_x - I_y)\sin 2\theta + 2I_{xy}\cos 2\theta = 0$$

上式與(a)式相似，θ_p定義同主軸，因此結論，主軸上之慣性積爲零。

　　在3-6節中，已知當一面積上，一軸爲對稱軸的一組軸之面積慣性積爲零，因此由上可知當面積上有一軸對稱，則其另一垂直軸與該軸成爲一組主軸。

　　由以上可綜合結論如下：(1)主軸是一對互成正交之軸，其上之慣性矩爲最大或最小，(2)主軸之方位角θ_p由(3-13)式決定之，(3)主軸上之慣性積等於零，(4)對稱之

軸恆為主軸。

現考慮一對主軸，其原點為O，若經過O點有另一組主軸，則只要經過O點之一組正交軸均為主軸，且不因θ角改變而改變慣性矩之值。

為說明上述之狀況，以附圖 3-15 一寬$2b$，高b之矩形來舉例之。x、y軸之原點為O，因y軸為對稱軸，故x、y軸為主軸，對於$x'y'$軸，其原點亦為O點，因為其$I_{x'y'}$等於零，故亦為主軸(因為三角形對$x'y'$軸為對稱之故)，因此每一組經過O點之主軸，其慣性矩均相等(等於$2b^4/3$)。

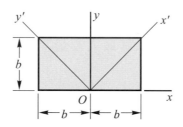

附圖 3-15　每一經過O點之軸為主軸之附圖示

一有效詳盡之描述為將圖形以經過形心C之軸劃分，若一面積有兩組不同的形心軸，且在每一組至少有一軸為對稱軸，則每一形心軸均為主軸且其慣性矩均相同，舉二例如下，一正方形及一正三角形，如附圖 3-16 所示，於各例中，xy為主軸乃因其中一軸對該面積為對稱軸，則另一組($x'y'$軸)亦有一軸為對稱軸，則xy及$x'y'$均為主軸，因此若經過C點之主軸，則其慣性矩均相等。

若一面積具三個不同之對稱軸，則如上述之狀況亦可滿足(注意，只有在兩軸不相互垂直下，兩不同對稱軸的條件才滿足)，因此結論為，若一面積具三個以上之對稱軸，所有之形心軸均為主軸且其慣性矩均相等，對一圓或正多邊形均滿足以上之狀況(正三角形、正方形、正六邊形等等)。

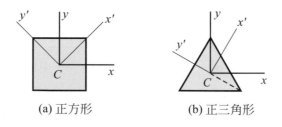

(a) 正方形　　　　　(b) 正三角形

附圖 3-16　各形心軸為主軸之面積

現在考慮來決定主軸之慣性矩，設I_x、I_y及I_{xy}已知；另一法為由方程式(3-18)求θ_p之兩值(相差 90°)，並代入方程式(3-15a)得I_{x_1}，該結果之值為主軸慣性矩，以I_1及I_2表示之，此法之好處在與θ_p相關之主軸為何者。

求慣性矩之通式是可能的，由方程式(3-18)及附圖 3-17 知

$$\cos 2\theta_p = \frac{I_x - I_y}{2R} \quad \sin 2\theta_p = \frac{-I_{xy}}{R} \tag{3-19a，b}$$

式中

$$R = \sqrt{\left(\frac{I_x - I_y}{2}\right)^2 + I_{xy}^2} \tag{3-20}$$

求R值時，常取其正號方根。現將$\cos 2\theta_p$及$\sin 2\theta_p$代入方程式(3-15a)，則得主慣性矩大值，I_1為

$$I_1 = \frac{I_x + I_y}{2} + \sqrt{\left(\frac{I_x - I_y}{2}\right)^2 + I_{xy}^2} \tag{3-21a}$$

而主慣性矩之小值I_2為由下式而來

$$I_1 + I_2 = I_x + I_y$$

(見方程式(3-17))，將I_1代入上式解得I_2為

$$I_2 = \frac{I_x + I_y}{2} - \sqrt{\left(\frac{I_x - I_y}{2}\right)^2 + I_{xy}^2} \tag{3-21b}$$

(3-21)式為求慣性矩之簡易而方便之公式。

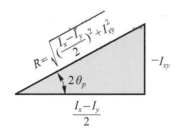

附圖 3-17

4 平面面積之性質

附錄

注意： $A＝$面積

$\bar{x}$，$\bar{y}＝$離形心C之距離

I_x，$I_y＝$對x軸，y軸之慣性矩

$I_{xy}＝$對x及y軸之慣性矩

$I_p＝I_x＋I_y＝$極慣性矩

$I_{BB}＝$對$B－B$軸之慣性矩

1. 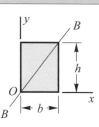	矩形(軸之原點在形心) $A = bh \quad \bar{x} = \dfrac{b}{2} \quad \bar{y} = \dfrac{h}{2}$ $I_x = \dfrac{bh^3}{12} \quad I_y = \dfrac{hb^3}{12}$ $I_{xy} = 0 \quad I_p = \dfrac{bh}{12}(h^2 + b^2)$
2. 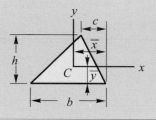	矩形(軸之原點在角隅上) $I_x = \dfrac{bh^3}{3} \quad I_y = \dfrac{hb^3}{3}$ $I_{xy} = \dfrac{b^2 h^2}{4} \quad I_p = \dfrac{bh}{3}(h^2 + b^2)$ $I_{BB} = \dfrac{b^3 h^3}{6(b^2 + h^2)}$
3. 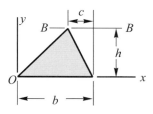	三角形(軸之原點在形心) $A = \dfrac{bh}{2} \quad \bar{x} = \dfrac{b+c}{3} \quad \bar{y} = \dfrac{h}{3}$ $I_x = \dfrac{bh^3}{36} \quad I_y = \dfrac{hb}{36}(b^2 - bc + c^2)$ $I_{xy} = \dfrac{bh^2}{72}(b-2c) \quad I_p = \dfrac{bh}{36}(h^2 + b^2 - bc + c^2)$
4. 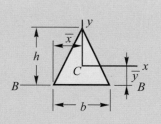	三角形(軸之原點在頂點) $I_x = \dfrac{bh^3}{12} \quad I_y = \dfrac{hb}{12}(3b^2 - 3bc + c^2)$ $I_{xy} = \dfrac{bh^2}{24}(3b-2c) \quad I_{BB} = \dfrac{bh^3}{4}$
5.	等腰三角形(軸之原點在形心) $A = \dfrac{bh}{2} \quad \bar{x} = \dfrac{b}{2} \quad \bar{y} = \dfrac{h}{3}$ $I_x = \dfrac{bh^3}{36} \quad I_y = \dfrac{hb^3}{48} \quad I_{xy} = 0$ $I_p = \dfrac{bh}{144}(4h^2 + 3b^2) \quad I_{BB} = \dfrac{bh^3}{12}$ (注意:對於等邊三角形,$h = \sqrt{3}b/2$)

6.	直角三角形(軸之原點在形心) $$A = \frac{bh}{2} \quad \bar{x} = \frac{b}{3} \quad \bar{y} = \frac{h}{3}$$ $$I_x = \frac{bh^3}{36} \quad I_y = \frac{hb^3}{36} \quad I_{xy} = -\frac{b^2 h^2}{72}$$ $$I_p = \frac{bh}{36}(h^2 + b^2) \quad I_{BB} = \frac{bh^3}{12}$$
7.	直角三角形(軸之原點在頂點) $$I_x = \frac{bh^3}{12} \quad I_y = \frac{hb^3}{12} \quad I_{xy} = \frac{b^2 h^2}{24}$$ $$I_p = \frac{bh}{12}(h^2 + b^2) \quad I_{BB} = \frac{bh^3}{4}$$
8.	梯形(軸之原點在形心) $$A = \frac{h(a + b)}{2} \quad \bar{y} = \frac{h(2a + b)}{3(a + b)}$$ $$I_x = \frac{h^3(a^2 + 4ab + b^2))}{36(a + b)}$$ $$I_{BB} = \frac{h^3(3a + b)}{12}$$
9.	圓形(軸之原點在中心) $$A = \pi r^2 = \frac{\pi d^2}{4} \quad I_x = I_y = \frac{\pi r^4}{4} = \frac{\pi d^4}{64}$$ $$I_{xy} = 0 \quad I_p = \frac{\pi r^4}{2} = \frac{\pi d^4}{32} \quad I_{BB} = \frac{5\pi r^4}{4} = \frac{5\pi d^4}{64}$$
10.	圓環(軸之原點在中心) 在π很小時的近似公式 $$A = 2\pi rt = \pi dt \quad I_x = I_y = \pi r^3 t = \frac{\pi d^3 t}{8}$$ $$I_{xy} = 0 \quad I_p = 2\pi r^3 t = \frac{\pi d^3 t}{4}$$

11. 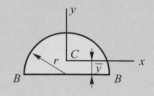	半圓形(軸之原點在形心) $A = \dfrac{\pi r^2}{2}$　$\bar{y} = \dfrac{4r}{3\pi}$ $I_x = \dfrac{(9\pi r^2 - 64)r^4}{72\pi} \approx 0.1098 r^4$　$I_y = \dfrac{\pi r^4}{8}$ $I_{xy} = 0$　$I_{BB} = \dfrac{\pi r^4}{8}$
12. 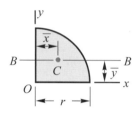	四分之一圓(軸之原點在圓心) $A = \dfrac{\pi r^2}{4}$　$\bar{x} = \bar{y} = \dfrac{4r}{3\pi}$ $I_x = I_y = \dfrac{\pi r^4}{16}$　$I_{xy} = \dfrac{r^4}{8}$ $I_{BB} = \dfrac{(9\pi^2 - 64)r^4}{144\pi} \approx 0.05488 r^4$
13. 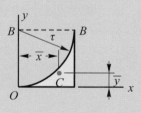	四分之一圓三角拱腹(軸之原點在頂點) $A = \left(1 - \dfrac{\pi}{r}\right)r^2$ $\bar{x} = \dfrac{2r}{3(4-\pi)} \approx 0.7766r$　$\bar{y} = \dfrac{(10-3\pi)r}{3(4-\pi)} \approx 0.2234r$ $I_x = \left(1 - \dfrac{5\pi}{16}\right)r^4 \approx 0.01825 r^4$ $I_y = I_{BB} = \left(\dfrac{1}{3} - \dfrac{\pi}{16}\right)r^4 \approx 0.1370 r^4$
14. 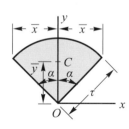	圓弧扇形(軸之原點在圓心) $\alpha =$ 弳度角　$\left(\alpha \leq \dfrac{\pi}{2}\right)$ $A = \alpha r^2$　$\bar{x} = r\sin\alpha$　$\bar{y} = \dfrac{2r\sin\alpha}{3\alpha}$ $I_x = \dfrac{r^4}{4}(\alpha + \sin\alpha\cos\alpha)$　$I_y = \dfrac{r^4}{4}(\alpha - \sin\alpha\cos\alpha)$ $I_{xy} = 0$　$I_p = \dfrac{\alpha r^4}{2}$

15.	圓弧線段(軸之原點在圓心)
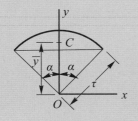	$\alpha =$ 弳度角 $\left(\alpha \le \dfrac{\pi}{2}\right)$ $A = r^2(\alpha r - \sin\alpha\cos\alpha)$ $\quad \bar{y} = \dfrac{2r}{3}\left(\dfrac{\sin^3\alpha}{\alpha - \sin\alpha\cos\alpha}\right)$ $I_x = \dfrac{r^4}{4}(\alpha - \sin\alpha\cos\alpha + 2\sin^3\alpha\cos\alpha)$ $\quad I_{xy} = 0$ $I_y = \dfrac{r^4}{4}(3\alpha - 3\sin\alpha\cos\alpha - 2\sin^3\alpha\cos\alpha)$
16.	具有核心移去之圓(軸之原點在圓心)
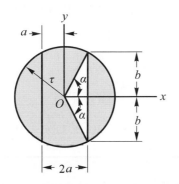	$\alpha =$ 弳度角 $\left(\alpha \le \dfrac{\pi}{2}\right)$ $\alpha = \arccos\dfrac{a}{r}$ $\quad b = \sqrt{r^2 - a^2}$ $A = 2r^2\left(\alpha - \dfrac{ab}{r^2}\right)$ $\quad I_{xy} = 0$ $I_x = \dfrac{r^4}{6}\left(3\alpha - \dfrac{3ab}{r^2} - \dfrac{2ab^3}{r^4}\right)$ $I_y = \dfrac{r^4}{2}\left(\alpha - \dfrac{ab}{r^2} + \dfrac{2ab^3}{r^4}\right)$
17.	橢圓形(軸之原點在形心)
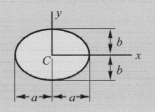	$A = \pi ab$ $\quad I_x = \dfrac{\pi ab^3}{4}$ $\quad I_y = \dfrac{\pi ba^3}{4}$ $I_{xy} = 0$ $\quad I_p = \dfrac{\pi ab}{4}(b^2 + a^2)$ 圓周長 $\approx \pi[1.5(a+b) - \sqrt{ab}]$
18.	半拋物線段(軸之原點在角隅)
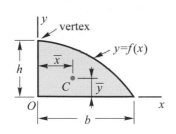	$y = f(x) = h\left(1 - \dfrac{x^2}{b^2}\right)$ $A = \dfrac{2bh}{3}$ $\quad \bar{x} = \dfrac{3b}{8}$ $\quad \bar{y} = \dfrac{2h}{5}$ $I_x = \dfrac{16bh^3}{105}$ $\quad I_y = \dfrac{2hb^3}{15}$ $\quad I_{xy} = \dfrac{b^2h^2}{12}$

19. 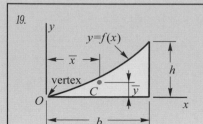	拋物線三角拱腹(軸之原點在頂點) $y = f(x) = \dfrac{hx^2}{b^2}$ $A = \dfrac{bh}{3}\quad \bar{x} = \dfrac{3b}{4}\quad \bar{y} = \dfrac{3h}{10}$ $I_x = \dfrac{bh^3}{21}\quad I_y = \dfrac{hb^3}{5}\quad I_{xy} = \dfrac{b^2h^2}{15}$
20. 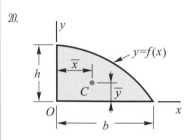	n次曲線之半線段(軸之原點在角隅) $y = f(x) = h\left(1 - \dfrac{x^n}{b^n}\right)\quad n > 0$ $A = bh\left(\dfrac{n}{n+1}\right)\quad \bar{x} = \dfrac{b(n+1)}{2(n+2)}\quad \bar{y} = \dfrac{hn}{2n+1}$ $I_x = \dfrac{2bh^3n^3}{(n+1)(2n+1)(3n+1)}$ $I_y = \dfrac{hb^3n}{3(n+3)}\quad I_{xy} = \dfrac{b^2h^2n^2}{4(n+1)(n+2)}$
21. 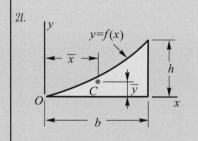	n次曲線三角拱腹(軸之原點在頂點) $y = f(x) = \dfrac{hx^n}{b^n}\quad n > 0$ $A = \dfrac{bh}{n+1}\quad \bar{x} = \dfrac{b(n+1)}{n+2}\quad \bar{y} = \dfrac{h(n+1)}{2(2n+1)}$ $I_x = \dfrac{bh^3}{3(3n+1)}\quad I_y = \dfrac{hb^3}{n+3}\quad I_{xy} = \dfrac{b^2h^2}{4(n+1)}$
22. 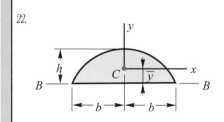	正弦波(軸之原點在形心) $A = \dfrac{4bh}{\pi}\quad \bar{y} = \dfrac{\pi h}{8}$ $I_x = \left(\dfrac{8}{9\pi} - \dfrac{\pi}{16}\right)bh^3 \approx 0.08659bh^3$ $I_y = \left(\dfrac{4}{\pi} - \dfrac{32}{\pi^2}\right)hb^3 \approx 0.2412hb^3$ $I_{xy} = 0\quad I_{BB} = \dfrac{8bh^3}{9\pi}$

各種結構型鋼之性質

附錄

在下列表格中所列爲一些結構型鋼的性質，以幫助讀者解決本文的習題。此表格(附表 5-1 至附表 5-6)，是由英國結構鋼協會在 1982 年所出版的結構鋼規範手冊中所摘要出來的；另外附表 5-7 至附表 5-12 是由美國結構鋼協會在 1980 年出版的結構鋼規範手冊中所摘要出來的。

注意：

$I=$ 慣性矩

$S=$ 剖面模數

$r=\sqrt{I/A}=$ 迴轉半徑

附表 5-1　寬翼梁剖面的性質

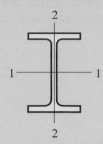

規格名稱	每公尺質量	剖面面積	剖面深度	剖面寬度	厚度		軸 1-1			軸 2-2		
					腹板	翼緣	I	S	r	I	S	r
mm	kg	cm²	mm	mm	mm	mm	cm⁴	cm³	cm	cm⁴	cm³	cm
914×419	388	493.9	920.5	420.5	21.5	36.6	717325	15586	38.1	42481	2021	9.27
914×305	289	368.5	926.6	307.8	19.6	32.0	503781	10874	37.0	14793	961	6.34
762×267	197	250.5	769.6	268.0	15.6	25.4	239464	6223	30.9	7699	575	5.54
762×267	147	187.8	753.9	265.3	12.9	17.5	168535	4471	30.0	5002	377	5.16
610×305	238	303.5	633.0	311.5	18.6	31.4	207252	6549	26.1	14973	961	7.02
610×305	149	189.9	609.6	304.8	11.9	19.7	124341	4079	25.6	8471	556	6.68
457×191	98	125.2	467.4	192.8	11.4	19.6	45653	1954	19.1	2216	230	4.21
457×152	82	104.4	465.1	153.5	10.7	18.9	36160	1555	18.6	1093	143	3.24
406×178	74	94.9	412.8	179.7	9.7	16.0	27279	1322	17.0	1448	161	3.91
406×140	46	58.9	402.3	142.4	6.9	11.2	15603	776	16.3	500	70.3	2.92
356×171	67	85.3	364.0	173.2	9.1	15.7	19483	1071	15.1	1278	148	3.87
356×171	45	56.9	352.0	171.0	6.9	9.7	12052	685	14.6	730	85.4	3.58
356×127	39	49.3	352.8	126.0	6.5	10.7	10054	570	14.3	333	52.9	2.60
305×165	54	68.3	310.9	166.8	7.7	13.7	11686	752	13.1	988	119	3.80
305×165	40	51.4	303.8	165.1	6.1	10.2	8500	560	12.9	691	83.7	3.67
305×127	48	60.8	310.4	125.2	8.9	14.0	9485	611	12.5	438	69.9	2.68
305×102	25	31.4	304.8	101.6	5.8	6.8	4381	288	11.8	116	22.9	1.92
254×145	43	55.0	259.6	147.3	7.3	12.7	6546	504	10.9	633	86.0	3.39
254×145	31	39.9	251.5	146.1	6.1	8.6	4427	352	10.5	406	55.5	3.19
254×102	28	36.2	260.4	102.1	6.4	10.0	4004	308	10.5	174	34.1	2.19
254×102	22	28.4	254.0	101.6	5.8	6.8	2863	225	10.0	116	22.8	2.02
203×133	30	38.0	206.8	133.8	6.3	9.6	2880	279	8.7	354	52.9	3.05
203×133	25	32.3	203.2	133.4	5.8	7.8	2348	231	8.5	280	41.9	2.94

注意：軸 1-1 和軸 2-2 為主形心軸

附表 5-2　寬翼柱剖面的性質

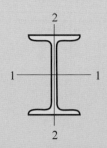

規格名稱	每公尺質量	剖面面積	剖面深度	剖面寬度	厚度		軸 1-1			軸 2-2		
					腹板	翼緣	I	S	r	I	S	r
mm	kg	cm²	mm	mm	mm	mm	cm⁴	cm³	cm	cm⁴	cm³	cm
356×406	467	595.5	436.6	412.4	35.9	58.0	183118	8388	17.5	67905	3293	10.7
356×406	287	366.0	393.7	399.0	22.6	36.5	99994	5080	16.5	38714	1940	10.3
305×305	240	305.6	352.6	317.9	23.0	37.7	64177	3641	14.5	20239	1273	8.14
305×305	158	201.2	327.2	310.6	15.7	25.0	38740	2368	13.9	12524	806	7.89
254×254	167	212.4	289.1	264.5	19.2	31.7	29914	2070	11.9	9796	741	6.79
254×254	107	136.6	266.7	258.3	13.0	20.5	17510	1313	11.3	5901	457	6.57
203×203	86	110.1	222.3	208.8	13.0	20.5	9462	852	9.27	3119	299	5.32
203×203	60	75.8	209.6	205.2	9.3	14.2	6088	581	8.96	2041	199	5.19
152×152	37	47.4	161.8	154.4	8.1	11.5	2218	274	6.84	709	92	3.87
152×152	23	29.8	152.4	152.4	6.1	6.8	1263	166	6.51	403	53	3.68

注意：軸 1-1 和軸 2-2 爲主形心軸

附表 5-3　托架型鋼剖面的性質(RSJ'S)

規格名稱	每公尺質量	剖面面積	剖面深度	剖面寬度	厚度		軸 1-1			軸 2-2		
					腹板	翼緣	I	S	r	I	S	r
mm	kg	cm²	mm	mm	mm	mm	cm⁴	cm³	cm	cm⁴	cm³	cm
203×102	25.3	32.3	203.2	101.6	5.8	10.4	2294	226	8.43	163	32.0	2.25
178×102	21.5	27.4	117.8	101.6	5.3	9.0	1519	171	7.44	139	27.4	2.25
152×89	17.1	21.8	152.4	88.9	4.9	8.3	881.1	116	6.36	86.0	19.3	1.99
127×76	13.4	17.0	127.0	76.2	4.5	7.6	475.9	74.9	5.29	50.2	13.2	1.72
102×64	9.7	12.3	101.6	63.5	4.1	6.6	217.6	42.8	4.21	25.3	8.0	1.43
76×51	6.7	8.5	76.2	50.8	3.8	5.6	82.58	21.7	3.12	11.1	4.4	1.14

注意：軸 1-1 和軸 2-2 爲主形心軸

附表 5-4 槽型剖面的性質

規格名稱	每公尺質量	剖面面積	剖面深度	剖面寬度	厚度		軸 1-1			軸 2-2			
					腹板	翼緣	I	S	r	I	S	r	c
mm	kg	cm²	mm	mm	mm	mm	cm⁴	cm³	cm	cm⁴	cm³	cm	cm
432×102	65.5	83.5	431.8	101.6	12.2	16.8	21399	991	16.0	629	80.2	2.74	2.32
381×102	55.1	70.2	381.0	101.6	10.4	16.3	14894	782	14.6	580	75.9	2.87	2.52
305×102	46.2	58.8	304.8	101.6	10.2	14.8	8214	539	11.8	500	66.6	2.91	2.66
305×89	41.7	53.1	304.8	88.9	10.2	13.7	7061	463	11.5	325	48.5	2.48	2.18
254×89	35.7	45.5	254.0	88.9	9.1	13.6	4448	350	9.88	302	46.7	2.58	2.42
254×76	28.3	36.0	254.0	76.2	8.1	10.9	3367	265	9.67	163	28.2	2.12	1.86
203×89	29.8	37.9	203.2	88.9	8.1	12.9	2491	245	8.10	264	42.3	2.64	2.65
203×76	23.8	30.3	203.2	76.2	7.1	11.2	1950	192	8.02	151	27.6	2.23	2.13
152×89	23.8	30.4	152.4	88.9	7.1	11.6	1166	153	6.20	215	35.7	2.66	2.86
152×76	17.9	22.8	152.4	76.2	6.4	9.0	852	112	6.12	114	21.1	2.24	2.21
127×64	14.9	19.0	127.0	63.5	6.4	9.2	483	76.0	5.04	67.2	15.3	1.88	1.94
102×51	10.4	13.3	101.6	50.8	6.1	7.6	208	40.9	3.96	29.1	8.2	1.48	1.51

注意：1. 軸 1-1 與 2-2 為主形心軸。
2. c 為形心至腹背之距離。
3. 對於 2-2 軸，附表中的 S 值乃為對此軸之兩剖面模數較小者。

附表 5-5　等腳長角鐵的剖面性質

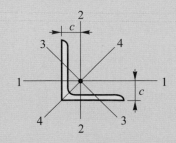

規格 名稱	厚度	每公尺 質　量	剖面 面積	軸 1-1 與 2-2				軸 3-3	
				I	S	r	c	I_{min}	r_{min}
mm	mm	kg	cm²	cm⁴	cm³	cm	cm	cm⁴	cm
200×200	24	71.1	90.6	3330	235	6.06	5.84	1380	3.90
	16	54.2	61.8	2340	162	6.16	5.52	959	3.94
150×150	18	40.1	51.0	1050	98.7	4.54	4.37	435	2.92
	12	27.3	34.8	737	67.7	4.60	4.12	303	2.95
120×120	15	26.6	33.9	445	52.4	3.62	3.51	185	2.33
	10	18.2	23.2	313	36.0	3.67	3.31	129	2.36
100×100	15	21.9	27.9	249	35.6	2.98	3.02	104	1.93
	8	12.2	15.5	145	19.9	3.06	2.74	59.8	1.96
90×90	12	15.9	20.3	148	23.3	2.70	2.66	61.7	1.75
	6	8.3	10.6	80.3	12.2	2.76	2.41	33.3	1.78
80×80	10	11.9	15.1	87.5	15.4	2.41	2.34	36.3	1.55
	6	7.34	9.35	55.8	9.57	2.44	2.17	23.1	1.57

注意：　1. 軸 1-1 與 2-2 為平行於腳肢的形心軸。

2. c 為形心到腳肢背的距離。

3. 對於 1-1 與 2-2 軸，附表中的 S 值乃為對此兩軸的兩剖面模數之較小者。

4. 軸 3-3 與 4-4 為主形心軸。

5. 軸 3-3 之慣性矩，可由 $I_{33} = Ar_{min}^2$ 求得。

6. 對於軸 4-4 的慣性矩，可由 $I_{44} + I_{33} = I_{11} + I_{22}$ 求得。

附表 5-6　不等腳長角鐵的剖面性質

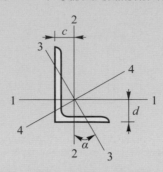

規格名稱	厚度	每公尺質量	剖面面積	軸 1-1				軸 2-2				軸 3-3		角 α
				I	S	r	d	I	S	r	c	I_{min}	r_{min}	$\tan\alpha$
mm	mm	kg	cm²	cm⁴	cm³	cm	cm	cm⁴	cm³	cm	cm	cm⁴	cm	
200×150	18	47.1	60.0	2376	174	6.29	6.33	1146	103	4.37	3.85	618	3.21	0.548
	12	32.0	40.8	1652	119	6.36	6.08	803	70.5	4.44	3.61	431	3.25	0.552
200×100	15	33.7	43.0	1758	137	6.40	7.16	299	38.4	2.64	2.22	194	2.13	0.259
	10	23.0	29.2	1220	93.2	6.46	6.93	210	26.3	2.68	2.01	135	2.15	0.263
150×90	15	26.6	33.9	761	77.7	4.74	5.21	205	30.4	2.46	2.23	126	19.3	0.354
	10	18.2	23.2	533	53.3	4.80	5.00	146	21.0	2.51	2.04	88.3	1.95	0.360
125×75	12	17.8	22.7	354	43.2	3.95	4.31	95.5	16.9	2.05	1.84	58.5	1.61	0.353
	8	12.2	15.5	247	29.6	4.00	4.14	67.6	11.6	2.09	1.68	40.9	1.63	0.359

注意：　1. 軸 1-1 與 2-2 為平行於腳肢的形心軸。
2. c 為形心到腳肢背的距離。
3. 對於 1-1 與 2-2 軸，附表中的 S 值乃為對此兩軸的兩剖面模數之較小者。
4. 軸 3-3 與 4-4 為主形心軸。
5. 軸 3-3 之慣性矩，可由 $I_{33} = Ar_{min}^2$ 求得。
6. 對於軸 4-4 的慣性矩，可由 $I_{44} + I_{33} = I_{11} + I_{22}$ 求得。

附表 5-7　軋型鋼形狀的性質(美國常用單位)

W 型鋼
(寬－翼緣形)

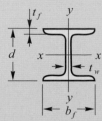

命名[+]	死載重 kN/m	面積 A，mm²	深度 d，mm	翼緣		腹部厚度 t_w，mm	x－x軸			y－y軸		
				寬度 b_f，mm	厚度 t_f，mm		I_x 10^6 mm⁴	S_x 10^3 mm³	r_x mm	I_y 10^6 mm⁴	S_y 10^3 mm³	r_y mm
W920×446	4.38	57000	933	423	42.7	24.0	8450	18110	386	541	2560	97.3
201	1.97	25600	903	304	20.1	15.2	3250	7200	356	93.7	616	60.5
W840×299	2.93	38100	855	400	29.2	18.2	4790	11200	356	312	1560	90.4
176	1.72	22400	835	292	18.8	14.0	2460	5890	330	77.8	533	58.9
W760×257	2.52	32800	773	381	27.1	16.6	3140	8820	323	249	1307	87.1
147	1.44	18800	753	265	17.0	13.2	1660	4410	297	53.3	402	53.3
W690×217	2.13	27700	695	355	24.8	15.4	2340	6730	290	184.4	1039	81.5
125	1.23	16000	678	253	16.3	11.7	1186	3500	272	44.1	349	52.6
W610×155	1.51	19700	611	324	19.0	12.7	1290	4220	256	107.8	665	73.9
101	0.997	13000	603	228	14.9	10.5	762	2530	243	29.3	257	47.5
W530×150	1.47	19200	543	312	20.3	12.7	1007	3710	229	103.2	662	73.4
92	0.907	11800	533	209	15.6	10.2	554	2080	217	23.9	229	45.0
66	0.644	8390	525	165	11.4	8.9	351	1337	205	8.62	104.5	32.0
W460×158	1.54	20100	476	284	23.9	15.0	795	3340	199.1	91.6	645	67.6
113	1.10	14400	463	280	17.3	10.8	554	2390	196.3	63.3	452	66.3
74	0.728	9480	457	190	14.5	9.0	333	1457	187.5	16.69	175.7	41.9
52	0.510	6650	450	152	10.8	7.6	212	942	178.8	6.37	83.8	31.0

附表 5-7　軋型鋼形狀的性質(美國常用單位)(續)

W 型鋼
(寬 - 翼緣形)

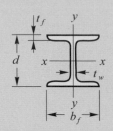

命名[+]	死載重 kN/m	面積 A, mm²	深度 d, mm	翼緣		腹部厚度 t_w, mm	$x-x$軸			$y-y$軸		
				寬度 b_f, mm	厚度 t_f, mm		I_x 10^6 mm⁴	S_x 10^3 mm³	r_x mm	I_y 10^6 mm⁴	S_y 10^3 mm³	r_y mm
W410×114	1.12	14600	420	261	19.3	11.6	462	2200	177.8	57.4	440	62.7
85	0.833	10800	417	181	18.2	10.9	316	1516	170.7	17.94	198.2	40.6
60	0.584	7610	407	178	12.8	7.7	216	1061	168.4	12.03	135.2	39.9
46	0.453	5880	403	140	11.2	7.0	156.1	775	162.8	5.16	73.7	29.7
39	0.384	4950	399	140	8.8	6.4	125.3	628	159.0	3.99	57.0	28.4
W360×551	5.40	70300	455	418	67.6	42.0	2260	9930	179.6	828	3960	108.5
216	2.12	27500	375	394	27.7	17.3	712	3800	160.8	282	1431	101.1
122	1.19	15500	363	257	21.7	13.0	367	2020	153.7	61.6	479	63.0
101	0.993	12900	357	255	8.3	10.5	301	1686	152.7	50.4	395	62.5
79	0.777	10100	354	205	16.8	9.4	225	1271	149.6	24.0	234	48.8
64	0.627	8130	347	203	13.5	7.7	178.1	1027	147.8	18.81	185.3	48.0
57	0.556	7230	358	172	13.1	7.9	160.2	895	149.4	11.11	129.2	39.4
45	0.441	5710	352	171	9.8	6.9	121.1	688	145.5	8.16	95.4	37.8
39	0.384	4960	353	128	10.8	6.5	102.0	578	143.5	3.71	58.0	27.4
33	0.321	4190	349	127	8.5	5.8	82.8	474	140.7	2.91	45.8	26.4

注意：寬-翼緣形乃是以字母 W 來命名，其後接的為以米為單位的標稱深度和單位米質量。

附表 5-8　軋型鋼形狀的性質(公制單位)

W 型鋼
(寬 - 翼緣形)

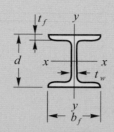

命名[+]	死載重 kN/m	面積 A，mm²	深度 d，mm	翼緣		腹部厚度 t_w，mm	x−x軸			y−y軸		
				寬度 b_f，mm	厚度 t_f，mm		I_x 10⁶ mm⁴	S_x 10³ mm³	r_x mm	I_y 10⁶ mm⁴	S_y 10³ mm³	r_y mm
W310×143	1.54	18200	323	309	22.9	14.0	347	2150	138.2	112.4	728	78.5
107	1.04	13600	311	306	17.0	10.9	248	1595	134.9	81.2	531	77.2
74	0.730	9480	310	205	16.3	9.4	164.0	1058	131.6	23.4	228	49.8
60	0.585	7610	303	203	13.1	7.5	129.0	851	130.3	18.36	180.9	49.0
52	0.513	6650	317	167	13.2	7.6	118.6	748	133.4	10.20	122.2	39.1
45	0.438	5670	313	166	11.2	6.6	99.1	633	132.3	8.45	101.8	38.6
39	0.380	4940	310	165	9.7	5.8	84.9	548	131.3	7.20	87.3	38.4
33	0.321	4180	313	102	10.8	6.6	64.9	415	124.7	1.940	38.0	21.5
24	0.234	3040	305	101	6.7	5.6	42.9	281	118.6	1.174	23.2	19.63
W250×167	1.64	21200	289	265	31.8	19.2	298.0	2060	118.4	98.2	741	68.1
101	0.992	12900	264	257	19.6	11.9	164.0	1242	112.8	55.8	434	65.8
80	0.786	10200	256	255	15.6	9.4	126.1	985	111.0	42.8	336	65.0
67	0.658	8580	257	204	15.7	8.9	103.2	803	110.0	22.2	218	51.1
58	0.571	7420	252	203	13.5	8.0	87.0	690	108.5	18.73	184.5	50.3
49	0.481	6260	247	202	11.0	7.4	70.8	573	106.4	15.23	150.8	49.3
45	0.440	5700	266	148	13.0	7.6	70.8	532	111.3	6.95	93.9	34.8
33	0.321	4190	258	146	9.1	6.1	49.1	381	108.5	4.75	65.1	33.8
28	0.279	3630	260	102	10.0	6.4	40.1	308	105.2	1.796	35.2	22.2
22	0.219	2850	254	102	6.9	5.8	28.7	226	100.3	1.203	23.6	20.6

附表 5-8 軋型鋼形狀的性質(公制單位)(續)

W 型鋼
(寬 - 翼緣形)

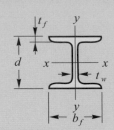

命名[+]	死載重 kN/m	面積 A, mm²	深度 d, mm	翼緣		腹部厚度 t_w, mm	x-x軸			y-y軸		
				寬度 b_f, mm	厚度 t_f, mm		I_x 10⁶ mm⁴	S_x 10³ mm³	r_x mm	I_y 10⁶ mm⁴	S_y 10³ mm³	r_y mm
W200×86	0.851	11000	222	209	20.6	13.0	94.9	855	92.7	31.3	300	53.3
71	0.701	9100	216	206	17.4	10.2	76.6	709	91.7	25.3	246	52.8
59	0.582	7550	210	205	14.2	9.1	60.8	579	89.7	20.4	199.0	51.8
52	0.513	6650	206	204	12.6	7.9	52.9	514	89.2	17.73	173.8	51.6
46	0.451	5890	203	203	11.0	7.2	45.8	451	88.1	15.44	152.1	51.3
42	0.409	5320	205	166	11.8	7.2	40.8	398	87.6	9.03	108.8	41.1
36	0.352	4570	201	165	10.2	6.2	34.5	343	86.9	7.62	92.4	40.9
31	0.308	3970	210	134	10.2	6.4	31.3	298	88.6	4.07	60.7	32.0
27	0.261	3390	207	133	8.4	5.8	25.8	249	87.1	3.32	49.9	31.2
22	0.220	2860	206	102	8.0	6.2	20.0	194.2	83.6	1.419	27.8	22.3
19	0.191	2480	203	102	6.5	5.8	16.48	162.4	81.5	1.136	22.3	21.4
W150×37	0.364	4740	162	154	11.6	8.1	22.2	274	68.6	7.12	92.5	38.6
30	0.292	3790	157	153	9.3	6.6	17.23	219	67.6	5.54	72.4	38.1
24	0.235	3060	160	102	10.3	6.6	13.36	167.0	66.0	1.844	36.2	24.6
18	0.176	2290	153	102	7.1	5.8	9.20	120.3	63.2	1.245	24.4	23.3
14	0.132	1730	150	100	5.5	4.3	6.83	91.1	62.7	0.916	18.32	23.0
W130×28	0.275	3500	131	128	10.9	6.9	10.91	166.6	55.1	3.80	59.4	32.5
24	0.232	3040	127	127	9.1	6.1	8.87	139.7	54.1	3.13	49.3	32.3
W100×19	0.190	2470	106	103	8.8	7.1	4.70	88.7	43.7	1.607	31.2	25.4

注意:寬-翼緣形以 W 字母命名,其後接的為以米為單位的標稱深度和單位米質量。

附表 5-9 軋型鋼形狀的性質(公制單位)

S 型鋼
(美國標準形)

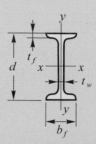

命名+	死載重 kN/m	面積 A, mm²	深度 d, mm	翼緣		腹部厚度 t_w, mm	x-x軸			y-y軸		
				寬度 b_f, mm	厚度 t_f, mm		I_x 10⁶ mm⁴	S_x 10³ mm³	r_x mm	I_y 10⁶ mm⁴	S_y 10³ mm³	r_y mm
S610×149	1.45	18970	610	184	22.1	19.0	995	3260	229	19.90	216	32.3
134	1.31	17100	610	181	22.1	15.8	937	3070	234	18.69	207	33.0
119	1.16	15160	610	178	22.1	12.7	878	2880	241	17.61	197.9	34.0
S510×141	1.38	18000	508	183	23.3	20.3	670	2640	193.0	20.69	226	33.8
127	1.25	16130	508	179	23.3	16.6	633	2490	197.9	19.23	215	34.5
112	1.09	14260	508	162	20.1	16.3	533	2100	193.0	12.32	152.1	29.5
98	0.963	12390	508	159	20.1	12.7	491	1933	199.1	11.40	143.4	30.2
S460×104	1.02	13290	457	159	17.6	18.1	385	1685	170.4	10.03	126.2	27.4
81	0.800	10390	457	152	17.6	11.7	335	1466	179.6	8.66	113.9	29.0
S380×74	0.731	9480	381	143	15.8	14.0	202	1060	146.1	6.53	91.3	26.2
64	0.627	8130	381	140	15.8	10.4	186.1	977	151.1	5.99	85.6	27.2
S310×74	0.729	9480	305	139	16.8	17.4	127.0	833	115.6	6.53	94.0	26.2
61	0.595	7740	305	133	16.8	11.7	113.2	742	121.2	5.66	85.1	26.9
52	0.512	6640	305	129	13.8	10.9	95.3	625	119.9	4.11	63.7	24.9
47	0.465	6032	305	127	13.8	8.9	90.7	595	122.7	3.90	61.4	25.4
S250×52	0.513	6640	254	126	12.5	15.1	61.2	482	96.0	3.48	55.2	22.9
38	0.371	4806	254	118	12.5	7.9	51.6	406	103.4	2.83	48.0	24.2
S200×34	0.336	4368	203	106	10.8	11.2	27.0	266	78.7	1.794	33.8	20.3
27	0.270	3484	203	102	10.8	6.9	24.0	236	82.8	1.553	30.4	21.1

附表 5-9　軋型鋼形狀的性質(公制單位)(續)

S 型鋼
(美國標準形)

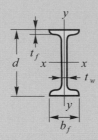

命名[+]	死載重 kN/m	面積 A , mm²	深度 d , mm	翼緣		腹部厚度 t_w , mm	$x-x$軸			$y-y$軸		
				寬度 b_f , mm	厚度 t_f , mm		I_x 10⁶ mm⁴	S_x 10³ mm³	r_x mm	I_y 10⁶ mm⁴	S_y 10³ mm³	r_y mm
S180×30	0.293	3794	178	97	10.0	11.4	17.65	198.3	68.3	1.319	27.2	18.64
23	0.224	2890	178	92	10.0	6.4	15.28	171.7	72.6	1.099	23.9	19.45
S150×26	0.252	3271	152	90	9.1	11.8	10.95	144.1	57.9	0.961	21.4	17.15
19	0.183	2362	152	84	9.1	5.8	9.20	121.1	62.2	0.758	18.05	17.91
S130×22	0.215	2800	127	83	8.3	12.5	6.33	99.7	47.5	0.695	16.75	15.75
15	0.146	1884	127	76	8.3	5.3	5.12	80.6	52.1	0.508	13.37	16.33
S100×14	0.139	1800	102	70	7.4	8.3	2.83	55.5	39.6	0.376	10.74	14.45
11	0.112	1452	102	67	7.4	4.8	2.53	49.6	41.6	0.318	9.49	14.75
S75×11	0.110	1426	76	63	6.6	8.9	1.22	32.1	29.2	0.244	7.75	13.11
8	0.083	1077	76	59	6.6	4.3	1.05	27.6	31.3	0.189	6.41	13.26

注意：美國標準梁以 S 字母命名，緊接著以米單位的標稱深度和單位米質量。

附表 5-10　軋型鋼形狀的性質(公制單位)

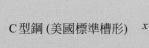

C型鋼(美國標準槽形)

命名+	死載重 kN/m	面積 A, mm²	深度 d, mm	翼緣		腹部厚度 t_w, mm	$x-x$軸			$y-y$軸			
				寬度 b_f, mm	厚度 t_f, mm		I_x 10⁶ mm⁴	S_x 10³ mm³	r_x mm	I_y 10⁶ mm⁴	S_y 10³ mm³	r_y mm	$\bar{x}$ mm
C380×74	0.730	9480	381	94	16.5	18.2	168.2	883	133.1	4.58	62.1	22.0	20.3
60	0.583	7610	381	89	16.5	13.2	145.3	763	138.2	3.84	55.5	22.5	19.76
50	0.495	6426	381	86	16.5	10.2	131.1	688	142.7	3.38	51.2	23.0	19.99
C310×45	0.438	5690	305	80	12.7	13.0	67.4	442	109.0	2.14	34.0	19.38	17.12
37	0.363	4742	305	77	12.7	9.8	59.9	393	112.5	1.861	31.1	19.81	17.12
31	0.302	3929	305	74	12.7	7.2	53.7	352	117.1	1.615	28.7	20.29	17.73
C250×45	0.437	5690	254	76	11.1	17.1	42.9	338	86.9	1.640	27.6	16.99	16.48
37	0.365	4742	254	73	11.1	13.4	38.0	299	89.4	1.399	24.4	17.17	15.67
30	0.291	3794	254	69	11.1	9.6	32.8	258	93.0	1.170	21.8	17.55	15.39
23	0.221	2897	254	65	11.1	6.1	28.1	221	98.3	0.949	18.29	18.11	16.10
C230×30	0.292	3794	229	67	10.5	11.4	25.4	222	81.8	1.007	19.29	16.31	14.81
22	0.219	2845	229	63	10.5	7.2	21.2	185.2	86.4	0.803	16.69	16.79	14.88
20	0.195	2542	229	61	10.5	5.9	19.94	174.2	88.4	0.733	16.03	16.97	15.27
C200×28	0.274	3555	203	64	9.9	12.4	18.31	180.4	71.6	0.824	16.60	15.21	14.35
21	0.200	2606	203	59	9.9	7.7	15.03	148.1	75.9	0.637	14.17	15.62	14.05
17	0.167	2181	203	57	9.9	5.6	13.57	133.7	79.0	0.549	12.92	15.88	14.50
C180×22	0.214	2794	178	58	9.3	10.6	11.32	127.2	63.8	0.574	12.90	14.33	13.51
18	0.178	2323	178	55	9.3	8.0	10.07	113.2	66.0	0.487	11.69	14.50	13.34
15	0.142	1852	178	53	9.3	5.3	8.86	99.6	69.1	0.403	10.26	14.76	13.74

附表 5-10　軋型鋼形狀的性質(公制單位)(續)

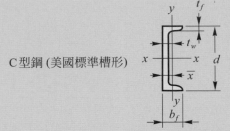

C型鋼 (美國標準槽形)

命名[+]	死載重 kN/m	面積 A, mm²	深度 d, mm	翼緣		腹部厚度 t_w, mm	$x-x$軸			$y-y$軸			
				寬度 b_f, mm	厚度 t_f, mm		I_x 10^6 mm⁴	S_x 10^3 mm³	r_x mm	I_y 10^6 mm⁴	S_y 10^3 mm³	r_y mm	$\bar{x}$ mm
C150×19	0.189	2471	152	54	8.7	11.1	7.24	95.3	54.1	0.437	10.67	13.34	13.06
16	0.152	1994	152	51	8.7	8.0	6.33	83.3	56.4	0.360	9.40	13.44	12.70
12	0.118	1548	152	48	8.7	5.1	5.45	71.7	59.4	0.288	8.23	13.64	13.00
C130×13	0.131	1703	127	47	8.1	8.3	3.70	58.3	46.5	0.263	7.54	12.42	12.14
10	0.097	1271	127	44	8.1	4.8	3.12	49.1	49.5	0.199	6.28	12.52	12.29
C100×11	0.106	1374	102	43	7.5	8.2	1.911	37.5	37.3	0.180	5.74	11.43	11.66
8	0.079	1026	102	40	7.5	4.7	1.602	31.4	39.6	0.133	4.69	11.40	11.63
C75×9	0.087	1135	76	40	6.9	9.0	0.862	22.7	27.4	0.127	4.47	10.57	11.56
7	0.072	948	76	37	6.9	6.6	0.770	20.3	28.4	0.103	3.98	10.41	11.13
6	0.059	781	76	35	6.9	4.3	0.691	18.18	29.7	0.082	3.43	10.26	11.10

注意：美國標準槽形以 C 字母命名，緊接著以米單位的標稱深度和單位米質量。

附表 5-11 軋型鋼形狀的性質(公制單位)

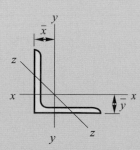

角鋼
等角形

| 尺寸與厚，mm | 單位米質量 kg/m | 面積，mm³ | x－x軸與y－y軸 | | | | z－z軸 |
			I 10⁴ mm⁴	S 10³ mm³	r mm	$\bar{x}$ or $\bar{y}$ mm	r mm
L200×200×25	73.6	9380	34.8	247	60.9	59.2	39.1
20	59.7	7600	28.8	202	61.6	57.4	39.3
13	39.5	5030	19.7	136	62.6	54.8	39.7
L150×150×20	44.0	5600	11.6	110	45.5	44.8	29.3
16	35.7	4540	9.63	90.3	46.0	43.4	29.4
13	29.3	3730	8.05	74.7	46.4	42.3	29.6
10	22.8	2900	6.37	58.6	46.9	41.2	29.8
L125×125×16	29.4	3740	5.41	61.5	38.0	37.1	24.4
13	24.2	3080	4.54	51.1	38.4	36.0	24.5
10	18.8	2400	3.62	40.2	38.8	34.9	24.7
8	15.2	1940	2.96	32.6	39.1	34.2	24.8
L100×100×16	23.1	2940	2.65	38.3	30.0	30.8	19.5
13	19.1	2430	2.24	31.9	30.4	29.8	19.5
10	14.9	1900	1.80	25.2	30.8	28.7	19.7
6	9.14	1160	1.14	15.7	31.3	27.2	19.9
L90×90×13	17.0	2170	1.60	25.6	27.2	27.2	17.6
10	13.3	1700	1.29	20.2	27.6	26.2	17.6
6	8.20	1040	0.826	12.7	28.1	24.7	17.9

附表 5-11　軋型鋼形狀的性質(公制單位)(續)

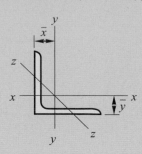

角鋼
等角形

尺寸與厚， mm	單位米質量 kg/m	面積， mm³	$x-x$軸與$y-y$軸				$z-z$軸
			I 10^4 mm⁴	S 10^3 mm³	r mm	$\bar{x}$ or $\bar{y}$ mm	r mm
L75×75×13	14.0	1780	0.892	17.3	22.4	23.5	14.6
10	11.0	1400	0.725	13.8	22.8	22.4	14.6
6	6.78	864	0.469	8.68	23.3	21.0	14.8
L65×65×10	9.42	1200	0.459	10.2	19.6	19.9	12.7
8	7.66	976	0.383	8.36	19.8	19.2	12.7
6	5.84	744	0.300	6.44	20.1	18.5	12.8
L55×55×10	7.85	1000	0.268	7.11	16.4	17.4	10.7
6	4.90	624	0.177	4.54	16.9	16.0	10.8
3	2.52	321	0.096	2.39	17.3	14.9	11.0
L45×45×8	5.15	656	0.118	3.82	13.4	14.2	8.76
6	3.96	504	0.094	2.98	13.7	13.4	8.79
3	2.05	261	0.052	1.58	14.1	12.4	8.93

附表 5-12　軋型鋼形狀的性質(公制單位)

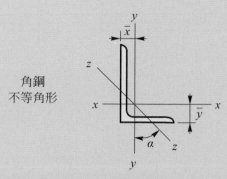

角鋼
不等角形

尺寸與厚度，mm	單位米 質量 kg/m	面積，mm²	$x-x$軸 I_x 10⁶mm⁴	S_x 10³mm³	r_x mm	y mm	$y-y$軸 I_y 10⁶mm⁴	S_y 10³mm³	r_y mm	$\bar{y}$ mm	$z-z$軸 r_z mm	$\tan\alpha$
L200×150×25	63.8	8120	31.6	236	62.3	66.3	15.1	139	43.2	41.3	32.0	0.543
20	51.8	6600	26.2	193	63.0	64.5	12.7	115	43.8	39.5	32.1	0.549
13	34.4	4380	17.9	130	64.0	62.0	8.77	77.6	44.7	37.0	32.5	0.557
L150×100×16	29.4	3740	8.40	84.8	47.4	50.9	3.00	40.4	28.3	25.9	21.6	0.434
13	24.2	3080	7.03	70.2	47.8	49.9	2.53	33.7	28.7	24.9	21.7	0.440
10	18.8	2400	5.58	55.1	48.2	48.8	2.03	26.6	29.1	23.8	21.9	0.445
L125×75×13	19.1	2430	3.82	47.1	39.6	43.9	1.04	18.5	20.7	18.8	16.2	0.356
10	14.9	1900	3.05	37.1	40.0	42.8	0.841	14.7	21.0	17.9	16.3	0.363
6	9.14	1160	1.92	23.0	40.6	41.3	0.542	9.23	21.6	16.3	16.6	0.372
L100×75×13	16.5	2110	2.04	30.6	31.2	33.4	0.976	18.0	21.5	20.9	16.0	0.541
10	13.0	1650	1.64	24.2	31.5	32.3	0.791	14.3	21.9	19.8	16.1	0.549
6	7.96	1010	1.04	15.1	32.1	30.8	0.511	9.01	22.4	18.3	16.3	0.559
L90×65×10	11.4	1450	1.16	19.2	28.3	29.8	0.507	10.6	18.7	17.3	13.9	0.506
8	9.23	1180	0.958	15.7	28.5	29.1	0.422	8.72	18.9	16.6	14.0	0.512
6	7.02	894	0.743	12.1	28.8	28.4	0.330	6.72	19.2	15.9	14.2	0.518
L75×50×8	7.35	936	0.525	10.6	23.7	25.5	0.187	5.06	14.1	13.0	10.8	0.434
6	5.60	714	0.410	8.15	24.0	24.7	0.148	3.92	14.4	12.2	10.9	0.441
5	4.71	600	0.349	6.88	24.1	24.4	0.127	3.32	14.5	11.9	10.9	0.445
L65×50×8	6.72	856	0.351	8.03	20.2	21.3	0.180	4.97	14.5	13.8	10.6	0.572
6	5.13	654	0.275	6.19	20.5	20.6	0.142	3.85	14.7	13.1	10.7	0.580
5	4.32	550	0.235	5.24	20.7	20.2	0.112	3.27	14.9	12.7	10.8	0.583

木材結構之截面性質

附錄

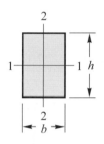

鉋光木材的性質(摘要列出)

標準尺寸 $b \times h$	淨尺寸 $b \times h$	面積 $A = bh$	軸 1-1		軸 2-2		每呎長之重量(比重量 = 35 lb/ft³)
			慣性矩 $I_1 = \dfrac{bh^3}{12}$	截面模數 $S_1 = \dfrac{bh^2}{6}$	慣性矩 $I_2 = \dfrac{hb^3}{12}$	截面模數 $S_2 = \dfrac{hb^2}{2}$	
in	in	in²	in.⁴	in.³	in.⁴	in.³	lb
2×4	1.5×3.5	5.25	5.36	3.06	0.98	1.31	1.3
2×6	1.5×5.5	8.25	20.80	7.56	1.55	2.06	2.0
2×8	1.5×7.25	10.88	47.63	13.14	2.04	2.72	2.6
2×10	1.5×9.25	13.88	98.93	21.39	2.60	3.47	3.4
2×12	1.5×11.25	16.88	177.98	31.64	3.16	4.22	4.1

(續前表)

標準尺寸 $b \times h$	淨尺寸 $b \times h$	面積 $A = bh$	軸 1-1		軸 2-2		每呎長之重量(比重量) $= 35\ \text{lb/ft}^3$)
			慣性矩 $I_1 = \dfrac{bh^3}{12}$	截面模數 $S_1 = \dfrac{bh^2}{6}$	慣性矩 $I_2 = \dfrac{hb^3}{12}$	截面模數 $S_2 = \dfrac{hb^2}{2}$	
in.	in.	in.^{2}	in.^{4}	in.^{3}	in.^{4}	in.^{3}	lb
3×4	2.5×3.5	8.75	8.93	5.10	4.56	3.65	2.1
3×6	2.5×5.5	13.75	34.66	12.60	7.16	5.73	3.3
3×8	2.5×7.25	18.13	79.39	21.90	9.44	7.55	4.4
3×10	2.5×9.25	23.13	164.89	35.65	12.04	9.64	5.6
3×12	2.5×11.25	28.13	296.63	52.73	14.65	11.72	6.8
4×4	3.5×3.5	12.25	12.51	7.15	12.51	7.15	3.0
4×6	3.5×5.5	19.25	48.53	17.65	19.65	11.23	4.7
4×8	3.5×7.25	25.38	111.15	30.66	25.90	14.80	6.2
4×10	3.5×9.25	32.38	230.84	49.91	33.05	18.89	7.9
4×12	3.5×11.25	39.38	415.28	73.83	40.20	22.97	9.6
6×6	5.5×5.5	30.25	76.3	27.7	76.3	27.7	7.4
6×8	5.5×7.25	41.25	193.4	51.6	104.0	37.8	10.0
6×10	5.5×9.25	52.25	393.0	82.7	131.7	47.9	12.7
6×12	5.5×11.25	63.25	697.1	121.2	159.4	58.0	15.4
8×8	7.5×7.25	56.25	263.7	70.3	263.7	70.3	13.7
8×10	7.5×9.25	71.25	535.9	112.8	334.0	89.1	17.3
8×12	7.5×11.25	86.25	950.5	165.3	404.3	107.8	21.0

注意：軸 1-1 與 2-2 為主形心軸

 梁之撓度與斜率

附錄

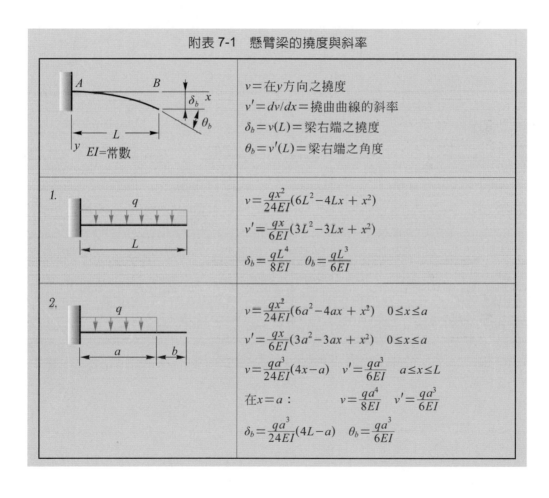

附表 7-1　懸臂梁的撓度與斜率

$v=$ 在 y 方向之撓度
$v'=dv/dx=$ 撓曲曲線的斜率
$\delta_b=v(L)=$ 梁右端之撓度
$\theta_b=v'(L)=$ 梁右端之角度

$EI=$ 常數

1.
$$v=\frac{qx^2}{24EI}(6L^2-4Lx+x^2)$$
$$v'=\frac{qx}{6EI}(3L^2-3Lx+x^2)$$
$$\delta_b=\frac{qL^4}{8EI}\qquad\theta_b=\frac{qL^3}{6EI}$$

2.
$$v=\frac{qx^2}{24EI}(6a^2-4ax+x^2)\qquad 0\le x\le a$$
$$v'=\frac{qx}{6EI}(3a^2-3ax+x^2)\qquad 0\le x\le a$$
$$v=\frac{qa^3}{24EI}(4x-a)\quad v'=\frac{qa^3}{6EI}\qquad a\le x\le L$$

在 $x=a$:　　　　$v=\frac{qa^4}{8EI}\quad v'=\frac{qa^3}{6EI}$

$$\delta_b=\frac{qa^3}{24EI}(4L-a)\qquad\theta_b=\frac{qa^3}{6EI}$$

附表 7-1　懸臂梁的撓度與斜率(續)

3. 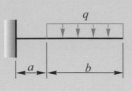	$v = \dfrac{qbx^2}{12EI}(3L + 3a - 2x) \quad 0 \le x \le a$ $v' = \dfrac{qbx}{2EI}(L + a - x) \quad 0 \le x \le a$ $v = \dfrac{q}{24EI}(x^4 - 4Lx^3 + 6L^2x^2 - 4a^3x + a^4) \quad a \le x \le L$ $v' = \dfrac{q}{6EI}(x^3 - 3Lx^2 + 3L^2x - a^3) \quad a \le x \le L$ 在 $x = a$: $\quad v = \dfrac{qa^2b}{12EI}(3L + a) \quad v' = \dfrac{qabL}{2EI}$ $\delta_b = \dfrac{q}{24EI}(3L^4 - 4a^3L + a^4) \quad \theta_b = \dfrac{q}{6EI}(L^3 - a^3)$
4. 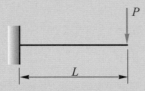	$v = \dfrac{Px^2}{6EI}(3L - x) \quad v' = \dfrac{Px}{2EI}(2L - x)$ $\delta_b = \dfrac{PL^3}{3EI} \quad \theta_b = \dfrac{PL^2}{2EI}$
5. 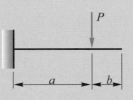	$v = \dfrac{Px^2}{6EI}(3a - x) \quad v' = \dfrac{Px}{2EI}(2a - x) \quad 0 \le x \le a$ $v = \dfrac{Pa^3}{6EI}(3x - a) \quad v' = \dfrac{Pa^2}{2EI} \quad a \le x \le L$ 在 $x = a$: $\quad v = \dfrac{Pa^3}{3EI} \quad v' = \dfrac{Pa^2}{2EI}$ $\delta_b = \dfrac{Pa^2}{6EI}(3L - a) \quad \theta_b = \dfrac{Pa^2}{2EI}$
6. 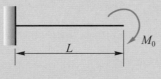	$v = \dfrac{M_0x^2}{2EI} \quad v' = \dfrac{M_0x}{EI}$ $\delta_b = \dfrac{M_0L^2}{2EI} \quad \theta_b = \dfrac{M_0L}{EI}$

附表 7-1　懸臂梁的撓度與斜率(續)

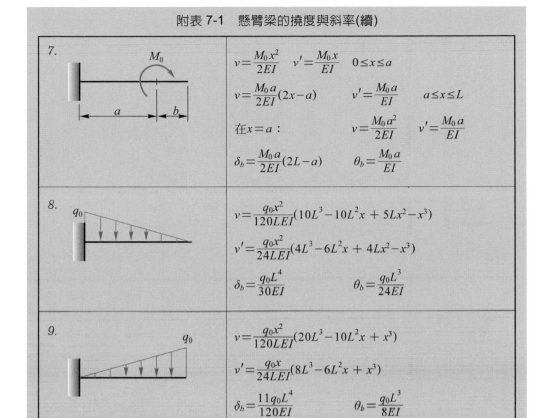

7.

$$v = \frac{M_0 x^2}{2EI} \quad v' = \frac{M_0 x}{EI} \quad 0 \le x \le a$$

$$v = \frac{M_0 a}{2EI}(2x - a) \qquad v' = \frac{M_0 a}{EI} \qquad a \le x \le L$$

在 $x = a$ ：　　　　　　$v = \frac{M_0 a^2}{2EI} \qquad v' = \frac{M_0 a}{EI}$

$$\delta_b = \frac{M_0 a}{2EI}(2L - a) \qquad \theta_b = \frac{M_0 a}{EI}$$

8.

$$v = \frac{q_0 x^2}{120LEI}(10L^3 - 10L^2 x + 5Lx^2 - x^3)$$

$$v' = \frac{q_0 x^2}{24LEI}(4L^3 - 6L^2 x + 4Lx^2 - x^3)$$

$$\delta_b = \frac{q_0 L^4}{30EI} \qquad \theta_b = \frac{q_0 L^3}{24EI}$$

9.

$$v = \frac{q_0 x^2}{120LEI}(20L^3 - 10L^2 x + x^3)$$

$$v' = \frac{q_0 x}{24LEI}(8L^3 - 6L^2 x + x^3)$$

$$\delta_b = \frac{11q_0 L^4}{120EI} \qquad \theta_b = \frac{q_0 L^3}{8EI}$$

附表 7-2 簡支梁的撓度與斜率

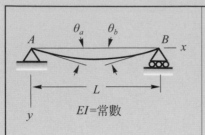

$v=$ 在y方向之撓度
$v'=dv/dx=$ 撓曲曲線的斜率
$\delta_c=v(L/2)=$ 梁中點之撓度
$i=$ 從A至最大撓度之距離
$\delta_{\max}=v_{\max}=$ 最大撓度
$\theta_a=v'(0)=$ 梁左端之角度
$\theta_b=-v'(L)=$ 梁右端之角度

$EI=$ 常數

1.

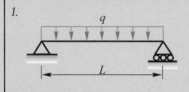

$$v=\frac{qx^2}{24EI}(L^3-2Lx^2+x^3)$$

$$v'=\frac{q}{24EI}(L^3-6Lx^2+4x^3)$$

$$\delta_c=\delta_{\max}=\frac{5qL^4}{384EI}\qquad\theta_a=\theta_b=\frac{qL^3}{24EI}$$

2.

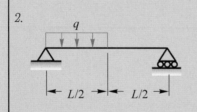

$$v=\frac{qx}{384EI}(9L^3-24Lx^2+16x^3)\quad 0\le x\le\frac{L}{2}$$

$$v'=\frac{q}{384EI}(9L^3-72Lx^2+64x^3)\quad 0\le x\le\frac{L}{2}$$

$$v=\frac{qL}{384EI}(8x^3-24Lx^2+17L^2x-L^3)\quad\frac{L}{2}\le x\le L$$

$$v'=\frac{qL}{384EI}(24x^2-48Lx+17L^2)\quad\frac{L}{2}\le x\le L$$

$$\delta_c=\frac{5qL^4}{768EI}\qquad\theta_a=\frac{3qL^3}{128EI}\qquad\theta_b=\frac{7qL^3}{384EI}$$

3.

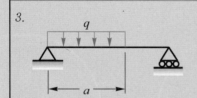

$$v=\frac{qx}{24LEI}(a^4-4a^3L+4a^2L^2+2a^2x^2-4aLx^2+Lx^3)\quad 0\le x\le a$$

$$v'=\frac{q}{24LEI}(a^4-4a^3L+4a^2L^2+6a^2x^2-12aLx^2+4Lx^3)\quad 0\le x\le a$$

$$v=\frac{qa^2}{24LEI}(-a^2L+4L^2x+a^2x-6Lx^2+2x^3)\quad a\le x\le L$$

$$v'=\frac{qa^2}{24LEI}(4L^2+a^2-12Lx+6x^2)\quad a\le x\le L$$

$$\theta_a=\frac{qa^2}{24LEI}(2L-a)^2\qquad\theta_b=\frac{qa^2}{24LEI}(2L^2-a^2)$$

附表 7-2　簡支梁的撓度與斜率(續)

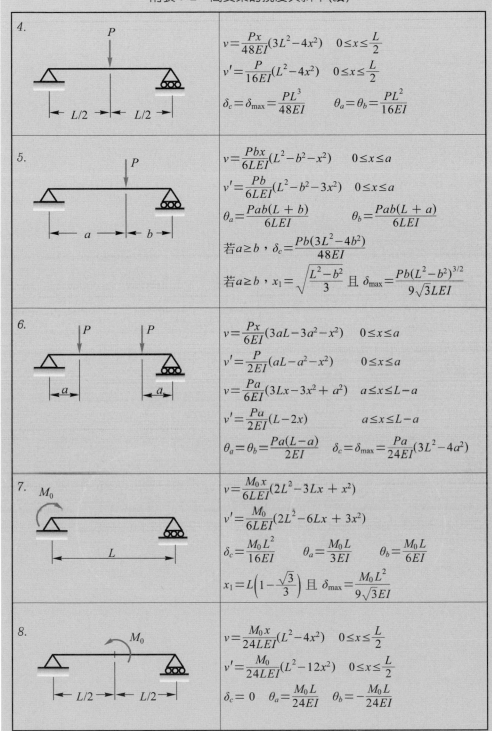

4.

$$v = \frac{Px}{48EI}(3L^2 - 4x^2) \quad 0 \le x \le \frac{L}{2}$$

$$v' = \frac{P}{16EI}(L^2 - 4x^2) \quad 0 \le x \le \frac{L}{2}$$

$$\delta_c = \delta_{\max} = \frac{PL^3}{48EI} \qquad \theta_a = \theta_b = \frac{PL^2}{16EI}$$

5.

$$v = \frac{Pbx}{6LEI}(L^2 - b^2 - x^2) \qquad 0 \le x \le a$$

$$v' = \frac{Pb}{6LEI}(L^2 - b^2 - 3x^2) \quad 0 \le x \le a$$

$$\theta_a = \frac{Pab(L + b)}{6LEI} \qquad \theta_b = \frac{Pab(L + a)}{6LEI}$$

若 $a \ge b$，$\delta_c = \frac{Pb(3L^2 - 4b^2)}{48EI}$

若 $a \ge b$，$x_1 = \sqrt{\frac{L^2 - b^2}{3}}$ 且 $\delta_{\max} = \frac{Pb(L^2 - b^2)^{3/2}}{9\sqrt{3}LEI}$

6.

$$v = \frac{Px}{6EI}(3aL - 3a^2 - x^2) \qquad 0 \le x \le a$$

$$v' = \frac{P}{2EI}(aL - a^2 - x^2) \qquad 0 \le x \le a$$

$$v = \frac{Pa}{6EI}(3Lx - 3x^2 + a^2) \qquad a \le x \le L - a$$

$$v' = \frac{Pa}{2EI}(L - 2x) \qquad a \le x \le L - a$$

$$\theta_a = \theta_b = \frac{Pa(L - a)}{2EI} \qquad \delta_c = \delta_{\max} = \frac{Pa}{24EI}(3L^2 - 4a^2)$$

7.

$$v = \frac{M_0 x}{6LEI}(2L^2 - 3Lx + x^2)$$

$$v' = \frac{M_0}{6LEI}(2L^2 - 6Lx + 3x^2)$$

$$\delta_c = \frac{M_0 L^2}{16EI} \qquad \theta_a = \frac{M_0 L}{3EI} \qquad \theta_b = \frac{M_0 L}{6EI}$$

$$x_1 = L\left(1 - \frac{\sqrt{3}}{3}\right) \text{ 且 } \delta_{\max} = \frac{M_0 L^2}{9\sqrt{3}EI}$$

8.

$$v = \frac{M_0 x}{24LEI}(L^2 - 4x^2) \quad 0 \le x \le \frac{L}{2}$$

$$v' = \frac{M_0}{24LEI}(L^2 - 12x^2) \quad 0 \le x \le \frac{L}{2}$$

$$\delta_c = 0 \quad \theta_a = \frac{M_0 L}{24EI} \quad \theta_b = -\frac{M_0 L}{24EI}$$

附表 7-2　簡支梁的撓度與斜率(續)

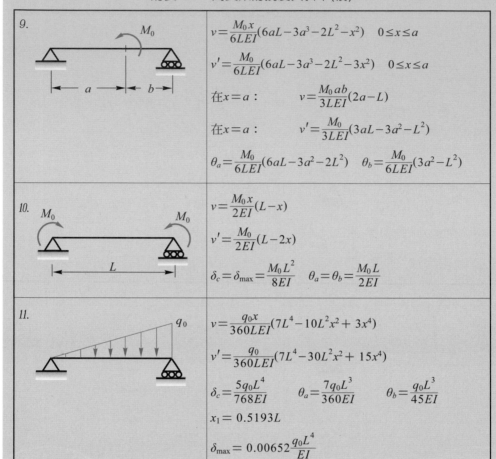

9.

$$v = \frac{M_0 x}{6LEI}(6aL - 3a^3 - 2L^2 - x^2) \quad 0 \le x \le a$$

$$v' = \frac{M_0}{6LEI}(6aL - 3a^3 - 2L^2 - 3x^2) \quad 0 \le x \le a$$

在 $x = a$:　　　$v = \frac{M_0 ab}{3LEI}(2a - L)$

在 $x = a$:　　　$v' = \frac{M_0}{3LEI}(3aL - 3a^2 - L^2)$

$\theta_a = \frac{M_0}{6LEI}(6aL - 3a^2 - 2L^2)$　　$\theta_b = \frac{M_0}{6LEI}(3a^2 - L^2)$

10.

$$v = \frac{M_0 x}{2EI}(L - x)$$

$$v' = \frac{M_0}{2EI}(L - 2x)$$

$\delta_c = \delta_{\max} = \frac{M_0 L^2}{8EI}$　　$\theta_a = \theta_b = \frac{M_0 L}{2EI}$

11.

$$v = \frac{q_0 x}{360LEI}(7L^4 - 10L^2 x^2 + 3x^4)$$

$$v' = \frac{q_0}{360LEI}(7L^4 - 30L^2 x^2 + 15x^4)$$

$\delta_c = \frac{5q_0 L^4}{768EI}$　　　　$\theta_a = \frac{7q_0 L^3}{360EI}$　　　　$\theta_b = \frac{q_0 L^3}{45EI}$

$x_1 = 0.5193L$

$\delta_{\max} = 0.00652\dfrac{q_0 L^4}{EI}$

12.

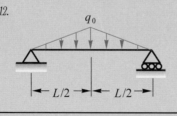

$$v = \frac{q_0 x}{960LEI}(5L^2 - 4x^2)^2 \quad 0 \le x \le \frac{L}{2}$$

$$v' = \frac{q_0}{192LEI}(5L^2 - 4x^2)(L^2 - 4x^2) \quad 0 \le x \le \frac{L}{2}$$

$\delta_c = \delta_{\max} = \frac{q_0 L^4}{120EI}$　　$\theta_a = \theta_b = \frac{5q_0 L^3}{192EI}$

英中名詞對照

A

A. Castigliano	卡氏
active force	主動力
angle of rotation	旋轉角
angle of twist per unit length	每單位長度的扭轉角
average stress	平均應力
axial force	軸向力
axial force diagram	軸力圖
axial rigidity	軸向剛度
axial of twist	扭轉軸

B

bar	桿
beam	梁
bearing stress	支承應力
bend	彎曲
bending deflection	彎曲撓度
bending moment	彎曲矩
bending moment diagram	彎曲矩圖
bending plane	彎曲平面
biaxial hoop stresses	雙軸向周向應力
biaxial stress	雙軸向應力
buckling	挫屈
built-up beam	組合梁
bulk modulus of elasticity	容積彈性模數

C

cantilever beam	懸臂梁
center of curvature	曲率中心
center of twist	扭轉中心
centric loading	中心負載
centroid	形心
circumferential strain	周向應變
circumferential stress	周向應力
column	柱
compatibility equation	相容性方程式
complementary energy	補能
complementary energy density	補能密度
complementary work	補功
compressive stress	壓應力
concentrated load	集中負載
continuous beam	連續梁
controlling stress	控制應力
cork	軟木
couple	力偶
critical stress	臨界應力
curvature	曲率
cylindrical thin-wall pressure vessel	薄壁壓力容器

D

deflection curve	撓曲曲線
deform	變形
deformable body	變形體
deformation	變形
deformation sign conventions	變形符號表示法
degree	度
dilatation	膨脹率

displacement	位移	displacement	
displacement method	位移法	generalized force	廣義力
distorted	扭曲		

H

| harden | 硬化 |

E

eccentric axial loading	偏心軸向負載	Hook's law in shear	剪力的虎克定律
effective slenderness ratio	有效細長比	Hook's law for plane stress	平面應力的虎克定律
elastic limit	彈性限	hoop tension	周向拉力
elastic strain energy	彈性應變能	horizontal shear stress	水平剪應力
elongation	伸長量	horse power	馬力 hp
Euler's formula	歐拉公式		

I

F

		inelastic strain energy	非彈性應變能
fibers	纖維	interaction	交互作用
fixed beam	固定梁		

L

fixed or built-in support	固定或嵌入支承	lateral	側向
flange	凸緣	lateral strain	橫向應變
flexibility method	撓性法	loading force	負載
flexural rigidity of beam	梁的抗撓剛度	longitudinal fibers	縱向纖維
		longitudinal section	縱向剖(截)面
flexural strains	撓曲應變	longitudinal stress	縱向應力
flexural stress	撓曲應力	lower yield point	下降伏點
flexure	撓曲		

M

flexure formula	撓曲公式	maximum shear stress	最大剪應力
force method	力量法	median line	中線
fracture stress	破裂應力	member	構件
free	自由	method of section	截面法
		method of successive integration	逐次積分法

G

| gage length | 標距 | modular ratio | 模數比 |
| generalized | 廣義位移 | | |

modulus of elasticity	彈性模數	principal compressive stress trajectories	主壓應力軌跡
modulus of rigidity	剛度模數	principal tensile stress trajectories	主拉應力軌跡
Mohr theorem	莫爾定理		
moment-area method	力矩面積法	principal of virtual displacement	虛位移原理
moments of inertia	慣性矩		
		principal of virtual force	虛力原理

N

no load	無負載
nonhomogeneous	非齊次
nonuniform bending	非均勻彎曲
nonuniform torsion	均勻扭轉
normal strain	正向應變
normal stress	正向應力

prismatic	稜柱形
product of inertia	慣性積
proportional limit	比例限
pure bending	純彎曲
pure shear	純剪
pure torsion	純扭轉

O

offset method	偏位法
offset yield stress	偏位降伏應力
overhanging beam	外伸梁

R

rad	弳度
radial stress	徑向應力
radius of curvature	曲率半徑
radius of gyration	迴轉半徑
redundant	贅力
reinforced concrete beam	鋼筋混凝土梁
released structure	釋放結構
residual strain	殘留應變
restrained beam	束制梁
roller support	滾子支承

P

partially elastic	部分彈性
passive force	被動力
plate	平板
Poisson's ratio	蒲松比
polar moment of inertia	極慣性矩
pressure	壓力
pressure vessel	壓力容器
prestrain	預加應變
primary structure	初等結構
principal angles	主應力平面角
principal axis	主軸
principal centroidal axis	形心主軸

S

sandwich beam	夾層梁
section moduli	剖面模數
shaft	軸
shear coefficient	剪力係數

shear diagram	剪力圖
shear flow	剪力流
shear forces	剪力
shear modulus of elasticity	剪彈性模數
shear strain	剪應變
shearing rigidity	剪力剛度
shell	殼體
sign convention for curvature	曲率之習慣性符號
simply supported beam	簡支梁
single cell	單窩
slip bands	滑帶
solid body	塊體
spherical pressure vessel	球形壓力容器
spherical stress	球形應力
static sign convention	靜力符號表示法
statically determinate beam	靜定梁
statically determine	靜定
statically indeterminate	靜不定
statically indeterminate beam	靜不定梁
stiffness method	剛性法
strain	應變
strain energy	應變能
strain energy density	應變能密度
strengthing	強化
stress	應力
symmtric aboutan axis	軸對稱

T

tangnet	正切
Taylor	泰勒
tensile stress	拉應力
the first moment of the area	軸的一次矩
The law of dimensional homogeneity	因次齊次定律
thermal stress	熱應力
three-moment equation	三彎曲矩方程式
torques	轉矩
torsion	扭矩
torsion constant	扭轉常數
torsion formula	扭轉公式
torsional rigidity	抗扭剛度
trajectory of principal stress	主應力軌跡
transformed-section method	轉換剖面法
transverse	橫向
triaxial stress	三軸向應力
true stress	真實應力
twisting couples	扭力偶
twisting moment	扭力矩

U

uniform thermal strain	均勻熱應變
uniform distributed load	均佈負載
unit volume change	單位體積變化
upper yield point	上降伏點

V

varying load	變化負載
vertical shear stress	垂直剪應力
volume modulus of elasticity	體積彈性模數
volumetric strain	體積應變

W

warped	翹曲
web	腹板
Williot's Diagram	威氏圖
work	功

Y

yield stress	降伏應力
yielding	降伏
Young's modulus	楊氏模數

參考文獻

1. S.P. Timoshenko & James. M. Gere, *Mechanics of Materials.* Van Nostrand Reinhold Company 1972.

2. F.P. Beer & E.R. Johnston, *Mechanics of Materials.* 1992, McGraw-Hill Company.

3. E.J. Hearn, *Mechanics of Materials*, Pergamon Press Ltd. 1977.

4. R. Bauld, Jr., *Mechanics of Materials*, brooks/cole Engineering Division.

5. R.C.Hibbeler, *Mechanics of Materials*, 1991, Maxwell Macmillian Company.

6. 吳永生，顧志榮，材料力學學習方法及解題指導　同濟大學出版社 1989。

7. 程根梧，余肖揚　材料力學選擇題的例題與訓練　中南工業大學出版社　1989。

8. 蔣智翔　材料力學(上冊)　清華大學出版社　1986。

9. 習寶琳　材料力學　華中理工大學出版社　1992。

10. 謝士忠　汪舒華　材料力學　紡織工業出版社　1991。

11. 何技宏　材料力學(上下)　華南理工大學出版社　1988。

12. 李鴻昌　應用力學——靜力學　全華科技圖書公司　2004。

23671 新北市土城區忠義路 21 號

全華圖書股份有限公司

行銷企劃部　收

廣告回信
板橋郵局登記證
板橋廣字第540號

歡迎加入 全華會員

● 會員獨享

會員享購書折扣、紅利積點、生日禮金、不定期優惠活動…等。

● 如何加入會員

填妥讀者回函卡直接傳真 (02) 2262-0900 或寄回，將由專人協助加入會員資料，待收到 E-MAIL 通知後即可成為會員。

如何購買 全華書籍

1. 網路購書

全華網路書店「http://www.opentech.com.tw」，加入會員購書更便利，並享有紅利積點回饋等各式優惠。

2. 全華門市、全省書局

歡迎至全華門市（新北市土城區忠義路 21 號）或全省各大書局、連鎖書店選購。

3. 來電訂購

(1) 訂購專線：(02) 2262-5666 轉 321-324
(2) 傳真專線：(02) 6637-3696
(3) 郵局劃撥（帳號：0100836-1　戶名：全華圖書股份有限公司）
※ 購書未滿一千元者，酌收運費 70 元。

OpenTech.com.tw 全華網路書店

全華網路書店 www.opentech.com.tw
E-mail：service@chwa.com.tw

※ 本會員制如有變更則以最新修訂制度為準，造成不便請見諒。

書回函卡

填寫日期：　　／　　／

姓名：
生日：西元　　年　　月　　日　　性別：□男　□女
電話：（　　）　　傳真：（　　）　　手機：
e-mail：（必填）

註：數字零，請用 Φ 表示，數字1與英文L請另註明並書寫端正，謝謝。

通訊處：□□□□□

學歷：□博士　□碩士　□大學　□專科　□高中·職

職業：□工程師　□教師　□學生　□軍·公　□其他

學校/公司：　　　　　　科系/部門：　　　　　

· 需求書類：
□A.電子　□B.電機　□C.計算機工程　□D.資訊　□E.機械　□F.汽車　□I.工管　□J.土木
□K.化工　□L.設計　□M.商管　□N.日文　□O.美容　□P.休閒　□Q.餐飲　□B.其他

· 本次購買圖書為：　　　　　　書號：　　　　　

· 您對本書的評價：
封面設計：□非常滿意　□滿意　□尚可　□需改善，請說明
內容表達：□非常滿意　□滿意　□尚可　□需改善，請說明
版面編排：□非常滿意　□滿意　□尚可　□需改善，請說明
印刷品質：□非常滿意　□滿意　□尚可　□需改善，請說明
書籍定價：□非常滿意　□滿意　□尚可　□需改善，請說明
整體評價：請說明

· 您在何處購買本書？
□書局　□網路書店　□書展　□團購　□其他

· 您購買本書的原因？（可複選）
□個人需要　□幫公司採購　□親友推薦　□老師指定之課本　□其他

· 您希望全華以何種方式提供出版訊息及特惠活動？
□電子報　□DM　□廣告（媒體名稱　　　　　　）

· 您是否上過全華網路書店？（www.opentech.com.tw）
□是　□否　您的建議

· 您希望全華出版那方面書籍？

· 您希望全華加強那些服務？

～感謝您提供寶貴意見，全華將秉持服務的熱忱，出版更多好書，以饗讀者。
全華網路書店 http://www.opentech.com.tw　客服信箱 service@chwa.com.tw

2011.03 修訂

親愛的讀者：

感謝您對全華圖書的支持與愛護，雖然我們很慎重的處理每一本書，但恐仍有疏漏之處，若您發現本書有任何錯誤，請填寫於勘誤表內寄回，我們將於再版時修正，您的批評與指教是我們進步的原動力，謝謝！

全華圖書　敬上

勘　誤　表

書號		書名		作者
頁數	行數	錯誤或不當之詞句		建議修改之詞句

我有話要說：（其它之批評與建議，如封面、編排、內容、印刷品質等···）

國家圖書館出版品預行編目資料

材料力學/ 李鴻昌編著. -- 四版. -- 新北
市：全華圖書.2013.08
面 ； 公分
參考書目：面
ISBN 978-957-21-9044-9(平裝)
1. 材料力學

440.21 102010572

材料力學

作者 / 李鴻昌

發行人 / 陳本源

執行編輯 / 蔣德亮

出版者 / 全華圖書股份有限公司

郵政帳號 / 0100836-1 號

印刷者 / 宏懋打字印刷股份有限公司

圖書編號 / 0554903

四版四刷 / 2021 年 4 月

定價 / 新台幣 600 元

ISBN / 978-957-21-9044-9

全華圖書 / www.chwa.com.tw

全華網路書店 Open Tech / www.opentech.com.tw

若您對本書有任何問題，歡迎來信指導 book@chwa.com.tw

臺北總公司(北區營業處)
地址：23671 新北市土城區忠義路 21 號
電話：(02) 2262-5666
傳真：(02) 6637-3695、6637-3696

南區營業處
地址：80769 高雄市三民區應安街 12 號
電話：(07) 381-1377
傳真：(07) 862-5562

中區營業處
地址：40256 臺中市南區樹義一巷 26 號
電話：(04) 2261-8485
傳真：(04) 3600-9806(高中職)
(04) 3601-8600(大專)

版權所有·翻印必究